电子产品维修
就这几招

U0312279

小家电维修就这几招

数码维修工程师鉴定指导中心 组织编写
韩雪涛 主编
韩广兴 吴瑛 副主编

人民邮电出版社
北京

图书在版编目（CIP）数据

小家电维修就这几招 / 韩雪涛主编. -- 北京 : 人民邮电出版社, 2013.4
（电子产品维修就这几招丛书）
ISBN 978-7-115-29511-8

Ⅰ. ①小… Ⅱ. ①韩… Ⅲ. ①日用电气器具－维修 Ⅳ. ①TM925.07

中国版本图书馆CIP数据核字(2012)第224672号

电子产品维修就这几招丛书
小家电维修就这几招

组织编写　数码维修工程师鉴定指导中心
◆ 主　　编　韩雪涛
副 主 编　韩广兴　吴　瑛
责任编辑　王朝辉
◆ 人民邮电出版社出版发行　　北京市崇文区夕照寺街 14 号
邮编　100061　　电子邮件　315@ptpress.com.cn
网址　http://www.ptpress.com.cn
三河市海波印务有限公司印刷
◆ 开本：787×1092　1/16
印张：23
字数：590 千字　　　　2013 年 4 月第 1 版
印数：1- 4 000 册　　　2013 年 4 月河北第 1 次印刷

ISBN 978-7-115-29511-8

定价：55.00 元

读者服务热线：(010)67132692　印装质量热线：(010)67129223
反盗版热线：(010)67171154
广告经营许可证：京崇工商广字第 0021 号

内容
提要

本书将武侠特色融入到电子产品维修的学习之中，充分考虑学习者的学习习惯，并与专业培训特色紧密结合，将小家电维修的技能学习过程按照小家电维修高手的“修炼历程”展开，让学习者清楚掌握小家电维修就这几招。

首先，在“练功基础篇”，将小家电维修所必须掌握的知识技能根据难易程度划分成 3 级：练功基础第一级——初入江湖，先扎马步；练功基础第二级——安身立命，兵器当家；练功基础第三级——内外兼修，更进一步。力求使学习者通过 3 级的“修炼”达到知识技能的融会贯通。

然后，在“维修技能篇”，将小家电维修中应用到的技能方法拆解成 4 个不同的招式：维修技能第一招——引蛇出洞，静观其变；维修技能第二招——顺势而下，直捣黄龙；维修技能第三招——投石问路，找准死穴；维修技能第四招——移花接木，起死回生。学习者通过不同招式的研习，定能达到技能的提升和飞跃，真正在维修过程中“见招拆招，无往不胜”。

本书轻松的氛围、创新的模式、全新的效果定能让每一个初出茅庐的“新手”最终成为“小家电维修江湖的大侠”。

本书适用于想要进行家电维修技能学习的初学者和家电维修从业者，也可作为各职业技术院校电子专业的辅导及培训教材，同时也适合电子行业各类求职人员及业余爱好者阅读研习。

编委会

主　编　韩雪涛

副主编　韩广兴　吴　瑛

编　委　张丽梅　马　楠　宋永欣　宋明芳

梁　明　吴　玮　王新霞　吴惠英

高瑞征　韩雪冬　张湘萍　章佐庭

吴鹏飞　马敬宇　李亚洲　李亚梁

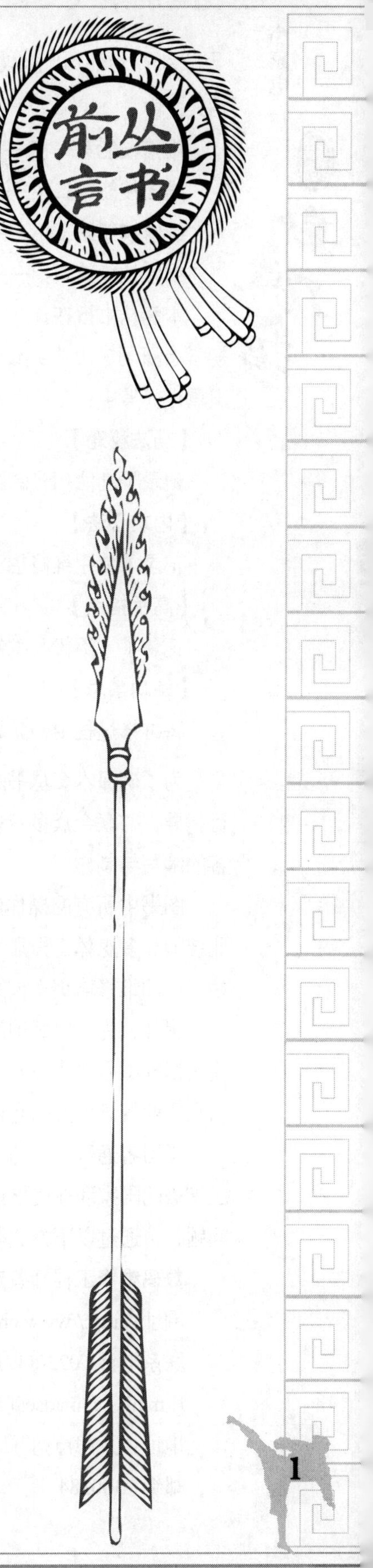
丛书
前言

随着人们生活水平的提高，现代化、智能化的家用电子产品得到了广泛的应用和普及，尤其是平板电视机、彩色电视机、洗衣机、空调器、电冰箱以及办公设备、智能手机和小家电产品在近几年的发展速度更是惊人。产品更新换代速度不断加快，新产品不断涌现，极大地丰富了市场，同时也极大地带动了相关产业的发展，特别是维修行业得到了空前的发展，就业前景广阔，就业空间巨大，越来越多的人希望从事维修行业的相关工作。

然而，纵观当前维修行业的现状，不难发现，从业人员呈现年轻化趋势，知识水平参差不齐。这与复杂、专业的维修技能之间产生出了强烈的反差，“瓶颈”现象十分明显，一方面是日益高涨的学习热情，一方面是对高技能要求的望而却步。能够在短时间内达到技能的提升甚至是飞跃成为许多学习者的迫切愿望。

反观当前图书市场的现状，虽然图书的品种没有减少，但图书的编写模式较为单一，很多图书的内容仍然具有20世纪八九十年代的气息，很难满足现在学习者的需求。

为此，我们对当前学习者的学习需求、自身特点以及该领域的培训特色等进行了综合调研，在出版社的指导下，结合自身多年技术咨询的经验，并与众多专业维修及培训机构进行探讨，最终使得“电子产品维修就这几招丛书”问世。

本套丛书选择当前市场表现良好、社会需求强烈的维修产品作为图书分类原则，由《平板电视机维修就这几招》、《彩色电视机维修就这几招》、《空调器维修就这几招》、《电冰箱维修就这几招》、《洗衣机维修就这几招》、《小家电维修就这几招》、《办公设备维修就这几招》和《智能手机维修就这几招》8本书构成。

本套丛书的最大特点就是将武侠的特色融入到家电维修图书之中，让学习者学练维修技能的过程犹如“功法的修炼”，大大地增强了学习者的学习热情。

本书根据家电维修知识技能的学习特点和技能培训特色，将维修中所用到的知识技能全部融入到“招式”之中，并把小家电维修的学习划分成两个阶段，即“练功基础篇”和“维修技能篇”。

“练功基础篇”阶段注重基本功的训练，练功分为3级：

练功基础第一级——初入江湖，先扎马步

练功基础第二级——安身立命，兵器当家

练功基础第三级——内外兼修，更进一步

“维修技能篇”阶段更多注重技能的融会贯通，并将维修中用到的技能、方法融入到不同招式之中。

维修技能第一招——引蛇出洞，静观其变

维修技能第二招——顺势而下，直捣黄龙

维修技能第三招——投石问路，找准死穴

维修技能第四招——移花接木，起死回生

本套丛书旨在让学习者对家电维修技能的学练过程变为“维修功法的修炼”过程，为方便初学者研习，书中共设【功法秘籍】、【内功心法】、【高手指点】、【练功禁忌】4 个板块，突出重点。其中：

【功法秘籍】

记录了功法招式的图谱，图谱中详细注明了拆装、检测演练的流程和关键要诀。

【内功心法】

记录了使用维修招法时需渗透的心经，即维修的核心技术要领。

【高手指点】

记录了“历代”维修高手在检修中的心得体会和维修经验，尤其是对关键环节的指点。

【练功禁忌】

将维修过程中的禁忌明确标出，以免学习者“走火入魔”，给待修产品造成二次故障。

为了确保本套丛书的权威性和实用性，编委会特聘请家电维修行业资深专家韩广兴教授进行指导，并联合众多专业维修培训机构的专业技师、一线教师和多媒体工程师共同完成图书内容的编写与制作。

图书中所有的操作内容均效仿“武功图谱”，全部拍摄于专业维修培训机构的现场，由专业技师和多媒体工程师亲自操作，确保图书内容的实用、准确。其中，JVC 维修站、佳能维修站、亚洲维修培训学校等专业机构都给予了大力的支持。

另外，为了更好地满足学习者需求，达到最佳的学习效果，本套丛书依托数码维修工程师鉴定指导中心作为技术咨询服务机构，向学习者开通了专门的技术服务咨询平台。学习者在学习和职业规划等方面有任何问题均可通过网站、电话或信件的方式进行咨询。

学习者通过学习与实践还可参加相关的国家职业资格认证或工程师资格认证考试，获得相应等级的国家职业资格或数码维修工程师资格证书。如果学习者在学习和考核认证方面有什么问题，可通过以下方式获得帮助。

数码维修工程师鉴定指导中心

网址：http://www.chinadse.org

联系电话：022-83718162/83715667/13114807267

E-mail：chinadse@126.com

地址：天津市南开区榕苑路 4 号天发科技园 8 号楼 1 门 401

邮编：300384

编著者

目录

练功基础篇

维修技能篇

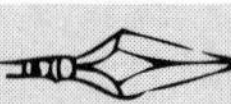

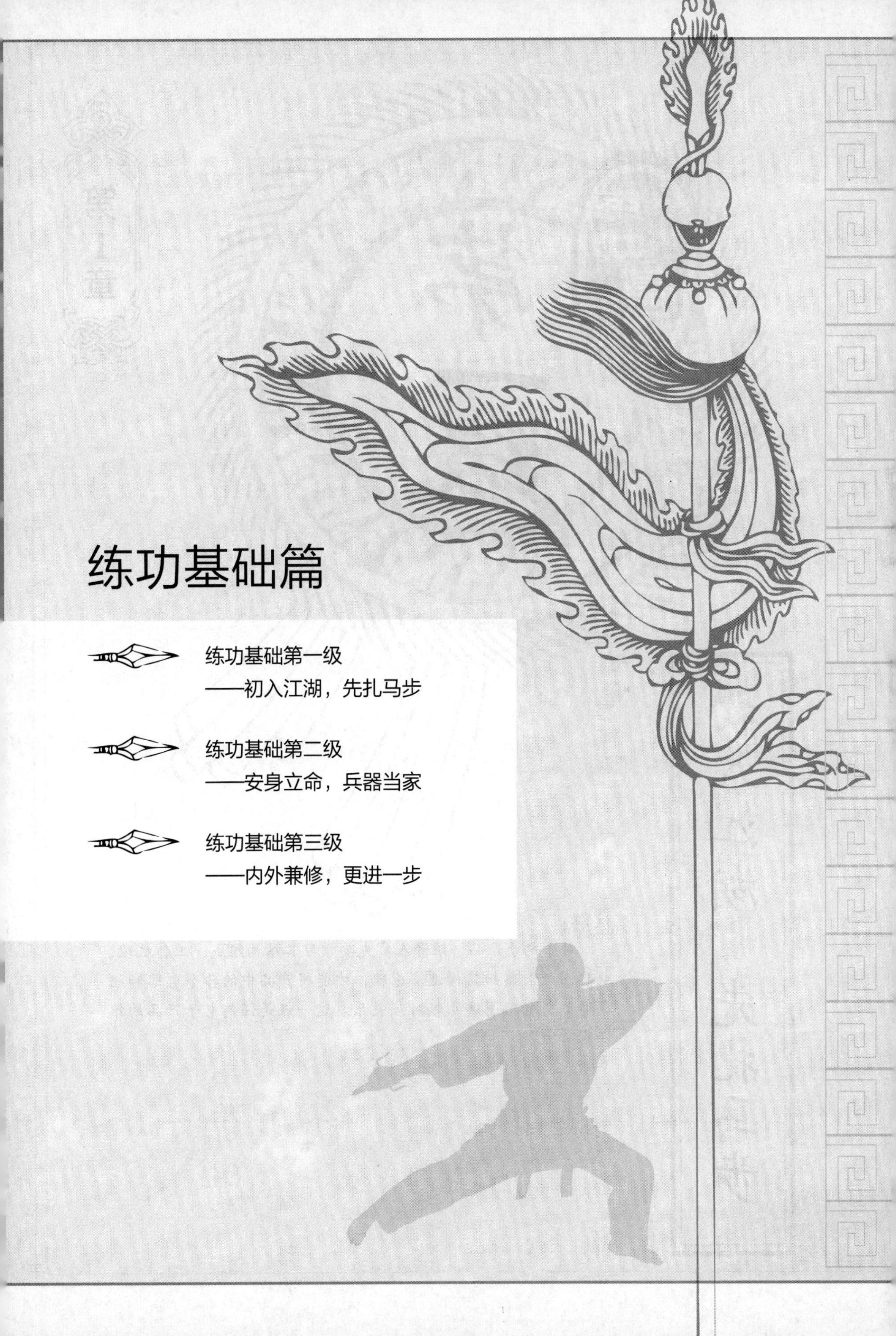

练功基础篇

练功基础第一级
——初入江湖，先扎马步

练功基础第二级
——安身立命，兵器当家

练功基础第三级
——内外兼修，更进一步

练功基础
第一级

初入江湖，先扎马步

注解：

对于电子产品，维修人员先要学习其结构组成、工作机理、电路图纸，熟知其构造、原理，才能将产品中的各个电路和组成部件与电路图建立起对应关系。这一级是任何电子产品的维修基本功。

练功基础

初学者在学习小家电维修时，往往对小家电十分陌生。因此，我们首先要对小家电有一个整体的、系统的了解。形象地说，就是我们要“认识”小家电。

在学习维修之前要了解小家电的组成，要搞清小家电中各组成部件之间的关系。只有了解了小家电的具体“构造”，知晓了小家电的工作机理，我们才能开始动手，深入学习小家电的检修方法和检修技巧。

1.1 了解电风扇的组成

1.1.1 认识电风扇的结构特点

在对电风扇进行故障检修之前，应首先了解电风扇的整机特点和结构组成。从电风扇整机的功能特点入手，进而将电风扇的结构合理划分，明确电风扇各组成部分的结构特点，为搞清电风扇的控制过程打下基础。

1. 认识电风扇的整机特点

电风扇是夏季用于增强室内空气的流动，达到清凉目的的一种电器。电风扇的种类多样，设计也各具特色，如图 1-1 所示为不同设计风格的电风扇。

通过对比不难发现，不论电风扇的设计如何独特，外形如何变化，我们都可以在电风扇上找到扇叶、保护罩、调整组件、支架等。

如图 1-2 所示，电风扇的保护罩将扇叶罩住起到保护的作用；调速开关位于扇叶的下方，用于调整电风扇的转速；支撑组件是电风扇的主体部分，主要是用于支撑整个电风扇以及方便电风扇的固定和摆放。

壁挂式电风扇的背面通常会安装有挂片，主要是用于将壁挂式电风扇固定在墙面上。

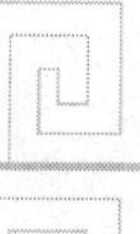
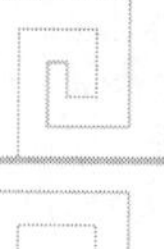
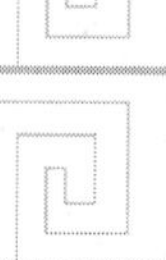
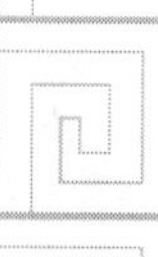
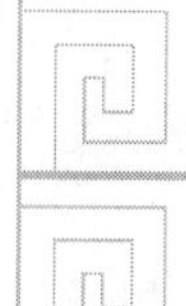

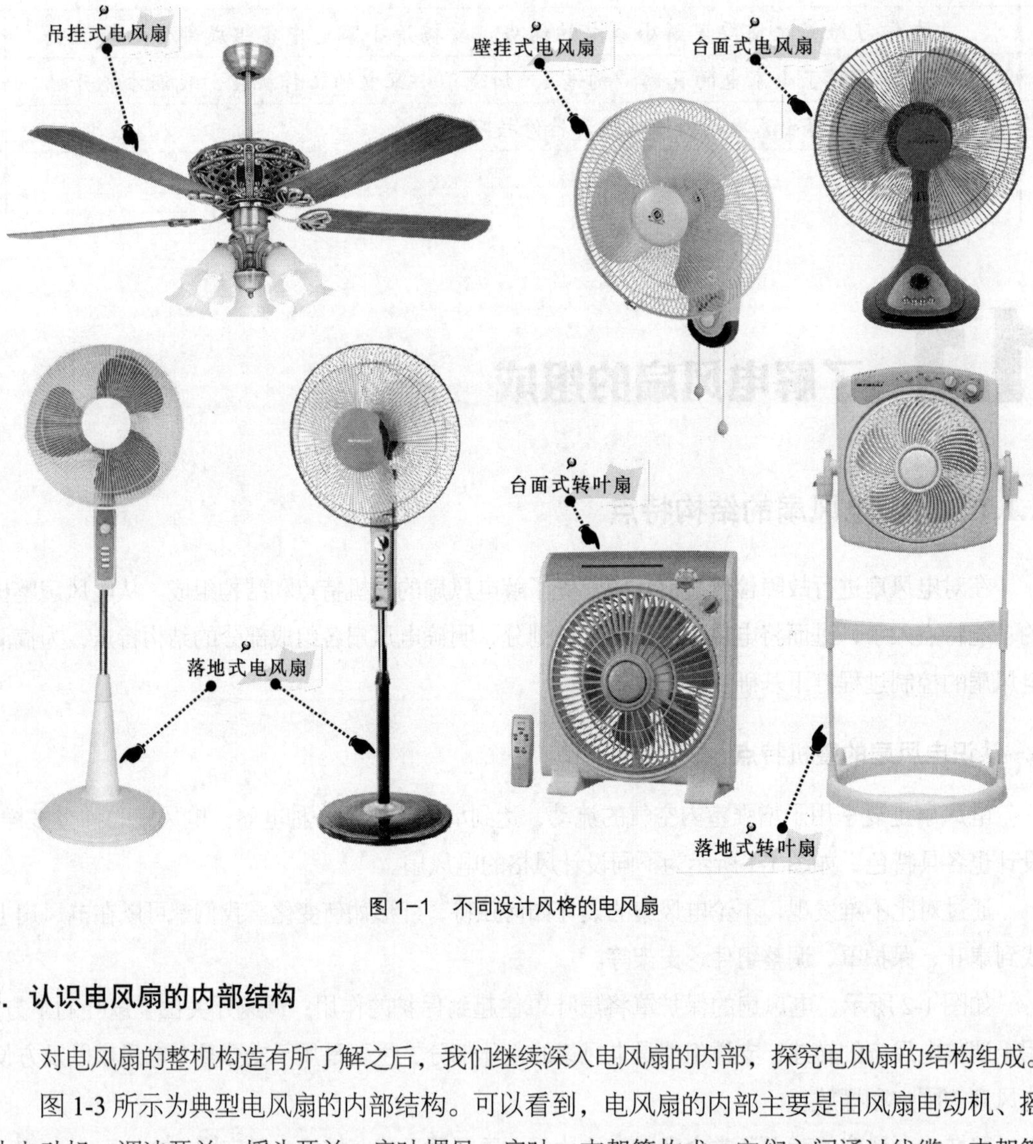

吊挂式电风扇

壁挂式电风扇

台面式电风扇

台面式转叶扇

落地式电风扇

落地式转叶扇

图 1-1　不同设计风格的电风扇

2. 认识电风扇的内部结构

对电风扇的整机构造有所了解之后，我们继续深入电风扇的内部，探究电风扇的结构组成。

图 1-3 所示为典型电风扇的内部结构。可以看到，电风扇的内部主要是由风扇电动机、摇头电动机、调速开关、摇头开关、扇叶螺母、扇叶、支架等构成，它们之间通过线缆、支架等连接固定。

在电风扇的功能方面，有些电风扇具有定时功能，该类电风扇的内部通常会设置有定时器，如图 1-4 所示，通过定时器控制风扇电动机的启动或停止。

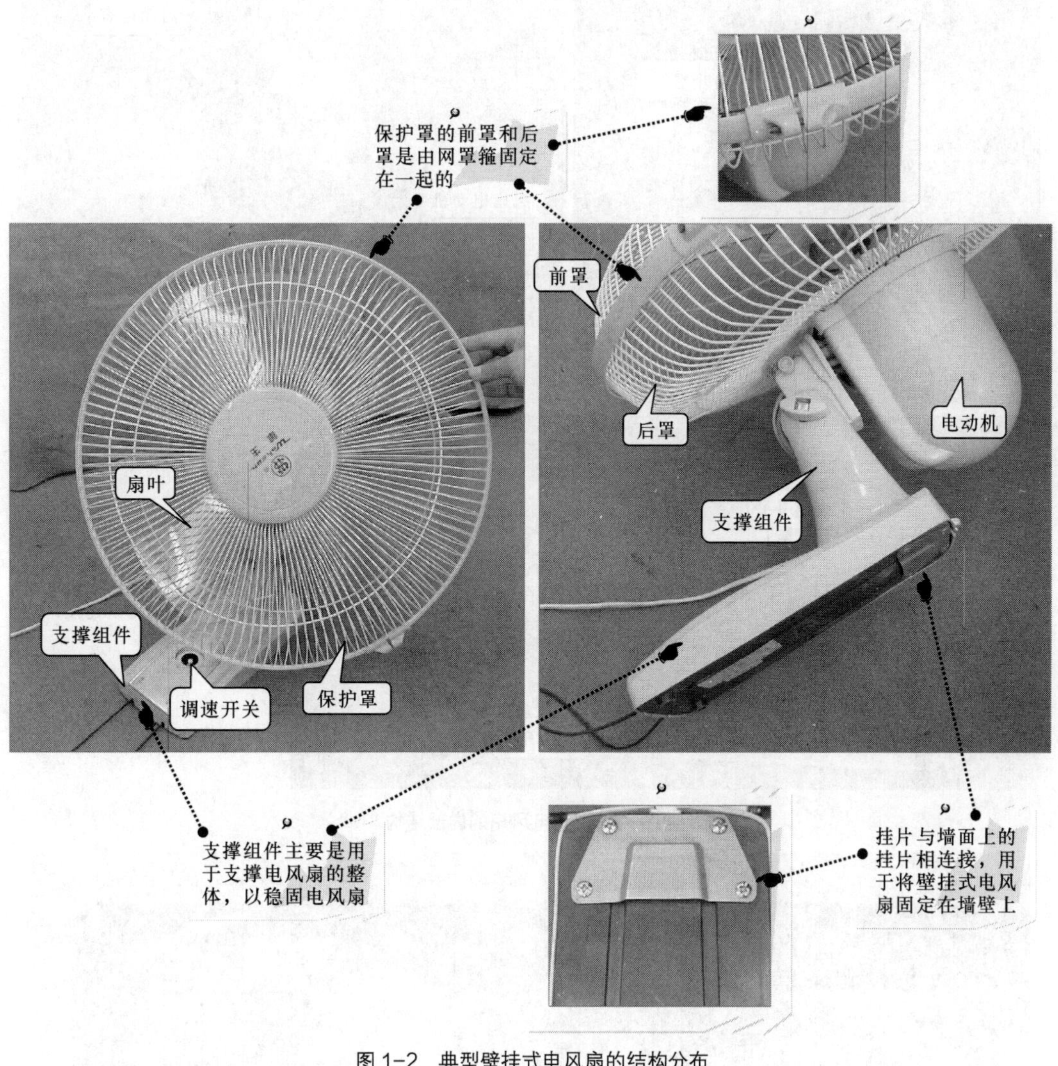
保护罩的前罩和后罩是由网罩箍固定在一起的
前罩
后罩
电动机
扇叶
支撑组件
支撑组件
调速开关
保护罩
支撑组件主要是用于支撑电风扇的整体，以稳固电风扇
挂片与墙面上的挂片相连接，用于将壁挂式电风扇固定在墙壁上

图 1-2　典型壁挂式电风扇的结构分布

（1）认识风扇组件

风扇组件是电风扇中非常重要的组件，是由扇叶、风扇电动机、调速开关以及扇叶螺母等部分组装而成，实现送风功能，如图 1-5 所示，风扇组件由风扇电动机提供动力，扇叶插装在风扇电动机的转轴上，由扇叶螺母紧固，调速开关主要用以控制风扇电动机的转速。

扇叶螺母安装在扇叶的上层，与风扇电动机相连，起到固定扇叶的功能

风扇电动机与扇叶相连并为扇叶提供动力

扇叶螺母
扇叶

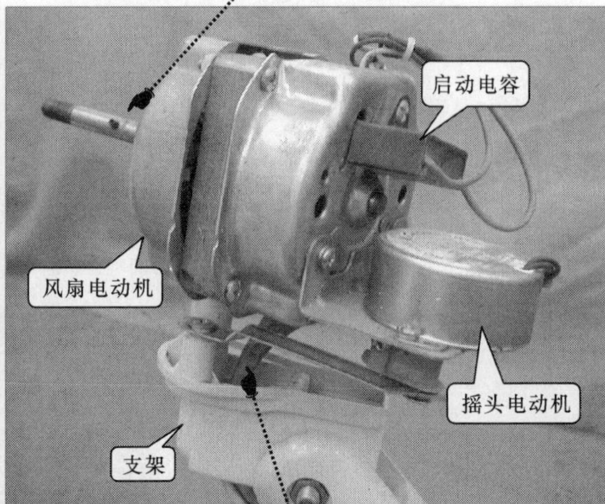
启动电容
风扇电动机
摇头电动机
支架

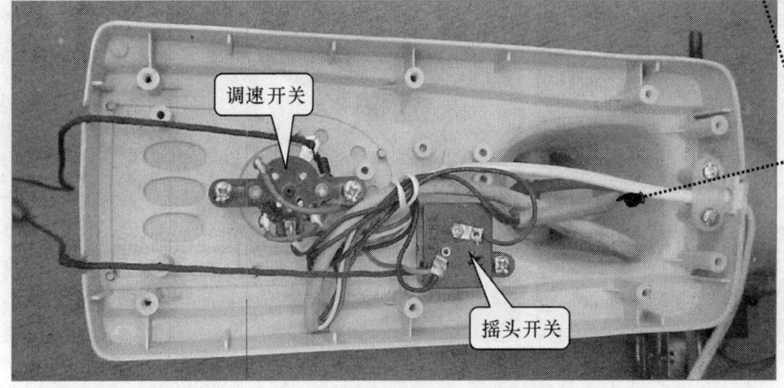
调速开关
摇头开关

调速开关和摇头开关分别通过连接线缆与风扇电动机和摇头电动机连接

图 1-3　典型电风扇的内部结构

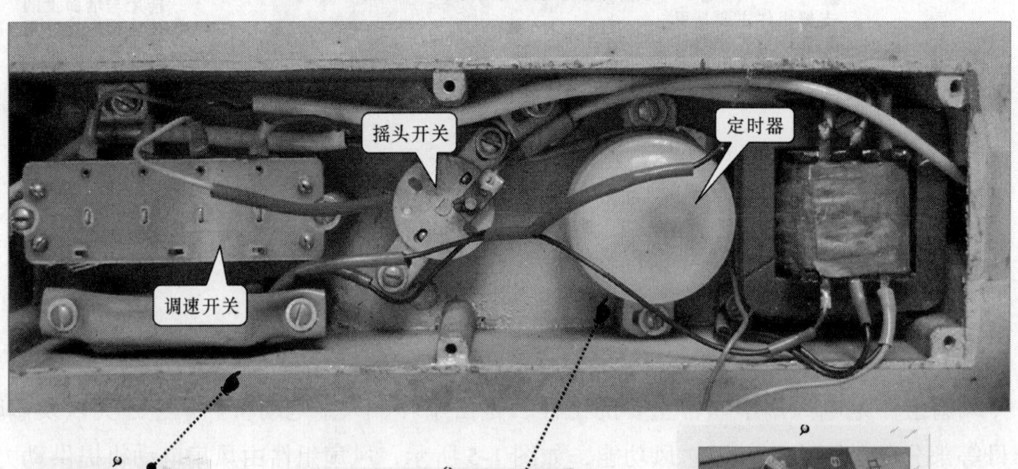
摇头开关
定时器
调速开关

具有定时功能电风扇的内部结构

具有定时功能的电风扇可以通过定时旋钮调节定时器，定时器到达规定的时间后，自动断开风扇电动机的供电，使电风扇停止工作

定时旋钮

图 1-4　带有定时功能的电风扇内部结构

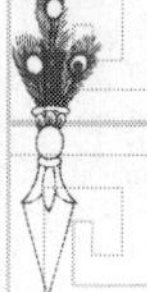

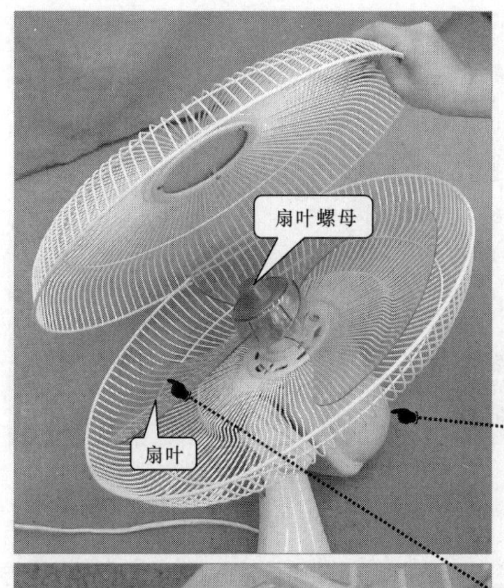
扇叶螺母
扇叶

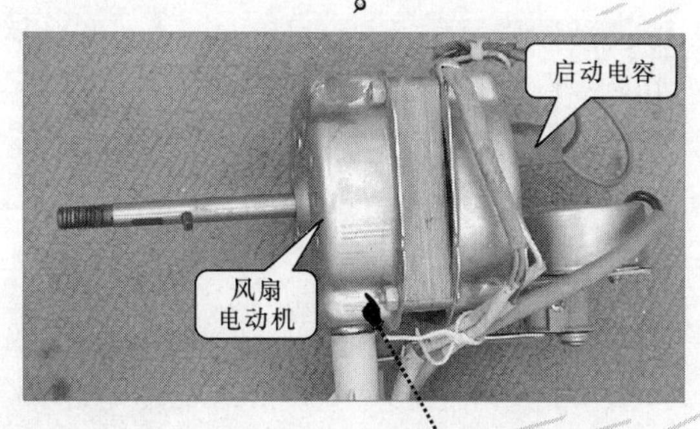
启动电容
风扇
电动机

风扇电动机位于扇叶的正后方，风扇电动机的转子与扇叶相连，扇叶在风扇电动机的带动下旋转，从而促进空气流通

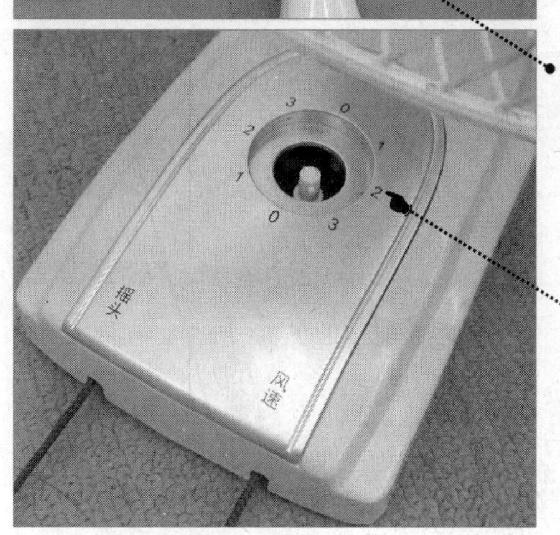
摇头
风速

扇叶具有一定的角度，旋转时可以对空气产生推力，使空气流动

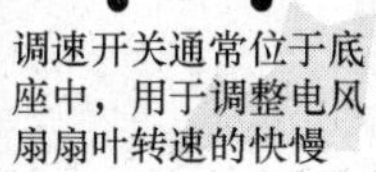

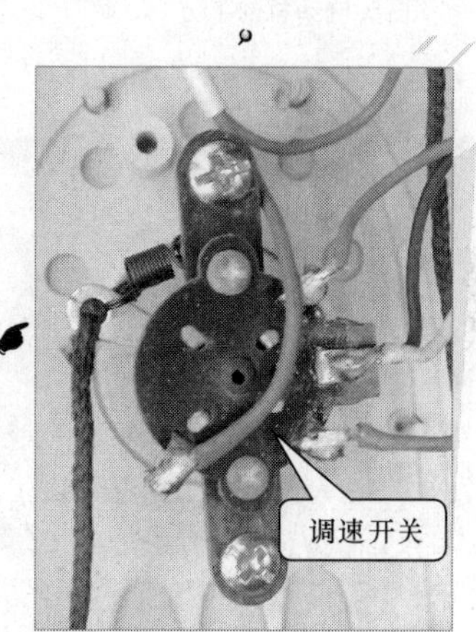
调速开关

调速开关通常位于底座中，用于调整电风扇扇叶转速的快慢

图 1-5　电风扇的风扇组件

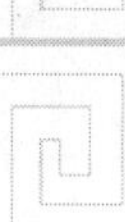
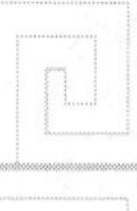
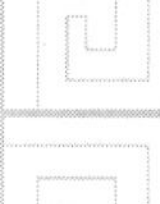
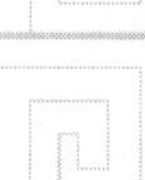

（2）认识摇头组件

摇头组件是由摇头电动机、摇头开关、偏心轮和连杆等部分构成的，如图 1-6 所示，摇头组件是用于实现电风扇的摆风功能。

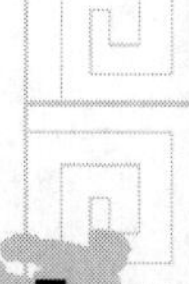

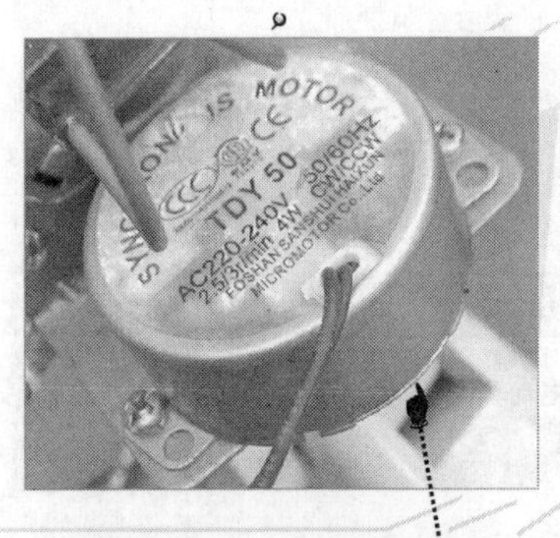
TDY 50
AC220-240V 50/60HZ

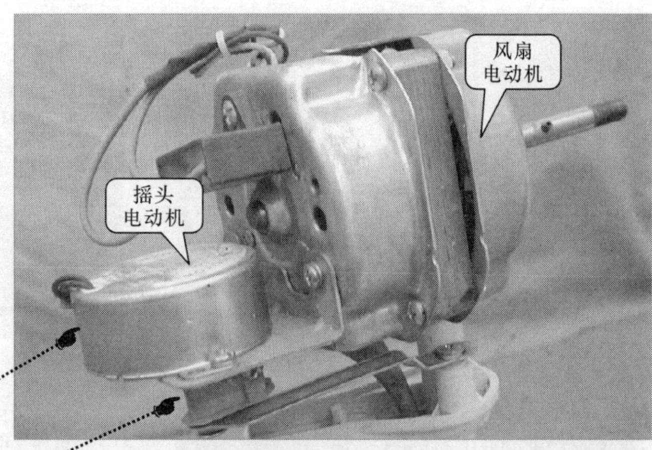
风扇
电动机
摇头
电动机

摇头电动机位于风扇电动机的背部，用以驱动风扇组件的水平摆动

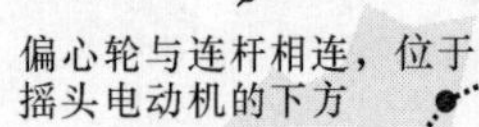

偏心轮与连杆相连，位于摇头电动机的下方

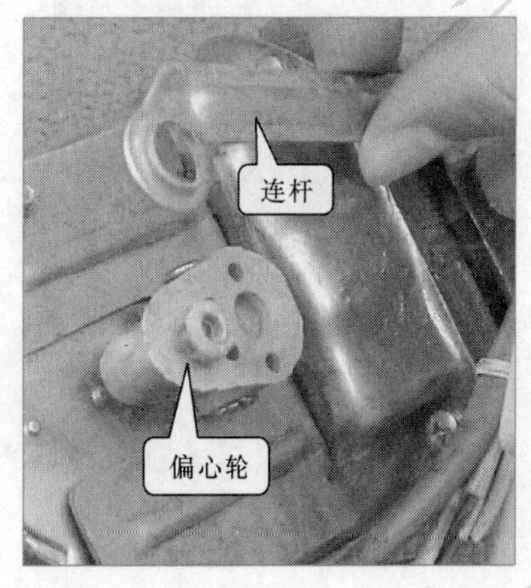
连杆
偏心轮

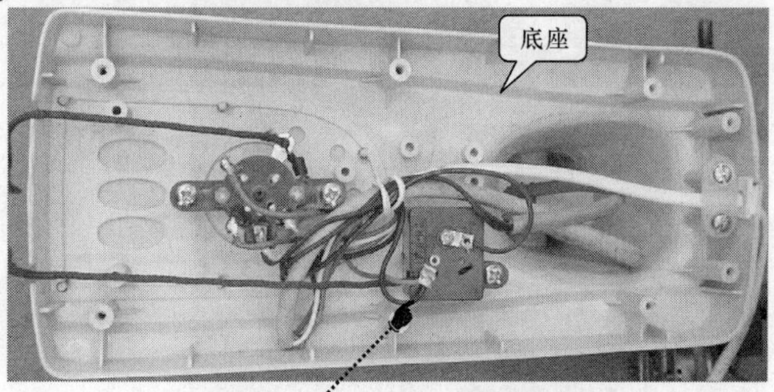
底座

摇头开关位于电风扇底座内部，在调速开关的旁边，用于控制摇头电动机的启停工作

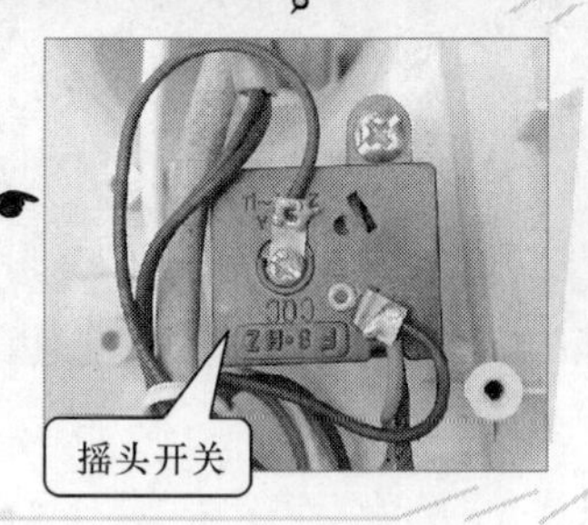
摇头开关

图 1-6　电风扇的摇头组件

（3）认识支撑组件

支撑组件是由连接头、夹紧螺钉以及底座部件构成的，如图 1-7 所示，支撑组件主要是起到支撑固定电风扇的作用，方便用户安装以及摆放电风扇。

练功基础

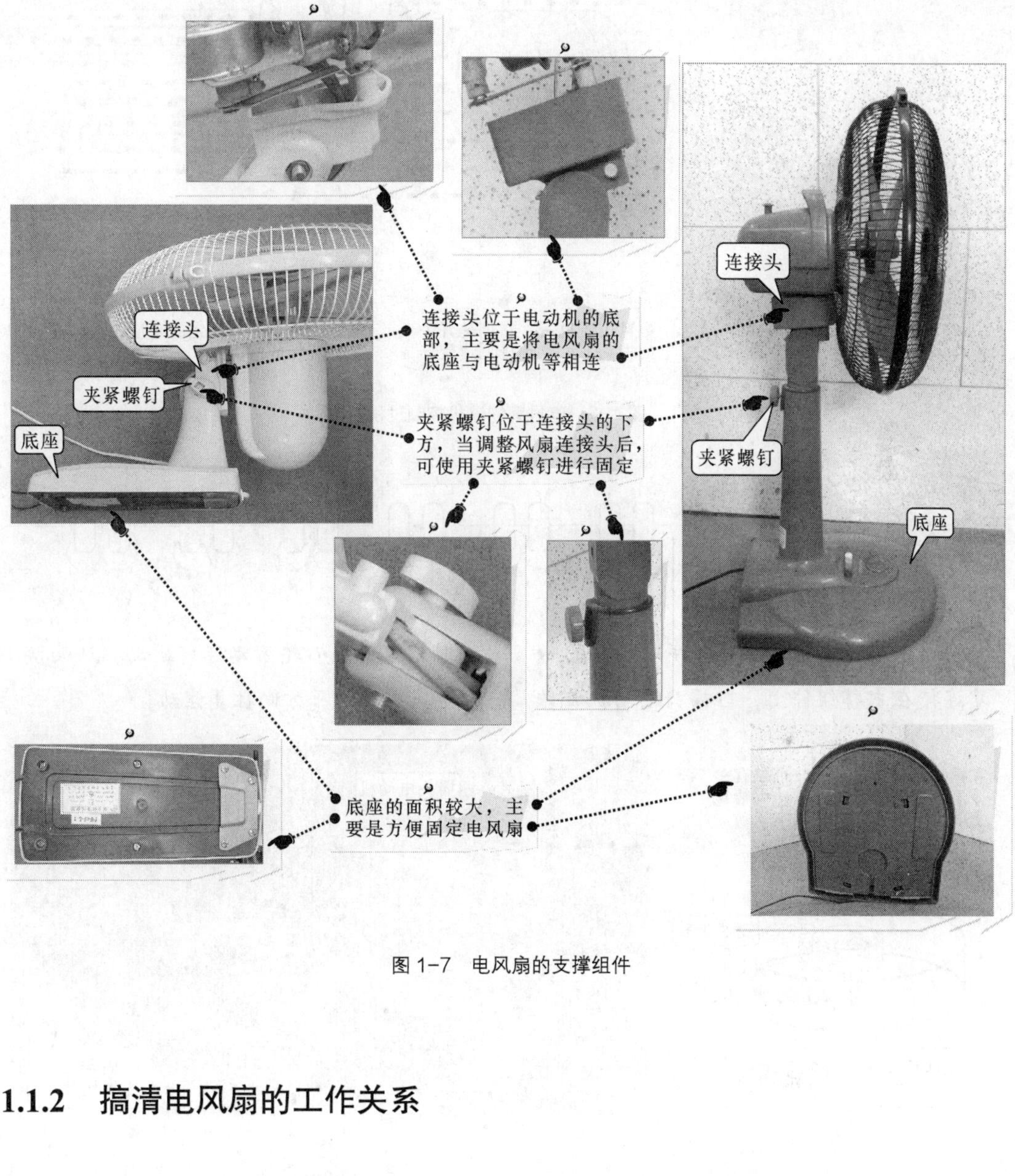

连接头

夹紧螺钉

底座

连接头位于电动机的底部，主要是将电风扇的底座与电动机等相连

夹紧螺钉位于连接头的下方，当调整风扇连接头后，可使用夹紧螺钉进行固定

连接头

夹紧螺钉

底座

底座的面积较大，主要是方便固定电风扇

图 1-7　电风扇的支撑组件

1.1.2　搞清电风扇的工作关系

1. 搞清电风扇整机的控制过程

图 1-8 所示为典型电风扇的整机控制过程。由图可知，电风扇通电后，通过调速开关使风扇电动机旋转，同时风扇电动机带动扇叶一起旋转，由于扇叶带有一定的角度，扇叶旋转会切割空气，从而促使空气加速流通。

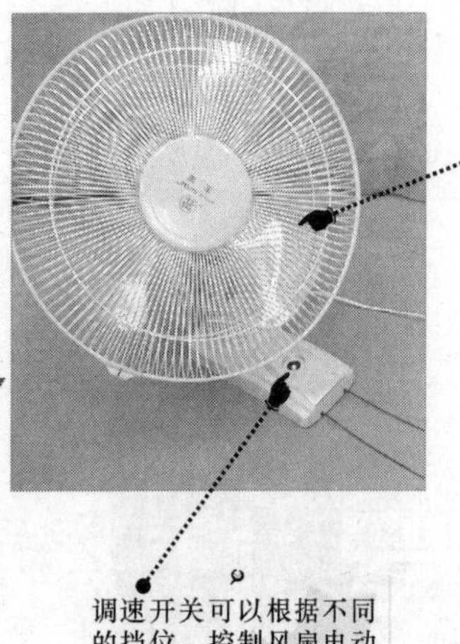
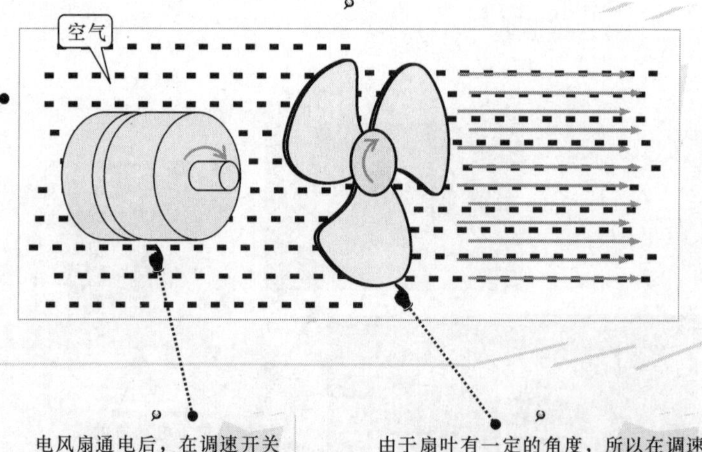
空气

调速开关可以根据不同的挡位，控制风扇电动机的旋转速度

电风扇通电后，在调速开关的控制下，电动机调速旋转

由于扇叶有一定的角度，所以在调速旋转的情况下，加速了空气的流通

图 1-8 电风扇的整机控制过程

高手指点

如图 1-9 所示，摇头组件中连杆的一端连接在支撑组件上，当摇头电动机旋转的时候，由偏心轮带动连杆运动，从而实现电风扇在水平方向往复摆动。

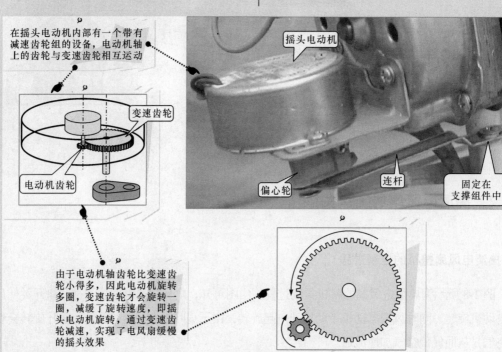

在摇头电动机内部有一个带有减速齿轮组的设备，电动机轴上的齿轮与变速齿轮相互运动

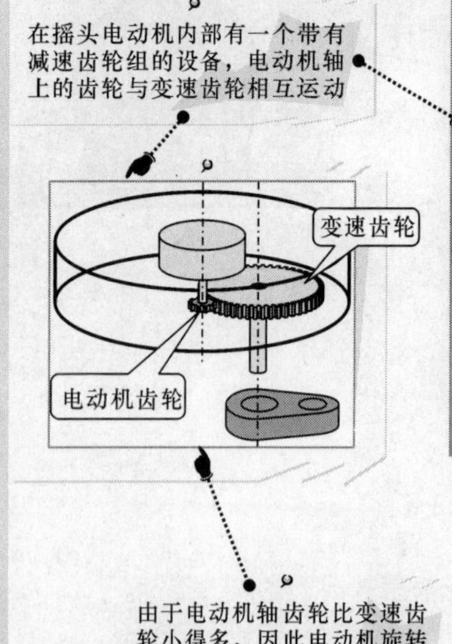
变速齿轮
电动机齿轮

摇头电动机
偏心轮
连杆
固定在
支撑组件中

由于电动机轴齿轮比变速齿轮小得多，因此电动机旋转多圈，变速齿轮才会旋转一圈，减缓了旋转速度，即摇头电动机旋转，通过变速齿轮减速，实现了电风扇缓慢的摇头效果

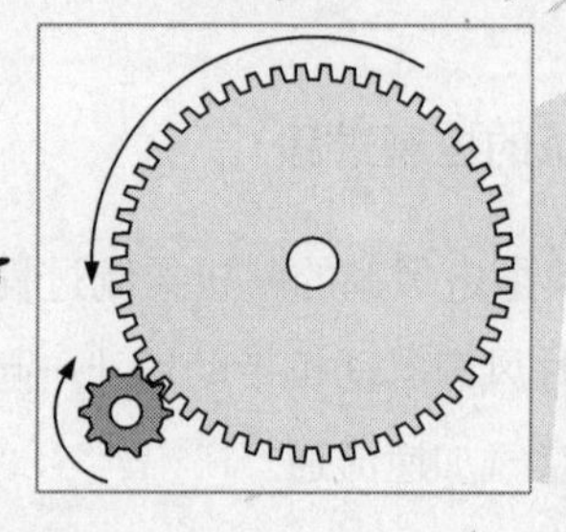

图 1-9 典型电风扇的摇头过程示意图

2. 搞清电风扇各组件间的关系

电风扇中各组件协同工作，并使扇叶的旋转加速周围空气的流通，这是一个较为复杂的工作过程。

功法秘籍

如图 1-10 所示，电风扇中的风扇组件与摇头组件是通过支撑组件相连接并固定；风扇开关和摇头开关分别控制风扇电动机和摇头电动机的工作状态；风扇电动机旋转时带动扇叶旋转，从而加速空气的流通；摇头电动机在偏心轮、连杆的作用下使电风扇在水平方向上摆动。

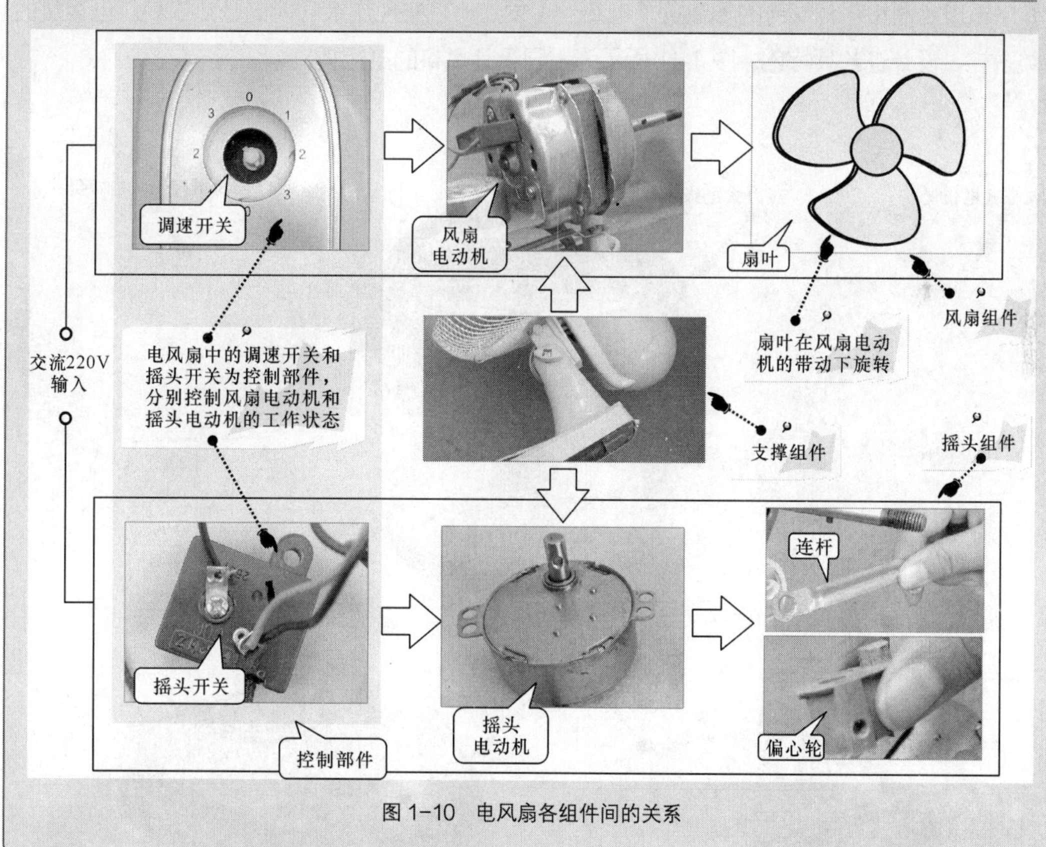
调速开关
风扇
电动机
扇叶
风扇组件
扇叶在风扇电动机的带动下旋转
交流220V
输入
电风扇中的调速开关和摇头开关为控制部件，分别控制风扇电动机和摇头电动机的工作状态
支撑组件
摇头组件
连杆
摇头开关
摇头
电动机
偏心轮
控制部件

图 1-10 电风扇各组件间的关系

1.2 了解电饭煲的组成

1.2.1 认识电饭煲的结构特点

在对电饭煲进行故障检修之前，应首先了解电饭煲的整机特点和结构组成。从电饭煲整机的功能特点入手，进而将电饭煲的结构合理划分，明确电饭煲各组成部分的结构特点，为搞清电饭煲的控制过程打下基础。

1. 认识电饭煲的整机特点

电饭煲是利用锅体底部的加热盘（电热丝）发热，以实现炊饭功能的电热炊具。电饭煲的种类多样，设计也各具特色，图 1-11 所示为不同设计风格的电饭煲。

常压式电饭煲
压力式电饭煲
机械控制式电饭煲
微电脑控制式电饭煲
Midea
Panasonic

图 1-11 不同设计风格的电饭煲

电饭煲的锅盖一般都位于顶部，周围是由有保温隔热功能的锅体“包裹”，并且在电饭煲的顶部或锅体的正前面设有操作控制面板，用以进行炊饭设置。

如图 1-12 所示，整个电饭煲的锅盖和锅体具有良好的密封设计，主要是对加热后的食物起到保温隔热的作用。

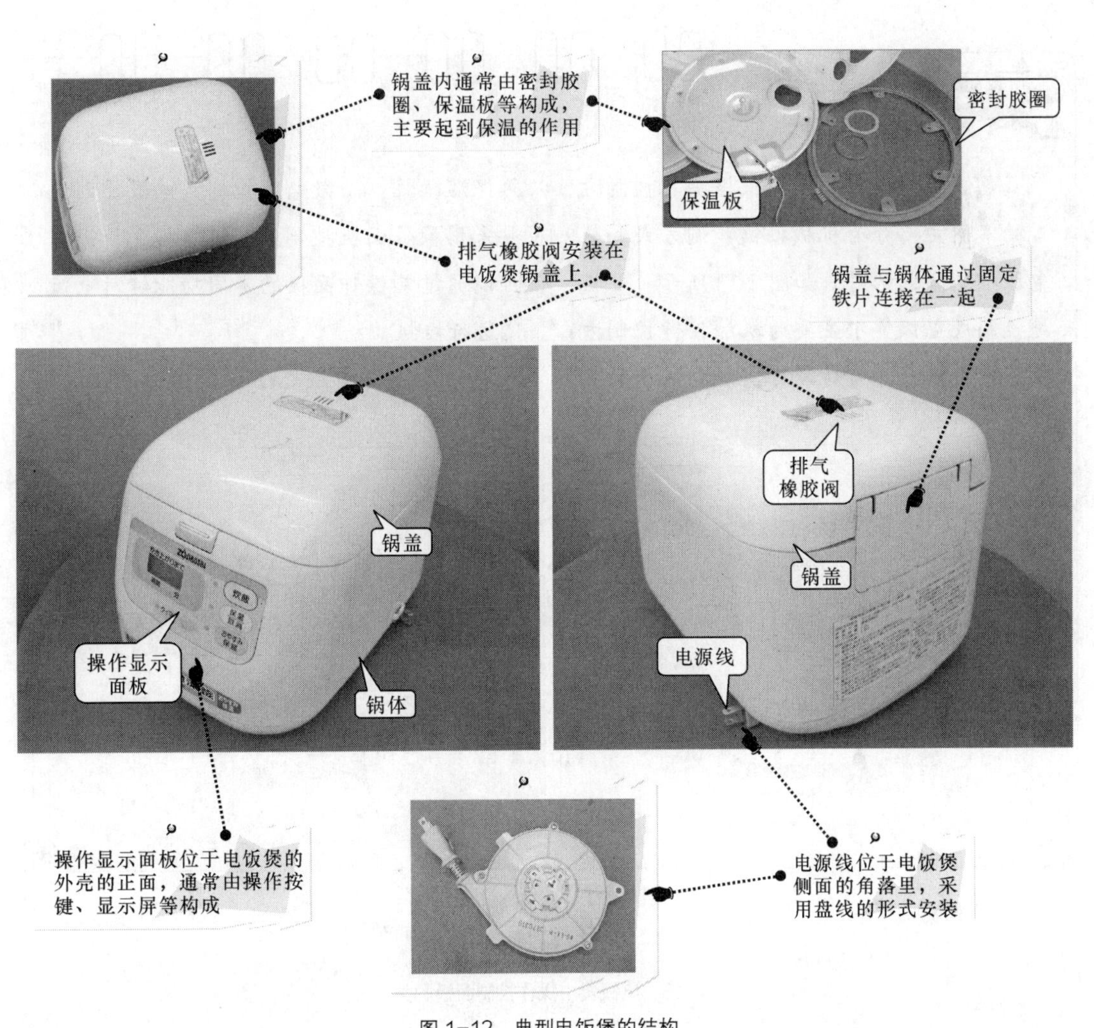
锅盖内通常由密封胶圈、保温板等构成，主要起到保温的作用
密封胶圈
保温板
排气橡胶阀安装在电饭煲锅盖上
锅盖与锅体通过固定铁片连接在一起
排气橡胶阀
锅盖
锅盖
操作显示面板
锅体
电源线
操作显示面板位于电饭煲的外壳的正面，通常由操作按键、显示屏等构成
电源线位于电饭煲侧面的角落里，采用盘线的形式安装

图 1-12　典型电饭煲的结构

在锅体表面中间位置，最为显著的为操作显示面板，主要是用于输入人工指令，同时显示当前电饭煲的工作状态；锅盖与锅体相连，采用上掀式设计，方便操作；在电饭煲侧面有电源线，用以接插电源，确保供电连接方便。

电饭煲的排气橡胶阀位于电饭煲的锅盖中，主要是用于散发电饭煲内锅中的蒸汽热量。

高手指点

电饭煲的操作控制面板根据其控制方式的不同主要分为机械按键控制方式和微电脑控制方式两种，如图1-13所示。在机械控制式电饭煲中主要为机械按键控制方式，按下按动开关后即可实现电饭煲的加热保温操作；而微电脑控制式电饭煲则主要采用操作面板控制方式进行控制，用户可以通过其操作面板的不同功能键对电饭煲进行控制。

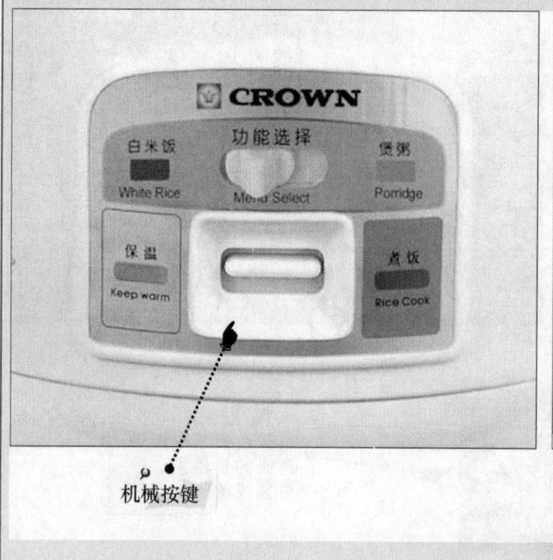
CROWN
白米饭
White Rice
功能选择
Menu Select
煲粥
Porridge
保温
Keep warm
煮饭
Rice Cook
机械按键

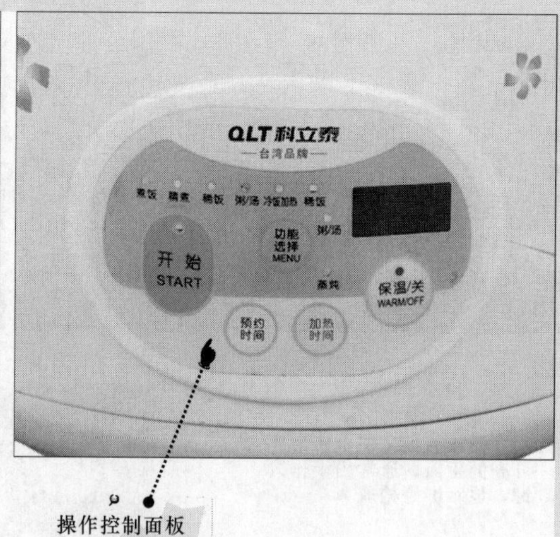
QLT科立泰
台湾品牌
开始
START
功能选择
MENU
保温/关
WARM/OFF
预约时间
加热时间
操作控制面板

图1-13 电饭煲中操作控制面板的类型

练功基础

功法秘籍

如果我们将电饭煲进行分解，整个电饭煲的构造即一目了然。图 1-14 所示为典型电饭煲的分解示意图。

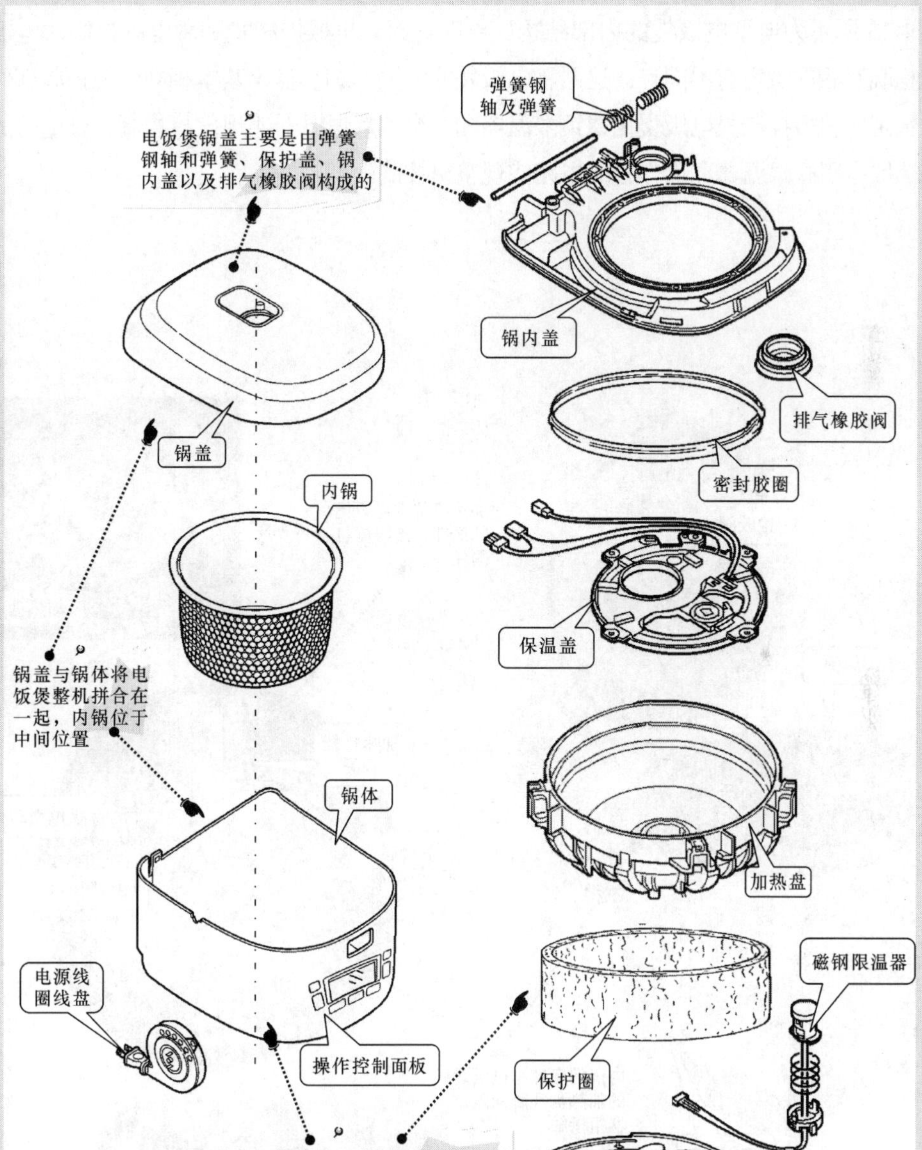

弹簧钢轴及弹簧

电饭煲锅盖主要是由弹簧钢轴和弹簧、保护盖、锅内盖以及排气橡胶阀构成的

锅内盖

排气橡胶阀

锅盖

密封胶圈

内锅

保温盖

锅盖与锅体将电饭煲整机拼合在一起，内锅位于中间位置

锅体

加热盘

电源线圈线盘

磁钢限温器

操作控制面板

保护圈

加热盘、保护圈、磁钢限温器以及固定钢板等均位于电饭煲的锅体内

固定钢板

图 1-14 电饭煲的分解示意图

电饭煲的内锅位于锅体的中间位置，是用来煮饭的容器。锅盖与锅体拼合在一起，并通过固定螺钉固定连接。操作显示面板位于锅体的中间位置，用户可以通过操作显示面板对电饭煲进行控制，并由显示屏显示电饭煲当前的工作状态。

2. 认识电饭煲的内部结构

对电饭煲的整机构造有所了解之后，我们继续深入电饭煲的内部，探究电饭煲的结构组成。

图 1-15 所示为典型电饭煲的内部结构。可以看到，机械控制式和微电脑控制式电饭煲的内部结构既有相同点也有不同点。这两种电饭煲的内锅、加热盘等基本相同，但控制部件却有明显的区别：机械控制式电饭煲由磁钢限温器和双金属片恒温器实现整机控制，微电脑式电饭煲则由热敏电阻式限温器和操作控制电路实现整机控制。

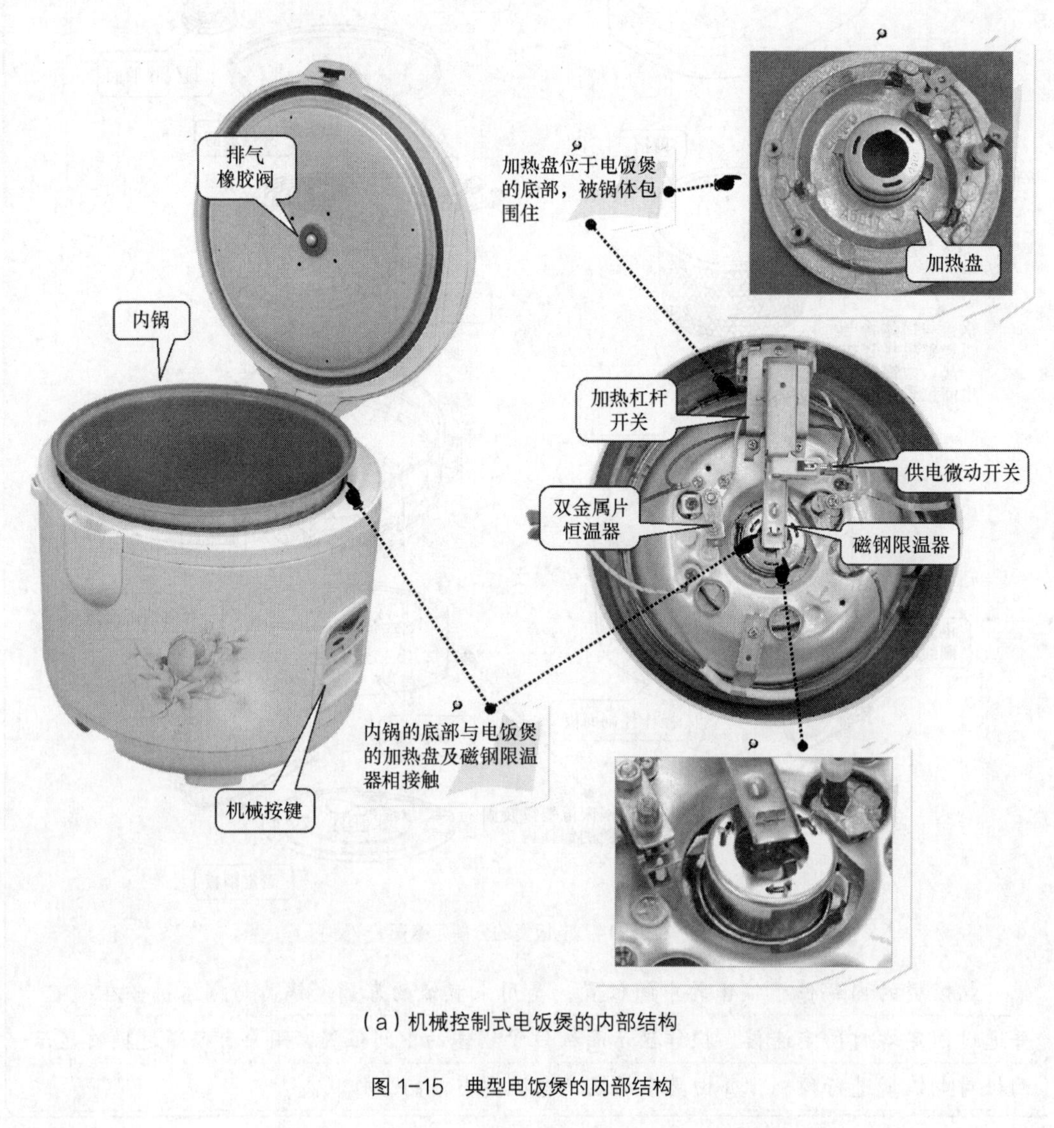
排气
橡胶阀
内锅
机械按键
加热盘位于电饭煲的底部，被锅体包围住
加热盘
加热杠杆开关
供电微动开关
双金属片恒温器
磁钢限温器
内锅的底部与电饭煲的加热盘及磁钢限温器相接触

(a) 机械控制式电饭煲的内部结构

图 1-15　典型电饭煲的内部结构

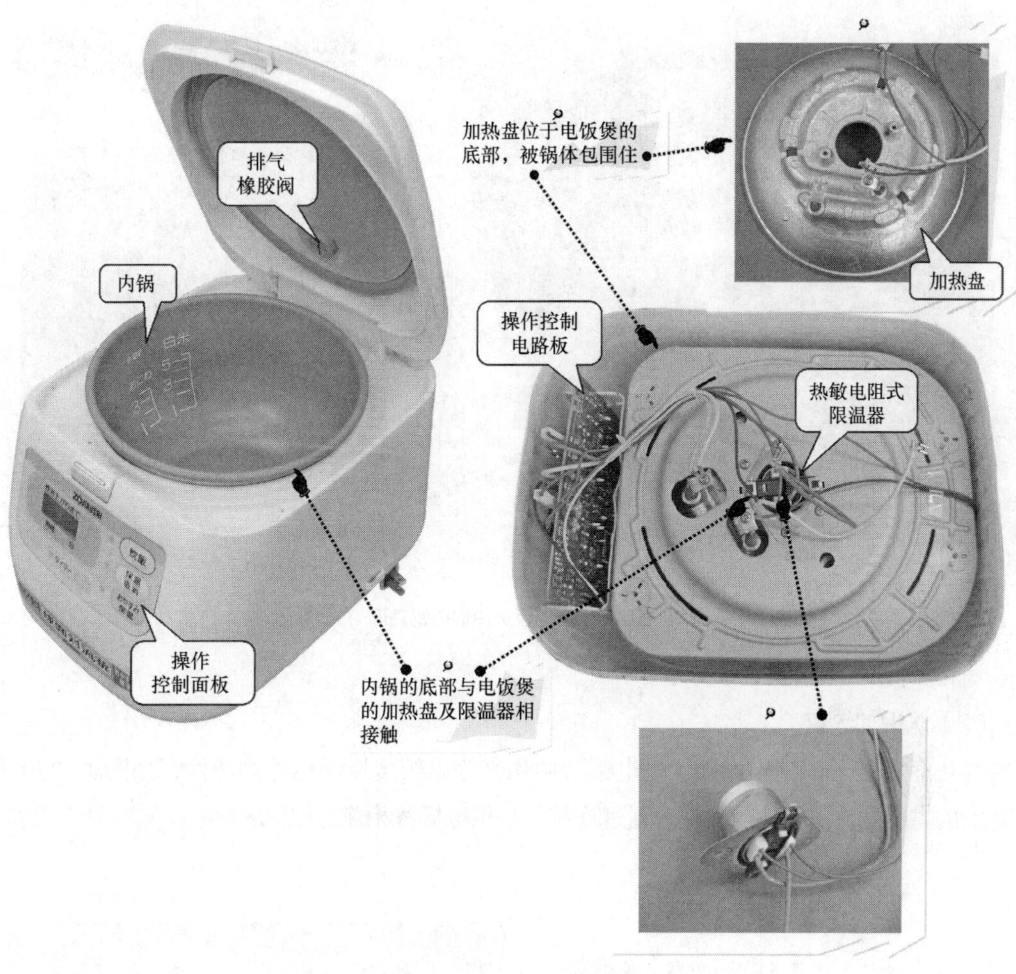
排气
橡胶阀
内锅
操作
控制面板
加热盘位于电饭煲的
底部，被锅体包围住
加热盘
操作控制
电路板
热敏电阻式
限温器
内锅的底部与电饭煲
的加热盘及限温器相
接触

（b）微电脑控制式电饭煲的内部结构

图 1-15　典型电饭煲的内部结构（续）

下面我们将这两种常见的电饭煲中的主要部件进行逐一介绍（内锅、加热盘等功能一致的部件，这里综合介绍，不再按电饭煲类型分别介绍）。

（1）认识内锅

内锅（也称内胆）是电饭煲中用来煮饭的容器，它由 0.8 ~ 1.5 mm 厚的铝板一次拉伸而成，底部加工成球面状，以便与电热盘紧密接触，具有导热快的特点，如图 1-16 所示。

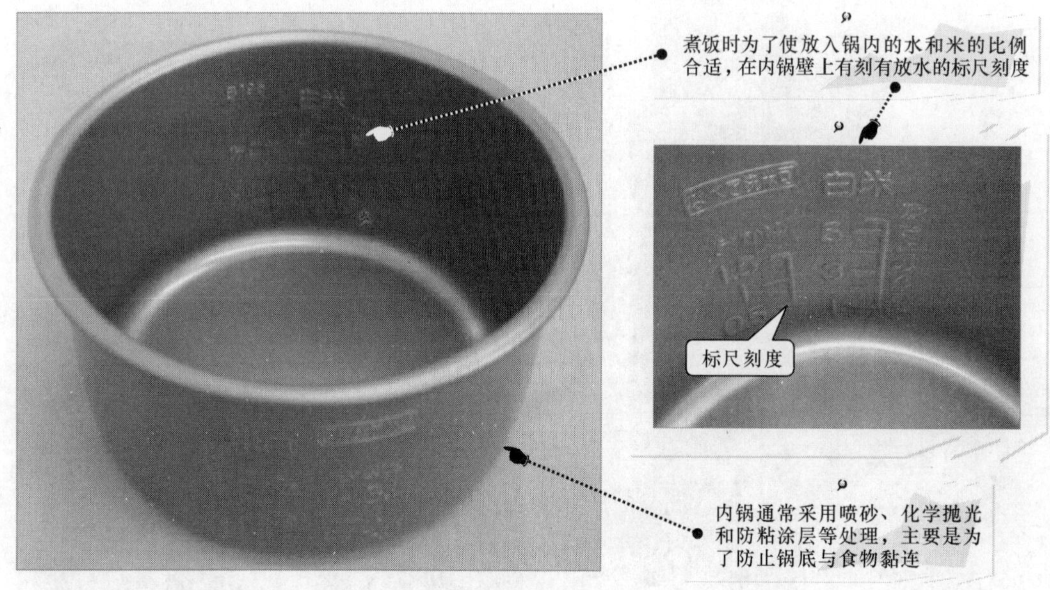
煮饭时为了使放入锅内的水和米的比例合适，在内锅壁上有刻有放水的标尺刻度
标尺刻度
内锅通常采用喷砂、化学抛光和防粘涂层等处理，主要是为了防止锅底与食物黏连

图 1-16　电饭煲中的内锅外形

（2）认识加热盘

加热盘安装于内锅的底部，是电饭煲中用来为电饭煲提供热源的部件，如图 1-17 所示，加热盘的供电端位于锅体的底部，通过连接片与供电导线相连。

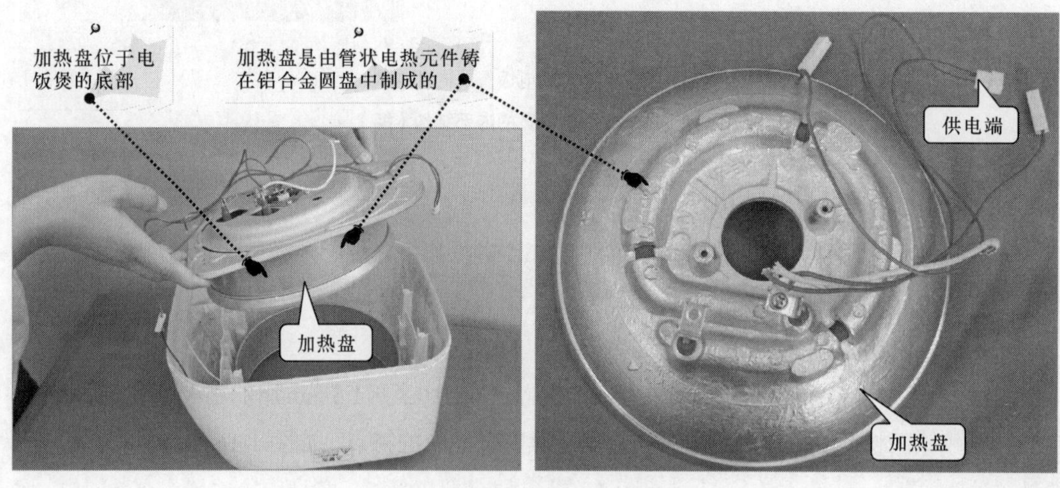
加热盘位于电饭煲的底部
加热盘是由管状电热元件铸在铝合金圆盘中制成的
加热盘
供电端
加热盘

图 1-17　电饭煲中的加热盘

不同型号的电饭煲，内部加热盘的外形也有所不同，如图 1-18 所示。

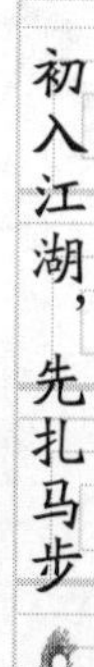
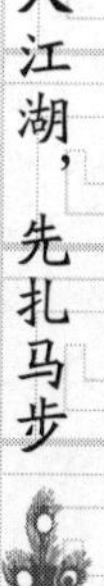
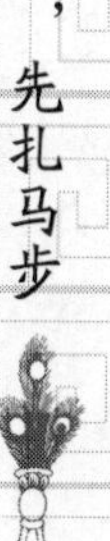

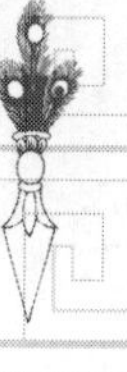

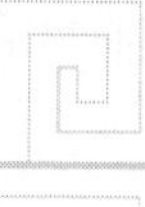

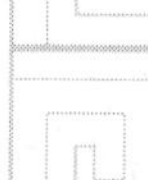
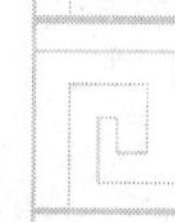

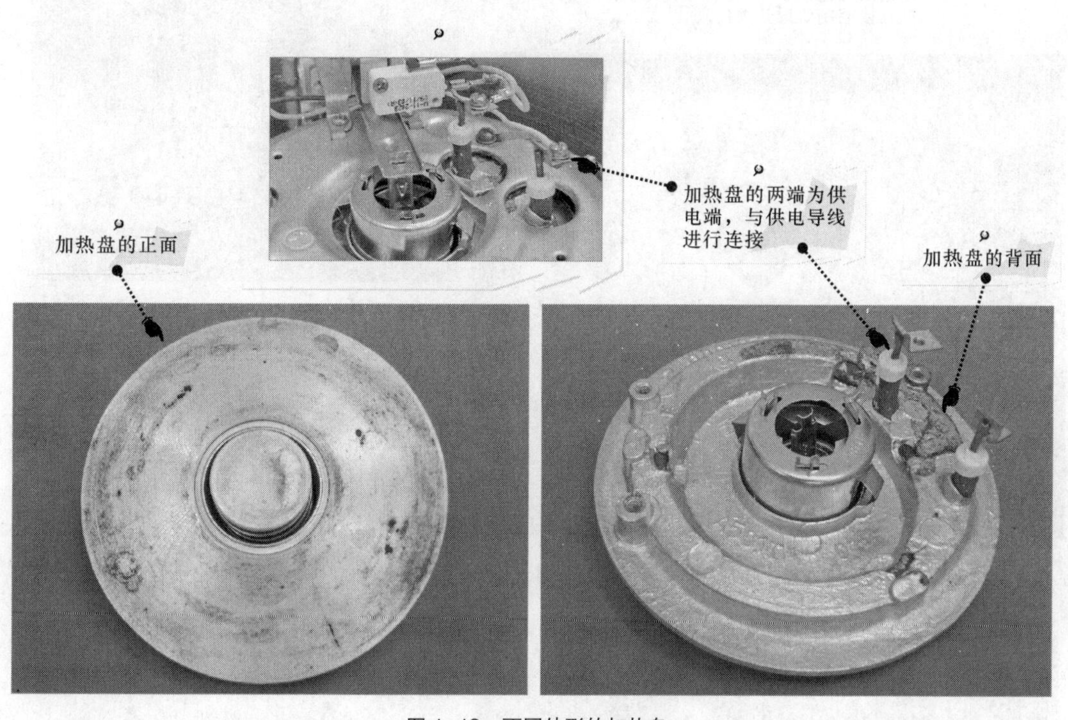
加热盘的正面
加热盘的两端为供电端，与供电导线进行连接
加热盘的背面

图 1-18　不同外形的加热盘

（3）认识限温器

限温器是电饭煲中的重要器件，不同类型的电饭煲中，限温器的类型和原理也有所不同，一般在机械控制式电饭煲中采用磁钢限温器，在微电脑控制式电饭煲中采用热敏电阻式限温器，如图 1-19 所示。

限温器通常安装在电饭煲的底部，以便于控制电饭煲的炊饭工作，当锅内的食物煮熟后，限温器自动切断加热盘的供电电源，电饭煲停止加热。

有些压力式电饭煲（电压力锅）中的限温器采用热敏电阻式感温器，其结构与上述热敏电阻式限温器有所不同，如图 1-20 所示，但不同类型限温器的基本功能都是相同的。

（4）双金属片恒温器

双金属片恒温器是机械控制式电饭煲中特有的部件，在电饭煲中与磁钢限温器并联安装，如图 1-21 所示，它是电饭煲中的自动保温装置。

（5）认识操作控制电路

操作控制电路是微电脑控制式电饭煲中特有的控制部件，通常位于电饭煲的锅体壳内，主要是由液晶显示屏、指示灯、操作按键、控制继电器、蜂鸣器以及过压保护器等构成的，如图 1-22 所示。用户可以根据需要对电饭煲进行控制，并由指示部分显示电饭煲的当前工作状态。

磁钢限温器位于电饭煲的底部，可以直接控制炊饭开关的动作

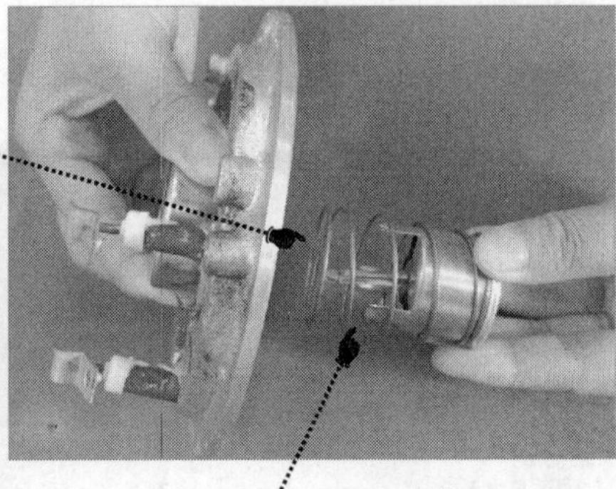

磁钢限温器的内部主要是由感温磁钢、复位弹簧和永磁体构成

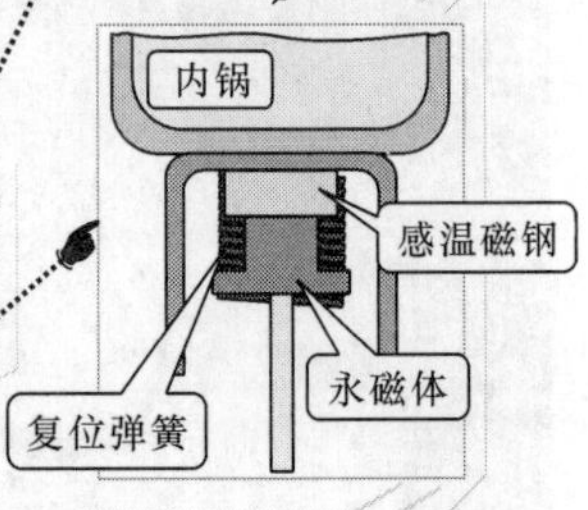
内锅
感温磁钢
永磁体
复位弹簧

（a）磁钢限温器的外形及内部结构

热敏电阻式限温器实际是由热敏电阻和限温开关感应电饭煲炊饭加热温度的

热敏电阻式限温器与内锅接触的感温面

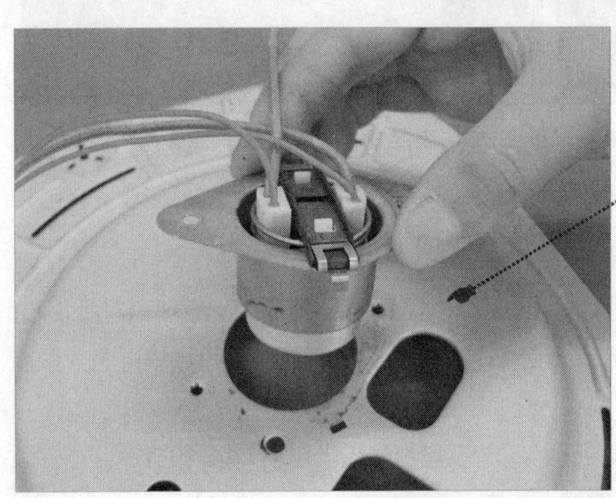

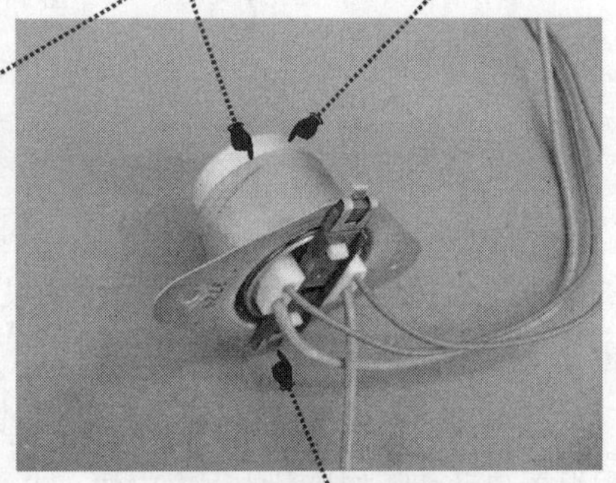

热敏电阻式限温器的内部结构组成示意图

撬开热敏电阻式限温器的外壳既可以看到其内部结构

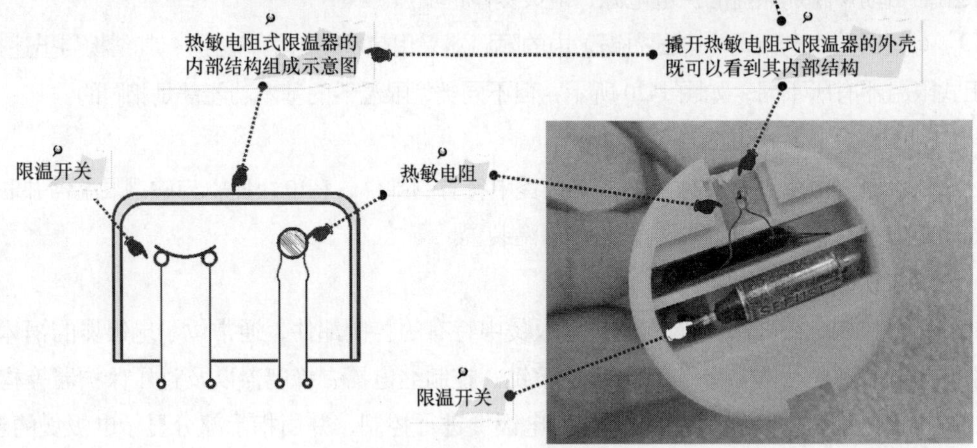
限温开关
热敏电阻
限温开关

图 1-19　电饭煲中的限温器

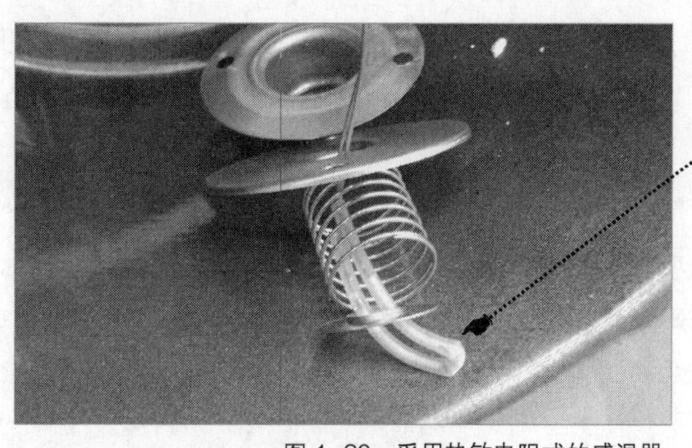
热敏电阻式感温器
的实物外形

图 1-20　采用热敏电阻式的感温器

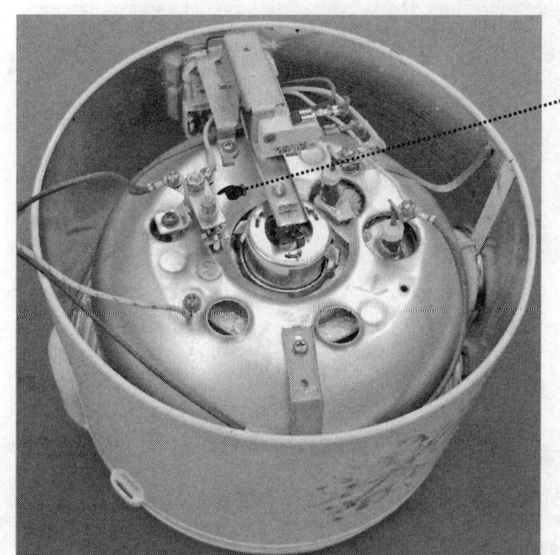
双金属片恒温器位于电饭煲的
底部，主要是由双金属片、保
温触点以及保温调节螺钉构成的

保温
调节螺钉
保温触点
双金属片

图 1-21　电饭煲中的双金属片恒温器

控制继电器

蜂鸣器

过压保护器

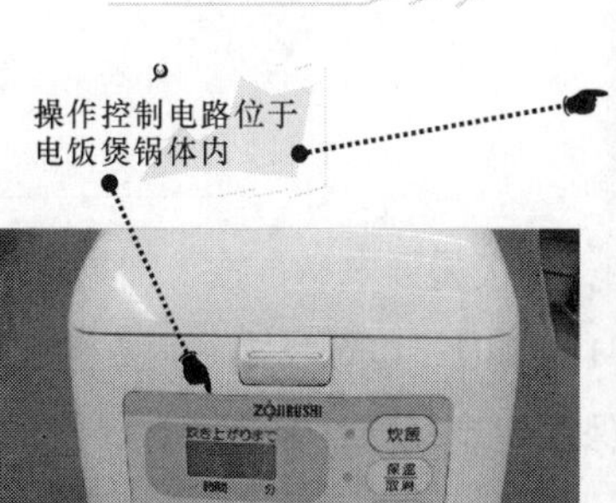
操作控制电路位于
电饭煲锅体内
ZOJIRUSHI

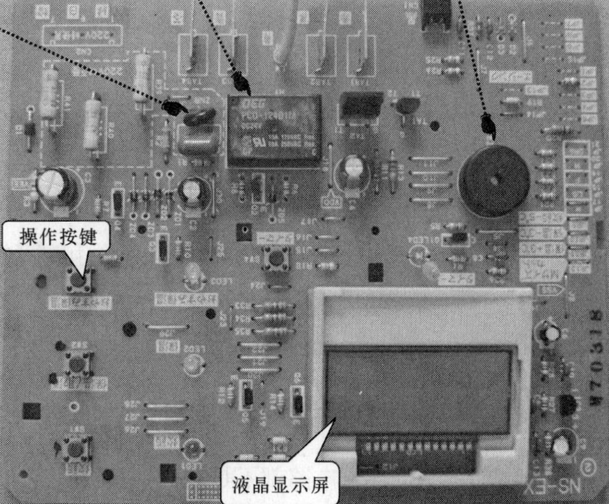
操作按键
液晶显示屏

图 1-22　电饭煲中的操作控制电路

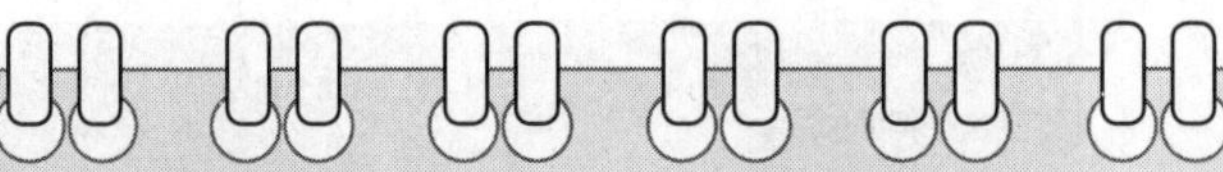

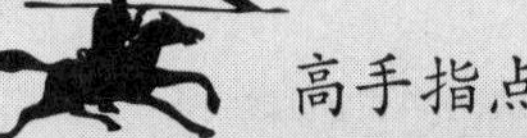

高手指点

在一些智能化的电压力锅的操作控制电路中，还设置安装有微处理器控制芯片（CPU），如图 1-23 所示。除此之外，还设置有电源电路板，在控制电路的控制下为加热盘供电，同时将交流 220 V 电压转换成不同电压值的直流电压，为电饭煲的其他电路提供工作电压。

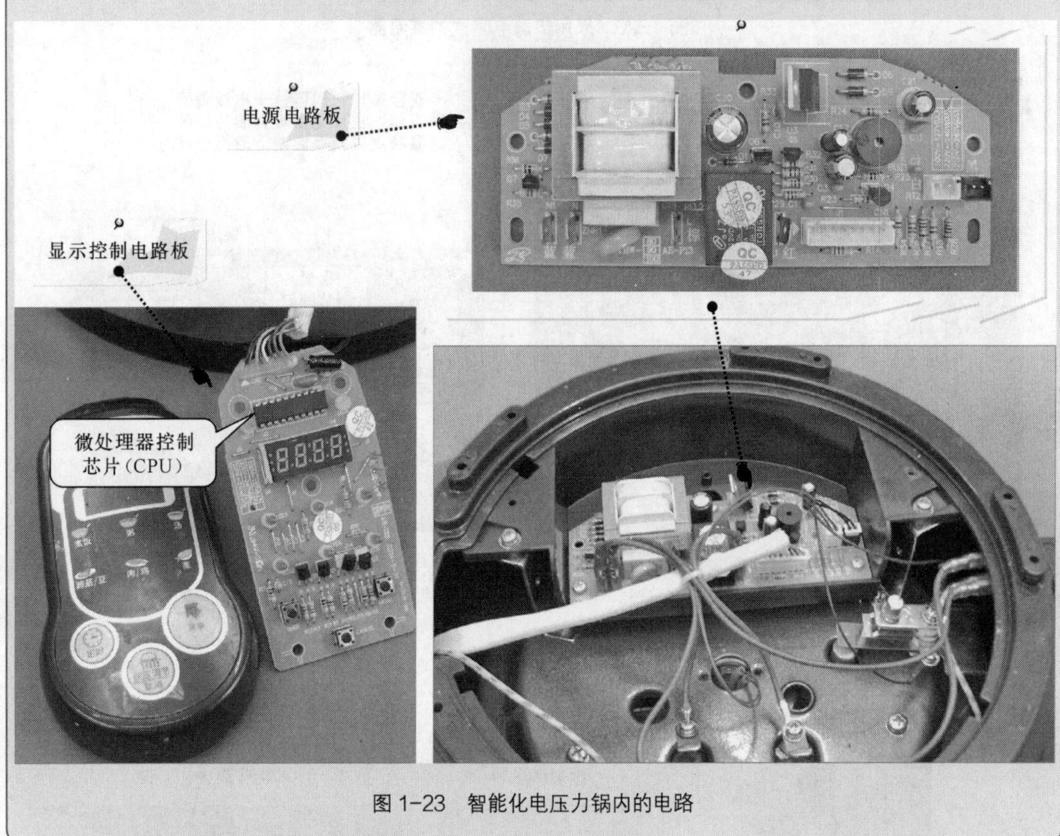
电源电路板
显示控制电路板
微处理器控制
芯片（CPU）

图 1-23　智能化电压力锅内的电路

1.2.2　搞清电饭煲的工作关系

1. 搞清电饭煲整机的控制过程

图 1-24 所示为典型电饭煲的整机控制过程。由图可知，电饭煲通电后，按下加热开关后，加热盘开始加热，当饭熟后水分蒸发，锅底的温度上升至 100℃时，电饭煲内磁钢限温器感温后断开加热开关，加热指示灯灭，电饭煲停止加热，进入保温状态，同时保温指示灯亮。

2. 搞清电饭煲电路的控制关系

电饭煲中的各个部件及电路都不是独立存在的，在电饭煲工作时，各部件及电路之间相互配合，共同协作，完成煮饭的功能，这是一个较为复杂的过程。

电饭煲接通220V交流市电

按下加热开关后，加热指示灯亮，加热盘为内锅加热

加热指示灯

保温指示灯

当内锅的温度达到一定值后饭煮熟，同时磁钢限温器动作，切断加热开关，进入保温状态

图 1-24　典型电饭煲的整机控制过程

功法秘籍

图 1-25 所示为机械控制式和微电脑控制式两种典型电饭煲的控制关系图。从图中不难看出，机械控制式电饭煲的控制关系相对简单，操作简便；而微电脑控制式电饭煲的控制关系相对复杂，但其自动化、智能化程度更高一些。

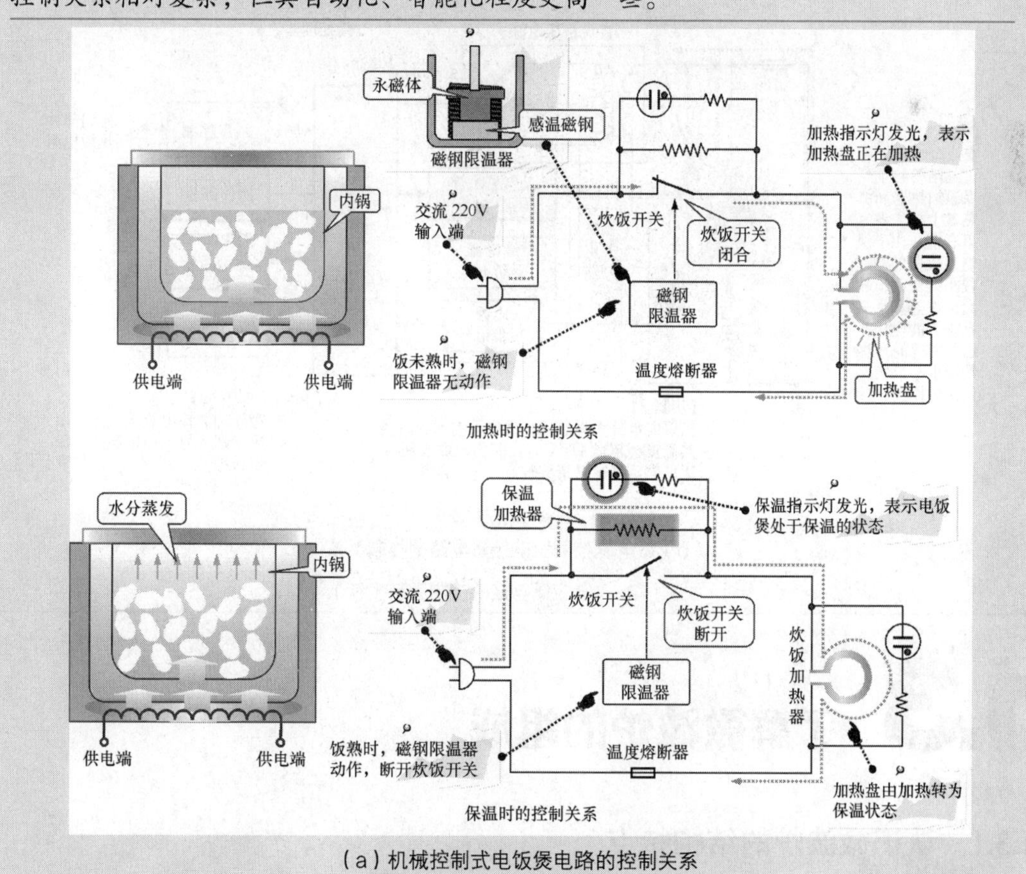

永磁体
感温磁钢
磁钢限温器
内锅
交流 220V
输入端
炊饭开关
炊饭开关
闭合
加热指示灯发光，表示
加热盘正在加热
磁钢
限温器
饭未熟时，磁钢
限温器无动作
温度熔断器
加热盘
供电端
供电端
加热时的控制关系
保温
加热器
保温指示灯发光，表示电饭
煲处于保温的状态
水分蒸发
内锅
交流 220V
输入端
炊饭开关
炊饭开关
断开
炊饭加热器
磁钢
限温器
饭熟时，磁钢限温器
动作，断开炊饭开关
温度熔断器
加热盘由加热转为
保温状态
供电端
供电端
保温时的控制关系

（a）机械控制式电饭煲电路的控制关系

图 1-25　电饭煲电路的控制关系

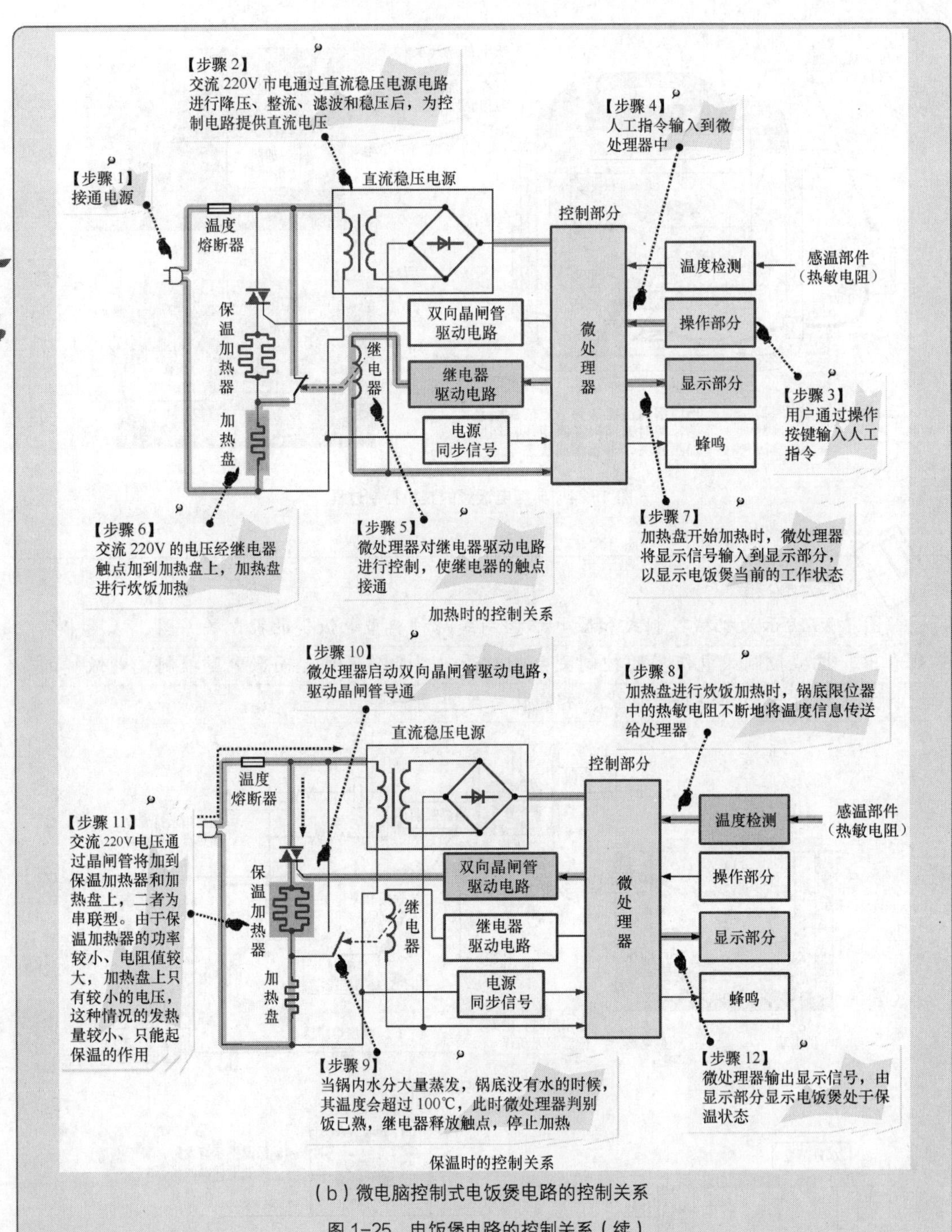
【步骤 2】
交流 220V 市电通过直流稳压电源电路进行降压、整流、滤波和稳压后，为控制电路提供直流电压
【步骤 4】
人工指令输入到微处理器中
【步骤 1】
接通电源
直流稳压电源
温度熔断器
控制部分
温度检测
感温部件（热敏电阻）
保温加热器
双向晶闸管驱动电路
微处理器
操作部分
继电器
继电器驱动电路
显示部分
【步骤 3】
用户通过操作按键输入人工指令
加热盘
电源同步信号
蜂鸣
【步骤 6】
交流 220V 的电压经继电器触点加到加热盘上，加热盘进行炊饭加热
【步骤 5】
微处理器对继电器驱动电路进行控制，使继电器的触点接通
【步骤 7】
加热盘开始加热时，微处理器将显示信号输入到显示部分，以显示电饭煲当前的工作状态
加热时的控制关系
【步骤 10】
微处理器启动双向晶闸管驱动电路，驱动晶闸管导通
【步骤 8】
加热盘进行炊饭加热时，锅底限位器中的热敏电阻不断地将温度信息传送给处理器
直流稳压电源
控制部分
温度熔断器
温度检测
感温部件（热敏电阻）
【步骤 11】
交流 220V电压通过晶闸管将加到保温加热器和加热盘上，二者为串联型。由于保温加热器的功率较小、电阻值较大，加热盘上只有较小的电压，这种情况的发热量较小、只能起保温的作用
保温加热器
双向晶闸管驱动电路
微处理器
操作部分
继电器
继电器驱动电路
显示部分
加热盘
电源同步信号
蜂鸣
【步骤 9】
当锅内水分大量蒸发，锅底没有水的时候，其温度会超过 100℃，此时微处理器判别饭已熟，继电器释放触点，停止加热
【步骤 12】
微处理器输出显示信号，由显示部分显示电饭煲处于保温状态
保温时的控制关系

（b）微电脑控制式电饭煲电路的控制关系

图 1-25　电饭煲电路的控制关系（续）

1.3 了解微波炉的组成

1.3.1　认识微波炉的结构特点

在对微波炉进行故障检修之前，应首先了解微波炉的整机特点和结构组成。从微波炉整机

的功能特点入手，进而将微波炉的结构合理划分，明确微波炉各组成部分的结构特点，为搞清微波炉的工作关系打下基础。

1. 认识微波炉的整机特点

微波炉是一种采用微波加热原理工作的新型厨房电炊具。微波炉的种类多样，设计也各具特色，图 1-26 所示为不同设计风格的微波炉。

家用机械式微波炉
Galanz

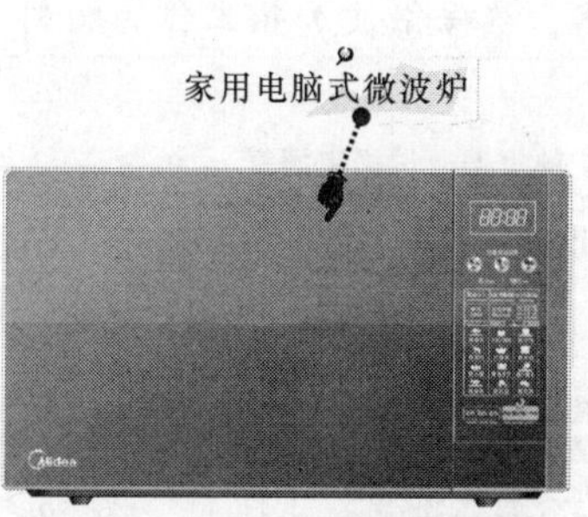
家用电脑式微波炉
Midea

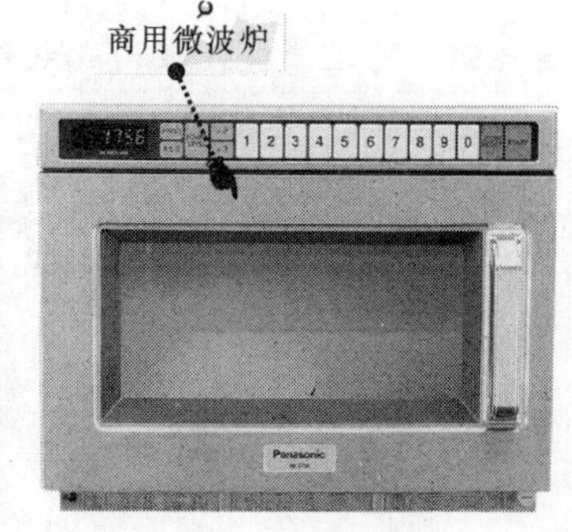
商用微波炉
Panasonic

图 1-26　不同设计风格的微波炉

通常微波炉采用箱体式设计，如图 1-27 所示，整个微波炉被外壳罩住，通过微波炉的正面，我们首先可以看到炉门，炉门上通常安装有门罩，方便用户观看加热情况；在炉门旁边常设计有操作面板（旋钮、按键、显示屏等），方便用户对微波炉进行操作，并同步显示当前微波炉的工作状态。

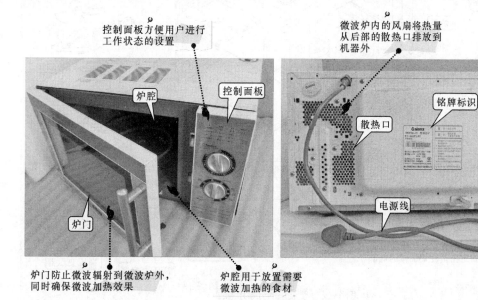

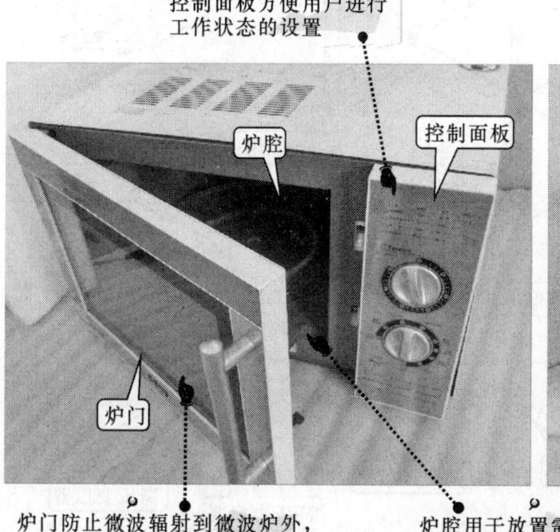
控制面板方便用户进行工作状态的设置
炉腔
控制面板
炉门
炉门防止微波辐射到微波炉外，同时确保微波加热效果
炉腔用于放置需要微波加热的食材
微波炉内的风扇将热量从后部的散热口排放到机器外
铭牌标识
散热口
电源线

图 1-27　典型微波炉的结构分布

功法秘籍

如果我们将微波炉进行分解，整个微波炉的构造一目了然。图 1-28 所示为微波炉的分解示意图。

微波炉的外壳是通过上盖、后盖以及底板 3 个部分拼接在一起，并由固定螺钉固定。微波炉的炉腔用于放置需要加热的食物；磁控管、电路板、高压变压器等固定于炉腔的一侧，通过线缆连接构成电路，确保微波加热工作的顺利进行。

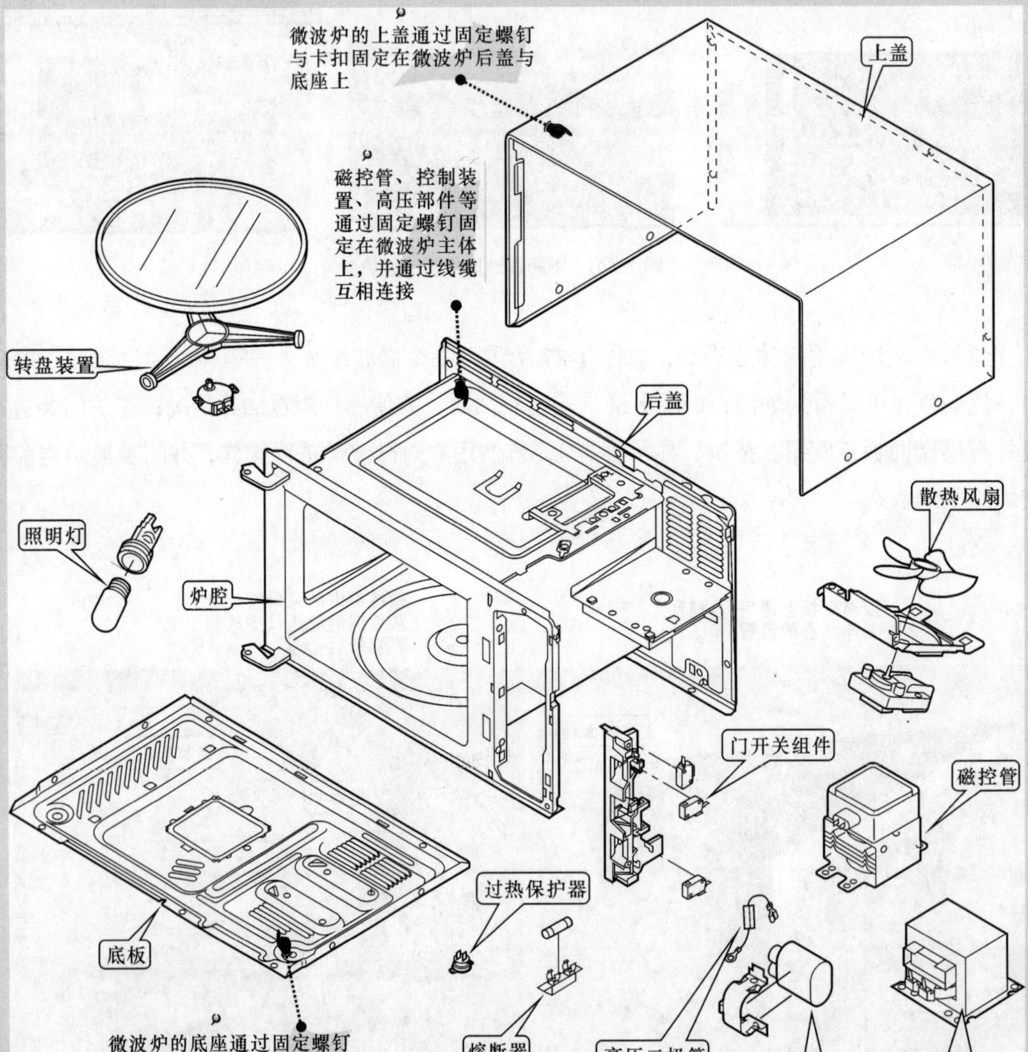

微波炉的上盖通过固定螺钉与卡扣固定在微波炉后盖与底座上
上盖
磁控管、控制装置、高压部件等通过固定螺钉固定在微波炉主体上，并通过线缆互相连接
转盘装置
后盖
散热风扇
照明灯
炉腔
门开关组件
磁控管
过热保护器
底板
微波炉的底座通过固定螺钉与固定在微波炉主体的底部
熔断器
高压二极管
高压电容器
高压变压器

图 1-28　微波炉的分解示意图

微波炉的电源插头位于微波炉的背面，主要是方便用户连接供电电源；微波炉的散热口位于机器的顶部和背部，利于微波炉进行散热。

2. 认识微波炉的内部结构

对微波炉的整机特点有所了解之后，我们继续深入微波炉的内部，探究微波炉的结构组成。

图 1-29 所示为典型微波炉的内部结构。可以看到，微波炉的内部主要是由微波发射装置、烧烤装置、转盘装置、保护装置、照明和散热装置和控制装置等构成的，它们之间通过线缆互相连接。

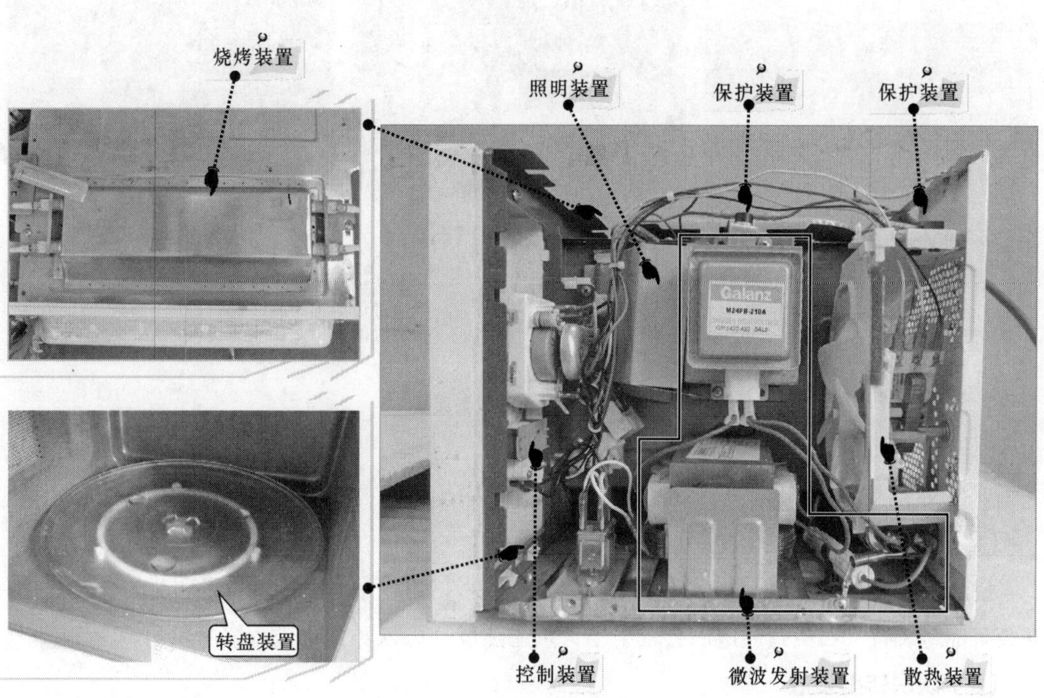

烧烤装置
照明装置
保护装置
保护装置
转盘装置
控制装置
微波发射装置
散热装置

图 1-29　典型微波炉的内部结构

（1）认识微波发射装置

微波发射装置主要由磁控管、高压变压器、高压电容和高压二极管组成，如图 1-30 所示。交流 220 V 电压经高压变压器、高压电容和高压二极管后，变为 4000 V 左右的高压送入到磁控管中，使磁控管产生微波信号对食物进行加热。

磁控管

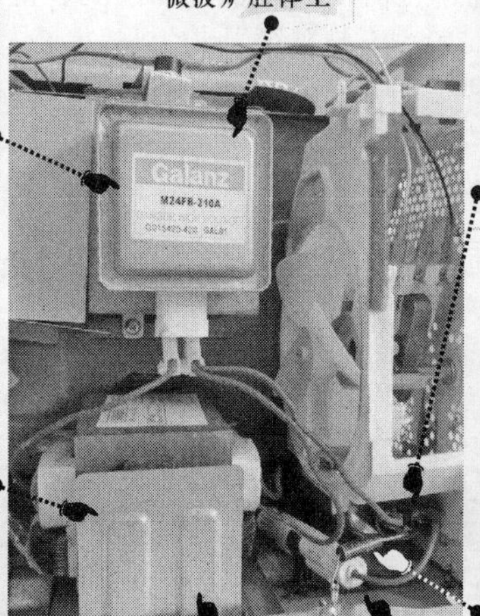
磁控管固定在
微波炉腔体上
Galanz
M24FB-210A
高压电容器
高压变压器固定
在底板上
微波发射装置中的各部件
通过线缆连接在一起，该
装置的供电是由电源提供，
控制电路进行控制的

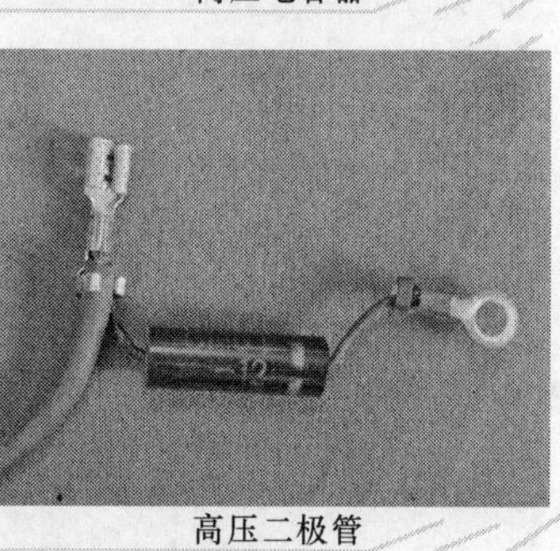
高压二极管

高压变压器

图 1-30　微波发射装置

（2）认识烧烤装置

烧烤装置主要由石英管和石英管支架组成，如图 1-31 所示。带有烧烤功能的微波炉中便安装有烧烤装置，石英管通电后会辐射出大量的热量，可以对食物进行烧烤。

（3）认识转盘装置

为了使微波炉内的食物均匀加热，通常都会安装有转盘装置，转盘装置主要由转盘电动机、三角驱动轴、滚圈和托盘构成，如图 1-32 所示。

（4）认识保护装置

微波炉中有多个保护装置，这包括对电路进行保护的熔断器，过热保护的温度保护器以及防止微波泄漏的门开关组件，如图 1-33 所示。

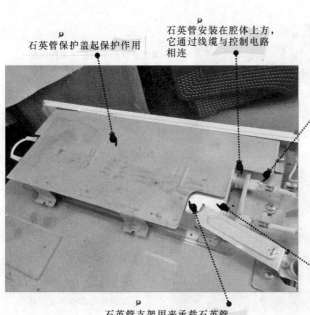

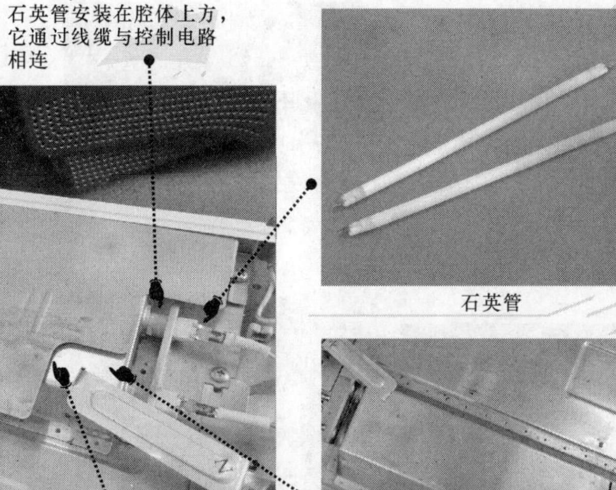
石英管保护盖起保护作用
石英管安装在腔体上方，它通过线缆与控制电路相连
石英管
石英管支架
石英管支架用来承载石英管，并对石英管发出的热量进行反射，提高加热效率

图 1-31　烧烤装置

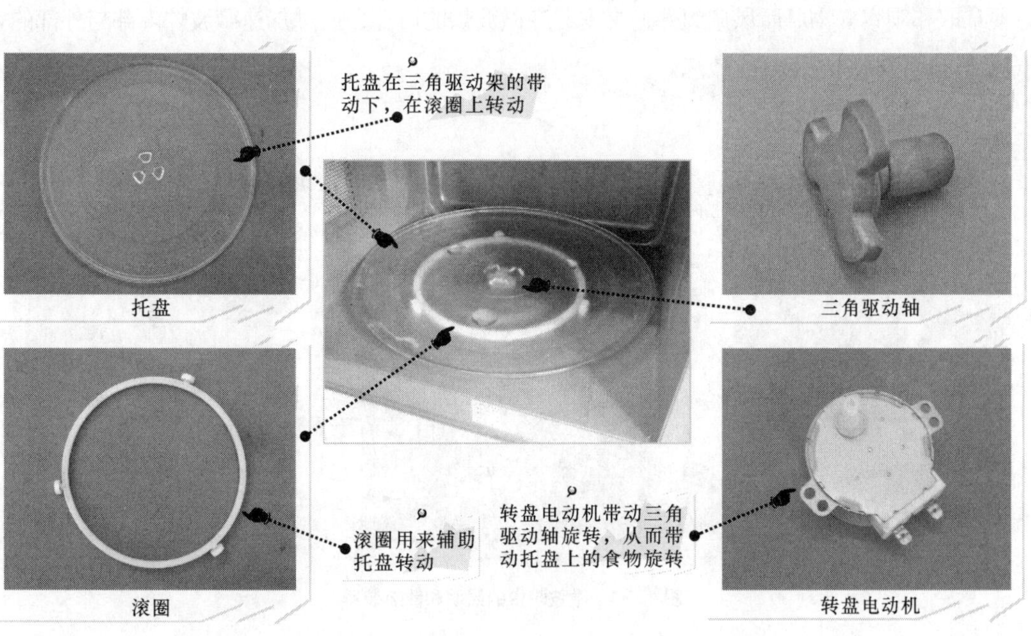
托盘在三角驱动架的带动下，在滚圈上转动
托盘
三角驱动轴
滚圈用来辅助托盘转动
转盘电动机带动三角驱动轴旋转，从而带动托盘上的食物旋转
滚圈
转盘电动机

图 1-32　转盘装置

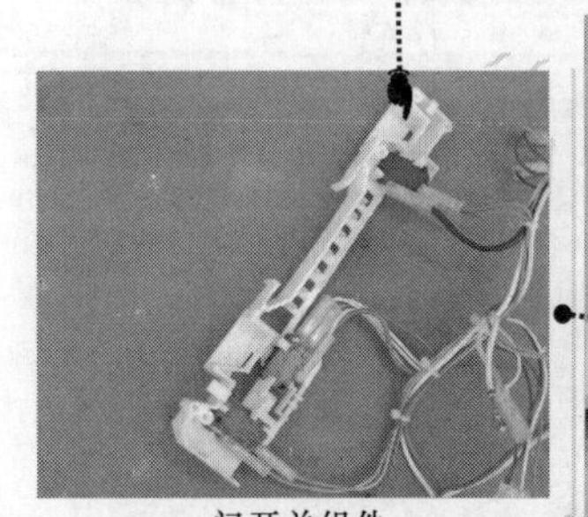
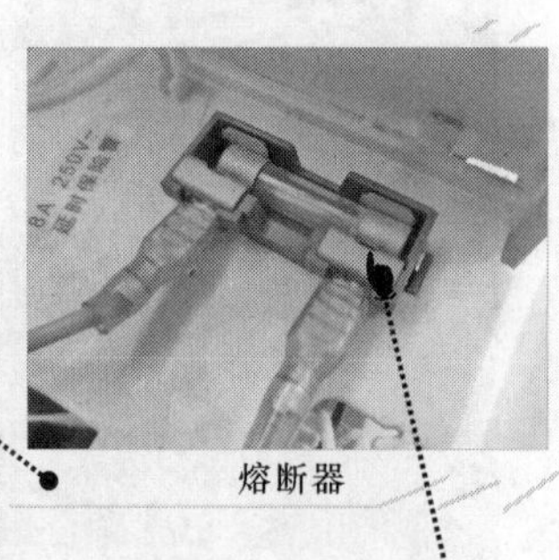
温度保护器检测腔体内的温度是否过高，若出现过热的情况，便会及时切断电源
门开关组件可以将炉门锁住，并检测炉门是否开启，防止微波泄漏
温度保护器
熔断器
当电路中出现过流情况时，熔断器便会熔断，切断电源，保护电路部件不受损坏
门开关组件

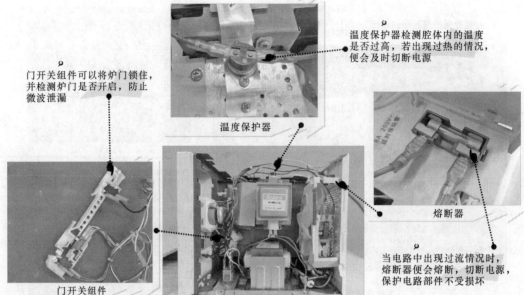

图 1-33　保护装置

(5) 认识照明和散热装置

照明和散热装置指的是照明灯和散热风扇，如图 1-34 所示，照明灯可对炉腔内进行照射，方便拿取和观察食物。而风扇组件通常安装在微波炉的后部，通过加速微波炉内部与外部的空气流通，确保微波炉良好的散热。

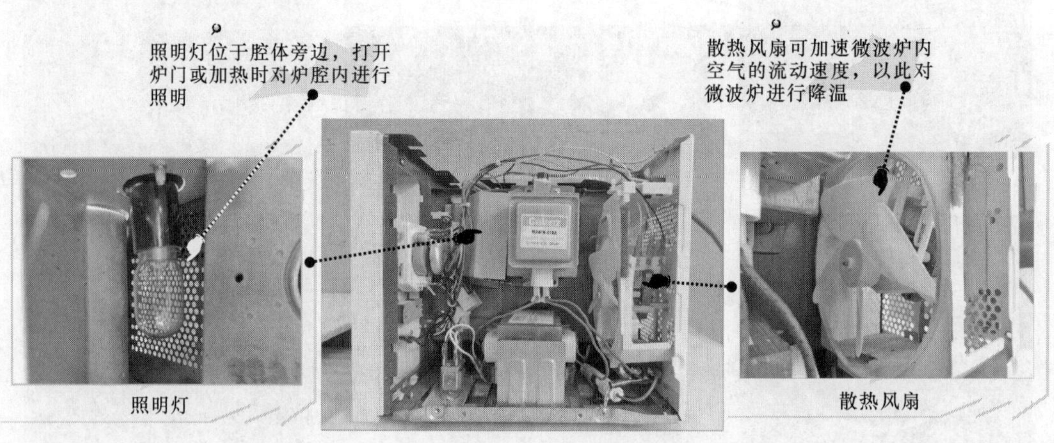
照明灯位于腔体旁边，打开炉门或加热时对炉腔内进行照明
散热风扇可加速微波炉内空气的流动速度，以此对微波炉进行降温
照明灯
散热风扇

图 1-34　微波炉中的照明和散热装置

(6) 认识控制装置

控制装置是微波炉整机工作的控制核心，控制装置根据设定好的程序，对微波炉内各部件进行控制，协调各部分的工作。根据控制原理不同，控制装置可分为机械控制装置和电脑控制

装置两种，如图 1-35 所示。

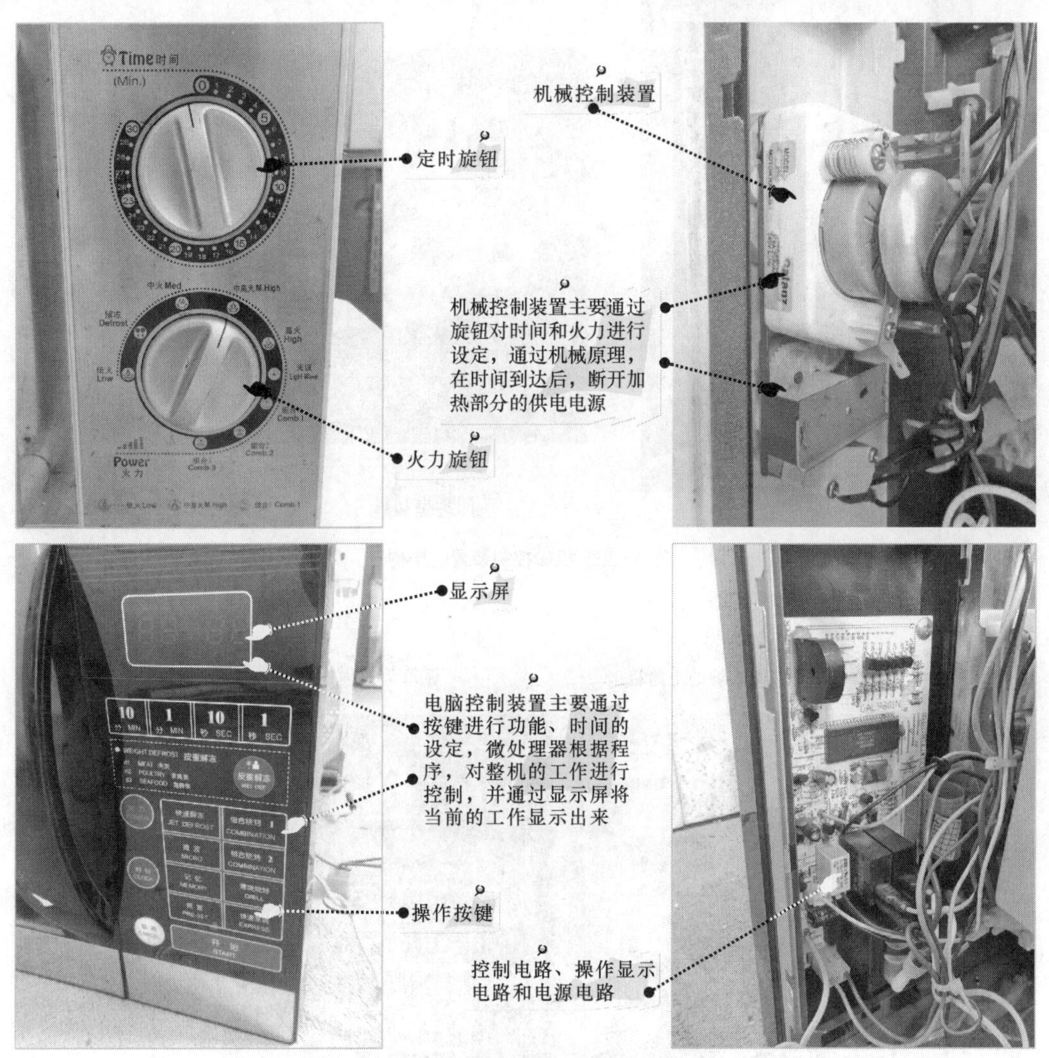
机械控制装置
定时旋钮
机械控制装置主要通过旋钮对时间和火力进行设定，通过机械原理，在时间到达后，断开加热部分的供电电源
火力旋钮
显示屏
电脑控制装置主要通过按键进行功能、时间的设定，微处理器根据程序，对整机的工作进行控制，并通过显示屏将当前的工作显示出来
操作按键
控制电路、操作显示电路和电源电路

图 1-35　微波炉中的控制装置

① 机械控制装置。机械控制装置主要由同步电动机、定时控制组件、火力控制组件以及报警铃等构成，使用者通过旋钮对火力和时间进行设置，机械控制装置便会根据设定内容控制微波炉的工作状态。图 1-36 所示为机械控制装置的结构。

② 电脑控制装置。电脑控制装置与机械控制装置不同，它主要通过微处理器对微波炉各部分的工作进行控制，并且通过显示屏显示出当前的工作状态。图 1-37 所示为电脑控制装置的结构。

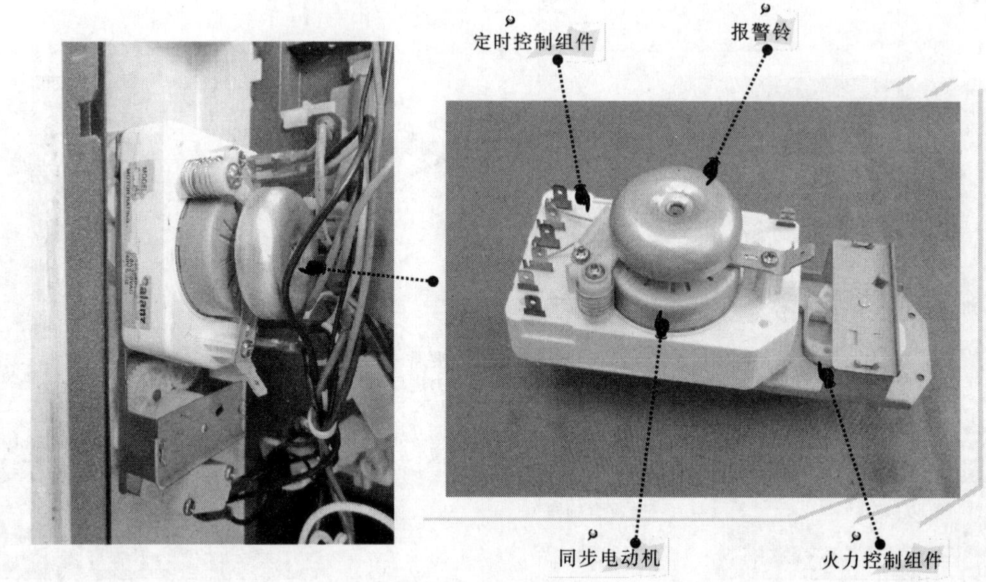
定时控制组件
报警铃
同步电动机
火力控制组件

图 1-36　机械控制装置的结构

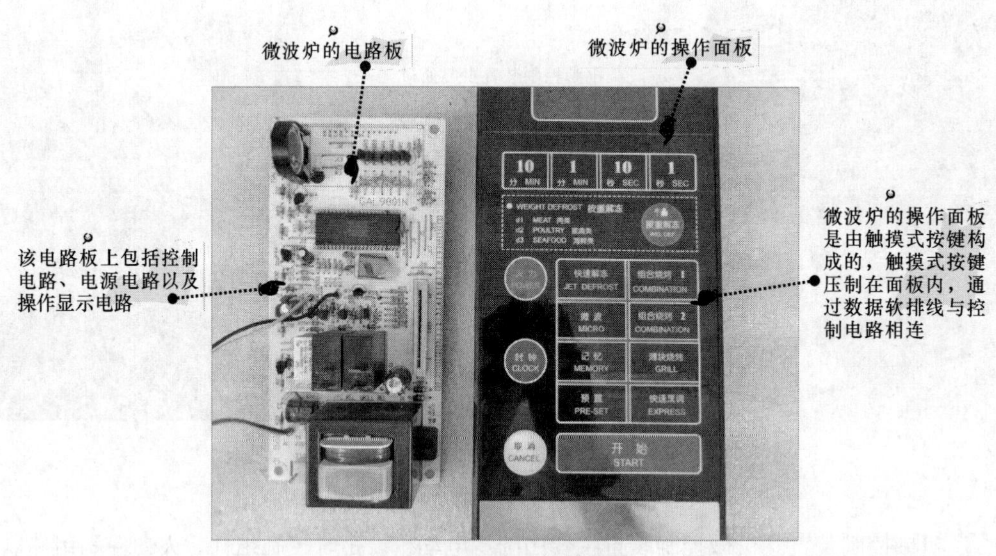
微波炉的电路板
微波炉的操作面板
该电路板上包括控制电路、电源电路以及操作显示电路
微波炉的操作面板是由触摸式按键构成的，触摸式按键压制在面板内，通过数据软排线与控制电路相连

图 1-37　电脑控制装置的结构

1.3.2　搞清微波炉的工作关系

1. 搞清微波炉的控制过程

图 1-38 所示为典型微波炉的控制过程。微波炉通电后，通过火力旋钮对微波火力进行设定，通过定时旋钮对定时器的时间进行设定。时间设定的同时，交流 220 V 电压便通过定时器

为照明灯、转盘电动机、散热风扇以及高压变压器等供电。当到达预定时间后，定时器便会切断交流 220 V 供电，微波炉停机。

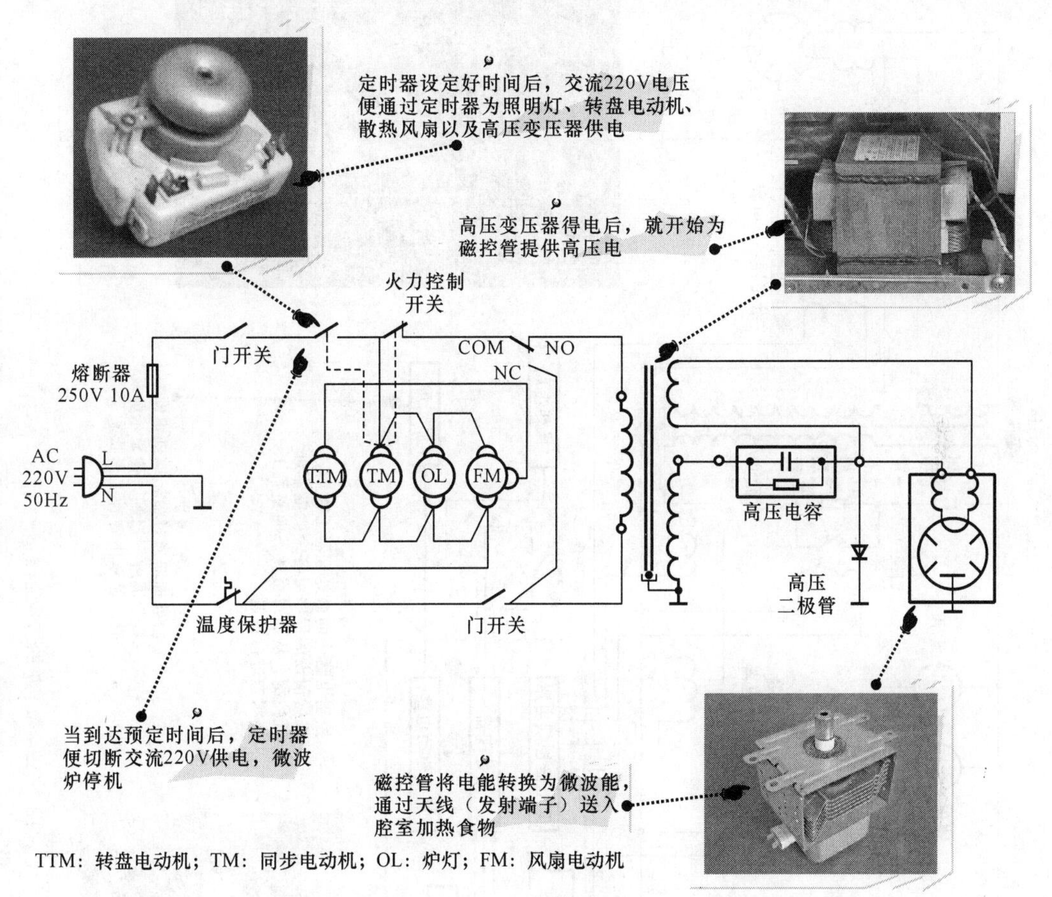
定时器设定好时间后，交流220V电压便通过定时器为照明灯、转盘电动机、散热风扇以及高压变压器供电
高压变压器得电后，就开始为磁控管提供高压电
火力控制开关
门开关
熔断器
250V 10A
COM
NO
NC
AC
220V
50Hz
L
N
TTM
TM
OL
FM
高压电容
高压
二极管
温度保护器
门开关
当到达预定时间后，定时器便切断交流220V供电，微波炉停机
磁控管将电能转换为微波能，通过天线（发射端子）送入腔室加热食物
TTM：转盘电动机；TM：同步电动机；OL：炉灯；FM：风扇电动机

图 1-38　微波炉的控制过程

微波炉的磁控管是微波炉中的核心部件，它在高电压的驱动下能产生 2450MHz 的超高频信号。由于它的波长比较短，因此这个信号被称为微波信号，利用这种微波信号就可以对食物进行加热。

功法秘籍

为了便于理解微波炉的信号流程，我们通常将微波炉的电路划分为 4 个单元电路模块，即：电源电路、功率输出电路、检测和控制电路、操作显示电路。

单元电路之间相互配合，协同工作，进而对微波炉中的主要部件进行控制。图 1-39 所示为微波炉的信号流程。

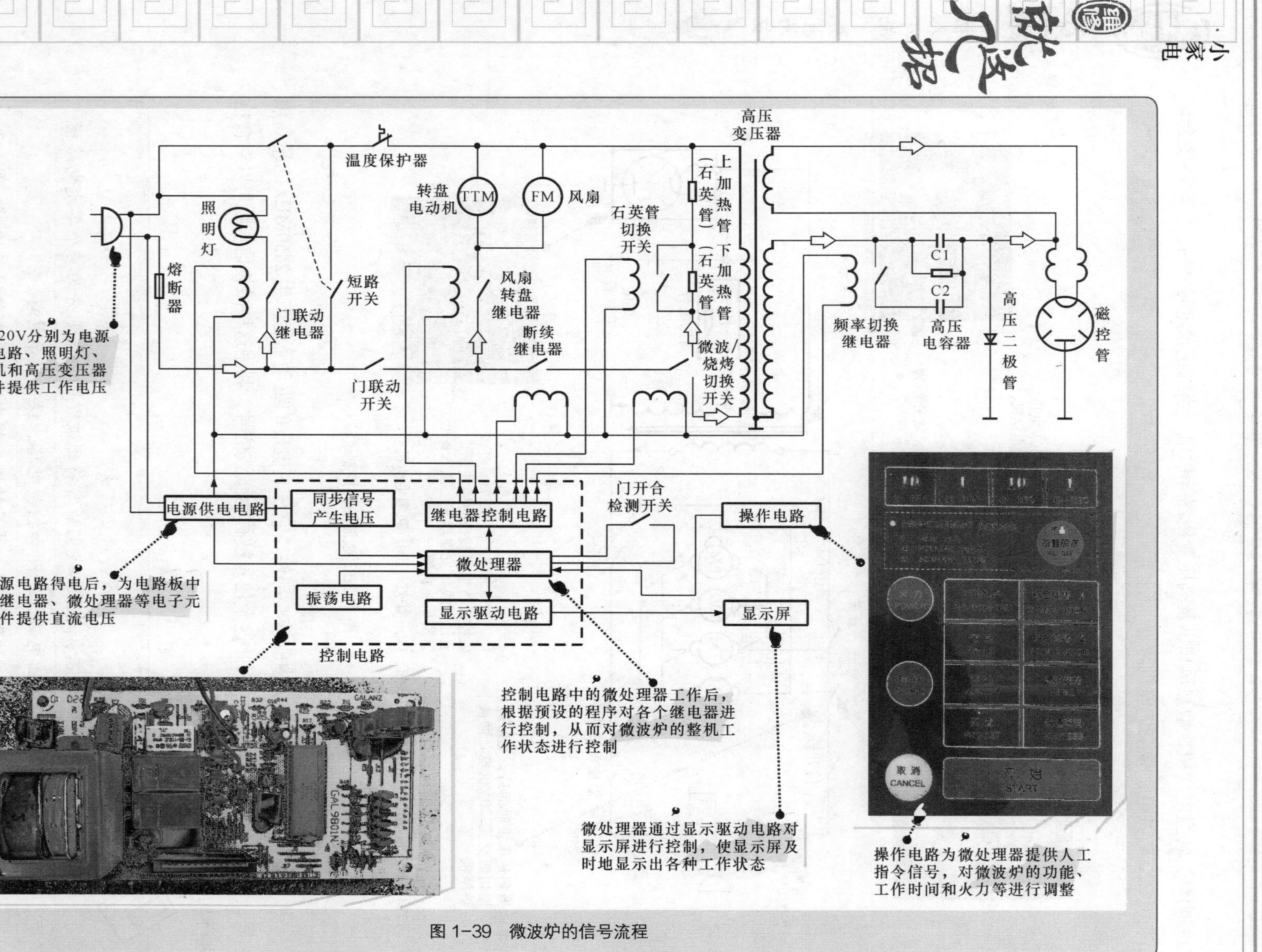
高压变压器
温度保护器
转盘电动机
TTM
FM
风扇
照明灯
熔断器
短路开关
门联动继电器
门联动开关
风扇转盘继电器
断续继电器
石英管切换开关
上加热管（石英管）
下加热管（石英管）
微波/烧烤切换开关
频率切换继电器
C1
C2
高压电容器
高压二极管
磁控管
交流220V分别为电源供电电路、照明灯、电动机和高压变压器等部件提供工作电压
电源供电电路
同步信号产生电压
继电器控制电路
微处理器
振荡电路
显示驱动电路
门开合检测开关
操作电路
显示屏
控制电路
电源电路得电后，为电路板中的继电器、微处理器等电子元器件提供直流电压
控制电路中的微处理器工作后，根据预设的程序对各个继电器进行控制，从而对微波炉的整机工作状态进行控制
微处理器通过显示驱动电路对显示屏进行控制，使显示屏及时地显示出各种工作状态
操作电路为微处理器提供人工指令信号，对微波炉的功能、工作时间和火力等进行调整
取消
CANCEL
START
GAL9801N

图 1-39 微波炉的信号流程

高手指点

虽然微波炉的品牌型号各异，但微波炉的整机控制过程以及加热原理是相同的，图 1-40 所示为典型微波炉的加热示意图。

由图可知，为磁控管加入高电压后，磁控管的天线能产生 2450 MHz 的超高频信号（微波信号）。该信号的波长比较短，并且可以被金属物质反射，因此微波信号在腔室内不断反射。在穿过食物时，微波会使食物内的水分子之间产生“摩擦”，食物内水温升高，食物温度也会升高。

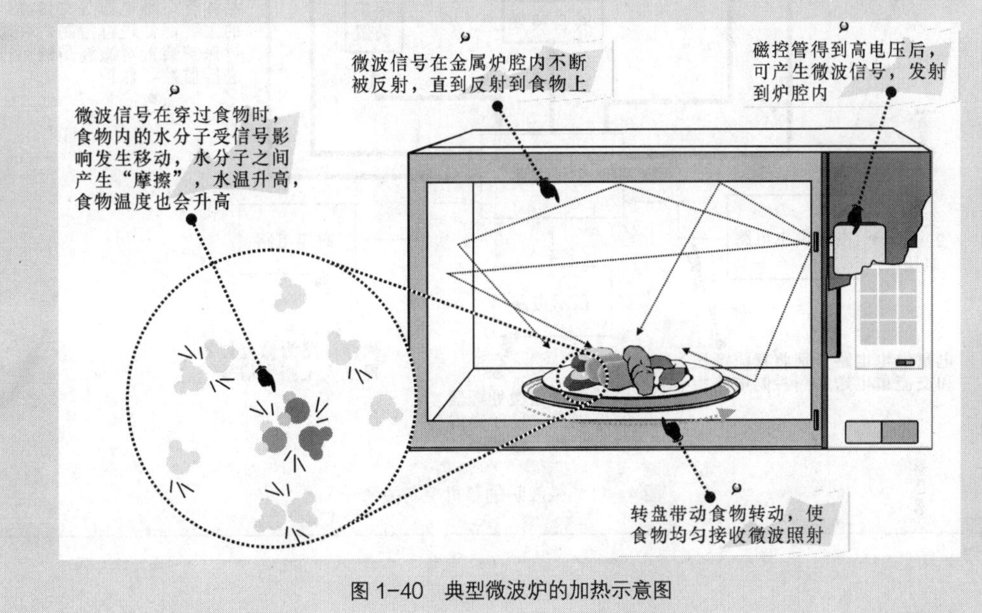
微波信号在金属炉腔内不断被反射，直到反射到食物上
磁控管得到高电压后，可产生微波信号，发射到炉腔内
微波信号在穿过食物时，食物内的水分子受信号影响发生移动，水分子之间产生“摩擦”，水温升高，食物温度也会升高
转盘带动食物转动，使食物均匀接收微波照射

图 1-40　典型微波炉的加热示意图

2. 搞清微波炉的控制关系

微波炉由各单元电路协同工作完成对食物的加热，这是一个非常复杂的过程。

功法秘籍

如图 1-41 所示，微波炉在工作时，由电源供电电路为各单元电路提供工作电压，微处理器通过控制继电器对微波炉内的主要部件的供电进行控制。

电源供电电路输出直流低压和交流 220 V 电压，其中直流低压为其他电路供电，而交流 220 V 则为高压变压器、照明灯等主要部件供电。

控制电路是整个微波炉的控制核心，其主要作用就是对各主要部件进行控制，协调各部分的正常工作。

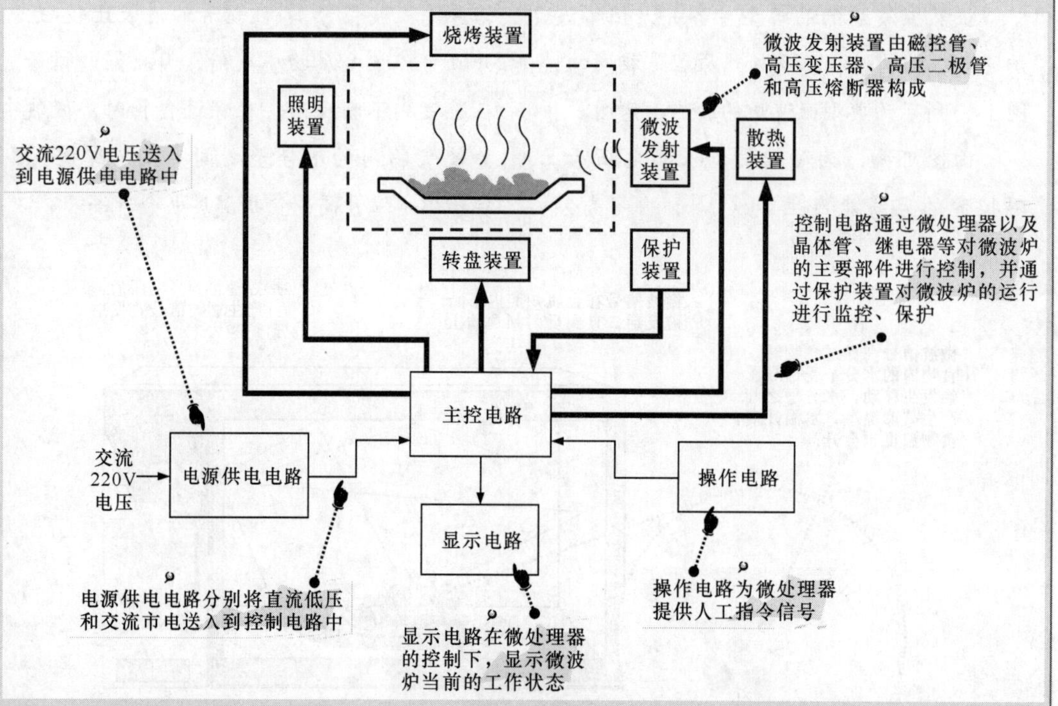

烧烤装置
微波发射装置由磁控管、高压变压器、高压二极管和高压熔断器构成
照明装置
微波发射装置
散热装置
交流220V电压送入到电源供电电路中
控制电路通过微处理器以及晶体管、继电器等对微波炉的主要部件进行控制，并通过保护装置对微波炉的运行进行监控、保护
转盘装置
保护装置
主控电路
交流220V电压
电源供电电路
操作电路
显示电路
电源供电电路分别将直流低压和交流市电送入到控制电路中
操作电路为微处理器提供人工指令信号
显示电路在微处理器的控制下，显示微波炉当前的工作状态

图 1-41　微波炉的整机控制关系

现在，我们大体上对微波炉的控制关系有了初步的了解。事实上，整个控制过程非常细致、复杂。为了能够更好的理清关系，我们以信号的处理过程作为主线，深入探究各单元电路与主要部件之间是如何配合工作的。

（1）电源供电电路的工作关系

电源供电电路是微波炉的能源供给电路，它将交流 220 V 市电降压后，输出直流电压为其他各单元电路提供工作电压，并且交流 220 V 电压也通过电源供电电路送入到各主要部件中，如图 1-42 所示。

（2）控制电路的工作关系

微处理器是控制电路的核心，微处理器根据预设的程序输出控制信号，对相应的继电器进行控制，使继电器导通，进而将交流电压送入到主要部件中，开始工作，如图 1-43 所示。

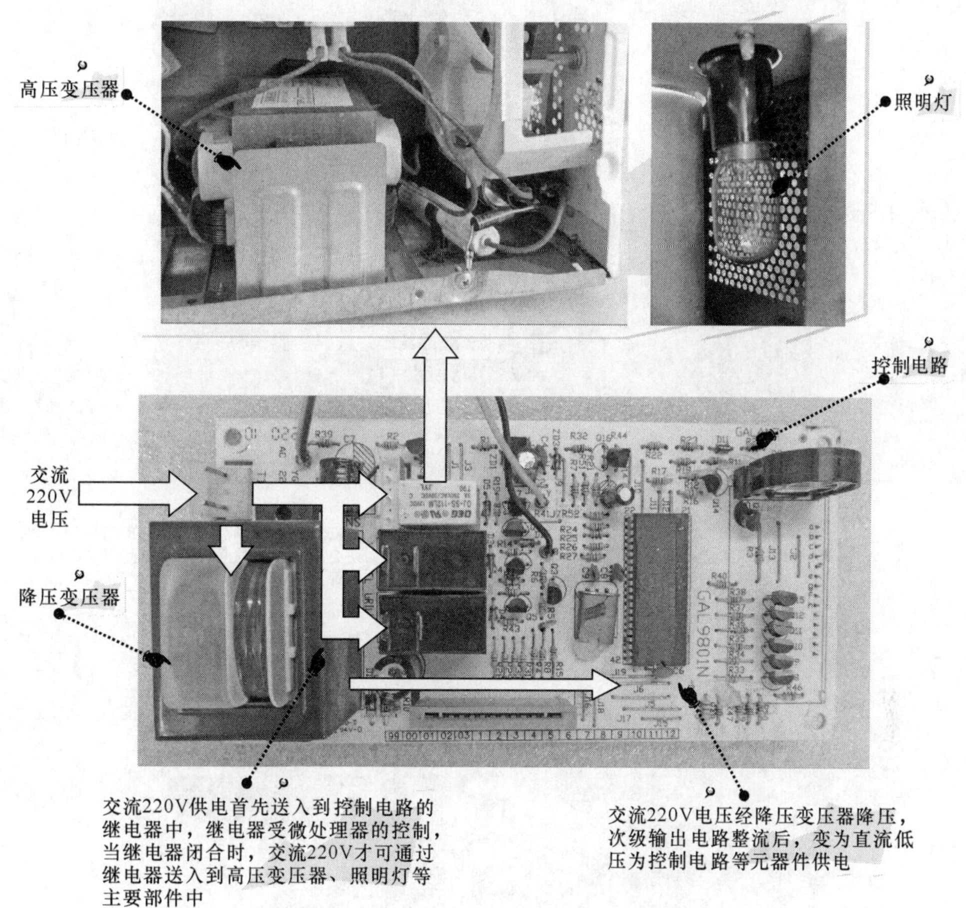
高压变压器
照明灯
控制电路
交流
220V
电压
降压变压器
交流220V供电首先送入到控制电路的继电器中，继电器受微处理器的控制，当继电器闭合时，交流220V才可通过继电器送入到高压变压器、照明灯等主要部件中
交流220V电压经降压变压器降压，次级输出电路整流后，变为直流低压为控制电路等元器件供电

图 1-42 电源供电电路与其他电路的关系

此外控制电路还会接收操作电路送来的人工指令信号，根据信号对微波炉的工作进行调节，并控制显示电路对微波炉的状态进行显示。

（3）操作显示电路的工作关系

操作人员通过操作电路对微波炉的功能、工作时间以及火力等进行设定，操作电路将人工指令信号送到微处理器中，微处理器根据程序对微波炉的工作状态进行调整；显示电路受微处理器控制，可以及时的显示出微波炉的工作状态以及设定参数等，如图 1-44 所示。

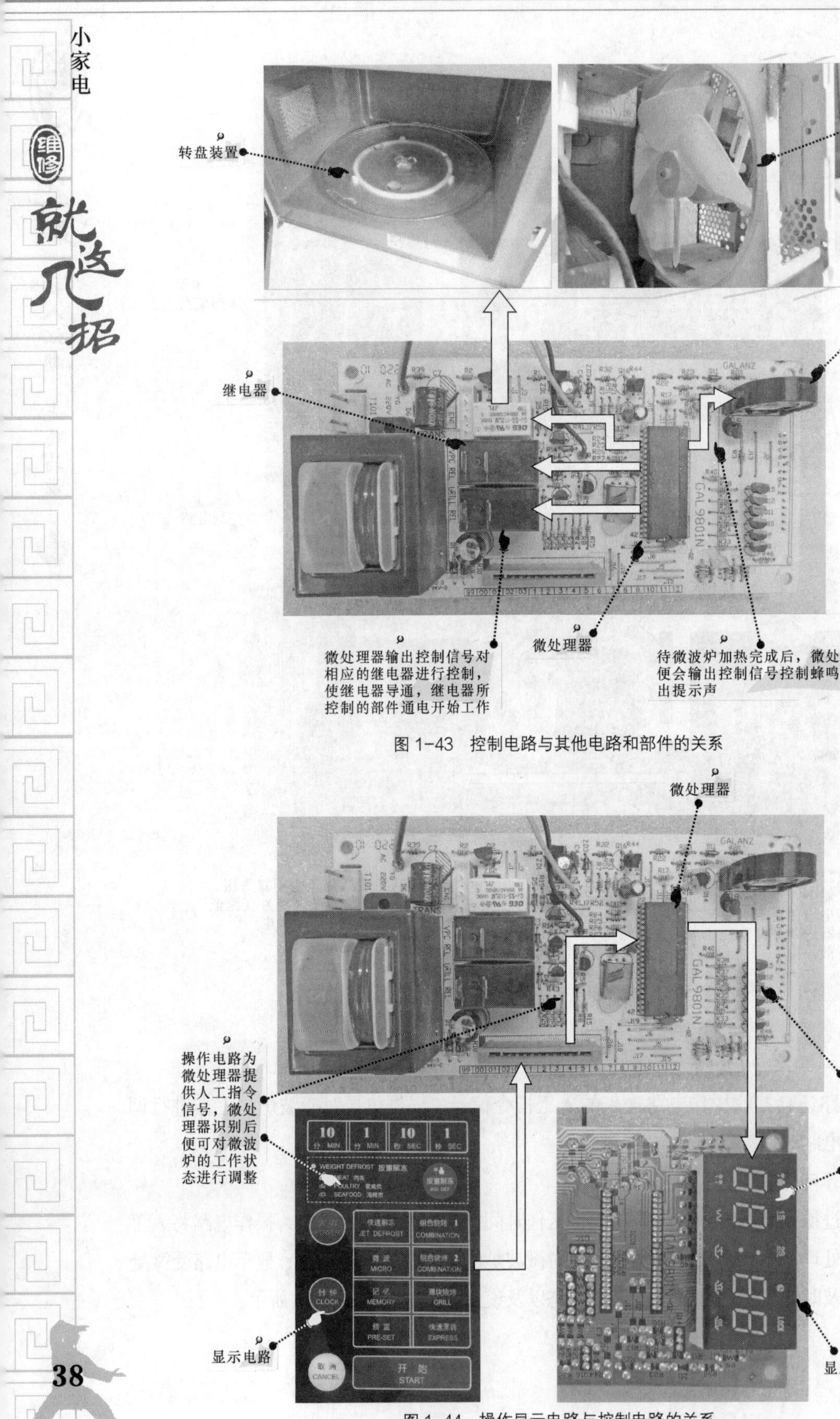
转盘装置
散热装置
蜂鸣器
继电器
微处理器输出控制信号对相应的继电器进行控制，使继电器导通，继电器所控制的部件通电开始工作
微处理器
待微波炉加热完成后，微处理器便会输出控制信号控制蜂鸣器发出提示声

图 1-43　控制电路与其他电路和部件的关系

微处理器
操作电路为微处理器提供人工指令信号，微处理器识别后便可对微波炉的工作状态进行调整
显示电路受微处理器控制，该电路根据微处理器送来的信号，可以及时地调整显示内容，提示操作人员微波炉当前的工作状态
显示电路
显示电路

图 1-44　操作显示电路与控制电路的关系

1.4 了解电磁炉的组成

1.4.1 认识电磁炉的结构特点

在对电磁炉进行故障检修之前，应首先了解电磁炉的整机特点和结构组成。从电磁炉整机的功能特点入手，进而将电磁炉的结构合理划分，明确电磁炉各组成部分的结构特点，为搞清电磁炉的控制过程打下基础。

1. 认识电磁炉的整机特点

电磁炉是一种利用电磁感应原理对锅质炊具进行加热，从而实现煎、炒、蒸、煮等各项烹饪的家用电器。电磁炉的种类多样，设计也各具特色，图 1-45 所示为不同设计风格的电磁炉。

通过对比不难发现，不论电磁炉的设计如何独特，外形如何变化，我们都可以在电磁炉上找到上盖、炉台面板、操作按键以及显示部分等。

双炉台式电磁炉
智能电磁炉
微电脑式电磁炉
混合型电磁炉
智能电磁炉
手柄式电磁炉

图 1-45 不同设计风格的电磁炉

如图 1-46 所示，整个电磁炉被上盖和底座罩住，通过电磁炉的正面，我们所看到的面积最大的部分就是炉台面板；操作按键与显示屏一般位于炉台面板的正前方，用户可以通过

操作按键对电磁炉进行工作状态的控制，并由显示屏及时显示电磁炉当前的设置情况或工作状态。

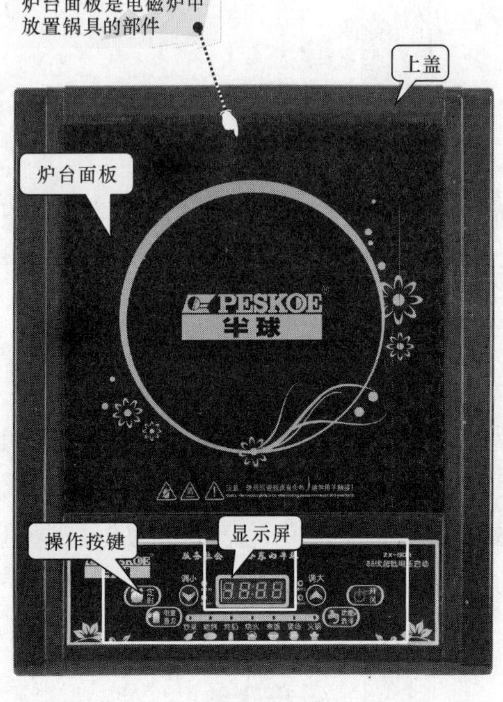
炉台面板是电磁炉中放置锅具的部件
上盖
炉台面板
操作按键
显示屏

电磁炉的正面

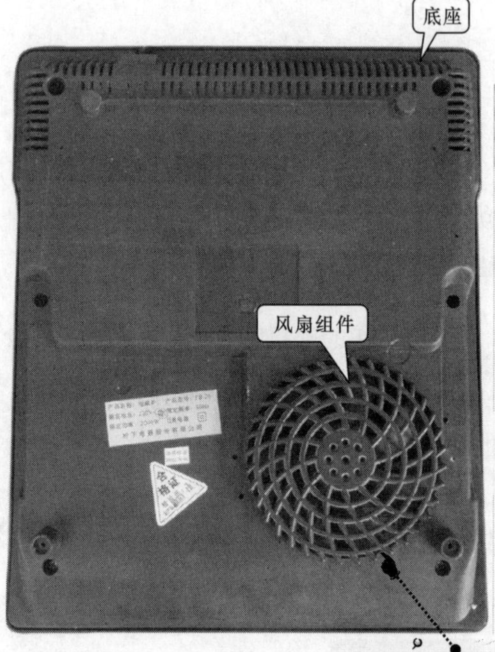
底座
风扇组件
风扇组件安装在电磁炉内部，位于底座的下方

电磁炉的背面

图 1-46　典型电磁炉的结构分布

电磁炉的散热口位于电磁炉的背面，主要是将电磁炉内部的热量进行排出，降低炉内的温度。

功法秘籍

如果我们将电磁炉进行分解，整个电磁炉的构造一目了然。图 1-47 所示为电磁炉的分解示意图。

电磁炉的外壳由上盖和底座拼合在一起，并通过固定螺钉（或卡扣）固定连接。电磁炉内部是炉盘线圈和电路部分；操作显示电路板位于上盖的前端，方便用户操控。

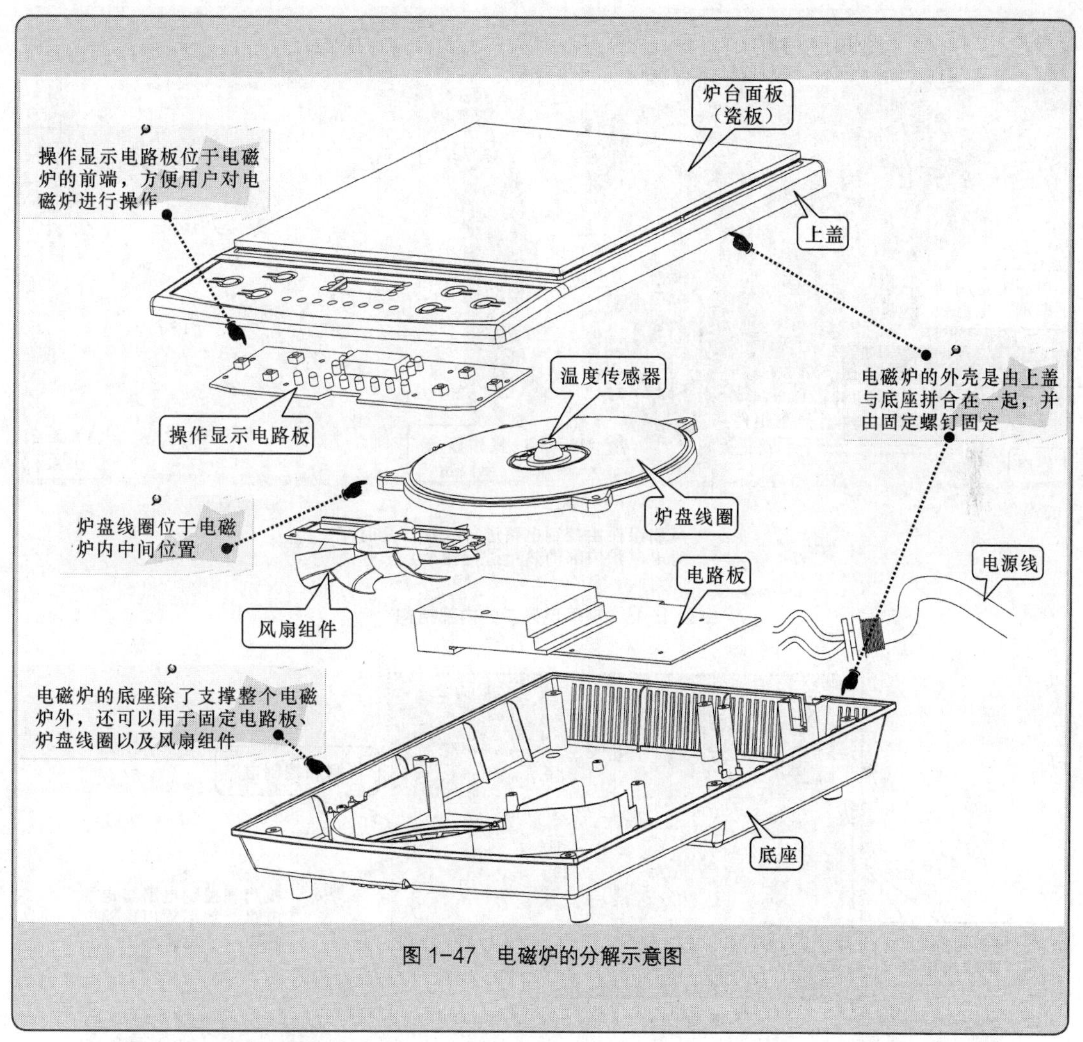
炉台面板
（瓷板）
操作显示电路板位于电磁炉的前端，方便用户对电磁炉进行操作
上盖
电磁炉的外壳是由上盖与底座拼合在一起，并由固定螺钉固定
温度传感器
操作显示电路板
炉盘线圈
炉盘线圈位于电磁炉内中间位置
电源线
电路板
风扇组件
电磁炉的底座除了支撑整个电磁炉外，还可以用于固定电路板、炉盘线圈以及风扇组件
底座

图 1-47 电磁炉的分解示意图

2. 认识电磁炉的内部结构

对电磁炉的整机构造有所了解之后，我们继续深入电磁炉的内部，探究电磁炉的结构组成。

图 1-48 所示为典型电磁炉的内部结构。可以看到，电磁炉的内部主要是由电源电路和功率输出电路板、检测和控制电路板、操作显示电路板、炉盘线圈和风扇组件等构成，它们之间通过线缆互相连接。

根据电磁炉的品牌的不同，有些电磁炉将检测和控制电路与电源电路、功率输出电路安装在一个电路板中，如图 1-49 所示。

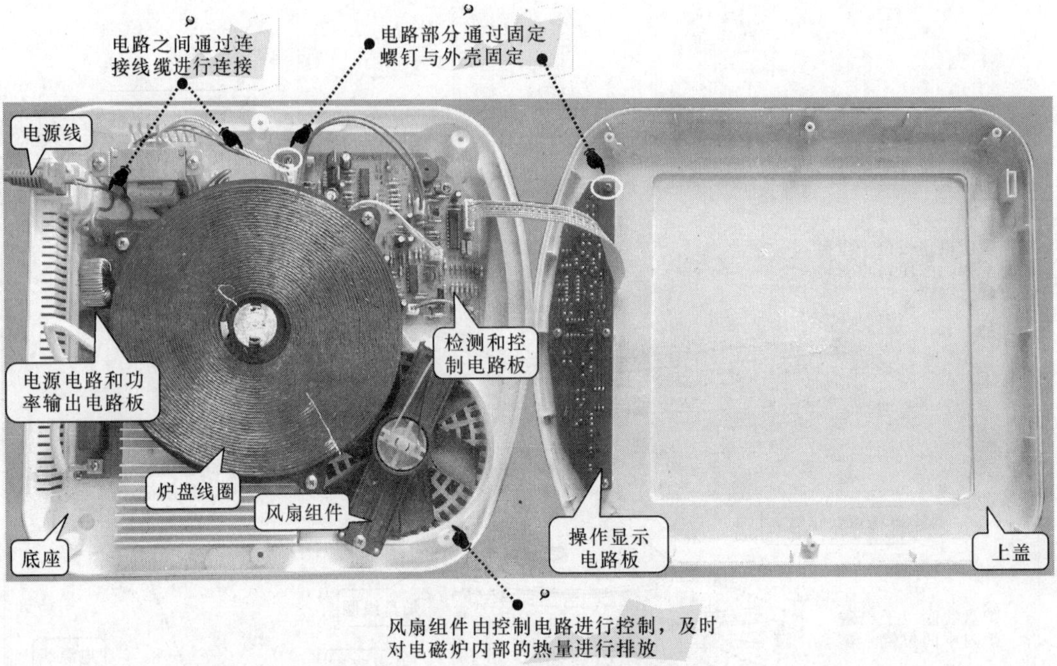

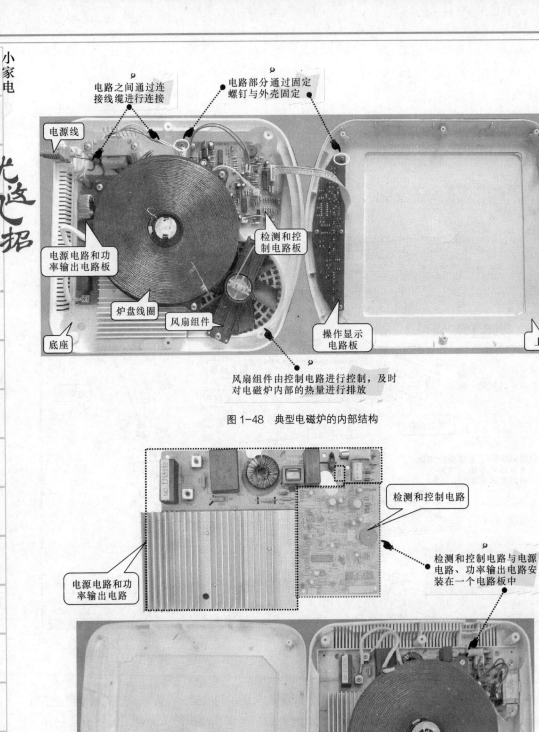

电路之间通过连接线缆进行连接

电路部分通过固定螺钉与外壳固定

电源线

检测和控制电路板

电源电路和功率输出电路板

炉盘线圈

风扇组件

底座

操作显示电路板

上盖

风扇组件由控制电路进行控制，及时对电磁炉内部的热量进行排放

图 1-48　典型电磁炉的内部结构

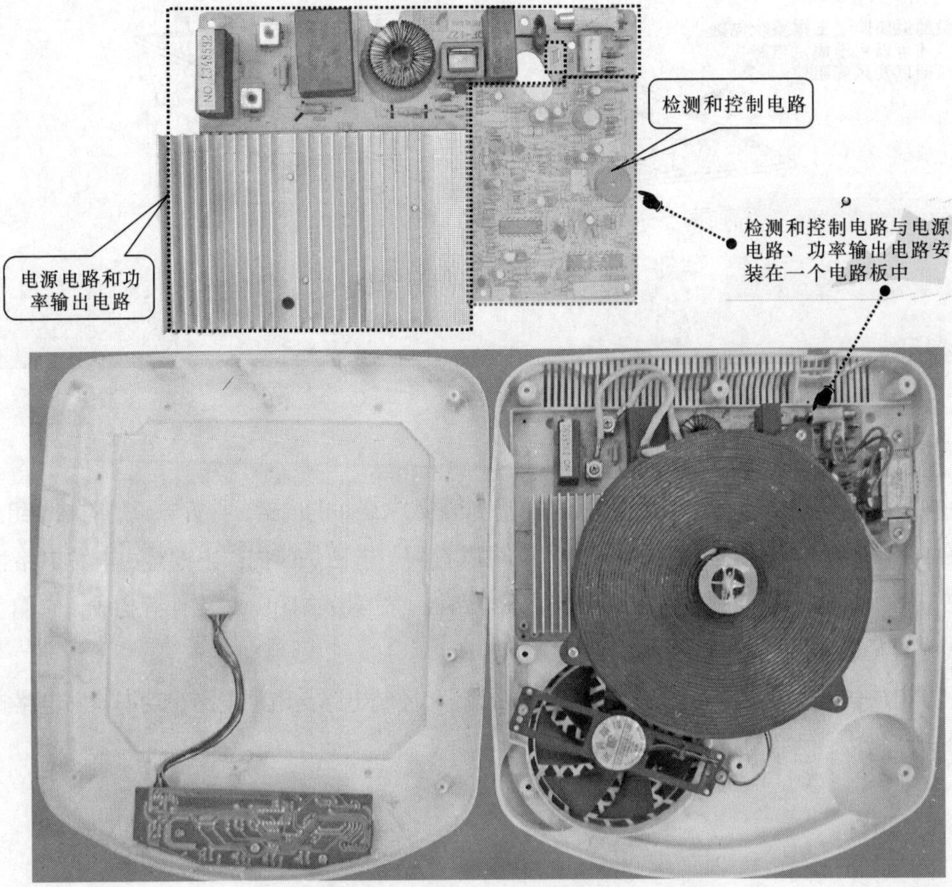

检测和控制电路

检测和控制电路与电源电路、功率输出电路安装在一个电路板中

电源电路和功率输出电路

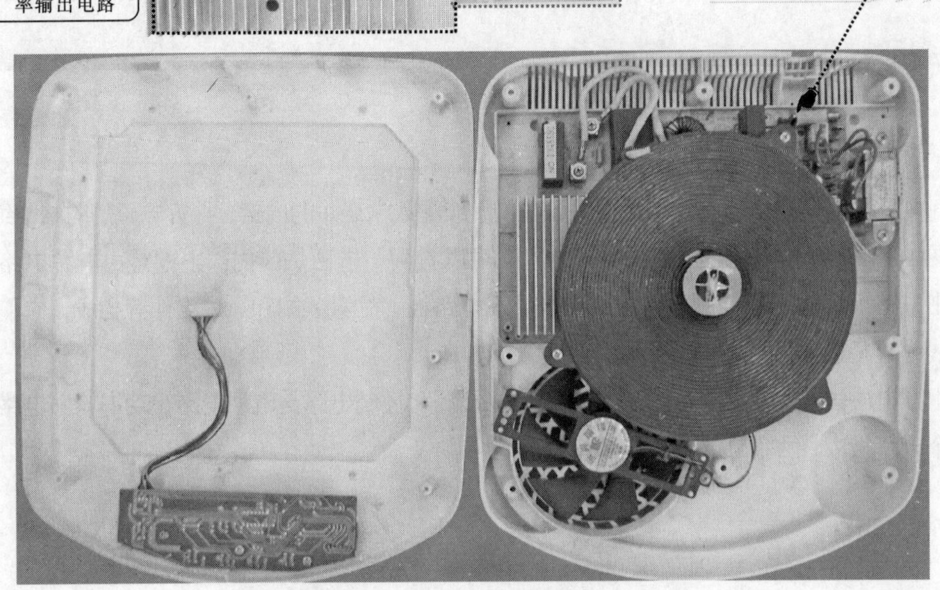

图 1-49　检测和控制电路板与电源电路板安装在一起的电磁炉

(1) 认识电源电路

电源电路一般固定于电磁炉的底座边缘处，如图 1-50 所示，电磁炉的电源电路主要是由电源变压器、熔断器、扼流圈、桥式整流堆、滤波电容器以及过压保护器等部件组成的。

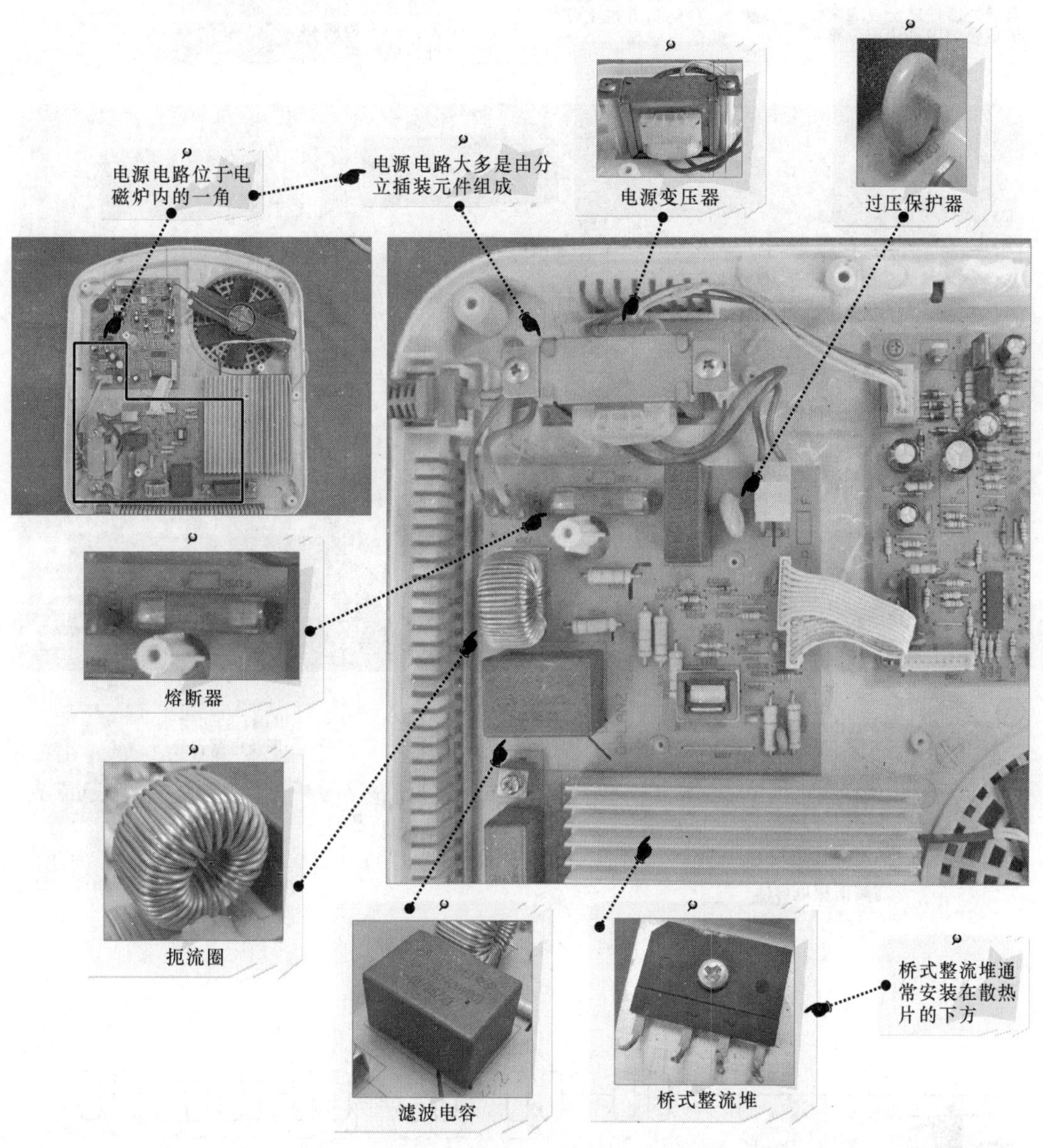
电源电路位于电磁炉内的一角
电源电路大多是由分立插装元件组成
电源变压器
过压保护器
熔断器
扼流圈
滤波电容
桥式整流堆
桥式整流堆通常安装在散热片的下方

图 1-50　电磁炉的电源电路

(2) 认识功率输出电路

功率输出电路通常与电源电路安装在同一电路板中，如图 1-51 所示，电磁炉的功率输出电路主要是由 IGBT 管、阻尼二极管以及高频谐振电容等组成。

炉盘线圈是电磁炉中非常重要的器件之一，通常位于电磁炉内部中心位置

炉盘线圈可以看做是一种绕制方式比较特殊的电感器

通常在炉盘线圈的中间部位设有热敏电阻器，用于检测灶台的温度

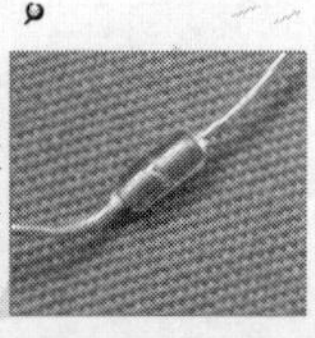

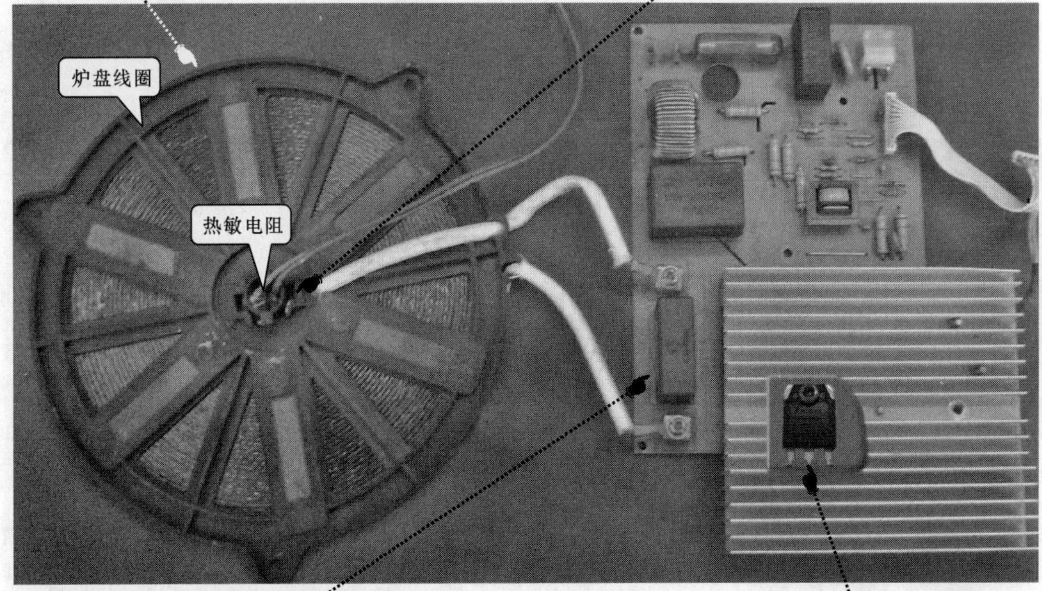

炉盘线圈
热敏电阻

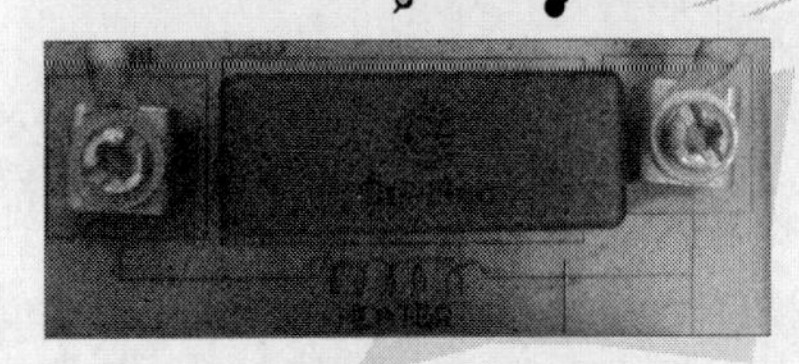

高频谐振电容器

IGBT 通常安装在散热片的下方，阻尼二极管与 IGBT 集成在一起

IGBT 的实物外形及电路符号

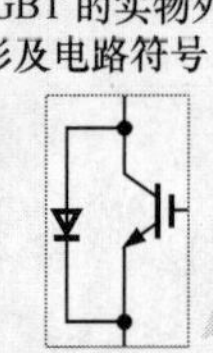

G41
FGA25N120
ANTD

图 1-51　电磁炉的功率输出电路

高手指点

有些电磁炉的功率输出电路中将阻尼二极管与 IGBT 分为两个独立的元器件进行安装的，其功能基本相同，在外形以及电路符号上没有太大的区别，只有在散热片下方的实际元器件才能看出，如图 1-52 所示。

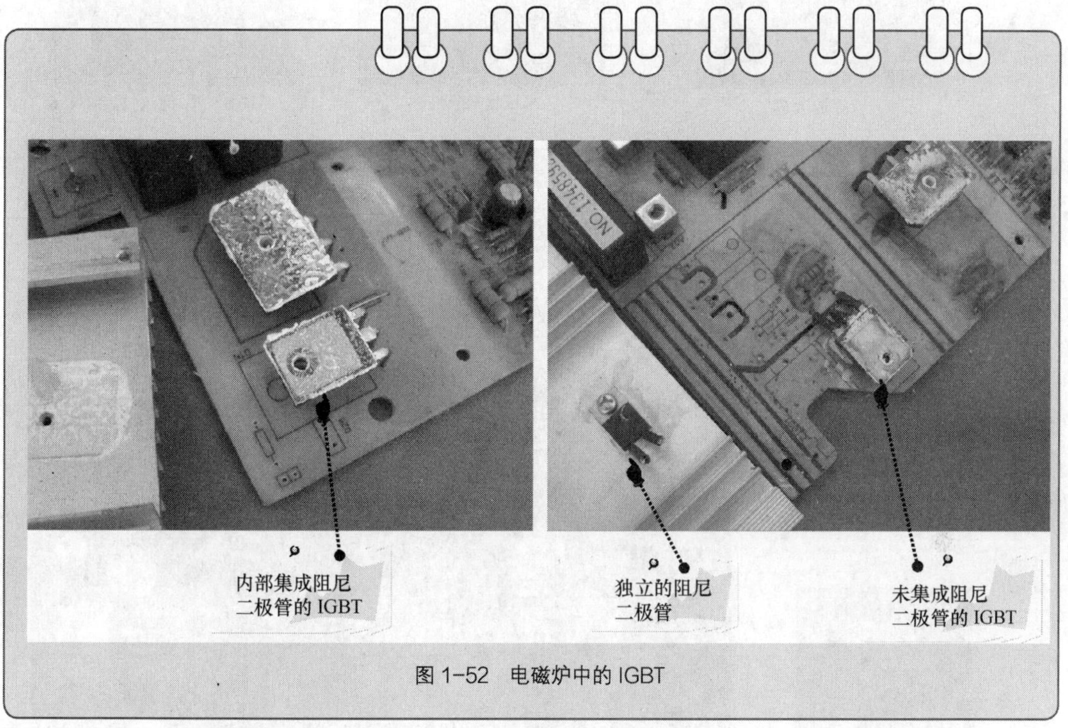
内部集成阻尼
二极管的 IGBT
独立的阻尼
二极管
未集成阻尼
二极管的 IGBT
图 1-52　电磁炉中的 IGBT

（3）认识检测和控制电路

检测和控制电路位于炉盘线圈的下方，由固定螺钉固定在电磁炉的底座中，如图 1-53 所示，该检测和控制电路主要是由微处理器（MCU）、电压比较器 U1 和 U3、运算放大器 LM324 以及 IGBT 驱动控制电路 U4（8316）等组成的。

（4）认识操作显示电路

操作显示电路通常位于电磁炉的上盖中，一般单独设置在一个独立的电路板上，如图 1-54 所示，电磁炉的操作显示电路主要是由操作按键（或开关）、显示屏（数码管）、指示灯等部分构成的。

在电磁炉的操作显示电路中，有些电磁炉设置有数码显示管，用来显示电磁炉的工作时间，如图 1-55 所示。数码显示管又称为 LED 数码管，其内部的基本发光单元为 LED（发光二极管）。在有些新型的电磁炉上，还设置有液晶显示屏（LCD），用来显示时间、工作模式等内容。

（5）认识风扇组件

风扇组件通常安装在 IGBT 散热片的附近，固定在电磁炉的底座中，主要是由风扇扇叶和风扇驱动电动机构成的，如图 1-56 所示。

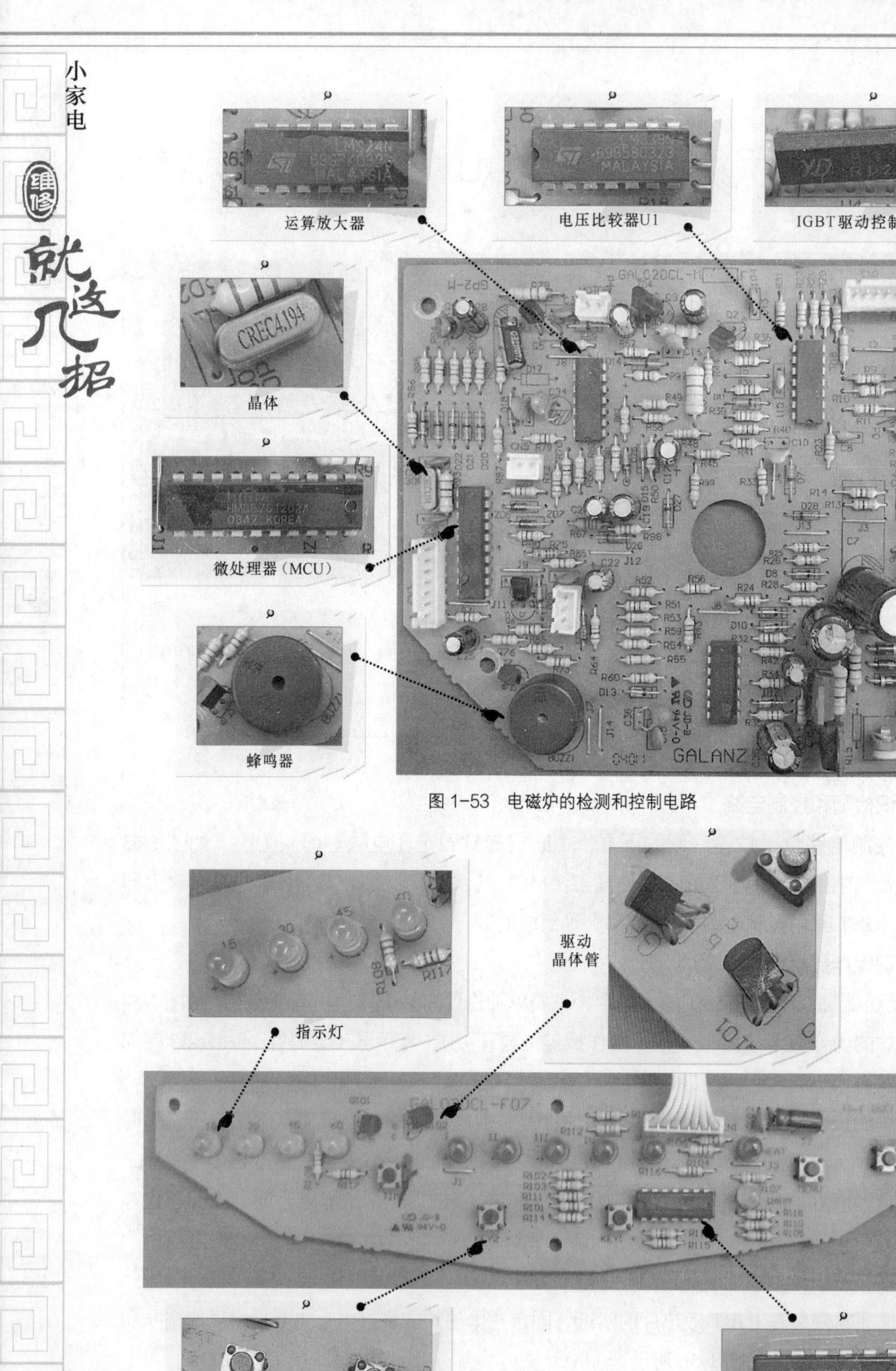
运算放大器
电压比较器U1
IGBT驱动控制芯片U4
晶体
微处理器（MCU）
蜂鸣器
GALANZ
指示灯
驱动
晶体管
操作按键
移位寄存器

图 1-53　电磁炉的检测和控制电路

图 1-54　电磁炉的操作显示电路板

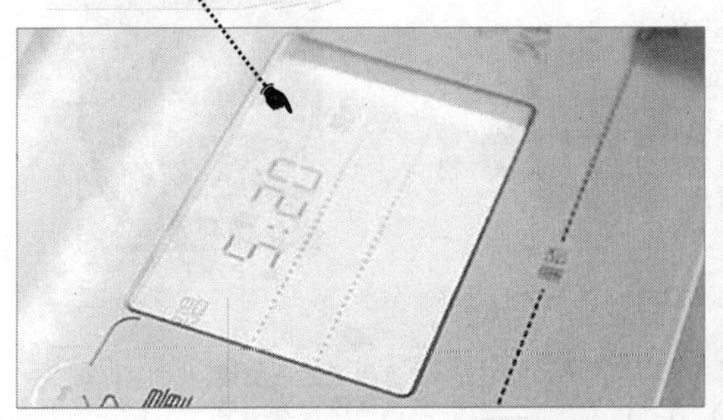
操作显示电路中液晶
显示屏的实物外形

操作显示电路中数码
显示管的实物外形

图 1-55　操作显示电路中的数码显示管

风扇组件支架
风扇扇叶
风扇驱动电动机
的供电引线
风扇驱动电动机

图 1-56　电磁炉中的风扇组件

1.4.2　搞清电磁炉的工作关系

1. 搞清电磁炉整机的控制过程

图 1-57 所示为典型电磁炉的整机控制过程。由图可知，电磁炉通电后，其中直流高压送到炉盘线圈的一端，同时在炉盘线圈的另一端接一个 IGBT。当 IGBT 导通时，炉盘线圈的电流通过 IGBT 形成回路，这样在炉盘线圈中就产生了电流。

根据电磁感应的原理，炉盘线圈中的电流变化会产生变化的磁力线，使铁质的软磁性灶具的底部形成了许多由磁力线感应出的涡流，这些涡流通过灶具本身的阻抗将电能转化为热能，从而实现对食物的加热。

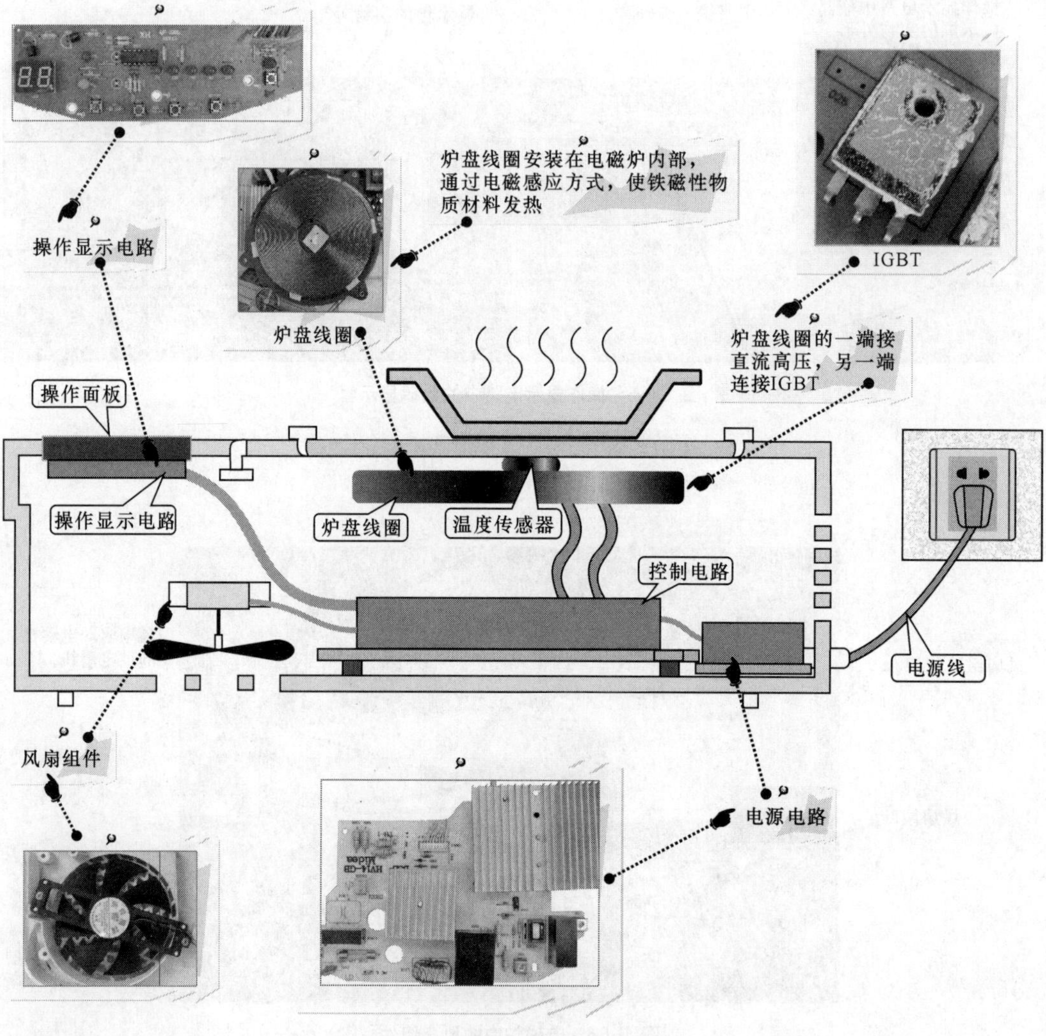

操作显示电路
炉盘线圈安装在电磁炉内部，通过电磁感应方式，使铁磁性物质材料发热
炉盘线圈
IGBT
炉盘线圈的一端接直流高压，另一端连接IGBT
操作面板
操作显示电路
炉盘线圈
温度传感器
控制电路
电源线
风扇组件
电源电路

图 1-57　电磁炉的整机控制过程

功法秘籍

为了便于理解电磁炉的信号流程，我们通常将电磁炉的电路划分为 4 个单元电路模块，即：电源电路、功率输出电路、检测和控制电路、操作显示电路。

单元电路之间相互配合，协同工作。图 1-58 所示为电磁炉的信号流程。

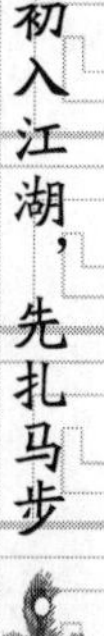

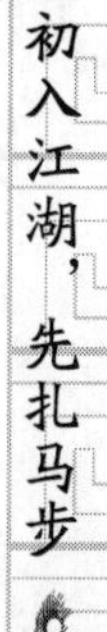

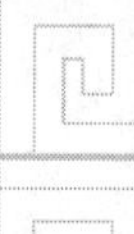

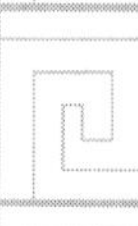

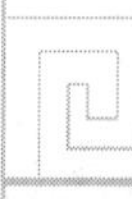
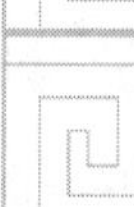

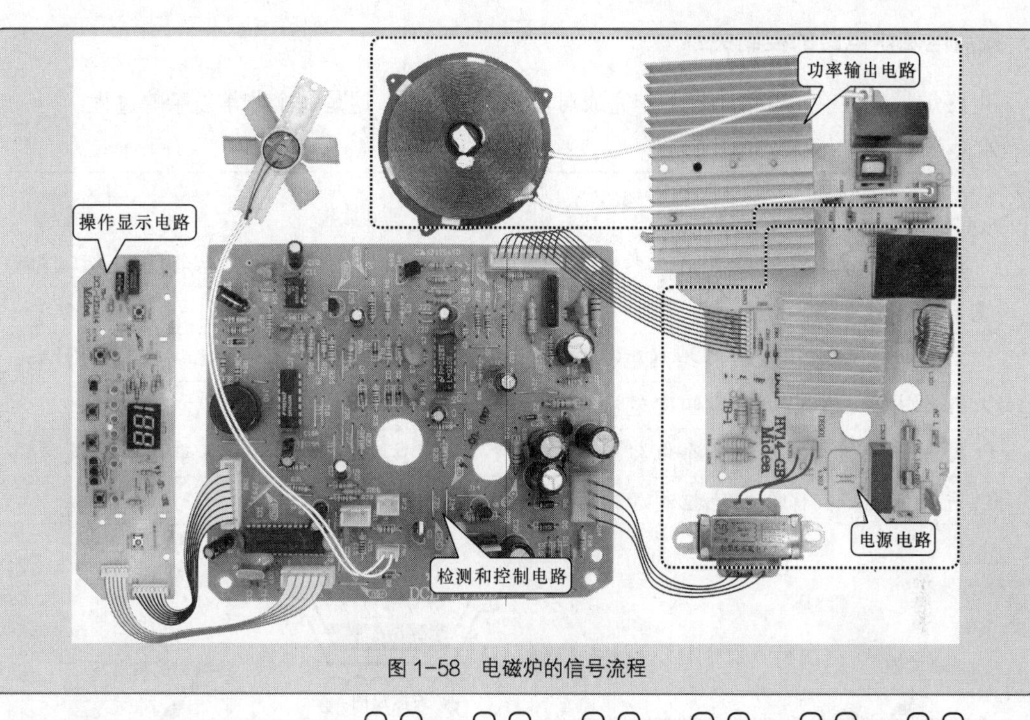
功率输出电路
操作显示电路
电源电路
检测和控制电路

图 1-58　电磁炉的信号流程

高手指点

虽然电磁炉的种类各异，但电磁炉的整机控制过程以及加热原理是相同的，图 1-59 所示为典型电磁炉的加热示意图。

由图可知，给炉盘线圈中加入高频电源后，会在周围空间产生磁场，在磁场范围内如有铁磁性的物质，就会在其中产生高频涡流。由于涡流的作用，铁磁性物质就会发热，将铁磁性材料制造的锅具放到线圈上就可以进行炊饭的操作。

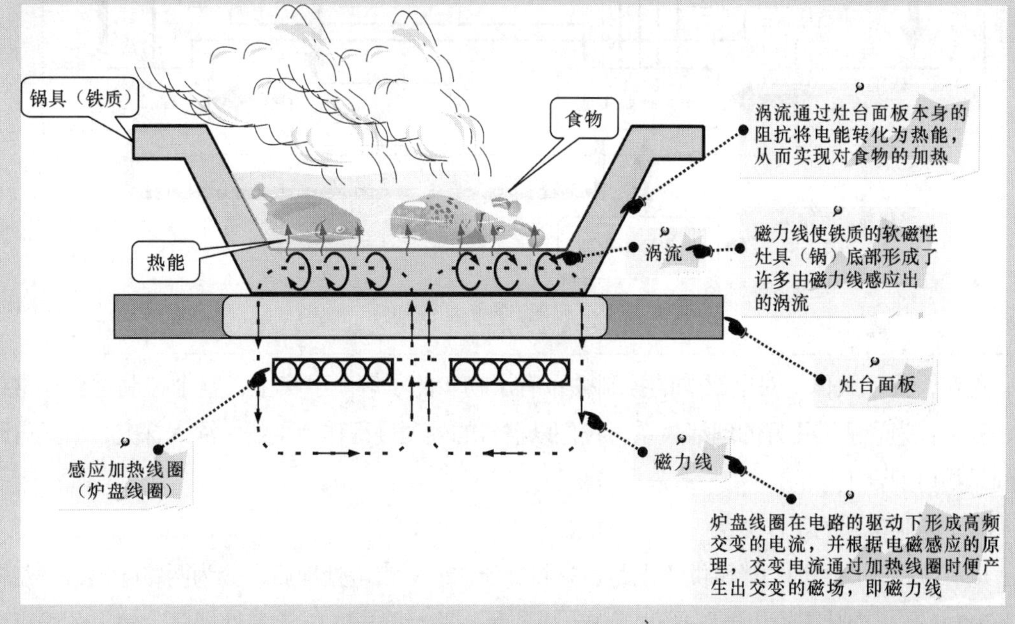
锅具（铁质）
食物
涡流通过灶台面板本身的阻抗将电能转化为热能，从而实现对食物的加热
热能
涡流
磁力线使铁质的软磁性灶具（锅）底部形成了许多由磁力线感应出的涡流
灶台面板
感应加热线圈（炉盘线圈）
磁力线
炉盘线圈在电路的驱动下形成高频交变的电流，并根据电磁感应的原理，交变电流通过加热线圈时便产生出交变的磁场，即磁力线

图 1-59　典型电磁炉的加热示意图

2. 搞清电磁炉电路的控制关系

电磁炉是由各单元电路协同工作完成对食物的加热的，这是一个非常复杂的过程。

功法秘籍

如图 1-60 所示，电磁炉在工作时，由电源电路为各单元电路及功能部件提供工作时所需要的各种电压。

功率输出电路、检测和控制电路以及操作显示电路则主要是完成加热信号的控制、处理和输出。最终由炉盘线圈实现对食物的加热。

检测和控制电路作为整个电磁炉的控制核心，其主要作用就是对各单元电路及功能部件进行控制，确保合理地控制加热时的温度。

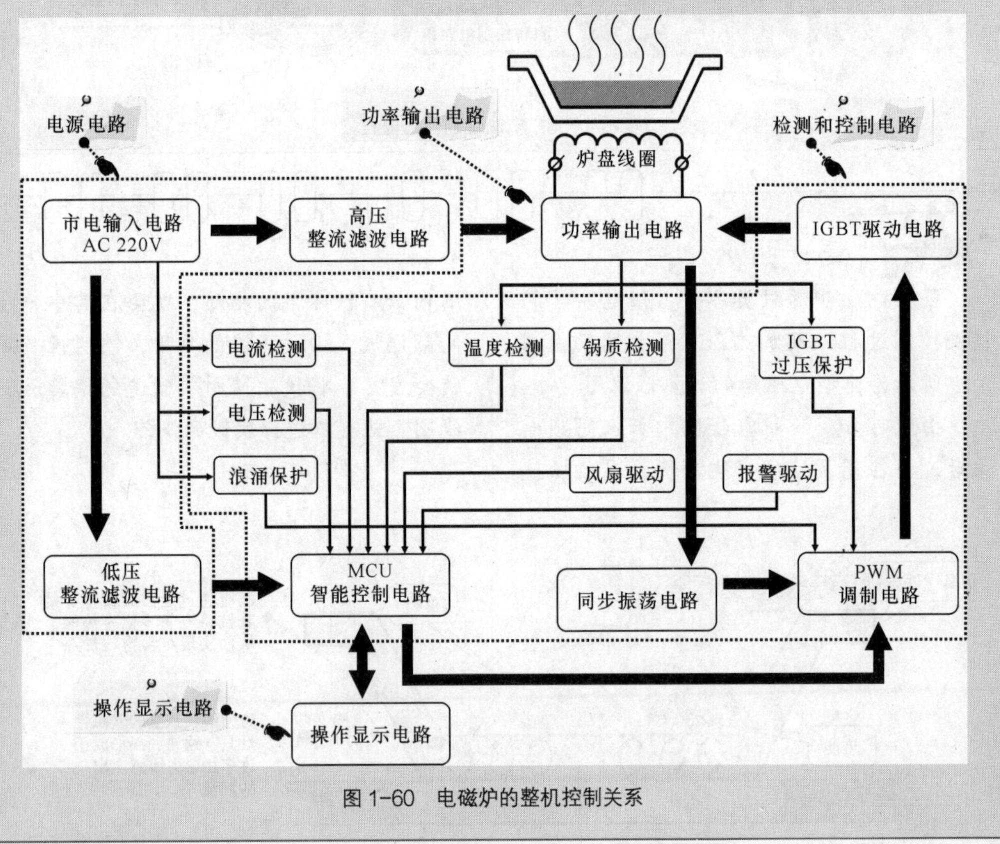

电源电路
功率输出电路
炉盘线圈
检测和控制电路
市电输入电路
AC 220V
高压
整流滤波电路
功率输出电路
IGBT驱动电路
电流检测
温度检测
锅质检测
IGBT
过压保护
电压检测
浪涌保护
风扇驱动
报警驱动
低压
整流滤波电路
MCU
智能控制电路
同步振荡电路
PWM
调制电路
操作显示电路
操作显示电路

图 1-60　电磁炉的整机控制关系

现在，我们大体上对电磁炉的控制关系有了初步的了解。事实上，整个控制过程非常细致、复杂。为了能够更好的理清关系，我们以信号的处理过程作为主线，深入探究各单元电路之间是如何配合工作的。

（1）电源电路的工作关系

电源电路是电磁炉的能源供给电路，它将交流 220 V 市电处理后，分为两路输出：一路输出 +300 V 高压为功率输出电路提供工作电压；另一路经降压、整流等处理后，输出各级直流电压为其他各单元电路或元器件提供工作电压，如图 1-61 所示。

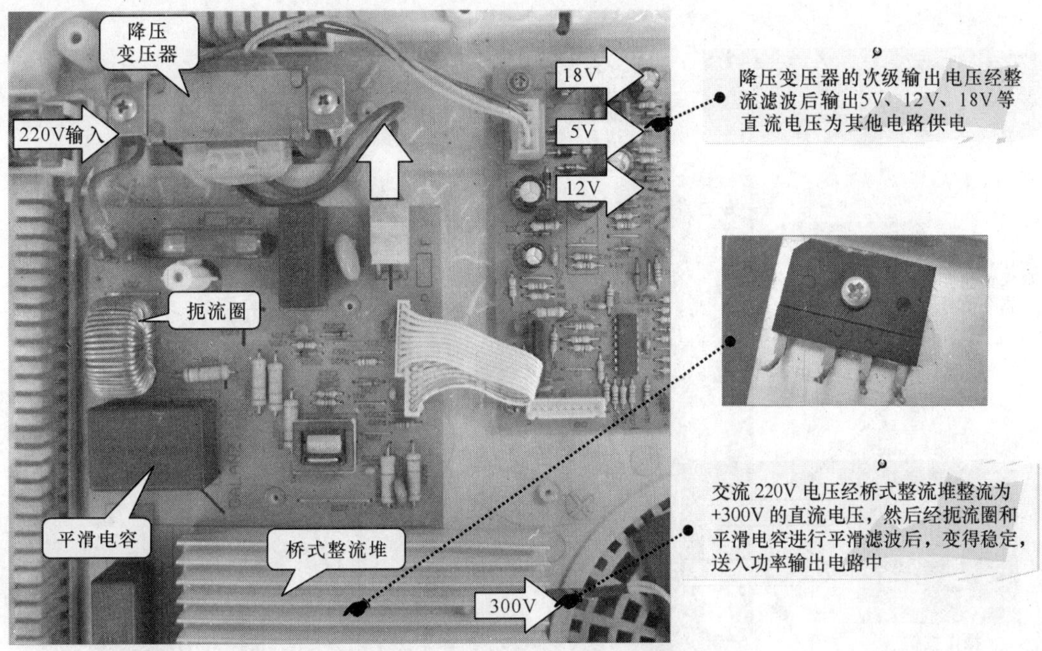
降压
变压器
220V输入
18V
5V
12V
降压变压器的次级输出电压经整流滤波后输出5V、12V、18V等直流电压为其他电路供电
扼流圈
交流220V电压经桥式整流堆整流为+300V的直流电压，然后经扼流圈和平滑电容进行平滑滤波后，变得稳定，送入功率输出电路中
平滑电容
桥式整流堆
300V

图 1-61　电源电路与其他电路的关系

（2）功率输出电路的工作关系

功率输出电路主要是利用IGBT输出的脉冲信号驱动炉盘线圈与高频谐振电容器构成的LC谐振电路进行高频谐振，从而辐射电磁炉能，加热炉具。其中该电路中的IGBT主要是受检测和控制电路控制。如图1-62所示。

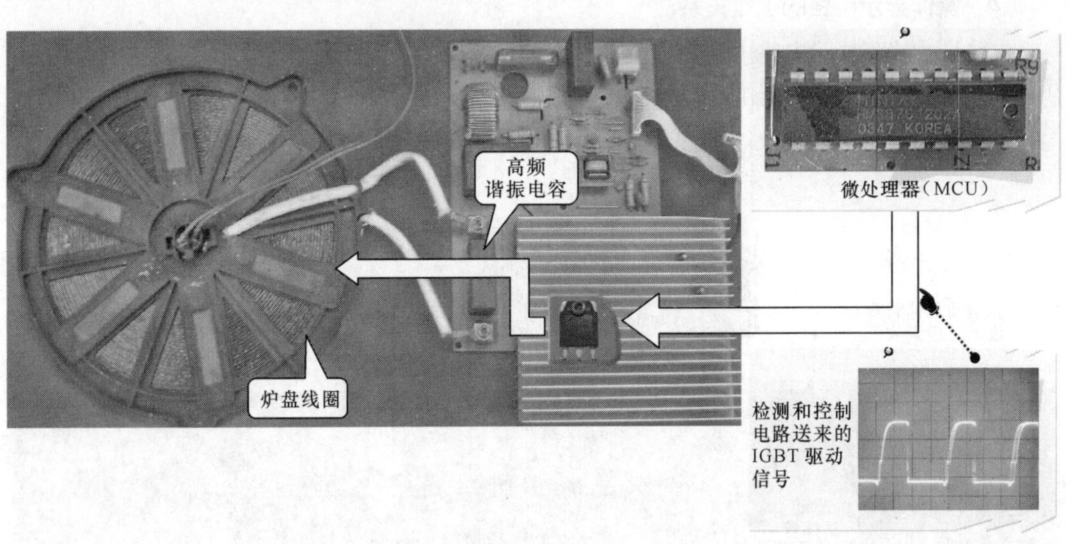
高频
谐振电容
微处理器（MCU）
炉盘线圈
检测和控制电路送来的IGBT驱动信号

图 1-62　功率输出电路与其他电路的关系

（3）检测和控制电路的工作关系

检测和控制电路主要是电磁炉中各种信号的处理电路，对电磁炉中操作显示电路送来的人工信号、电流、电压、过热等信号进行处理，如图1-63所示。

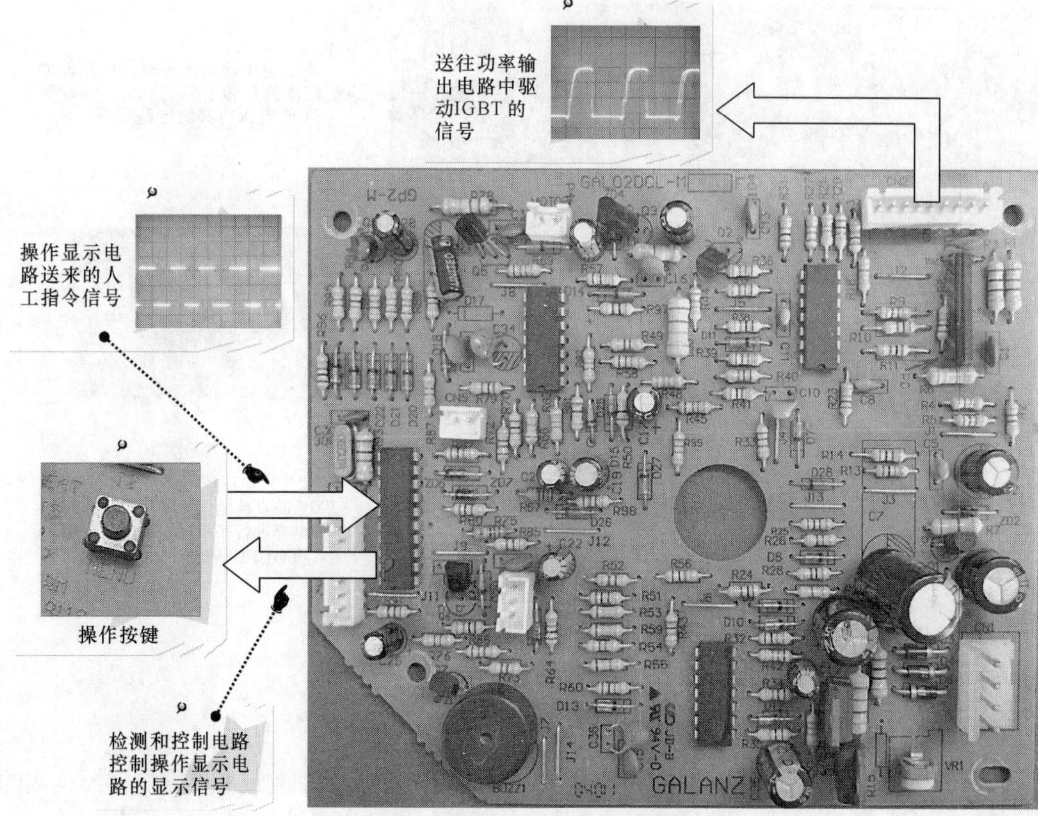
送往功率输
出电路中驱
动IGBT的
信号
操作显示电
路送来的人
工指令信号
操作按键
检测和控制电路
控制操作显示电
路的显示信号
GALANZ
图 1-63　检测和控制电路与其他电路的关系

（4）操作显示电路的工作关系

电磁炉的操作显示电路主要是用于输入人工指令，并将人工指令送到检测和控制电路中，从而间接控制电磁炉的工作状态，如图 1-64 所示。

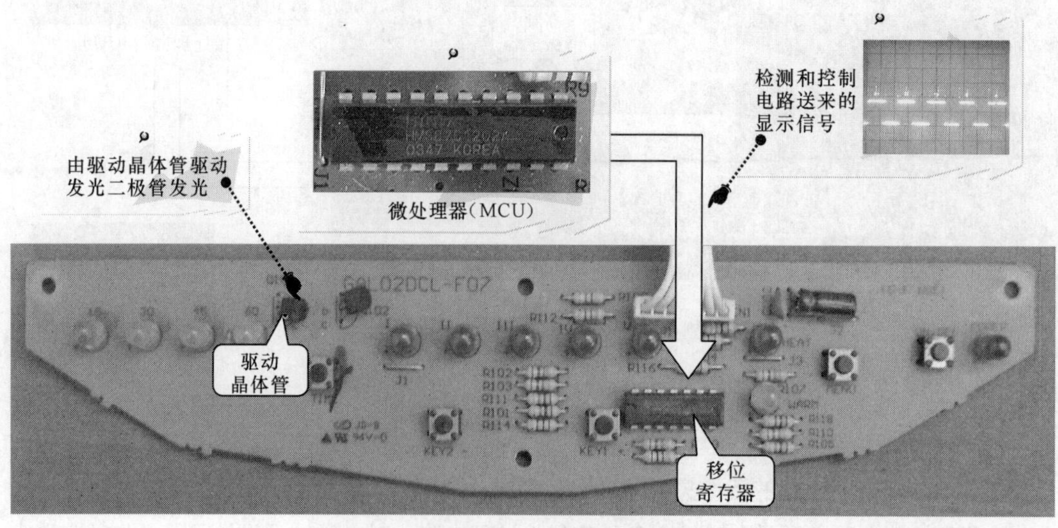
由驱动晶体管驱动
发光二极管发光
微处理器（MCU）
检测和控制
电路送来的
显示信号
驱动
晶体管
移位
寄存器
图 1-64　操作显示电路与其他电路的关系

第2章

第二级 练功基础

安身立命，兵器当家

注解：

维修电子产品，要有基本的拆装及检修工具，并需熟练使用。维修人员接到待修产品后，先要做的便是拆机、检测，熟悉产品构造原理的同时，更要掌握拆装、检测技巧。这一级学的是善用工具。知己知彼，百战不殆。

在开始维修小家电时，必须建立良好的动手能力，其中最典型的表现就是能够快速、安全地拆装小家电，这其中包括了对小家电各种维修工具的使用，包括了对小家电各部件拆装步骤和拆装方法的训练。当然，对小家电拆装的目的是完成故障的诊断和检修。因此，在拆装时，要善于观察，要知道哪些小家电的故障是直接通过观察就能够看出来的，要明确对各小家电各部件（或电路）拆卸时应着重检查哪些部位。

2.1 准备小家电的检修工具

工欲善其事，必先利其器。学习小家电检修，首先要了解小家电的常用检修工具。通常，小家电的检修工具可以分为五类，即拆装工具、焊接工具、清洁工具、检测仪表和辅助工具。

不同的工具有其特定的适用场合和使用特点。这些就是维修人员在维修战场上使用的“武器”，知晓这些“武器”的特点，精通这些“武器”的用法，对于小家电维修人员非常重要。

2.1.1 拆装工具的准备

拆装工具是小家电维修人员的“贴身武器”，无论对手的防御如何坚固，维修人员都能凭此工具“披荆斩棘”、“直捣黄龙”。

这其中，小家电维修人员最称手的拆装工具当属螺丝刀和钳子。在小家电维修中，无论是小家电外壳的拆卸，还是电路板的分离，无论是应对固定螺钉，还是需要插拔连接插件，拆装工具都可以轻松应对。

1. 螺丝刀

螺丝刀主要用来拆装小家电外壳、功能部件及电路板上的固定螺钉。

图 2-1 所示为螺丝刀的实物外形及适用场合。

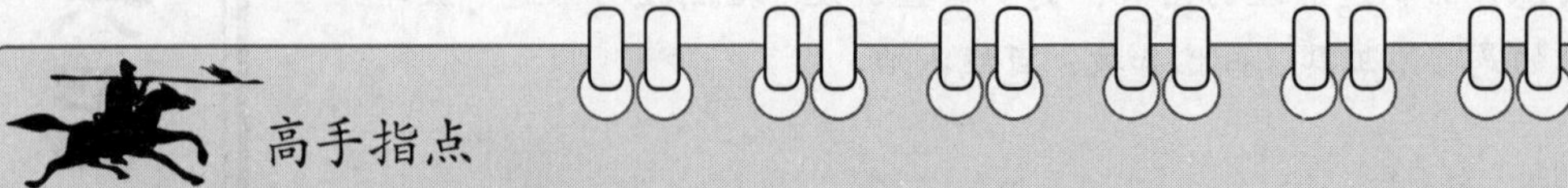

高手指点

在对小家电进行拆卸时，要尽量采用合适规格的螺丝刀来拆卸螺钉，螺丝刀的大小尺寸不合适会损坏螺钉，给拆卸带来困难。需注意的是，尽量采用带有磁性的螺丝刀，以便于在拆卸和安装螺钉时使用。

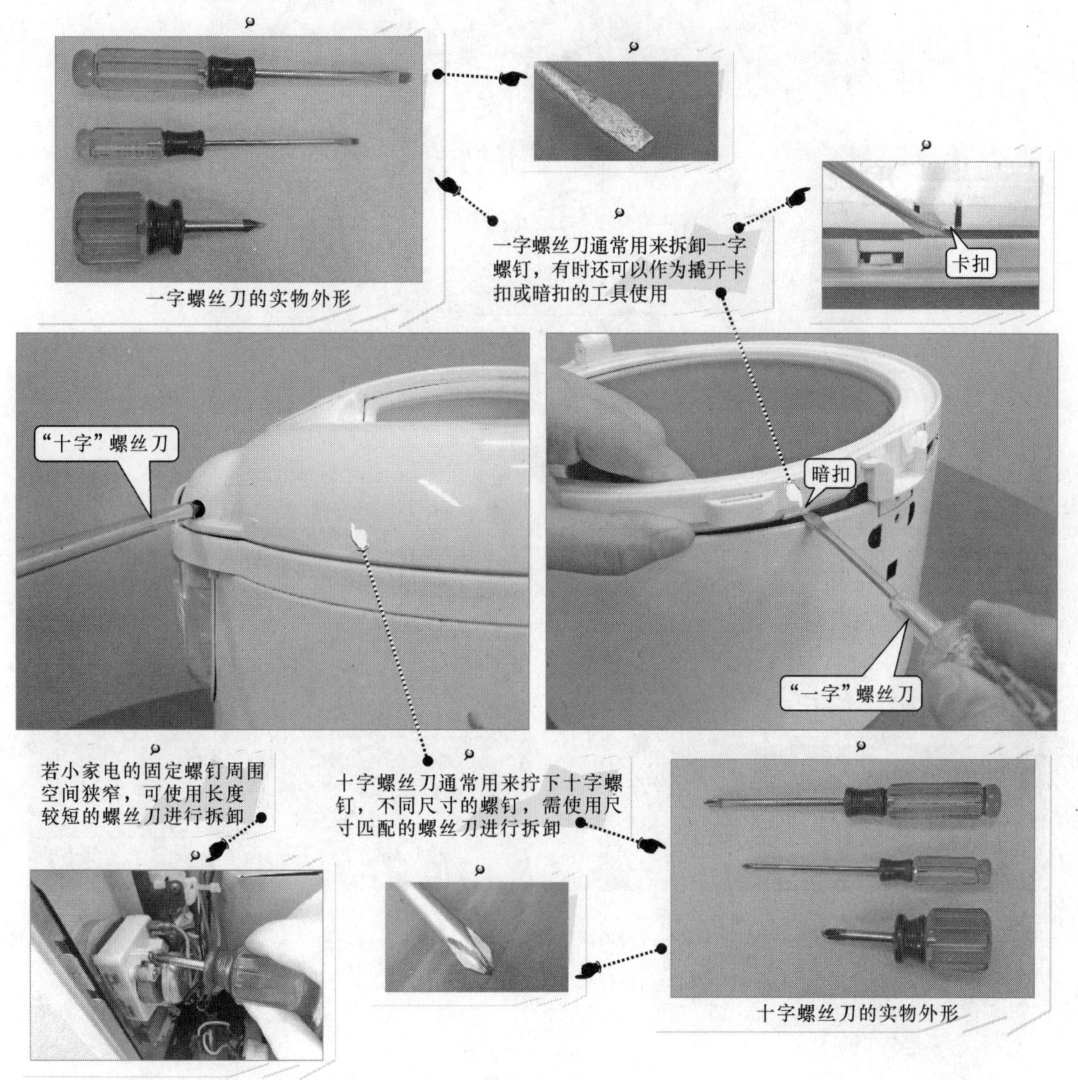
一字螺丝刀的实物外形
一字螺丝刀通常用来拆卸一字螺钉，有时还可以作为撬开卡扣或暗扣的工具使用
卡扣
"十字"螺丝刀
暗扣
"一字"螺丝刀
若小家电的固定螺钉周围空间狭窄，可使用长度较短的螺丝刀进行拆卸
十字螺丝刀通常用来拧下十字螺钉，不同尺寸的螺钉，需使用尺寸匹配的螺丝刀进行拆卸
十字螺丝刀的实物外形

图 2-1　螺丝刀的实物外形及适用场合

小家电的种类繁多，所使用的固定螺钉也可能不同。在拆卸小家电的过程中，若遇到内六角、外六角槽口的螺钉时，就需要使用与之相同的螺丝刀，方可进行拆卸。图 2-2 所示为实际应用中常用到螺丝刀套件。该螺丝刀套件内有多个不同大小的螺丝刀头，方便使用者更换、使用。

2. 钳子

钳子可用来拆卸小家电内部连接引线上的线束以及需要断开的引线等。

钳子的实物外形及适用场合如图 2-3 所示。

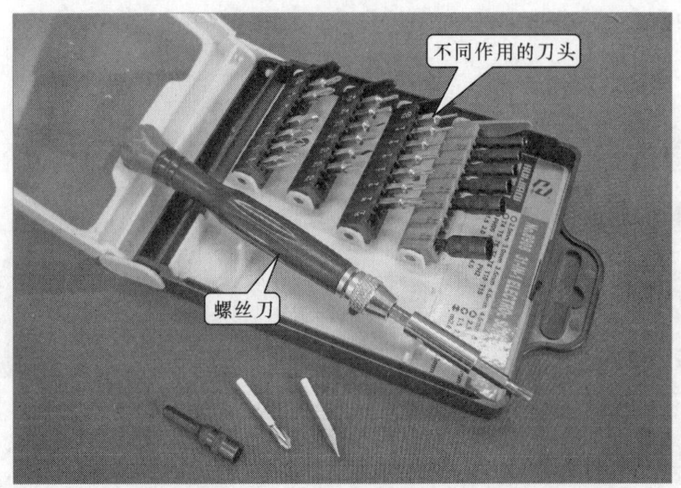
不同作用的刀头
螺丝刀

图 2-2　螺丝刀套件

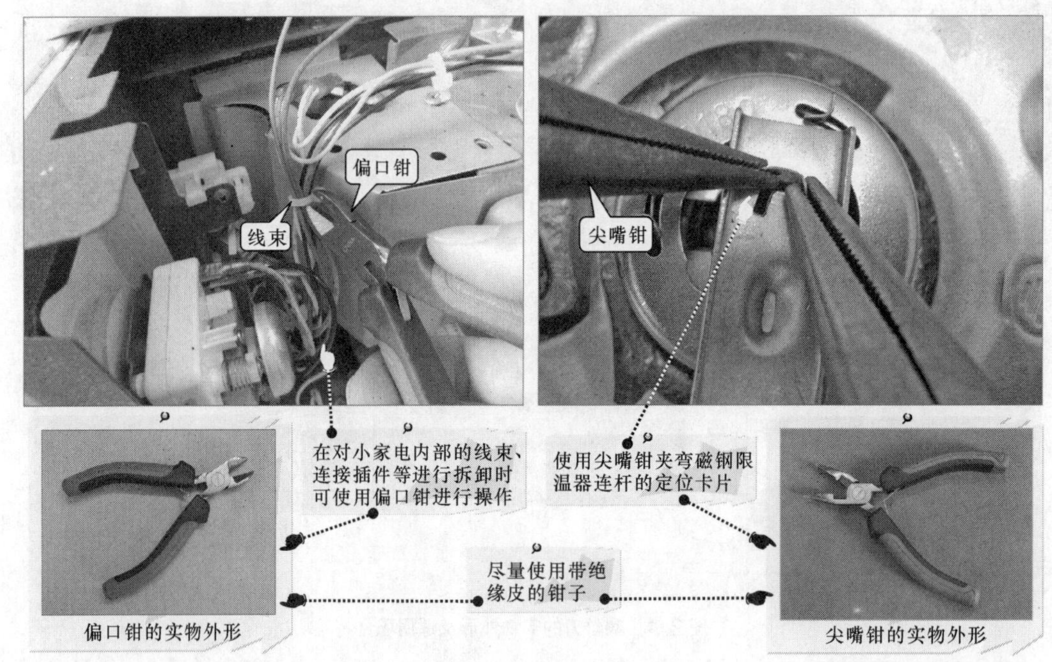
偏口钳
线束
尖嘴钳
在对小家电内部的线束、连接插件等进行拆卸时可使用偏口钳进行操作
使用尖嘴钳夹弯磁钢限温器连杆的定位卡片
尽量使用带绝缘皮的钳子
偏口钳的实物外形
尖嘴钳的实物外形

图 2-3　钳子的实物外形及适用场合

2.1.2　焊接工具的准备

焊接工具是小家电维修人员的“特殊武器”。短兵相接时，该武器善以热熔之术使“对手”在瞬间屈服。

这其中，电烙铁、吸锡器以及焊接辅料都是小家电维修人员的基础装备。使用时，这些工具需配合使用，遇元器件拆装、代换的场合，焊接工具必不可少。

1. 电烙铁

小家电内部电路板元器件进行拆焊或焊接操作时，最常使用到的焊接工具是电烙铁，其实物外形如图 2-4 所示。由于焊接的元器件种类不同，需要使用不同功率的电烙铁，在检修时最好各准备一把。

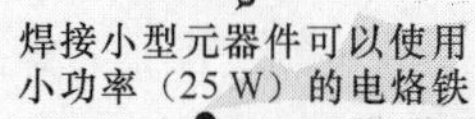
焊接小型元器件可以使用
小功率（25 W）的电烙铁

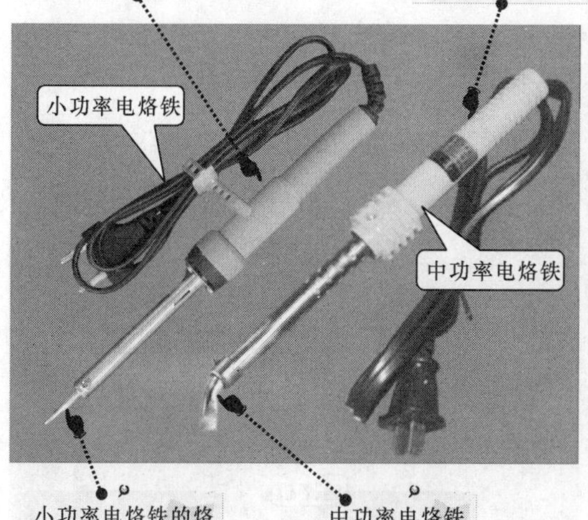
小功率电烙铁
中功率电烙铁
小功率电烙铁的烙
铁头较小且细尖
中功率电烙铁
的烙铁头较大

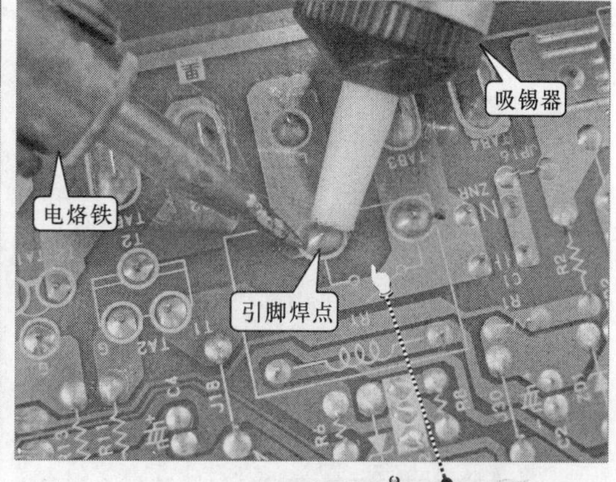
焊接较大的元器件或屏蔽盒接地脚，
应使用中功率（75 W）的电烙铁
吸锡器
电烙铁
引脚焊点
用电烙铁加热焊点，熔化
元器件引脚焊点上的焊锡

图 2-4　电烙铁的实物外形及适用场合

练功禁忌

电烙铁使用完毕后，切忌不要随意乱放。因为即使已经切断电源，电烙铁头的温度还是很高，随意乱放，极易引发烫伤或火灾等事故。所以，如图 2-5 所示，电烙铁在使用后，要立即切断电源，并将其放置于电烙铁架上，自然冷却。

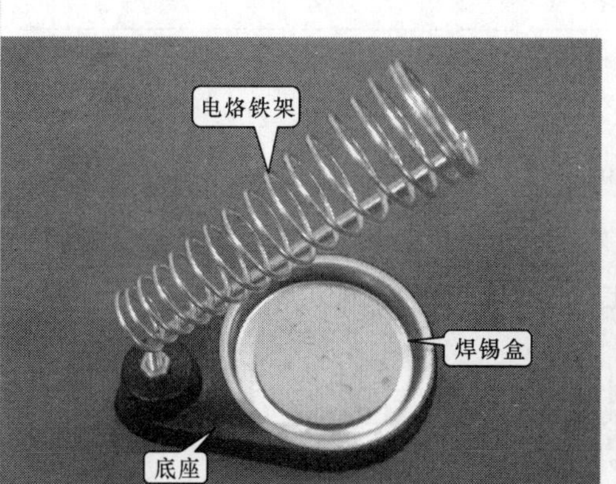
电烙铁架
焊锡盒
底座

切忌乱摆乱放，避免
造成人员烫伤或火灾
电烙铁
电烙铁架
焊接完成后将电烙
铁放到电烙铁架上

图 2-5　电烙铁架实物外形及适用场合

2. 吸锡器

吸锡器主要在取下小家电电路板中元器件时，吸除引脚和焊点周围多余的焊锡。图 2-6 所示为吸锡器的实物外形和适用场合。

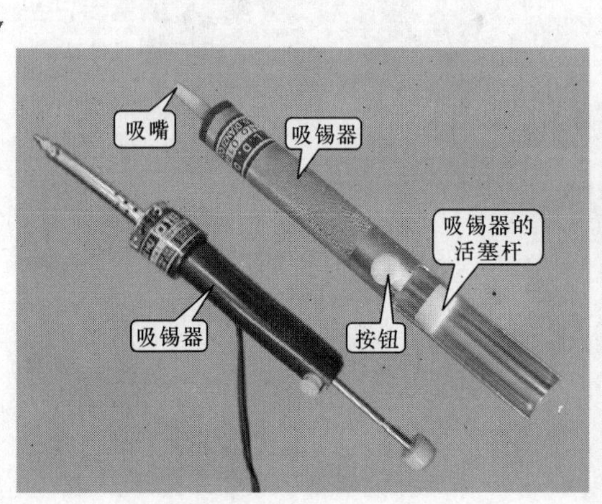
吸嘴
吸锡器
吸锡器的活塞杆
按钮
吸锡器

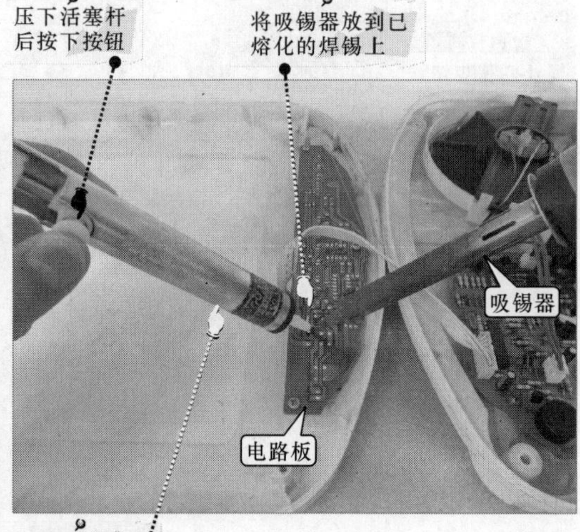
压下活塞杆后按下按钮
将吸锡器放到已熔化的焊锡上
吸锡器
电路板
吸锡器便会吸走熔化的焊锡

图 2-6 吸锡器的实物外形及适用场合

高手指点

使用吸锡器时，先压下吸锡器的活塞杆，再将吸嘴放置到待拆解元件的焊点上，用电烙铁加热焊点，待焊点熔化后，按下吸锡器上的按钮，活塞杆就会随之弹起，通过吸锡装置，将熔化的焊锡吸入吸锡器内。

3. 焊接辅料

在焊接小家电内部电路板中的元器件引脚焊点时，需要使用焊锡丝将元器件引脚与电路板印制线连接在一起，在焊接过程中为防止焊锡氧化，会使用助焊剂辅助焊接操作。常用的焊接辅料包括焊锡丝、松香和焊膏，图 2-7 所示为焊接辅料的实物外形以及适用场合。

高手指点

焊锡丝是易熔金属，熔点低于被焊金属，它的作用是在熔化时能在被焊金属表面形成合金而将被焊金属连接到一起。

松香在焊接过程中有清除氧化物和杂

质的作用，在焊接后形成膜层，具有覆盖和保护焊点不被氧化的作用。

焊膏的黏性提供了一种粘接能力，确保元件在焊接之前能够通过粘接的方式得到固定，有助于焊接工作的顺利进行。

焊锡丝
松香
焊膏

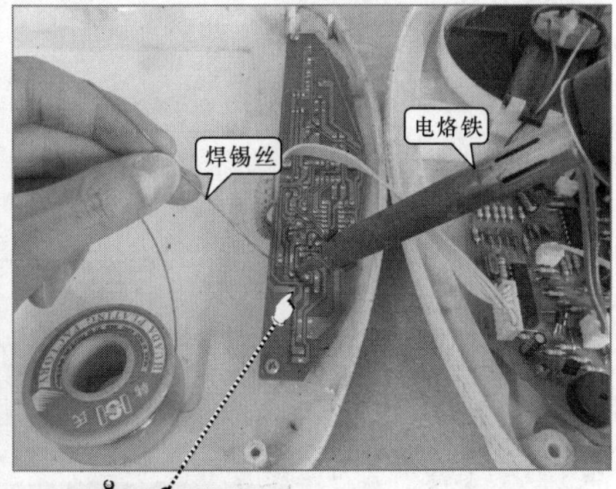
电烙铁
焊锡丝
使用电烙铁将焊锡丝熔化在
电路板引脚的引脚焊点上

图 2-7　焊接辅料的实物外形以及适用场合

4. 热风焊机

除上述的电烙铁外，维修小家电时较常使用的焊接工具还有热风焊机。热风焊机是专门用来拆焊、焊接贴片元件和贴片集成电路的焊接工具，它主要由主机和风枪等部分构成。热风焊机配有不同形状的喷嘴，在进行元件的拆卸时根据焊接部位的大小选择适合的喷嘴即可，如图 2-8 所示。

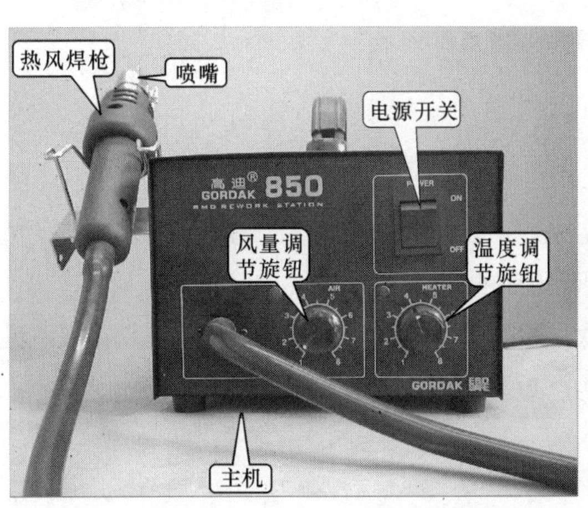
热风焊枪
喷嘴
电源开关
高迪®
GORDAK 850
风量调
节旋钮
温度调
节旋钮
AIR
HEATER
GORDAK
主机

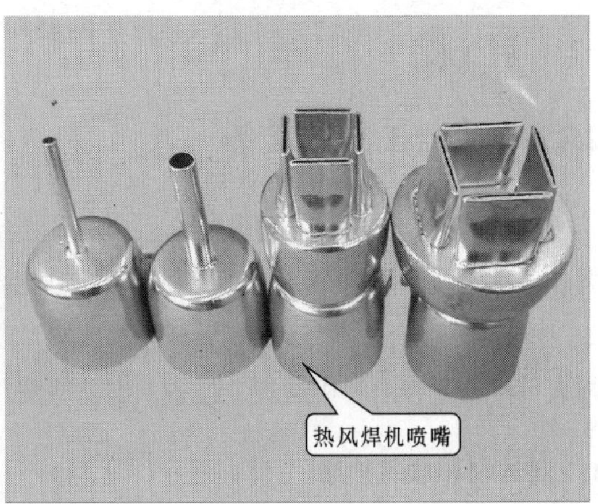
热风焊机喷嘴

图 2-8　热风焊机的实物外形

在使用热风焊机时，首先要进行喷嘴的选择安装及通电等使用前的准备，然后才能使用热风焊机进行拆卸，图 2-9 所示为拆卸四面贴片式集成电路的操作方法。

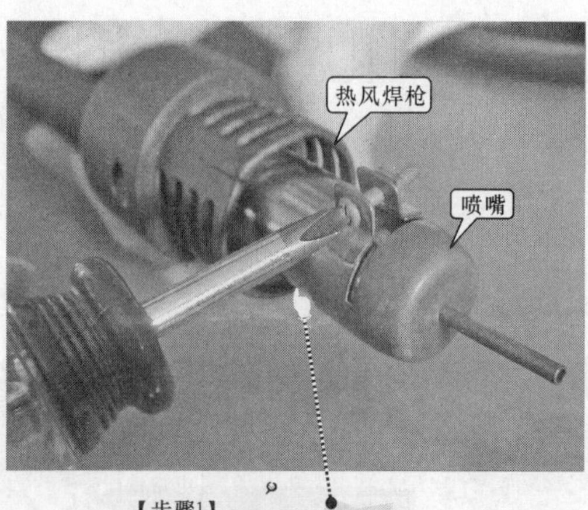
热风焊枪
喷嘴

【步骤1】
将适合的风枪嘴安装到风枪上，用固定螺钉进行固定

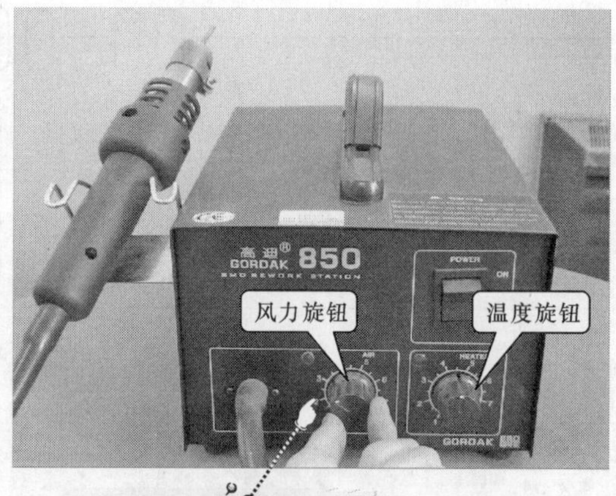
高丽® GORDAK 850
SMD REWORK STATION
POWER
风力旋钮
温度旋钮
GORDAK

【步骤2】
根据代换元器件的类型，调节热风焊枪的温度和风量

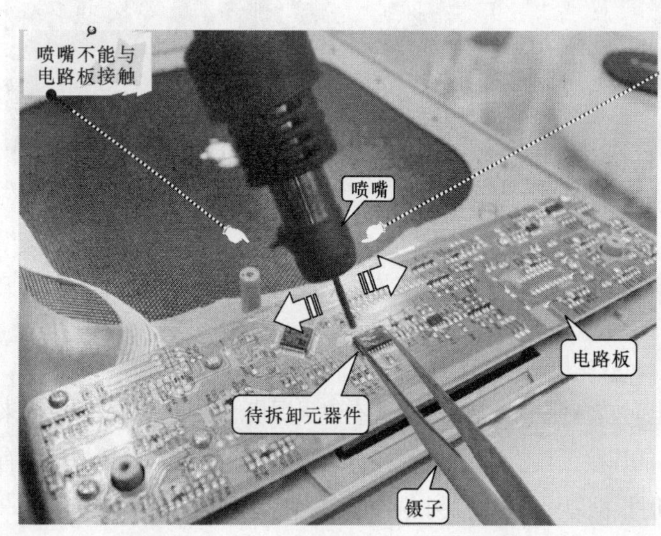
喷嘴不能与电路板接触
喷嘴
电路板
待拆卸元器件
镊子

【步骤3】
将焊枪的开关打开，并将热风焊枪垂直对准需要代换元器件的焊点，来回移动均匀加热

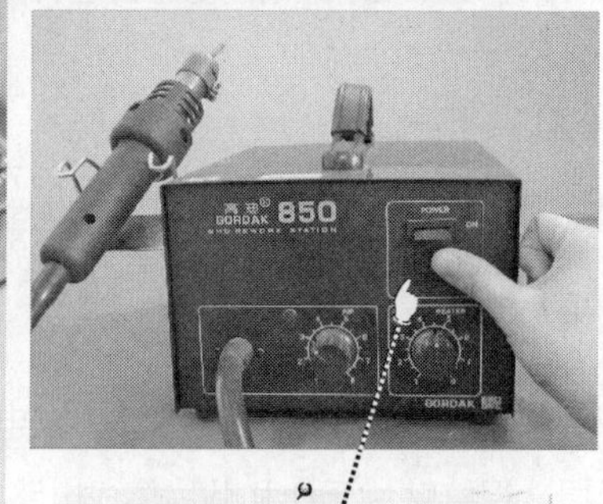
GORDAK 850
GORDAK

【步骤4】
焊枪使用完以后，必须将焊枪放回到支架上，再将电源开关关闭

图 2-9　热风焊机的适用场合

2.1.3　清洁工具的准备

清洁工具常暗藏于小家电维修人员的“百宝囊”中，遇灰尘、脏污的情况，维修人员便可凭此工具施展“清洁大法”，顷刻间便可扭转杂乱无序的局面。

这其中，清洁刷、吹气皮囊、手提式电动吹风机、吸尘器、清洁剂、酒精等都是小家电维修人员常备之物。对机器灰尘过多，电路板脏污严重等情况，清洁工具效果十分明显。

1. 清洁刷和吹气皮囊

清洁刷和吹气皮囊主要是用于清理小家电内部轻微的灰尘，便于对内部的组件或电路进行检修。

图 2-10 所示为清洁刷和吹气皮囊的实物外形及使用场合。

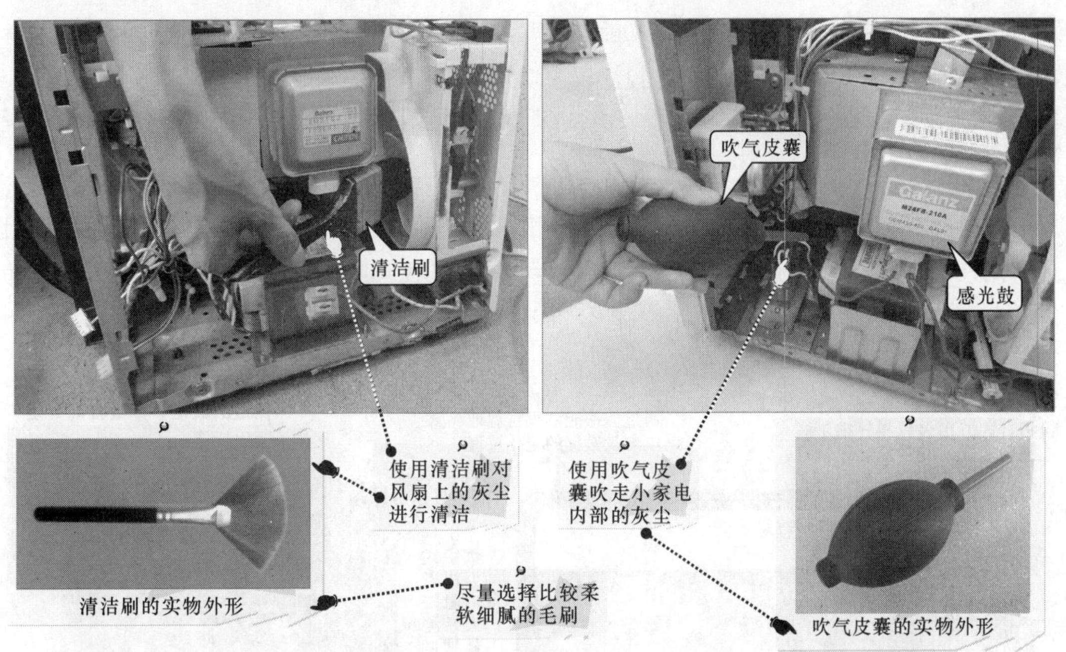
吹气皮囊
清洁刷
感光鼓
使用清洁刷对风扇上的灰尘进行清洁
使用吹气皮囊吹走小家电内部的灰尘
清洁刷的实物外形
尽量选择比较柔软细腻的毛刷
吹气皮囊的实物外形

图 2-10　清洁刷和吹气皮囊的实物外形及适用场合

2. 吸尘器和手提式电动吹风机（鼓风机）

吸尘器和手提式电动吹风机（鼓风机）主要是用于清理小家电内部大量的灰尘。

图 2-11 所示为吸尘器和手提式电动吹风机（鼓风机）的实物外形及适用场合。

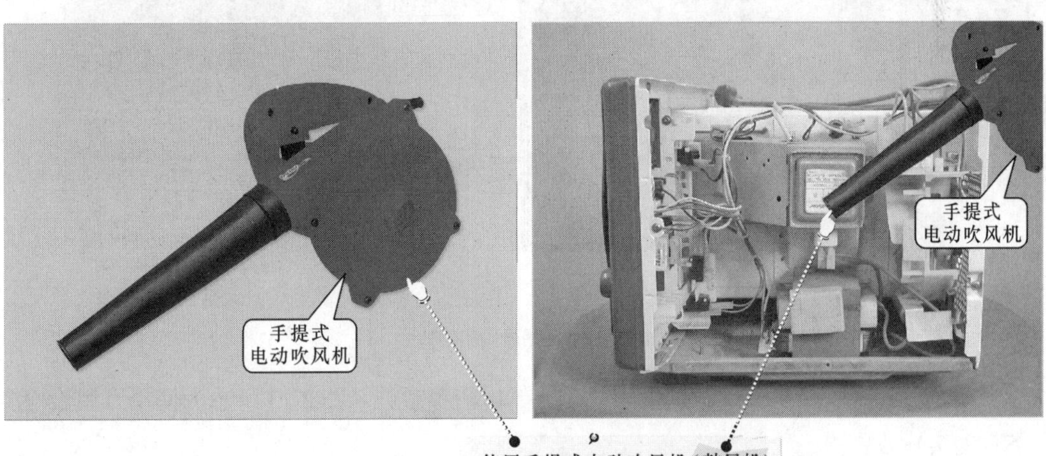
手提式
电动吹风机
手提式
电动吹风机
使用手提式电动吹风机（鼓风机）吹走小家电内部的灰尘

图 2-11　吸尘器和手提式电动吹风机（鼓风机）的实物外形及适用场合

2.1.4　检测仪表的准备

检测仪表可谓小家电维修人员的“高科技武器”。其智能化程度颇高，威力巨大。当陷入焦灼时，凭此武器维修人员便可迅速查知对手的弱点，“一招制敌”。

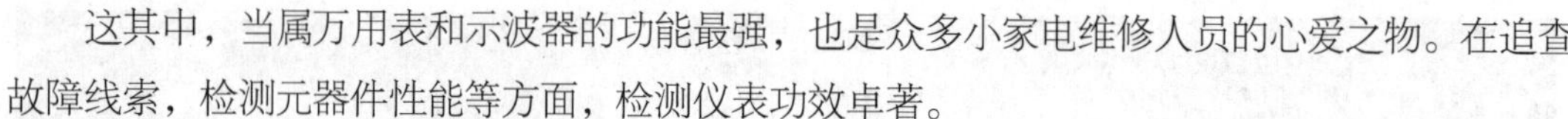

这其中，当属万用表和示波器的功能最强，也是众多小家电维修人员的心爱之物。在追查故障线索，检测元器件性能等方面，检测仪表功效卓著。

1. 万用表

万用表是维修小家电的必备仪表，主要用来检测电路的电压值、元器件以及零部件的电阻值，用来确定元器件的好坏。常用的万用表主要有指针式万用表和数字式万用表，其外形如图 2-12 所示。

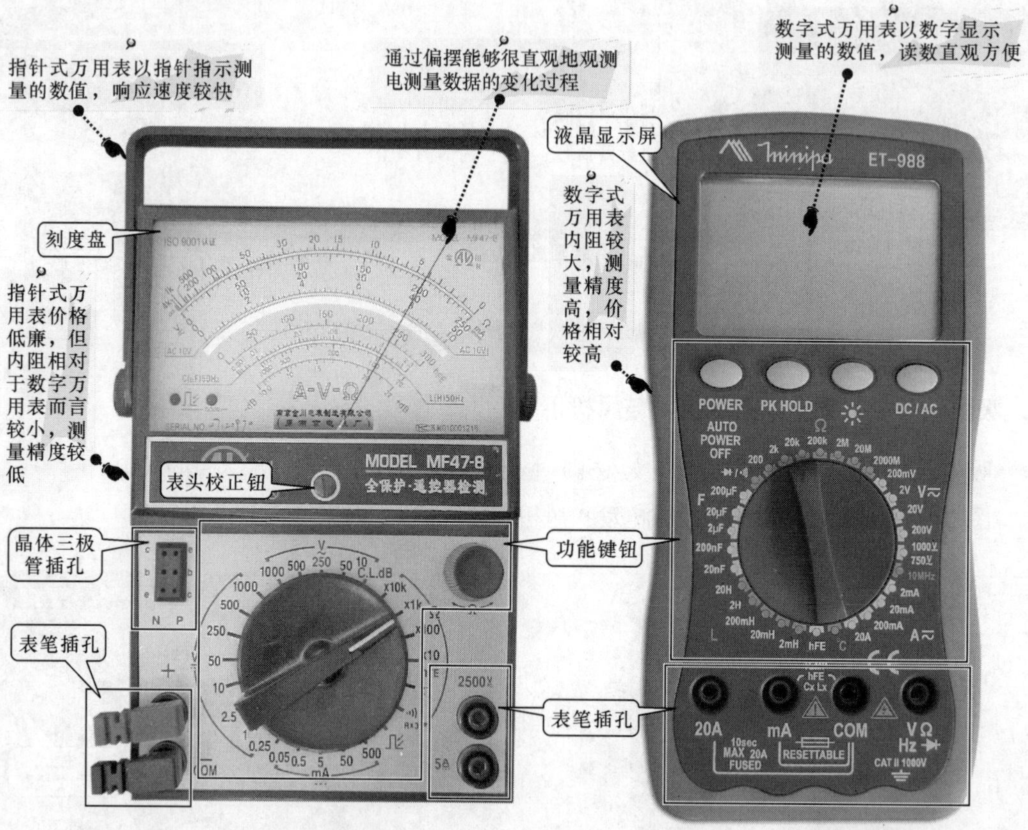

指针式万用表以指针指示测量的数值，响应速度较快
通过偏摆能够很直观地观测电测量数据的变化过程
数字式万用表以数字显示测量的数值，读数直观方便
液晶显示屏
刻度盘
指针式万用表价格低廉，但内阻相对于数字万用表而言较小，测量精度较低
数字式万用表内阻较大，测量精度高，价格相对较高
表头校正钮
MODEL MF47-8
晶体三极管插孔
功能键钮
表笔插孔
表笔插孔
ET-988
POWER
PK HOLD
DC / AC
20A
mA
COM

（a）指针式万用表　　（b）数字式万用表

图 2-12　万用表的实物外形

万用表常用来检测电子产品的电阻、电压、电流等参数。图 2-13 所示为使用万用表检测元器件的实际效果。

内功心法

一般情况下，使用万用表在测量电压或电流时，要先对万用表进行挡位和量程的调整设置，然后再进行实际测量。习惯上，将万用表的红表笔搭在正极端，用黑表笔连接负极端。

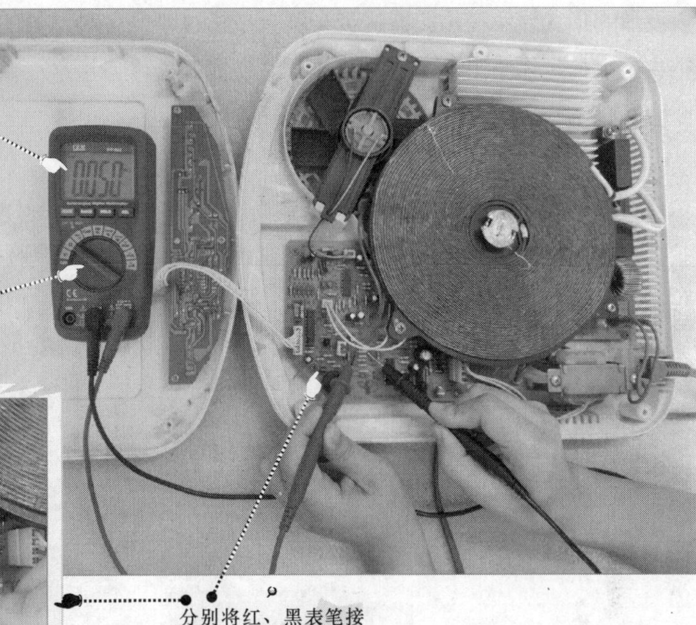

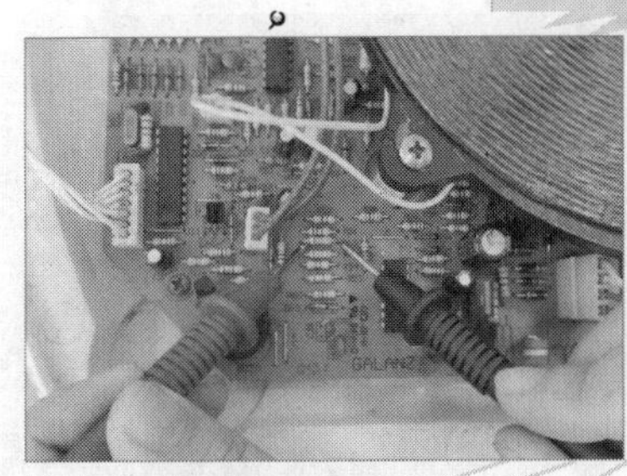
观察万用表
显示的数值
在检测元器件电阻
值前，选择合适的
量程
分别将红、黑表笔接
在元器件的引脚两端

图 2-13　万用表的适用场合

高手指点

小家电内部电路中，元器件大多采用贴片式或表面安装技术。使用万用表检测时，应对红、黑表笔进行一下加工，即连接上“测试延长针”，以便于检测贴片元器件，如图 2-14 所示。

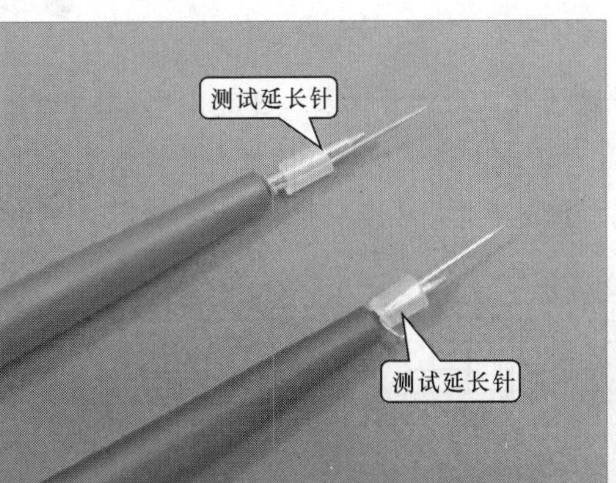
测试延长针
测试延长针

使用“测试延长针”
检测贴片电阻器

图 2-14　万用表连接“测试延长针”

2. 示波器

在小家电的检修中，使用示波器可以方便、快捷、准确地检测出各关键测试点的相关信号并以波形的形式显示在示波器的荧光屏上。通过观测各种信号的波形即可判断出故障点或故障范围，这也是维修小家电内部电路板时最便捷的检修方法之一。

图 2-15 所示为示波器的实物外形及适用场合。

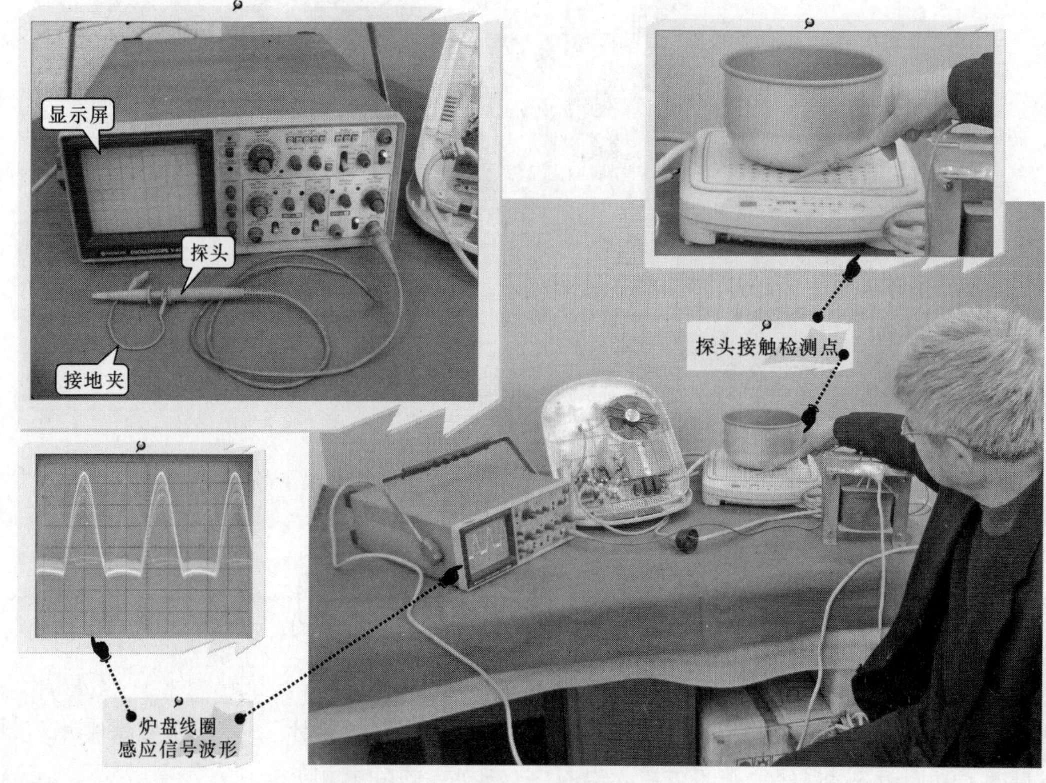
显示屏
探头
接地夹
探头接触检测点
炉盘线圈
感应信号波形

图 2-15 示波器的实物外形及适用场合

内功心法

示波器是小家电维修过程中可以带来更多便捷的测量仪表。它可以将电路中的电压波形、电流波形在示波器上直接显示出来，能够使检修者提高维修效率，尽快找到故障点。虽然示波器的售价较高，但是毕竟是维修人员的一把利器。

高手指点

在电路板中，有些集成电路的引脚较多且较细，测量表笔的探头通常偏粗，很难精准定位在某一指定引脚。此时可将示波器探头进行简单的改制，如图 2-16 所示。

练功基础

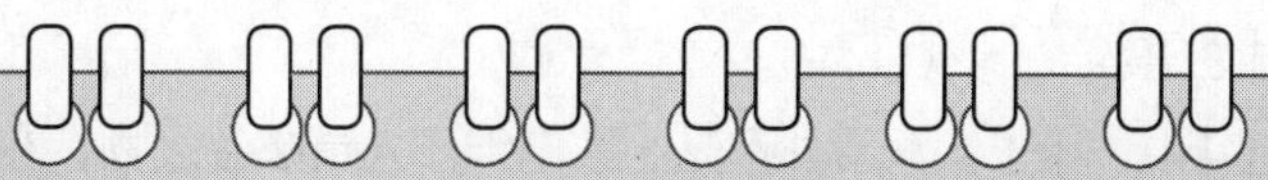

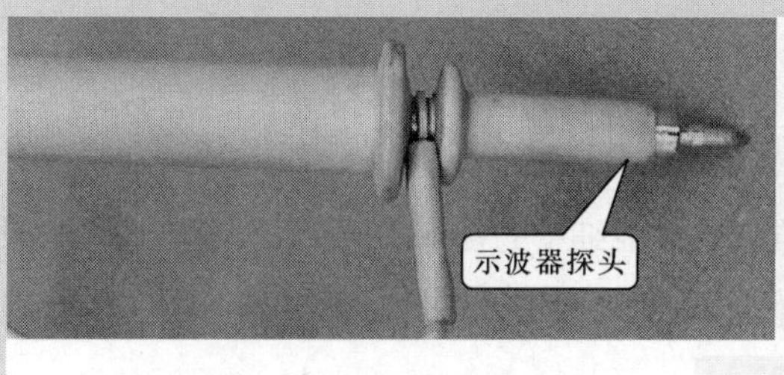
示波器探头

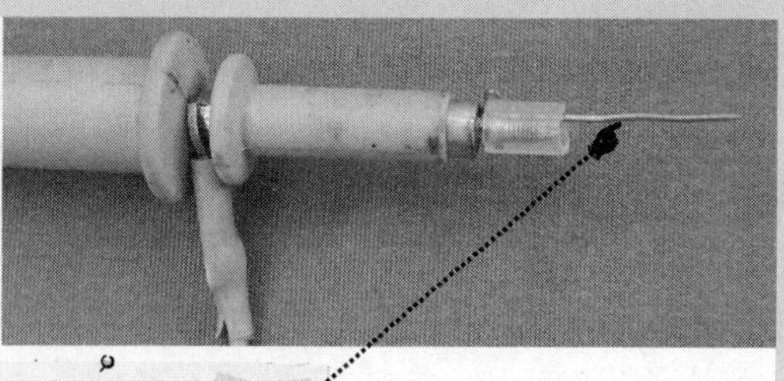
用头部较细的针头等金属物体接于探头上，并加以固定

图 2-16　简单改制的示波器探头

高手指点

测量波形时，若信号波形有些模糊，可以适当调整聚焦钮和亮度调节钮。通过调节这两个旋钮可使波形变得明亮清晰。当波形不同步时，可微调触发电平钮，使波形稳定。

3. 钳形表

钳形表也是检修小家电电气系统时的常用仪表，钳形表特殊的钳口设计，可在不断开电路的情况下，方便地检测电路中的交流电流。因此在检修小家电时钳形表常用于检测电风扇整机的启动电流和运行电流等，钳形表的实物外形及适用场合如图 2-17 所示。

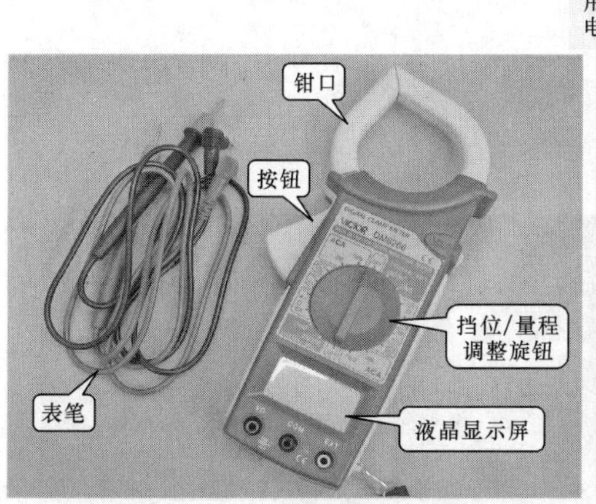
钳口
按钮
挡位/量程调整旋钮
表笔
液晶显示屏

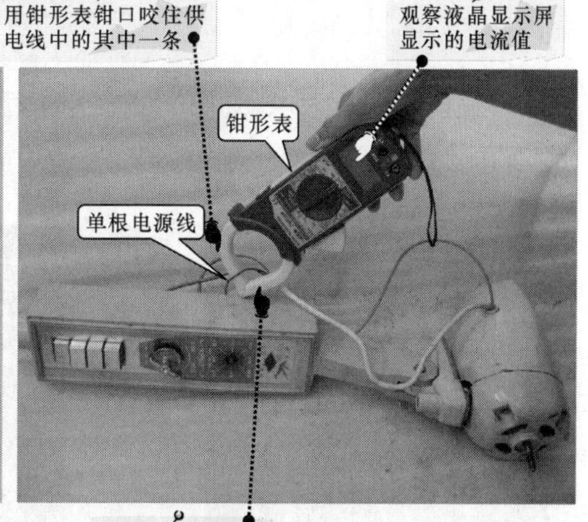
用钳形表钳口咬住供电线中的其中一条
观察液晶显示屏显示的电流值
钳形表
单根电源线
打开钳形表的开关并调整量程

图 2-17　钳形表的实物外形及适用场合

2.1.5　辅助检修设备的准备

辅助工具是小家电维修人员的“备用武器”，当遇特殊境况，该武器便可“大显身手”、“以

备不时之需”。

这其中，镊子、润滑油都是小家电维修人员必备之物，在维修时这些辅助工具可“一解燃眉之急”。

1. 镊子

在维修小家电时，镊子可以用来夹取一些难以拿取或细小的物体。例如，当拆卸小家电产品时，经常会出现螺钉掉落到缝隙中，此时，便可以使用镊子来夹取。图 2-18 所示为镊子的实物外形以及适用场合。

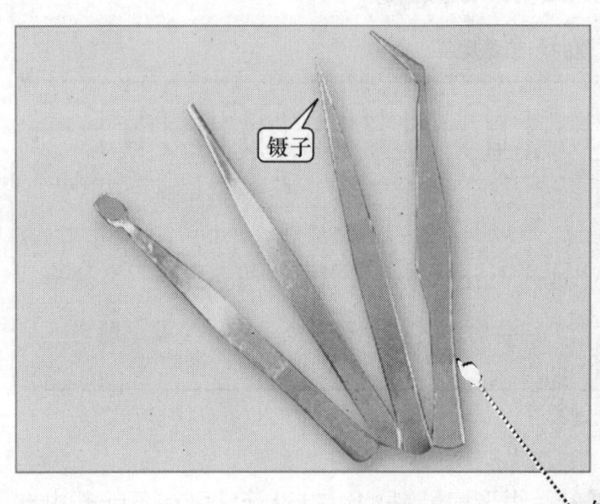
镊子

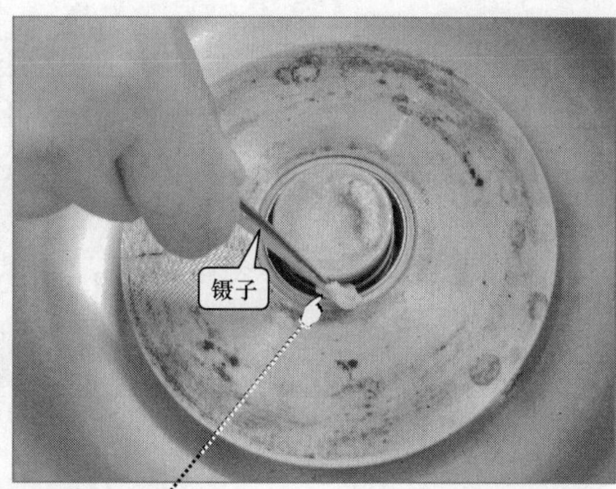
镊子
使用镊子取出磁钢限温器中的异物

图 2-18　镊子的实物外形及适用场合

2. 润滑油

润滑油主要是用于对电动机部件的轴承进行润滑，以减少摩擦。

图 2-19 所示为润滑油的实物外形以及适用场合。

润滑油

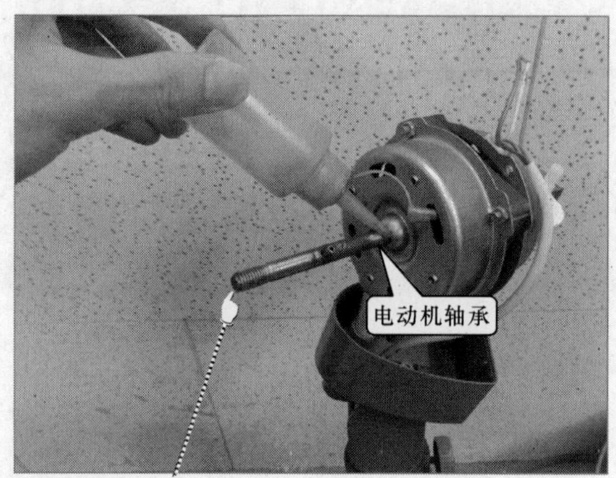
电动机轴承
将润滑油滴在电风扇中的电动机轴承上，可起到润滑、减少摩擦的作用

图 2-19　润滑油的实物外形及适用场合

3. 绝缘胶带和电线

绝缘胶带主要是用于对线缆连接处包裹连接，起到绝缘保护的作用。绝缘胶带和电线主要用来制作延长线，在对小家电产品中的某个功能部件进行代换或检修时，需要使用延长线进行延长。

图 2-20 所示为绝缘胶带和电线实物外形以及适用场合。例如在维修电磁炉时需要将延长线与炉盘线圈的供电引线相连。先将电线的外皮剥开（可使用剥线钳），将铜丝拧成股，分别与炉盘线圈的两根引线缠在一起，用绝缘胶带包好裸露的连接处，延长线就制作好了。

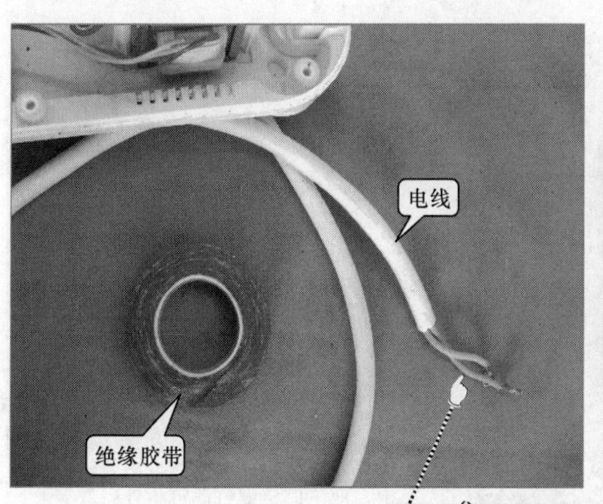
电线
绝缘胶带
先将电线的外皮剥开，并将铜丝拧成股

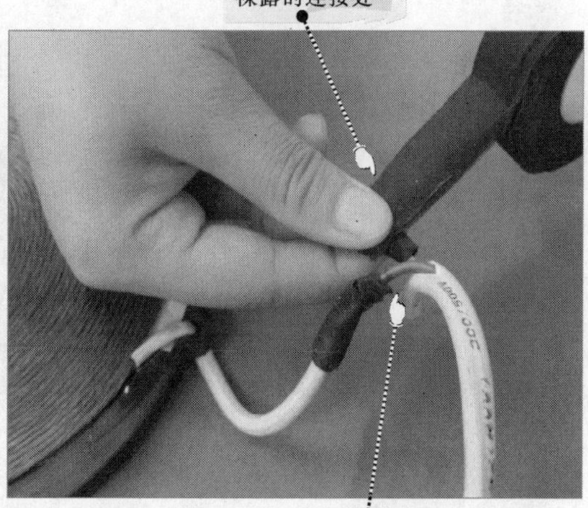
用绝缘胶带包好裸露的连接处
分别与炉盘线圈的两根引线缠在一起，用绝缘胶带包好裸露的连接处，延长线就制作好了

图 2-20　绝缘胶带和电线实物外形及适用场合

2.2 学会小家电的拆卸

在对小家电进行检修时，对小家电进行拆卸是非常重要的操作环节。无论是对电子元器件或功能部件的检测，还是对线路或组合传动装置的安装连接状态进行核查，都需要掌握小家电的拆卸技能。由于小家电种类不同，其结构组成也有较大的区别。下面以典型电风扇、电饭煲、电磁炉、微波炉为例，分别介绍一下不同小家电的拆卸方法和拆卸步骤。

2.2.1 电风扇的拆卸

电风扇的拆卸是小家电维修人员必须掌握的基础技艺，该技艺可拆成 3 个基础招式，即：电风扇网罩及扇叶的拆卸、电风扇电动机外壳的拆卸、电风扇底座以及挡板的拆卸。这其中，每招根据电风扇构造的不同又可有不同的变化。下面以典型电风扇为例进行介绍。

对于学习电风扇维修的人员来说，需从电风扇拆卸技法的基础招式练起，领悟招法的精髓。最终能够将招法融会贯通，自如运用。

高手指点

图 2-21 所示为典型电风扇拆卸的基础招式。无论是哪种电风扇，都可以用此 3 招轻松应对。

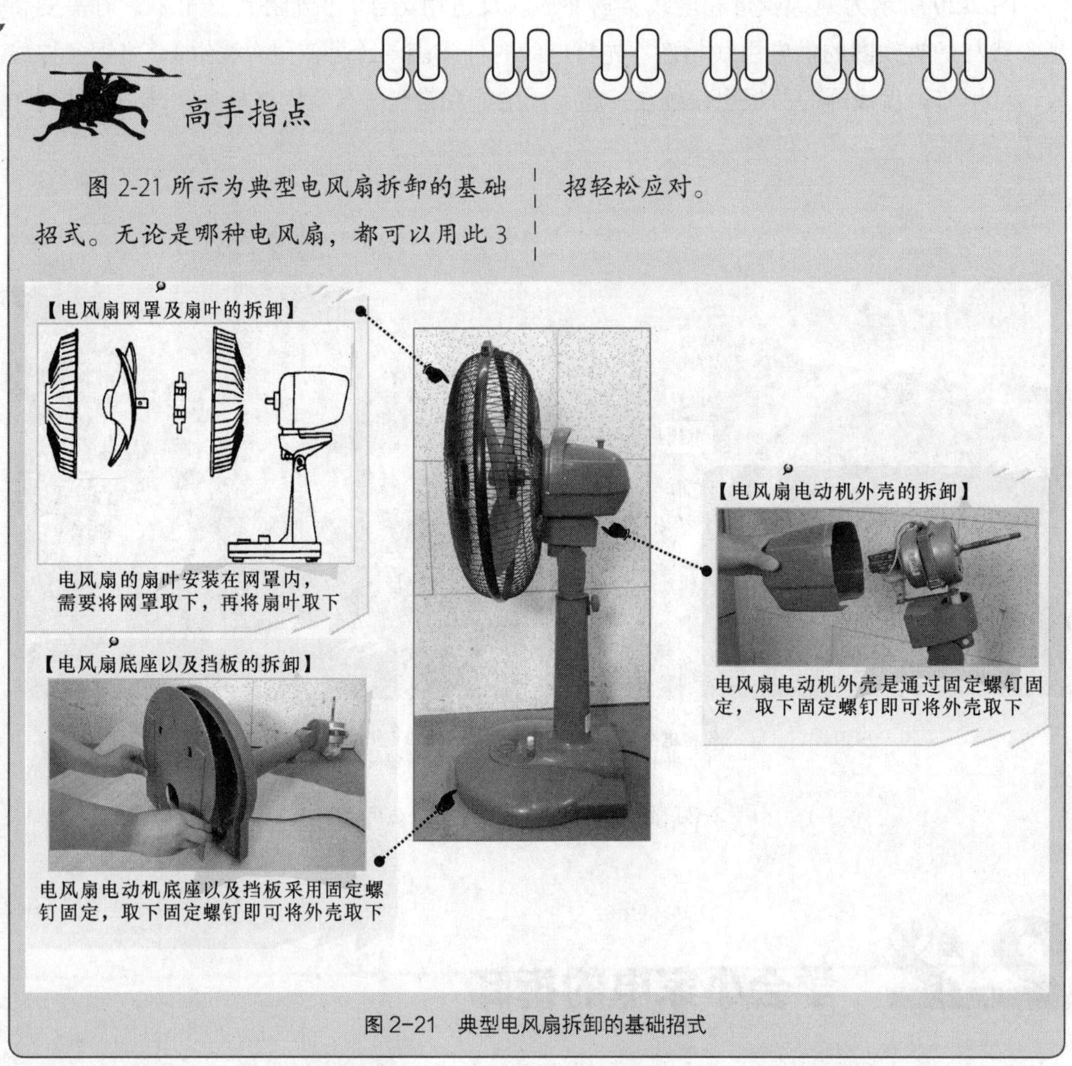
【电风扇网罩及扇叶的拆卸】
电风扇的扇叶安装在网罩内，需要将网罩取下，再将扇叶取下
【电风扇电动机外壳的拆卸】
电风扇电动机外壳是通过固定螺钉固定，取下固定螺钉即可将外壳取下
【电风扇底座以及挡板的拆卸】
电风扇电动机底座以及挡板采用固定螺钉固定，取下固定螺钉即可将外壳取下

图 2-21　典型电风扇拆卸的基础招式

在动手操作前，用软布垫好操作台，然后先要观察电风扇的外观，查看并分析拆卸的入手点以及螺钉或卡扣的紧固部位。

1. 电风扇网罩及扇叶的拆卸

拆卸电风扇网罩及扇叶时，首先要明确其固定位置和方式，然后使用适当的拆卸工具将其取下。

取下电风扇网罩以及扇叶，具体操作如图 2-22 所示。

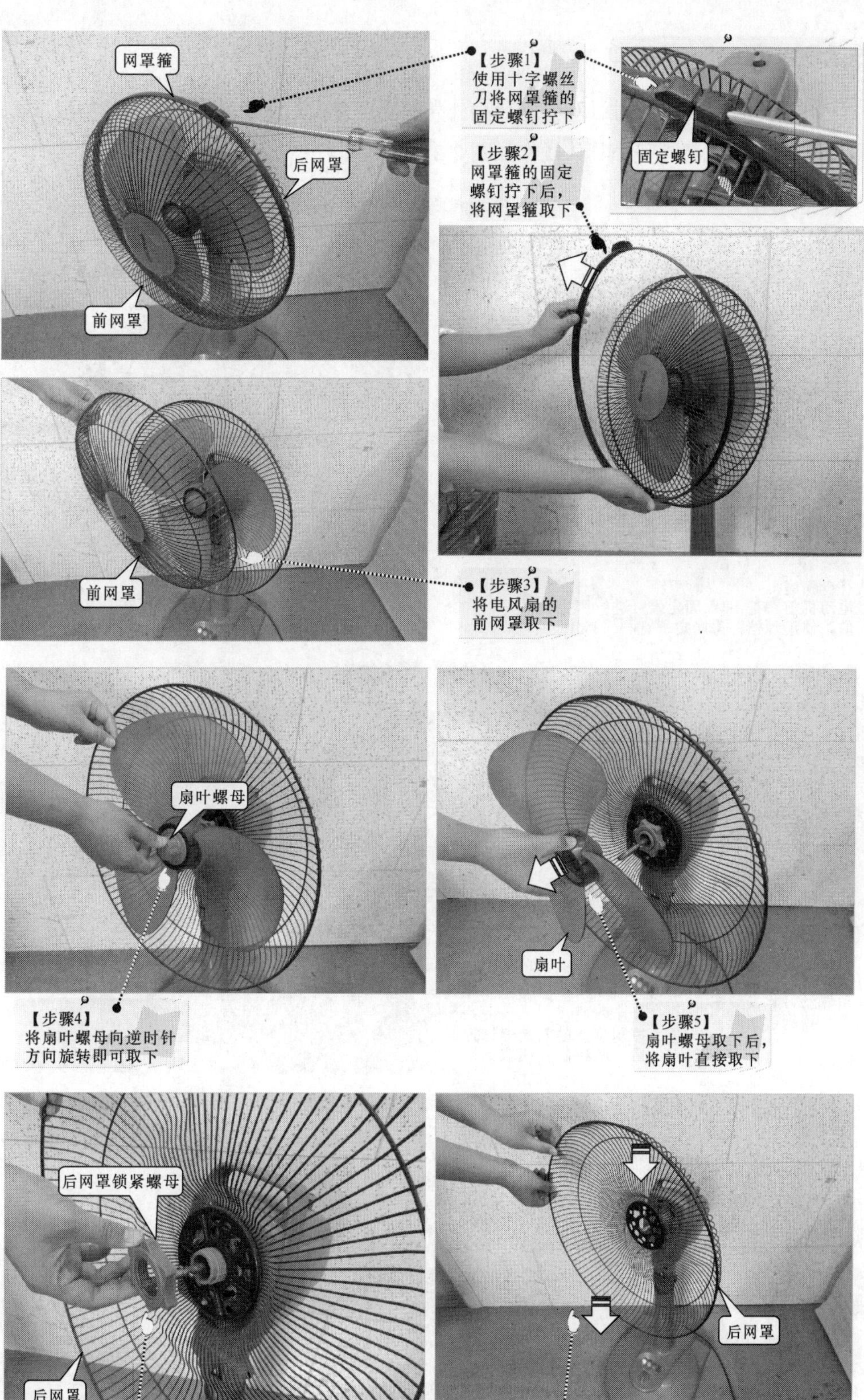
网罩箍
后网罩
前网罩
【步骤1】
使用十字螺丝
刀将网罩箍的
固定螺钉拧下
固定螺钉
【步骤2】
网罩箍的固定
螺钉拧下后，
将网罩箍取下
前网罩
【步骤3】
将电风扇的
前网罩取下
扇叶螺母
【步骤4】
将扇叶螺母向逆时针
方向旋转即可取下
扇叶
【步骤5】
扇叶螺母取下后，
将扇叶直接取下
后网罩锁紧螺母
后网罩
【步骤6】
将后网罩锁紧螺母向逆
时针方向旋转即可取下
后网罩
【步骤7】
后网罩锁紧螺母取下
后，将后网罩取下

图 2-22　取下电风扇网罩以及扇叶

2. 电风扇电动机外壳的拆卸

拆卸电风扇电动机外壳时，观察电风扇外壳的固定方式，使用合适的工具将其取下。取下电风扇电动机外壳，具体操作如图 2-23 所示。

电动机前盖
固定螺钉

【步骤1】
电动机前盖是由4颗固定螺钉进行固定的，使用螺丝刀将固定螺钉一一拧下

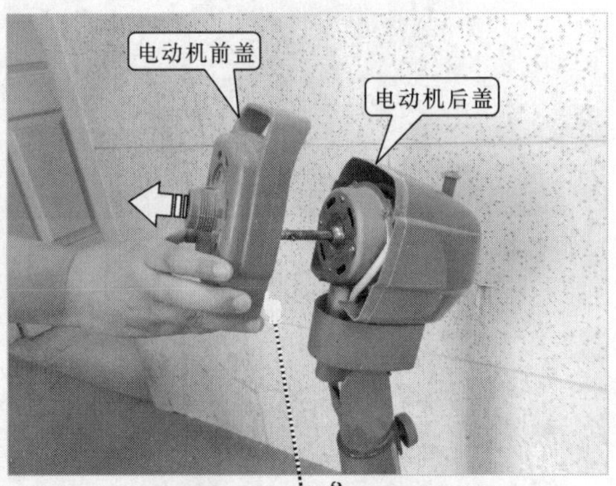
电动机前盖
电动机后盖

【步骤2】
电动机前盖的固定螺钉取下后，将电动机前盖与后盖分离

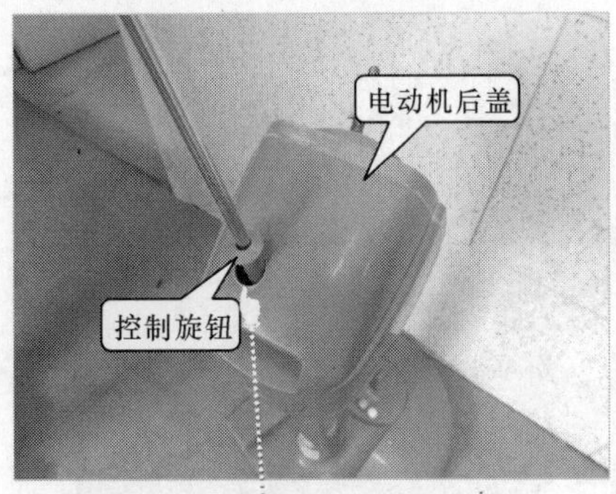
电动机后盖
控制旋钮

【步骤3】
使用螺丝刀将安装在后盖上控制旋钮取下

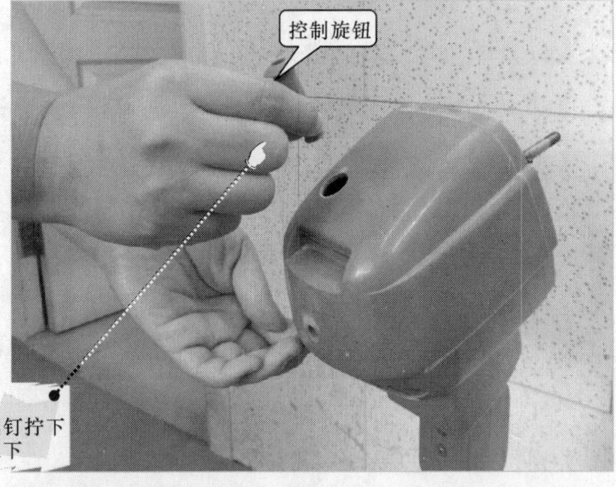
控制旋钮

【步骤4】
控制旋钮的固定螺钉拧下后，将控制旋钮取下

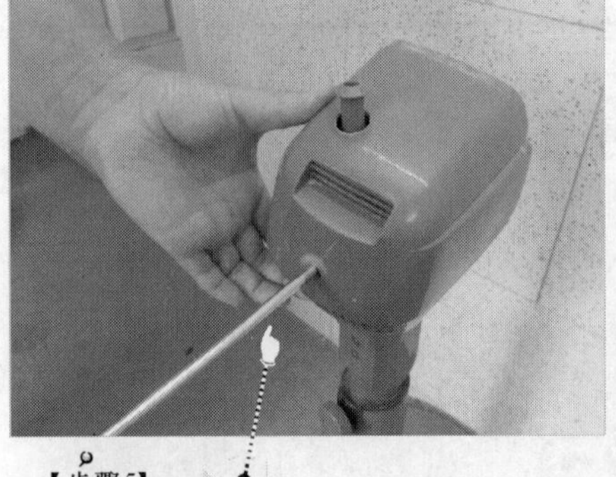

【步骤5】
使用螺丝刀将固定在电动机后盖上的固定螺钉拧下

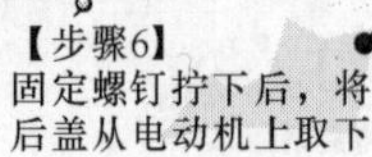

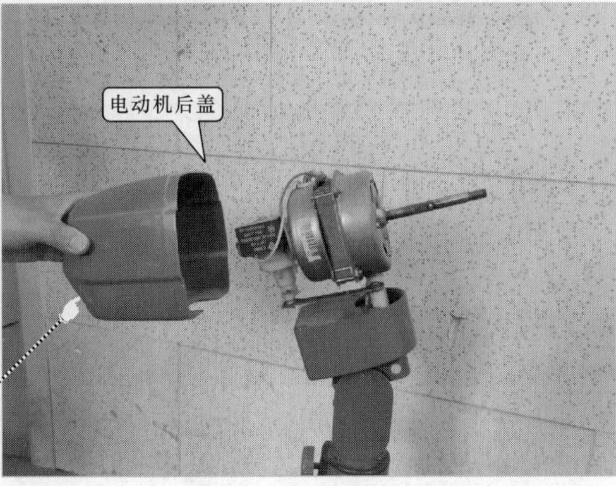
电动机后盖

【步骤6】
固定螺钉拧下后，将后盖从电动机上取下

图 2-23　取下电风扇电动机外壳

3. 电风扇底座以及挡板的拆卸

拆卸电风扇底座时，观察电风扇底座以及挡板的固定方式，使用合适规格的螺丝刀进行拆卸。

取下电风扇底座以及挡板，具体操作如图 2-24 所示。

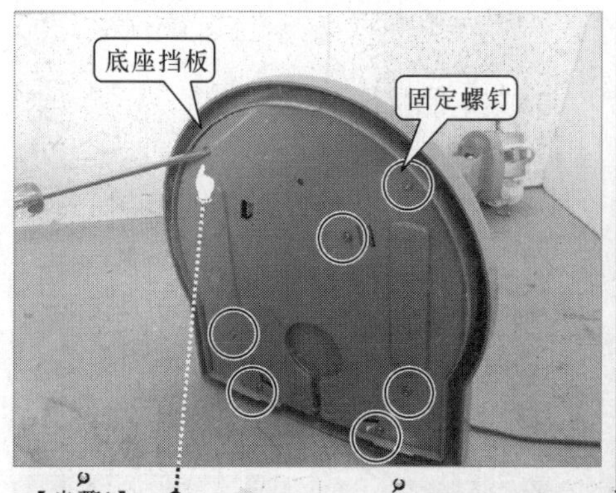
底座挡板
固定螺钉

【步骤1】
使用螺丝刀将固定在底座挡板上的固定螺钉拧下

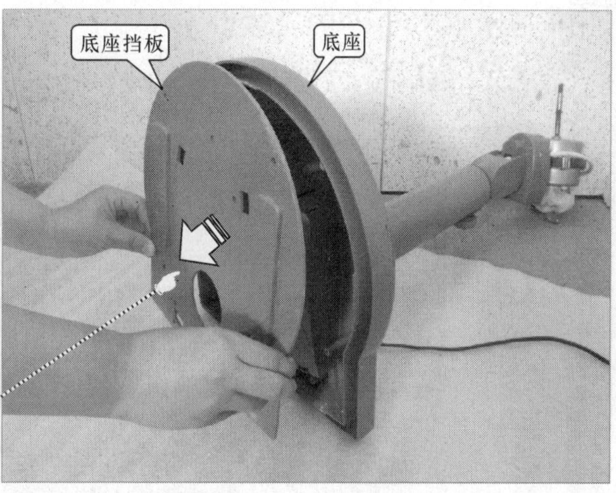
底座挡板
底座

【步骤2】
底座挡板的固定螺钉拧下后，将底座挡板取下

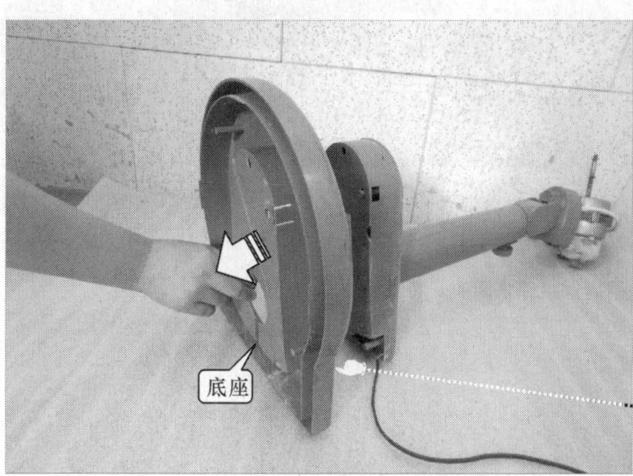
底座

【步骤3】
底座挡板取下后接着将底座取下

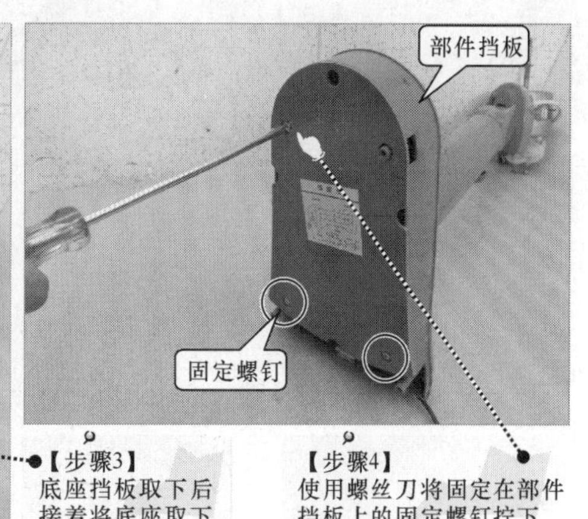
部件挡板
固定螺钉

【步骤4】
使用螺丝刀将固定在部件挡板上的固定螺钉拧下

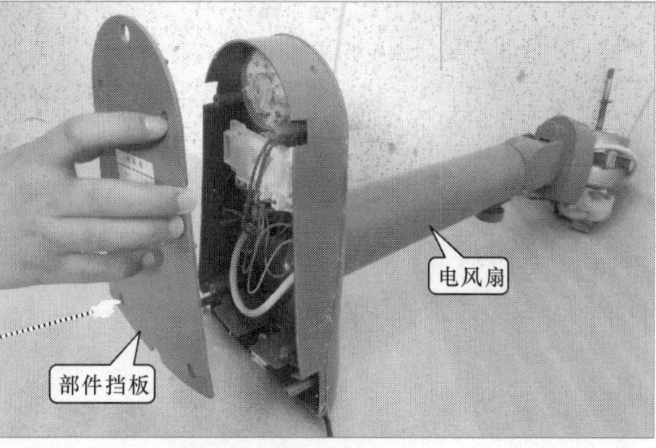
电风扇
部件挡板

【步骤5】
部件挡板上的固定螺钉拧下后，即可将部件挡板与电风扇分离

图 2-24　取下电风扇底座以及挡板

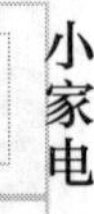

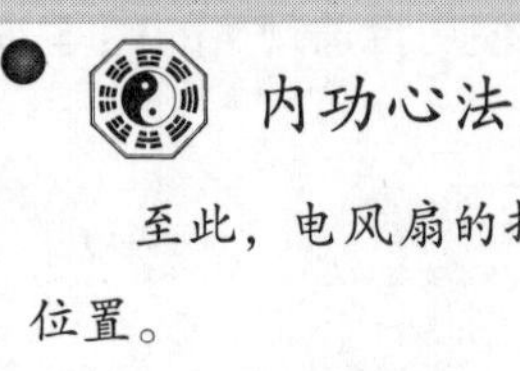

内功心法

至此，电风扇的拆卸基本完成，图 2-25 所示为电风扇内部器件之间的安装位置。

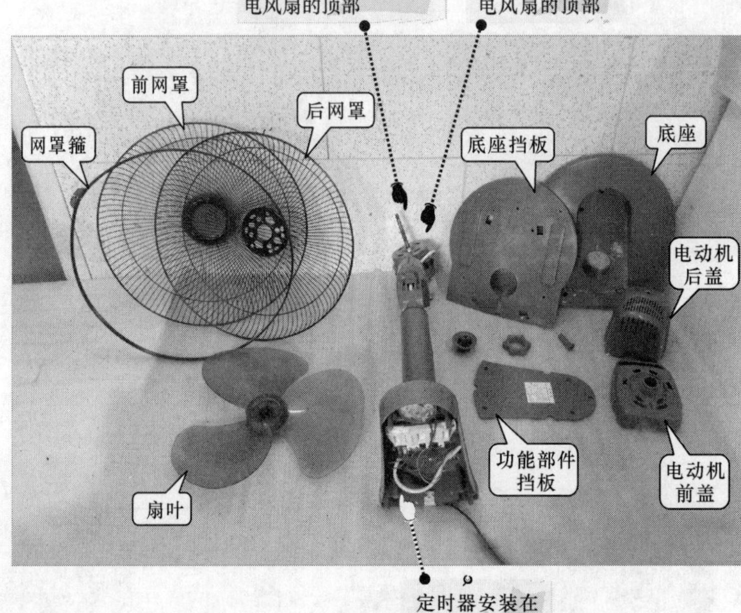
风扇电动机组件安装在电风扇的顶部
摇头组件安装在电风扇的顶部
前网罩
后网罩
网罩箍
底座挡板
底座
电动机后盖
功能部件挡板
电动机前盖
扇叶
定时器安装在电风扇的底部

图 2-25　电风扇内部器件之间的安装位置

2.2.2　电饭煲的拆卸

电饭煲的拆卸是小家电维修人员必须掌握的基础技艺，该技艺可拆成 2 个基础招式，即电饭煲锅盖的拆卸和电饭煲底座的拆卸。这其中，每招根据电饭煲构造的不同又可有不同的变化。下面以典型电饭煲为例进行介绍。

对于学习电饭煲维修的人员来说，需从电饭煲拆卸技法的基础招式练起，领悟招法的精髓。最终能够将招法融会贯通，自如运用。

功法秘籍

图 2-26 所示为典型电饭煲拆卸的基础招式。无论是哪种电饭煲，都可以用此 2 招轻松应对。

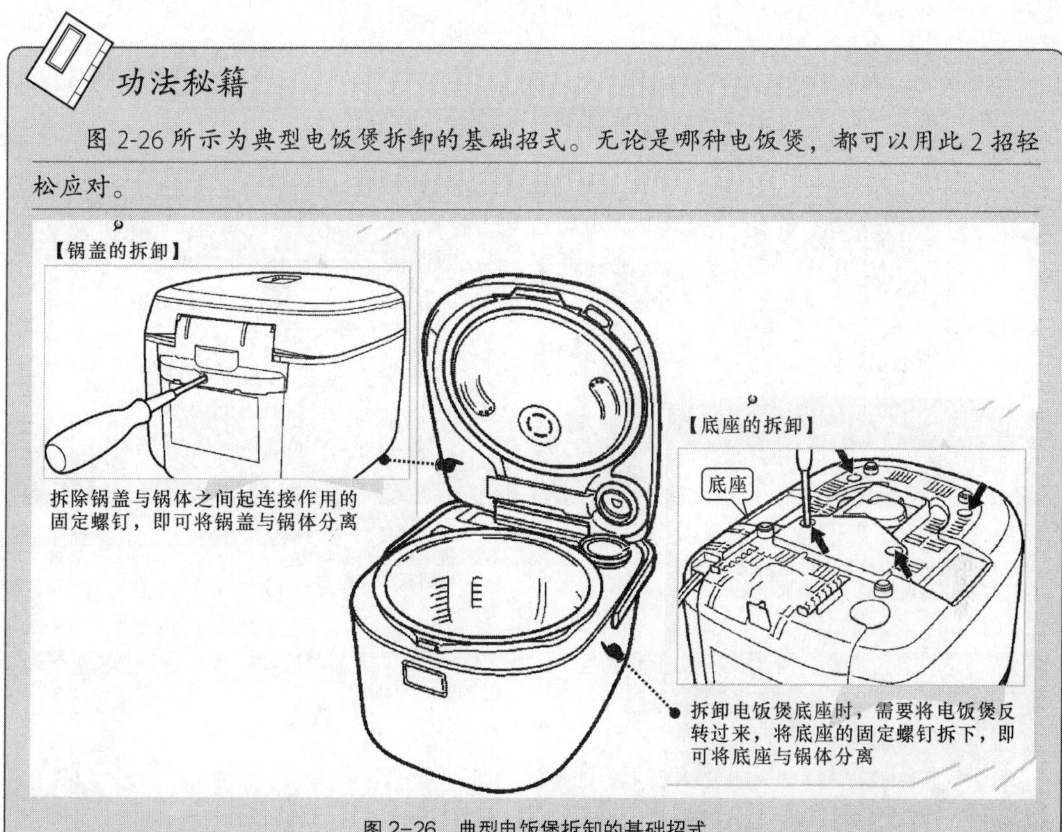
【锅盖的拆卸】
拆除锅盖与锅体之间起连接作用的固定螺钉，即可将锅盖与锅体分离
【底座的拆卸】
底座
拆卸电饭煲底座时，需要将电饭煲反转过来，将底座的固定螺钉拆下，即可将底座与锅体分离

图 2-26 典型电饭煲拆卸的基础招式

在动手操作前，用软布垫好操作台，然后先要观察电饭煲的外观，查看并分析拆卸的入手点以及螺钉或卡扣的紧固部位。

1. 电饭煲锅盖的拆卸

拆卸电饭煲锅盖时，首先要明确其固定位置和方式，然后使用适当的拆卸工具将其取下。取下电饭煲的锅盖，具体操作如图 2-27 所示。

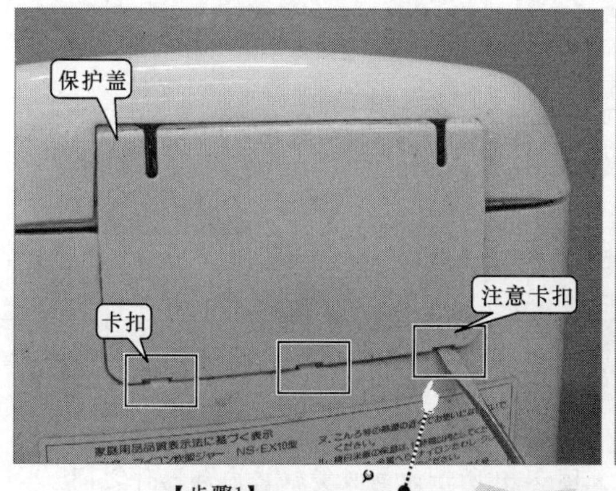
保护盖
卡扣
注意卡扣

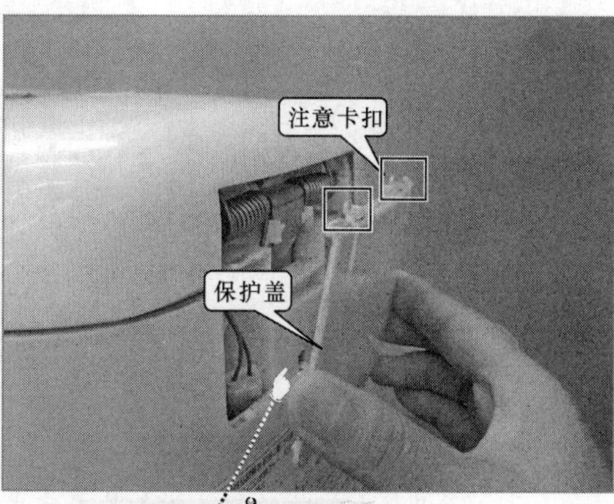
注意卡扣
保护盖

【步骤1】
电饭煲锅体的背面有一个长方形的保护盖，用一字螺丝刀依次撬开保护盖的 3 个卡扣

【步骤2】
卸下保护盖的同时也要注意保护盖上侧的 2 个卡扣

图 2-27 取下电饭煲的锅盖

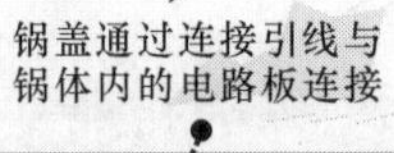
锅盖通过连接引线与
锅体内的电路板连接

锅盖的弹簧钢轴通过铁片与锅体固定，保证锅盖在上翻的过程中不脱离锅体

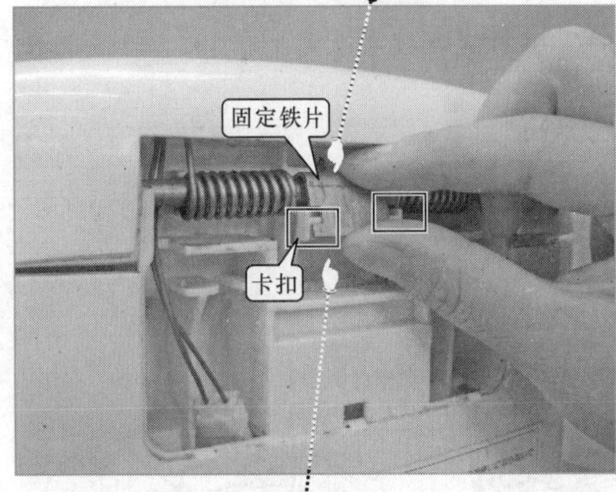
固定铁片
卡扣

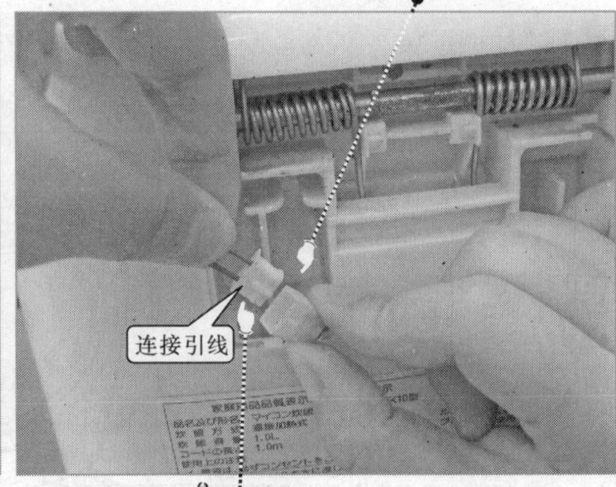
连接引线

【步骤3】
向上掀起固定铁片，即可将固定铁片从两侧的卡扣中取出来

【步骤4】
拔下锅盖与锅体内电路板的连接引线

【步骤5】
按下安全开关，即可将锅盖打开

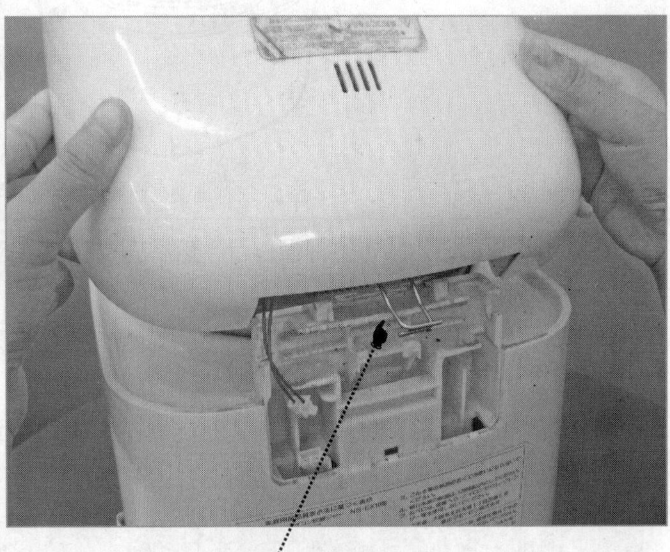

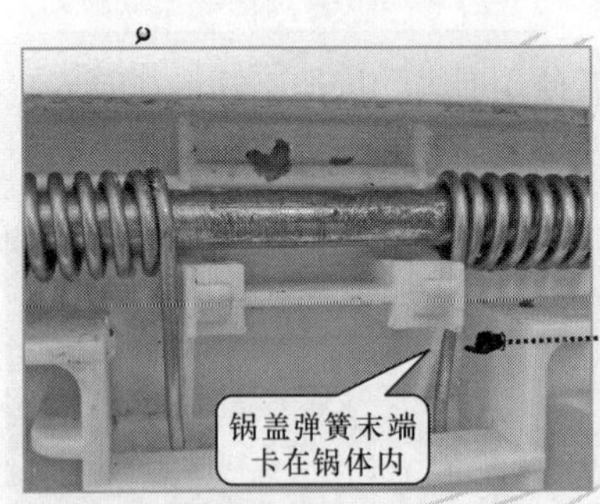
锅盖弹簧末端
卡在锅体内

【步骤6】
双手向上抬起锅盖，即可将整个锅盖取下来。取下锅盖的同时要注意将锅盖弹簧的末端从锅体内取出来

图 2-27　取下电饭煲的锅盖（续）

内功心法

至此，电饭煲的锅盖拆卸基本完成，图 2-28 所示为电饭煲锅盖内部器件之间的安装位置。

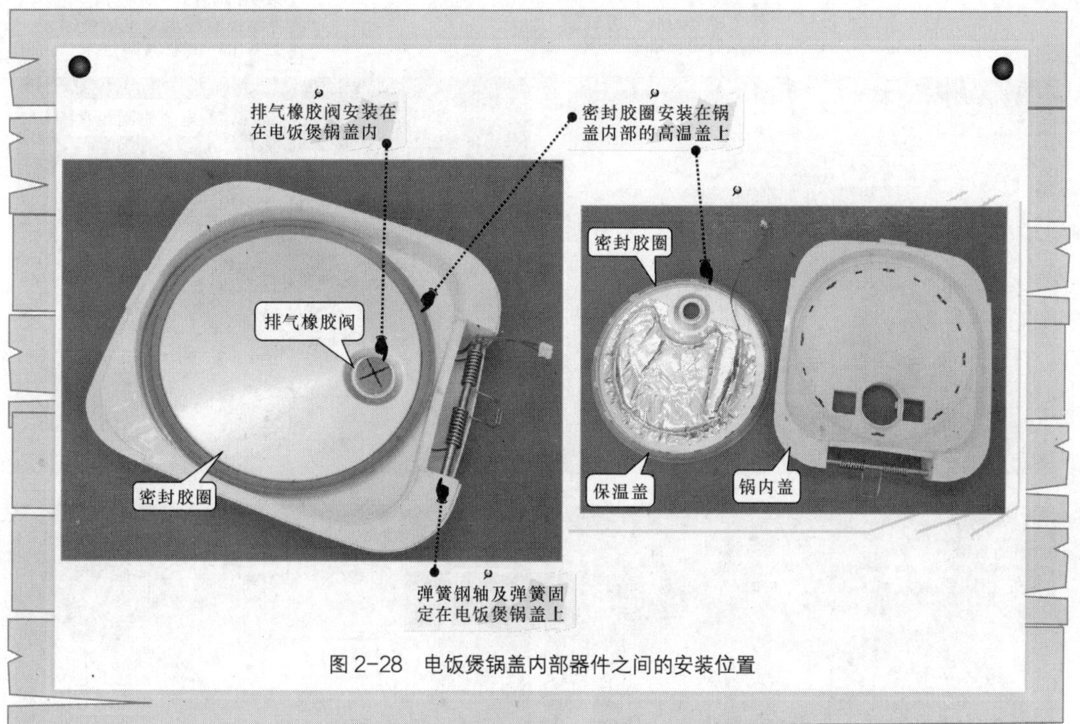
排气橡胶阀安装在
在电饭煲锅盖内
密封胶圈安装在锅
盖内部的高温盖上
排气橡胶阀
密封胶圈
弹簧钢轴及弹簧固
定在电饭煲锅盖上
密封胶圈
保温盖
锅内盖

图 2-28　电饭煲锅盖内部器件之间的安装位置

2. 电饭煲底座的拆卸

拆卸电饭煲底座时，需要将电饭煲反转过来，观察电饭煲底座的固定方式，使用合适的工具将其取下。

取下电饭煲的底座，具体操作如图 2-29 所示。

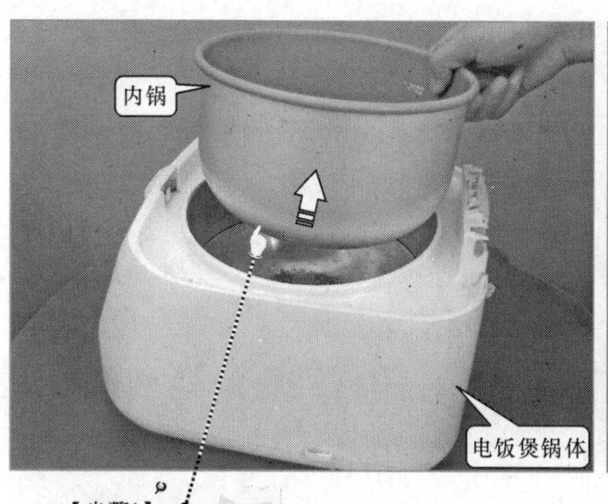
内锅
电饭煲锅体
【步骤1】
拆卸底座之前，先将
内锅从锅体中取出来

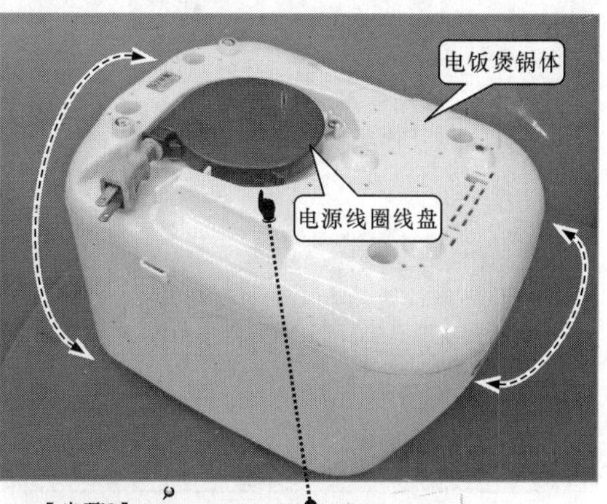
电饭煲锅体
电源线圈线盘
【步骤2】
将电饭煲锅体翻转过来，放置在桌子上，
方便对其底部进行拆卸，可以看到电饭
煲底座的内凹槽内固定有电源线圈线盘

图 2-29　取下电饭煲的底座

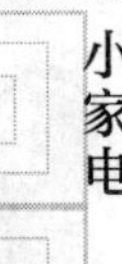

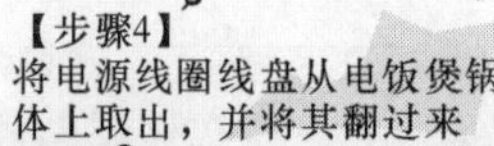

【步骤3】
使用螺丝刀将电源线圈线盘的固定螺钉拧下

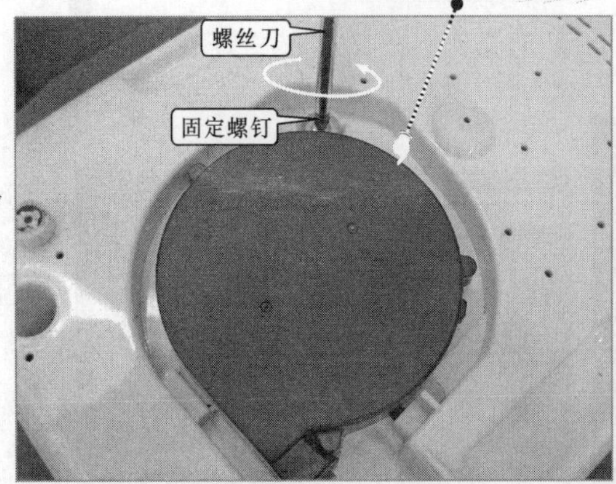
螺丝刀
固定螺钉

【步骤4】
将电源线圈线盘从电饭煲锅体上取出，并将其翻过来

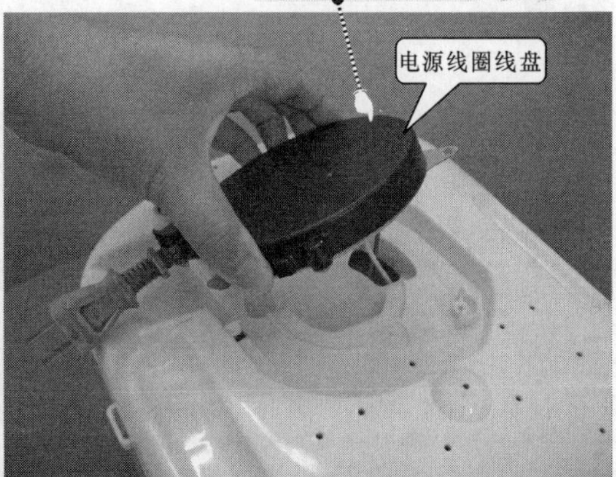
电源线圈线盘

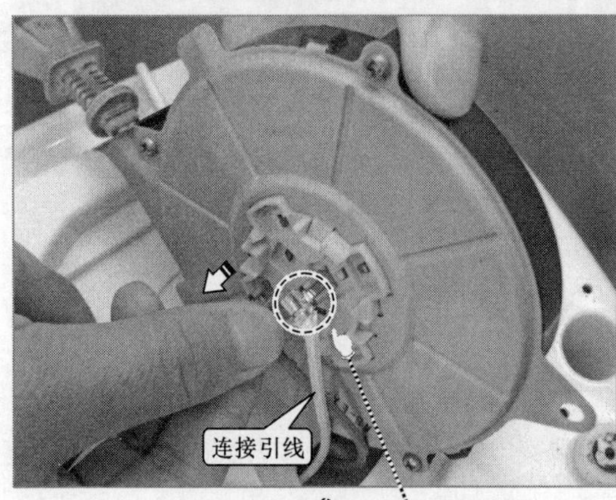
连接引线

【步骤5】
将电源线圈线盘的两根连接引线拔下，即可将电源线圈线盘整体取下来

【步骤6】
使用螺丝刀拧下固定电饭煲底座的 4 颗固定螺钉

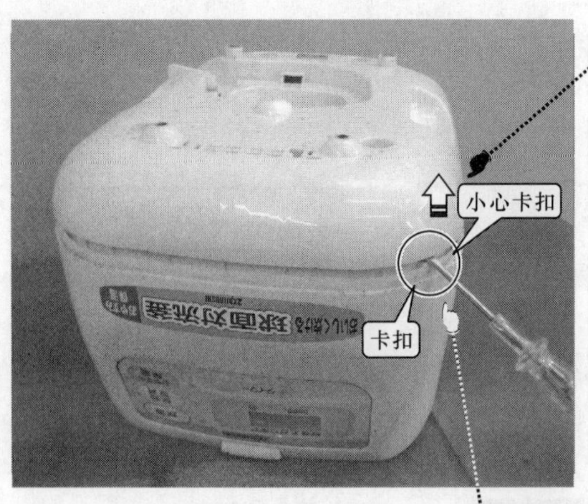
小心卡扣
卡扣

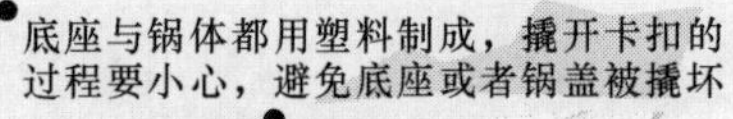

底座与锅体都用塑料制成，撬开卡扣的过程要小心，避免底座或者锅盖被撬坏

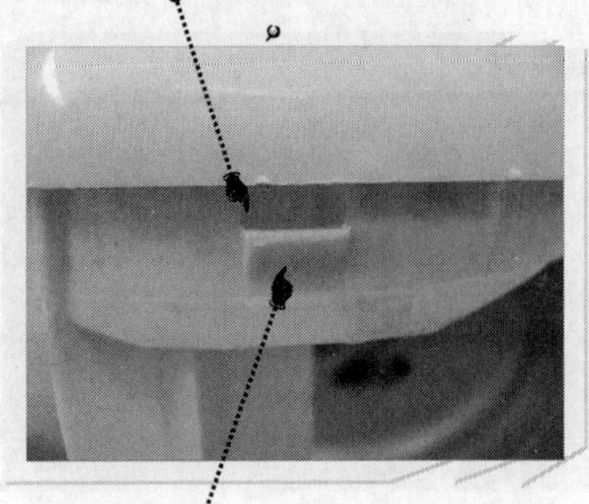

【步骤7】
底座与锅体之间通过卡扣固定，用一字螺丝刀从侧面撬开卡扣

图 2-29 取下电饭煲的底座（续）

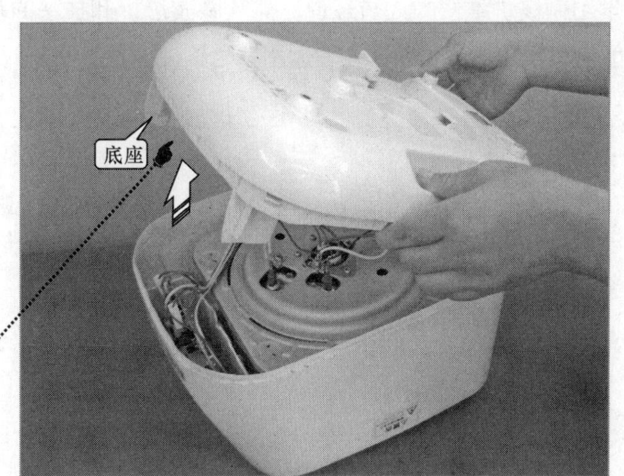
底座
【步骤8】
撬开底座的四周的
卡扣之后就可以将
整个底座取下来了

图 2-29　取下电饭煲的底座（续）

内功心法

至此，电饭煲底座的拆卸基本完成，图 2-30 所示为电饭煲锅底内部器件之间的安装位置。

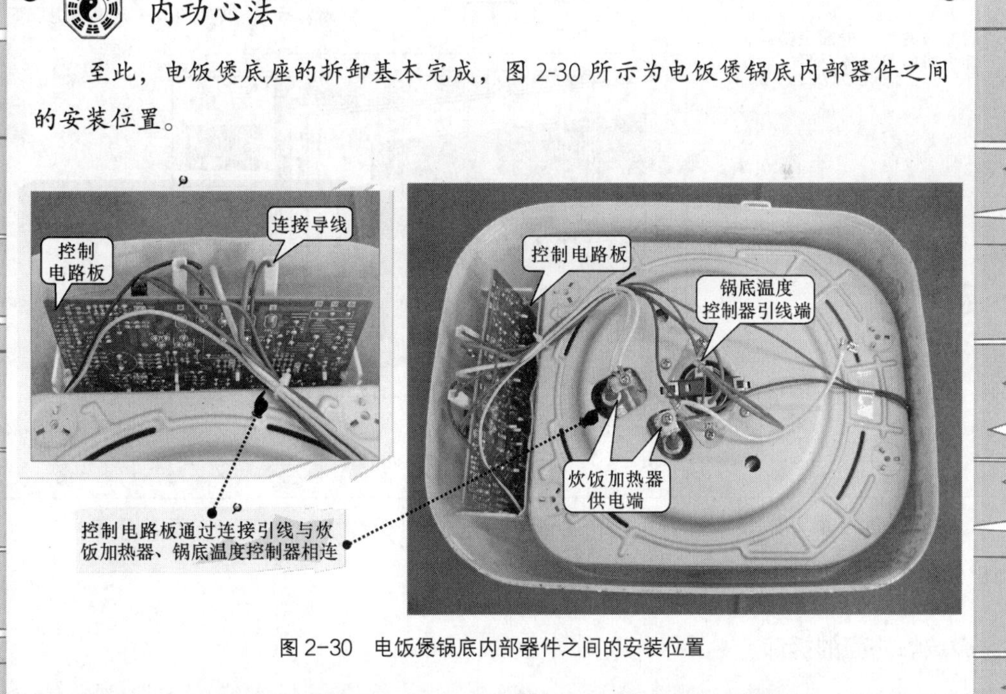
控制
电路板
连接导线
控制电路板
锅底温度
控制器引线端
炊饭加热器
供电端
控制电路板通过连接引线与炊
饭加热器、锅底温度控制器相连

图 2-30　电饭煲锅底内部器件之间的安装位置

2.2.3　微波炉的拆卸

微波炉的拆卸是小家电维修人员必须掌握的基础技艺，该技艺可拆成 2 个基础招式，即微波炉外壳的拆卸和微波炉门的拆卸。这其中，每招根据微波炉构造的不同又可有不同的变化。

下面以典型微波炉为例进行介绍。

对于学习微波炉维修的人员来说，需从微波炉拆卸技法的基础招式练起，领悟招法的精髓。最终能够将招法融会贯通，自如运用。

功法秘籍

图 2-31 所示为典型微波炉拆卸的基础招式。无论是哪种电饭煲，都可以用这两招轻松应对。

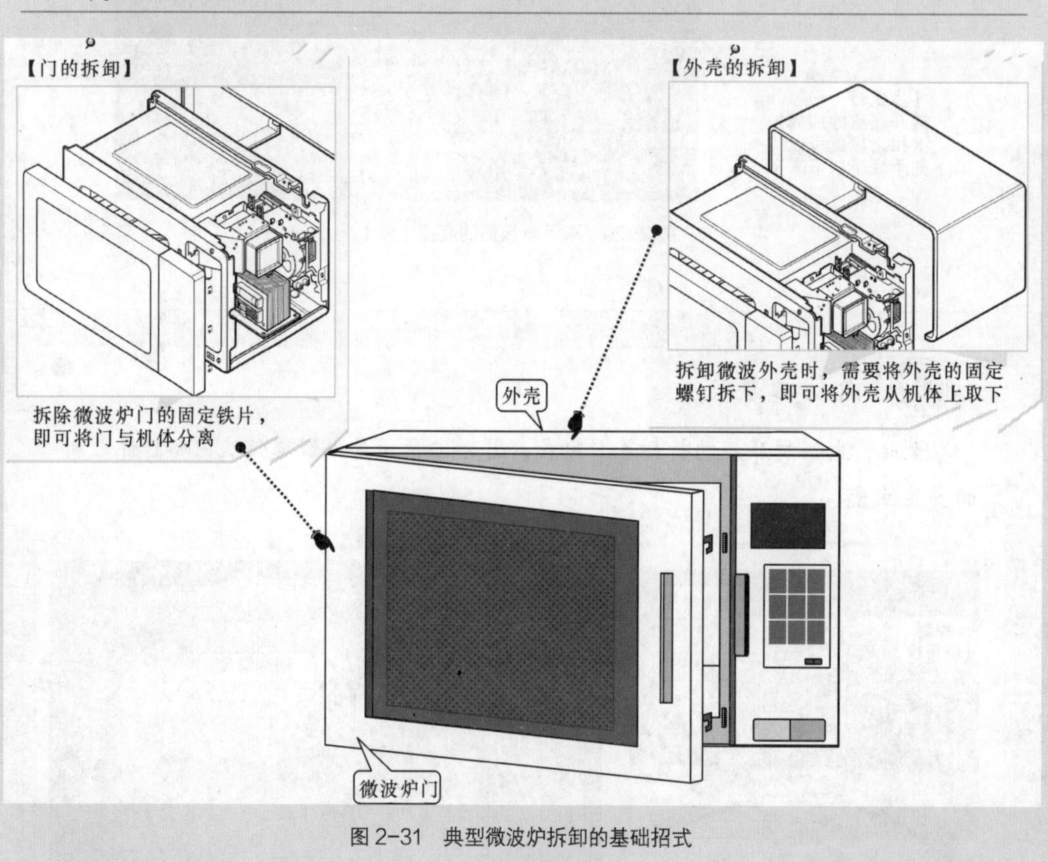
【门的拆卸】
拆除微波炉门的固定铁片，
即可将门与机体分离
【外壳的拆卸】
拆卸微波外壳时，需要将外壳的固定
螺钉拆下，即可将外壳从机体上取下
外壳
微波炉门

图 2-31　典型微波炉拆卸的基础招式

在动手操作前，用软布垫好操作台，然后先要观察微波炉的外观，查看并分析拆卸的入手点以及螺钉或卡扣的紧固部位。

1. 微波炉外壳的拆卸

拆卸微波炉外壳时，首先要明确其固定位置和方式，然后使用适当的拆卸工具将其取下。

取下微波炉上盖，具体操作如图 2-32 所示。

2. 微波炉门的拆卸

拆卸微波炉门时，需要将微波炉炉腔内的转盘装置取出，观察微波炉门的固定方式，使用合适的工具将其取下。

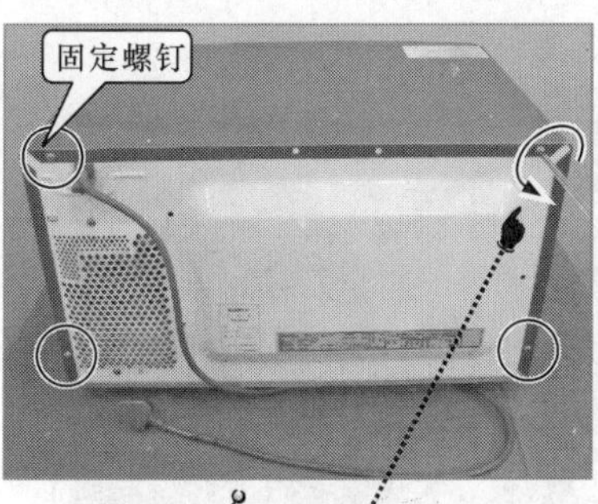
固定螺钉

【步骤1】
使用螺丝刀分别将固定在背面的4颗固定螺钉拧下

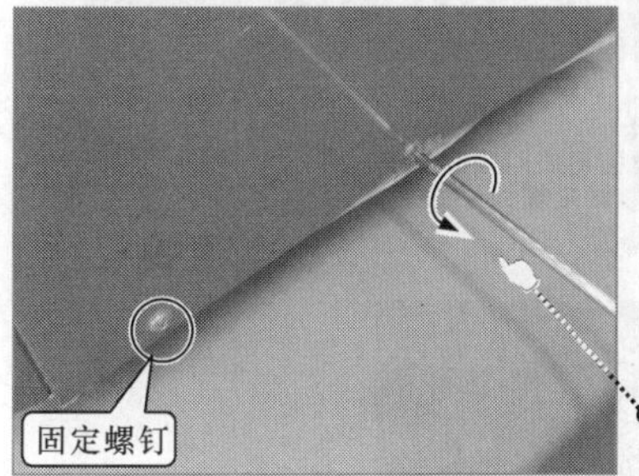
固定螺钉

【步骤2】
拧下背面的4颗固定螺钉后，再将外壳侧端的固定螺钉分别拧下

外壳

【步骤3】
拧下外壳的固定螺钉后，将外壳向后拉出，即可将外壳从微波炉上取下

图 2-32　取下微波炉的上盖

取下微波炉的门，具体操作如图 2-33 所示。

食物托盘

【步骤1】
在拆卸微波炉门之前，应先将微波炉内部的转盘装置取出，避免在拆卸过程中，对微波炉翻转，造成转盘装置损坏

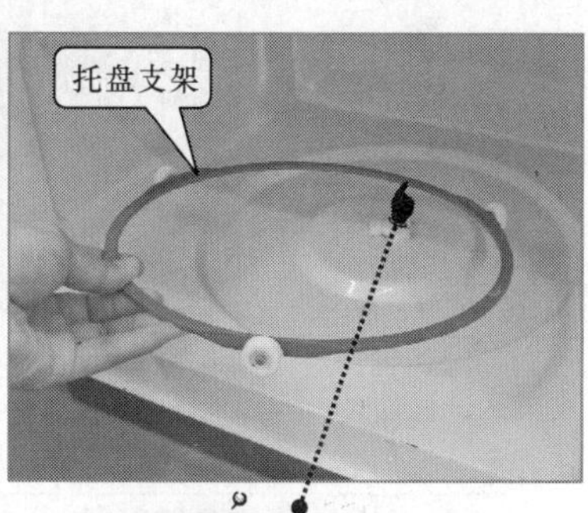
托盘支架

【步骤2】
接着将托盘支架从炉腔内部取出

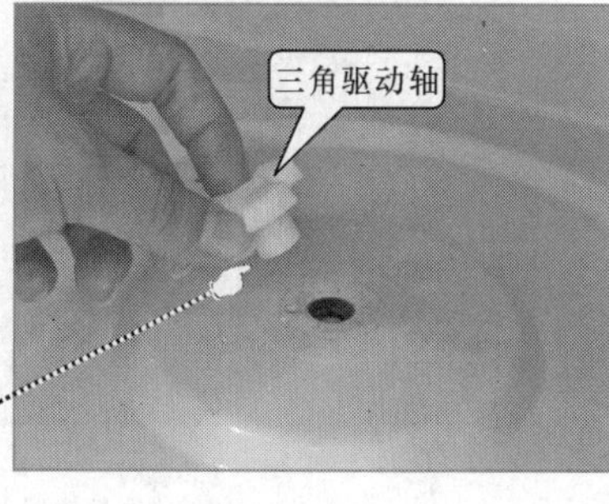
三角驱动轴

【步骤3】
取出食物托盘及转盘支架后，再将其驱动食物托盘转动的三角驱动轴拔出

图 2-33　取下微波炉的门

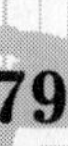

【步骤4】
转盘装置从炉腔中取出后，将门关上后，对微波炉的门进行拆卸

门固定铁片
门上部的
固定螺钉

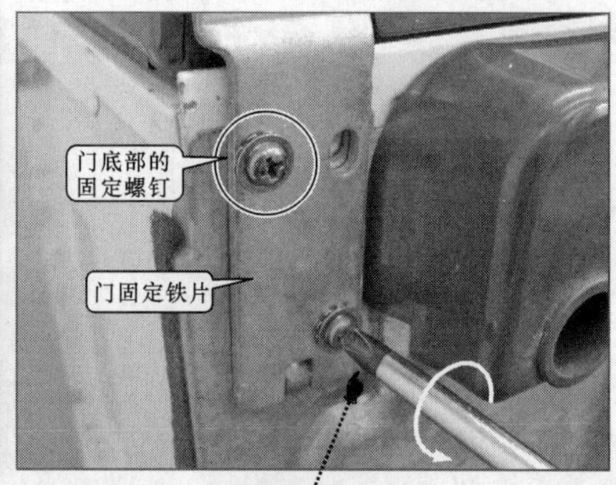
门底部的
固定螺钉
门固定铁片

【步骤5】
微波炉的门是通过上部和底部的 2 颗固定铁片进行固定的，使用螺丝刀将门上部固定铁片的2颗固定螺钉分别拧下

【步骤6】
使用螺丝刀再将门底部固定铁片的2颗固定螺钉分别拧下

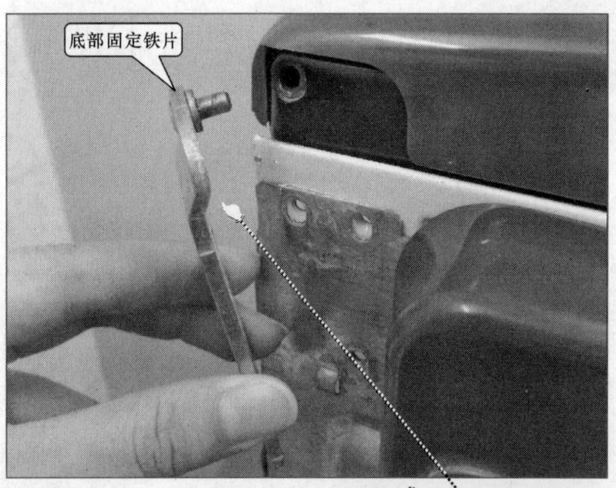
底部固定铁片

【步骤7】
拧下门底部固定铁片的固定螺钉后，即可将底部固定铁片取下

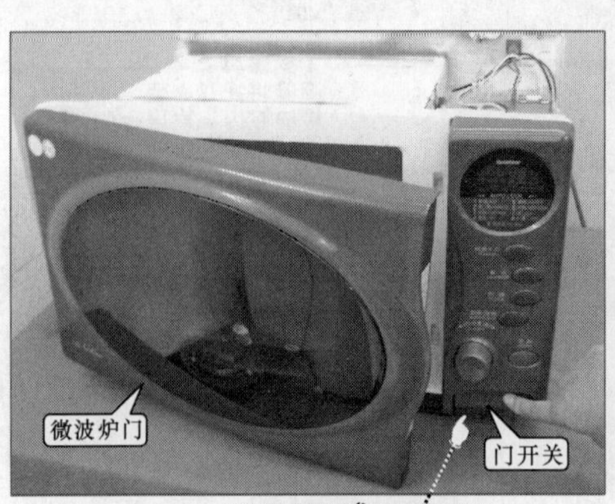
微波炉门
门开关

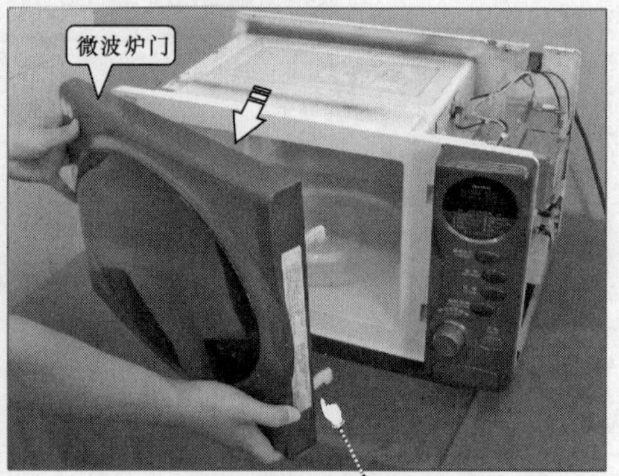
微波炉门

【步骤8】
门的固定装置取下后，按动门开关，将门打开

【步骤9】
微波炉门打开后，即可将门从微波炉上取下

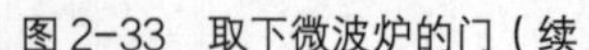
图 2-33　取下微波炉的门（续）

内功心法

至此，微波炉外壳以及门的拆卸基本完成，图 2-34 所示为微波炉内部器件之间的安装位置。

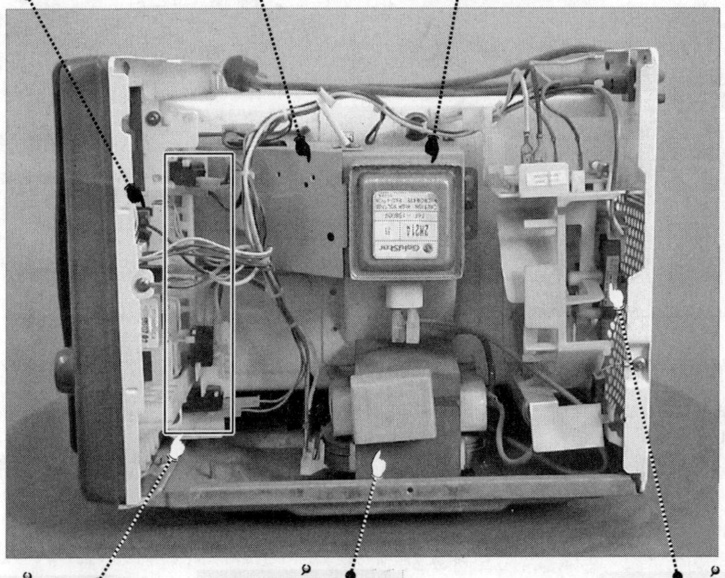
操作显示面板通过连接引线与各元器件相连
照明灯组件是通过连接引线进行供电的
磁控管通过固定螺钉固定在微波炉上
门开关组件通过固定螺钉固定在微波炉的门框上
高压变压器通过固定螺钉固定在微波炉上
风扇及风扇电动机组件通过连接引线与其他部件相连

图 2-34　微波炉内部器件之间的安装位置

2.2.4　电磁炉的拆卸

电磁炉的拆卸是小家电维修人员必须掌握的基础技艺，该技艺 1 招即可搞定，即电磁炉底盖和上盖的分离。这其中，根据电磁炉构造的不同又可有不同的变化。下面以典型电磁炉为例进行介绍。

对于学习电磁炉维修的人员来说，需从电磁炉拆卸技法的基础招式练起，领悟招法的精髓。最终能够将招法融会贯通，自如运用。

功法秘籍

图 2-35 所示为典型电磁炉拆卸的基础招式。无论是哪种电饭煲，都可以用这一招轻松应对。

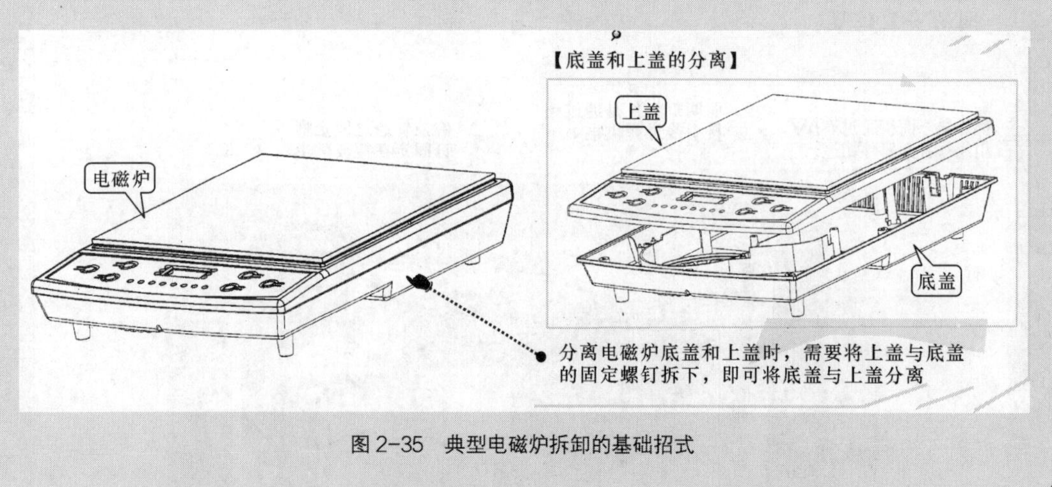
【底盖和上盖的分离】
上盖
电磁炉
底盖
分离电磁炉底盖和上盖时，需要将上盖与底盖的固定螺钉拆下，即可将底盖与上盖分离

图 2-35　典型电磁炉拆卸的基础招式

在动手操作前，用软布垫好操作台，然后先要观察微波炉的外观，查看并分析拆卸的入手点以及螺钉或卡扣的紧固部位。

分离电磁炉底盖和上盖时，首先要明确其固定位置和方式，然后使用适当的拆卸工具将其取下。

底盖和上盖的分离，具体操作如图 2-36 所示。

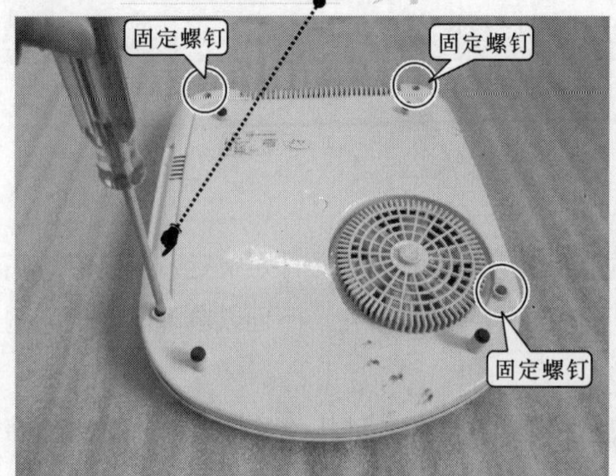
【步骤1】
使用螺丝刀将固定在电磁炉底盖上的4颗固定螺钉分别拧下
固定螺钉
固定螺钉
固定螺钉

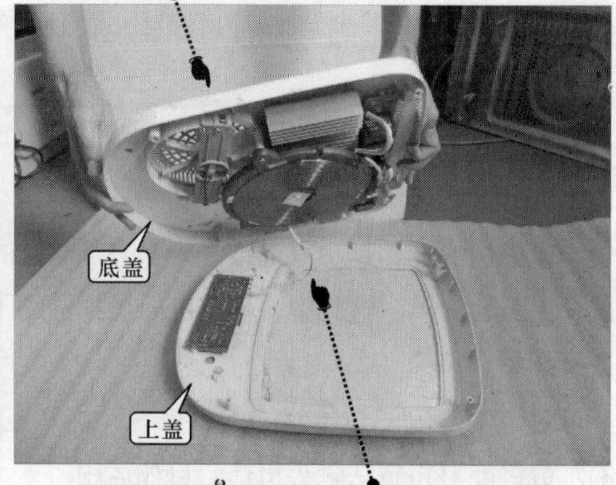
【步骤2】
外壳的固定螺钉取下后，便可将电磁炉的上盖和底盖分离
底盖
上盖
在取下电磁炉外壳时，应注意缓慢用力，因为在电磁炉内部有连接引线，用力过猛过快，很容易将内部引线扯断，造成意外损伤

图 2-36　底盖和上盖的分离

内功心法

至此，电磁炉的上盖和底盖分离基本完成，图 2-37 所示为电磁炉内部元器件之间的安装位置与连接关系。

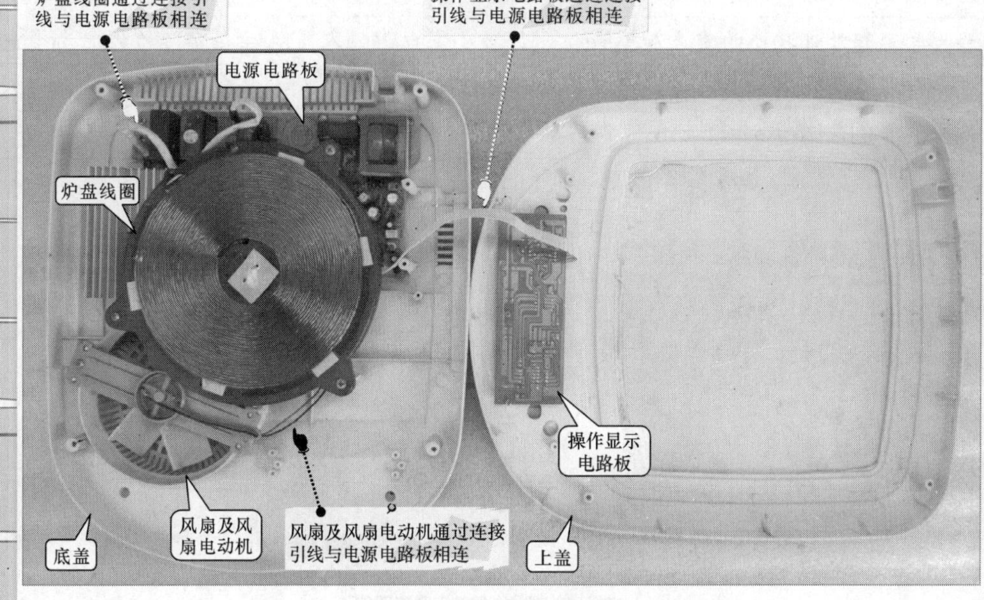
炉盘线圈通过连接引线与电源电路板相连
操作显示电路板通过连接引线与电源电路板相连
电源电路板
炉盘线圈
操作显示电路板
风扇及风扇电动机
风扇及风扇电动机通过连接引线与电源电路板相连
底盖
上盖

图 2-37　电磁炉内部元器件之间的安装位置与连接关系

2.3 善于观察小家电的基本状态

善于观察小家电的基本状态是在小家电检修实战中必须掌握的内功心法。小家电维修人员需认真研习，领悟其中的奥妙。在实际检修过程中，与其他招法配合，会发挥更强劲的功效。

在检修小家电之前，要善于观察小家电的基本状态。对小家电进行检修前，维修人员首先应先观察小家电有无明显的外伤，注意每一个部件的状态。

2.3.1 观察小家电的外部状态

观察小家电的外部状态，主要是指从小家电的外型上入手，仔细检查小家电外部构造是否

存在异常。

功法秘籍

如图 2-38 所示，分别为检查不同小家电外部状态时特别重点观察的部位，其中图 2-38（a）所示为电风扇外部状态的重点观察部位；图 2-38（b）所示为电饭煲外部状态的重点观察部位；图 2-38（c）所示为微波炉外部状态的重点观察部位；图 2-38（d）所示为电磁炉外部状态的重点观察部位。许多小家电维修人员往往在实际检修时都会忽略这一个环节。殊不知，在检修之前，观察小家电外部状态在一定程度上会帮助维修人员找到很多蛛丝马迹。

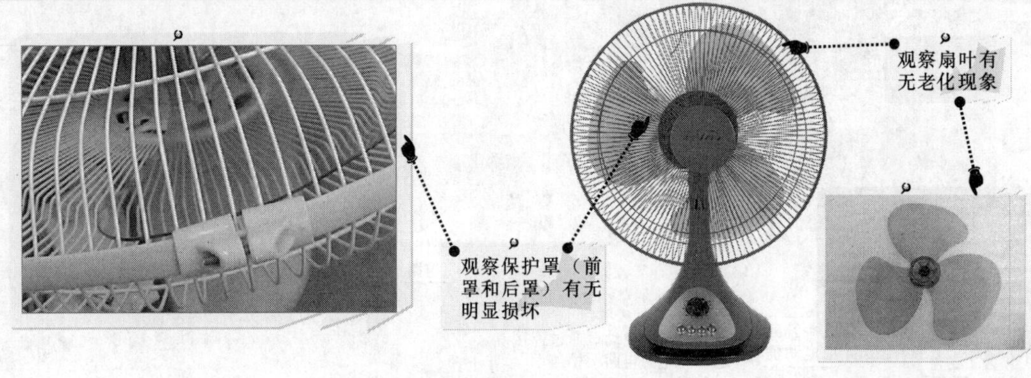
观察扇叶有
无老化现象
观察保护罩（前
罩和后罩）有无
明显损坏

（a）电风扇外部状态的重点观察部位

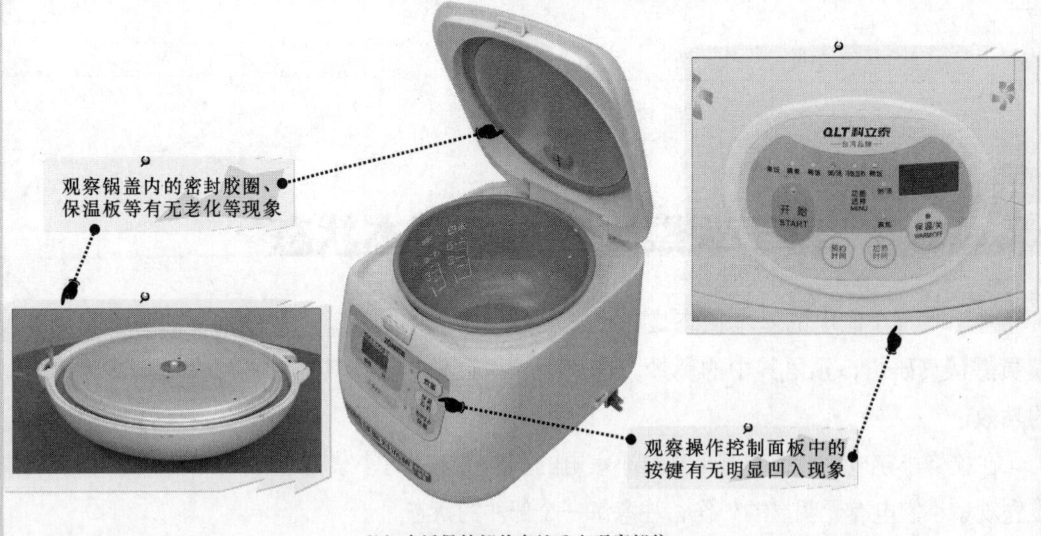
观察锅盖内的密封胶圈、
保温板等有无老化等现象
观察操作控制面板中的
按键有无明显凹入现象
QLT科立泰
开始
START

（b）电饭煲外部状态的重点观察部位

图 2-38　小家电外部状态的重点观察部位

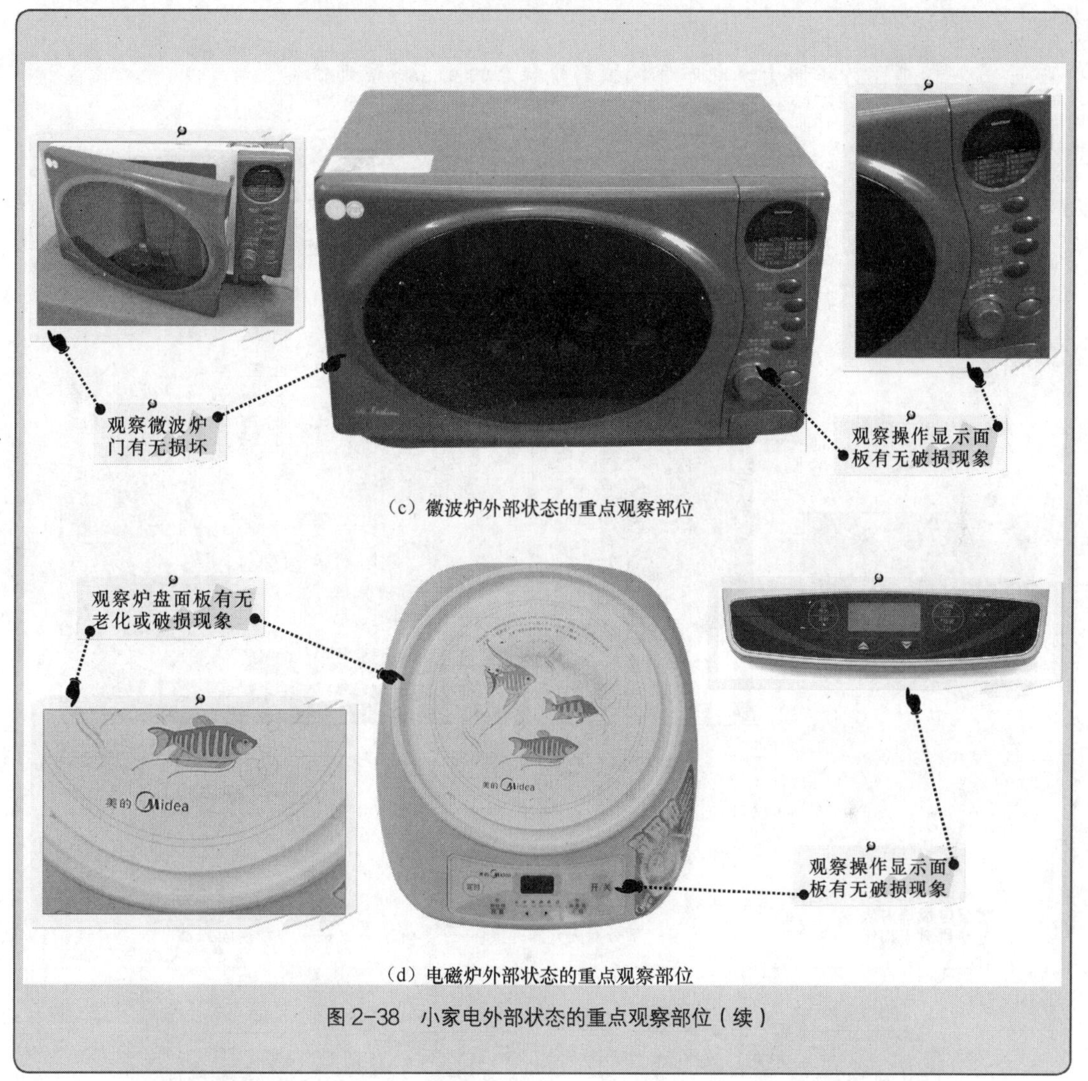
观察微波炉
门有无损坏
观察操作显示面
板有无破损现象

（c）微波炉外部状态的重点观察部位

观察炉盘面板有无
老化或破损现象
观察操作显示面
板有无破损现象

（d）电磁炉外部状态的重点观察部位

图 2-38　小家电外部状态的重点观察部位（续）

2.3.2　观察小家电的内部状态

能够迅速从外部状态获取小家电的基本信息后，就可以将小家电打开，研习如何观察小家电的内部状态。

对于小家电内部状态的检查主要从机械部件和电路部分两方面入手。小家电维修人员如果能够将此功法自如运用，将大大提高维修实战的效率。

功法秘籍

图 2-39 所示为不同小家电内部机械部分状态的重点观察部位。

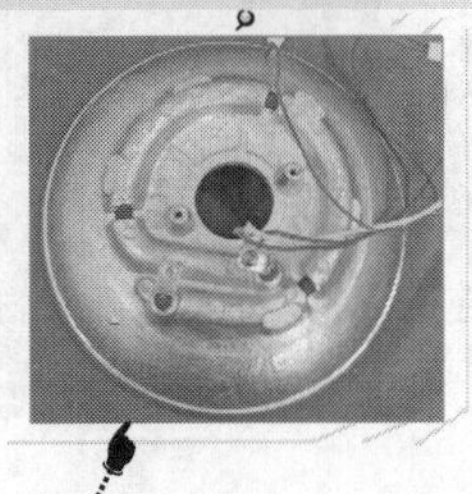

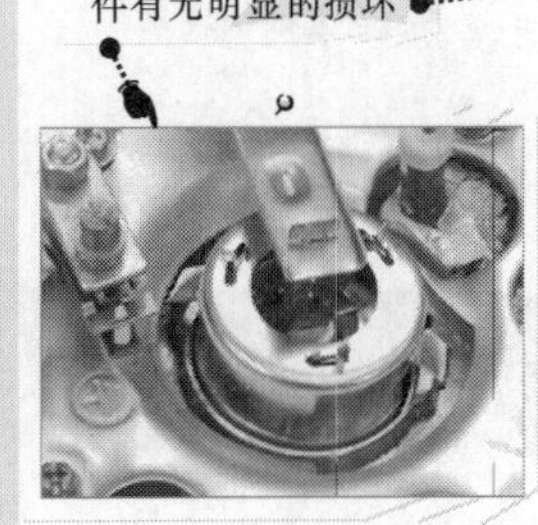

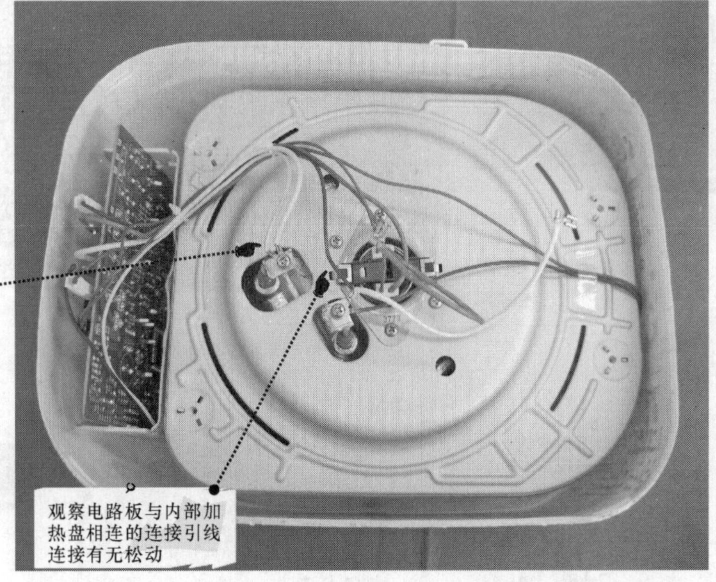
观察电饭煲内部的部件有无明显的损坏
观察电路板与内部加热盘相连的连接引线连接有无松动

观察电风扇内部电动机有无损坏
观察电风扇内部控制部分有无元器件损坏
观察连接引线有无松动
转盘电机有无明显的损坏

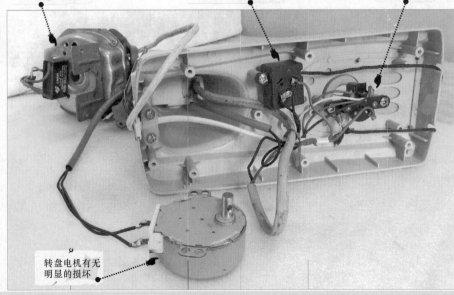

图 2-39 小家电内部机械部分状态的重点观察部位

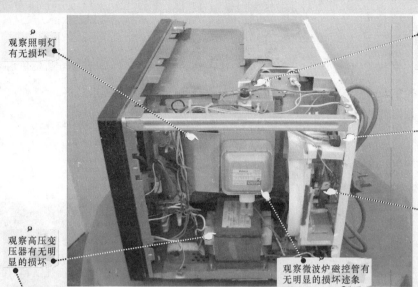

观察照明灯有无损坏
观察保温装置有无明显的烧焦或损坏
观察保险管有无烧焦的迹象
观察风扇组件有无明显的损坏
观察高压变压器有无明显的损坏
观察微波炉磁控管有无明显的损坏迹象

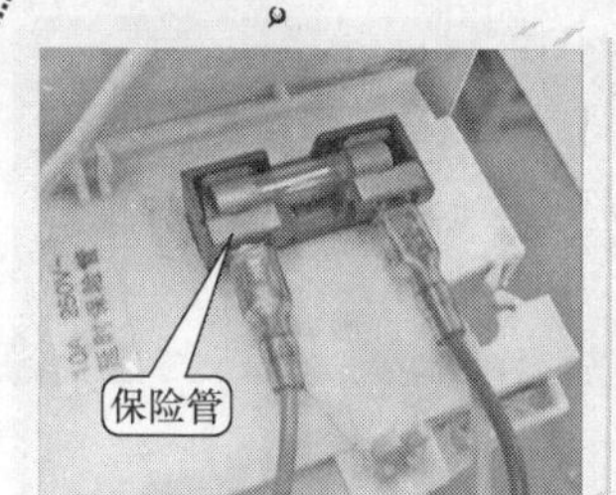
保险管

观察散热组件有无明显的损坏
观察炉盘线圈有无明显的损坏

图 2-39　小家电内部机械部分状态的重点观察部位（续）

维修
就这几招

高手指点

除此之外，电磁炉这种小家电产品，由于基本结构比较复杂，在检修时还需要特别注意对其内部电路部分的基本情况进行仔细的观察。图 2-40 所示为电磁炉内部电路部分状态的重点观察部位。

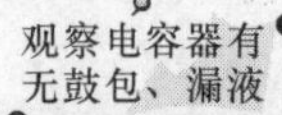
观察电容器有
无鼓包、漏液

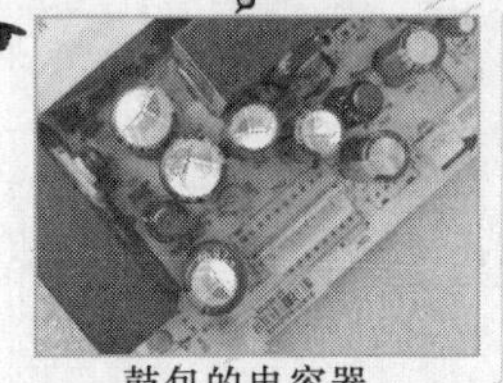

鼓包的电容器

观察电阻器外表有无损坏

损坏的电阻器

观察电路板表面有无烧焦或断裂

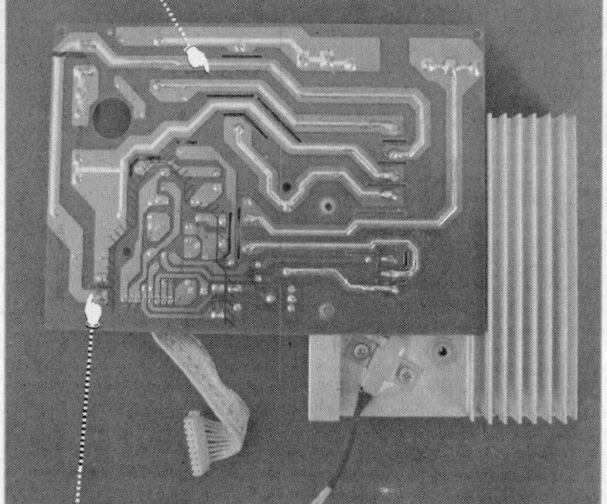

观察连接引线有无松动

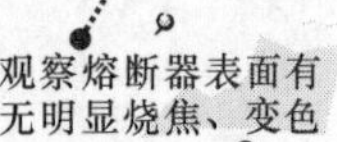
观察熔断器表面有
无明显烧焦、变色

松动的引线插件

烧焦变色的熔断器

观察元器件背部的焊点有无虚焊、脱焊迹象

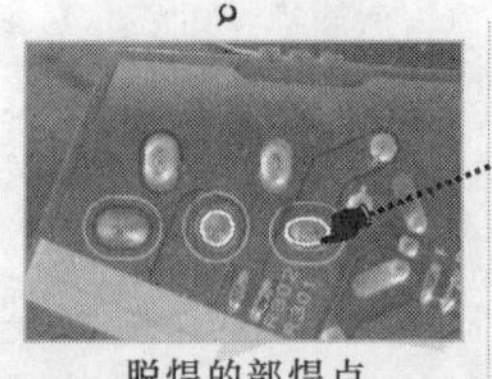

脱焊的部焊点

图 2-40 小家电内部电路部分状态的重点观察部位

第3章

练功基础 第三级

内外兼修，更进一步

注解：

维修电子产品，要搭建测试环境，确保维修安全。对于待修的产品，拆卸后需仔细观察电路及各组成部件，疏通产品经络，对重要部件的状态进行测试，初步有个了解判断。这一级学的是构建环境，初学测试方法。

小家电作为现代化的智能家用电子产品，要建立规范的检修流程和检修方法。因此，要掌握小家电检修环境的搭建方法，学习小家电实用的测试方法。这项技能将直接在实际维修工程中发挥重要的作用。

通常，小家电的检修离不开检修前的测试，检修中的调试，检修后的演示。因此，有必要知晓各种测试设备如何连接，如何能够确保测试的安全、便捷，如何恰当地使用测试的方法……

这将为检修提供更多的方案选择，保证检修能够顺利、安全地执行。

3.1 搭建测试环境

小家电维修高手无论面对何种故障样机，都不会贸然实施检修操作，而是先将准备好的检修辅助设备和仪表安装连接到位，然后再将待测样机置于精心准备的测试环境中，施展各种检测大法，将故障解决。

因此，测试环境的搭建如同“布阵”一般，检测用的辅助设备和仪表各就各位、各司其职。不同的检测仪表、不同的辅助设备，阵法的奥妙和功效都会不同。

功法秘籍

图 3-1 所示为小家电检修环境中常用的检测、辅助设备。这些设备功能各异，用法不同，常常在检修中配合使用。

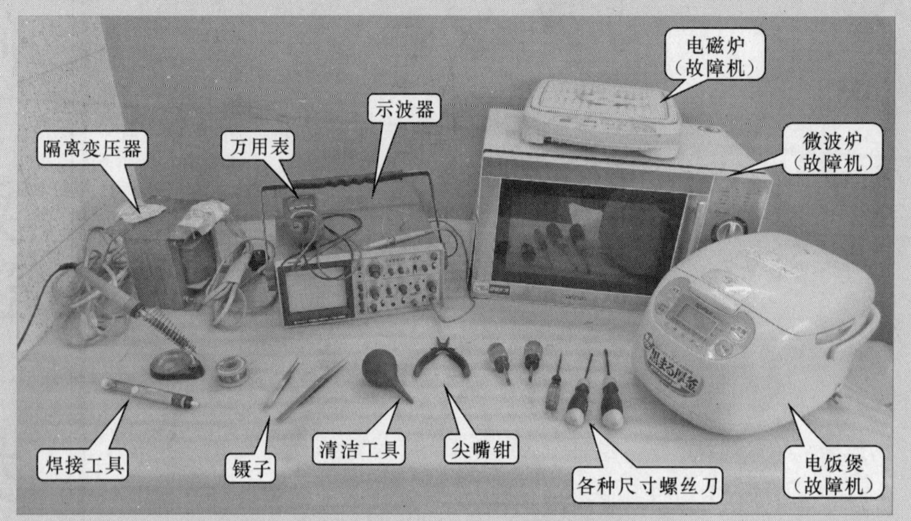
电磁炉
（故障机）
示波器
隔离变压器
万用表
微波炉
（故障机）
焊接工具
镊子
清洁工具
尖嘴钳
各种尺寸螺丝刀
电饭煲
（故障机）

图 3-1　小家电检修时所使用到的检测、辅助设备

小家电的检修主要是围绕小家电的功能部件展开的。因此，小家电测试环境的搭建既要考虑电路检测的复杂性、多样性，同时也要特别注意检测的安全性。

针对不同的检测部位，需要使用特定的检测工具和仪表搭建必要的检测环境，以便于顺利有效地展开故障的查找和检测。这其中，电磁炉与辅助机之间的连接、小家电与隔离变压器的连接、万用表测试前的调试准备、示波器测试前的准备是小家电维修高手必须熟练掌握的“阵法”。

3.1.1 电磁炉与辅助机之间的连接

在维修电磁炉时，常常需要对电路进行带电测试，而由于电磁炉内部结构（炉盘线圈位于电路板上方）的原因，很难对电路进行检测，而辅助机的作用就是为了帮助检修人员可以轻松安全地对故障电磁炉进行检测。因此，在对电磁炉进行检修之前，将故障电磁炉与辅助机进行连接是必备的维修措施。

功法秘籍

图 3-2 所示为电磁炉与辅助机之间的连接示意图。

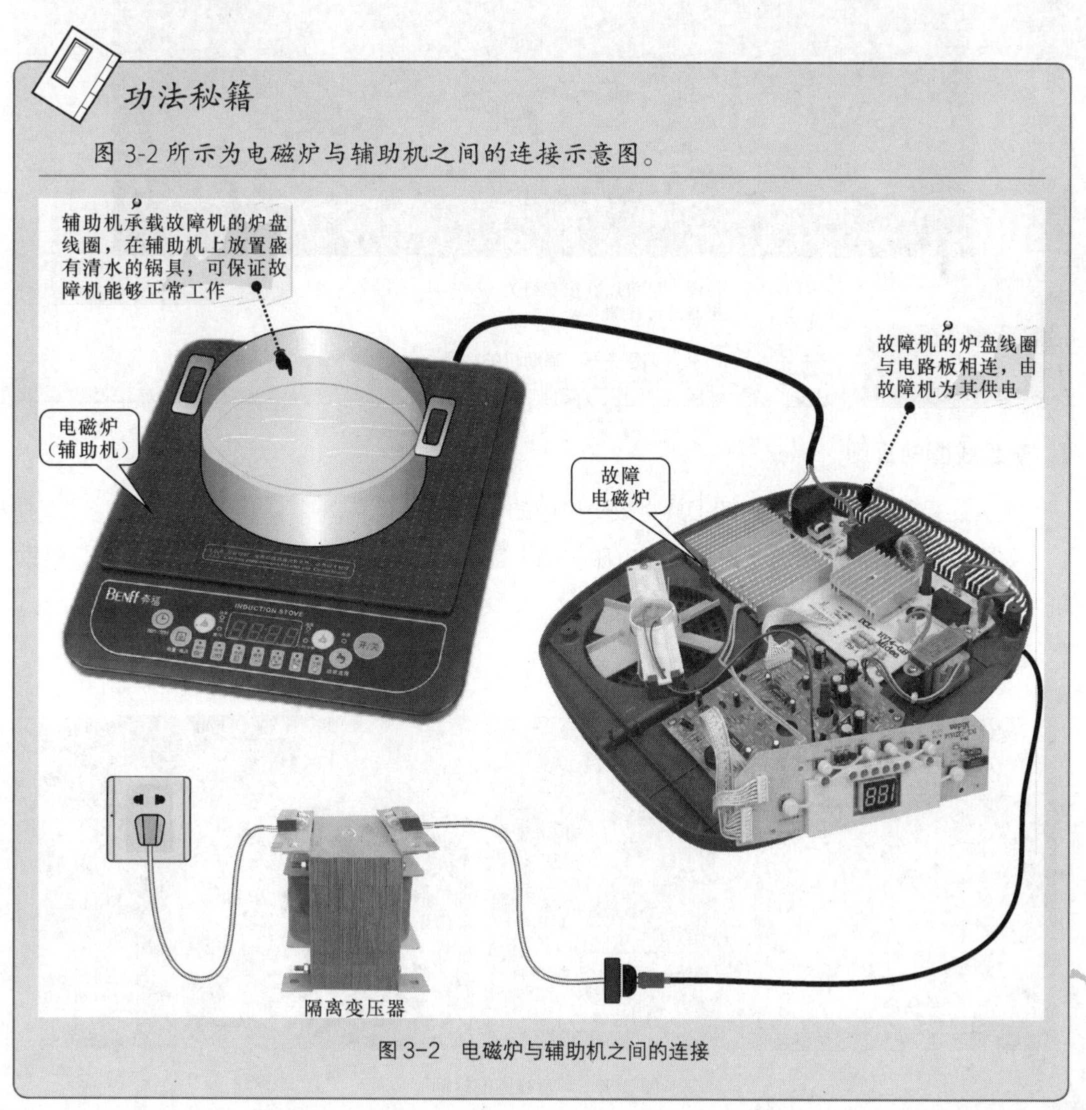
辅助机承载故障机的炉盘线圈，在辅助机上放置盛有清水的锅具，可保证故障机能够正常工作
电磁炉（辅助机）
故障机的炉盘线圈与电路板相连，由故障机为其供电
故障电磁炉
隔离变压器

图 3-2　电磁炉与辅助机之间的连接

内功心法

如果不使用辅助机，便很难对故障机的电路进行检测，耽误维修时间。而使用辅助机对电磁炉的炉盘线圈进行承载，就可以让维修人员准确安全地对故障电磁炉进行检测，如图 3-3 所示。

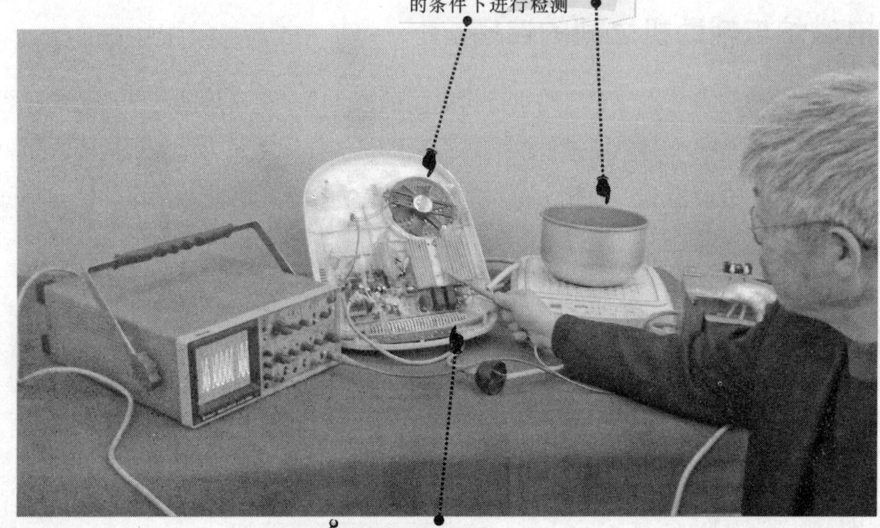
故障机与辅助机连接后，便可以在故障机正常工作的条件下进行检测
检测人员可以直接对相关电路进行检测

图 3-3 辅助机的应用

1. 炉盘线圈的拆卸

进行连接前，应先使用拆卸工具将故障机中的炉盘线圈拆下。

如图 3-4 所示，使用螺丝刀将故障电磁炉的上盖拆下，再将炉盘线圈取下，然后拆下辅助机中的炉盘线圈。

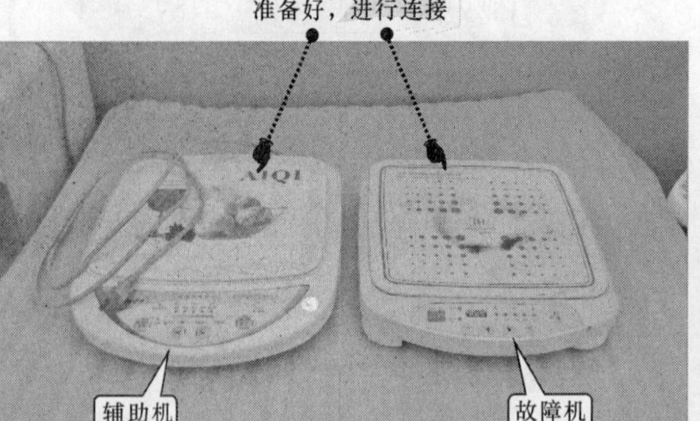
将故障机与辅助机准备好，进行连接
辅助机
故障机

拧下故障机后盖上的固定螺钉，再取下上盖
故障机

图 3-4 炉盘线圈的拆卸

练功基础

将故障机炉盘线圈四周的固定螺钉拧下

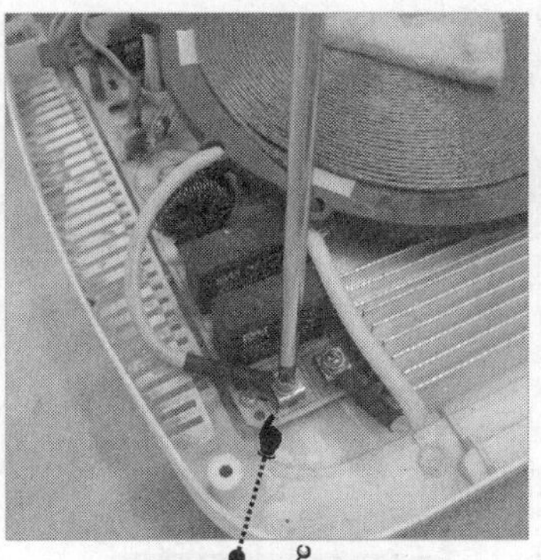

拧下连接引线与电路板之间的螺钉

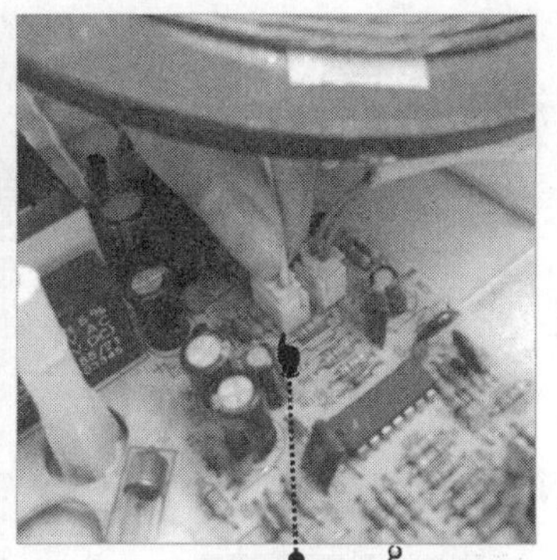

拔下热敏电阻的引线

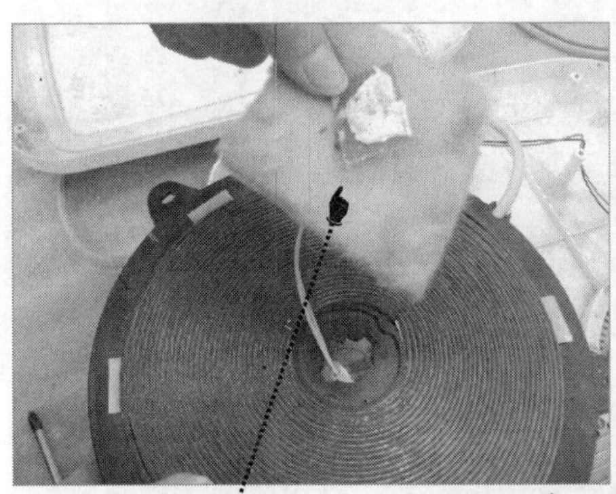

将故障机炉盘线圈上的热敏电阻拆下

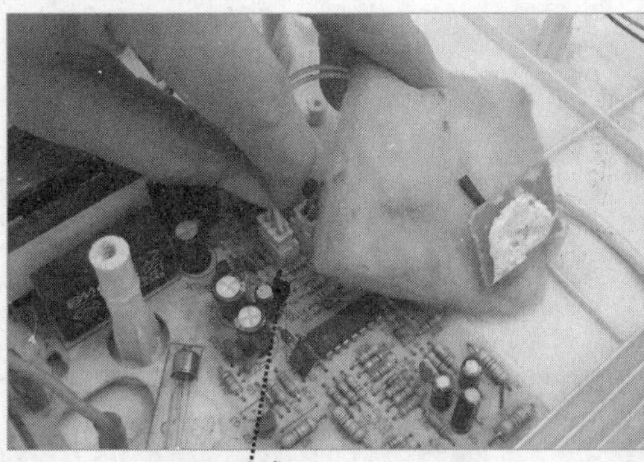

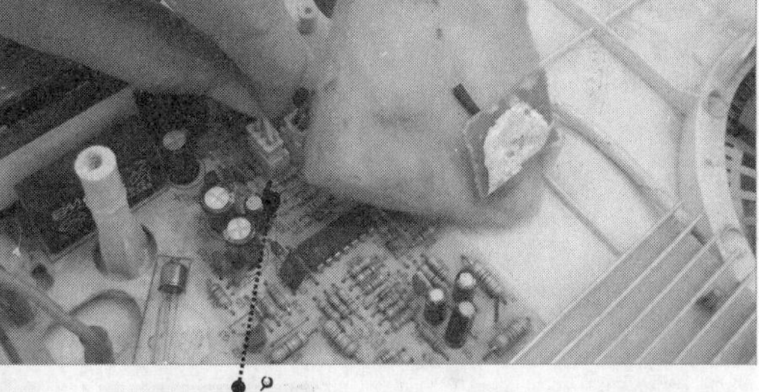

将辅助机后盖上的螺钉拧下，再将上盖取下

将热敏电阻重新插接在电路板上

拧下炉盘线圈的固定螺钉

辅助机

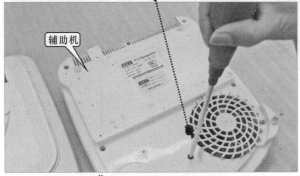

拧下炉盘线圈连接引线的固定螺钉

拔下热敏电阻的连接引线，即可将炉盘线圈拆下

NO.1348592

图 3-4　炉盘线圈的拆卸（续）

2. 炉盘线圈的安装

将故障机的炉盘线圈引线进行延长后，安装到辅助机中，然后固定好辅助机上盖。炉盘线圈的安装如图 3-5 所示。

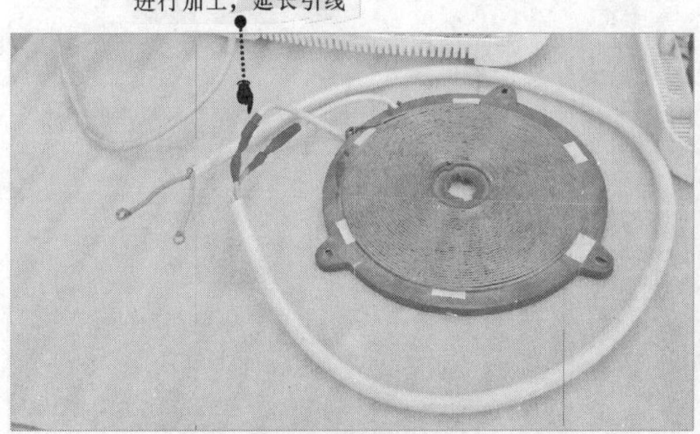
对故障机的炉盘线圈
进行加工，延长引线

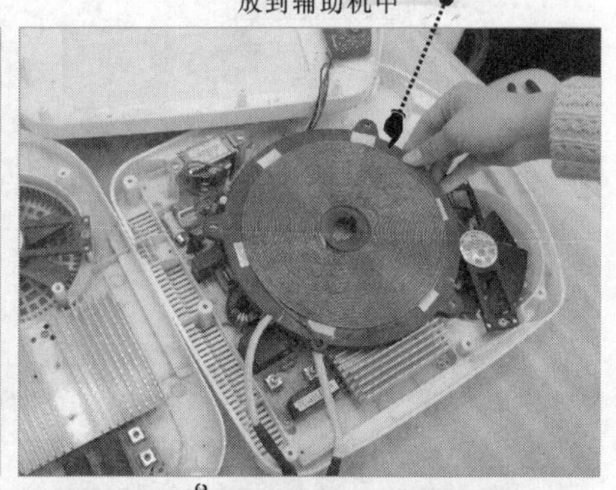
将加工好的炉盘线圈
放到辅助机中

将炉盘线圈的连接引线
固定到故障机中

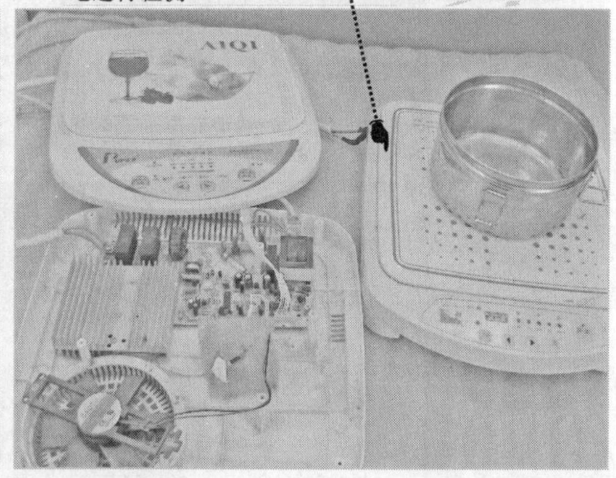
盖上上盖后，故障机与辅助机的连接便完成了，
将盛有清水的铁质锅具放在辅助机上，便可通
电进行检测

图 3-5　炉盘线圈的安装

3.1.2　小家电与隔离变压器的连接

在维修小家电的电路时，常常需要进行带电测试。隔离变压器的作用就是确保在带电检测过程中人身和设备的安全。因此，在小家电的测试环境搭建的过程中，连接隔离变压器是必备的安全措施。

功法秘籍

图 3-6 所示为小家电与隔离变压器的连接示意图。

练功基础

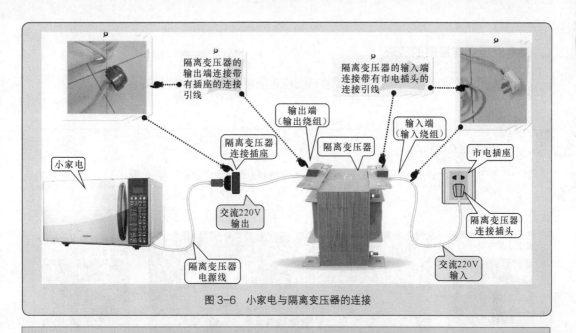

图 3-6 小家电与隔离变压器的连接

内功心法

如果不使用隔离变压器，那么如果小家电维修人员在检修过程中不慎碰触到电路板的交流部分，就会造成触电，危及人身和设备安全。而使用隔离变压器进行隔离，就可以有效地确保人身和设备的安全。图3-7所示为隔离变压器的安全保护原理。

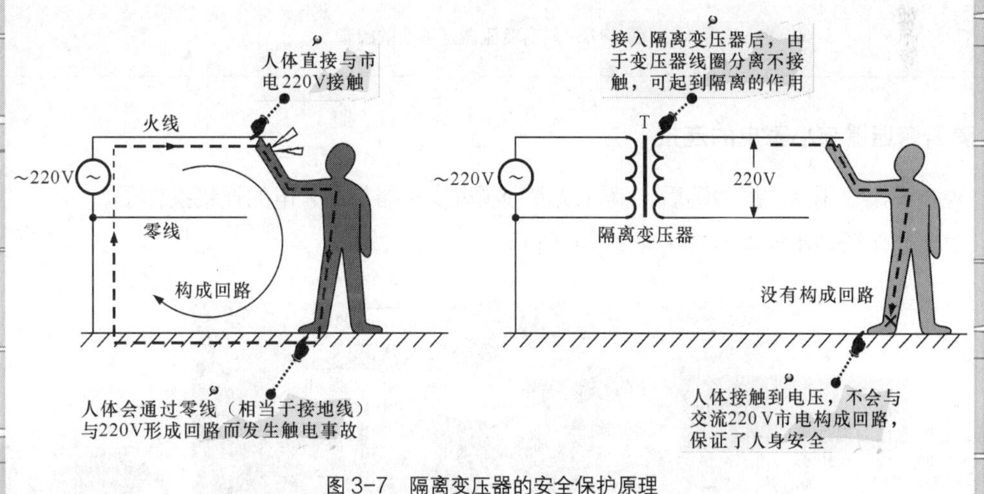
人体直接与市电220V接触
火线
~220V
零线
构成回路
人体会通过零线（相当于接地线）与220V形成回路而发生触电事故
接入隔离变压器后，由于变压器线圈分离不接触，可起到隔离的作用
T
~220V
220V
隔离变压器
没有构成回路
人体接触到电压，不会与交流220 V市电构成回路，保证了人身安全

图 3-7 隔离变压器的安全保护原理

高手指点

需要注意的是，在选用隔离变压器时，隔离变压器的功率一定要大于所维修的小家电的功率。特别要注意不能使用自耦变压器代替隔离变压器。

1. 隔离变压器连接前的检查

隔离变压器在与小家电和市电连接前，应检查隔离变压器的引线端是否良好。

功法秘籍

如图 3-8 所示，检查隔离变压器的输入端和输出端的线缆连接是否牢固，是否安装护盖。

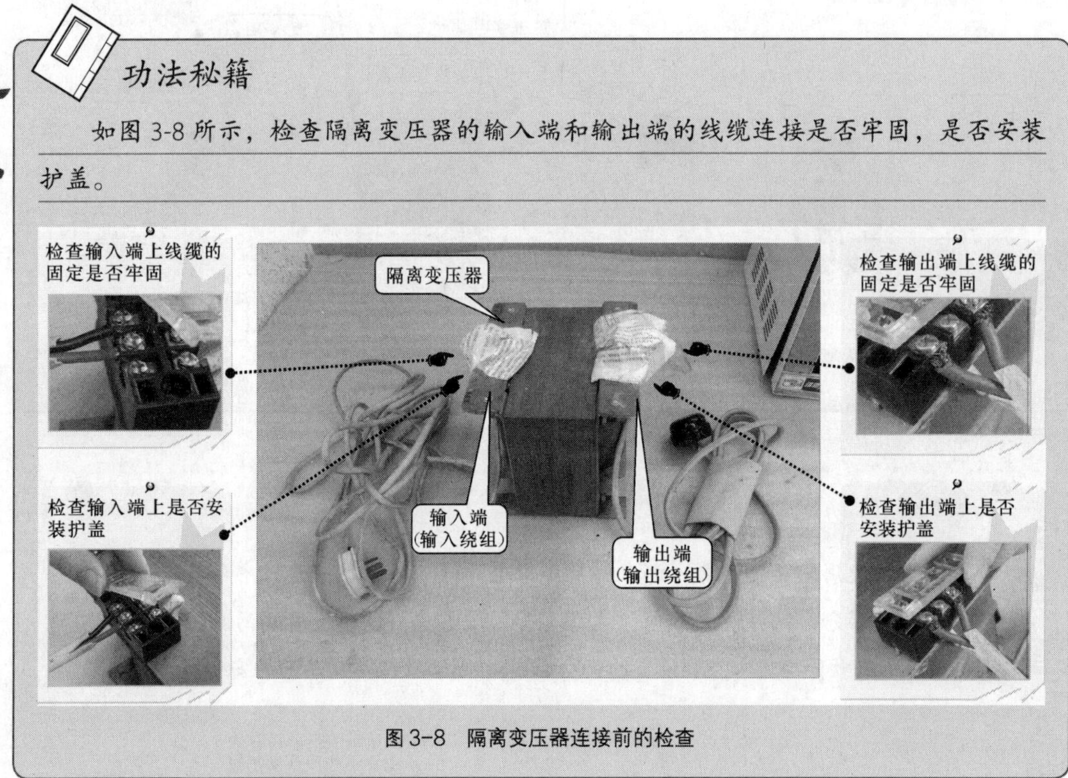
检查输入端上线缆的固定是否牢固
检查输入端上是否安装护盖
隔离变压器
输入端
(输入绕组)
输出端
(输出绕组)
检查输出端上线缆的固定是否牢固
检查输出端上是否安装护盖

图 3-8 隔离变压器连接前的检查

2. 隔离变压器与小家电的连接

检查隔离变压器的引线端后，就可以进行隔离变压器与小家电的连接操作了。

隔离变压器与小家电的连接如图 3-9 所示。

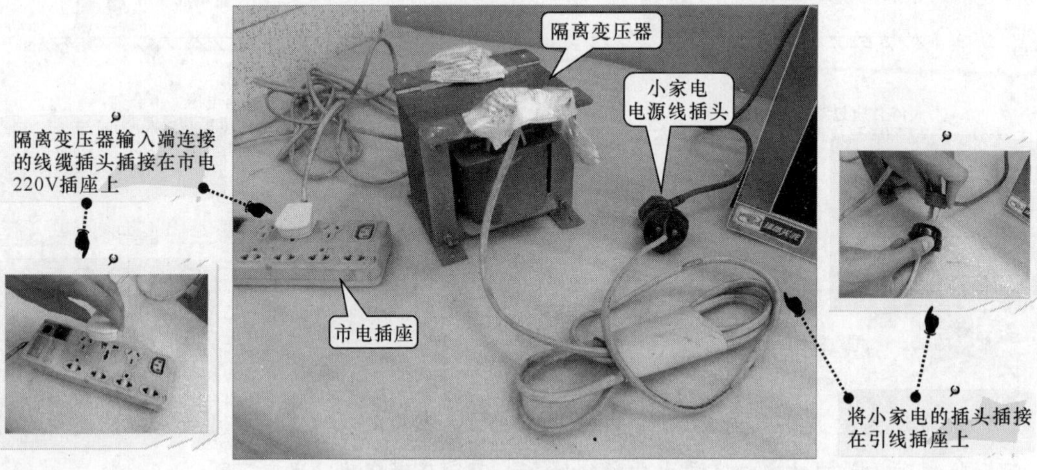
隔离变压器输入端连接的线缆插头插接在市电220V插座上
隔离变压器
小家电
电源线插头
市电插座
将小家电的插头插接在引线插座上

图 3-9 隔离变压器与小家电的连接

3.1.3 万用表测试前的调试准备

万用表是小家电测试环境中非常重要的检测设备（仪表）。可以说，小家电测试环境中的隔离变压器等的连接，都是为了更好的配合万用表等设备的工作。

当故障样机一旦“进入”测试环境，各种辅助设备便会“施展”各自的本领，确保故障样机进入安全的测试状态，确保万用表“施展”各种检测方法，对故障样机实施 测量。

通常，万用表的调试准备主要是通过简单的档位调整和表笔测量检验万用表是否能够满足工作要求。

高手指点

通常，可以将万用表设置在电压挡位进行电压检测，或将万用表设置在电阻挡位进行电阻检测。通过检测操作观察表笔插接是否良好，挡位、量程以及显示性能是否正常。

1. 万用表调试准备中的电压测量

使用万用表对小家电电路中的电压进行检测时，首先观察电路板，找到接地端，然后将黑表笔接地，用红表笔寻找待测点进行电压测量。从而完成对万用表的调试准备。

通过电压测量方法完成万用表调试准备的操作如图 3-10 所示。

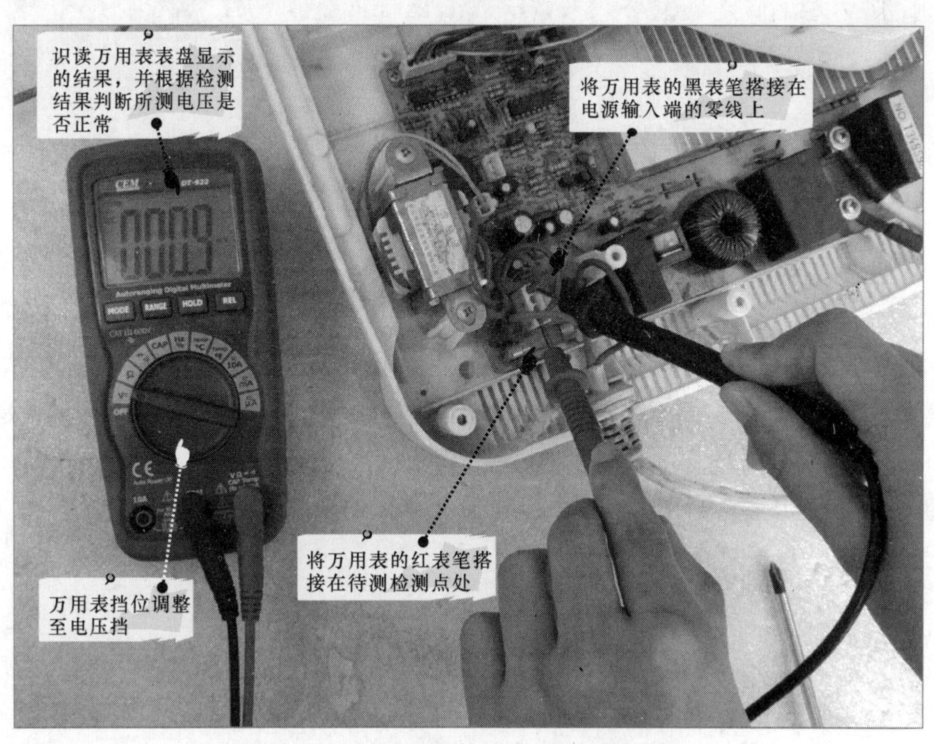
识读万用表表盘显示的结果，并根据检测结果判断所测电压是否正常
将万用表的黑表笔搭接在电源输入端的零线上
将万用表的红表笔搭接在待测检测点处
万用表挡位调整至电压挡

图 3-10　电压测量方法下的万用表调试操作

练功基础

第三级 内外兼修，更进一步

2. 万用表调试准备中的电阻测量

使用万用表对小家电电路中的元器件进行电阻检测时，寻找待测电阻器，并将万用表红、黑表笔分别搭接在待测元器件两端的引脚上，通过电阻测量方法完成对万用表的调试准备。

通过电阻测量方法完成万用表调试准备的操作如图 3-11 所示。

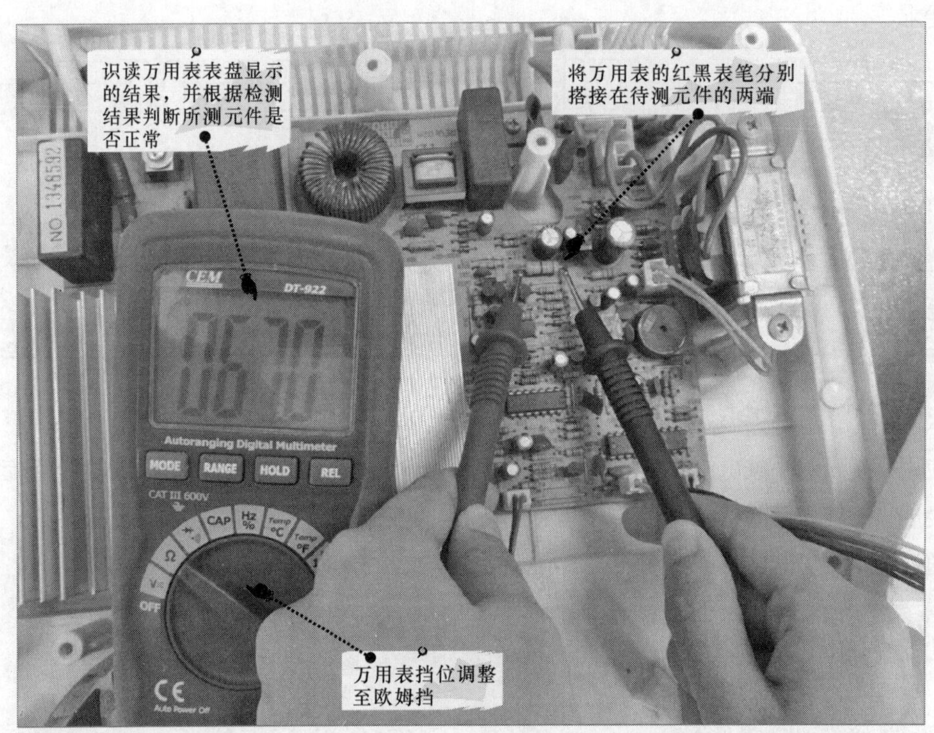
识读万用表表盘显示的结果，并根据检测结果判断所测元件是否正常
将万用表的红黑表笔分别搭接在待测元件的两端
万用表挡位调整至欧姆挡
CEM
DT-922
Autoranging Digital Multimeter
MODE
RANGE
HOLD
REL
CAT III 600V
CAP
OFF

图 3-11　电阻测量方法下的万用表调试操作

3.1.4　示波器测试前的调试准备

示波器是小家电电路测试环境中不可缺少的重要检测设备。在实际检测前，小家电维修人员需要对示波器进行必要的测试调整，测试各调控按钮是否灵敏，探头及显示效果是否正常等。

通过波形测量方法完成示波器调试准备的操作如图 3-12 所示。

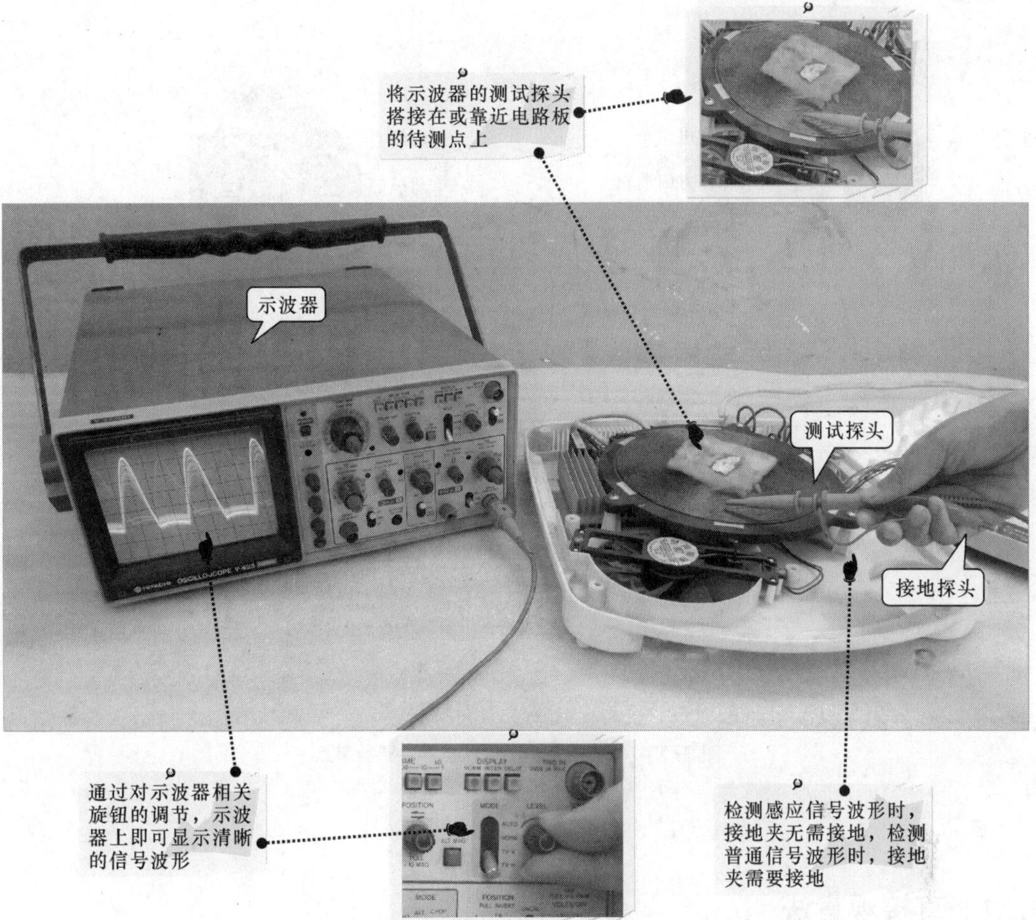
将示波器的测试探头
搭接在或靠近电路板
的待测点上
示波器
测试探头
接地探头
通过对示波器相关
旋钮的调节，示波
器上即可显示清晰
的信号波形
检测感应信号波形时，
接地夹无需接地，检测
普通信号波形时，接地
夹需要接地

图 3-12　波形测量方法下的示波器调试操作

3.2 寻找测试方法

如图 3-13 所示，将小家电放置于测试环境中进行测试是小家电维修过程中至关重要的环节，它可帮助维修人员快速、准确地判断小家电的故障范围或故障部件。

通常，直接观察法、嗅觉法、触觉法、电压测试法、电阻测试法、示波器测试法和替换法都是常用且有效的检测手段。

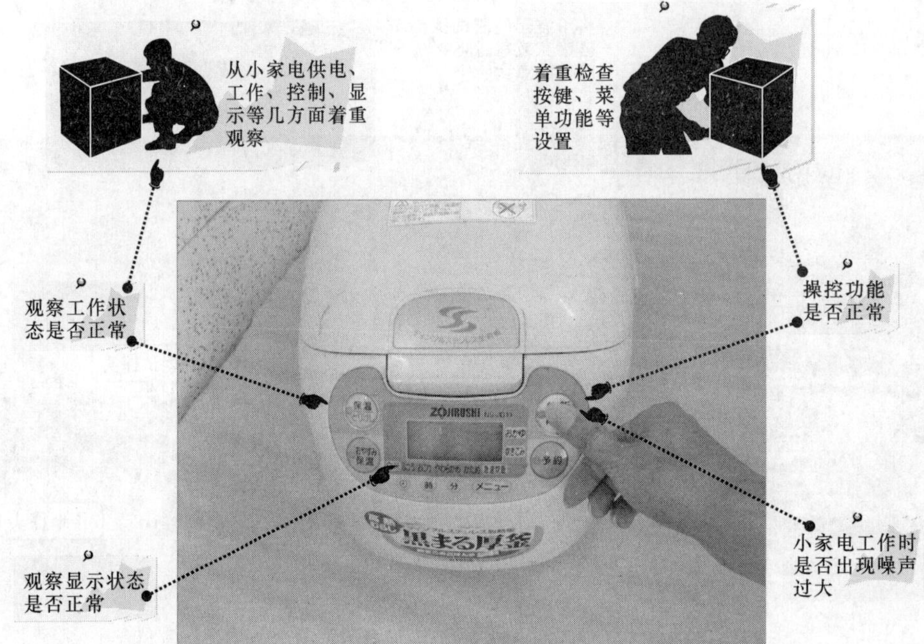
从小家电供电、工作、控制、显示等几方面着重观察
着重检查按键、菜单功能等设置
观察工作状态是否正常
操控功能是否正常
小家电工作时是否出现噪声过大
观察显示状态是否正常

图 3-13　观察小家电工作状态的主要参考点

3.2.1　直接观察法

小家电维修高手非常善于从小家电的工作状态中查找故障线索，因此，在检修中，可首先对具有明显特征的部位仔细观察，以通过外观状态和特点查找重要的故障线索。

1. 观察小家电的主要部件是否良好

小家电出现故障后，不可盲目进行拆卸或检修操作，应首先使用观察法检查小家电的整体外观及主要部位是否正常，有无明显磕碰或损坏的地方。

功法秘籍

采用观察法判断小家电的主要部件是否正常，如图 3-14 所示。

练功基础

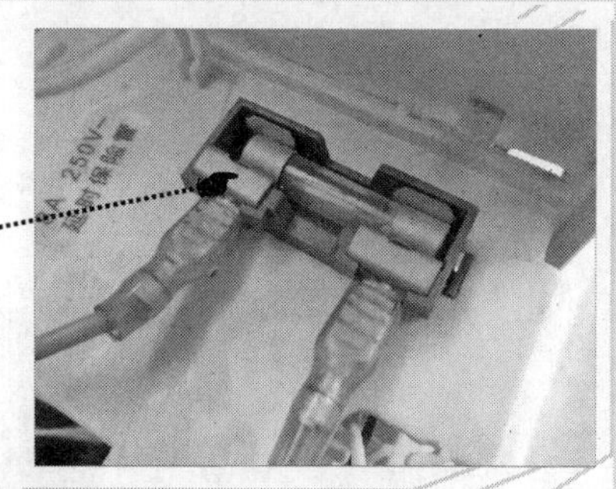

观察熔断器是否烧断，判断机器内是否有短路的情况

查看容易进行更换的部件是否损坏
观察电路板上的元器件是否有烧焦的痕迹

查看易损元件是否损坏，例如查看电容器是否鼓包、漏液或烧毁

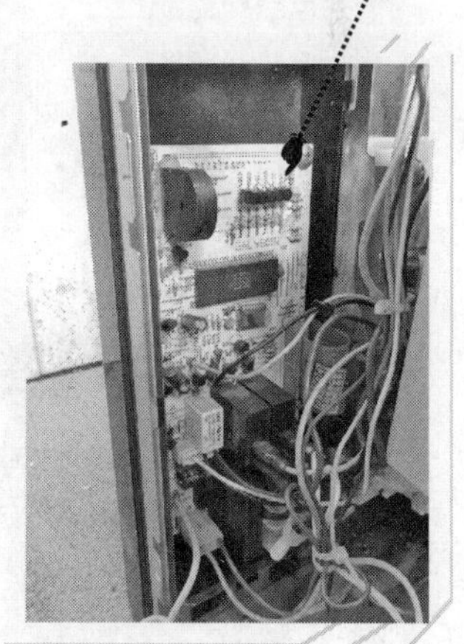

图 3-14　采用观察法判断小家电的主要部件是否正常

2. 观察小家电部件固定连接是否牢固

小家电的整机以及主要部件是通过螺钉或卡扣进行固定的，而电气部件之间是通过连接线缆进行连接。主要部件的固定出现问题，常会使小家电在运行过程中出现震动或噪声，因此在检修小家电之前，应通过观察法查看部件安装是否牢固。

功法秘籍

通过观察法查看小家电部件固定连接是否牢固，如图 3-15 所示。

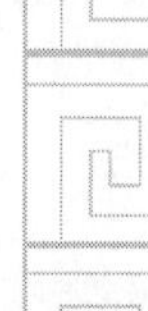

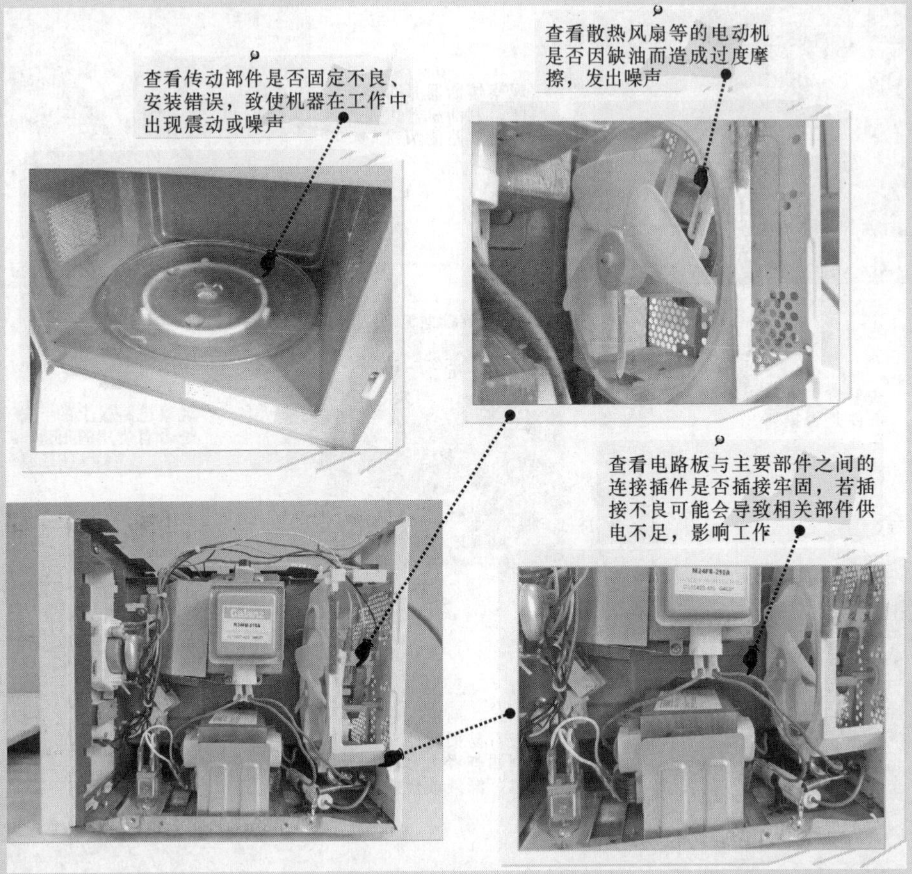

查看传动部件是否固定不良、安装错误，致使机器在工作中出现震动或噪声

查看散热风扇等的电动机是否因缺油而造成过度摩擦，发出噪声

查看电路板与主要部件之间的连接插件是否插接牢固，若插接不良可能会导致相关部件供电不足，影响工作

图 3-15　通过观察法查看小家电部件固定连接是否牢固

3. 观察小家电是否显示故障代码

现在许多新型小家电出现故障后，在其显示屏上会显示出故障代码。维修人员可先根据显示出的故障代码，查询出故障原因。

功法秘籍

通过观察法判断小家电是否显示故障代码，如图 3-16 所示。

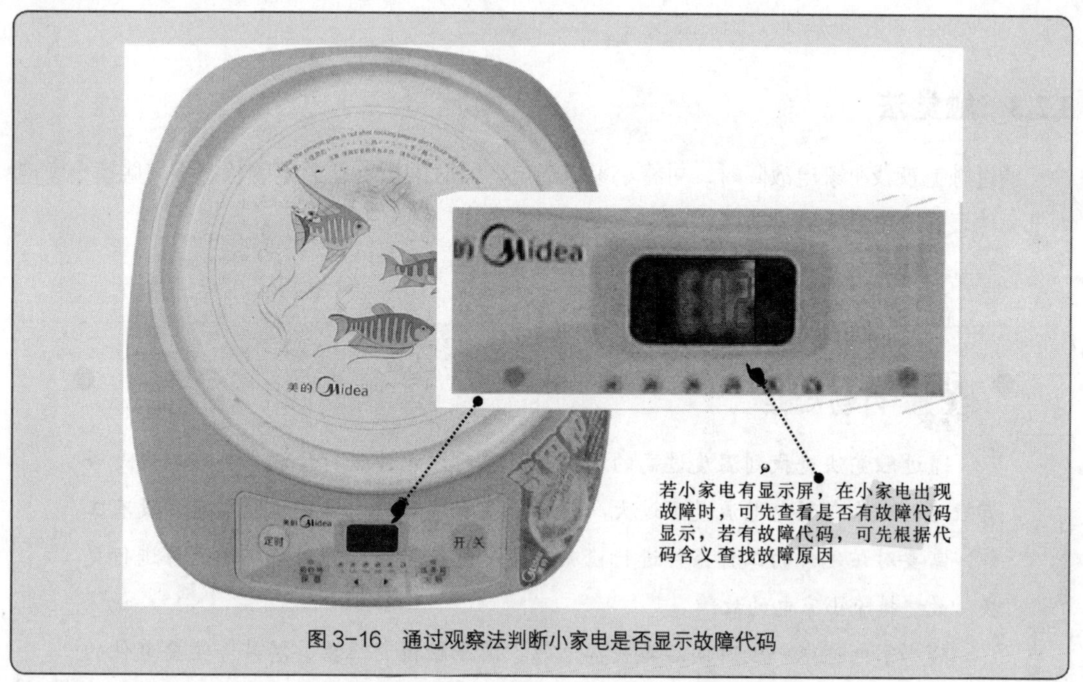
若小家电有显示屏，在小家电出现故障时，可先查看是否有故障代码显示，若有故障代码，可先根据代码含义查找故障原因

图 3-16　通过观察法判断小家电是否显示故障代码

3.2.2　嗅觉法

通过嗅觉法查找小家电故障时，主要在小家电工作状态下，辨别小家电内部是否有元器件散发烧焦或难闻的气味，以此来快速搜索到故障线索。

功法秘籍

图 3-17 所示为通过嗅觉能够直接判断的几种故障现象。

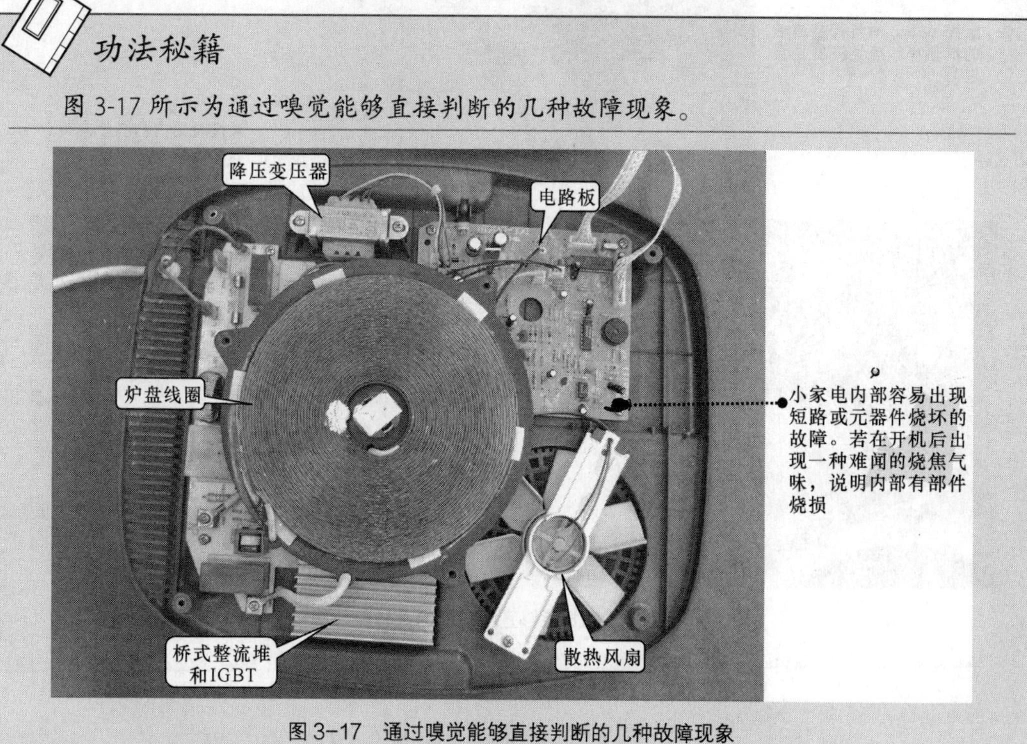
降压变压器
电路板
炉盘线圈
桥式整流堆和IGBT
散热风扇
小家电内部容易出现短路或元器件烧坏的故障。若在开机后出现一种难闻的烧焦气味，说明内部有部件烧损

图 3-17　通过嗅觉能够直接判断的几种故障现象

3.2.3 触觉法

通过触觉查找小家电故障时，可将小家电通电一段时间后，在断电的状态下，触摸小家电内部元件表面的温度来判别故障线索。

内功心法

通过触觉法查找到温度过高的元件时，应对该元件进行检测，判断内部是否有短路的现象或供电电流是否过大。而对于没有温升的元件则说明该元件没有工作，需要对该元件的工作条件进行检测，逐一进行排查，并对损坏的元件进行更换，最终排除小家电的故障。

将小家电通电一段时间后再关掉电源。用手触摸变压器、芯片等主要部件的温度是否过高或有无温升，如图 3-18 所示。

触摸 IGBT 和桥式整流堆的散热片，感觉温度是否过高

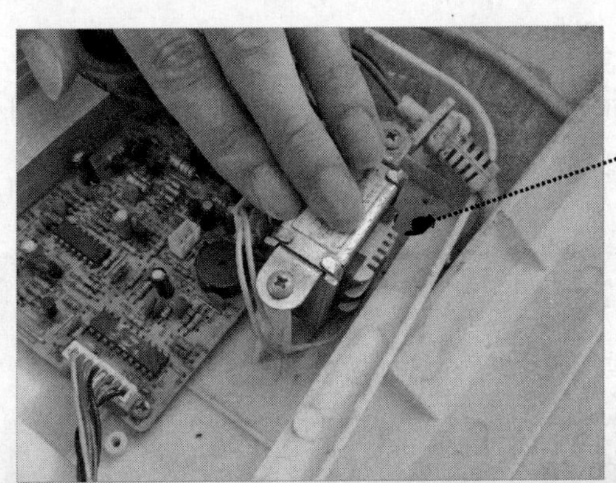

触摸变压器感觉温度是否过高

触摸机器内的各个芯片，感觉温度是否过高

图 3-18 通过触觉能够直接判断的几种故障现象

练功禁忌

采用触觉感知温度的方法查找故障时，一定要注意人身和设备的安全。小家电通电时，切不可随意用手碰触工作中的器件，尤其是交流输入部分等存在高压的电路部分要特别小心。否则极易造成小家电的二次故障，严重时还会出现触电事故。

人身的静电以及交流输入部分等极易造成人身触电或机器短路的情况。因此为确保万一，最好在检查时使用隔离变压器。

此外还要特别注意电路中的大容量电容器，电容器中此时还存有大量的电荷，若手不小心同时碰触到了电容器的两个引脚，也会发生电击情况。

3.2.4 电压测试法

电压测试法是小家电维修中使用较多的一个测试方法，该方法主要是指在小家电通电的状态下使用万用表测量故障机各测试点的电压，然后将实测值与标准值进行比较，从而锁定小家电出现故障的范围，然后再对该范围的元件进行检测，最终确定故障点。

例如，利用万用表测量输入的供电电压，就可以方便地判断出交流供电是否正常。若供电不正常则应对交流供电部分进行检查；若供电正常，则应确定该机器的电源部件是否损坏，最终确定故障点。

利用万用表检测小家电的供电电压的方法，如图 3-19 所示。

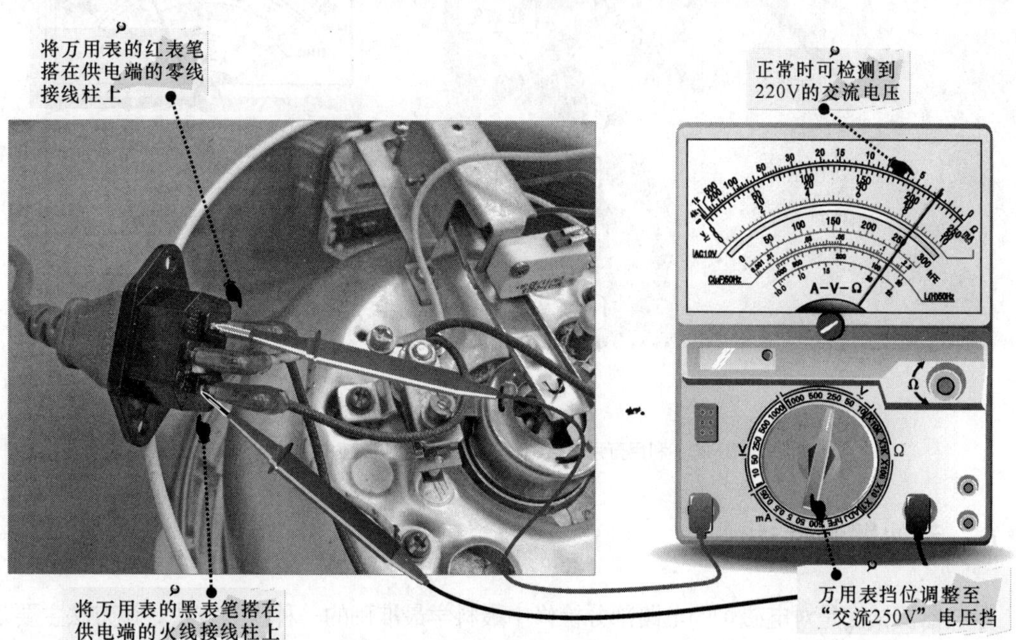
将万用表的红表笔搭在供电端的零线接线柱上
正常时可检测到220V的交流电压
A-V-Ω
将万用表的黑表笔搭在供电端的火线接线柱上
万用表挡位调整至“交流250V”电压挡

图 3-19 利用万用表检测某重要部件的供电电压

3.2.5 电阻测试法

电阻测试法也是小家电维修中使用较多的一个测试方法，该方法主要是指在小家电断电的状态下使用万用表测量故障机单个元件的阻值，然后将实测值与标准值进行比较，从而确定该部件是否损坏。

例如，利用万用表的电阻挡测量小家电中电机的阻值。若测量出一定的数值，说明电机良好；若测量结果为无穷大或零，则说明该电机断路或短路，需要进行更换，排除故障。

利用万用表检测小家电中电机阻值的方法，如图 3-20 所示。

高手指点

不管使用哪种方法检测小家电，都必须注意人身安全和设备安全。一般小家电都采用 220V 作为供电电源，主要功能部件常带有交流电压，因此在维修时要注意安全操作。

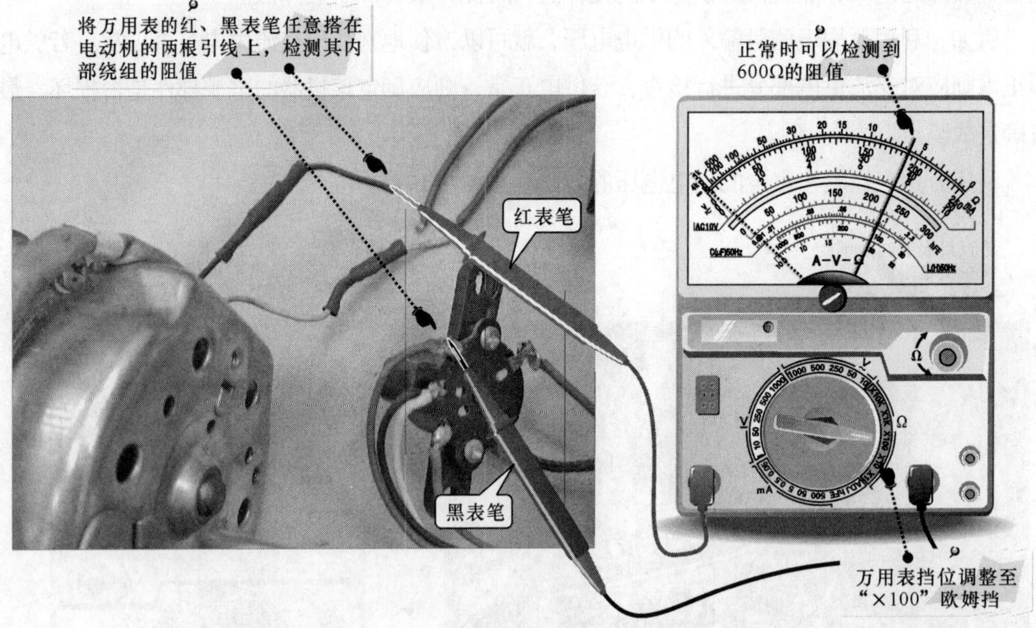
将万用表的红、黑表笔任意搭在电动机的两根引线上，检测其内部绕组的阻值
红表笔
黑表笔
正常时可以检测到600Ω的阻值
A-V-Ω
万用表挡位调整至“×100”欧姆挡

图 3-20 利用万用表检测小家电中电动机阻值的方法

3.2.6 示波器测试法

示波器测试法是对电磁炉的电路部分检修中最科学最准确的一种检测方法。该方法主要是通过示波器直接观察有关电路的信号波形，并与正常波形相比较，来分析和判断电路部分出现

故障的部位。

例如，用示波器检测控制电路中的振荡信号波形，通过观察示波器显示屏上显示出的信号波形，可以很方便地识别出波形是否正常，从而判断控制电路的振荡信号是否满足需求，进而迅速地找到故障部位。

利用示波器检测控制电路中的振荡信号波形的方法如图 3-21 所示。

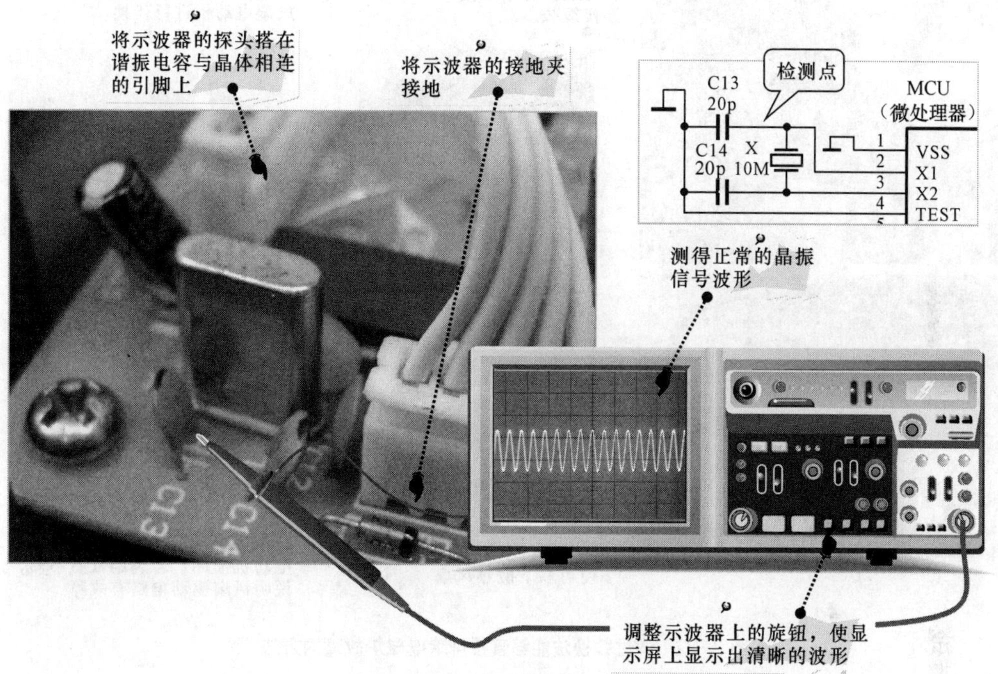
将示波器的探头搭在谐振电容与晶体相连的引脚上
将示波器的接地夹接地
检测点
C13
20p
C14
20p
X
10M
MCU
（微处理器）
VSS
X1
X2
TEST
测得正常的晶振信号波形
调整示波器上的旋钮，使显示屏上显示出清晰的波形

图 3-21　利用示波器检测控制电路中的振荡信号波形的方法

高手指点

不管使用哪种方法检测小家电，都必须注意人身安全和设备安全。一般小家电都采用 220 V 作为供电电源，主要功能部件常常带有交流电压，因此在维修时要注意安全操作。

3.2.7　替换法

通过替换法查找故障是指对小家电被怀疑损坏的电路或某个器件用同型号性能良好的电路板或器件进行替换。若替换后故障排除，则证明被怀疑部位或元件损坏；若替换后故障依旧，则应进一步检测其他相关部位。

例如，电磁炉不能进行加热时，无法确定是 IGBT、炉盘线圈还是控制电路方面的故障，可采用替换法排除故障。

图 3-22 所示为通过替换法能够直接排除电磁炉故障的方法。

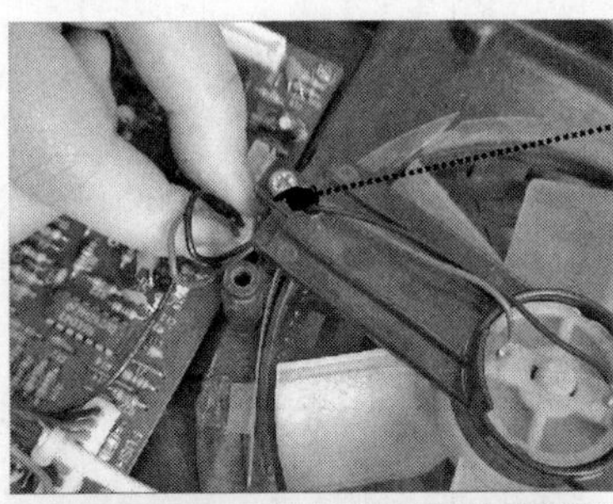
将怀疑损坏的风扇
连接线拔下

使用相同规格参数的
风扇电动机进行代换

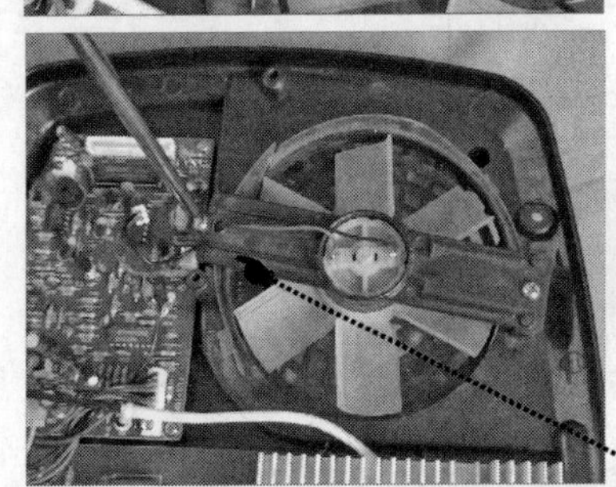
将风扇的固定螺钉拧下，
便可取下散热风扇

若风扇可正常旋转说明原风扇
电动机损坏；若风扇依然不转，
说明风扇驱动电路有故障

图 3-22　通过替换法能够直接排除电磁炉故障的方法

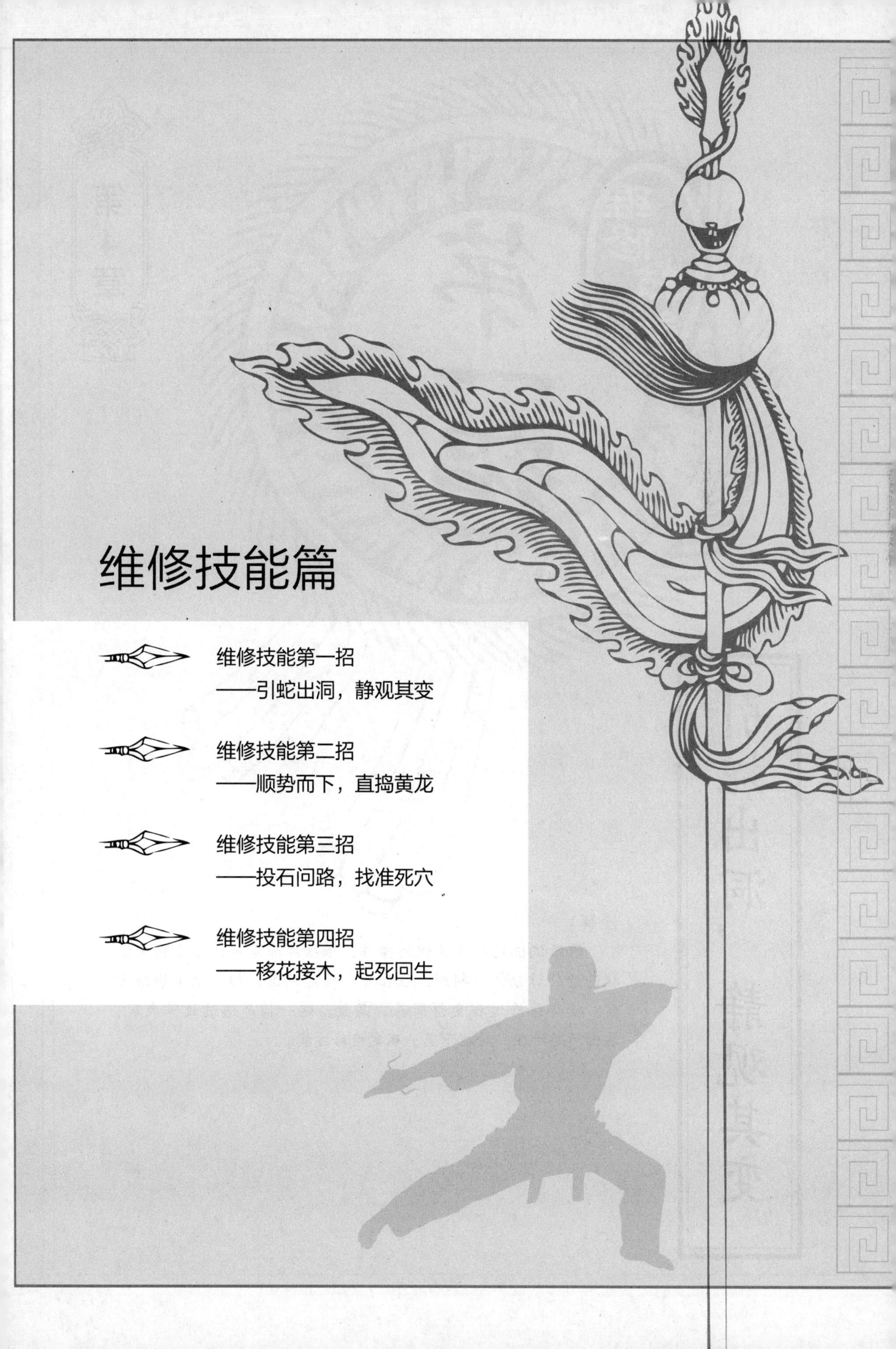

维修技能篇

维修技能第一招
——引蛇出洞，静观其变

维修技能第二招
——顺势而下，直捣黄龙

维修技能第三招
——投石问路，找准死穴

维修技能第四招
——移花接木，起死回生

第4章

维修技能
第一招

引蛇出洞，静观其变

注解：

维修试机是非常关键的操作，根据故障表现，结合信号流程进行故障分析、判别，往往可以圈定范围，初步制定检修方案，使得维修过程变得简易、高效。这一招是通过故障表现，看出问题所在，对症下药，确定检修方案。

对于维修小家电，除了具备良好的动手能力外，良好的“头脑”同样非常重要。小家电功能结构和工作原理上的特点，加之工作环境因素的影响，使得小家电的故障会明显区别于其他家用电子产品。

因此，能够掌握不同小家电的故障特点，辨别不同故障的表现，并能够根据故障对产生故障的原因进行分析，制定合理、正确的检修流程是非常有效的一项技能，这项技能也是迈向“维修高手”的关键。无论机型如何变化，无论电路还是机械部件之间存在何种差异，练就了这项技能我们都可以非常准确地完成故障的分析和判别，最终指导我们完成检修。

4.1 电风扇的故障检修分析

4.1.1 辨别电风扇的故障表现

检测电风扇，首先要对电风扇的故障特点有所了解。如图 4-1 所示，电风扇的故障表现主要反映在“工作异常”和“噪声过大”2 个方面。

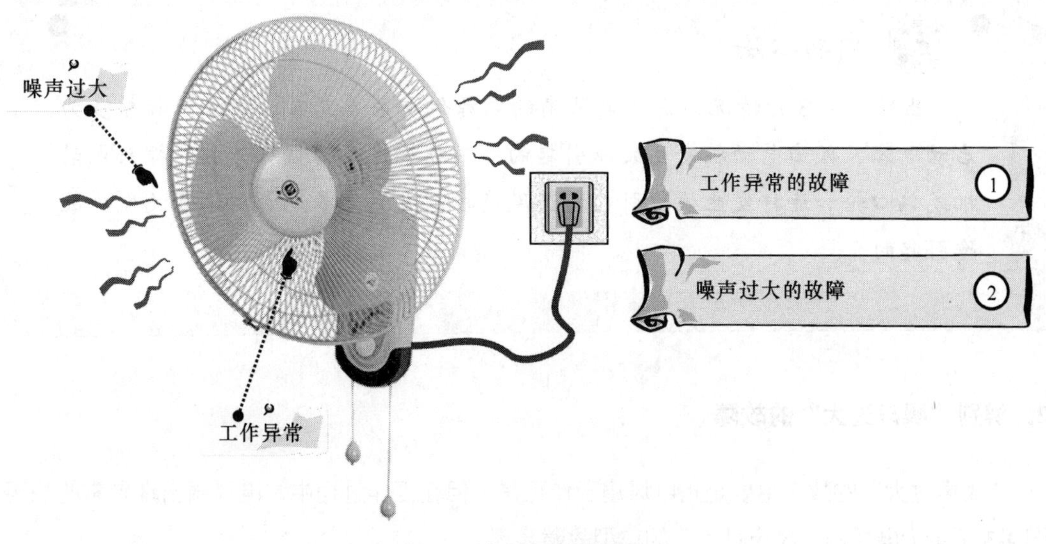
噪声过大
工作异常
工作异常的故障 ①
噪声过大的故障 ②

图 4-1　电风扇的故障表现

1. 辨别“工作异常”的故障

“工作异常”的故障主要是指电风扇通电后，电风扇的扇叶不旋转、不摆头或控制失灵。图 4-2 所示为电风扇“工作异常”的典型故障表现。

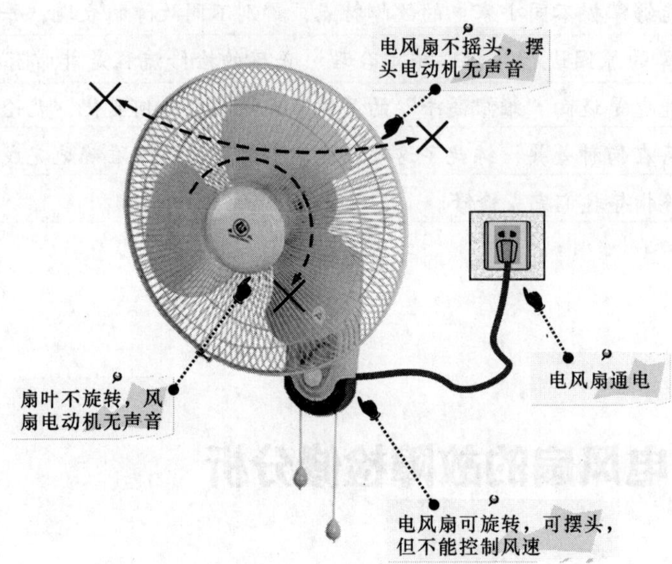
电风扇不摇头，摆头电动机无声音
电风扇通电
扇叶不旋转，风扇电动机无声音
电风扇可旋转，可摆头，但不能控制风速

图 4-2 “工作异常”的故障表现

这种故障主要表现为：接通电源，扇叶不旋转，摆头正常；或扇叶旋转，但不摆头；又或是风速控制失灵。

内功心法

出现上述 3 种情况，说明电风扇的电源供电基本正常。扇叶不旋转多为启动电容、风扇电动机发生故障引起的；不摆头，多为摆头开关、摆头电动机或偏心轮和连杆发生故障引起的；风速控制失灵，多是由调速开关发生故障引起的。

2. 辨别“噪声过大”的故障

“噪声过大”的故障主要是指电风扇工作正常，但在工作过程中，电风扇出现异常的响声。图 4-3 所示为电风扇“噪声过大”的典型故障表现。

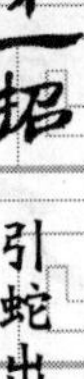

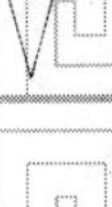

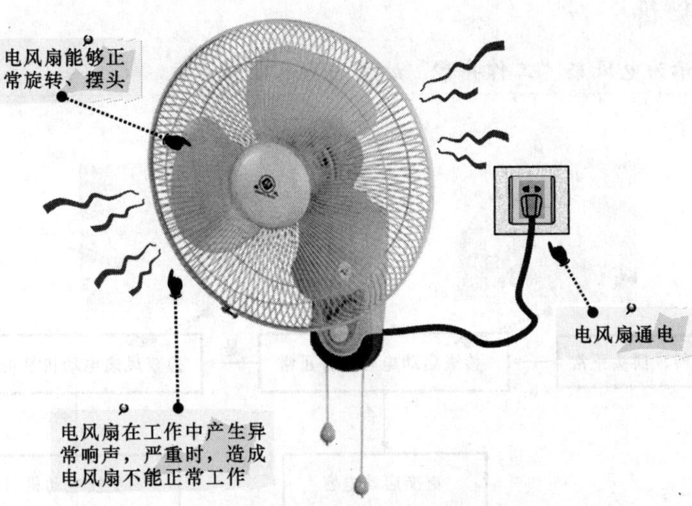
电风扇能够正常旋转、摆头
电风扇通电
电风扇在工作中产生异常响声，严重时，造成电风扇不能正常工作

图 4-3 “噪声过大”的故障表现

这种故障主要表现为：接通电源后，电风扇能够正常工作，但在工作中产生异常声响，严重时造成电风扇不能正常工作。

内功心法

电风扇能够正常工作，说明电风扇的控制部分以及电动机基本正常，而电风扇产生异常声响的故障原因多为固定杆、夹紧螺钉损坏或电动机缺油等引起的。

4.1.2 制定电风扇的检修方案

电风扇的故障现象往往与故障部位之间存在着对应关系。掌握这种对应关系，我们便可以针对不同的故障表现制定出合理的故障检修方案。这将大大提高维修效率，降低维修成本。

1. 制定“工作异常”的故障检修方案

电风扇出现“工作异常”的故障时，首先要排除电源供电的因素，然后，重点对启动电容、风扇电动机、摆头开关、摆头电动机、调速开关等进行检查。

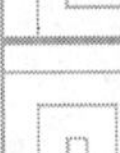
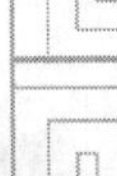

功法秘籍

图 4-4 所示为电风扇“工作异常”故障的基本检修方案。

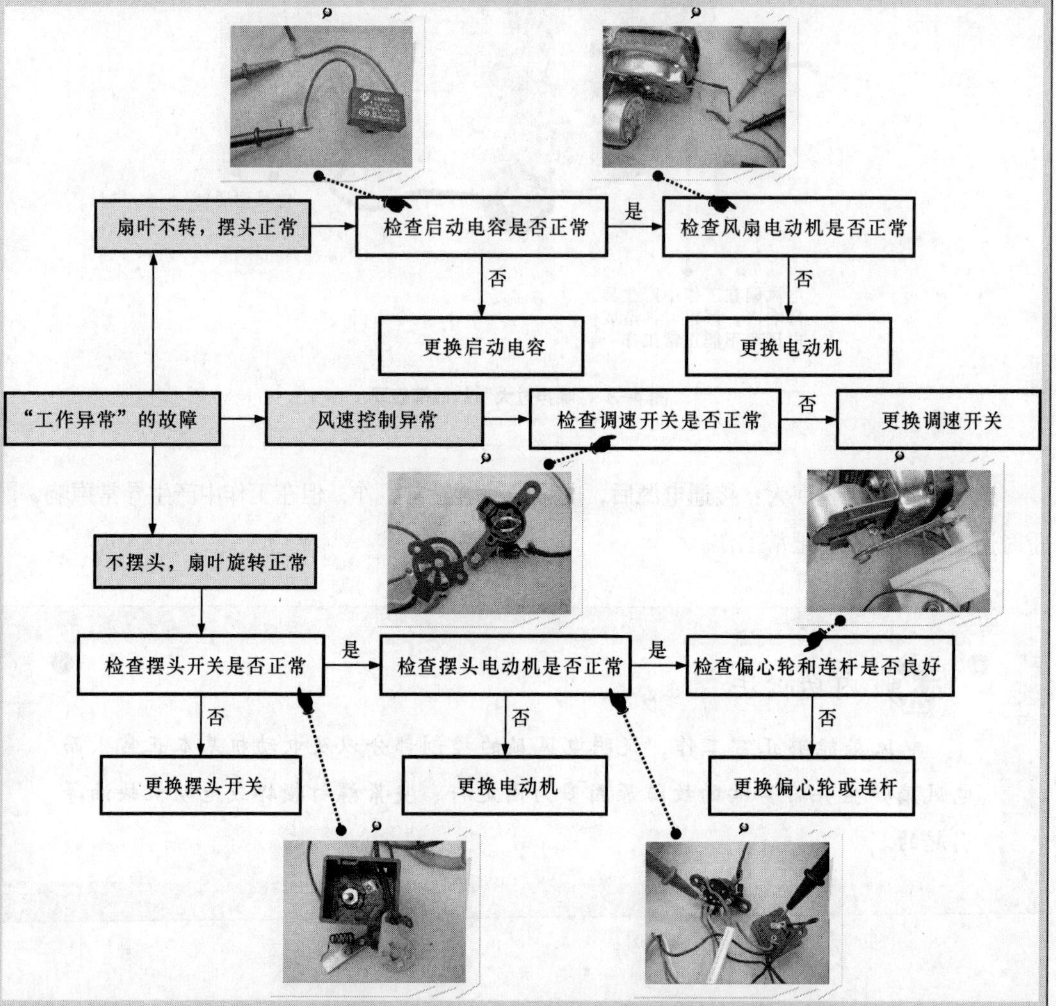

“工作异常”的故障

- 扇叶不转，摆头正常 → 检查启动电容是否正常
  - 否 → 更换启动电容
  - 是 → 检查风扇电动机是否正常
    - 否 → 更换电动机
- 风速控制异常 → 检查调速开关是否正常
  - 否 → 更换调速开关
- 不摆头，扇叶旋转正常 → 检查摆头开关是否正常
  - 否 → 更换摆头开关
  - 是 → 检查摆头电动机是否正常
    - 否 → 更换电动机
    - 是 → 检查偏心轮和连杆是否良好
      - 否 → 更换偏心轮或连杆

图 4-4　电风扇“工作异常”故障的检修方案

2. 制定“噪声过大”的故障检修方案

电风扇出现“噪声过大”的故障时，应重点查看电风扇的固定杆、夹紧螺钉是否良好，电动机是否发出很大的摩擦声。

功法秘籍

图 4-5 所示为电风扇“噪声过大”故障的基本检修方案。

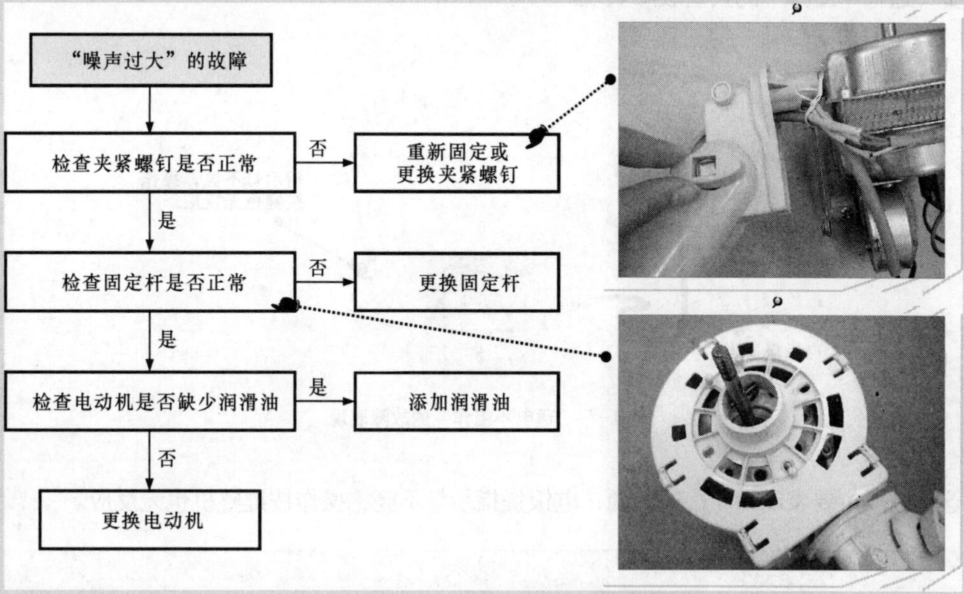

“噪声过大”的故障
检查夹紧螺钉是否正常
否
重新固定或更换夹紧螺钉
是
检查固定杆是否正常
否
更换固定杆
是
检查电动机是否缺少润滑油
是
添加润滑油
否
更换电动机

图 4-5 电风扇“噪声过大”故障的检修方案

4.2 电饭煲的故障检修分析

4.2.1 辨别电饭煲的故障表现

检测电饭煲，首先要对电饭煲的故障特点有所了解。如图 4-6 所示，电饭煲的故障表现主要反映在“通电不工作”、“不加热”和“不保温”3 个方面。

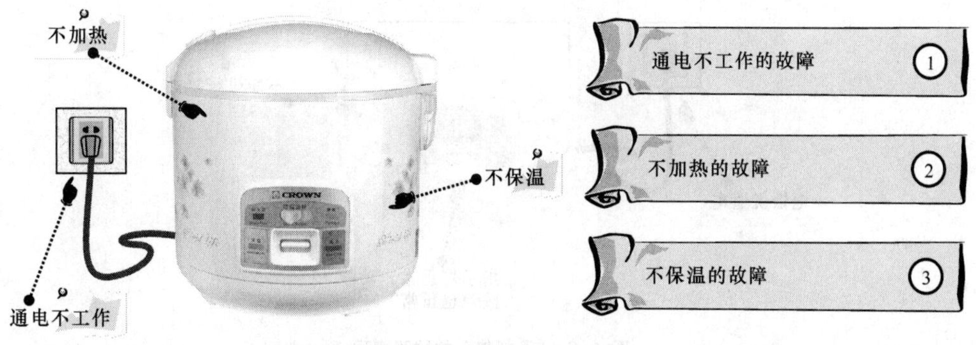
不加热
不保温
通电不工作
CROWN
通电不工作的故障 ①
不加热的故障 ②
不保温的故障 ③

图 4-6 电饭煲的故障表现

1. 辨别“通电不工作”的故障

“通电不工作”的故障主要是指电饭煲通电后，指示灯不亮、操作无反应。图 4-7 所示为电饭煲“通电不工作”的典型故障表现。

指示灯不亮，操作按键也无反应
电饭煲通电

图 4-7 “通电不工作”的故障表现

这种故障主要表现为：接通电源，电饭煲指示灯不亮，操作按键整机也无反应。

内功心法

电饭煲通电后指示灯不亮，操作按键也无反应，说明供电没有送入电饭煲中。发生这种故障的原因多为电源线损坏、熔断器烧断或电源电路发生故障等。

2. 辨别“不加热”的故障

“不加热”的故障主要是指电饭煲通电后，指示灯正常，但不能进行加热，图 4-8 所示为电饭煲“不加热”的典型故障表现。

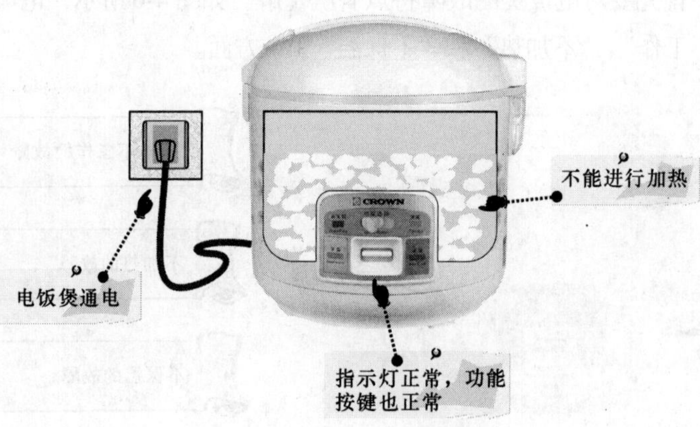

不能进行加热
电饭煲通电
指示灯正常，功能按键也正常

图 4-8 “不加热”的故障表现

这种故障主要表现为：接通电源后，电饭煲指示灯正常，功能选择正常，但不能进行加热。

 内功心法

电饭煲指示灯正常，功能选择也正常，说明电饭煲的供电部分以及操作显示部分正常，而电饭煲不能进行加热的故障原因多为炊饭开关、磁钢限温器、加热器损坏或控制电路发生故障等。

3. 辨别“不保温”的故障

“不保温”的故障主要是指电饭煲在加热完成后或断电后，不能进行保温工作。图4-9所示为电饭煲“不保温”的典型故障表现。

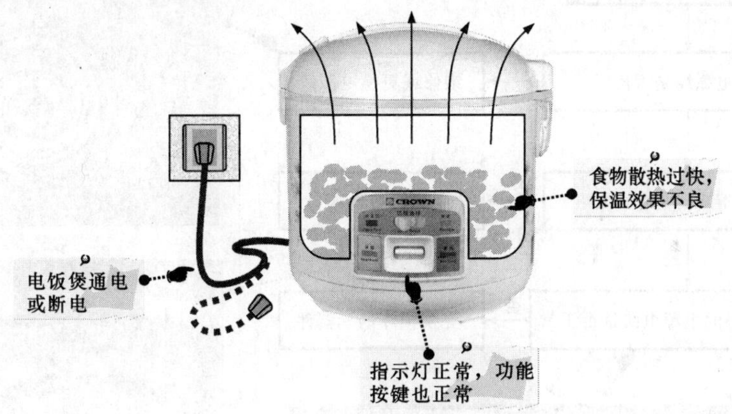
食物散热过快，保温效果不良
电饭煲通电或断电
指示灯正常，功能按键也正常

图4–9 “不保温”的故障表现

这种故障主要表现为：加热完成后，电饭煲指示灯正常，但不能进行保温；断电后，电饭煲内食物散热较快，保温不良。

 内功心法

电饭煲能够正常加热，说明电饭煲的供电和控制部分基本正常，而电饭煲不能保温的故障原因多为磁钢限温器、双金属恒温器、保温上盖、保温加热器、温度传感器、部分控制电路发生故障等。

4.2.2 制定电饭煲的检修方案

电饭煲的故障现象往往与故障部位之间存在着对应关系。掌握这种对应关系，我们便

可以针对不同的故障表现制定出合理的故障检修方案。这将大大提高维修效率，降低维修成本。

1. 制定“通电不工作”的故障检修方案

电饭煲出现“通电不工作”的故障时，应重点对供电部分进行检查，重点对电源线、熔断器等进行检查。

功法秘籍

图 4-10 所示为电饭煲“通电不工作”故障的基本检修方案。

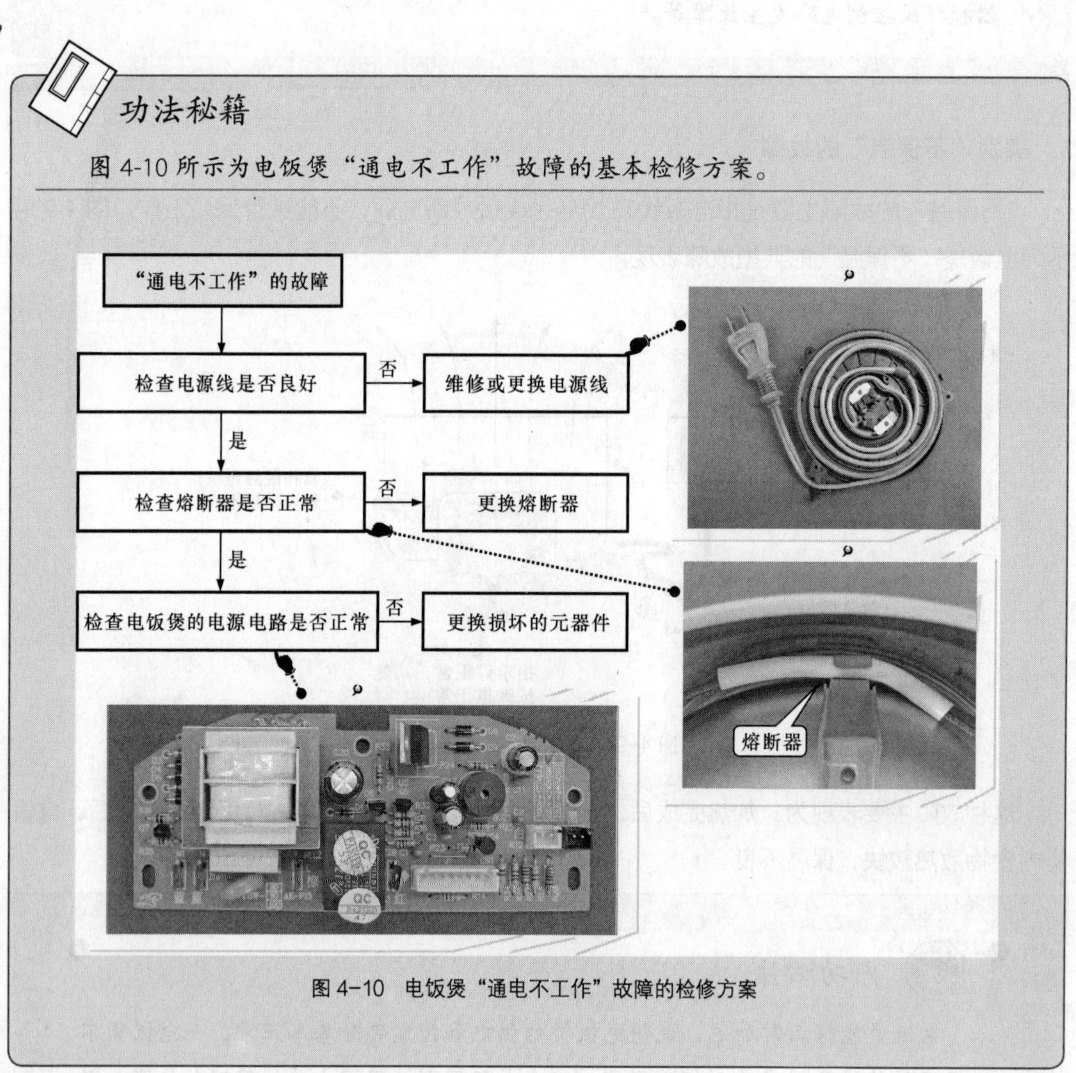

“通电不工作”的故障
检查电源线是否良好
否
维修或更换电源线
是
检查熔断器是否正常
否
更换熔断器
是
检查电饭煲的电源电路是否正常
否
更换损坏的元器件
熔断器

图 4-10 电饭煲“通电不工作”故障的检修方案

2. 制定“不加热”的故障检修方案

电饭煲出现“不加热”的故障时，首先要排除电源供电的因素，然后，重点对炊饭开关、磁钢限温器、加热器和控制电路等进行检查。

功法秘籍

图 4-11 所示为电饭煲“不加热”故障的基本检修方案。

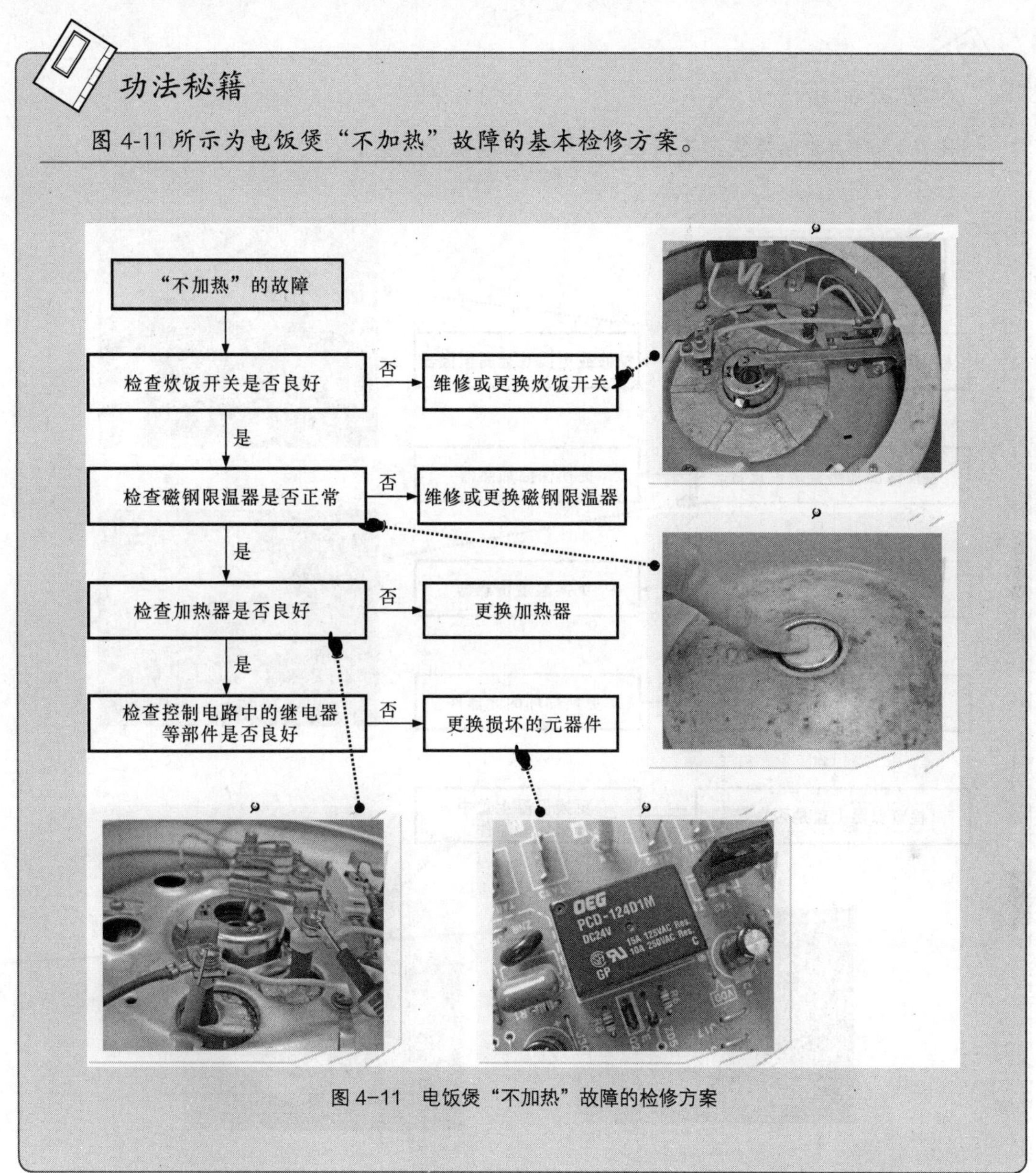
“不加热”的故障
检查炊饭开关是否良好
否
维修或更换炊饭开关
是
检查磁钢限温器是否正常
否
维修或更换磁钢限温器
是
检查加热器是否良好
否
更换加热器
是
检查控制电路中的继电器等部件是否良好
否
更换损坏的元器件
OEG
PCD-124D1M
DC24V

图 4-11　电饭煲“不加热”故障的检修方案

3. 制定“不保温”的故障检修方案

电饭煲出现“不保温”的故障时，首先要根据电饭煲的情况进行分析。若电饭煲加热后不保温，应重点对双金属恒温器、保温加热器、温度传感器、控制电路等进行检查；若断电后保温效果差，则应对保温上盖进行检查。

功法秘籍

图 4-12 所示为电饭煲“不保温”故障的基本检修方案。

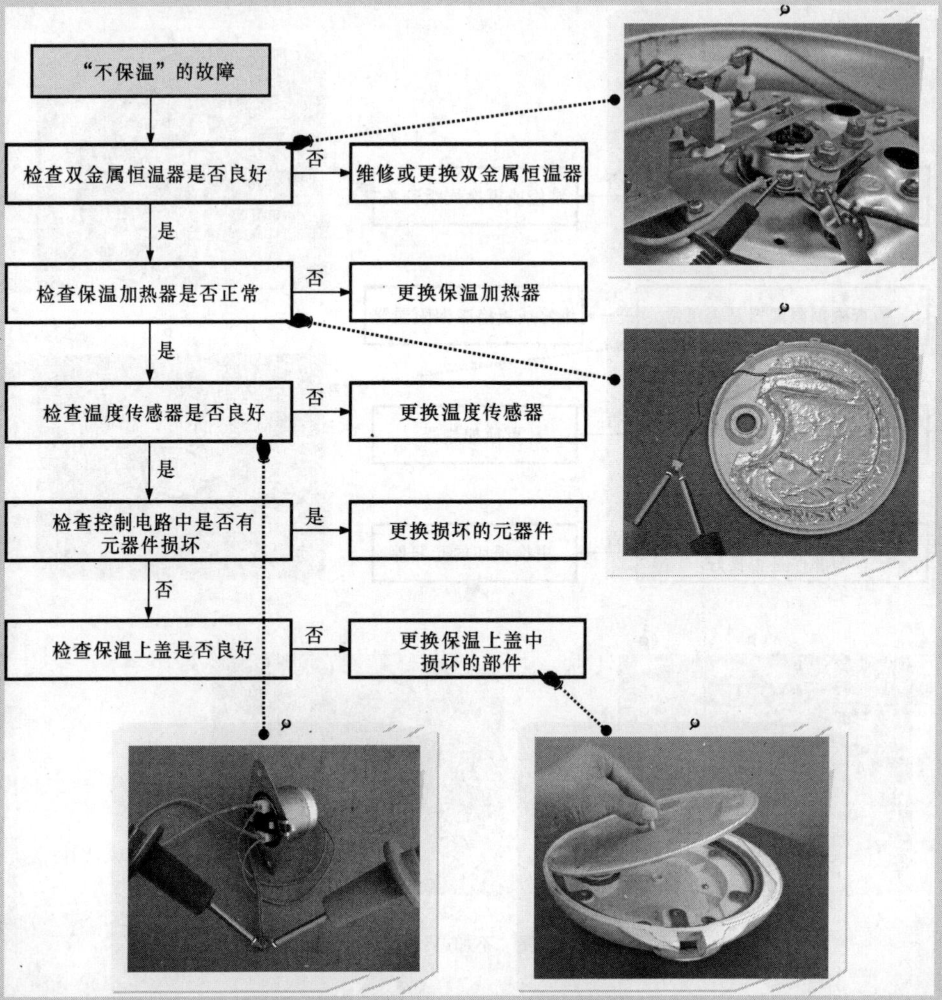

“不保温”的故障

检查双金属恒温器是否良好 —否→ 维修或更换双金属恒温器

是

检查保温加热器是否正常 —否→ 更换保温加热器

是

检查温度传感器是否良好 —否→ 更换温度传感器

是

检查控制电路中是否有元器件损坏 —是→ 更换损坏的元器件

否

检查保温上盖是否良好 —否→ 更换保温上盖中损坏的部件

图 4-12　电饭煲“不保温”故障的检修方案

4.3 微波炉的故障检修分析

4.3.1　辨别微波炉的故障表现

检测微波炉，首先要对微波炉的故障特点有所了解。如图 4-13 所示，微波炉的故障表现主要反映在“通电不工作”、“不加热”和“部分功能异常”3 个方面。

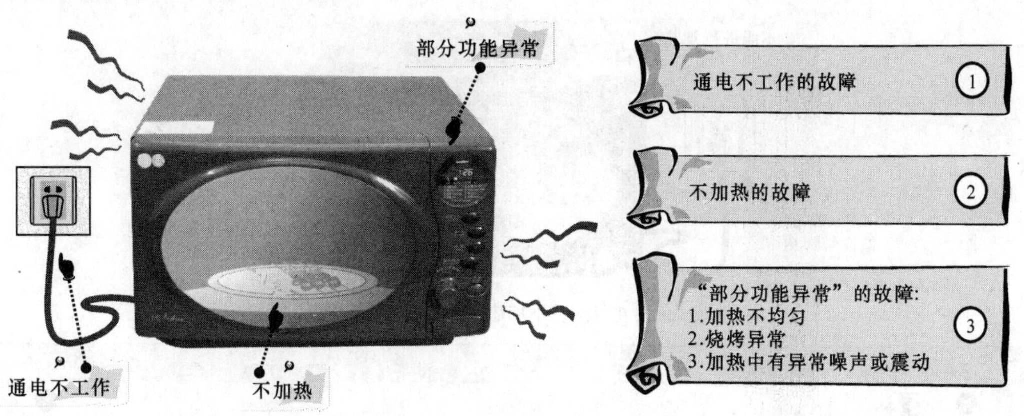
部分功能异常
通电不工作的故障 ①
不加热的故障 ②
"部分功能异常"的故障:
1.加热不均匀
2.烧烤异常
3.加热中有异常噪声或震动 ③
通电不工作
不加热

图 4-13　微波炉的故障表现

1. 辨别"通电不工作"的故障

"通电不工作"的故障主要是指微波炉通电后，显示屏无显示，操作按键失灵，无法使微波炉进入工作状态。图 4-14 所示为微波炉"通电不工作"的典型故障表现。

微波炉无法进入
工作状态
微波炉通电
显示屏不亮，操作
按键也无反应

图 4-14　"通电不工作"的故障表现

这种故障主要表现为：接通电源，显示屏无显示，操作按键无效，微波炉不工作。

内功心法

微波炉通电后显示屏不亮，操作键钮也无反应，说明供电没有送入微波炉中，发生这种故障的原因多为保护装置或控制装置发生故障。

2. 辨别"不加热"的故障

"不加热"的故障主要是指微波炉通电后，显示屏正常，设定功能参数正常，但不能进行加热，图 4-15 所示为微波炉"不加热"的典型故障表现。

这种故障主要表现为：接通电源后，微波炉显示正常，功能选择正常，但不能进行加热。

图 4-15 “不加热”的故障表现

内功心法

微波炉指示灯正常，功能选择也正常，说明微波炉的供电部分以及操作显示部分正常，而微波炉不能进行加热的故障原因多为微波发射装置或控制装置发生故障。

3. 辨别“部分功能异常”的故障

“部分功能异常”的故障主要是指微波炉加热不均匀、烧烤异常以及异常噪声和震动。图 4-16 所示为微波炉“部分功能异常”的典型故障表现。

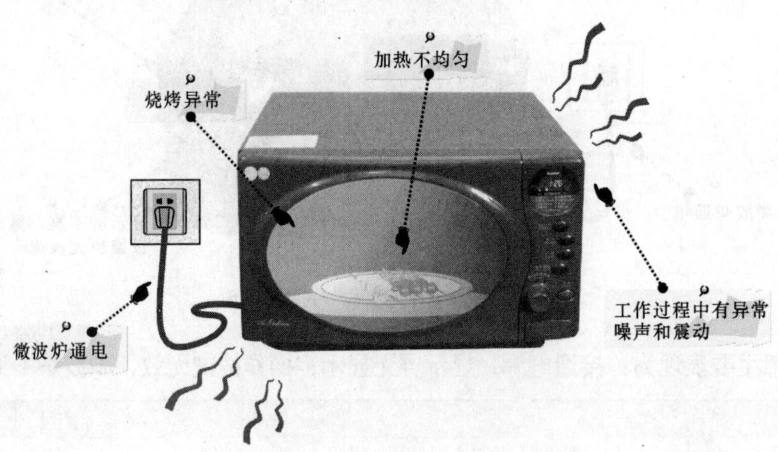
加热不均匀
烧烤异常
工作过程中有异常
噪声和震动
微波炉通电

图 4-16 “部分功能异常”的故障表现

这种故障主要表现为：微波炉操作显示正常，微波炉中的食物加热不均匀，加热中有异常噪声或震动，烧烤功能异常。

内功心法

微波炉操作显示正常，说明微波炉的供电和控制部分基本正常，微波炉加热不均的故障原因多为磁控管老化或转盘装置发生故障；微波炉烧烤异常的故障原因多为烧烤装置或转盘装置发生故障；微波炉加热中有异常噪声、震动的故障原因多为转盘装置不平稳。

4.3.2 制定微波炉的检修方案

微波炉的故障现象往往与故障部位之间存在着对应关系。掌握这种对应关系，我们便可以针对不同的故障表现制定出合理的故障检修方案。这将大大提高维修效率，降低维修成本。

1. 制定“通电不工作”的故障检修方案

微波炉出现“通电不工作”的故障时，应重点对保护装置和控制装置进行检查，重点对熔断器、过热保护器、门开关组件、定时组件以及电源供电和控制电路等进行检查。

功法秘籍

图 4-17 所示为微波炉“通电不工作”故障的基本检修方案。

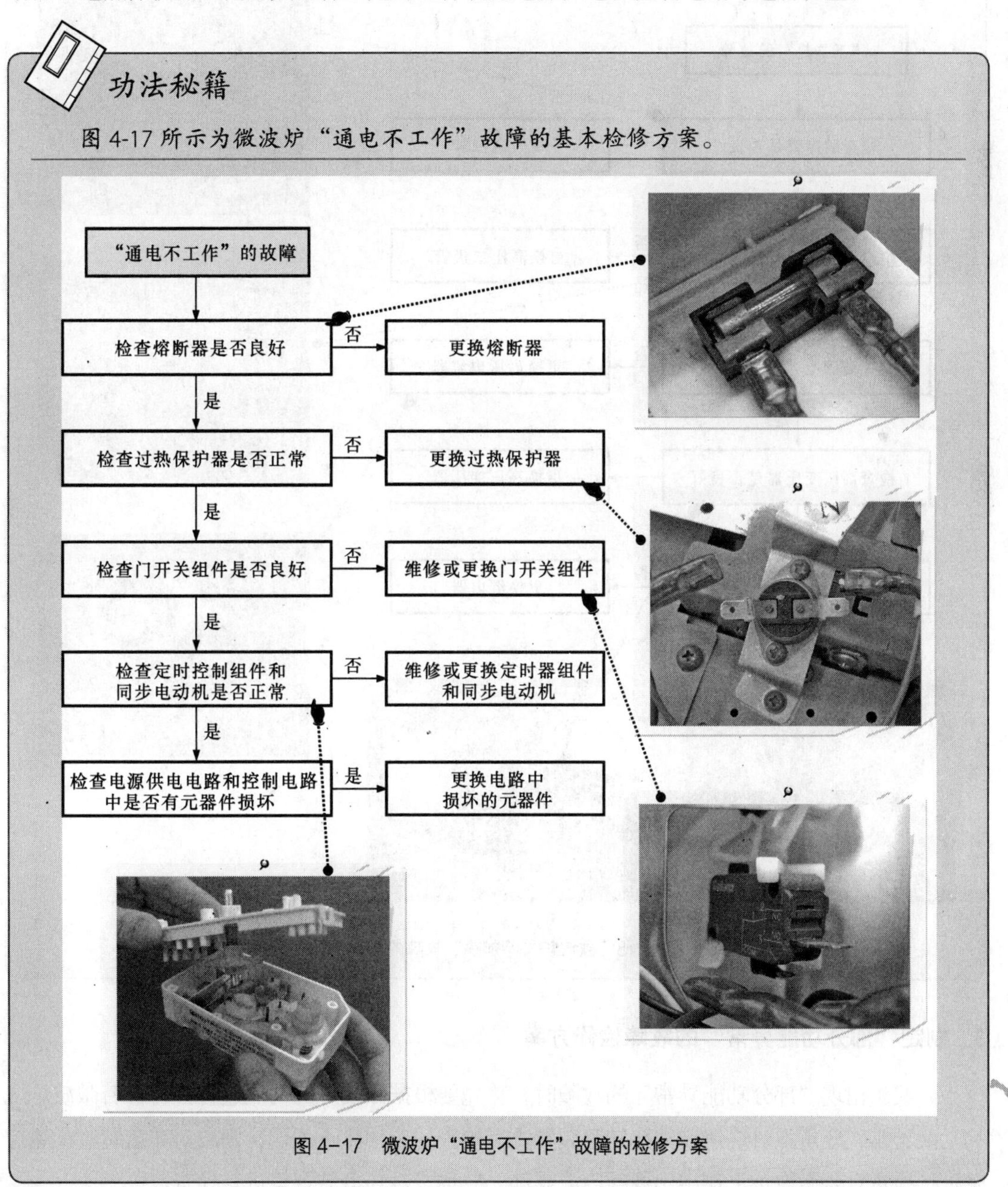

“通电不工作”的故障
检查熔断器是否良好
否
更换熔断器
是
检查过热保护器是否正常
否
更换过热保护器
是
检查门开关组件是否良好
否
维修或更换门开关组件
是
检查定时控制组件和同步电动机是否正常
否
维修或更换定时器组件和同步电动机
是
检查电源供电电路和控制电路中是否有元器件损坏
是
更换电路中损坏的元器件

图 4-17 微波炉“通电不工作”故障的检修方案

2. 制定“不加热”的故障检修方案

微波炉出现“不加热”的故障时，首先要排除电源供电的因素，然后，重点对磁控管、高温二极管、高温电容器、高温变压器以及控制电路中的继电器进行检查。

功法秘籍

图 4-18 所示为微波炉“不加热”故障的基本检修方案。

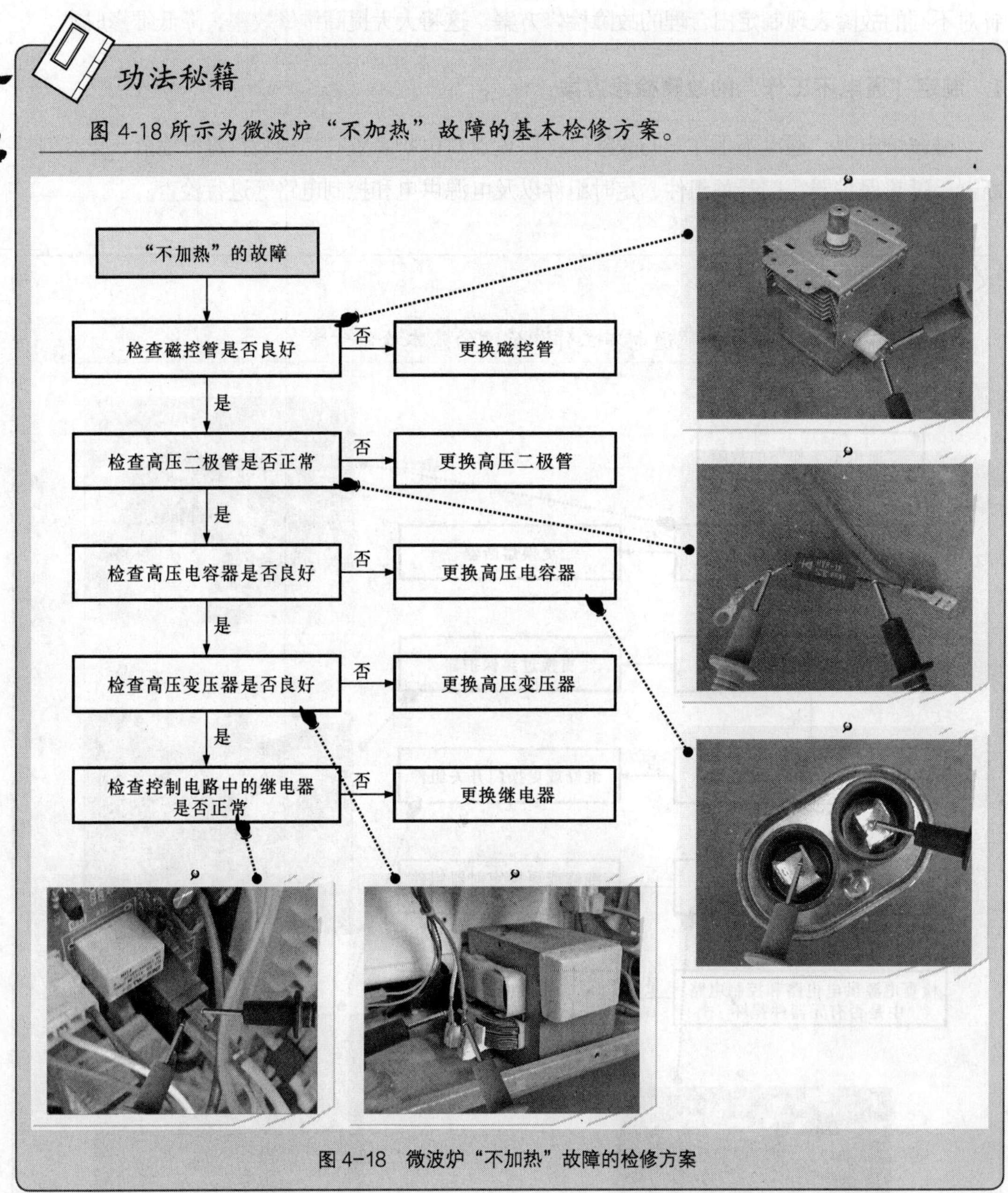
“不加热”的故障
检查磁控管是否良好
否
更换磁控管
是
检查高压二极管是否正常
否
更换高压二极管
是
检查高压电容器是否良好
否
更换高压电容器
是
检查高压变压器是否良好
否
更换高压变压器
是
检查控制电路中的继电器是否正常
否
更换继电器

图 4-18 微波炉“不加热”故障的检修方案

3. 制定“部分功能异常”的故障检修方案

微波炉出现“部分功能异常”的故障时，首先要根据微波炉的情况进行分析，若微波炉烧烤功能异常，应重点对烧烤装置和转盘装置进行检查；若加热不均匀，则应对转盘装置和磁控管进行检查；若微波炉工作中出现噪声或震动，应重点对转盘装置等进行检查。

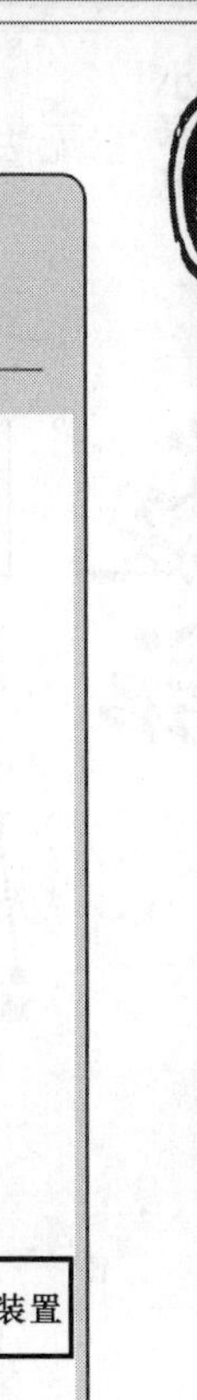

维修技能
第一招
引蛇出洞，静观其变

功法秘籍

图 4-19 所示为微波炉“部分功能异常”故障的基本检修方案。

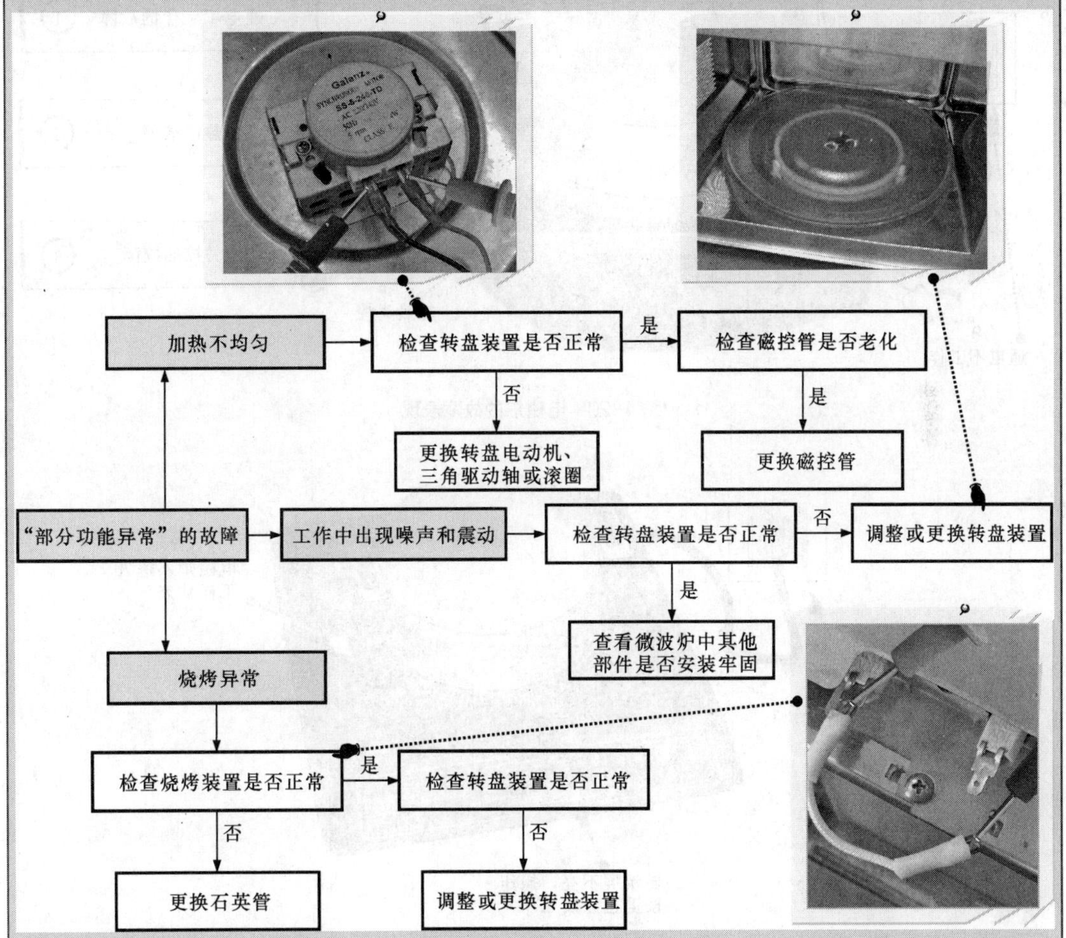

“部分功能异常”的故障 → 加热不均匀 → 检查转盘装置是否正常
- 是 → 检查磁控管是否老化 → 是 → 更换磁控管
- 否 → 更换转盘电动机、三角驱动轴或滚圈

“部分功能异常”的故障 → 工作中出现噪声和震动 → 检查转盘装置是否正常
- 否 → 调整或更换转盘装置
- 是 → 查看微波炉中其他部件是否安装牢固

“部分功能异常”的故障 → 烧烤异常 → 检查烧烤装置是否正常
- 是 → 检查转盘装置是否正常 → 否 → 调整或更换转盘装置
- 否 → 更换石英管

图 4-19　微波炉“部分功能异常”故障的检修方案

4.4 电磁炉的故障检修分析

4.4.1 辨别电磁炉的故障表现

检测电磁炉，首先要对电磁炉的故障特点有所了解。如图 4-20 所示，电磁炉的故障表现主要反映在“通电不工作”、“不加热”和“加热失控”3 个方面。

1. 辨别“通电不工作”的故障

“通电不工作”的故障主要是指电磁炉通电后，显示屏无显示，操作按键无反应，电磁炉无法进入工作状态。图 4-21 所示为电磁炉“通电不工作”的典型故障表现。

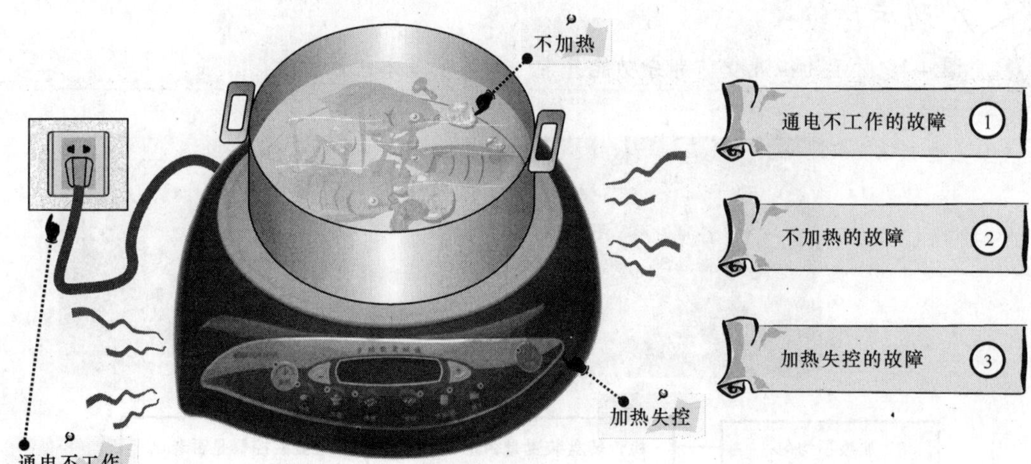
不加热
通电不工作的故障 ①
不加热的故障 ②
加热失控的故障 ③
加热失控
通电不工作

图 4-20　电磁炉的故障表现

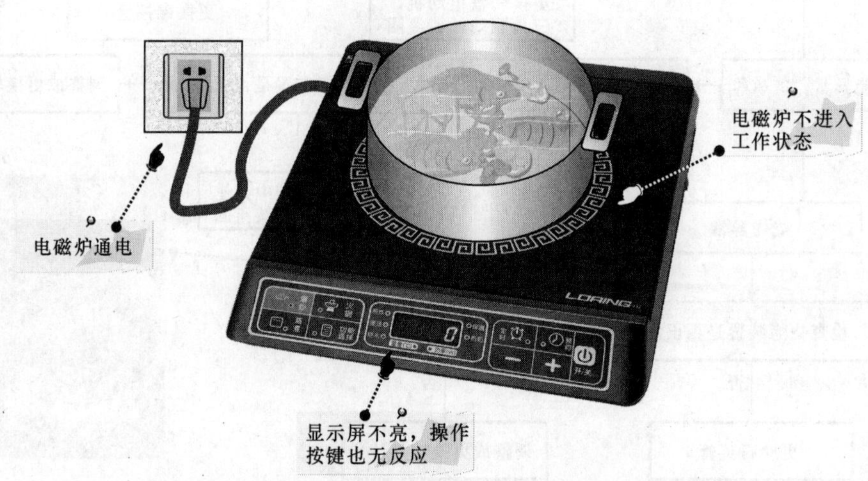
电磁炉不进入
工作状态
电磁炉通电
LORING
显示屏不亮，操作
按键也无反应

图 4-21　“通电不工作”的故障表现

这种故障主要表现为：接通电磁炉电源后，蜂鸣器无报警声，显示屏无显示，操作按键失灵，电磁炉不进入工作状态。

 内功心法

电磁炉通电后，无开机声，显示屏不亮，操作按键也无反应，说明供电没有送入到电磁炉中，发生这种故障的原因多为电源电路、控制电路发生故障。

2. 辨别“不加热”的故障

“不加热”的故障主要是指电磁炉通电后，显示屏正常，设定功能参数也正常，但不能进行加热，图 4-22 所示为电磁炉“不加热”的典型故障表现。

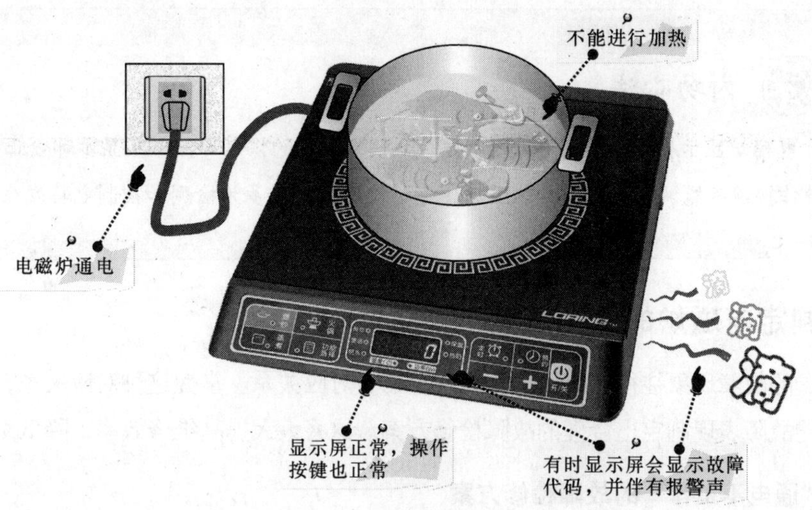
不能进行加热
电磁炉通电
显示屏正常，操作
按键也正常
有时显示屏会显示故障
代码，并伴有报警声

图 4-22 “不加热”的故障表现

这种故障主要表现为：接通电源后，电磁炉显示正常，操作按键选择正常，但不能进行加热，有时电磁炉还会发出报警声并显示故障代码。

内功心法

电磁炉显示屏正常，功能按键也正常，说明电磁炉的供电部分以及操作显示部分正常，而电磁炉不能进行加热的故障原因多为电源电路、检测和控制电路或功率输出电路发生故障。

3. 辨别“加热失控”的故障

“加热失控”的故障主要是指电磁炉加热异常，无法调节加热温度。图 4-23 所示为电磁炉“加热失控”的典型故障表现。

电磁炉加热异常，
无法控制
电磁炉通电
显示屏正常
通过操作按键无法
调节加热温度

图 4-23 “加热失控”的故障表现

这种故障主要表现为：电磁炉显示正常，电磁炉的加热功能出现异常，通过操作按键不能对电磁炉的加热温度进行调节。

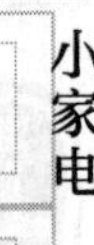

内功心法

电磁炉显示屏正常，能够进行加热，说明电磁炉的供电部分以及显示部分正常，通过操作按键不能调节电磁炉加热温度，这种故障的原因多为检测和控制电路发生故障。

4.4.2 制定电磁炉的检修方案

电磁炉的故障现象往往与故障部位之间存在着对应关系。掌握这种对应关系，我们便可以针对不同的故障表现制定出合理的故障检修方案。这将大大提高维修效率，降低维修成本。

1. 制定“通电不工作”的故障检修方案

电磁炉出现“通电不工作”的故障时，应重点对电源电路和控制电路中的相关部件进行检查，重点对熔断器、低压电源电路、复位电路、晶振电路等进行检查。

功法秘籍

图 4-24 所示为电磁炉“通电不工作”故障的基本检修方案。

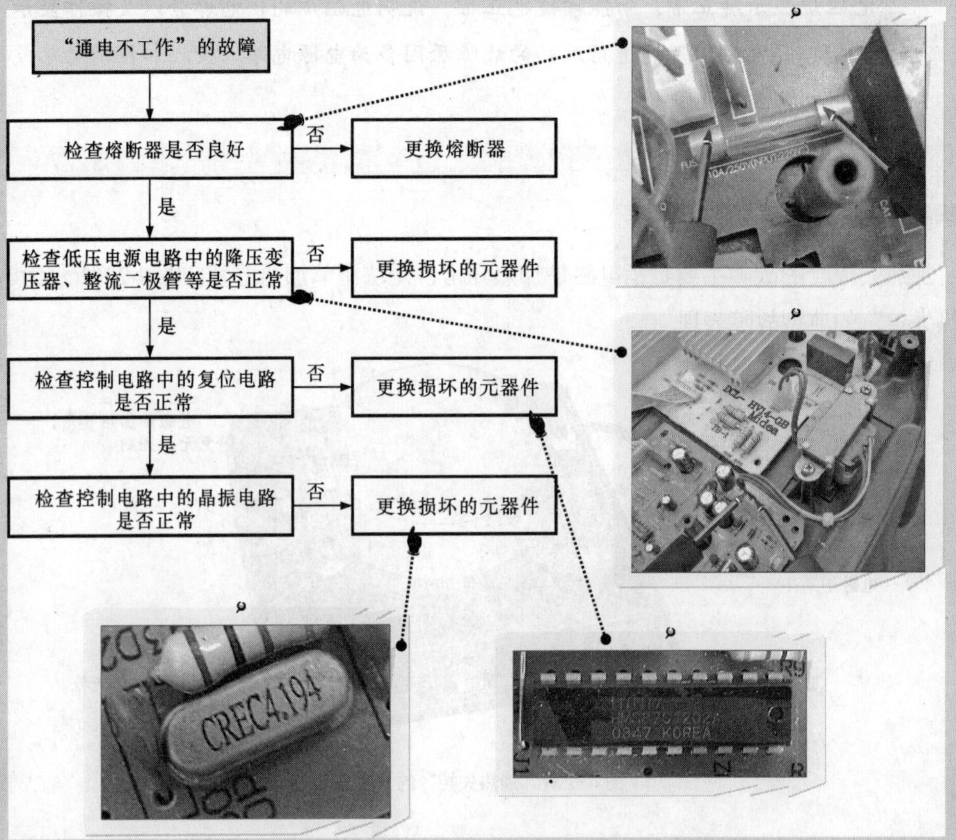

“通电不工作”的故障

检查熔断器是否良好 —否→ 更换熔断器

是

检查低压电源电路中的降压变压器、整流二极管等是否正常 —否→ 更换损坏的元器件

是

检查控制电路中的复位电路是否正常 —否→ 更换损坏的元器件

是

检查控制电路中的晶振电路是否正常 —否→ 更换损坏的元器件

图 4-24 电磁炉“通电不工作”故障的检修方案

2. 制定“不加热”的故障检修方案

电磁炉出现“不加热”的故障时，首先要排除电源供电的因素，然后，重点对整流滤波电路、功率输出电路、检测电路、同步振荡电路、PWM 调制电路、IGBT 驱动电路、浪涌保护电路、IGBT 高压保护电路以及电流、电压检测 / 保护电路等进行检查。

功法秘籍

图 4-25 所示为电磁炉“不加热”故障的基本检修方案。

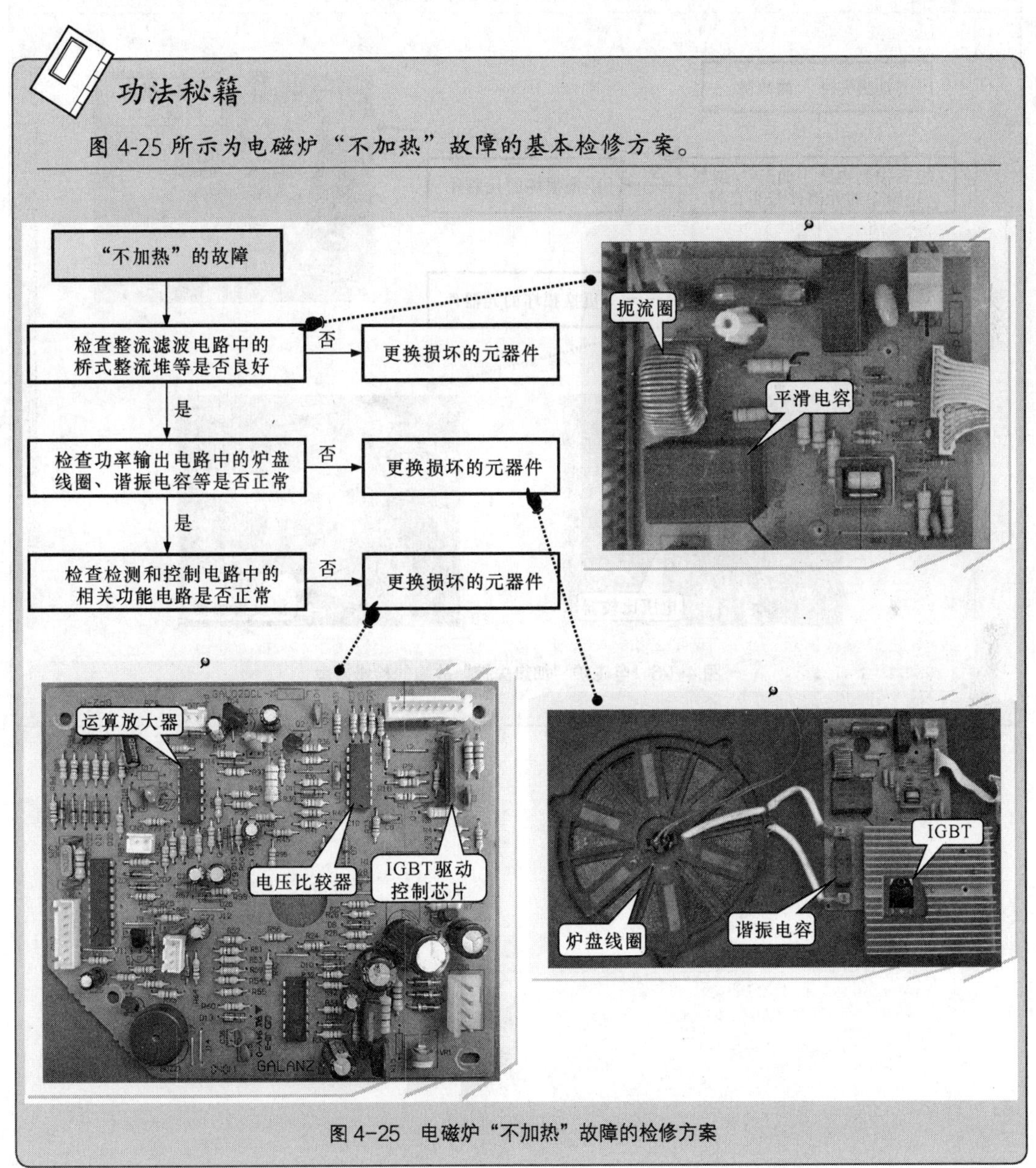
“不加热”的故障
检查整流滤波电路中的桥式整流堆等是否良好
否
更换损坏的元器件
是
检查功率输出电路中的炉盘线圈、谐振电容等是否正常
否
更换损坏的元器件
是
检查检测和控制电路中的相关功能电路是否正常
否
更换损坏的元器件
扼流圈
平滑电容
运算放大器
电压比较器
IGBT驱动控制芯片
IGBT
炉盘线圈
谐振电容

图 4-25 电磁炉“不加热”故障的检修方案

3. 制定“加热失控”的故障检修方案

电磁炉出现“加热失控”的故障时，首先要排除显示发生故障的因素，然后，重点对PWM 调制电路、温度检测 / 保护电路等进行检查。

功法秘籍

图 4-26 所示为电磁炉“加热失控”故障的基本检修方案。

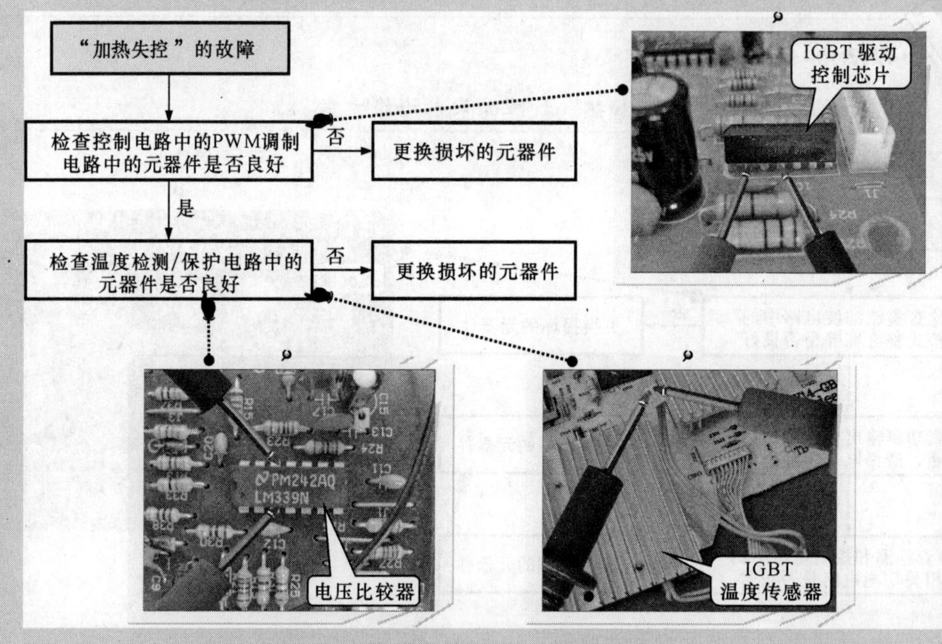
“加热失控”的故障
检查控制电路中的PWM调制电路中的元器件是否良好
否
更换损坏的元器件
是
检查温度检测/保护电路中的元器件是否良好
否
更换损坏的元器件
IGBT 驱动控制芯片
电压比较器
IGBT 温度传感器

图 4-26 电磁炉“加热失控”故障的检修方案

第
5
章

维修技能第二招

顺势而下，直捣黄龙

注解：

这一招是依据电子产品的工作控制原理，使用检测仪器，沿信号流程顺流而下进行检测，逐一对各电路的主要元器件进行检测，一查到底。此招式环环紧扣、步步紧逼，虽无任何华丽之处，但却是非常实用的维修招式。

小家电的实用检修技能需要小家电维修人员能够读懂小家电各单元电路的信号流程，知晓小家电各单元电路（及主要电器元件）的工作原理，并能够根据信号流程实现对电路的检测。这项技能几乎贯穿小家电的整个检修过程。

因为，无论是从表面上看出了故障所在，还是通过故障表现分析出了故障原因，我们只是能够划分出故障的区域，而最终将故障点锁定，就需要我们按照工作过程，对电路（或部件）进行逐级分析，逐级测试。尤其是对于故障点不是一个或者故障原因非常不明显的疑难杂症，通常只能采用逐级检测的方法，顺信号处理过程，一级一级地检测，一级一级地排查，最终完成检修。

5.1 电风扇

5.1.1 读懂电风扇电路的信号流程

电风扇电路用于控制电风扇完成送风、摇头以及定时等功能，电风扇电路使电风扇中的每一个组件协调运转。

电风扇电路实际上是由调速开关、摇头开关、启动电容器等构成的整机控制核心电路。

功法秘籍

图 5-1 所示为典型电风扇电路的基本结构。

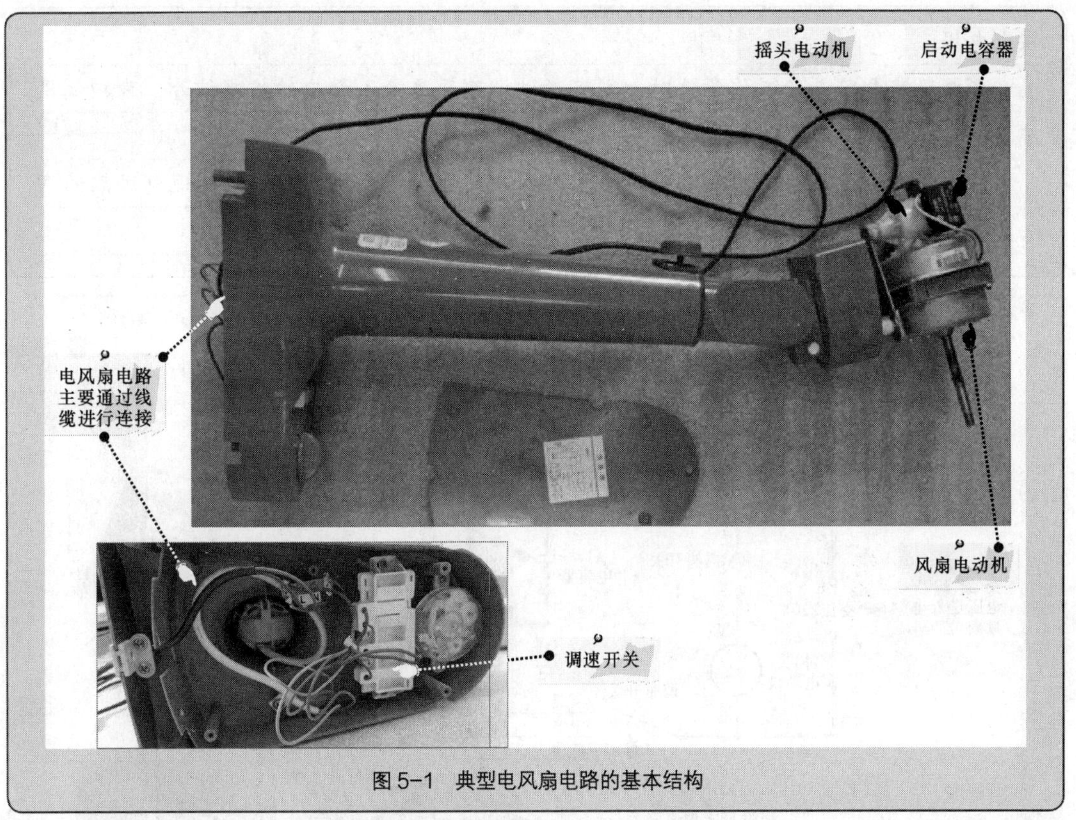
摇头电动机
启动电容器
电风扇电路
主要通过线
缆进行连接
风扇电动机
调速开关

图 5-1　典型电风扇电路的基本结构

不同电风扇的电路虽结构各异，但其基本控制过程大致相同。为了更加深入了解电风扇电路的特点，我们根据电路主要部件的功能特点，对电风扇的控制流程进行分析。

功法秘籍

图 5-2 所示为电风扇电路的信号流程框图。

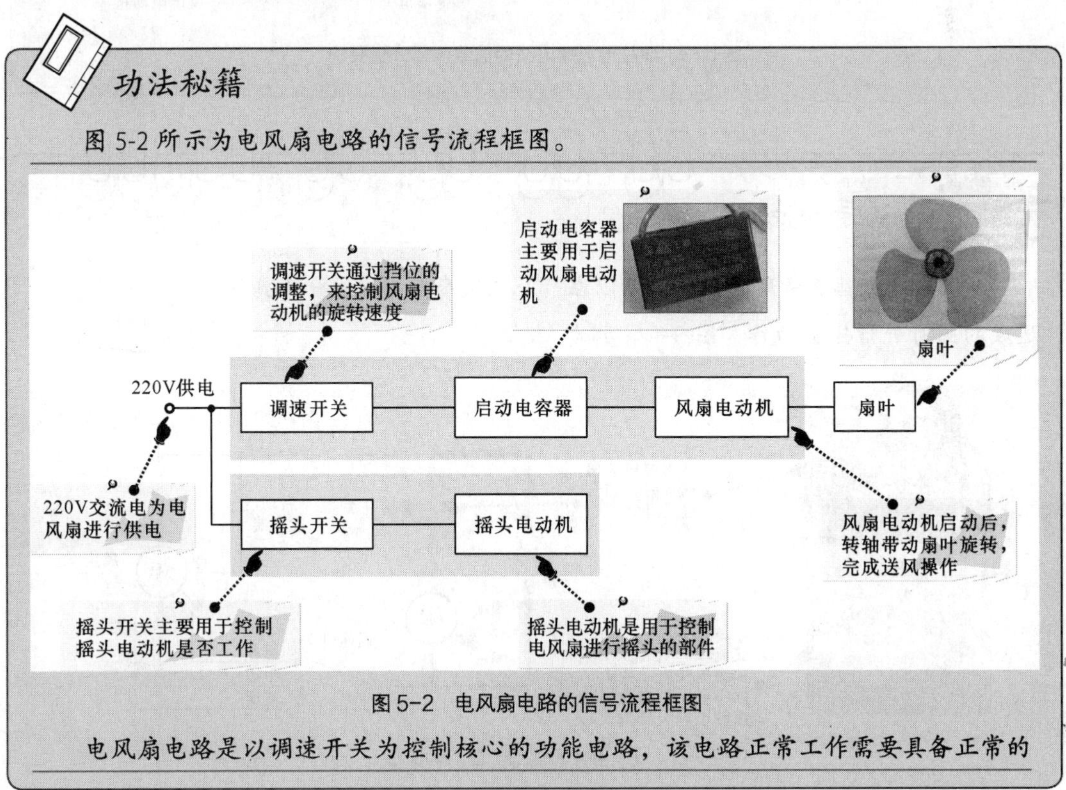
启动电容器
主要用于启
动风扇电动
机
调速开关通过挡位的
调整，来控制风扇电
动机的旋转速度
扇叶
220V供电
调速开关
启动电容器
风扇电动机
扇叶
220V交流电为电
风扇进行供电
摇头开关
摇头电动机
风扇电动机启动后，
转轴带动扇叶旋转，
完成送风操作
摇头开关主要用于控制
摇头电动机是否工作
摇头电动机是用于控制
电风扇进行摇头的部件

图 5-2　电风扇电路的信号流程框图

电风扇电路是以调速开关为控制核心的功能电路，该电路正常工作需要具备正常的供电电压。

当电风扇电路满足工作条件时，则可通过调速开关输入相应的控制信号，来控制风扇电动机的旋转速度，进而实现扇叶送风的功能。

另外，在电风扇电路中摇头开关主要用于控制摇头电动机动作，来实现电风扇的摆头功能。

内功心法

图 5-3 所示为典型电风扇电路的信号流程分析要诀。

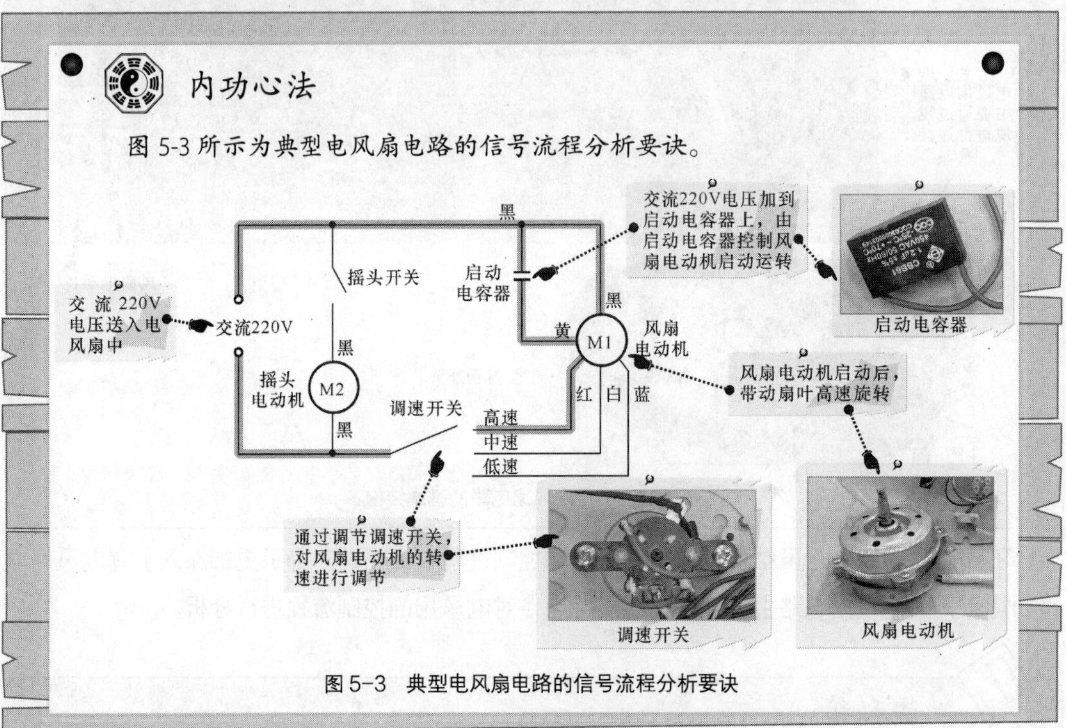

交流220V电压送入电风扇中
交流220V
黑
摇头开关
启动电容器
交流220V电压加到启动电容器上，由启动电容器控制风扇电动机启动运转
启动电容器
黑
黄
M1
风扇电动机
红
白
蓝
风扇电动机启动后，带动扇叶高速旋转
摇头电动机
M2
黑
黑
调速开关
高速
中速
低速
通过调节调速开关，对风扇电动机的转速进行调节
调速开关
风扇电动机

图 5-3　典型电风扇电路的信号流程分析要诀

高手指点

电风扇不仅具有送风功能，还可以在送风的同时进行摇头动作，图 5-4 所示为电风扇摇头流程分析要诀。

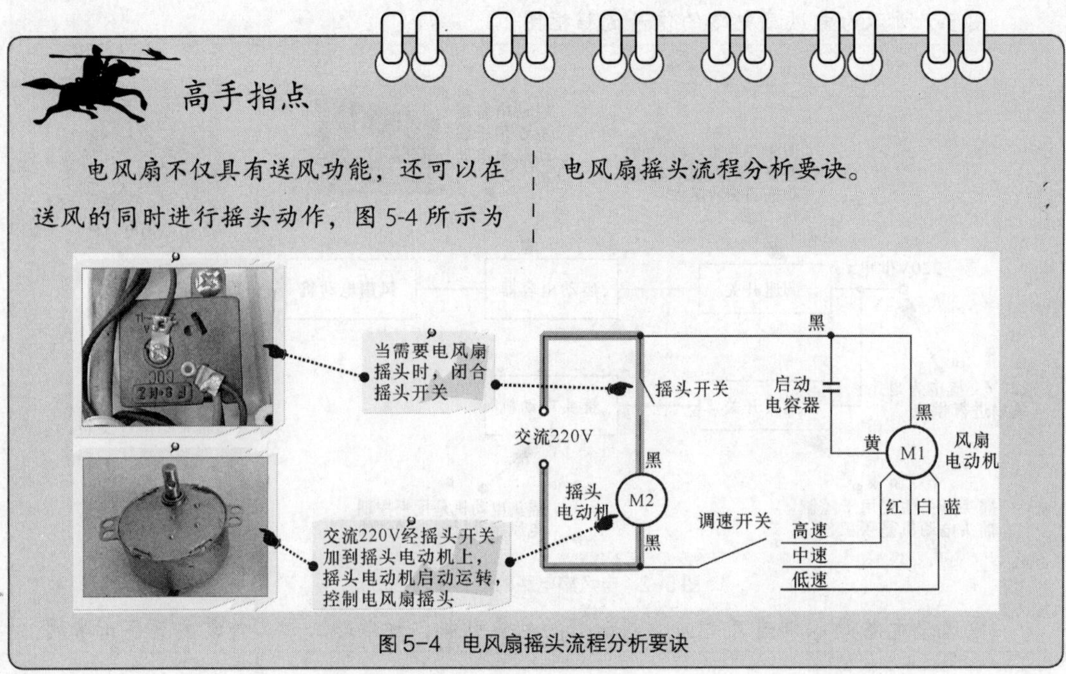

当需要电风扇摇头时，闭合摇头开关
交流220V经摇头开关加到摇头电动机上，摇头电动机启动运转，控制电风扇摇头
交流220V
摇头开关
黑
启动电容器
黑
黄
M1
风扇电动机
红
白
蓝
黑
摇头电动机
M2
黑
调速开关
高速
中速
低速

图 5-4　电风扇摇头流程分析要诀

5.1.2 学会电风扇电路的测试方法

电风扇电路出现故障，经常会引起电风扇扇叶转动异常、调速失灵、不能摇头等现象。对该电路进行检修时，可依据电风扇电路的信号流程对可能产生故障的部件进行逐级排查。

功法秘籍

电风扇电路主要用于控制电风扇的转动以及摇头，对其进行检测时，主要检测风扇电动机、摇头电动机、启动电容器、调速开关以及摇头开关等是否正常，如图 5-5 所示。

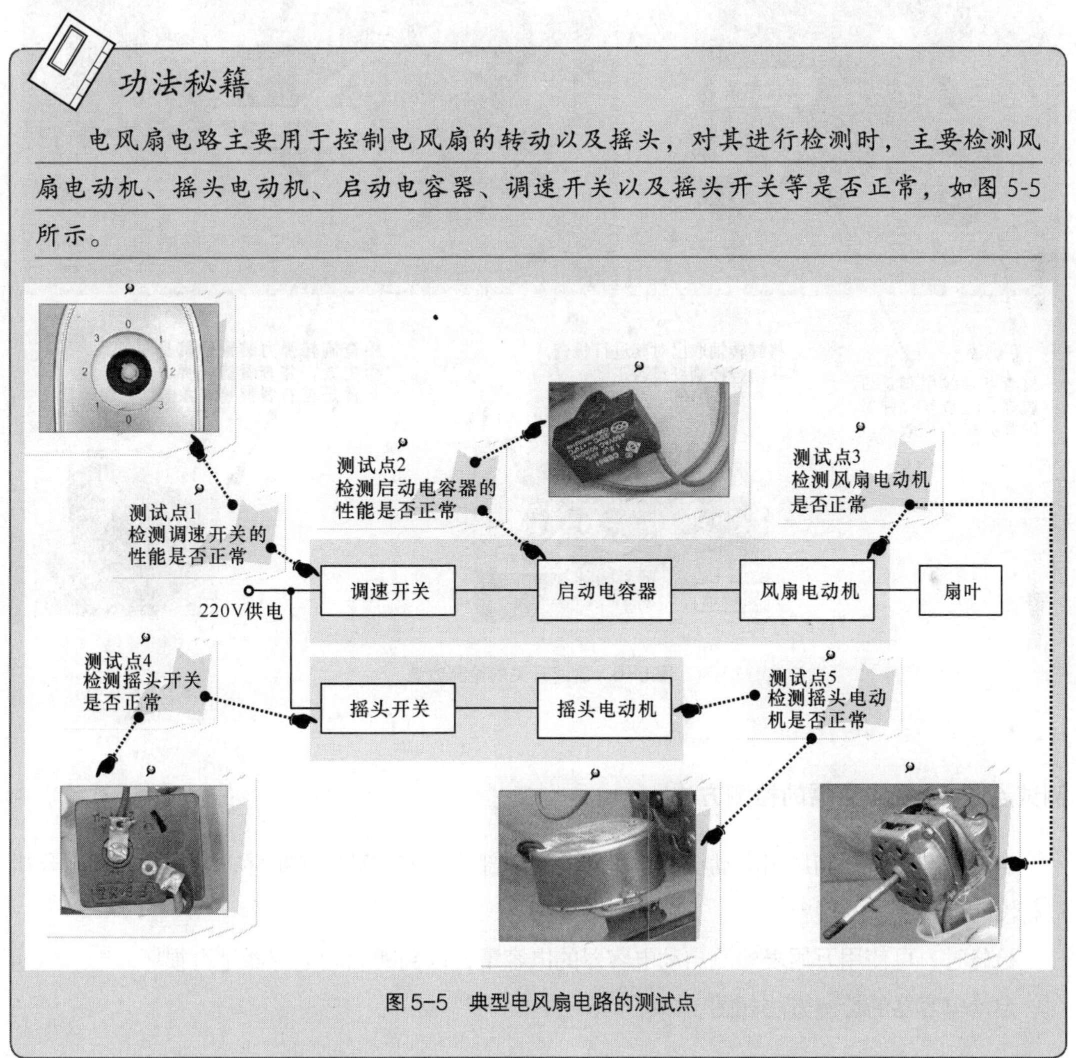
测试点1
检测调速开关的
性能是否正常
测试点2
检测启动电容器的
性能是否正常
测试点3
检测风扇电动机
是否正常
220V供电
调速开关
启动电容器
风扇电动机
扇叶
测试点4
检测摇头开关
是否正常
摇头开关
摇头电动机
测试点5
检测摇头电动
机是否正常

图 5-5 典型电风扇电路的测试点

测试点 1. 调速开关的检测方法

电风扇的风速主要是由调速开关进行控制的，当调速开关损坏时，经常会引起电风扇扇叶不转动、无法改变电风扇的风速。在对调速开关进行检查时，应当先查看调速开关与各导线是否连接良好，然后再对复位弹簧、旋转轴控制杆、旋转弹力装置等进行检验。

调速开关的检测方法如图 5-6 所示。

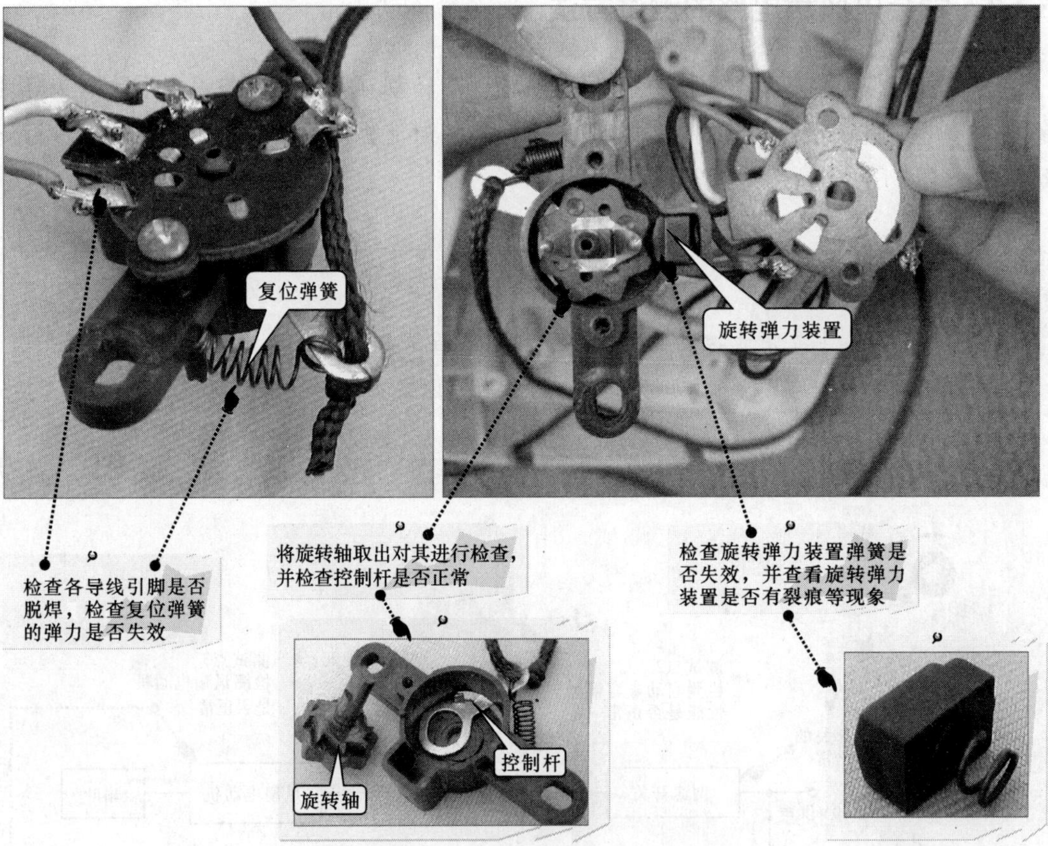

复位弹簧

旋转弹力装置

检查各导线引脚是否脱焊，检查复位弹簧的弹力是否失效

将旋转轴取出对其进行检查，并检查控制杆是否正常

控制杆

旋转轴

检查旋转弹力装置弹簧是否失效，并查看旋转弹力装置是否有裂痕等现象

图 5-6　调速开关的检测方法

测试点 2. 启动电容器的检测方法

启动电容器是控制风扇电动机进行运转的重要部件，若启动电容损坏，电风扇将出现开机运行没有任何反应的现象。

检修时，可使用万用表检测启动电容器的电容量，以判断启动电容器是否损坏。

启动电容器的检测方法如图 5-7 所示。

测试点 3. 风扇电动机的检测方法

风扇电动机是带动扇叶旋转的核心器件，风扇电动机损坏电风扇的扇叶将无法旋转。检测时可使用万用表检测风扇电动机内各绕组之间的阻值是否正常。

风扇电动机的检测方法如图 5-8 所示。

将万用表的红黑表笔分别搭在启动电容器的两引脚处

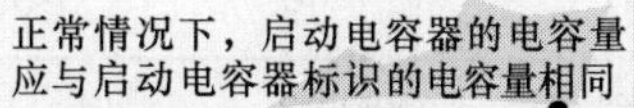
正常情况下，启动电容器的电容量应与启动电容器标识的电容量相同

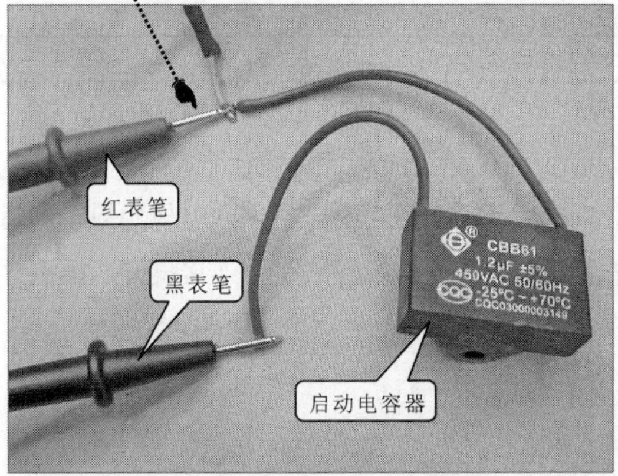
红表笔
黑表笔
启动电容器
CBB61
1.2μF ±5%
450VAC 50/60Hz
-25°C ~ +70°C

CEM
DT-922
1.200
Autoranging Digital Multimeter
MODE
RANGE
HOLD
REL

图 5-7　启动电容器的检测方法

风扇电动机的电路连接图

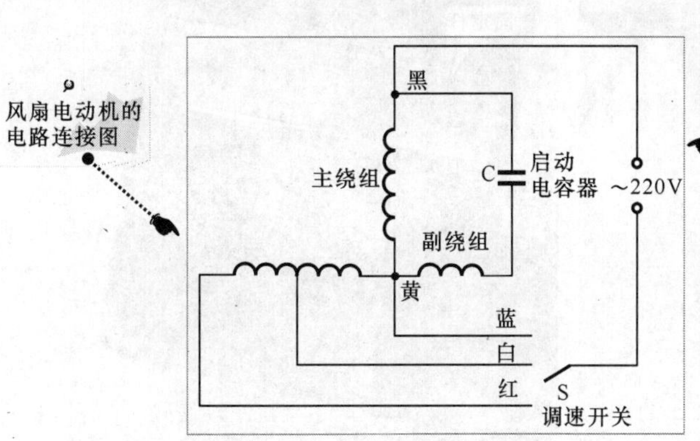
黑
主绕组
C
启动
电容器
~220V
副绕组
黄
蓝
白
红
S
调速开关

对照电路图，可知风扇电动机的黑色线和黄色线连接启动电容，蓝色线、白色线和红色线连接电风扇的调速开关

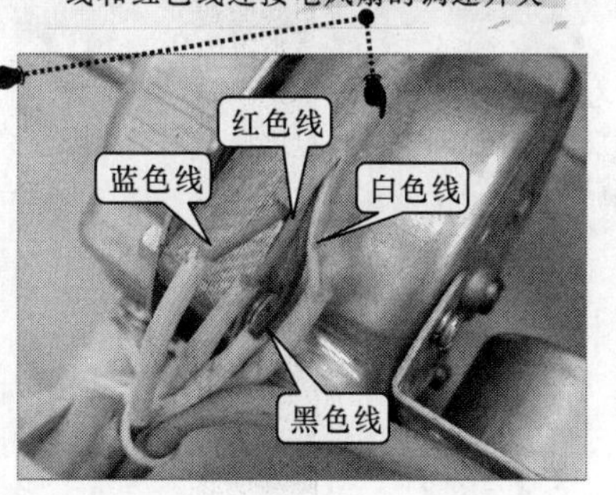
红色线
蓝色线
白色线
黑色线

将万用表的红黑表笔分别接在黑色线和黄色线上

正常情况下，可检测到1100Ω左右的阻值

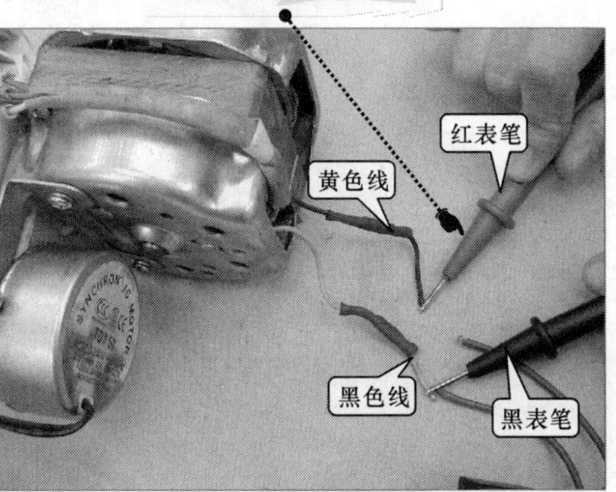
红表笔
黄色线
黑色线
黑表笔

CEM
DT-922
1100
Ω
Autoranging Digital Multimeter
MODE
RANGE
HOLD
REL

图 5-8　风扇电动机的检测方法

经检测风扇电动机各引脚间的阻值见表 5-1，若在检测过程中万用表的阻值为零欧姆或是无穷大，均表明风扇电动机内的绕组有损坏。

表 5-1　　风扇电动机各引脚间的阻值

引线颜色	阻值（Ω）	引线颜色	阻值（Ω）
黑—黄	1100	黑—白	600
黑—蓝	600	黑—红	400

测试点 4. 摇头开关的检测方法

电风扇的摇头工作主要是由摇头开关进行控制的，若摇头开关不正常，则电风扇只能保持在一个角度进行送风。在检测摇头开关时，应先查看摇头开关与各导线是否连接良好、摇头开关的固定杆以及内部的弹簧和动片等是否变形。

摇头开关的检测方法如图 5-9 所示。

检查摇头开关导线引脚有无脱焊，若出现脱焊现象应对其重新焊接

固定杆
查看固定杆是否有弯曲变形,若有变形应当使用尖嘴钳将其调直

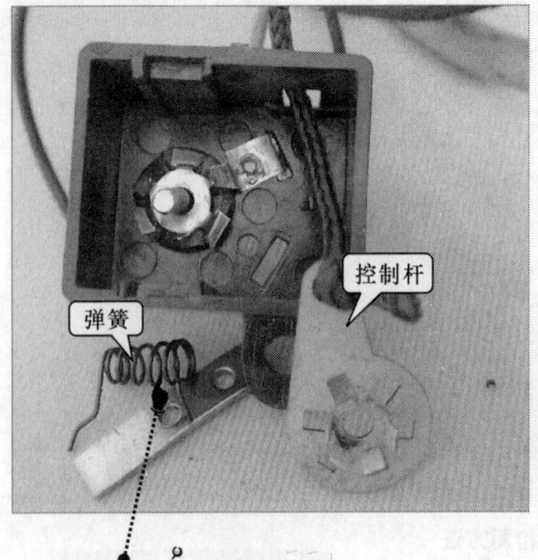
控制杆
弹簧
检查弹簧是否断裂或损坏，检查控制杆是否正常

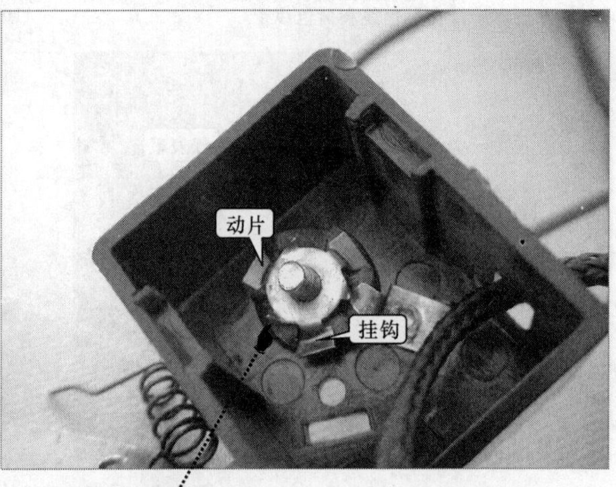
动片
挂钩
检查摇头开关内部的动片和挂钩是否变形

图 5-9　摇头开关的检测方法

测试点 5. 摇头电动机的检测方法

摇头电动机为电风扇的摇头提供动力，若摇头电动机损坏，将无法实现电风扇的摇头功能。检修时可以通过万用表检测摇头电动机引线间的阻值判断是否损坏。

检测时，若万用表指针指向无穷大或指向零均表示摇头电动机已经损坏；若所测得的结果在几千欧姆，表明摇头电动机正常。

摇头电动机的检测方法如图 5-10 所示。

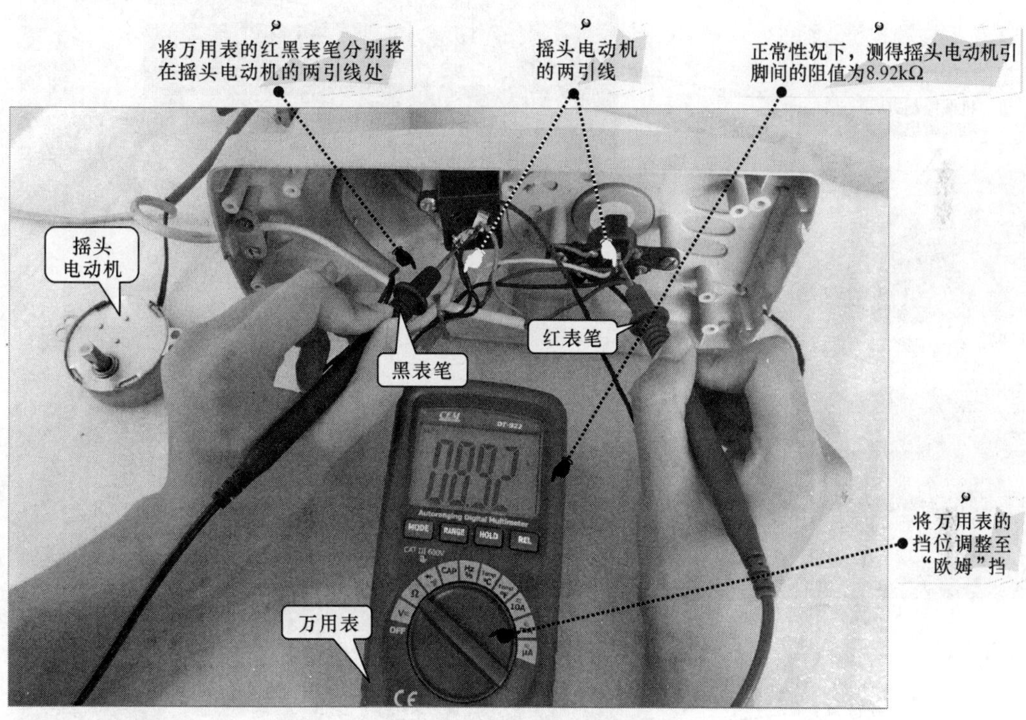
将万用表的红黑表笔分别搭在摇头电动机的两引线处
摇头电动机的两引线
正常性况下，测得摇头电动机引脚间的阻值为8.92kΩ
摇头电动机
黑表笔
红表笔
将万用表的挡位调整至“欧姆”挡
万用表

图 5-10 摇头电动机的检测方法

5.2 电饭煲

5.2.1 读懂电饭煲电路的信号流程

电饭煲的电路主要用于进行人机交互，它对输入的人工指令信号进行处理，并根据识别的人工指令输出相应的控制信号，控制电饭煲工作。

电饭煲电路根据控制方式的不同可以分为机械控制和电脑控制两种。

1. 读懂机械控制方式电饭煲电路的信号流程

机械控制方式电饭煲电路实际上是由炊饭开关、限流电阻以及指示灯等构成的人机交互电路。该电路是用来控制电饭煲进行煮饭，并由指示灯显示电饭煲当前的工作状态。

功法秘籍

图 5-11 所示为机械控制方式电饭煲电路的基本结构。

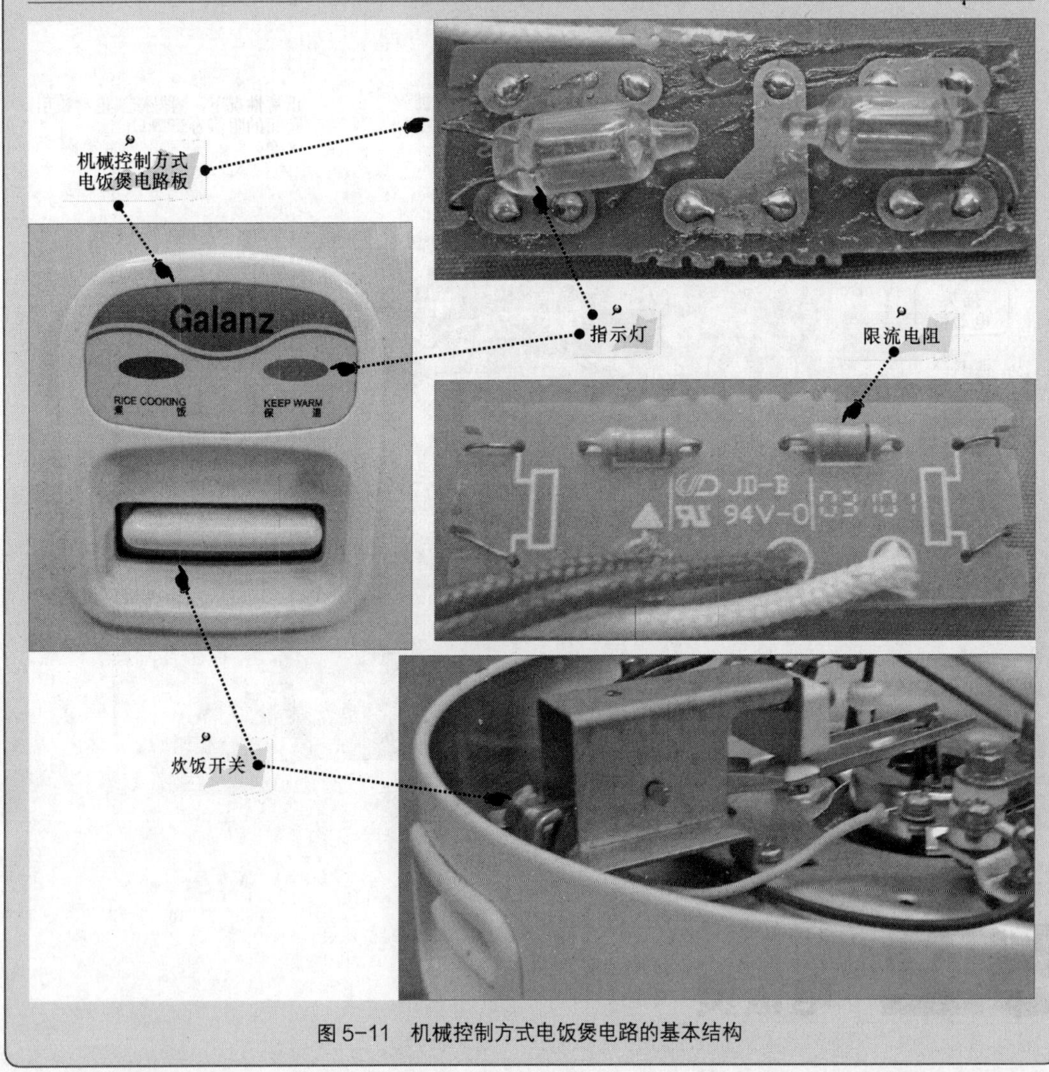
机械控制方式
电饭煲电路板
Galanz
RICE COOKING
煮 饭
KEEP WARM
保 温
指示灯
限流电阻
JD-B
94V-0
炊饭开关

图 5-11　机械控制方式电饭煲电路的基本结构

为了更加深入了解机械控制方式电饭煲电路的特点，我们根据电路中各主要部件的功能特点，对机械控制方式电饭煲电路的信号流程进行分析。

功法秘籍

图 5-12 所示为机械控制方式电饭煲电路的信号流程框图。

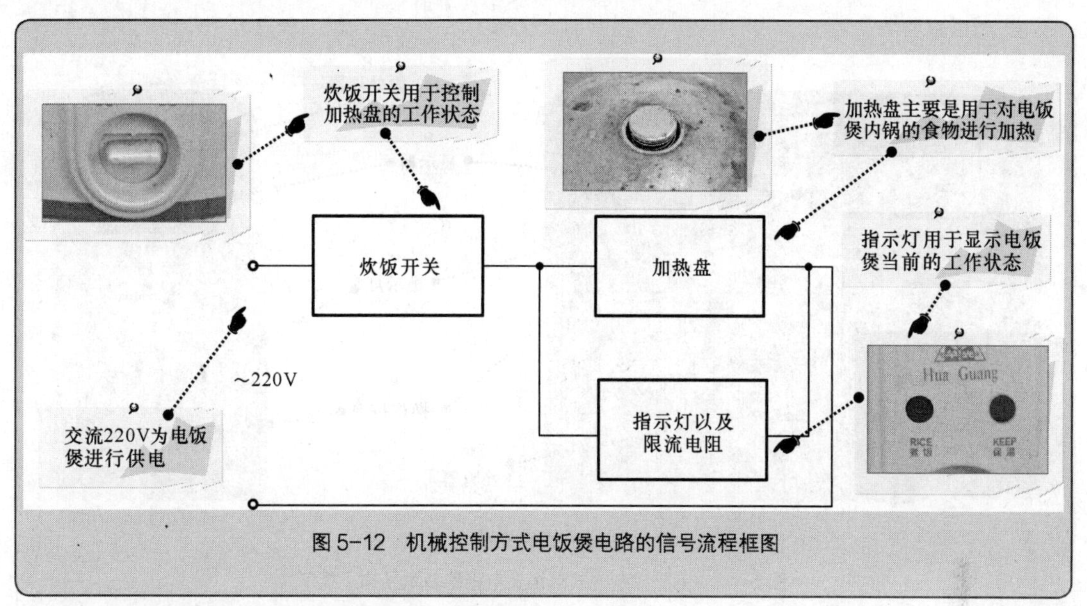
炊饭开关用于控制
加热盘的工作状态
加热盘主要是用于对电饭
煲内锅的食物进行加热
炊饭开关
加热盘
指示灯用于显示电饭
煲当前的工作状态
~220V
Hua Guang
RICE
煮饭
KEEP
保温
交流220V为电饭
煲进行供电
指示灯以及
限流电阻

图 5-12 机械控制方式电饭煲电路的信号流程框图

2. 读懂电脑控制方式电饭煲电路的信号流程

电脑控制方式电饭煲电路通常以操作控制电路为核心电路，用于控制电饭煲完成煮饭的功能，并使电饭煲中的每一个组件协调运转。

功法秘籍

图 5-13 所示为电脑控制方式电饭煲电路的基本结构。

桥式整流电路
降压变压器
滤波电容
三端稳压器
整流二极管

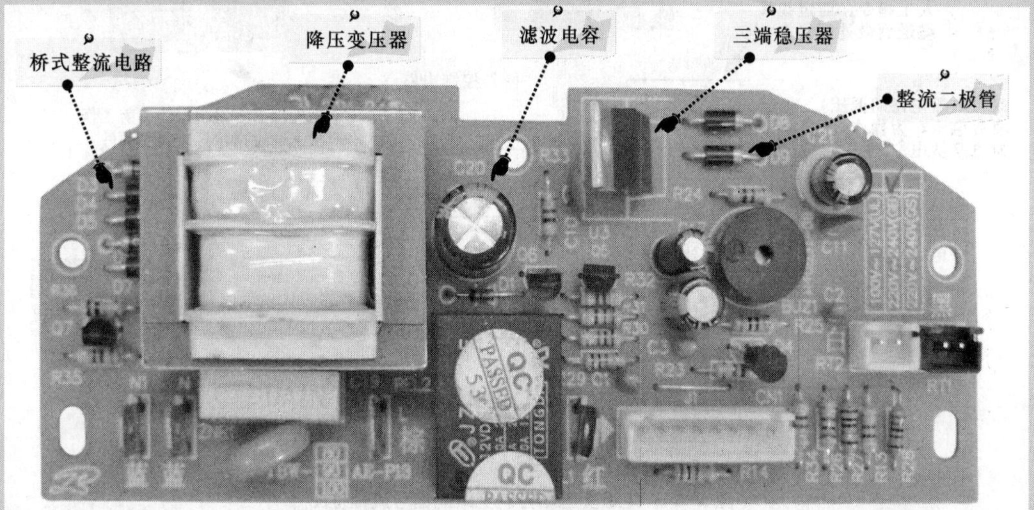

（a）电源电路板

图 5-13 电脑控制方式电饭煲电路的基本结构

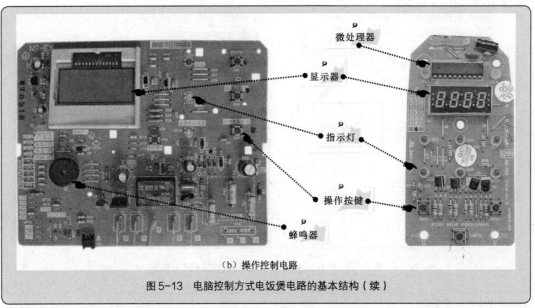

微处理器
显示器
指示灯
操作按键
蜂鸣器

（b）操作控制电路

图 5-13　电脑控制方式电饭煲电路的基本结构（续）

虽然电脑控制方式电饭煲电路的结构各异，但基本信号处理过程大致相同。为了更加深入了解电脑控制方式电饭煲电路的特点，我们根据电路主要部件的功能特点，将电脑控制方式电饭煲的电路划分成电源电路和操作控制电路。

功法秘籍

图 5-14 所示为电脑控制方式电饭煲电路的信号流程框图。

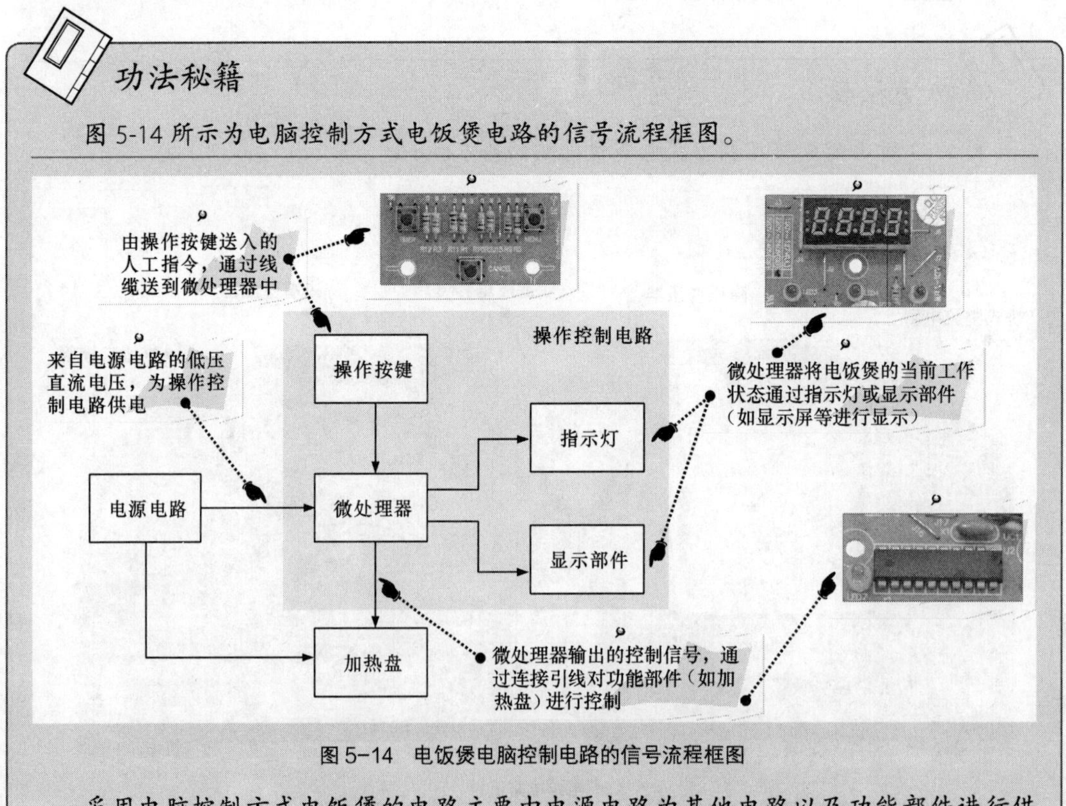
由操作按键送入的人工指令，通过线缆送到微处理器中
来自电源电路的低压直流电压，为操作控制电路供电
操作控制电路
操作按键
指示灯
电源电路
微处理器
显示部件
加热盘
微处理器将电饭煲的当前工作状态通过指示灯或显示部件（如显示屏等进行显示）
微处理器输出的控制信号，通过连接引线对功能部件（如加热盘）进行控制

图 5-14　电饭煲电脑控制电路的信号流程框图

采用电脑控制方式电饭煲的电路主要由电源电路为其他电路以及功能部件进行供电；操作控制电路则是用于输入人工指令信号，用以控制相关的功能部件动作，进而实现电饭煲的煮饭功能。

（1）电源电路

电源电路主要用于为电饭煲的其他电路以及功能部件进行供电，它是将交流 220 V 电压经一些功能部件处理后，输出低压直流电压为其他电路供电。

电源电路主要由降压变压器、整流二极管、滤波电容以及三端稳压器等组成。

功法秘籍

图 5-15 所示为电源电路的信号流程框图。

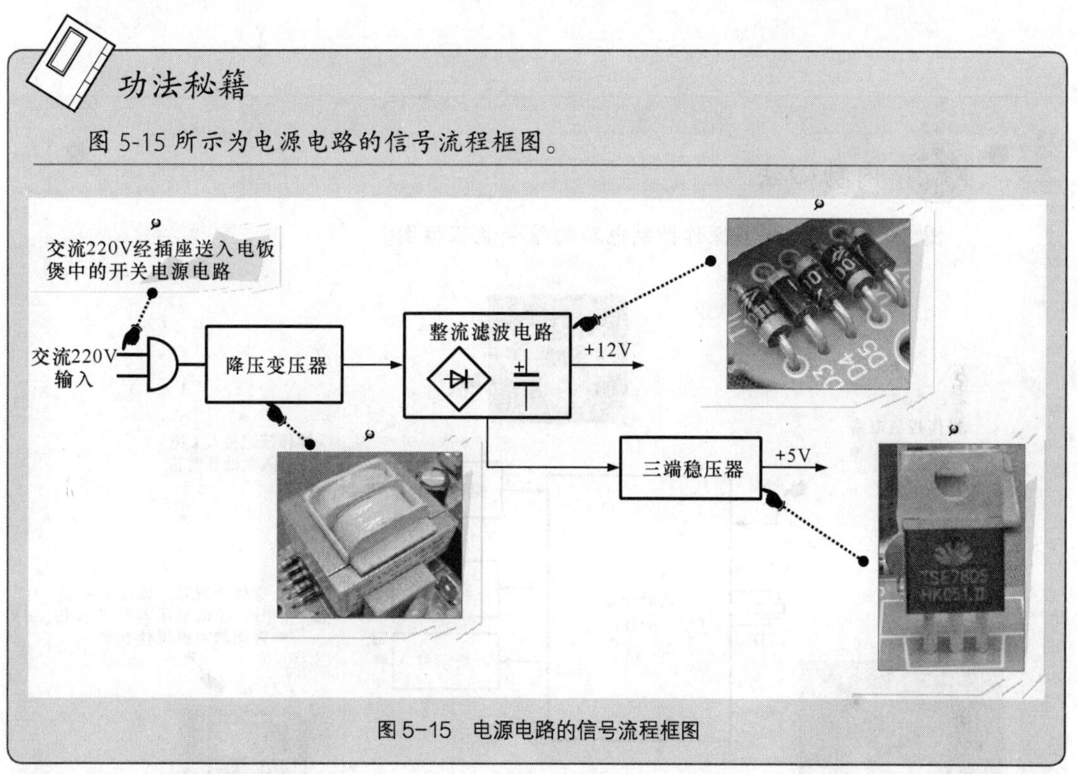
交流220V经插座送入电饭煲中的开关电源电路
交流220V输入
降压变压器
整流滤波电路
+12V
三端稳压器
+5V

图 5-15　电源电路的信号流程框图

内功心法

图 5-16 所示为典型电源电路的信号流程分析要诀。

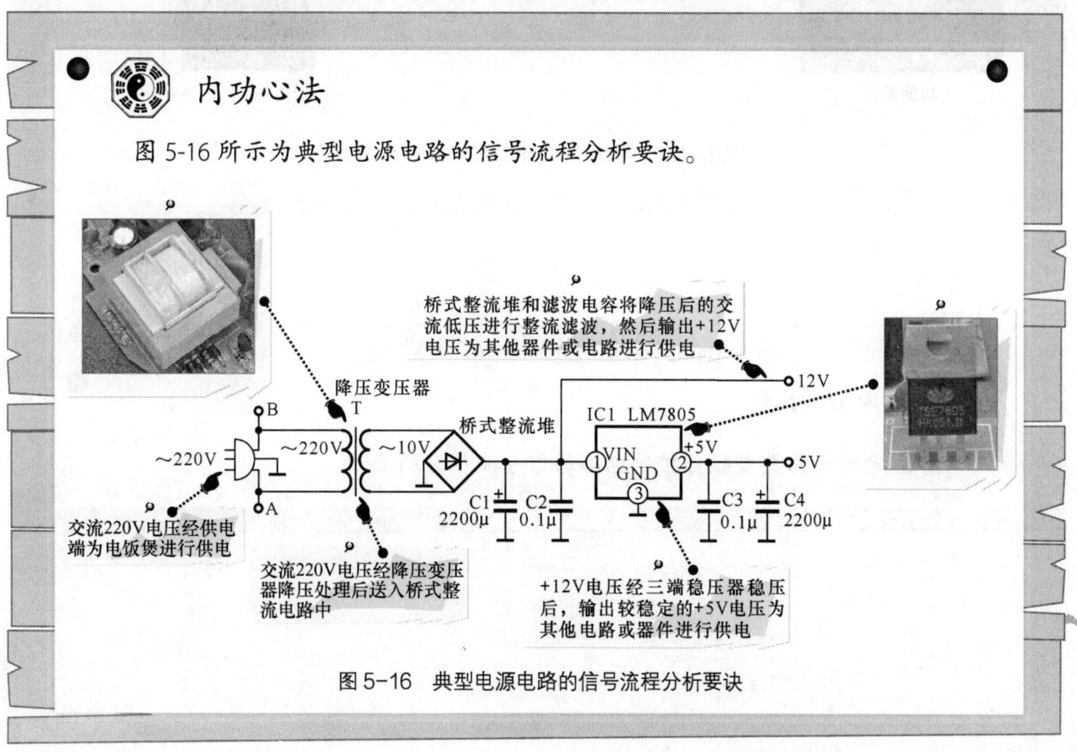
桥式整流堆和滤波电容将降压后的交流低压进行整流滤波，然后输出+12V电压为其他器件或电路进行供电
降压变压器
T
B
A
~220V
~220V
~10V
桥式整流堆
12V
IC1 LM7805
VIN
GND
+5V
5V
C1 2200μ
C2 0.1μ
C3 0.1μ
C4 2200μ
交流220V电压经供电端为电饭煲进行供电
交流220V电压经降压变压器降压处理后送入桥式整流电路中
+12V电压经三端稳压器稳压后，输出较稳定的+5V电压为其他电路或器件进行供电

图 5-16　典型电源电路的信号流程分析要诀

（2）操作控制电路

操作控制电路是以微处理器为核心的电路，主要用于接收人工指令，对加热盘以及其他加热部件进行控制，同时输出显示信号送往显示屏，显示电饭煲的当前工作状态。

操作控制电路主要是由微处理器、晶体、指示灯、操作按键以及显示屏等构成的。

内功心法

图 5-17 所示为典型操作控制电路的信号流程框图。

操作控制电路的供电电压
+5V
操作按键
操作按键将人工指令送入微处理器芯片中
微处理器芯片
晶体
显示屏
指示灯
显示器件
微处理器芯片输出显示信号，驱动显示器件显示电饭煲的当前工作状态
功能部件

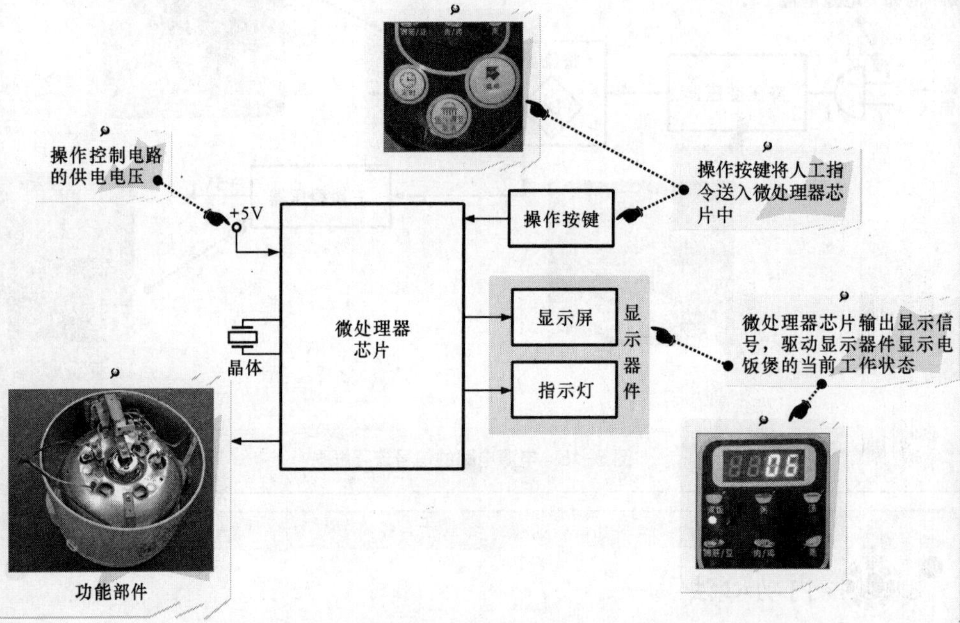

图 5−17　典型操作控制电路的信号流程框图

内功心法

图 5-18 所示为典型操作控制电路的信号流程分析要诀。

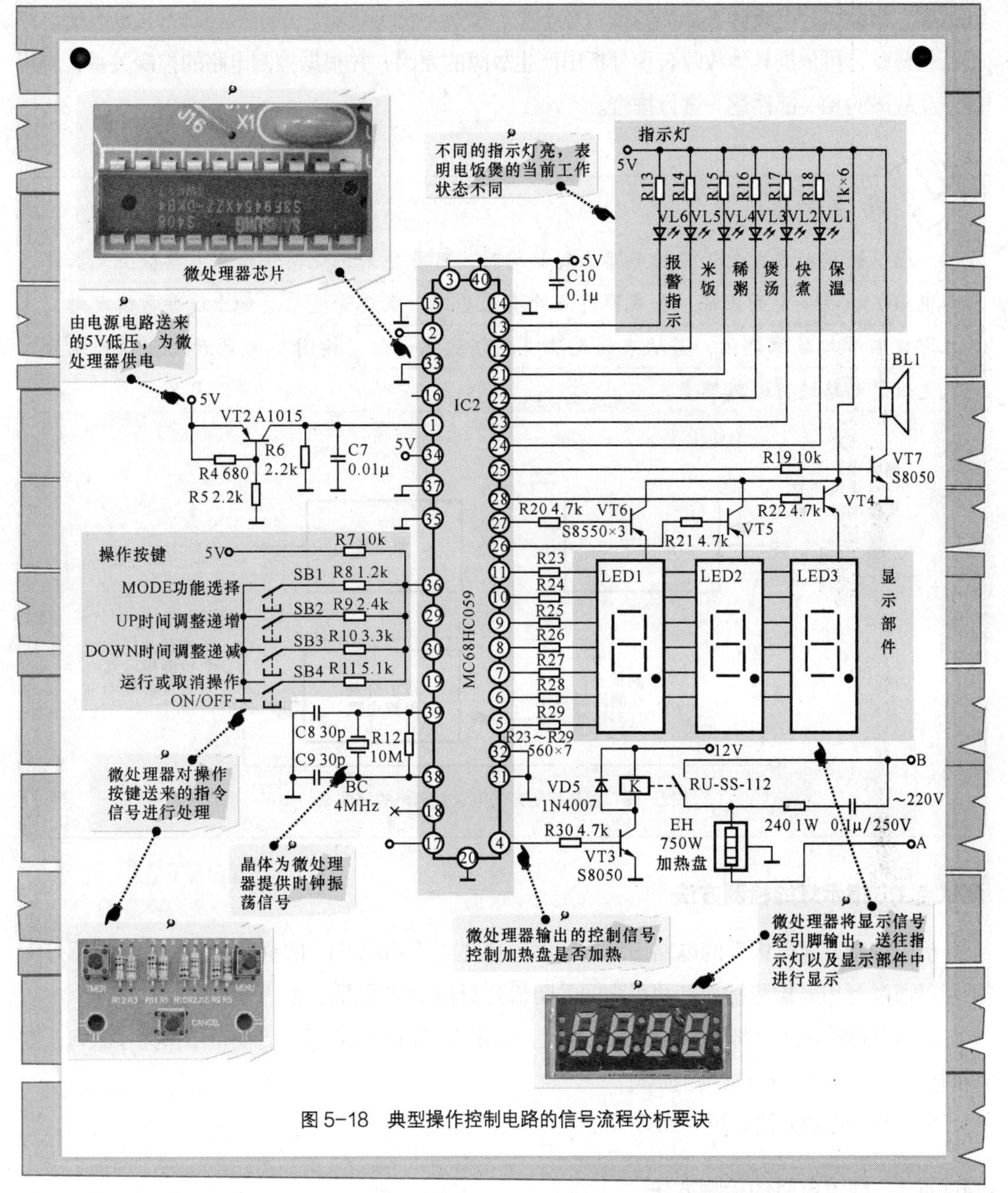
微处理器芯片
由电源电路送来的5V低压，为微处理器供电
不同的指示灯亮，表明电饭煲的当前工作状态不同
指示灯
5V
R13
R14
R15
R16
R17
R18
1k×6
VL6
VL5
VL4
VL3
VL2
VL1
报警指示
米饭
稀粥
煲汤
快煮
保温
5V
C10
0.1μ
IC2
MC68HC059
VT2 A1015
R4 680
R5 2.2k
R6
2.2k
C7
0.01μ
5V
BL1
R19 10k
VT7
S8050
R20 4.7k
VT6
S8550×3
R21 4.7k
VT5
R22 4.7k
VT4
操作按键
5V
R7 10k
MODE功能选择
SB1
R8 1.2k
UP时间调整递增
SB2
R9 2.4k
DOWN时间调整递减
SB3
R10 3.3k
运行或取消操作
ON/OFF
SB4
R11 5.1k
R23
R24
R25
R26
R27
R28
R29
R23～R29
560×7
LED1
LED2
LED3
显示部件
C8 30p
C9 30p
R12
10M
BC
4MHz
12V
K
RU-SS-112
B
VD5
1N4007
~220V
R30 4.7k
VT3
S8050
EH
750W
加热盘
240 1W
0.1μ/250V
A
微处理器对操作按键送来的指令信号进行处理
晶体为微处理器提供时钟振荡信号
微处理器输出的控制信号，控制加热盘是否加热
微处理器将显示信号经引脚输出，送往指示灯以及显示部件中进行显示

图 5-18 典型操作控制电路的信号流程分析要诀

5.2.2 学会电饭煲电路的测试方法

电饭煲电路出现故障，通常会造成电饭煲不能开机、不正常加热食物、指示灯不亮、显示异常等故障。不同控制方式电饭煲的故障表现基本相同，其测试点以及测试方法略有不同。

1. 学会机械控制方式电饭煲电路的测试方法

机械控制方式电饭煲电路是控制电饭煲加热的核心部分，若机械控制方式电饭煲的电路出现故障，常会引起电饭煲不加热、指示灯不亮、加热不止等现象。对机械控制方式电饭煲电路进行检修时，可依据具体故障表现分析出产生故障的原因，并根据控制电路的控制关系，对可能产生故障的相关部件逐一进行排查。

功法秘籍

当机械控制方式电饭煲的电路出现故障时，可首先采用观察法检查电路板上元器件与电路板的连接是否正常，如观察焊点处有无虚焊、脱焊等迹象。如出现异常情况则应立即重新焊接故障部位，若从表面无法观测到故障部位，按图 5-19 所示对机械控制方式电饭煲电路进行逐级排查。

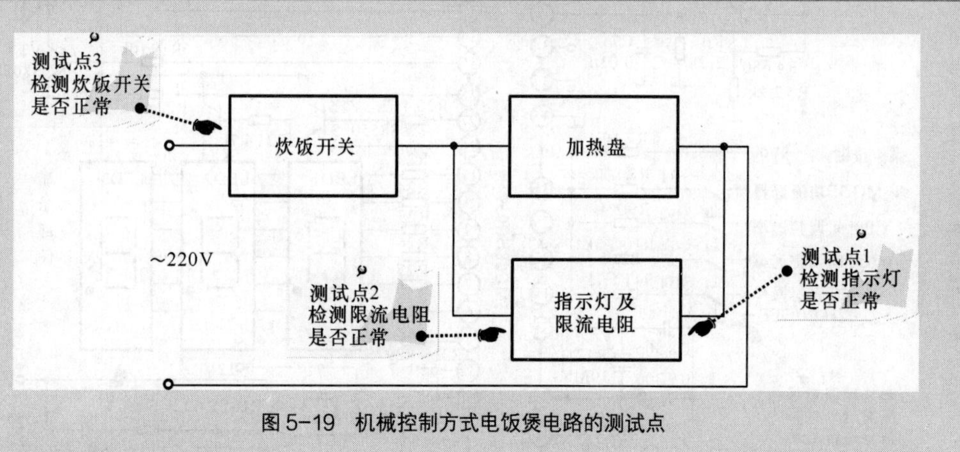

测试点3
检测炊饭开关
是否正常
炊饭开关
加热盘
~220V
测试点2
检测限流电阻
是否正常
指示灯及
限流电阻
测试点1
检测指示灯
是否正常

图 5-19 机械控制方式电饭煲电路的测试点

测试点 1. 指示灯的检测方法

机械控制方式电饭煲的电路出现故障时，应先查看指示灯的指示是否正常，若指示灯无指示可通过万用表检测指示灯两引脚间的阻值判断指示灯是否正常。

若测得指示灯两引脚间的阻值为无穷大，则表明该指示灯正常；若测得阻值为零欧姆，则表明指示灯内部出现短路，已损坏。

指示灯的检测方法如图 5-20 所示。

测试点 2. 限流电阻的检测方法

若检测机械控制方式电饭煲电路中的指示灯正常，此时还应对该电路中的限流电阻进行检测。正常情况下，限流电阻的电阻值为 100 ～ 200 kΩ 之间，若检测阻值偏大或是偏小，则表明限流电阻损坏。

限流电阻的检测方法如图 5-21 所示。

测试点 3. 炊饭开关的检测方法

在机械控制方式电饭煲的电路中，在电饭煲的指示灯以及限流电阻均正常的情况下，还存在故障，此时，则应对炊饭开关进行检测。

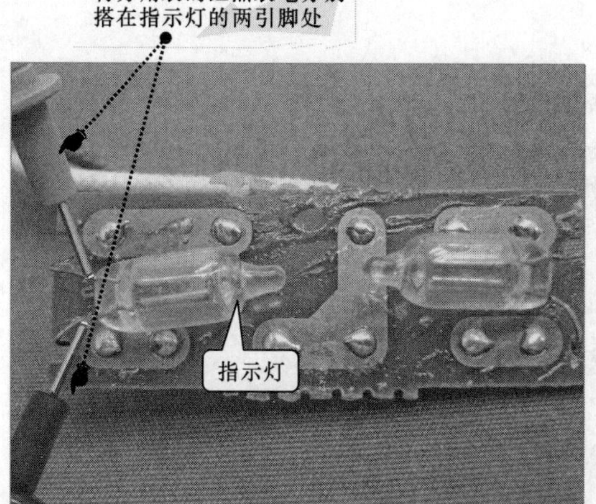
将万用表的红黑表笔分别搭在指示灯的两引脚处
指示灯

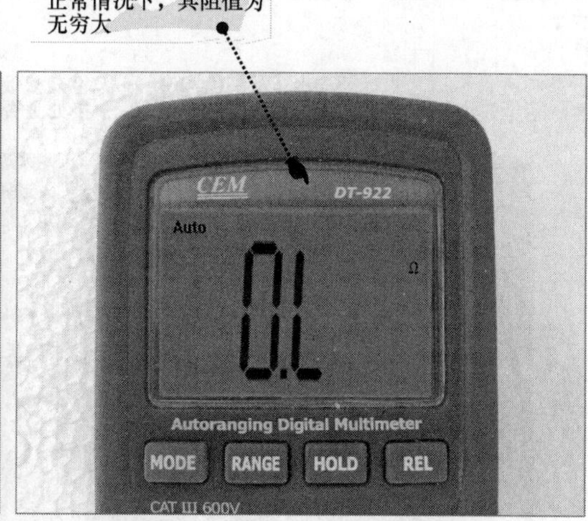
正常情况下，其阻值为无穷大
CEM
DT-922
Auto
0.L
Ω
Autoranging Digital Multimeter
MODE
RANGE
HOLD
REL
CAT III 600V

图 5-20　指示灯的检测方法

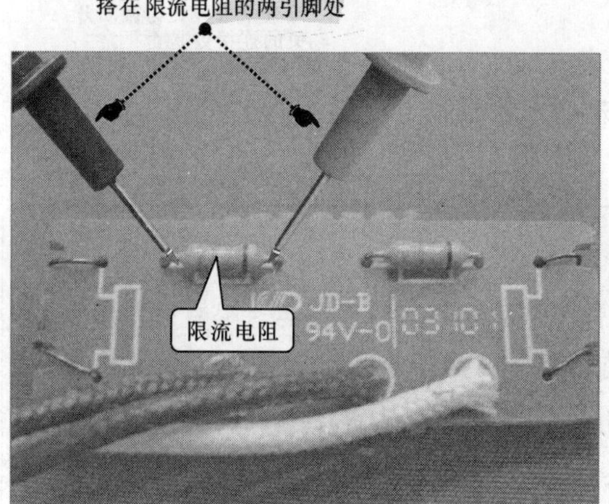
将万用表的红黑表笔分别搭在限流电阻的两引脚处
限流电阻
JD-B
94V-0

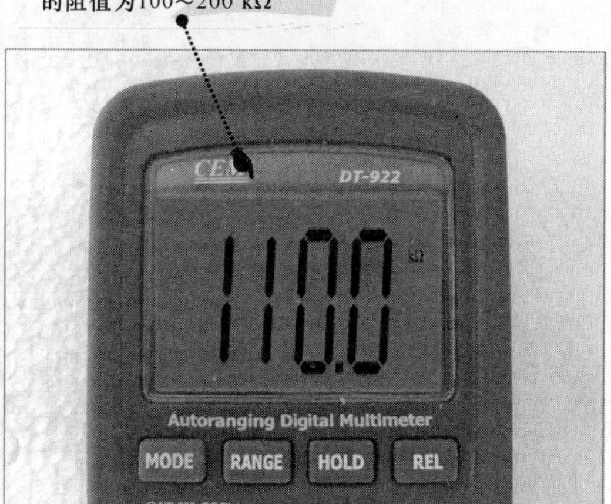
正常情况下，可测得限流电阻的阻值为100～200 kΩ
CEM
DT-922
110.0
Autoranging Digital Multimeter
MODE
RANGE
HOLD
REL
CAT III 600V

图 5-21　限流电阻的检测方法

检测炊饭开关时，主要是观察炊饭开关是否变形，按动是否正常，连接处是否完好等。炊饭开关的检测方法如图 5-22 所示。

2. 学会电脑控制方式电饭煲电路的测试方法

电脑控制方式电饭煲电路出现故障时，常会引起通电后电饭煲无反应、按键失灵、炊饭不熟、中途停机、数码显示管无显示或显示异常等现象。对电脑控制电路进行检修时，可依据具体故障表现分析出产生故障的原因，并根据控制电路的控制关系，对可能产生故障的相关部件逐一进行排查。

（1）学会电源电路的测试方法

在各种电脑控制方式的电饭煲中，电源电路主要为操作控制电路以及其他功能部件提供工作条件。电源电路出现故障时，常会引起电饭煲无法正常工作。因此对电源电路进行检修时，可依据具体的故障表现分析出产生故障的原因，并根据电源电路的供电关系，按电源电路的信

号流程，对可能产生故障的相关部件逐一进行排查。

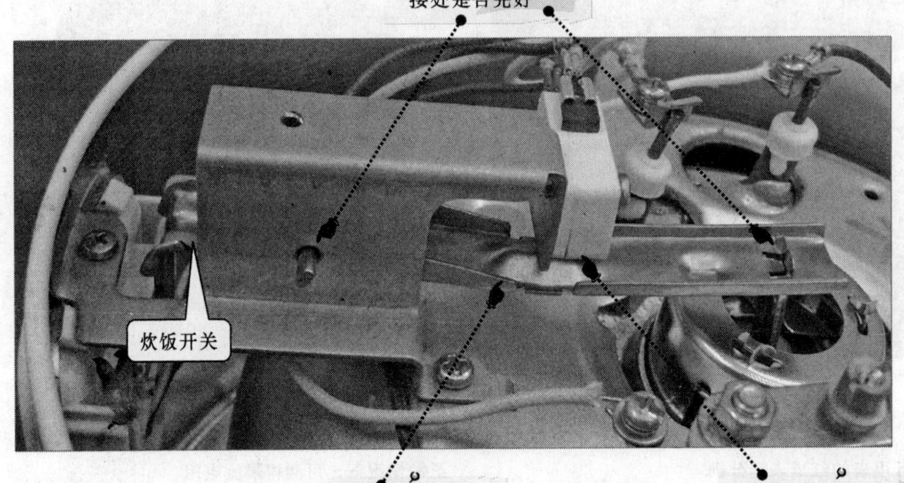
检查炊饭开关的连
接处是否完好
炊饭开关
检查炊饭开关
外形是否正常
检查炊饭开关与微动开
关的连接处是否正常

图 5-22　炊饭开关的检测方法

功法秘籍

当电源电路出现故障时，可首先采用观察法检查电源电路中的主要元器件有无明显损坏迹象，如观察各元器件引脚焊点是否有虚焊、连焊等现象。如果出现异常情况则应立即更换损坏的元器件或重新焊接虚焊引脚。若从表面无法观测到故障部件，可按图 5-23 所示对电脑控制方式电饭煲中的电源电路进行逐级排查。

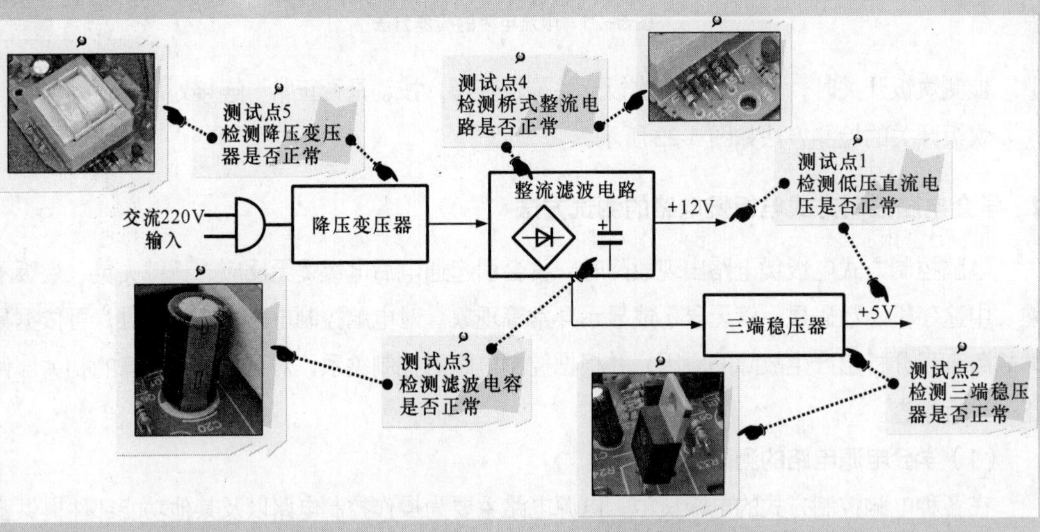
测试点5
检测降压变压
器是否正常
测试点4
检测桥式整流电
路是否正常
交流220V
输入
降压变压器
整流滤波电路
+12V
测试点1
检测低压直流电
压是否正常
三端稳压器
+5V
测试点3
检测滤波电容
是否正常
测试点2
检测三端稳压
器是否正常

图 5-23　典型电脑控制方式电饭煲中的电源电路的测试点

测试点 1. 低压直流电压的检测方法

当电饭煲的电源电路出现故障，在确保 220 V 供电正常的情况下，应对输出的低压直流电压进行检测。

若检测电源电路输出的低压直流电压正常，则说明电源供电电路正常；若检测的低压直流电压不正常，则说明前级电路可能出现故障，需要进行下一步的检修。

低压直流电压的检测方法如图 5-24 所示。

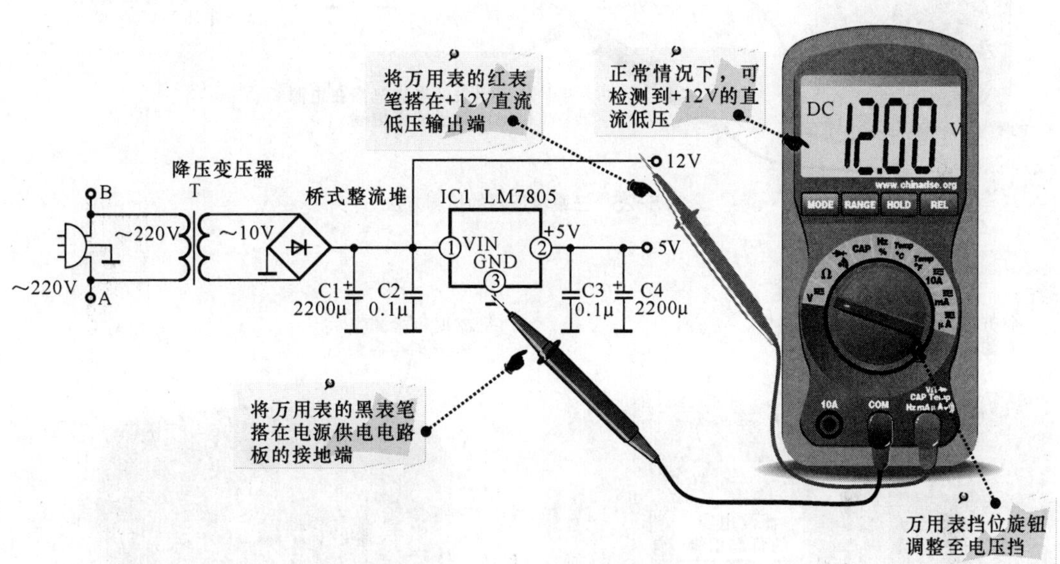

将万用表的红表笔搭在+12V直流低压输出端
正常情况下，可检测到+12V的直流低压
DC
12.00
V
降压变压器
T
B
A
~220V
~10V
~220V
桥式整流堆
IC1 LM7805
VIN
GND
+5V
12V
5V
C1
2200μ
C2
0.1μ
C3
0.1μ
C4
2200μ
将万用表的黑表笔搭在电源供电电路板的接地端
万用表挡位旋钮调整至电压挡

图 5-24 低压直流电压的检测方法

测试点 2. 三端稳压器的检测方法

若检测电源供电电路中有一路低压直流电压无输出时，则需要对前级电路中的各元器件（如三端稳压器）进行检测。

检测三端稳压器时，主要是检测输入电压以及输出电压是否正常。若检测输入的电压正常，而输出的电压不正常，则表明三端稳压器本身损坏。

三端稳压器的检测方法如图 5-25 所示。

测试点 3. 滤波电容的检测方法

若检测电源电路没有任何低压直流电压输出，则需对前级的滤波电容、桥式整流电路、降压变压器等进行检测。

检测滤波电容时，可以使用万用表的电容挡检测滤波电容的电容量来判断其是否正常。

滤波电容的检测方法如图 5-26 所示。

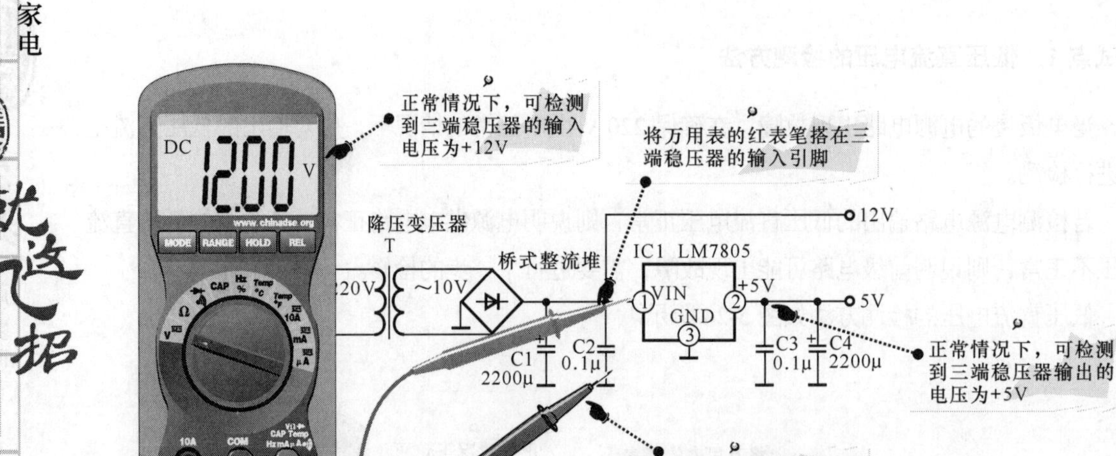
正常情况下，可检测到三端稳压器的输入电压为+12V
DC 12.00 V
将万用表的红表笔搭在三端稳压器的输入引脚
降压变压器
T
220V
~10V
桥式整流堆
IC1 LM7805
VIN
GND
+5V
12V
5V
C1 2200µ
C2 0.1µ
C3 0.1µ
C4 2200µ
正常情况下，可检测到三端稳压器输出的电压为+5V
将万用表的黑表笔搭在电源供电电路板的接地端

图 5-25　三端稳压器的检测方法

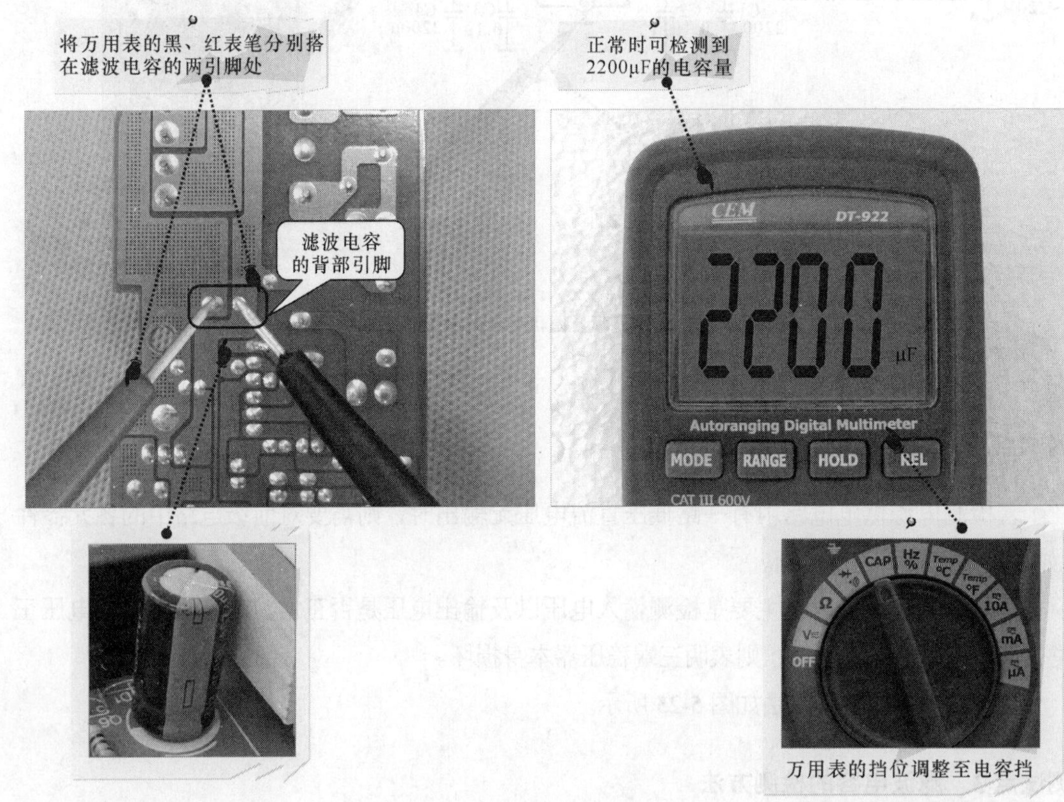
将万用表的黑、红表笔分别搭在滤波电容的两引脚处
正常时可检测到2200µF的电容量
滤波电容的背部引脚
CEM DT-922
2200 µF
Autoranging Digital Multimeter
万用表的挡位调整至电容挡

图 5-26　滤波电容的检测方法

测试点 4. 桥式整流电路的检测方法

若经检测滤波电容正常，则需继续对前级电路中的桥式整流电路进行检测。

检测桥式整流电路时，可通过万用表对该电路中各整流二极管的正反向阻值进行检测，以判断是否正常。

桥式整流电路检测方法如图 5-27 所示。

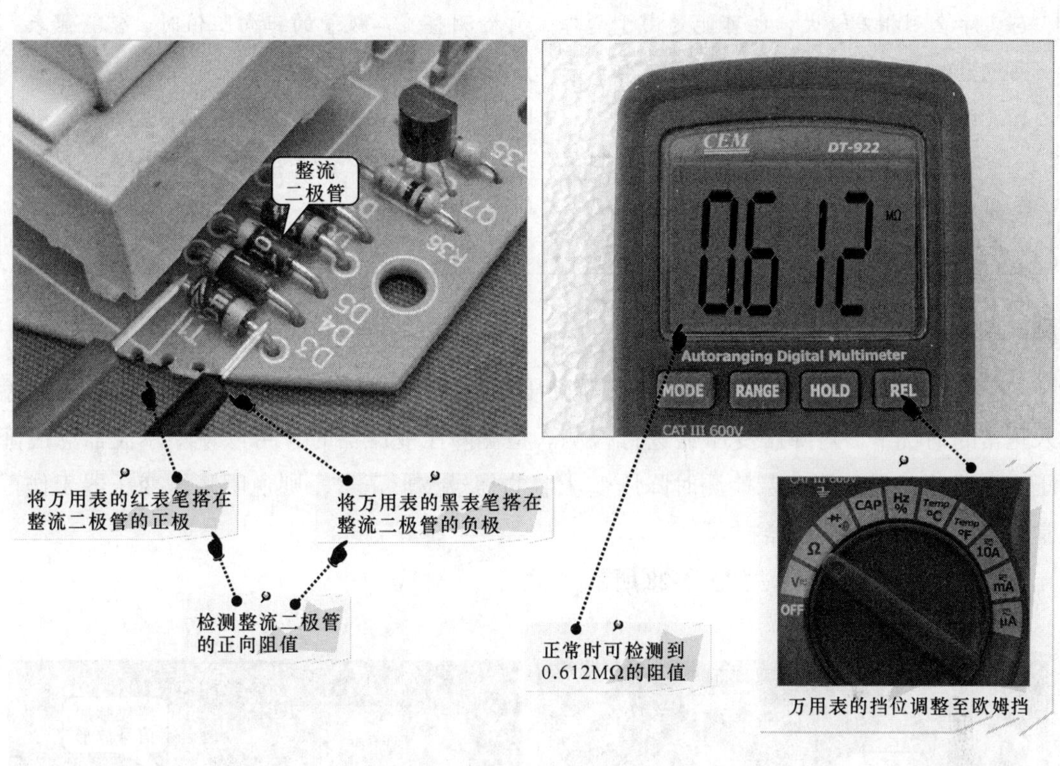

整流二极管
CEM
DT-922
0.612 MΩ
Autoranging Digital Multimeter
MODE RANGE HOLD REL
CAT III 600V
将万用表的红表笔搭在整流二极管的正极
将万用表的黑表笔搭在整流二极管的负极
检测整流二极管的正向阻值
正常时可检测到0.612MΩ的阻值
万用表的挡位调整至欧姆挡

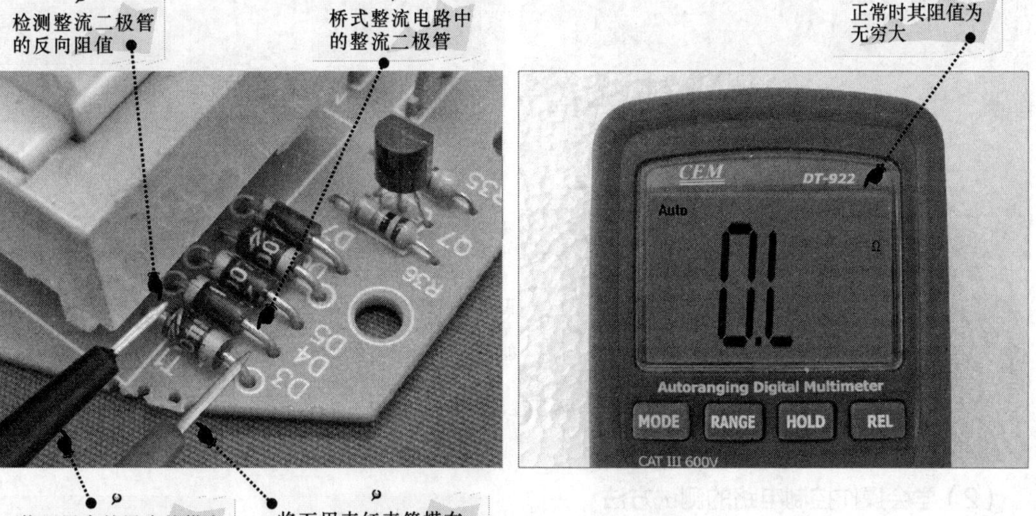

检测整流二极管的反向阻值
桥式整流电路中的整流二极管
正常时其阻值为无穷大
CEM
DT-922
Auto
0.L
Ω
Autoranging Digital Multimeter
MODE RANGE HOLD REL
CAT III 600V
将万用表的黑表笔搭在整流二极管的正极
将万用表红表笔搭在整流二极管的负极

图 5-27　桥式整流电路的检测方法

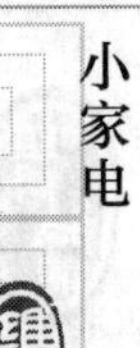

高手指点

若检测整流二极管时，其正反向阻值与实际检测相差较大，也可能是由于受外围元器件的影响造成的，可以将其取下后再进行检测。

另外值得注意的是，使用数字万用表检测整流二极管时与指针万用表检测整流二极管的方法有所区别。使用指针万用表检测整流二极管的正向阻值时，需将黑表笔搭在整流二极管正极，红表笔搭在负极。而使用数字万用表检测整流二极管的正向阻值时，正好相反，应将红表笔搭在整流二极管正极，黑表笔搭在负极。

测试点 5. 降压变压器的检测方法

经检测桥式整流电路也正常，则怀疑降压变压器可能出现故障。在确保交流 220 V 输入正常的情况下，对降压变压器进行检测。检测降压变压器时，可以使用示波器感应降压变压器的信号波形。若检测时降压变压器的信号波形正常，则说明降压变压器工作正常，否则说明降压变压器损坏。

降压变压器的检测方法如图 5-28 所示。

降压
变压器

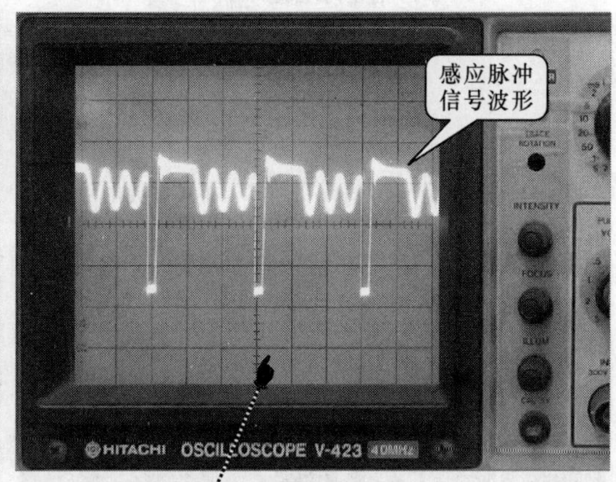
感应脉冲
信号波形
HITACHI OSCILLOSCOPE V-423 40MHz
INTENSITY
FOCUS

接通电饭煲的电源，将示波器的接地夹接地，探头靠近降压变压器的磁芯部分

正常时可感应到正常的信号波形，若无此波形则说明降压变压器本身可能损坏

图 5-28　降压变压器的检测方法

（2）学会操作控制电路的测试方法

在电脑控制方式电饭煲中，都包含有操作控制电路，操作控制电路几乎贯穿这些设备所有功能的实现。操作控制电路出现故障，常会引起电饭煲出现加热时间失控、显示异常、按键失灵等现象。对该电路进行检修时，可依据具体故障表现分析出产生故障的原因，并根据控制电路的控制关系，对可能产生故障的外围工作条件、相关部件逐一进行排查。

功法秘籍

当操作控制电路出现故障时，应首先采用观察法检查操作控制电路中的主要元器件是否有明显损坏的迹象，如晶体引脚有无虚焊、连焊等不良的现象。如果出现异常情况则应立即更换损坏的元器件或重新焊接虚焊引脚。若从表面无法观测到故障部件时，可按图 5-29 所示对电饭煲中电脑控制的操作控制电路进行逐级排查。

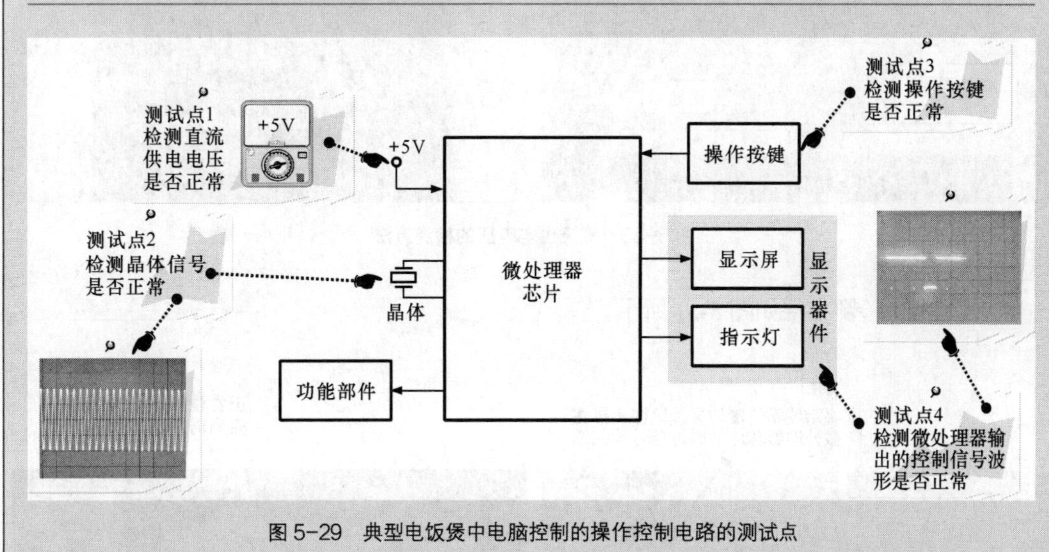
测试点1
检测直流
供电电压
是否正常
+5V
+5V
测试点2
检测晶体信号
是否正常
晶体
微处理器
芯片
功能部件
测试点3
检测操作按键
是否正常
操作按键
显示屏
指示灯
显示器件
测试点4
检测微处理器输
出的控制信号波
形是否正常

图 5-29　典型电饭煲中电脑控制的操作控制电路的测试点

测试点 1. 直流供电电压的检测方法

当电脑控制方式电饭煲出现整机控制功能失常，怀疑操作控制电路部分异常时，应首先检测微处理器芯片的基本供电电压是否正常。

若经检测直流供电正常，表明微处理器芯片的供电条件正常，应进一步检测微处理器其他工作条件或信号波形。若无直流供电或直流供电异常，则多为微处理器芯片供电部分存在损坏元件，或电源电路异常，应重点对微处理器芯片供电部分的相关元器件（如滤波电容、整流二极管等）进行检测，或对电源电路进行故障排查。

直流供电电压的检测方法如图 5-30 所示。

测试点 2. 晶体信号的检测方法

操作控制电路中微处理器芯片的工作条件除了需要供电电压外，还需要晶体提供的时钟信号才可以正常工作。因此怀疑微处理器芯片工作异常时，还应对时钟信号进行检测。

若经检测时钟信号正常，则表明微处理器芯片的时钟信号条件能够满足，应进一步检测微处理器芯片的其他工作条件或信号波形。若时钟信号异常，则应进一步检测微处理器芯片外接晶体及相关元器件，更换损坏元器件，恢复微处理器芯片的时钟信号。

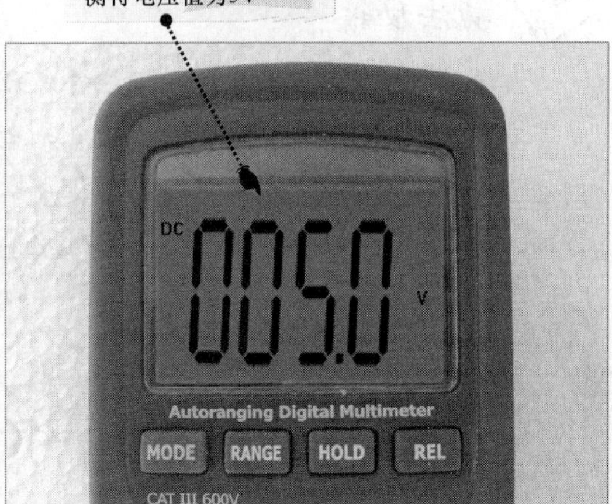
黑表笔搭在微处理器芯片的接地端上
红表笔搭在微处理器芯片的供电引脚端
正常情况下，万用表可测得电压值为5V
供电端
微处理器芯片
接地端
DC
005.0
V
Autoranging Digital Multimeter
MODE
RANGE
HOLD
REL
CAT III 600V

图 5-30　直流供电电压的检测方法

晶体信号的检测方法如图 5-31 所示。

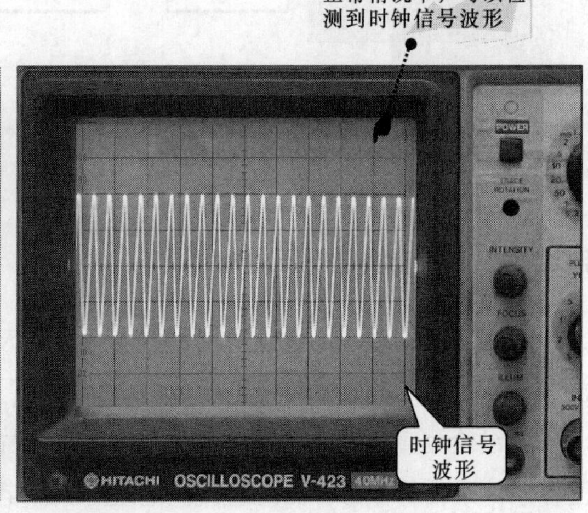
将示波器的接地夹接地探头搭在微处理器芯片的时钟信号输入端
正常情况下，可以检测到时钟信号波形
示波器探头
时钟信号输入端
微处理器芯片
时钟信号波形
HITACHI OSCILLOSCOPE V-423 40MHz
POWER

图 5-31　晶体信号的检测方法

测试点 3. 操作按键的检测方法

若操作控制电路中微处理器芯片的工作条件正常，而操作控制电路还存在故障，则需要对输入人工指令的操作按键进行检测。

正常情况下，操作按键两引脚间的阻值应为无穷大，当按下操作按键时，操作按键两引脚间的阻值为零欧姆。

操作按键的检测方法如图 5-32 所示。

测试点 4. 输出信号的检测方法

经检测操作控制电路中微处理器芯片的各工作条件均正常，则可检测微处理器芯片输出引脚端输出的控制信号是否正常。

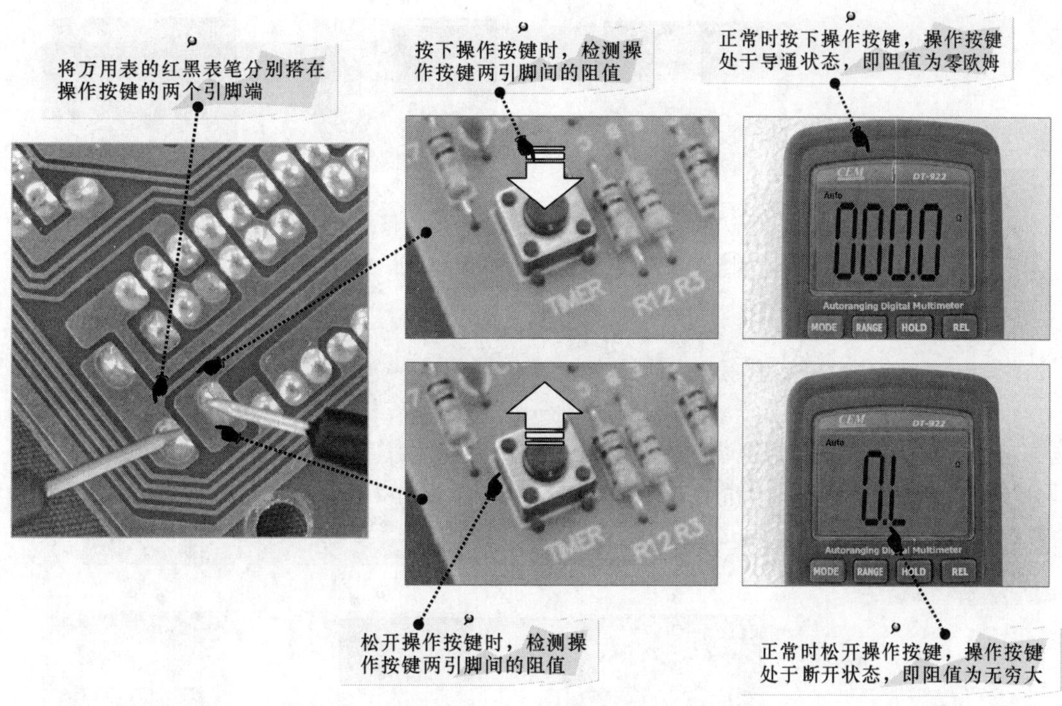

将万用表的红黑表笔分别搭在操作按键的两个引脚端
按下操作按键时，检测操作按键两引脚间的阻值
正常时按下操作按键，操作按键处于导通状态，即阻值为零欧姆
000.0
TIMER
R12 R3
Autoranging Digital Multimeter
MODE
RANGE
HOLD
REL
0.L
松开操作按键时，检测操作按键两引脚间的阻值
正常时松开操作按键，操作按键处于断开状态，即阻值为无穷大

图 5-32 操作按键的检测方法

若在微处理器的供电、时钟等条件均正常的前提下，向电饭煲输入一定指令条件时，微处理器芯片应输出相应的信号波形，送往显示屏以及其他功能部件。

输出信号的检测方法如图 5-33 所示。

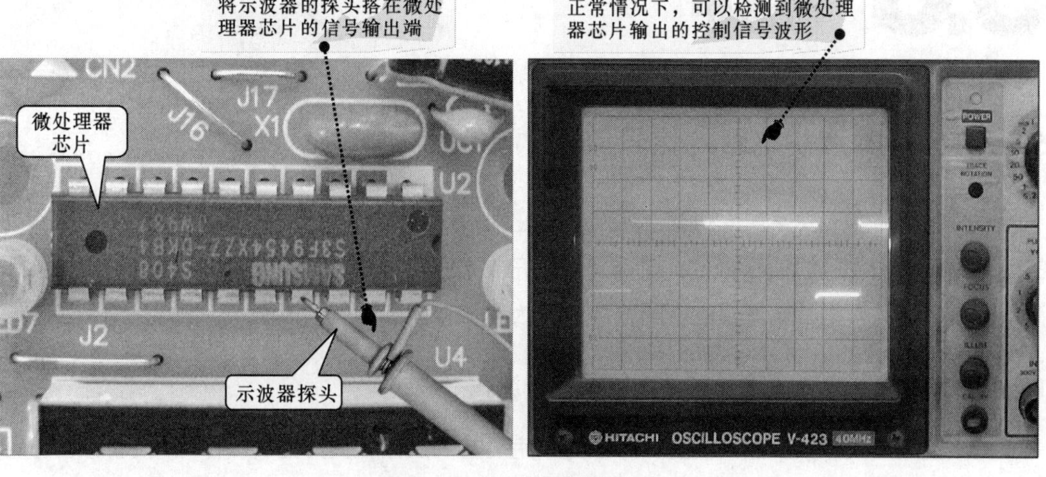

将示波器的探头搭在微处理器芯片的信号输出端
正常情况下，可以检测到微处理器芯片输出的控制信号波形
微处理器芯片
示波器探头
HITACHI OSCILLOSCOPE V-423 40MHz

图 5-33 输出信号的检测方法

电饭煲在通电状态下，检测出微处理器芯片输出的主要信号波形如图 5-34 所示。由图可

知，微处理器芯片的②脚、③脚为时钟信号端，其他引脚主要为显示屏、加热等控制信号端。

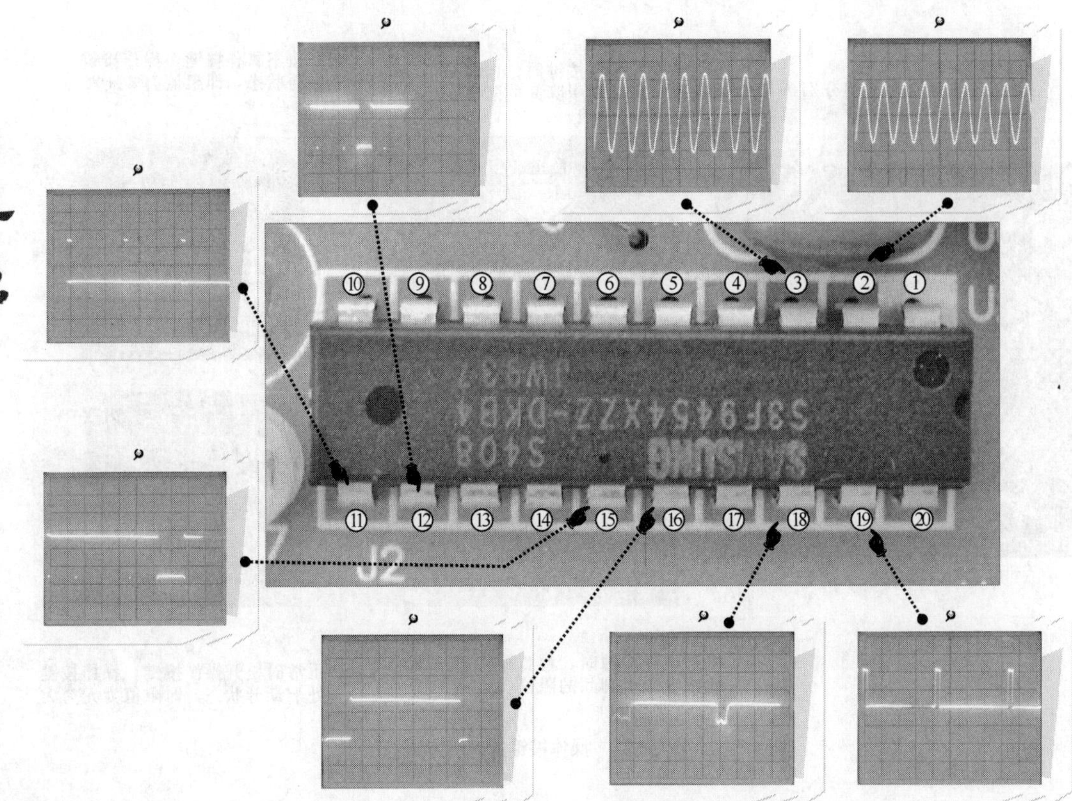
⑩
⑨
⑧
⑦
⑥
⑤
④
③
②
①
JW937
S3F9454XZZ-DKB4
S408
SAMSUNG
⑪
⑫
⑬
⑭
⑮
⑯
⑰
⑱
⑲
⑳
J2

图 5-34 操作控制电路中微处理器芯片输出的信号波形

5.3 微波炉

5.3.1 读懂微波炉电路的信号流程

微波炉电路主要是实现人机交互的电路，它是对输入的人工指令信号进行处理，根据识别的人工指令输出相应的控制信号，控制微波炉完成相应的工作。

微波炉电路根据控制方式的不同，可以分为机械控制和电脑控制两种。

1. 读懂机械控制方式微波炉控制装置的信号流程

机械控制方式微波炉控制装置实际上是由定时控制组件和火力控制组件等构成的人机交互电路。该电路用来控制微波炉的加热时间和加热强度。定时控制组件与火力控制组件之间相互关联，通过同步电动机控制定时 / 火力控制组件的运作时间，并由报警铃提示加热时间停止，图 5-35 所示为机械控制方式微波炉控制装置的基本结构。

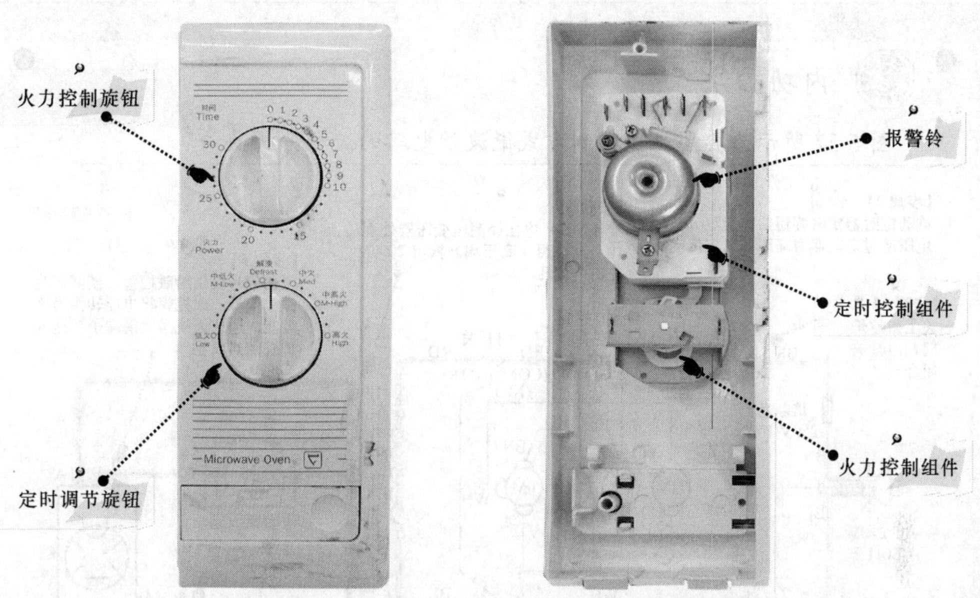
火力控制旋钮
定时调节旋钮
Microwave Oven
报警铃
定时控制组件
火力控制组件

图 5-35　机械控制方式微波炉控制装置的基本结构

为了更加深入了解机械控制方式微波炉控制装置的特点，我们根据控制装置中各主要部件的功能特点，对机械控制方式微波炉控制电路的信号流程进行分析。

功法秘籍

图 5-36 所示为机械控制方式微波炉控制装置的信号流程框图。

交流220V为微波炉中机械控制装置进行供电

220V供电→定时控制组件→火力控制组件→微波发射装置

其他功能部件

定时控制组件和火力控制组件是通过齿轮对微波炉的加热时间以及加热的火力进行控制

当微波炉的加热时间到达时，报警铃发出报警声，提示加热完成

报警铃

同步电动机

同步电动机是对食物加热时间进行控制的主要器件

当微波炉的定时以及火力设定好后，微波发射装置开始工作

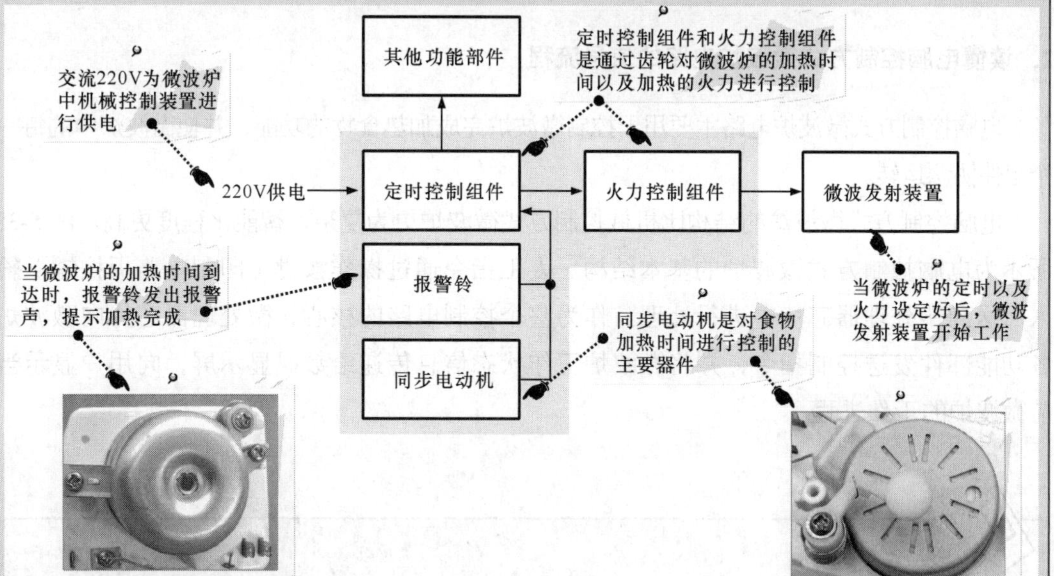

图 5-36　机械控制方式微波炉控制装置的信号流程框图

内功心法

图 5-37 所示为典型机械控制方式微波炉电路的流程分析要诀。

【步骤 2】
旋动定时器定时旋钮后，交流 220V 电压通过定时器为高压变压器供电
【步骤 3】
交流 220V 电压经高压变压器处理后，由二次绕组（高压端）输出 2000V 左右的高压
【步骤 5】
振荡信号提供给磁控管，使其产生微波信号。磁控管将电能转换为微波能，通过天线（发射端子）送入炉腔加热食物
【步骤 1】
关上微波炉门，门开关闭合
定时器开关
火力控制开关
门开关
BK
BN
RD
RD
门开关
(1)
(3)
(COM)
(ON)
(NC)
熔断器
250V 10A
RD
BN
BN
G-Y
L
N
BL
(2)
TIM
TM
OL
FM
WH
(M)
BL
WH
BL
YL
AC 220V
50Hz
高压电容器
高压二极管
F
FA
磁控管
WH
BL
过热保护开关
门开关
高压变压器
【步骤 6】
当到达预定时间后，定时器回零，切断交流 220V 供电，微波炉停机
【步骤 4】
2000V 左右的高压在高压电容器和高压二极管的作用下形成 4000V 左右、2000MHz 以上的振荡信号
OL：炉灯；BN= 棕色线；BL= 蓝色线；BK= 黑色线；
TTM：转盘电动机；RD= 红色线；YL= 黄色线；G-Y= 黄绿色线；
FM：风扇电动机；PK= 粉色线；WH= 白色线

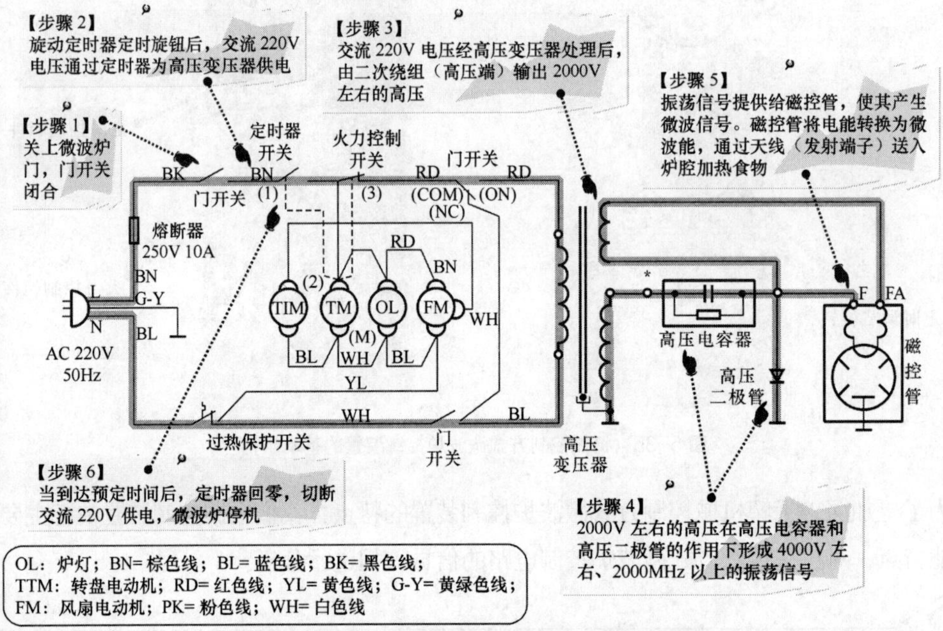

图 5-37　机械控制方式微波炉电路的流程分析要诀

2. 读懂电脑控制方式微波炉电路的信号流程

电脑控制方式微波炉电路主要用于控制微波炉完成加热食物的功能，并使微波炉中的每一个组件协调运转。

电脑控制方式微波炉的结构比机械控制方式微波炉更为复杂，智能化程度更高。图 5-38 所示为电脑控制方式微波炉的基本结构。人工指令通过操作按键（印制电路板按键）输入后送到微处理器芯片中进行处理。作为整个控制电路的核心，微处理器芯片向微波炉各功能部件发送控制指令，并将微波炉工作状态信息传递给数码显示屏，向用户显示当前微波炉的工作进程。

功法秘籍

图 5-38 所示为电脑控制方式微波炉电路的基本结构。

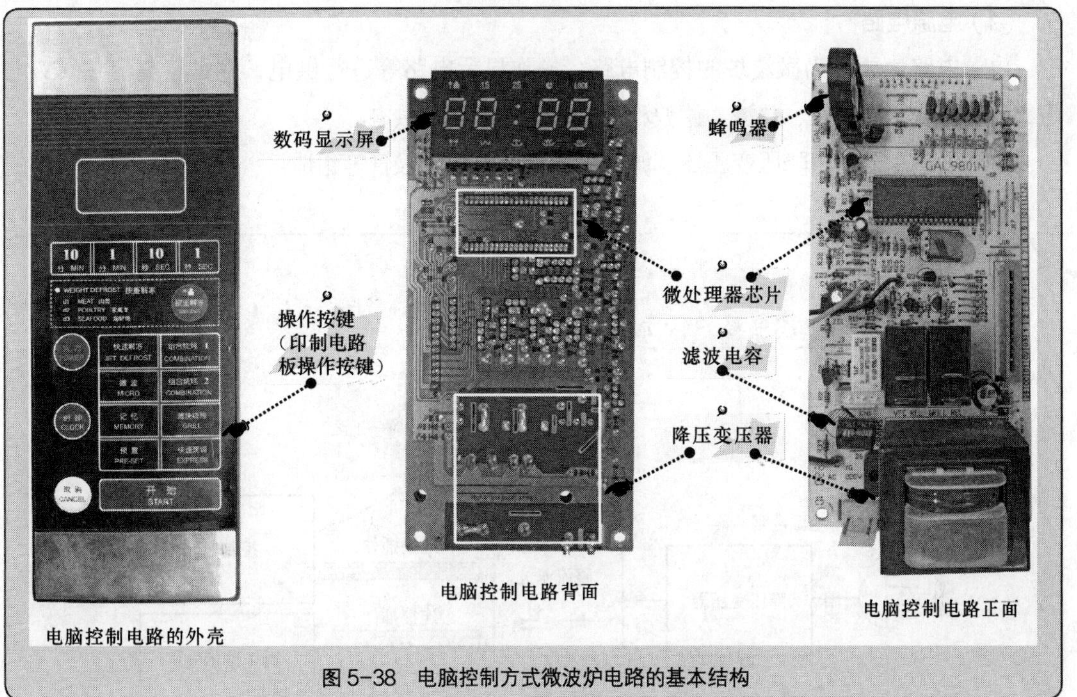
数码显示屏
蜂鸣器
操作按键
（印制电路
板操作按键）
微处理器芯片
滤波电容
降压变压器
电脑控制电路背面
电脑控制电路正面
电脑控制电路的外壳

图 5-38　电脑控制方式微波炉电路的基本结构

为了更加深入地了解电脑控制方式微波炉电路的工作过程，我们根据电路主要部件的功能特点，将电路划分成电源电路、控制电路和操作显示电路 3 个部分。

功法秘籍

图 5-39 所示为电脑控制方式微波炉电路的信号流程框图。

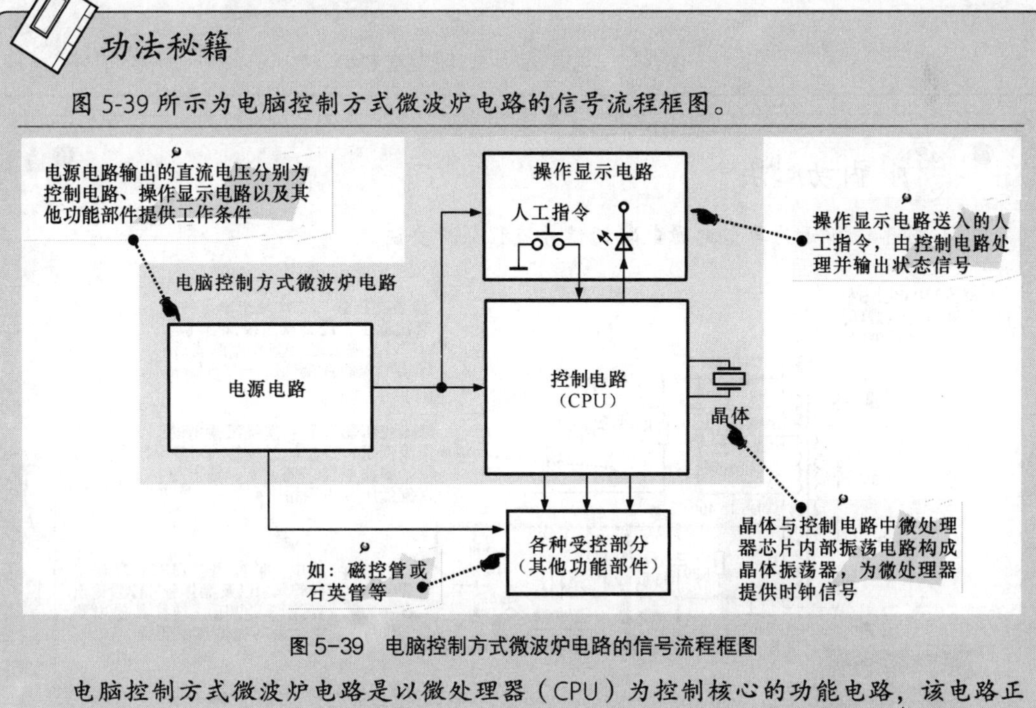
电源电路输出的直流电压分别为控制电路、操作显示电路以及其他功能部件提供工作条件
操作显示电路
人工指令
操作显示电路送入的人工指令，由控制电路处理并输出状态信号
电脑控制方式微波炉电路
电源电路
控制电路
（CPU）
晶体
各种受控部分
（其他功能部件）
如：磁控管或
石英管等
晶体与控制电路中微处理器芯片内部振荡电路构成晶体振荡器，为微处理器提供时钟信号

图 5-39　电脑控制方式微波炉电路的信号流程框图

电脑控制方式微波炉电路是以微处理器（CPU）为控制核心的功能电路，该电路正常工作需要同时满足多个条件，即直流供电电压、复位电压、时钟信号等。

当控制电路中的微处理器满足工作条件时，则可根据输入的人工指令信号，控制相关的功能部件动作，进而实现微波炉加热食物的功能。

(1) 电源电路

电源电路主要是为微波炉的控制电路、操作显示电路等进行供电，它是将交流 220 V 电压，经降压变压器降压、整流、滤波和稳压后为其他电路供电。

电源电路主要是由降压变压器、滤波电容以及整流二极管等组成。

功法秘籍

图 5-40 所示为电源电路的信号流程框图。

交流 220V 输入
电源电路
降压变压器
整流滤波
连接插件
连接插件
控制电路
操作显示电路

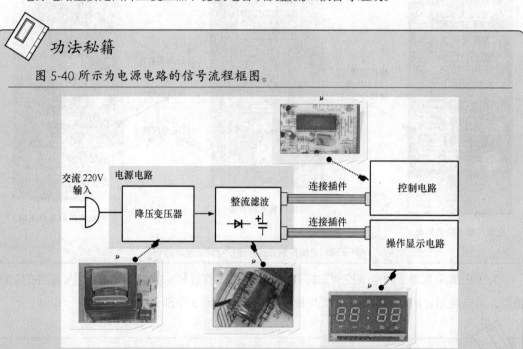

图 5-40　电源电路的信号流程框图

内功心法

图 5-41 所示为典型电源电路的信号流程分析要诀。

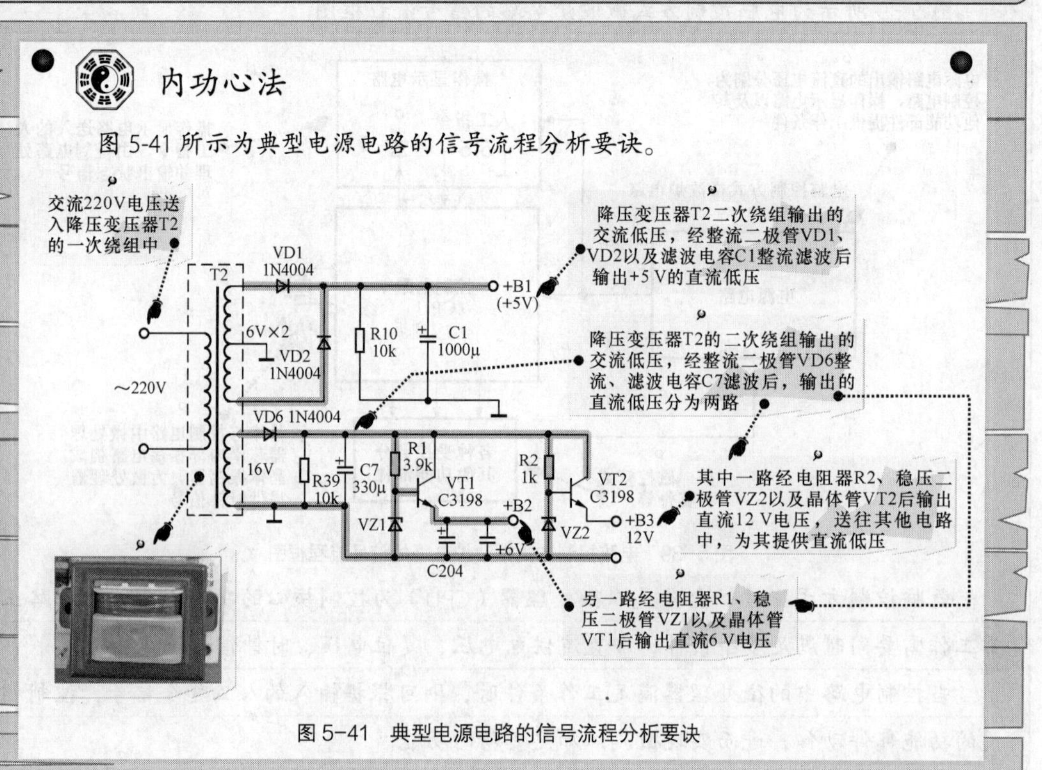

交流220V电压送入降压变压器T2的一次绕组中
降压变压器T2二次绕组输出的交流低压，经整流二极管VD1、VD2以及滤波电容C1整流滤波后输出+5 V的直流低压
降压变压器T2的二次绕组输出的交流低压，经整流二极管VD6整流、滤波电容C7滤波后，输出的直流低压分为两路
其中一路经电阻器R2、稳压二极管VZ2以及晶体管VT2后输出直流12 V电压，送往其他电路中，为其提供直流低压
另一路经电阻器R1、稳压二极管VZ1以及晶体管VT1后输出直流6 V电压
T2
VD1
1N4004
+B1
(+5V)
6V×2
VD2
1N4004
R10
10k
C1
1000μ
~220V
VD6 1N4004
16V
R39
10k
C7
330μ
R1
3.9k
VT1
C3198
R2
1k
VT2
C3198
VZ1
+B2
VZ2
+B3
12V
+6V
C204

图 5-41　典型电源电路的信号流程分析要诀

（2）控制电路

电脑控制方式微波炉中的控制电路主要是由微处理器芯片（CPU）、晶体以及外围元器件构成的。

控制电路主要是用于接收人工指令以及检测信号，并由微处理器芯片（CPU）转换成相关的控制信号，控制各电路和相关的器件工作。

内功心法

图 5-42 所示为典型控制电路的信号流程框图。

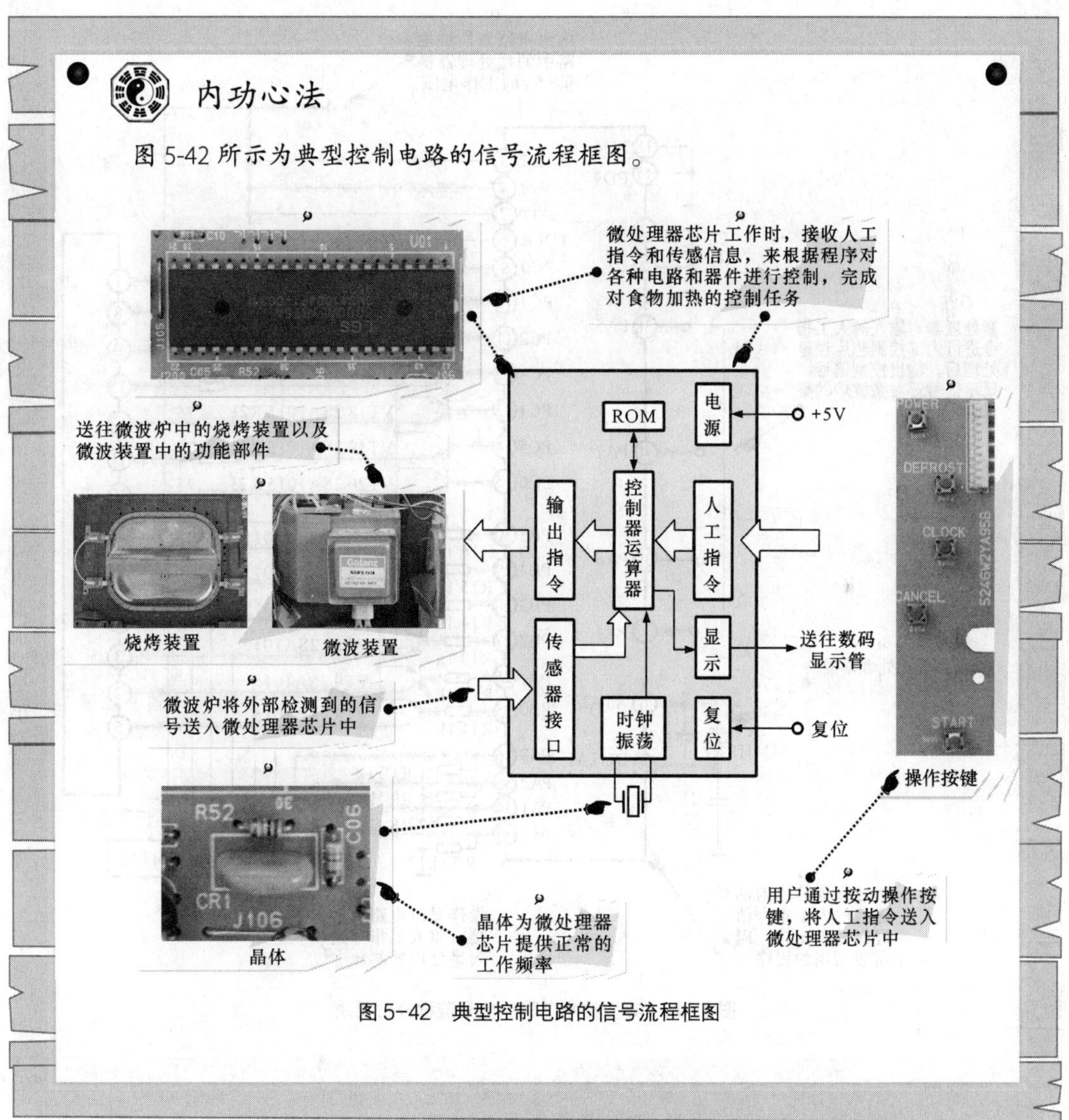

微处理器芯片工作时，接收人工指令和传感信息，来根据程序对各种电路和器件进行控制，完成对食物加热的控制任务
送往微波炉中的烧烤装置以及微波装置中的功能部件
烧烤装置
微波装置
ROM
电源
+5V
输出指令
控制器运算器
人工指令
传感器接口
显示
送往数码显示管
时钟振荡
复位
复位
微波炉将外部检测到的信号送入微处理器芯片中
操作按键
晶体
晶体为微处理器芯片提供正常的工作频率
用户通过按动操作按键，将人工指令送入微处理器芯片中

图 5-42　典型控制电路的信号流程框图

内功心法

图 5-43 所示为典型控制电路的信号流程分析要诀。

电源电路为控制电路中的微处理器提供+5V的工作电压

微处理器对输入的人工指令进行内部控制芯片经过处理后，输出控制信号、显示信号等对微波炉的整机进行控制

晶体为微处理器提供工作条件

微处理器芯片内部对送入的人工指令信号进行分析比较，确定所要调用的程序

操作显示电路通过接口将人工指令送入微处理器芯片

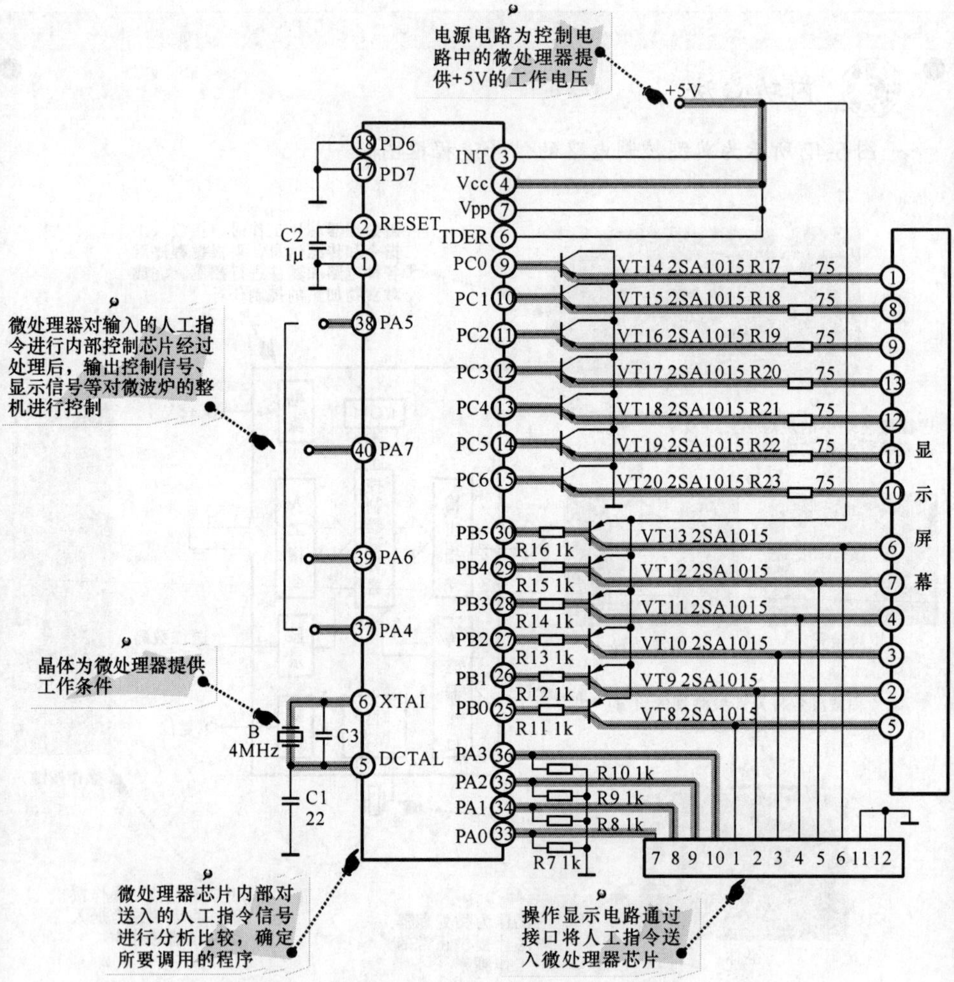

图 5-43　典型控制电路的信号流程分析要诀

（3）操作显示电路

操作显示电路主要是由操作按键、编码器、数码显示管以及相关接口等构成的。

操作显示电路是通过操作按键输入人工指令，通过数码显示屏显示微波炉当前工作状态的。

内功心法

图 5-44 所示为典型操作显示电路的信号流程分析要诀。

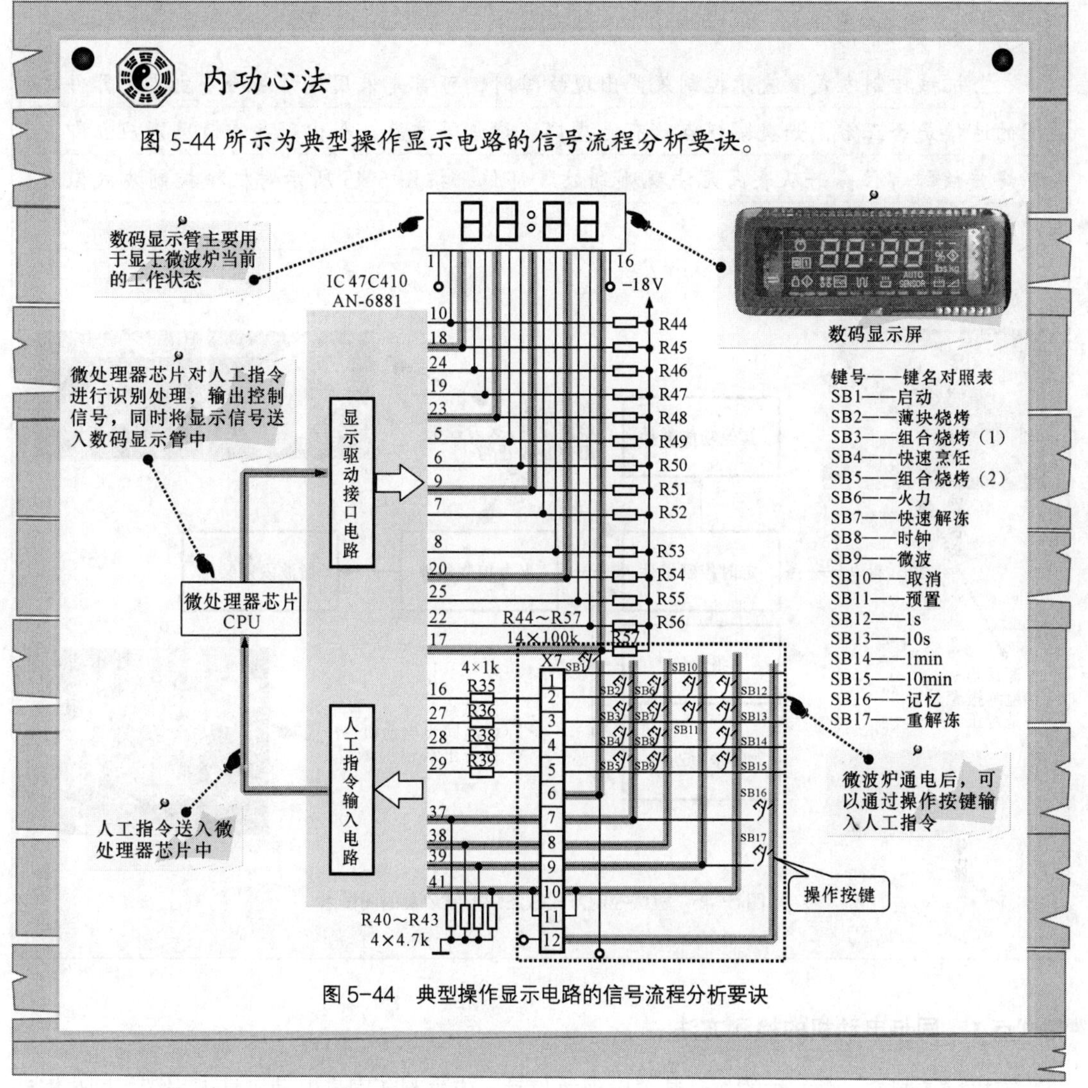
数码显示管主要用于显王微波炉当前的工作状态
IC 47C410
AN-6881
-18V
数码显示屏
微处理器芯片对人工指令进行识别处理，输出控制信号，同时将显示信号送入数码显示管中
显示驱动接口电路
微处理器芯片
CPU
人工指令输入电路
人工指令送入微处理器芯片中
R44～R57
14×100k
4×1k
R40～R43
4×4.7k
X7
键号——键名对照表
SB1——启动
SB2——薄块烧烤
SB3——组合烧烤（1）
SB4——快速烹饪
SB5——组合烧烤（2）
SB6——火力
SB7——快速解冻
SB8——时钟
SB9——微波
SB10——取消
SB11——预置
SB12——1s
SB13——10s
SB14——1min
SB15——10min
SB16——记忆
SB17——重解冻
微波炉通电后，可以通过操作按键输入人工指令
操作按键

图 5-44　典型操作显示电路的信号流程分析要诀

5.3.2　学会微波炉电路的测试方法

微波炉电路出现故障，通常会造成微波炉不开机、不能加热食物、加热时间不能控制等故障。不同控制方式微波炉的故障表现基本相同，但其测试点以及测试方法有所不同。

1. 学会机械控制方式微波炉控制装置的测试方法

机械控制方式微波炉控制装置是微波炉的核心部件。若机械控制装置出现故障，常会引起微波炉无报警铃声、时间控制失常、加热火力失灵以及控制开关不能返回原位等现象。对机械控制装置进行检修时，可依据具体故障表现分析出产生故障的原因，并根据控制装置的控制关系，对可能产生故障的相关部件逐一进行排查。

功法秘籍

当机械控制方式微波炉控制装置出现故障时，可首先采用观察法检查主要元器件之间的连接是否正常，如观察焊点处有无虚焊、烧焦等迹象，如出现异常情况则应立即重新焊接故障部位。若从表面无法观测到故障部位，按图 5-45 所示对机械控制方式微波炉的控制装置进行逐级排查。

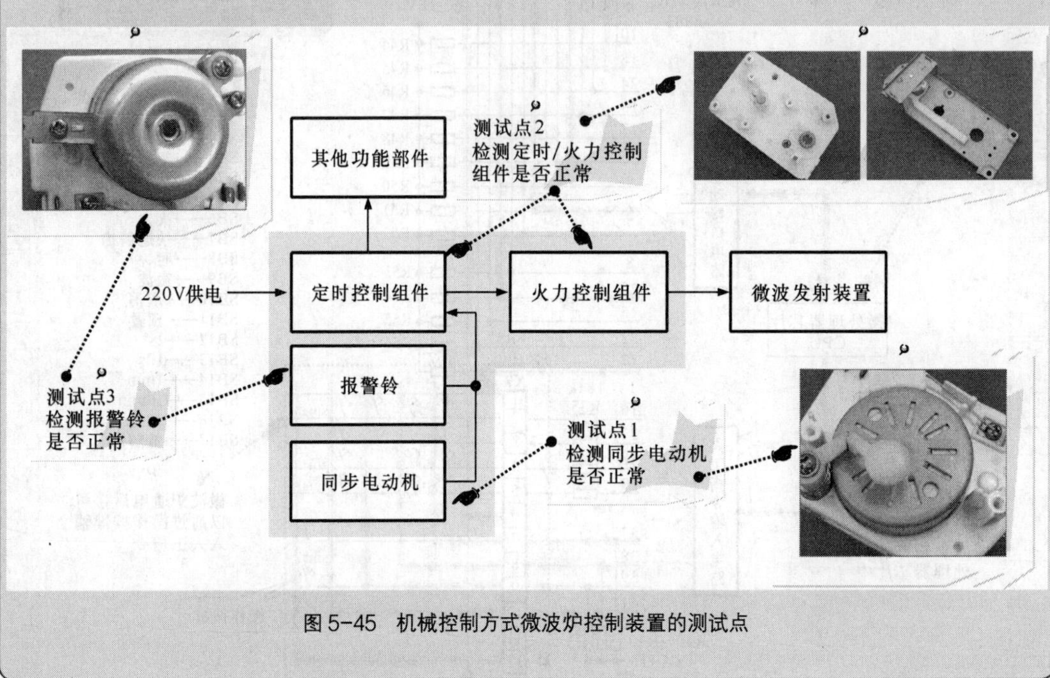
其他功能部件
测试点2
检测定时/火力控制
组件是否正常
220V供电
定时控制组件
火力控制组件
微波发射装置
测试点3
检测报警铃
是否正常
报警铃
测试点1
检测同步电动机
是否正常
同步电动机

图 5-45　机械控制方式微波炉控制装置的测试点

测试点 1. 同步电动机的检测方法

若机械控制方式微波炉的控制装置出现故障时，应先判断同步电动机是否损坏。同步电动机的好坏主要是通过万用表进行检测。

使用万用表检测同步电动机两引脚间的阻值，若测得的阻值为 15 ～ 20 kΩ，则说明同步电机正常，若测得的阻值偏差较大，则说明同步电动机已损坏。

同步电动机的检测方法如图 5-46 所示。

测试点 2. 定时控制 / 火力控制组件的检测方法

在机械控制方式微波炉控制装置中同步电动机正常的情况下，还应对定时控制 / 火力控制组件进行检查。

检查定时控制 / 火力控制组件时，主要是观察相关的齿轮部件是否有磨损的现象。

定时控制 / 火力控制组件的检测方法如图 5-47 所示。

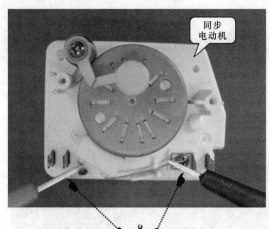

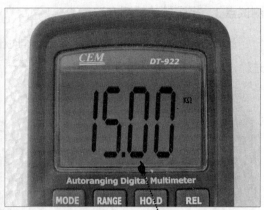

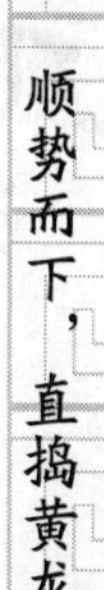

同步电动机

将万用表的红、黑表笔分别搭在同步电动机的两个引脚处

正常情况下，同步电动机两引脚间的阻值应在15～20kΩ

图 5-46　同步电动机的检测方法

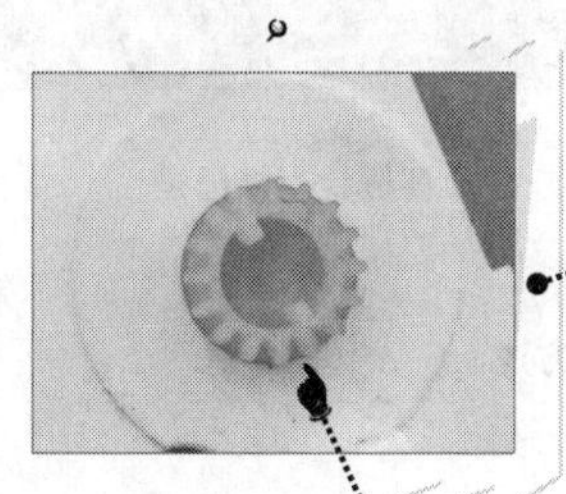

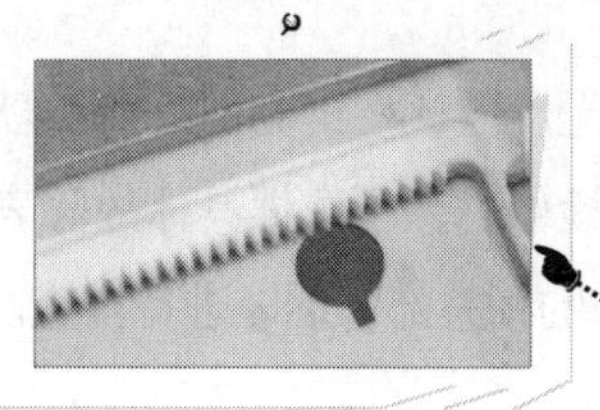

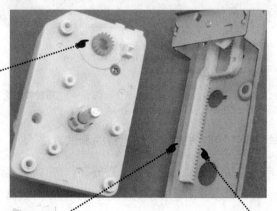

检查齿轮以及连接处是否出现磨损现象

与齿轮的连接处

检查定时控制/火力控制组件内部的齿轮间是否有磨损、位置是否有偏差

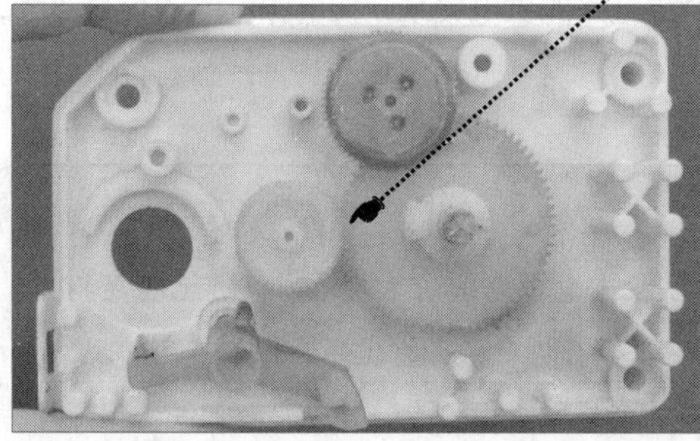

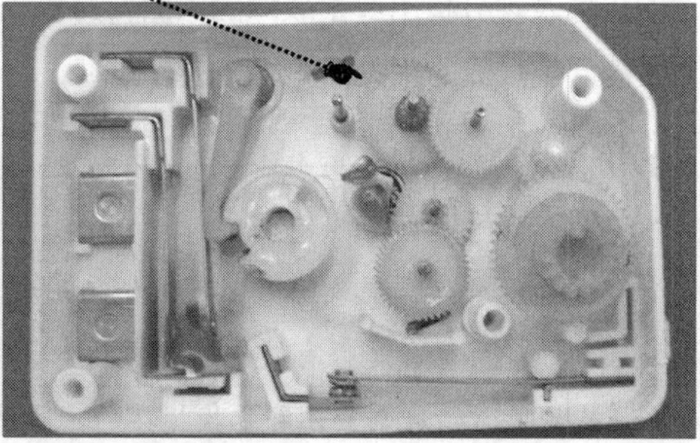

图 5-47　定时控制 / 火力控制组件的检测方法

测试点 3. 报警铃的检测方法

若机械控制方式微波炉控制装置在工作时出现不能报警的故障，应对报警铃进行检查。通过检查判断报警铃是否本身性能出现故障。

报警铃的检测方法如图 5-48 所示。

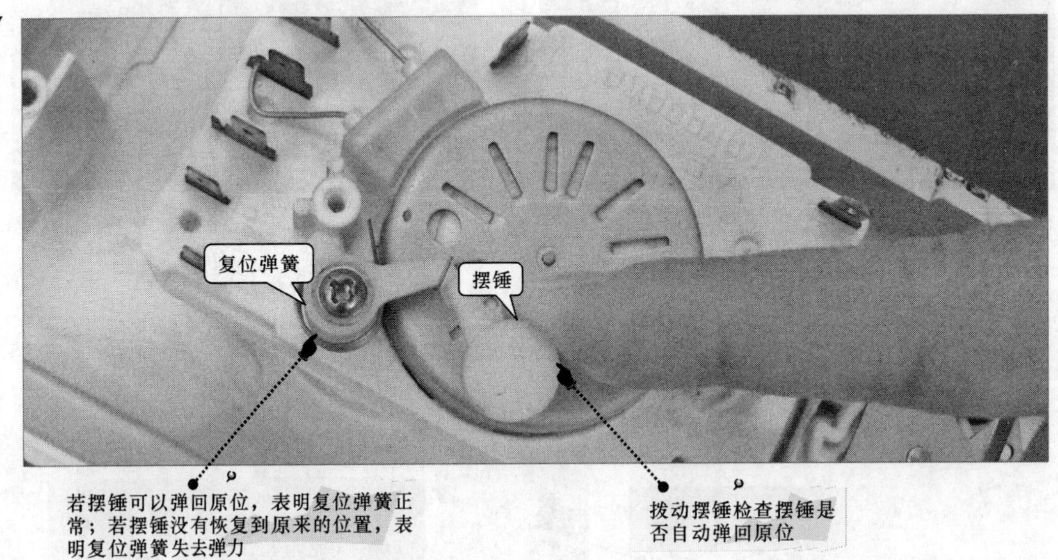
复位弹簧
摆锤
若摆锤可以弹回原位，表明复位弹簧正常；若摆锤没有恢复到原来的位置，表明复位弹簧失去弹力
拨动摆锤检查摆锤是否自动弹回原位

图 5-48 报警铃的检测方法

2. 学会电脑控制方式微波炉电路的测试方法

电脑控制方式微波炉电路出现故障时，常会引起通电后微波炉无反应、按键失灵、蜂鸣器无声、数码显示管无显示等现象。对电脑控制方式微波炉电路进行检修时，可依据具体故障表现分析出产生故障的原因，并根据电路的控制关系，对可能产生故障的相关部件逐一进行排查。

（1）学会电源电路的测试方法

在各种电脑控制方式微波炉中，电源电路几乎可以为任何电路或是部件提供工作条件。当电源电路出现故障时，常会引起微波炉无法正常工作。因此对电源电路进行检修时，可依据具体的故障表现分析出产生故障的原因，并根据电源电路的供电关系，按电源电路的信号流程，对可能产生故障的相关部件逐一进行排查。

功法秘籍

当电源电路出现故障时，可首先采用观察法检查电源电路的主要元器件有无明显损坏迹象，如观察电容是否有鼓包漏液、晶体管引脚是否有折断、引脚虚焊连焊等不良的现象。如果出现异常情况则应立即更换损坏的元器件或重新焊接虚焊引脚。若从表面无法观测到故障部件时，可按图 5-49 所示对电脑控制方式微波炉电路中的电源电路进行逐级排查。

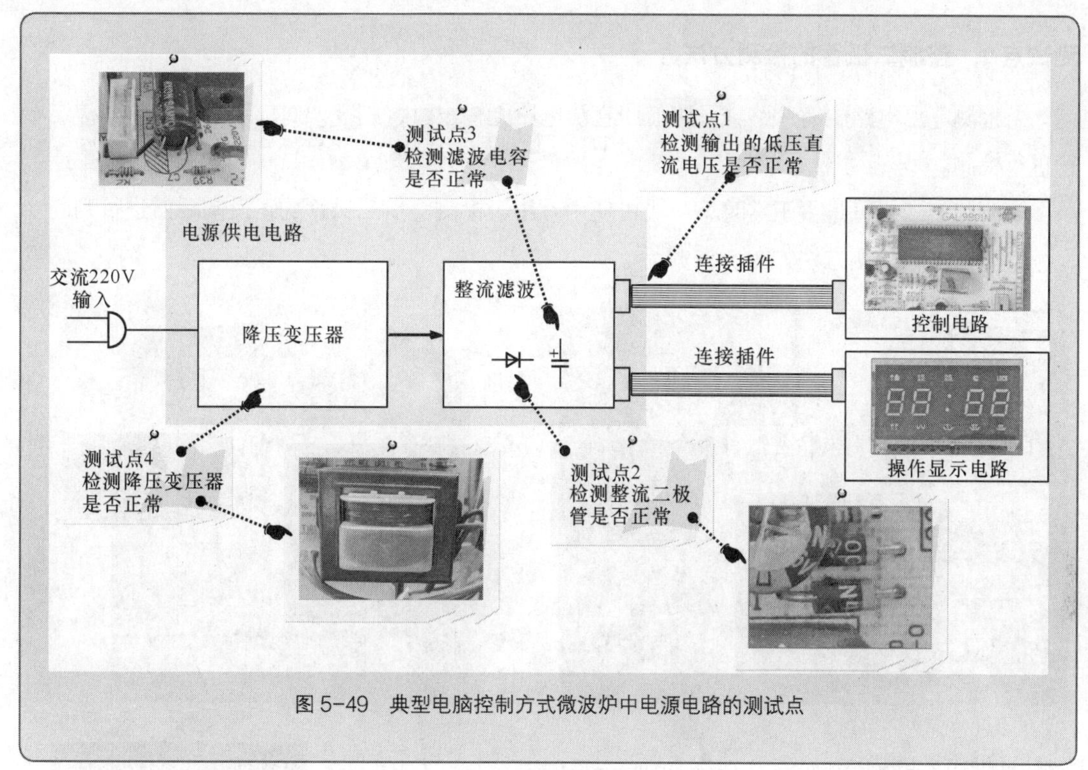
测试点3
检测滤波电容
是否正常
测试点1
检测输出的低压直
流电压是否正常
电源供电电路
交流220V
输入
降压变压器
整流滤波
连接插件
控制电路
连接插件
操作显示电路
测试点4
检测降压变压器
是否正常
测试点2
检测整流二极
管是否正常

图 5-49　典型电脑控制方式微波炉中电源电路的测试点

测试点 1. 低压直流电压的检测方法

当微波炉的电源电路出现故障，在确保 220 V 供电正常的情况下，应先对输出的低压直流电压进行检测。

若检测电源电路输出的低压直流电压正常，则说明电源电路正常；若检测的低压直流电压不正常，则说明前级电路可能出现故障，需要进行下一步的检修。

低压直流电压的检测方法如图 5-50 所示。

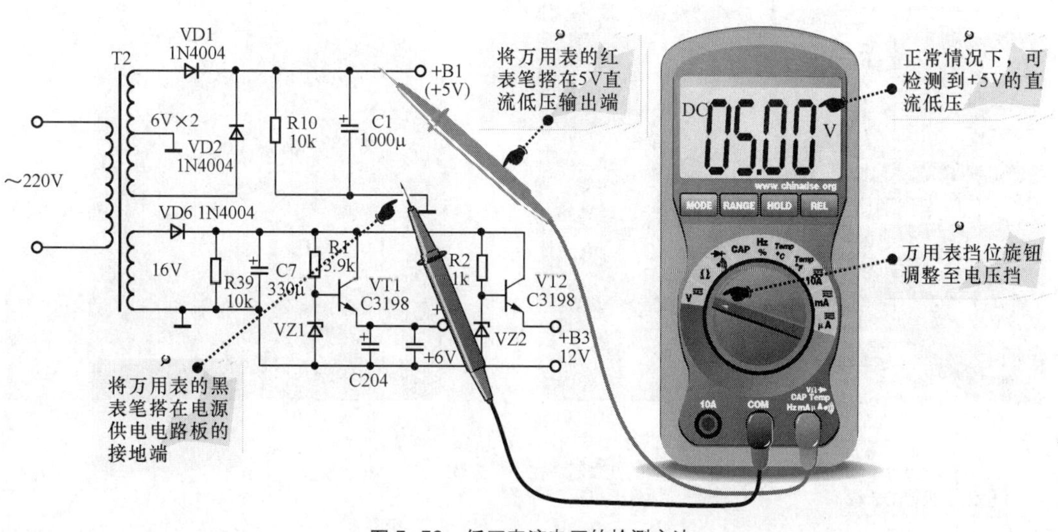
将万用表的红
表笔搭在5V直
流低压输出端
正常情况下，可
检测到+5V的直
流低压
万用表挡位旋钮
调整至电压挡
将万用表的黑
表笔搭在电源
供电电路板的
接地端
DC 05.00 V

图 5-50　低压直流电压的检测方法

测试点 2. 整流二极管的检测方法

若检测电源电路中有一路或几路低压直流电压无输出时，则需要对前级电路中的整流二极管进行检测。

检测整流二极管是否正常时，一般可使用万用表检测整流二极管的正反向阻值进行判断。

整流二极管检测方法如图 5-51 所示。

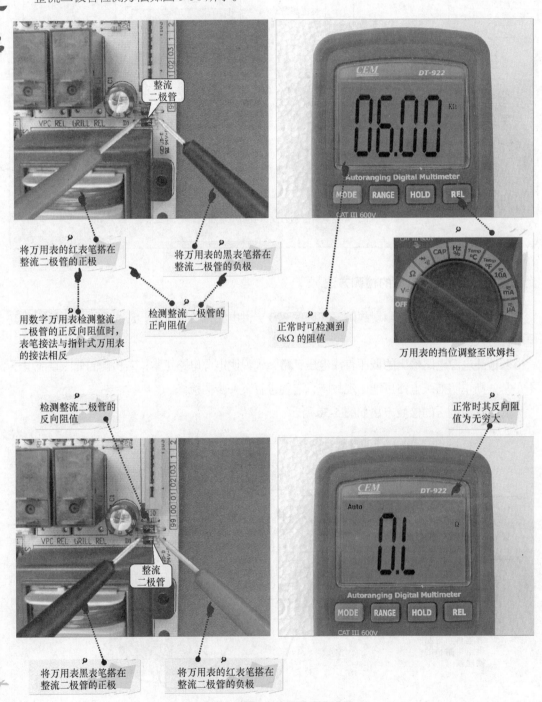

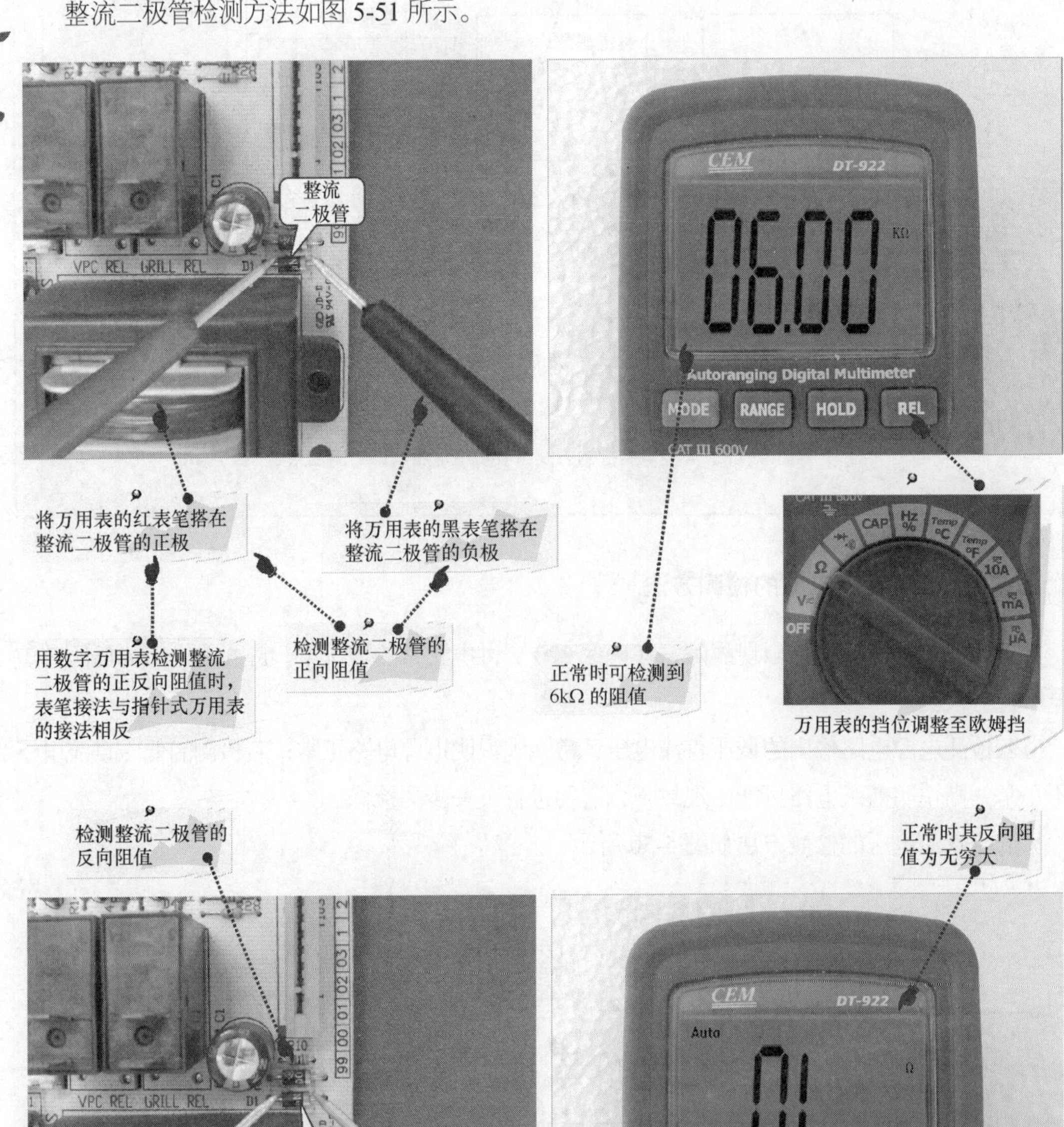

整流二极管
CEM
DT-922
06.00
Autoranging Digital Multimeter
MODE
RANGE
HOLD
REL
CAT III 600V
将万用表的红表笔搭在整流二极管的正极
将万用表的黑表笔搭在整流二极管的负极
用数字万用表检测整流二极管的正反向阻值时，表笔接法与指针式万用表的接法相反
检测整流二极管的正向阻值
正常时可检测到6kΩ 的阻值
万用表的挡位调整至欧姆挡
检测整流二极管的反向阻值
正常时其反向阻值为无穷大
Auto
0.L
将万用表黑表笔搭在整流二极管的正极
将万用表的红表笔搭在整流二极管的负极

图 5-51　整流二极管的检测方法

高手指点

若检测整流二极管时，其正反向阻值与实际检测相差较大，也可能是由于受外围元器件的影响造成的，可以将其取下后再进行检测。

测试点 3. 滤波电容的检测方法

若经检测电源电路中的整流二极管正常，还应对滤波电容进行检测，若滤波电容损坏，同样会造成一路或几路无低压直流电压输出的故障。

检测滤波电容时，可以使用万用表的电容挡检测滤波电容的电容量是否正常。

滤波电容的检测方法如图 5-52 所示。

正常时可检测到的330μF的电容量

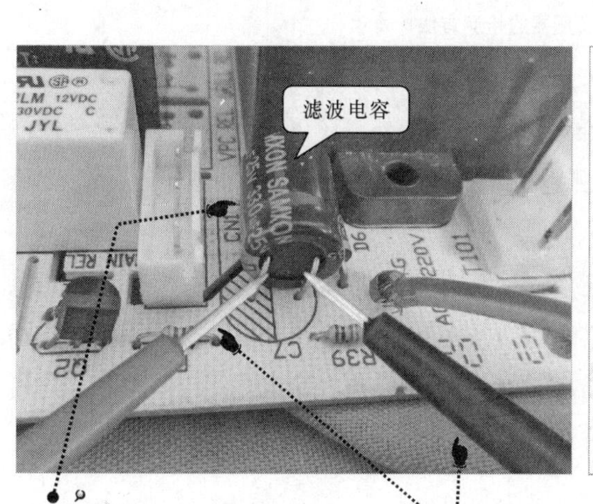
滤波电容
12VDC
JYL
C7
R39
220V
T101

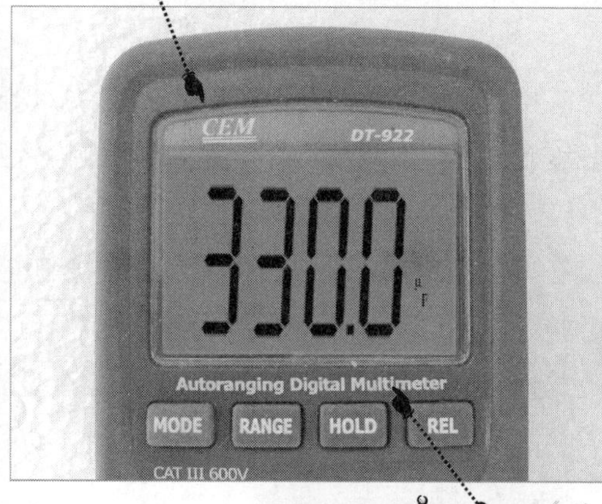
CEM
DT-922
330.0
Autoranging Digital Multimeter
MODE
RANGE
HOLD
REL
CAT III 600V

滤波电容的标识

将万用表的红、黑表笔分别搭在滤波电容的两引脚处

MXON SAMXO
μF 25V 330μF

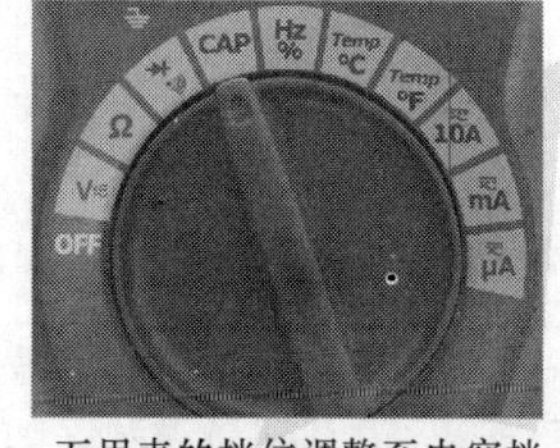
CAP
Hz %
OFF
10A
mA
μA

万用表的挡位调整至电容挡

图 5-52　滤波电容的检测方法

测试点 4. 降压变压器的检测方法

若检测电源电路没有任何低压直流电压输出，则需要对降压变压器进行检测。检测降压变

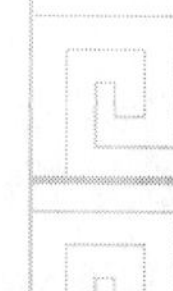

压器时，可以使用示波器感应降压变压器的信号波形，若检测的信号波形正常，则说明降压变压器工作正常，否则说明降压变压器损坏。

降压变压器的检测方法如图 5-53 所示。

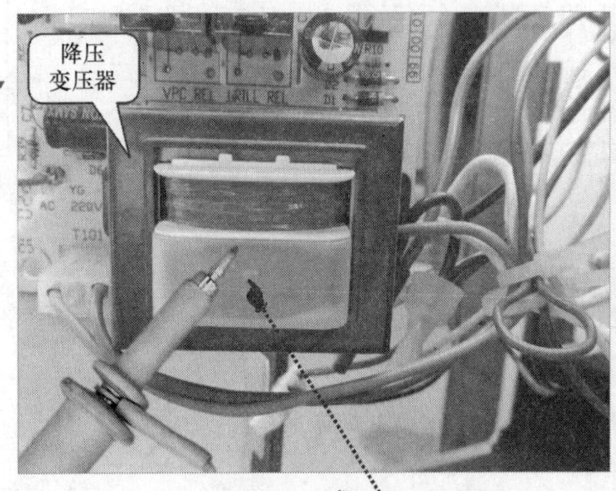
降压
变压器

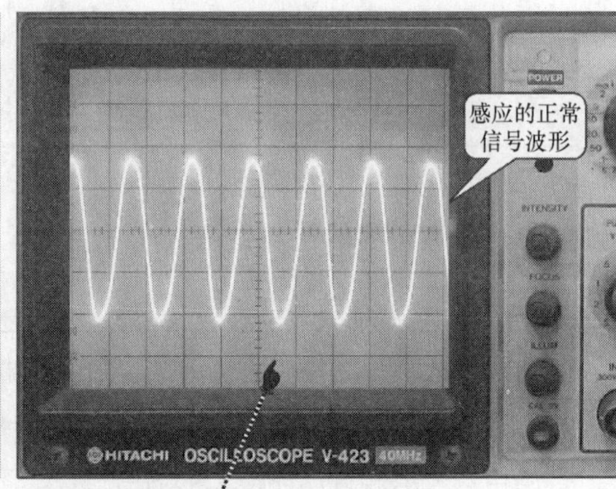
感应的正常
信号波形
HITACHI OSCILLOSCOPE V-423 40MHz

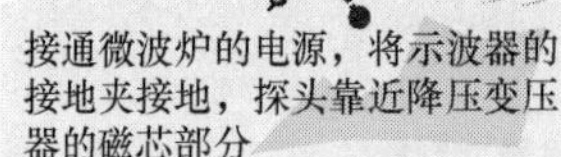
接通微波炉的电源，将示波器的接地夹接地，探头靠近降压变压器的磁芯部分
正常时可感应到正常的信号波形，若无此波形则说明降压变压器本身可能损坏

图 5-53　降压变压器的检测方法

在检测降压变压器时，除了可以使用示波器检测信号波形外，还可以使用万用表分别检测降压变压器各绕组间的阻值，通过对阻值的检测判断降压变压器的性能是否正常。

（2）学会控制电路的测试方法

在电脑控制方式微波炉中都包含有控制电路，控制电路几乎贯穿这些设备所有功能的实现。控制电路出现故障，常会引起微波炉出现加热时间失控、不能正常加热等故障。对该电路进行检修时，可依据具体故障表现分析出产生故障的原因，并根据控制电路的控制关系，对可能产生故障的外围工作条件、相关部件逐一进行排查。

功法秘籍

当控制电路出现故障时，首先采用观察法检查控制电路中的主要元器件是否有明显损坏的迹象，如晶体引脚有无虚焊、连焊等不良的现象。如果出现异常情况则应立即更换损坏的元器件或重新焊接虚焊引脚。若从表面无法观测到故障部件，可按图 5-54 所示对电脑控制方式微波炉电路中的控制电路进行逐级排查。

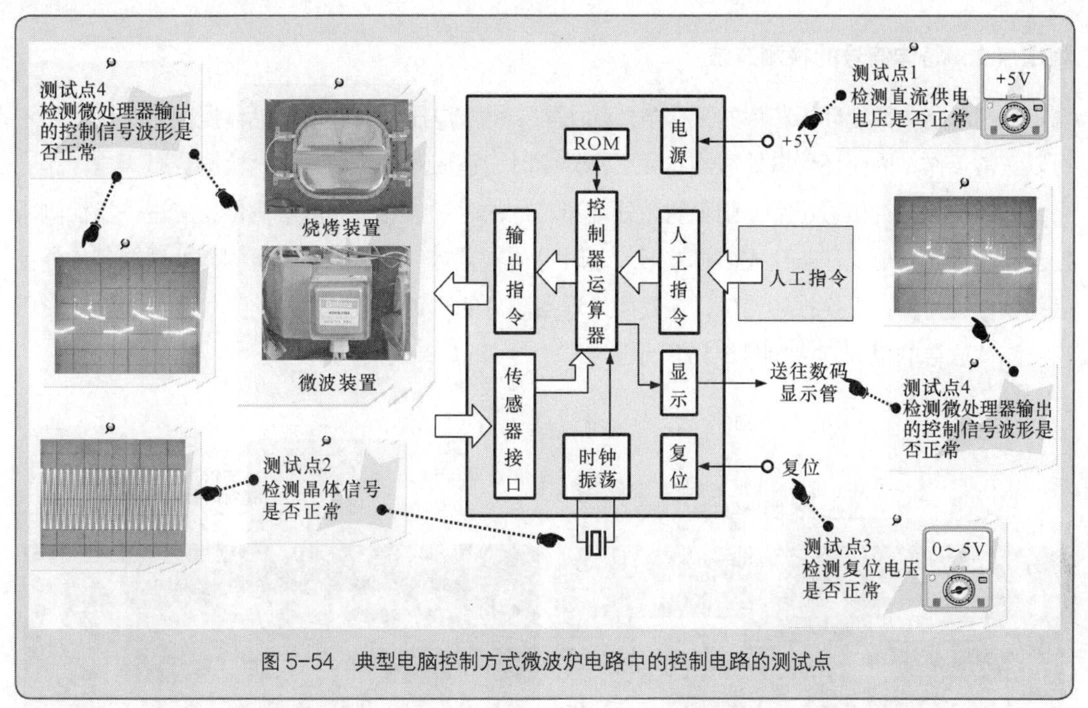
测试点4
检测微处理器输出的控制信号波形是否正常
烧烤装置
微波装置
测试点2
检测晶体信号是否正常
ROM
电源
控制器运算器
输出指令
人工指令
人工指令
传感器接口
时钟振荡
显示
复位
+5V
测试点1
检测直流供电电压是否正常
+5V
送往数码显示管
测试点4
检测微处理器输出的控制信号波形是否正常
复位
测试点3
检测复位电压是否正常
0～5V

图 5-54　典型电脑控制方式微波炉电路中的控制电路的测试点

测试点 1. 直流供电电压的检测方法

当电脑控制方式微波炉出现整机控制功能失常，怀疑控制电路部分异常时，应首先检测微处理器芯片的基本供电电压是否正常。

若经检测直流供电正常，表明微处理器芯片的供电部分均正常，应进一步检测微处理器其他工作条件或信号波形。若无直流供电或直流供电异常，则多为微处理器芯片供电部分存在损坏元器件，或电源电路异常，应重点对微处理器芯片供电部分的相关元器件（如滤波电容、整流二极管等）进行检测，或对电源电路进行故障排查。

控制电路中微处理器芯片直流供电电压的检测方法如图 5-55 所示。

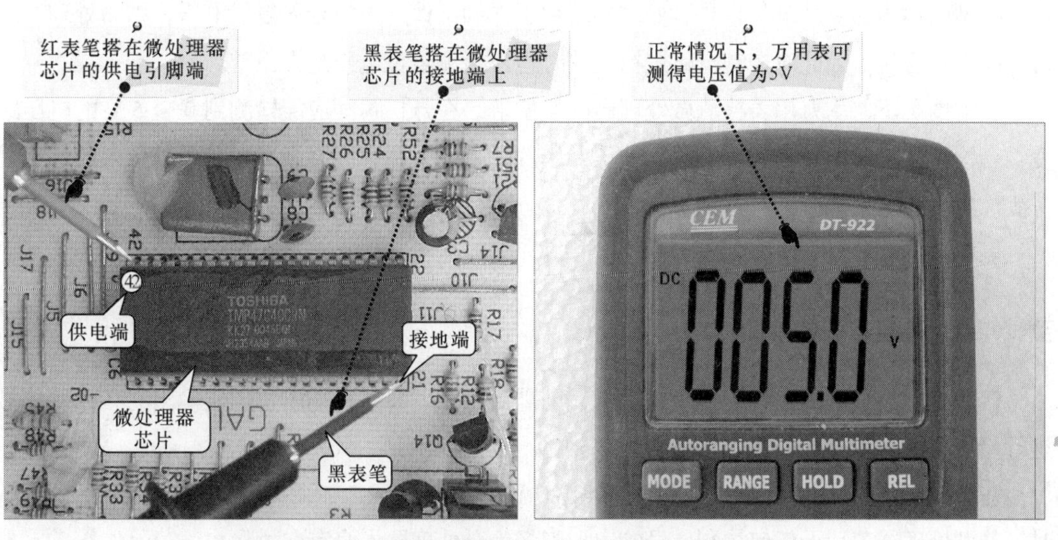
红表笔搭在微处理器芯片的供电引脚端
黑表笔搭在微处理器芯片的接地端上
正常情况下，万用表可测得电压值为5V
供电端
接地端
微处理器芯片
黑表笔
CEM
DT-922
DC
005.0
V
Autoranging Digital Multimeter
MODE
RANGE
HOLD
REL

图 5-55　控制电路中微处理器芯片直流供电电压的检测方法

测试点 2. 晶体信号的检测方法

控制电路中微处理器芯片的工作条件除了需要供电电压外，还需要晶体提供的时钟信号才可以正常工作，因此怀疑微处理器芯片工作异常时，还应对时钟信号进行检测。

若经检测时钟信号正常，则表明微处理器芯片的时钟信号条件能够满足，应进一步检测微处理器芯片的其他工作条件或信号波形。若时钟信号异常，则应进一步检测微处理器芯片外接晶体及相关元件，更换损坏元件，恢复微处理器芯片的时钟信号。

晶体信号的检测方法如图 5-56 所示。

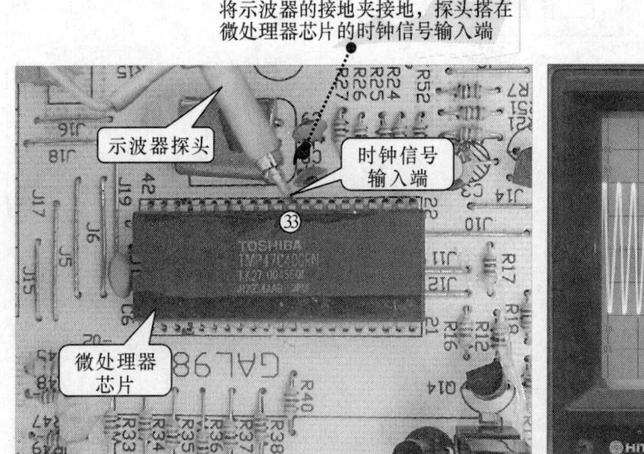
将示波器的接地夹接地，探头搭在微处理器芯片的时钟信号输入端
示波器探头
时钟信号输入端
33
微处理器芯片
TOSHIBA

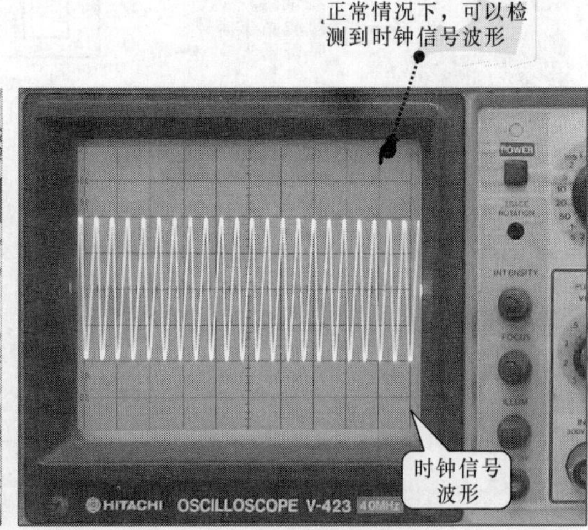
正常情况下，可以检测到时钟信号波形
时钟信号波形
POWER
INTENSITY
FOCUS
ILLUM
HITACHI OSCILLOSCOPE V-423

图 5-56　晶体信号的检测方法

测试点 3. 复位电压的检测方法

控制电路中的复位电压也是微处理器芯片工作的条件之一。若无复位电压，则微处理器芯片不能正常工作，因此对控制电路进行检测时也应检测复位电压是否正常。

正常情况下，用万用表检测微处理器的复位端，在开机瞬间应能检测到 0 ～ 5 V 的电压跳变。若检测复位电压正常，则说明微处理器芯片的复位条件也能够满足；若无复位电压，应进一步检测复位电路部分。

复位电压的检测方法如图 5-57 所示。

测试点 4. 输出信号的检测方法

若微处理器芯片的各种工作条件正常，则需对微处理器芯片输出引脚端输出的各控制信号进行检测，以判断微处理器本身是否正常。

在微处理器的供电、时钟、复位等条件均正常的前提下，当向微波炉输入一定指令条件时，若微处理器芯片无任何控制信号输出，则多为微处理器本身存在故障。

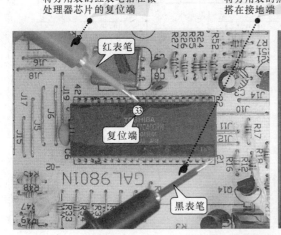

将万用表的红表笔搭在微处理器芯片的复位端

将万用表的黑表笔搭在接地端

红表笔

复位端

黑表笔

正常情况下，在微处理器芯片的复位端，开机瞬间，应能检测到0～5V的跳变电压

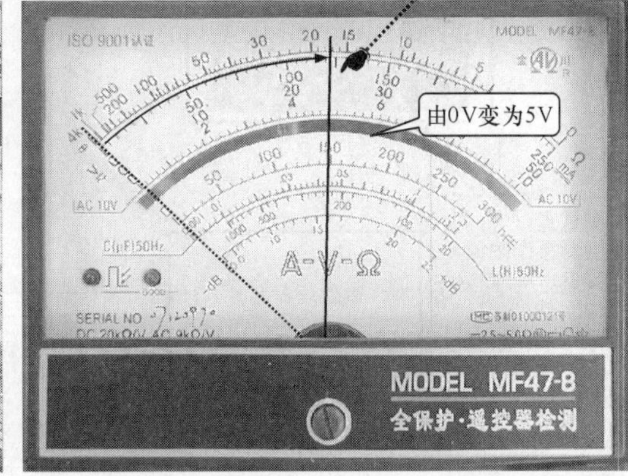
由0V变为5V
MODEL MF47-8
全保护·遥控器检测
A-V-Ω
AC 10V

图 5-57　复位电压的检测方法

输出信号的检测方法如图 5-58 所示。

将示波器的接地夹接地，探头搭在微处理器芯片中控制信号的输出引脚上

正常情况下，可检测到微处理器芯片输出的控制信号波形

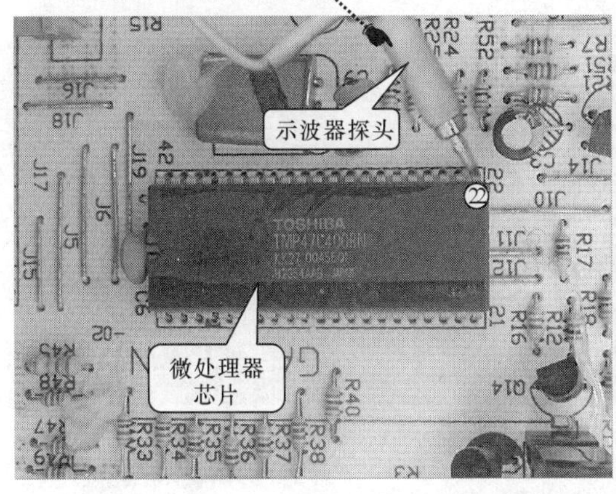
示波器探头
微处理器
芯片
TOSHIBA

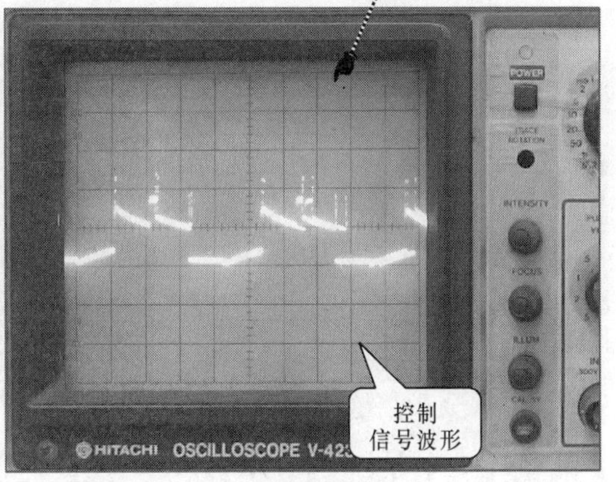
控制
信号波形
HITACHI OSCILLOSCOPE
POWER
INTENSITY
FOCUS

图 5-58　输出信号的检测方法

（3）学会操作显示电路的测试方法

操作显示电路出现故障，经常会引起微波炉出现按键失灵、显示异常、不开机等现象。对该电路进行检修时，可依据操作显示电路的信号流程对可能产生故障的部位进行逐级排查。

功法秘籍

操作显示电路主要用于人工指令的输入和显示。对操作显示电路进行检测时，主要检测其操作按键、显示部件等是否正常，如图 5-59 所示。

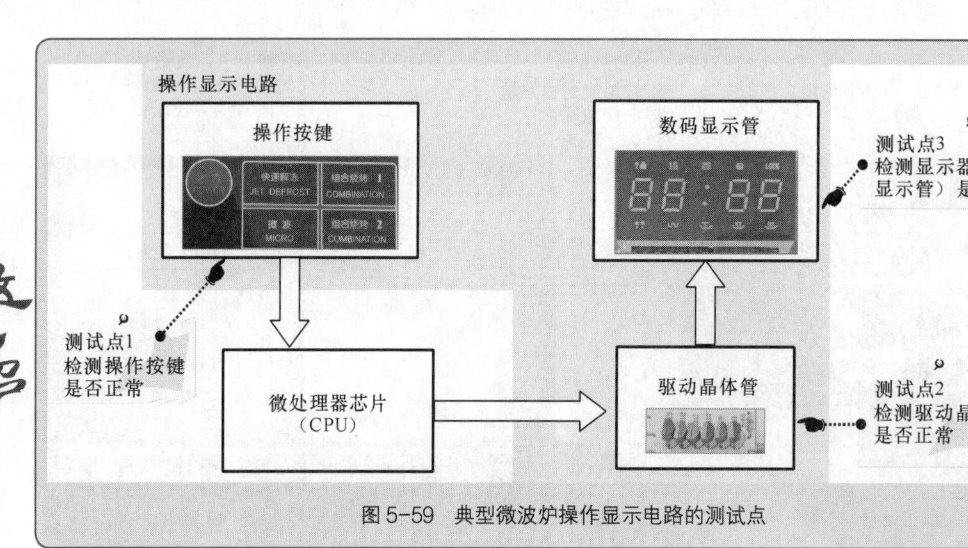
操作显示电路
操作按键
快速解冻 JET DEFROST
组合烧烤 1 COMBINATION
微波 MICRO
组合烧烤 2 COMBINATION
数码显示管
测试点3
检测显示器件（如数码显示管）是否正常
测试点1
检测操作按键是否正常
微处理器芯片（CPU）
驱动晶体管
测试点2
检测驱动晶体管是否正常

图 5-59　典型微波炉操作显示电路的测试点

测试点 1. 操作按键的检测方法

操作显示电路中的操作按键损坏经常会引起微波炉控制失灵的故障。检修时，可通过万用表检测操作按键的通断情况，来判断操作按键是否损坏。

操作按键的检测方法如图 5-60 所示。

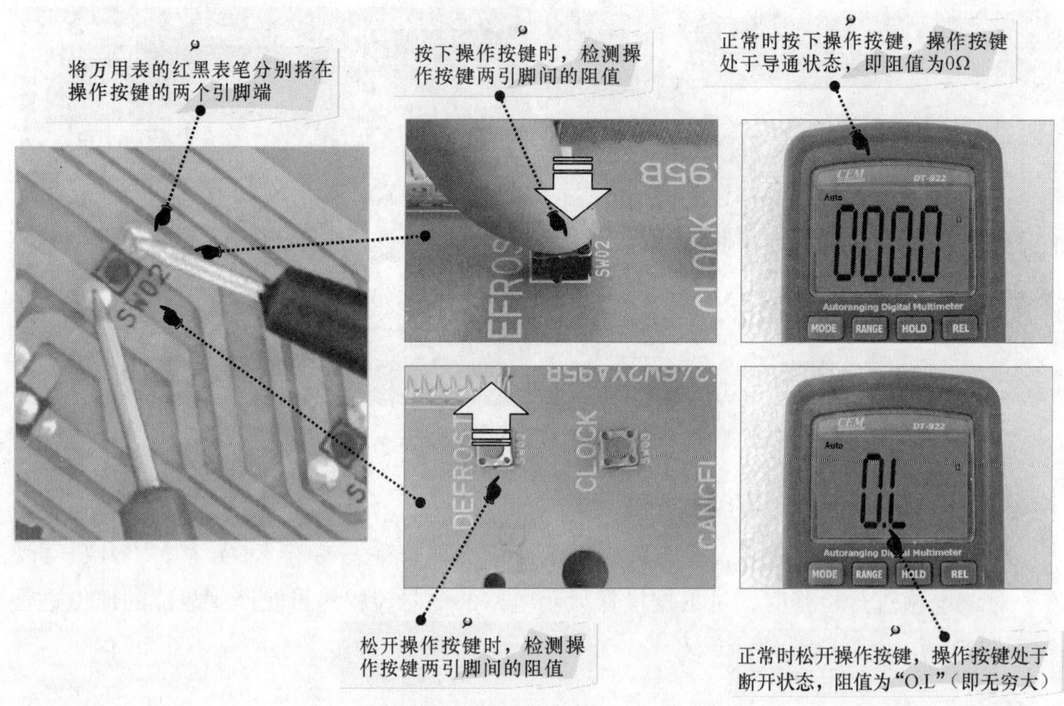
将万用表的红黑表笔分别搭在操作按键的两个引脚端
按下操作按键时，检测操作按键两引脚间的阻值
正常时按下操作按键，操作按键处于导通状态，即阻值为0Ω
000.0
Autoranging Digital Multimeter
MODE
RANGE
HOLD
REL
0.L
松开操作按键时，检测操作按键两引脚间的阻值
正常时松开操作按键，操作按键处于断开状态，阻值为“O.L”（即无穷大）

图 5-60　操作按键的检测方法

测试点 2. 驱动晶体管的检测方法

驱动晶体管损坏经常会引起显示器件显示异常，当显示器件显示异常时应首先对其驱动晶体管的性能进行检测。检测驱动晶体管时，主要是检测驱动晶体管的基极与集电极的信号波

维修技能

形。若驱动晶体管基极输入的信号波形和集电极输出的信号波形均正常，则说明驱动晶体管正常。若驱动晶体管基极输入的信号波形正常，而集电极无输出，则说明驱动晶体管损坏。

驱动晶体管的检测方法如图 5-61 所示。

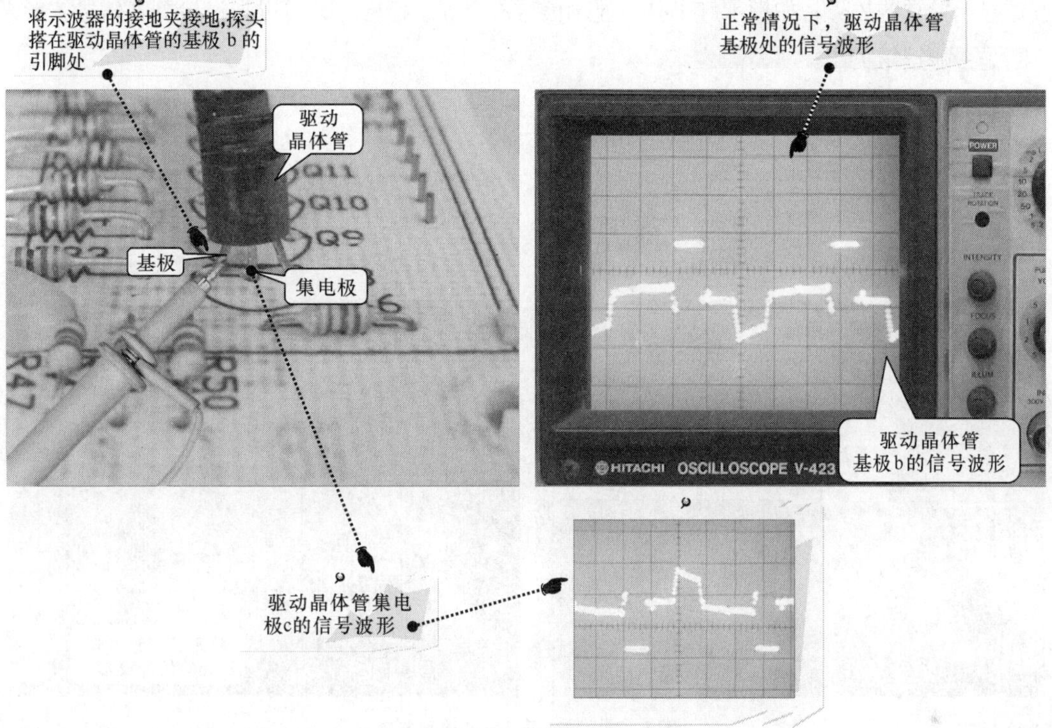

将示波器的接地夹接地，探头搭在驱动晶体管的基极 b 的引脚处
正常情况下，驱动晶体管基极处的信号波形
驱动晶体管
基极
集电极
驱动晶体管基极b的信号波形
HITACHI OSCILLOSCOPE V-423
驱动晶体管集电极c的信号波形

图 5-61　驱动晶体管的检测方法

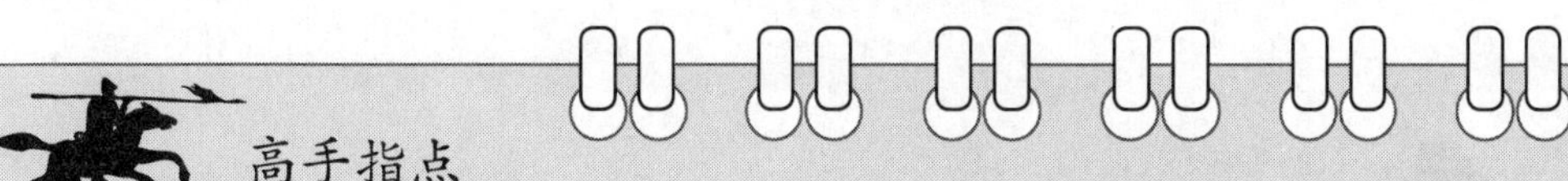

高手指点

通常初学者在检测驱动晶体管时，可以对照相应的电路图，先将驱动晶体管的各引脚进行区分，如图 5-62 所示。

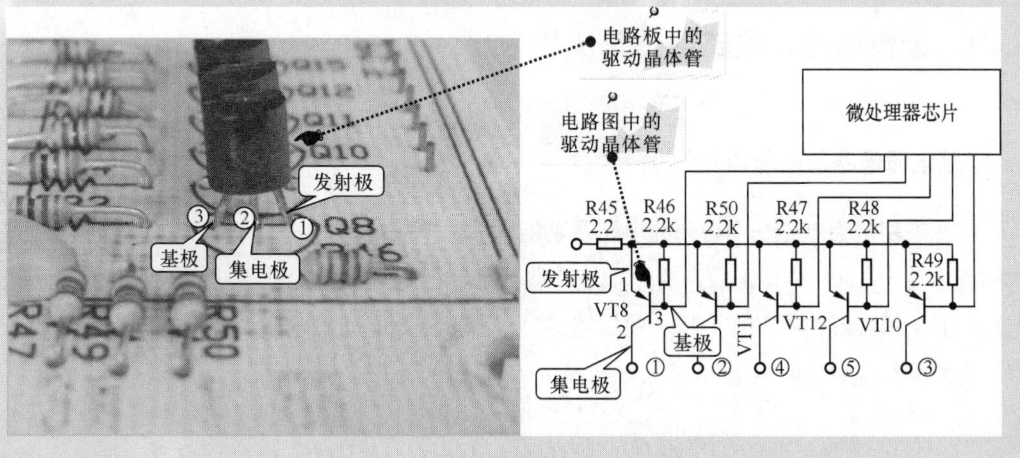

电路板中的驱动晶体管
电路图中的驱动晶体管
微处理器芯片
发射极
基极
集电极
R45 2.2
R46 2.2k
R50 2.2k
R47 2.2k
R48 2.2k
R49 2.2k
VT8
VT11
VT12
VT10

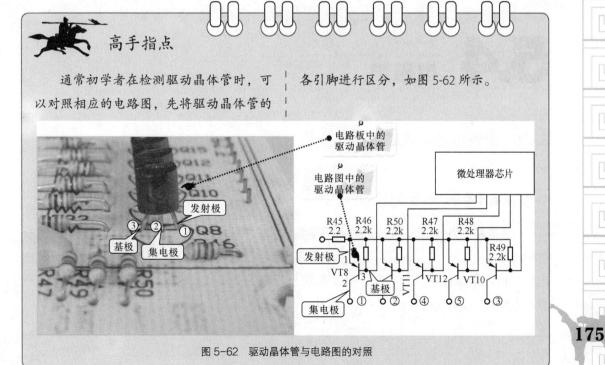

图 5-62　驱动晶体管与电路图的对照

测试点 3. 数码显示管的检测方法

微波炉的显示状态主要是由数码显示管进行显示的，当数码显示管损坏时，经常会引起微波炉显示异常的故障，如指示灯不亮、显示信号不全等。检修时，可以通过检测其信号波形来判断是否能正常工作。

数码显示管的检测方法如图 5-63 所示。

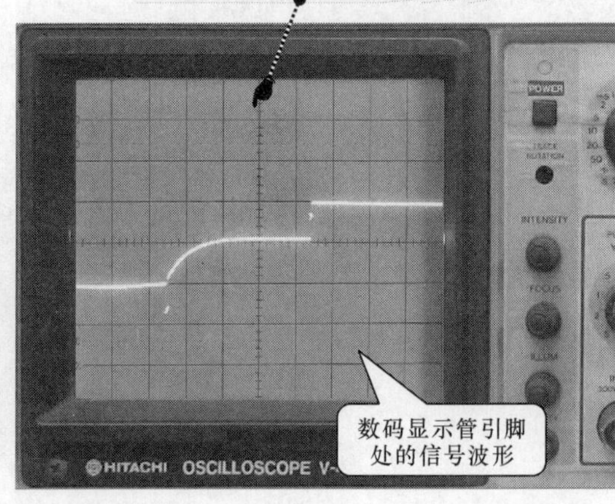
将示波器的接地夹接地，探头搭在数码显示管的引脚焊点上
数码显示管的a脚
示波器探头
正常情况下，应检测到数码显示管相应引脚处的信号波形
数码显示管引脚处的信号波形
HITACHI OSCILLOSCOPE

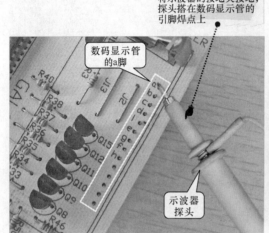

图 5-63 数码显示管的检测方法

5.4 电磁炉

5.4.1 读懂电磁炉电路的信号流程

1. 读懂电源电路的信号流程

电源电路是为电磁炉中各单元电路及功能部件供电的电路，其中一路 220 V 交流电通过桥式整流堆输出 +300 V 高压后，通过由电感线圈和谐振电容构成的低通滤波器后，为功率输出电路中的炉盘线圈提供工作电压；另一路通过电源变压器降压后输出到整流滤波电路变成低压直流为检测和控制电路供电。

功法秘籍

图 5-64 所示为电磁炉电源电路的基本结构。

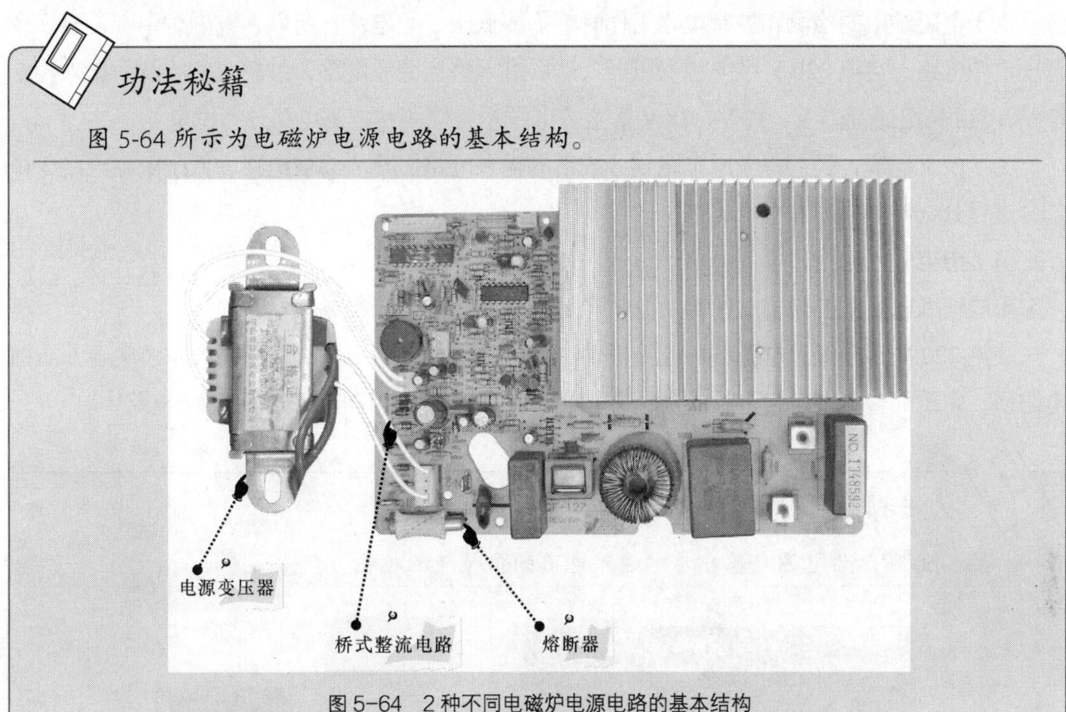
电源变压器
桥式整流电路
熔断器

图 5-64　2 种不同电磁炉电源电路的基本结构

不同电磁炉的电源电路虽结构各异，但其基本信号处理过程大致相同。为了更加深入了解开关电源电路的特点，我们根据电路中各主要部件的功能特点，将电源电路划分为市电输入电路、整流滤波电路、低压电源电路 3 部分。

内功心法

图 5-65 所示为典型电磁炉中电源电路的流程图。交流 220 V 市电经桥式整流堆整流为+300 V的直流电压，然后经扼流圈和平滑电容进行平滑滤波后变得稳定，以便送入功率输出电路中。

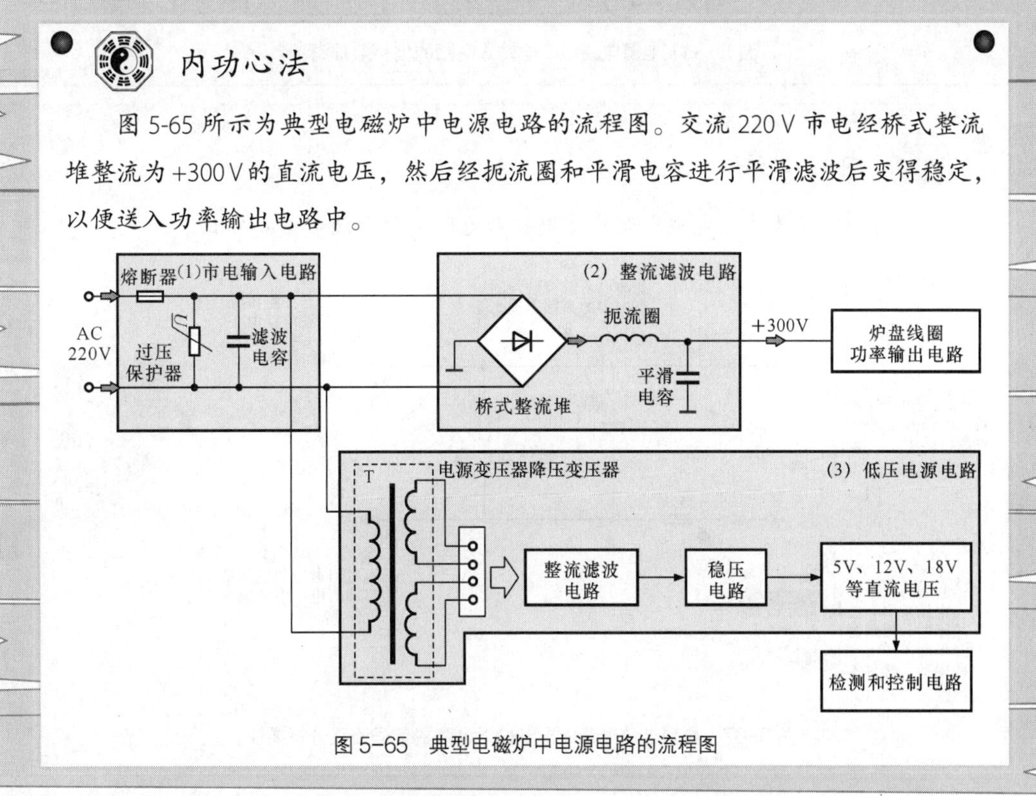
熔断器
(1)市电输入电路
AC
220V
过压
保护器
滤波
电容
(2) 整流滤波电路
扼流圈
桥式整流堆
平滑
电容
+300V
炉盘线圈
功率输出电路
T
电源变压器降压变压器
(3) 低压电源电路
整流滤波
电路
稳压
电路
5V、12V、18V
等直流电压
检测和控制电路

图 5-65　典型电磁炉中电源电路的流程图

由于电磁炉中的检测和控制电路工作时都需要低压、小电流，所以在电磁炉中都设有一个低压电源电路。交流 220 V 经电源变压器，然后进入整流滤波电路，经整流和滤波后送入稳压电路，然后输出直流 5 V、12 V、18 V 等直流电压，为检测和控制电路进行供电。

为了便于理解，我们将电源电路划分成市电输入电路、整流滤波电路、低压电源电路 3 个部分进行分析。

（1）市电输入电路

市电输入电路主要是由熔断器、滤波电容以及压敏电阻等组成。

交流 220 V 市电经过电源线和连接插件送入市电输入电路中，经熔断器、滤波电容、压敏电阻后，由桥式整流堆电路进行整流，并输出约 +300 V 的直流电压，送往后级电路中。

功法秘籍

图 5-66 所示为电源电路中市电输入电路的信号流程框图。

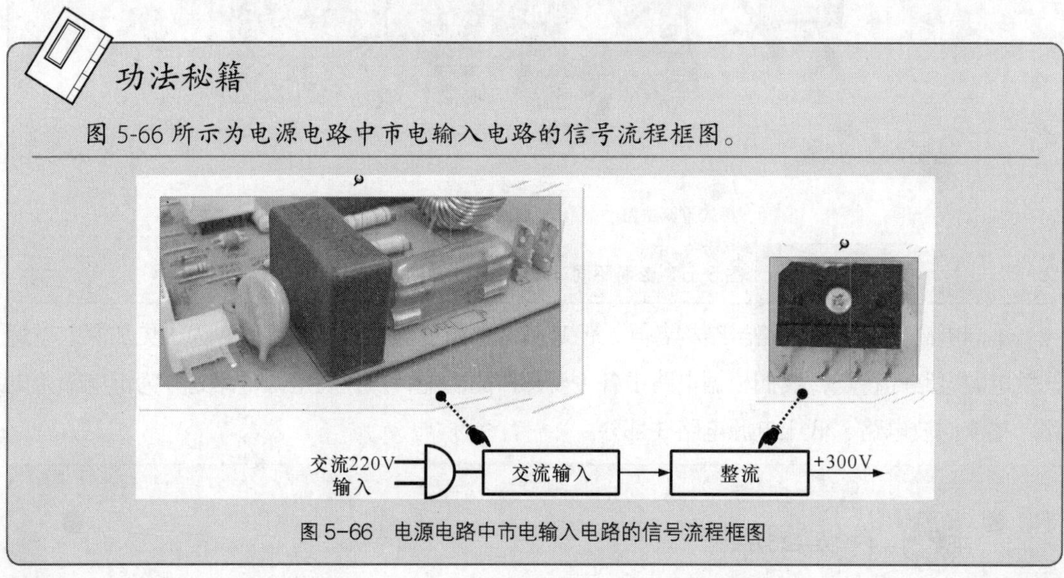
交流220V
输入
交流输入
整流
+300V

图 5-66 电源电路中市电输入电路的信号流程框图

内功心法

图 5-67 所示为典型电源电路中市电输入电路的信号流程分析要诀。

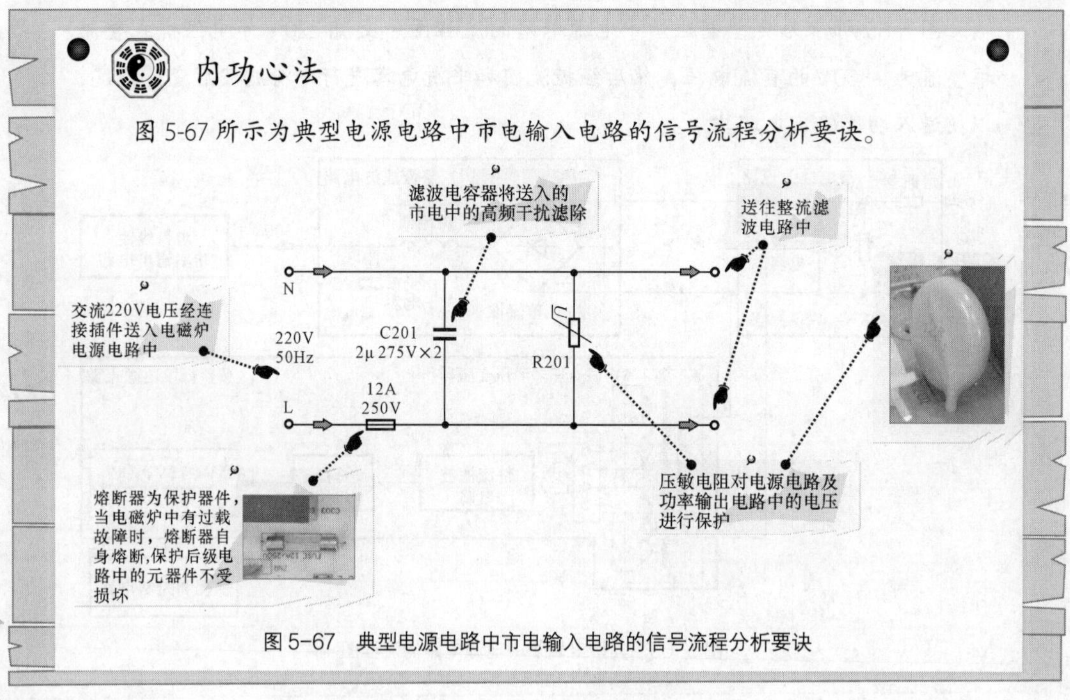
滤波电容器将送入的市电中的高频干扰滤除
送往整流滤波电路中
交流220V电压经连接插件送入电磁炉电源电路中
N
L
220V
50Hz
C201
2μ 275V×2
R201
12A
250V
熔断器为保护器件，当电磁炉中有过载故障时，熔断器自身熔断，保护后级电路中的元器件不受损坏
压敏电阻对电源电路及功率输出电路中的电压进行保护

图 5-67 典型电源电路中市电输入电路的信号流程分析要诀

（2）整流滤波电路

整流滤波电路主要是由桥式整流堆、扼流圈、电容等元器件组成的。由桥式整流电路整流后输出约 +300 V 直流电压，经扼流圈 L1、电容器进行平滑滤波后，为功率输出电路中的炉盘线圈进行供电。

功法秘籍

图 5-68 所示为电源电路中整流滤波电路的信号流程框图。

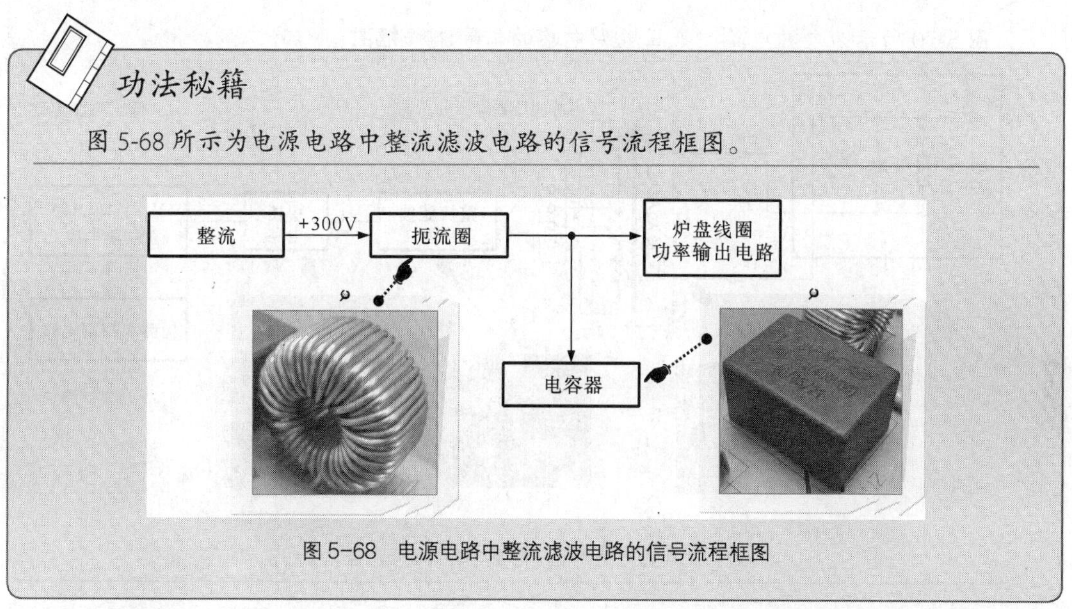
整流
+300V
扼流圈
炉盘线圈
功率输出电路
电容器

图 5-68　电源电路中整流滤波电路的信号流程框图

内功心法

图 5-69 所示为典型电源电路中整流滤波电路的信号流程分析要诀。

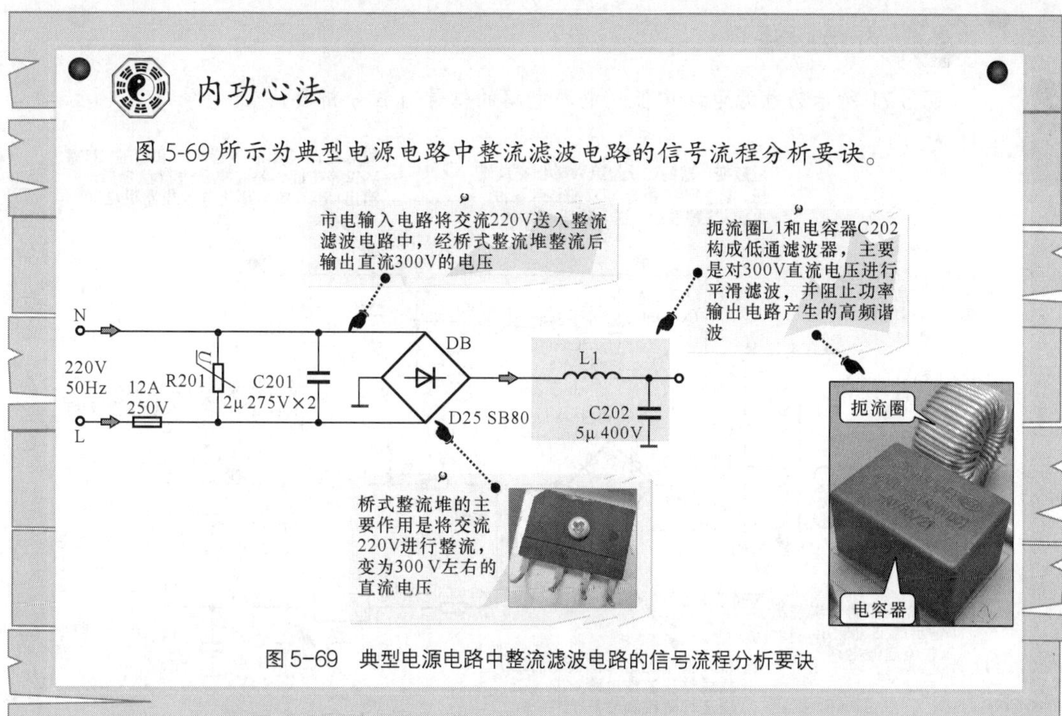
市电输入电路将交流220V送入整流滤波电路中，经桥式整流堆整流后输出直流300V的电压
扼流圈L1和电容器C202构成低通滤波器，主要是对300V直流电压进行平滑滤波，并阻止功率输出电路产生的高频谐波
N
L
220V
50Hz
12A
250V
R201
C201
2μ 275V×2
DB
D25 SB80
L1
C202
5μ 400V
桥式整流堆的主要作用是将交流220V进行整流，变为300 V左右的直流电压
扼流圈
电容器

图 5-69　典型电源电路中整流滤波电路的信号流程分析要诀

（3）低压电源电路

低压电源电路主要是由电源变压器、整流二极管、滤波电容、桥式整流堆以及三端稳压器组成。

市电输入电路送来的交流 220 V 电压，经电源变压器后输出低压交流电，分别经整流、滤波、稳压后输出 +18 V、+5 V、+12 V 等低压直流电源，为电磁炉的各单元电路提供所需的工作电压。

功法秘籍

图 5-70 所示为电源电路中低压电源电路的信号流程框图。

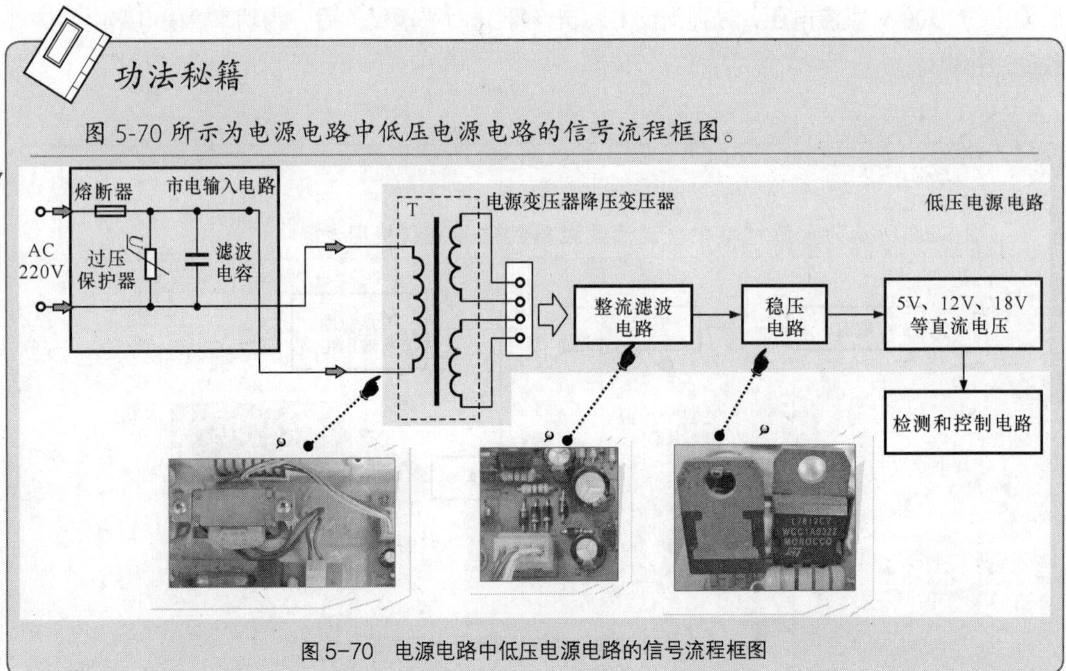
熔断器
市电输入电路
AC
220V
过压
保护器
滤波
电容
T
电源变压器降压变压器
低压电源电路
整流滤波
电路
稳压
电路
5V、12V、18V
等直流电压
检测和控制电路

图 5-70　电源电路中低压电源电路的信号流程框图

内功心法

图 5-71 所示为电源电路中低压电源电路的信号流程分析要诀。

电源变压器的二次绕组 A 输出交流低压，经整流二极管 VD2 整流和滤波电容 C3 滤波后，送入稳压电路中

稳压电路是由晶体管 VT1 和稳压二极管 VZ2等构成，是将电压进行稳定后，输出18V直流电压为其他电路供电

交流220 V电压，经连接插件CN2加到降压变压器的一次绕组

VD2 1N4004　C3 220μ 35V　R7 680 0.5W　VT1 D468　VZ2 18.5V　C1 0.1μ　C12 470μ 16V　+18V

降压变压器　CN2　AC 220V　A　B　CN1　①②③④

VD3～VD6 1N4004　18V　R19 75 1W　7805　+5V　C7 1000μ 25V　C6 0.1μ　C35 470μ 25V　C15 1μ

R16 10/0.5W　7812　+12V　C9 100μ 16V　C13 0.1μ

整流滤波后的直流低压，经电阻器R19和三端稳压器7805输出+5 V的直流电压

降压变压器的二次绕组B输出的交流低压，送入整流滤波电路

桥式整流电路与滤波电容C7构成整流滤波电路对交流低压进行整流和滤波

整流滤波后的直流低压，经电阻器R16和三端稳压器7812输出+12 V的直流电压

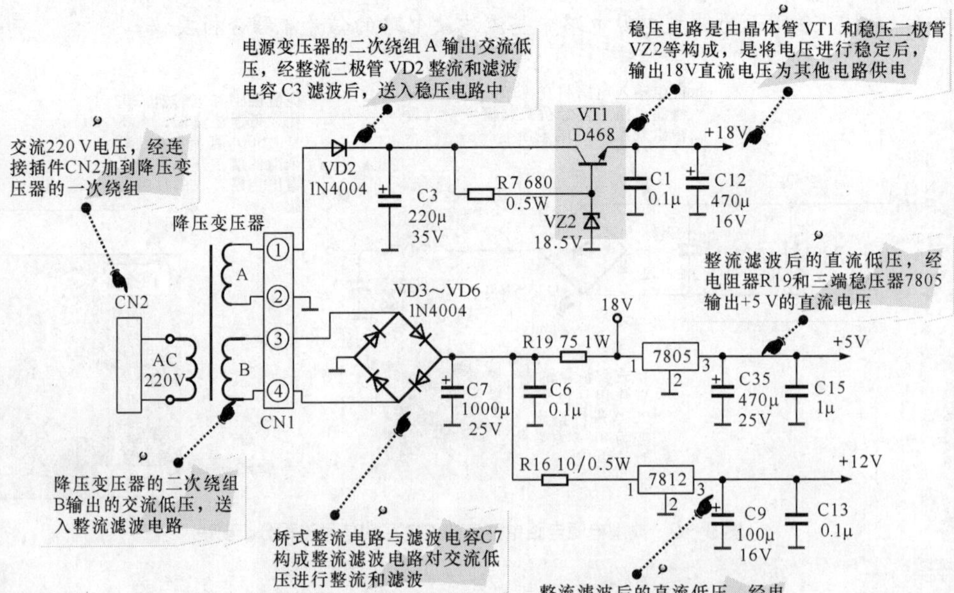

图 5-71　电源电路中低压电源电路的信号流程分析要诀

晶体管 VT1 也称为射极输出器，VT1 的基极接有 18.5 V 的稳压二极管 VZ2，稳压二极管 VZ2 主要是用来控制晶体管 VT1 基极的电压稳定在 18 V，从而使 VT1 发射极输出的电压等于 18.5 V，由于晶体管的基极和发射极之间的结电压为一恒定值（0.5 ～ 0.7 V），因而输出电压可稳定在 18 V 左右。

2. 读懂功率输出电路的信号流程

功率输出电路是电磁炉中非常重要的电路之一，它是利用 IGBT 输出的脉冲信号驱动炉盘线圈与谐振电容器构成的 LC 谐振电路进行高频谐振从而辐射电磁能，加热壮具。

功率输出电路主要是由炉盘线圈、IGBT 以及谐振电容器等组成的。电磁炉虽然多种多样，但功率输出电路的基本组成元件和工作原理基本类似。

功法秘籍

图 5-72 所示为电磁炉功率输出电路的基本结构。

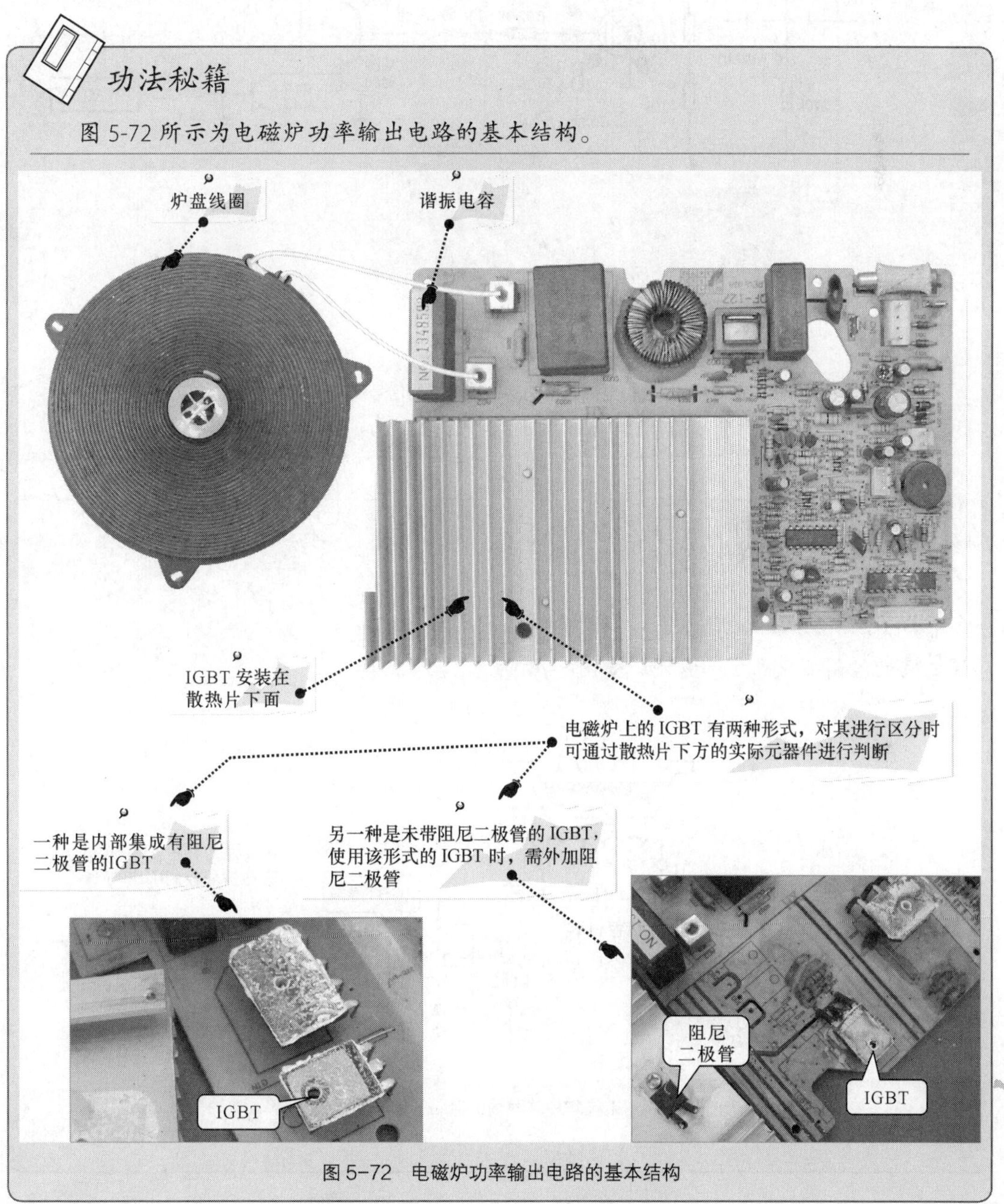
炉盘线圈
谐振电容
IGBT 安装在
散热片下面
电磁炉上的 IGBT 有两种形式，对其进行区分时
可通过散热片下方的实际元器件进行判断
一种是内部集成有阻尼
二极管的IGBT
另一种是未带阻尼二极管的 IGBT，
使用该形式的 IGBT 时，需外加阻
尼二极管
IGBT
阻尼
二极管
IGBT

图 5-72　电磁炉功率输出电路的基本结构

内功心法

图 5-73 所示为典型电磁炉中功率输出电路的信号流程分析要诀。

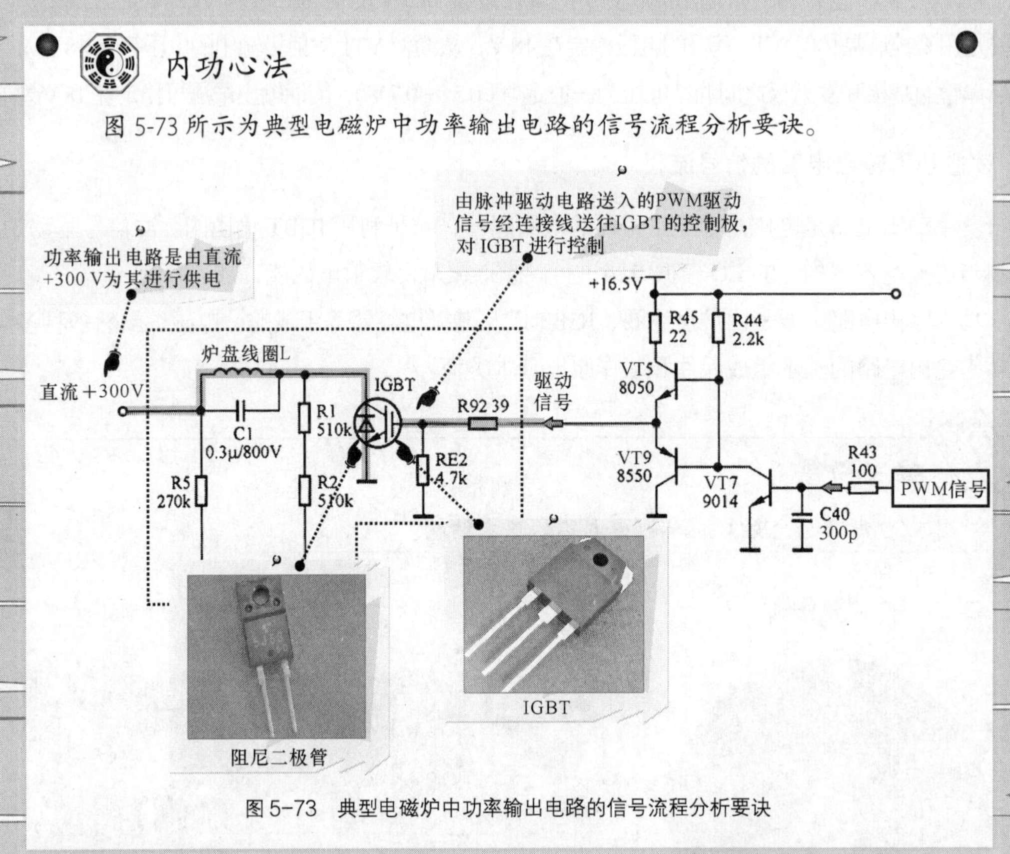
由脉冲驱动电路送入的PWM驱动信号经连接线送往IGBT的控制极，对IGBT进行控制
功率输出电路是由直流+300 V为其进行供电
+16.5V
R45 22
R44 2.2k
炉盘线圈L
VT5 8050
直流+300V
IGBT
驱动信号
R92 39
C1 0.3μ/800V
R1 510k
RE2 4.7k
VT9 8550
R43 100
R5 270k
R2 510k
VT7 9014
PWM信号
C40 300p
IGBT
阻尼二极管

图 5-73 典型电磁炉中功率输出电路的信号流程分析要诀

高手指点

为了便于理解，我们将 IGBT 与炉盘线圈之间的控制关系画成示意图，如图 5-74 所示。

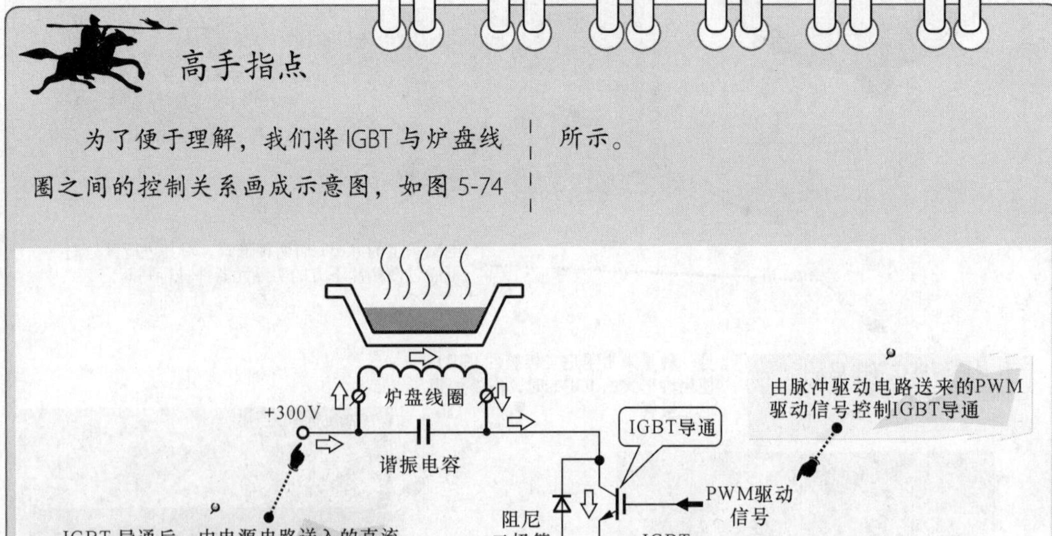
炉盘线圈
+300V
谐振电容
IGBT导通
由脉冲驱动电路送来的PWM驱动信号控制IGBT导通
PWM驱动信号
阻尼二极管
IGBT (门控管)
IGBT 导通后，由电源电路送入的直流+300 V电压为炉盘线圈进行供电，电能转换为电磁能并存储在炉盘线圈中

图 5-74 电磁炉中功率输出电路的信号流程框图

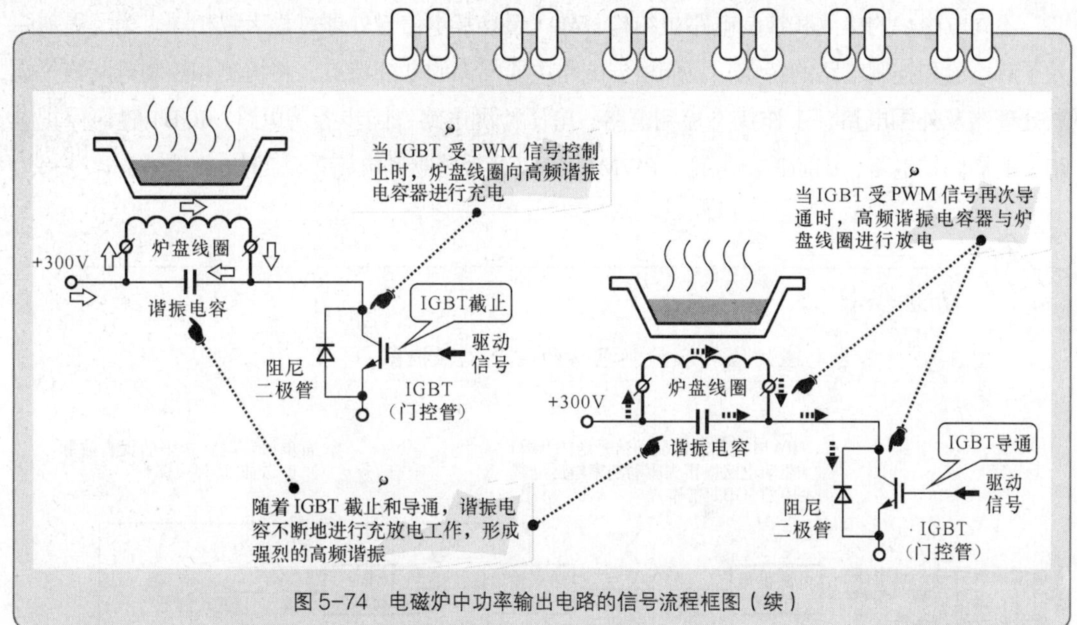
当IGBT受PWM信号控制止时，炉盘线圈向高频谐振电容器进行充电
炉盘线圈
+300V
谐振电容
IGBT截止
驱动信号
阻尼二极管
IGBT（门控管）
当IGBT受PWM信号再次导通时，高频谐振电容器与炉盘线圈进行放电
炉盘线圈
+300V
谐振电容
IGBT导通
驱动信号
阻尼二极管
IGBT（门控管）
随着IGBT截止和导通，谐振电容不断地进行充放电工作，形成强烈的高频谐振

图 5-74　电磁炉中功率输出电路的信号流程框图（续）

3. 读懂检测和控制电路的信号流程

检测和控制电路是电磁炉中最为重要的电路之一，它是电磁炉的脉冲信号产生电路以及过压、过流和过热的检测和控制电路，实际上也是电磁炉中各种信号的处理电路。

检测和控制电路实际上是由微处理器、电压比较器、运算放大器以及IGBT驱动控制电路等构成的。电磁炉虽然多种多样，但检测和控制电路的基本组成元件和工作原理基本类似。

功法秘籍

图 5-75 所示为典型电磁炉中检测和控制电路的基本结构。

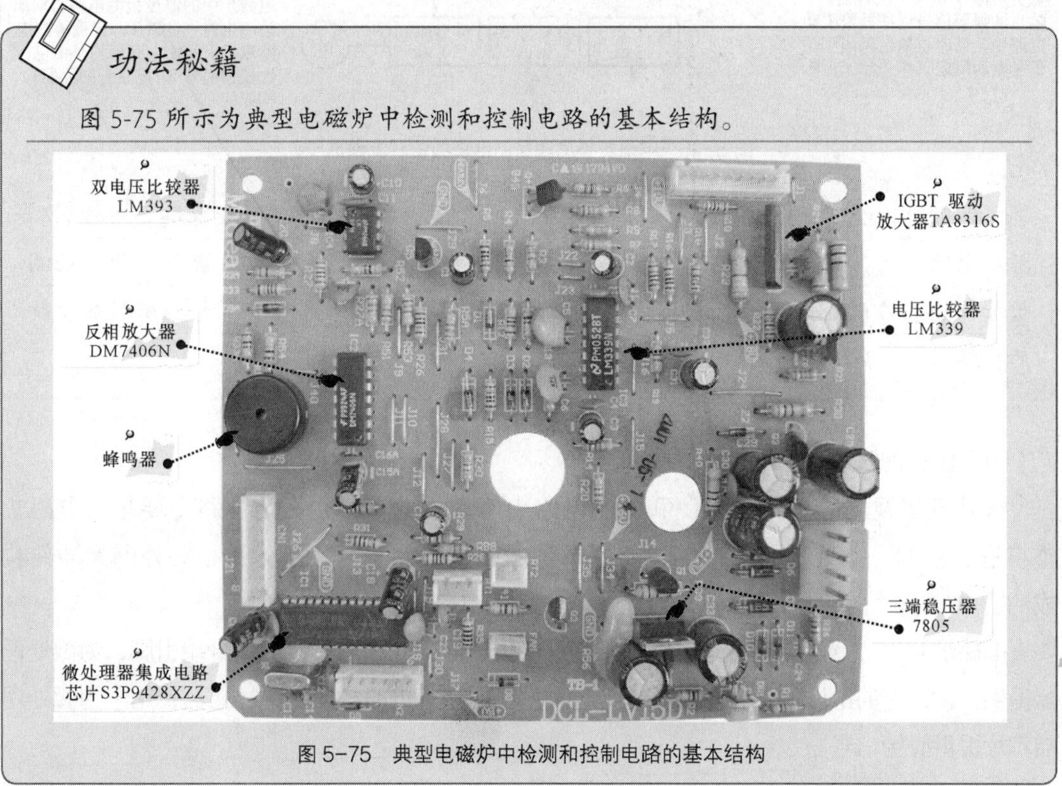
双电压比较器 LM393
IGBT 驱动放大器TA8316S
反相放大器 DM7406N
电压比较器 LM339
蜂鸣器
三端稳压器 7805
微处理器集成电路芯片S3P9428XZZ
DCL-LV15D

图 5-75　典型电磁炉中检测和控制电路的基本结构

不同电磁炉的检测和控制电路虽结构各异，但其基本信号处理过程大致相同。为了更加深入了解检测和控制电路的特点，我们根据电路主要部件的功能特点，将检测和控制电路划分成微处理器及外围电路、工作状态检测电路、电压检测电路、同步振荡电路、IGBT 过压保护电路、浪涌保护电路、锅质检测电路、PWM 电路以及报警驱动电路等几部分。

功法秘籍

图 5-76 所示为电磁炉检测和控制电路的信号流程框图。

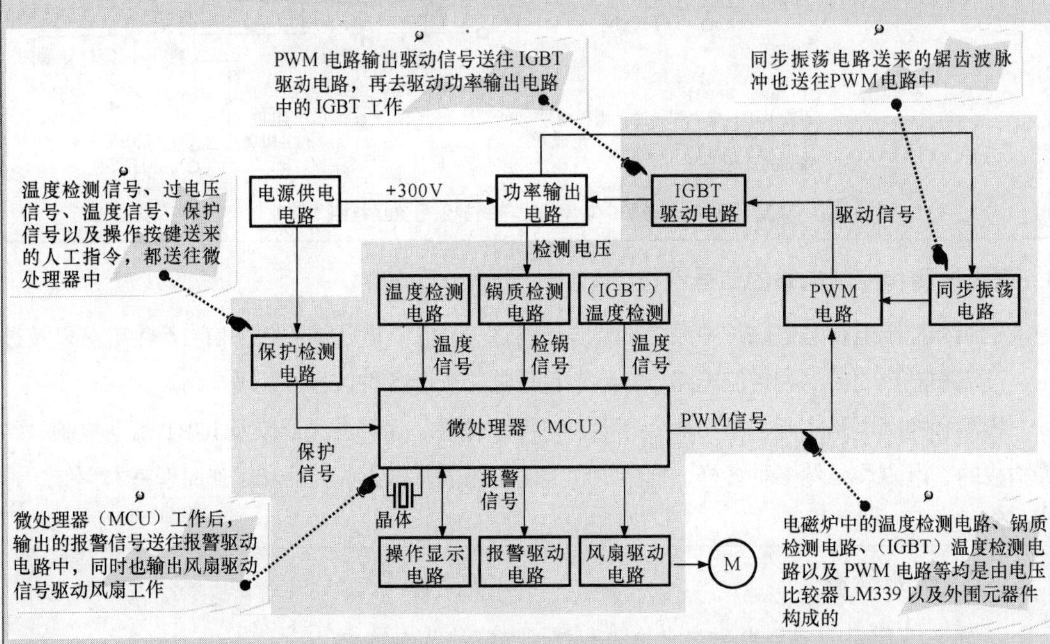

PWM 电路输出驱动信号送往 IGBT 驱动电路，再去驱动功率输出电路中的 IGBT 工作
同步振荡电路送来的锯齿波脉冲也送往PWM电路中
温度检测信号、过电压信号、温度信号、保护信号以及操作按键送来的人工指令，都送往微处理器中
电源供电电路
+300V
功率输出电路
IGBT驱动电路
驱动信号
检测电压
温度检测电路
锅质检测电路
（IGBT）温度检测
PWM电路
同步振荡电路
保护检测电路
温度信号
检锅信号
温度信号
微处理器（MCU）
PWM信号
保护信号
晶体
报警信号
微处理器（MCU）工作后，输出的报警信号送往报警驱动电路中，同时也输出风扇驱动信号驱动风扇工作
操作显示电路
报警驱动电路
风扇驱动电路
M
电磁炉中的温度检测电路、锅质检测电路、（IGBT）温度检测电路以及 PWM 电路等均是由电压比较器 LM339 以及外围元器件构成的

图 5-76　电磁炉检测和控制电路的信号流程框图

电磁炉的检测和控制电路是以微处理器（MCU）为控制核心的功能电路。当检测和控制电路中的微处理器满足工作条件时，则可根据输入端送入的人工指令信号或检测信号输出相应的控制信号，用以控制相关的功能部件动作，进而实现电磁炉加热食物的功能。

(1) 微处理器及外围电路

微处理器及外围电路是检测和控制电路中的重要电路之一，该电路主要是对电磁炉整机进行控制。微处理器及外围电路主要是由微处理器芯片、晶体及相关外围元器件构成的。

电磁炉开机时，电源电路送来的低压直流电压送至微处理器芯片的供电端引脚，为微处理器提供正常工作的电压；晶体与微处理器芯片内部的振荡电路构成时钟振荡器，用于为微处理器芯片提供时钟信号。

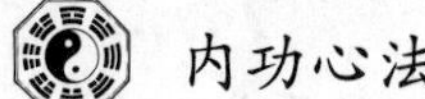

内功心法

图 5-77 所示为典型检测和控制电路中微处理器及外围电路的信号流程分析要诀。

微处理器输出风扇驱动信号，驱动风扇进行工作

微处理器的⑤脚为电源电路送来的+5 V电压，为微处理器的工作电压

微处理器的③脚为检锅信号输入端，与锅质检测电路相连

微处理器通过连接插件CN3与操作显示电路相连，用来输送人工指令或输出指示灯控制信号

微处理器输出蜂鸣器控制信号，控制蜂鸣器BUZ工作

晶体OSC主要是用于产生时钟振荡信号，使微处理器能正常工作

微处理器的⑩脚输出 PWM 驱动信号，送至PWM 电路中

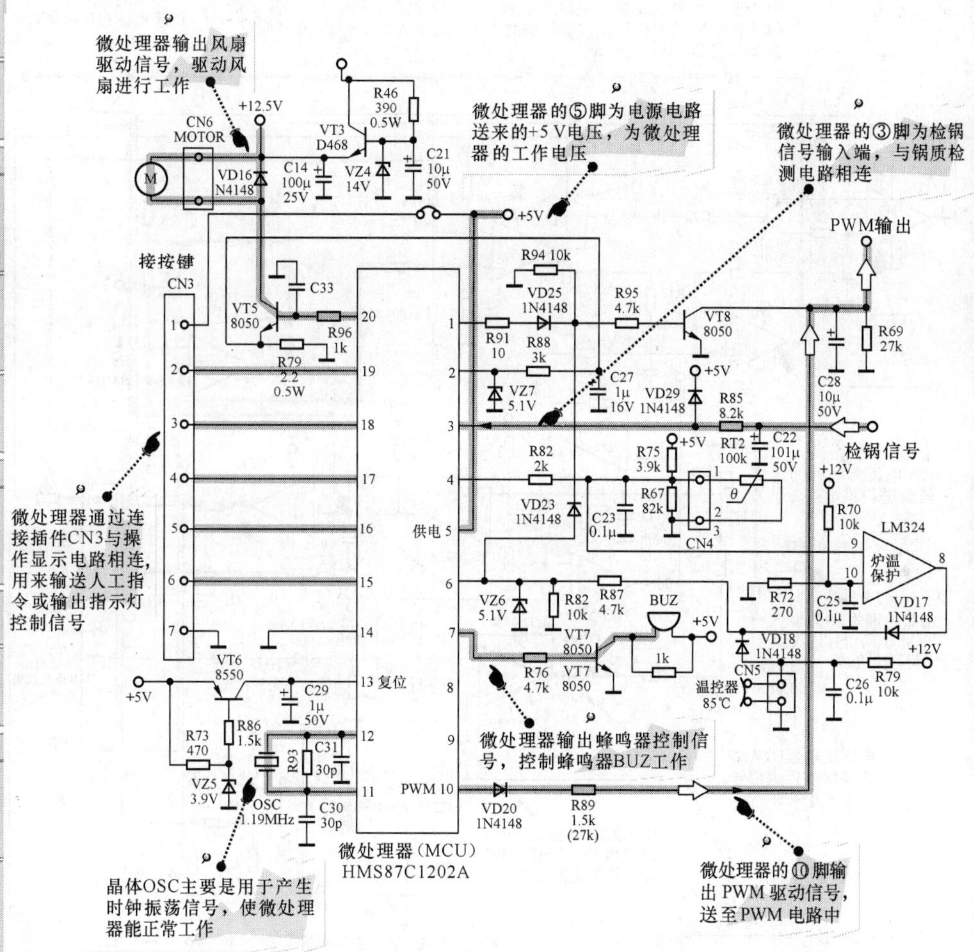

图 5-77　典型检测和控制电路中微处理器及外围电路的信号流程分析要诀

（2）工作状态检测电路

电磁炉工作状态检测电路主要包括过流、过压检测电路，灶台温度和 IGBT 温度检测电路，此外还包含同步振荡和脉宽调制等电路。这些电路大都是由电压比较器 LM339 和运算放大器 LM324 芯片组成的，每个单元电路之间都有一定的相互关联。

内功心法

图5-78所示为典型检测和控制电路中工作状态检测电路的信号流程分析要诀。

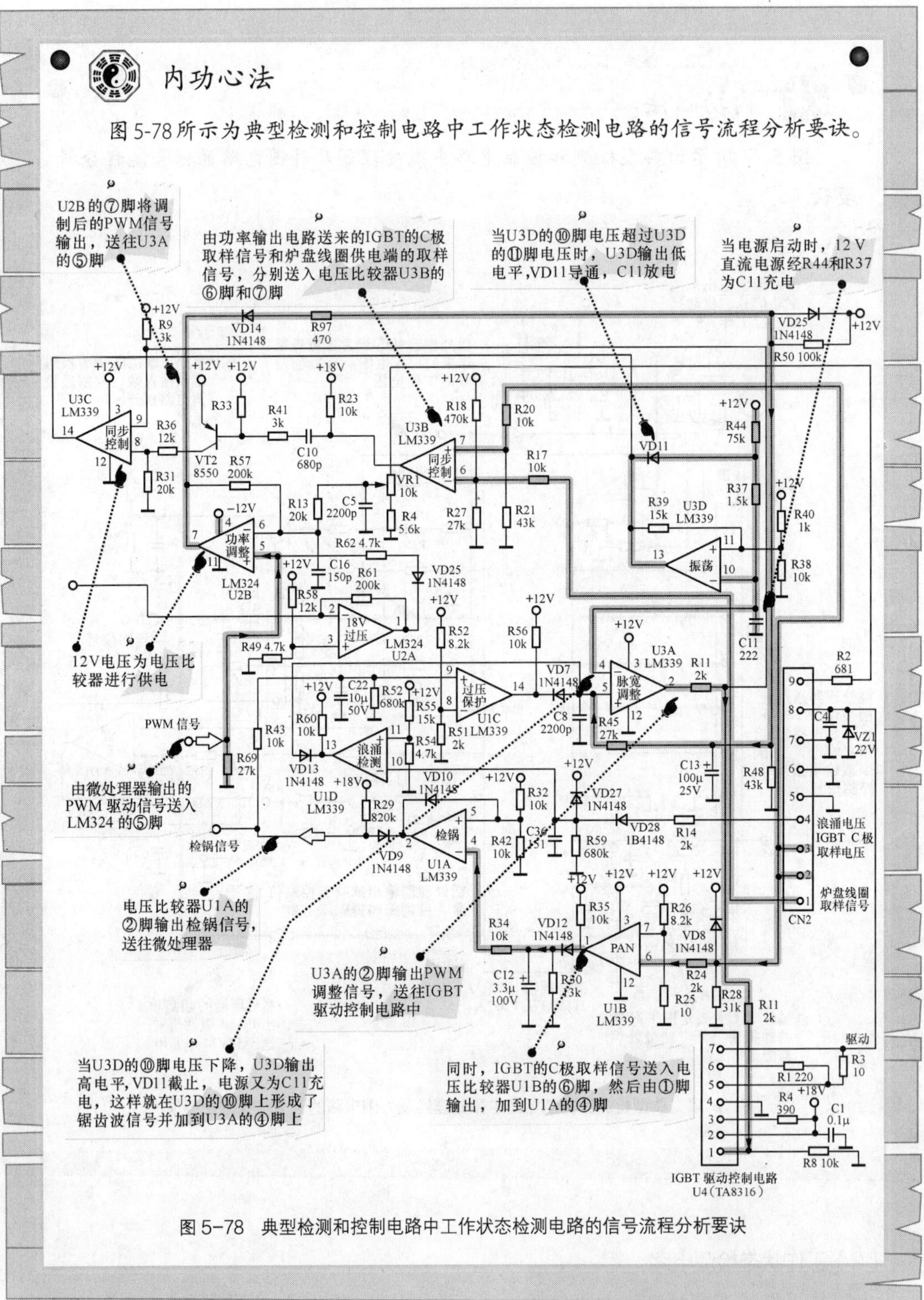
U2B的⑦脚将调制后的PWM信号输出，送往U3A的⑤脚
由功率输出电路送来的IGBT的C极取样信号和炉盘线圈供电端的取样信号，分别送入电压比较器U3B的⑥脚和⑦脚
当U3D的⑩脚电压超过U3D的⑪脚电压时，U3D输出低电平，VD11导通，C11放电
当电源启动时，12V直流电源经R44和R37为C11充电
12V电压为电压比较器进行供电
由微处理器输出的PWM驱动信号送入LM324的⑤脚
电压比较器U1A的②脚输出检锅信号，送往微处理器
U3A的②脚输出PWM调整信号，送往IGBT驱动控制电路中
当U3D的⑩脚电压下降，U3D输出高电平，VD11截止，电源又为C11充电，这样就在U3D的⑩脚上形成了锯齿波信号并加到U3A的④脚上
同时，IGBT的C极取样信号送入电压比较器U1B的⑥脚，然后由①脚输出，加到U1A的④脚
同步控制
功率调整
过压
过压保护
浪涌检测
检锅
振荡
脉宽调整
PAN
PWM信号
检锅信号
浪涌电压
IGBT C极取样电压
炉盘线圈取样信号
驱动
IGBT驱动控制电路 U4（TA8316）

图5-78　典型检测和控制电路中工作状态检测电路的信号流程分析要诀

（3）电压检测电路

电磁炉的电压检测电路是对输入的市电电压进行检测的，当输入的市电电压过高或过低时，电压检测电路均会将检测到的电压信号传送给微处理器进行处理。

内功心法

图 5-79 所示为典型检测和控制电路中电压检测电路的信号流程分析要诀。

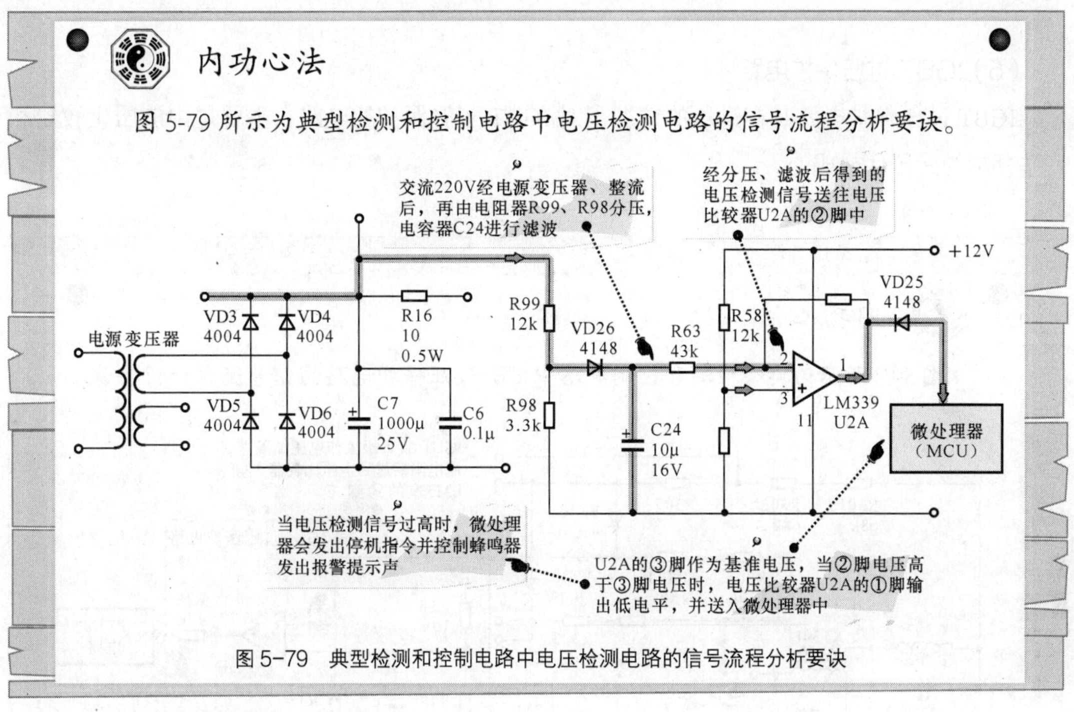

交流220V经电源变压器、整流后，再由电阻器R99、R98分压，电容器C24进行滤波
经分压、滤波后得到的电压检测信号送往电压比较器U2A的②脚中
当电压检测信号过高时，微处理器会发出停机指令并控制蜂鸣器发出报警提示声
U2A的③脚作为基准电压，当②脚电压高于③脚电压时，电压比较器U2A的①脚输出低电平，并送入微处理器中
电源变压器
VD3 4004
VD4 4004
VD5 4004
VD6 4004
R16 10 0.5W
C7 1000μ 25V
C6 0.1μ
R99 12k
R98 3.3k
VD26 4148
R63 43k
C24 10μ 16V
R58 12k
LM339 U2A
VD25 4148
+12V
微处理器 (MCU)

图 5-79　典型检测和控制电路中电压检测电路的信号流程分析要诀

(4) 同步振荡电路

同步振荡电路是产生脉冲信号的重要电路，在电磁炉中用于保持 IGBT 驱动信号和 LC 谐振电路的同步，使其能够稳定地工作。

同步振荡电路主要是由电压比较器和一些外围的辅助元器件构成的。

内功心法

图 5-80 所示为典型检测和控制电路中同频振荡电路的流程分析要诀。

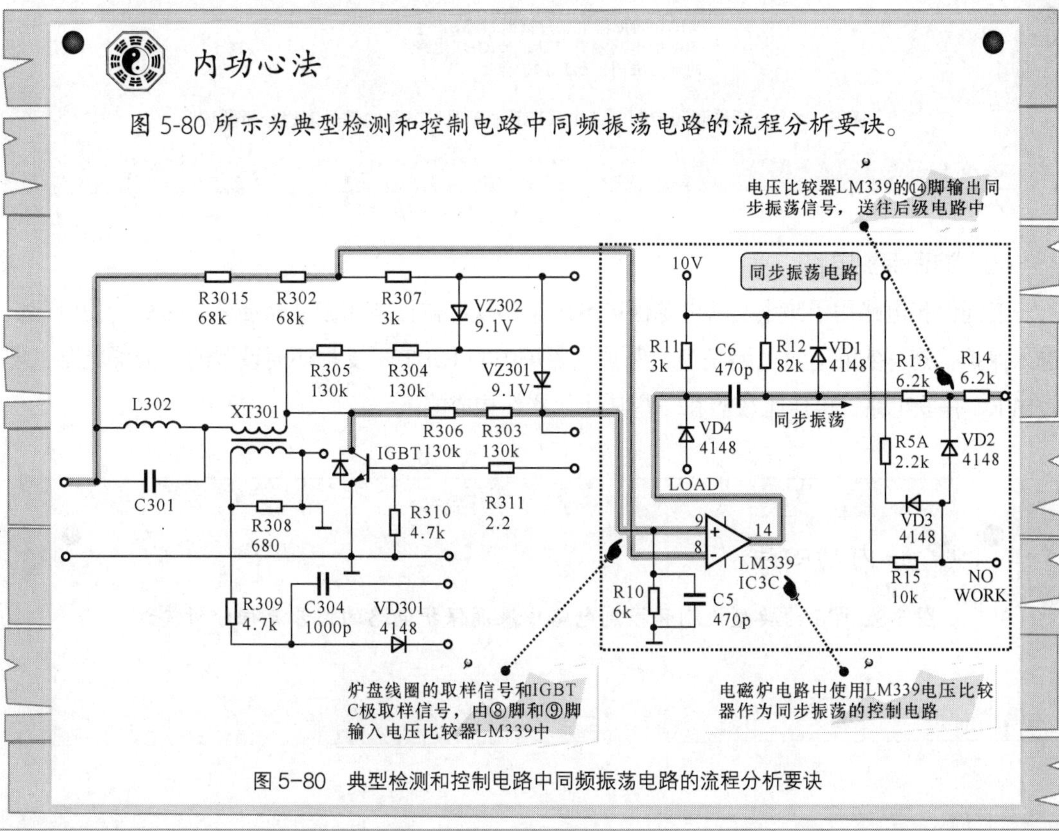

电压比较器LM339的⑭脚输出同步振荡信号，送往后级电路中
同步振荡电路
炉盘线圈的取样信号和IGBT C极取样信号，由⑧脚和⑨脚输入电压比较器LM339中
电磁炉电路中使用LM339电压比较器作为同步振荡的控制电路
R3015 68k
R302 68k
R307 3k
VZ302 9.1V
R305 130k
R304 130k
VZ301 9.1V
L302
XT301
R306 130k
R303 130k
IGBT
C301
R308 680
R310 4.7k
R311 2.2
R309 4.7k
C304 1000p
VD301 4148
10V
R11 3k
C6 470p
R12 82k
VD1 4148
R13 6.2k
R14 6.2k
同步振荡
VD4 4148
LOAD
R5A 2.2k
VD2 4148
VD3 4148
LM339 IC3C
R10 6k
C5 470p
R15 10k
NO WORK

图 5-80　典型检测和控制电路中同频振荡电路的流程分析要诀

(5) IGBT 过压保护电路

IGBT 过压保护电路是在过压的情况下对 IGBT 实施保护的电路，主要是由电压比较器和一些外围的元器件构成的。

内功心法

图 5-81 所示为典型检测和控制电路中 IGBT 过压保护电路的信号流程分析要诀。

IGBT 的 C 极工作电压经限流电阻后送到电压比较器 LM339 的⑥脚

电压比较器的输出端去控制PWM 电路或微处理器（MCU）

当IGBT的C极电压过高时，IGBT 过压保护电路就会启动，使IGBT 电路的输出关闭，起到保护作用

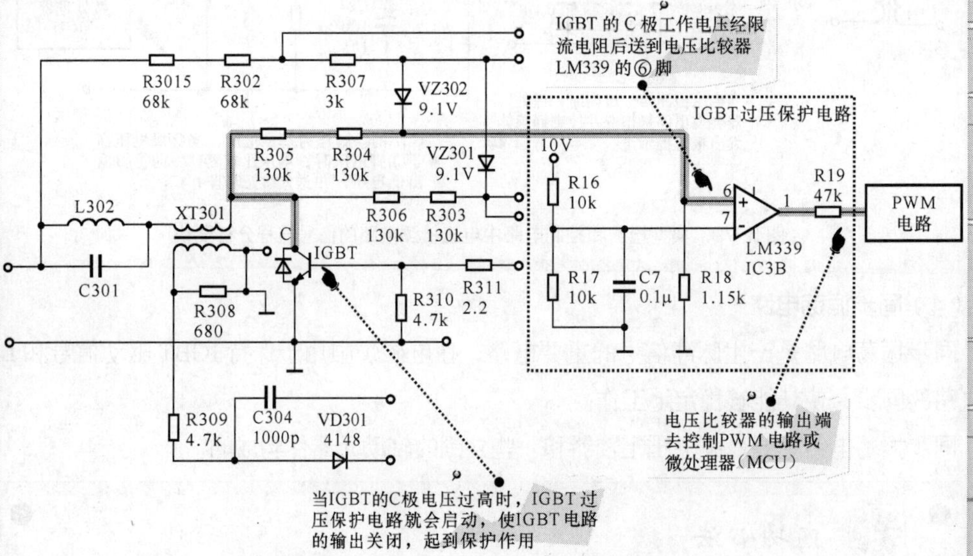

图 5-81　典型检测和控制电路中 IGBT 过压保护电路的信号流程分析要诀

(6) 浪涌保护电路

浪涌保护电路用于防止交流电源供电电压中出现冲击性电压波动而损坏电磁炉，使电磁炉进入保护状态。实际上该电路是为了保护电磁炉中的 IGBT 不受损坏而设置的。浪涌电路主要是由 RC 并联电路、电压比较器和一些其他元器件构成的。

内功心法

图 5-82 所示为典型检测和控制电路中浪涌保护电路的信号流程分析要诀。

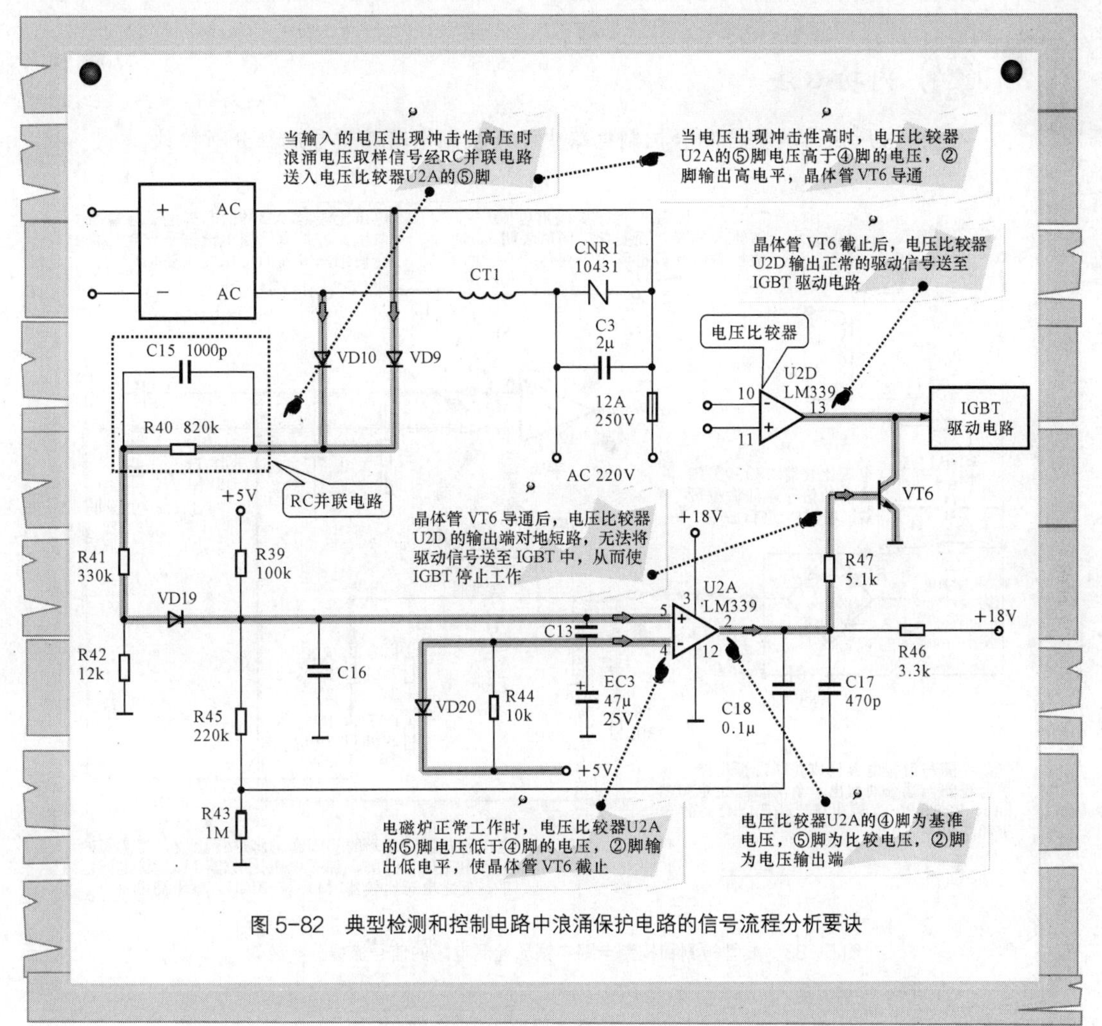
当输入的电压出现冲击性高压时浪涌电压取样信号经RC并联电路送入电压比较器U2A的⑤脚
当电压出现冲击性高时，电压比较器U2A的⑤脚电压高于④脚的电压，②脚输出高电平，晶体管VT6导通
晶体管VT6截止后，电压比较器U2D输出正常的驱动信号送至IGBT驱动电路
电压比较器
U2D LM339
IGBT驱动电路
VT6
CT1
CNR1 10431
C3 2μ
12A 250V
AC 220V
C15 1000p
R40 820k
VD10
VD9
RC并联电路
晶体管VT6导通后，电压比较器U2D的输出端对地短路，无法将驱动信号送至IGBT中，从而使IGBT停止工作
+5V
+18V
R41 330k
R39 100k
VD19
R42 12k
C16
R45 220k
R43 1M
C13
VD20
R44 10k
EC3 47μ 25V
U2A LM339
R47 5.1k
R46 3.3k
C18 0.1μ
C17 470p
电磁炉正常工作时，电压比较器U2A的⑤脚电压低于④脚的电压，②脚输出低电平，使晶体管VT6截止
电压比较器U2A的④脚为基准电压，⑤脚为比较电压，②脚为电压输出端
图 5-82　典型检测和控制电路中浪涌保护电路的信号流程分析要诀

（7）锅质检测电路

炉盘线圈、电压比较器和一些其他的辅助元器件构成电磁炉中的锅质检测电路。锅质检测电路用于检测电磁炉工作过程中使用的锅具是否符合电磁炉的要求。

交流 220 V 电压进入电磁炉，经桥式整流堆输出直流 300 V 的电压，直流 300 V 经过平滑线圈 L1 送到炉盘线圈上。当锅具放到灶台上时，炉盘线圈的辐射磁场会在锅底形成电磁涡流而发热，锅具本身就成了电路的一部分。当电磁炉中无锅具、锅具不符合要求或锅具太小，均会影响到炉盘线圈的工作电流。因此，比较炉盘线圈两端的电压，即可对锅质进行检测了。

内功心法

图 5-83 所示为典型检测和控制电路中锅质检测电路的信号流程分析要诀。

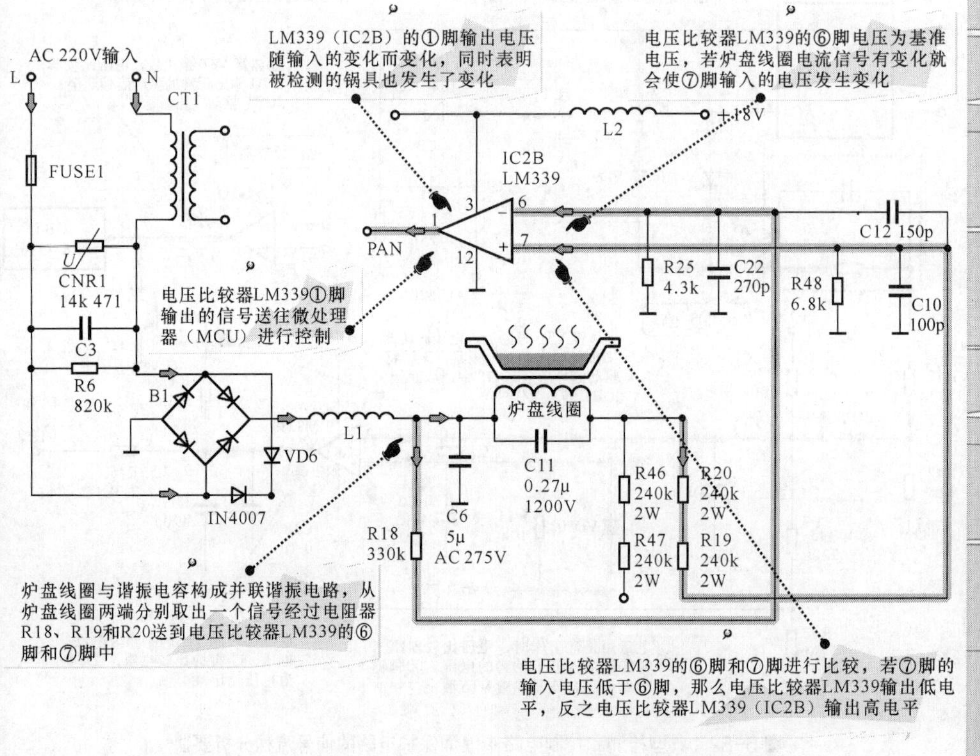
AC 220V输入
L
N
CT1
FUSE1
CNR1
14k 471
C3
R6
820k
B1
VD6
IN4007
L1
LM339（IC2B）的①脚输出电压随输入的变化而变化，同时表明被检测的锅具也发生了变化
电压比较器LM339的⑥脚电压为基准电压，若炉盘线圈电流信号有变化就会使⑦脚输入的电压发生变化
+18V
L2
IC2B
LM339
PAN
电压比较器LM339①脚输出的信号送往微处理器（MCU）进行控制
R25
4.3k
C22
270p
R48
6.8k
C12 150p
C10
100p
炉盘线圈
C11
0.27μ
1200V
C6
5μ
AC 275V
R18
330k
R46
240k
2W
R47
240k
2W
R20
240k
2W
R19
240k
2W
炉盘线圈与谐振电容构成并联谐振电路，从炉盘线圈两端分别取出一个信号经过电阻器R18、R19和R20送到电压比较器LM339的⑥脚和⑦脚中
电压比较器LM339的⑥脚和⑦脚进行比较，若⑦脚的输入电压低于⑥脚，那么电压比较器LM339输出低电平，反之电压比较器LM339（IC2B）输出高电平

图 5-83　典型检测和控制电路中锅质检测电路的信号流程分析要诀

（8）PWM 电路

PWM 电路也可称为脉宽调制信号产生电路，主要用于调节电磁炉火力的大小。该电路主要是由电压比较器和一些外围辅助元器件构成的。

（9）报警驱动电路

电磁炉中的报警驱动电路也被称为蜂鸣器驱动电路。当电磁炉在开机、停机或处于保护状态时，为了提示用户进而驱动蜂鸣器发出声响。

报警驱动电路主要是由蜂鸣器、驱动晶体管和一些外围元器件组成的。

内功心法

图 5-84 所示为典型检测和控制电路中 PWM 电路的信号流程分析要诀。

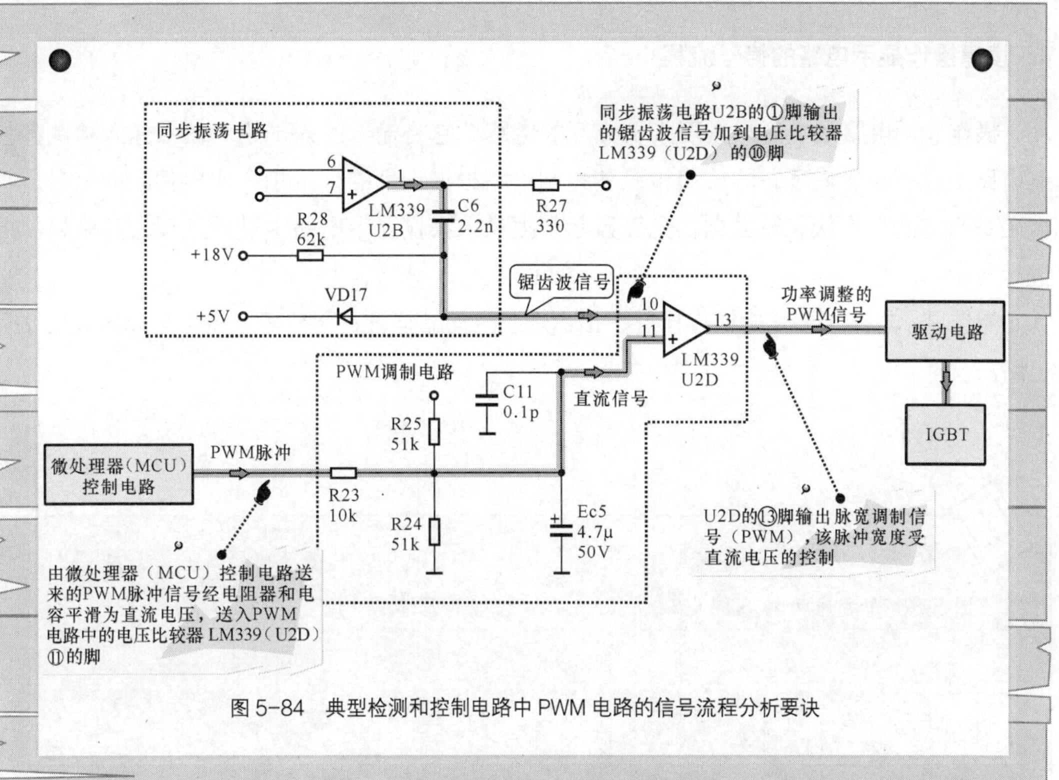
同步振荡电路
LM339
U2B
C6
2.2n
R27
330
R28
62k
+18V
+5V
VD17
锯齿波信号
同步振荡电路U2B的①脚输出的锯齿波信号加到电压比较器LM339（U2D）的⑩脚
功率调整的PWM信号
驱动电路
IGBT
LM339
U2D
PWM调制电路
C11
0.1p
直流信号
R25
51k
微处理器（MCU）控制电路
PWM脉冲
R23
10k
R24
51k
Ec5
4.7μ
50V
U2D的⑬脚输出脉宽调制信号（PWM），该脉冲宽度受直流电压的控制
由微处理器（MCU）控制电路送来的PWM脉冲信号经电阻器和电容平滑为直流电压，送入PWM电路中的电压比较器LM339（U2D）⑪的脚

图 5-84　典型检测和控制电路中 PWM 电路的信号流程分析要诀

内功心法

图 5-85 所示为典型检测和控制电路中报警驱动电路的信号流程分析要诀。

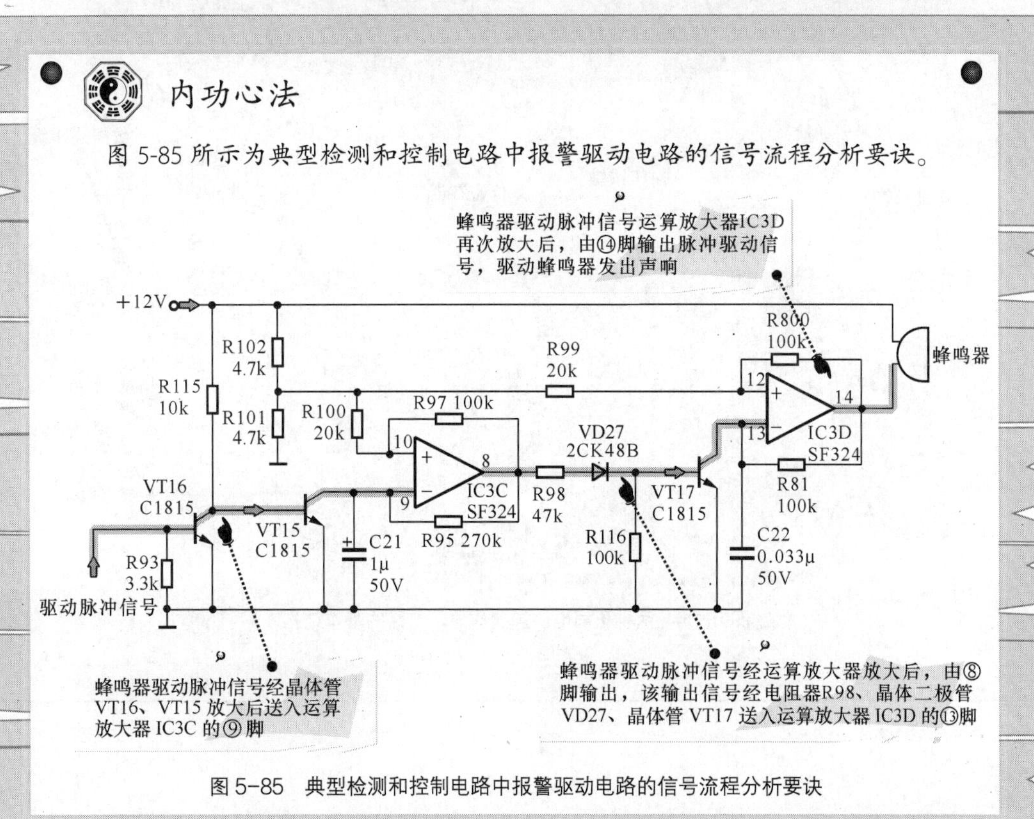
蜂鸣器驱动脉冲信号运算放大器IC3D再次放大后，由⑭脚输出脉冲驱动信号，驱动蜂鸣器发出声响
+12V
R102
4.7k
R115
10k
R101
4.7k
R99
20k
R800
100k
蜂鸣器
R100
20k
R97 100k
IC3C
SF324
R95 270k
VD27
2CK48B
R98
47k
VT17
C1815
IC3D
SF324
R81
100k
VT16
C1815
VT15
C1815
C21
1μ
50V
R93
3.3k
R116
100k
C22
0.033μ
50V
驱动脉冲信号
蜂鸣器驱动脉冲信号经晶体管VT16、VT15 放大后送入运算放大器 IC3C 的⑨脚
蜂鸣器驱动脉冲信号经运算放大器放大后，由⑧脚输出，该输出信号经电阻器R98、晶体二极管VD27、晶体管 VT17 送入运算放大器 IC3D 的⑬脚

图 5-85　典型检测和控制电路中报警驱动电路的信号流程分析要诀

4. 读懂操作显示电路的信号流程

操作显示电路是电磁炉实现人机交互的电路，它将输入的人工指令信号送入检测和控制电路中进行相应处理，然后由检测和控制电路根据识别的人工指令输出相应的信号，将电磁炉当前的工作状态及数据信息等显示数据送入操作显示电路中进行处理，并由显示屏进行显示。

操作显示电路主要是由操作按键、指示灯、驱动晶体管、移位寄存器等构成的人机交互电路。

功法秘籍

图 5-86 所示为两种不同电磁炉操作显示电路的基本结构。

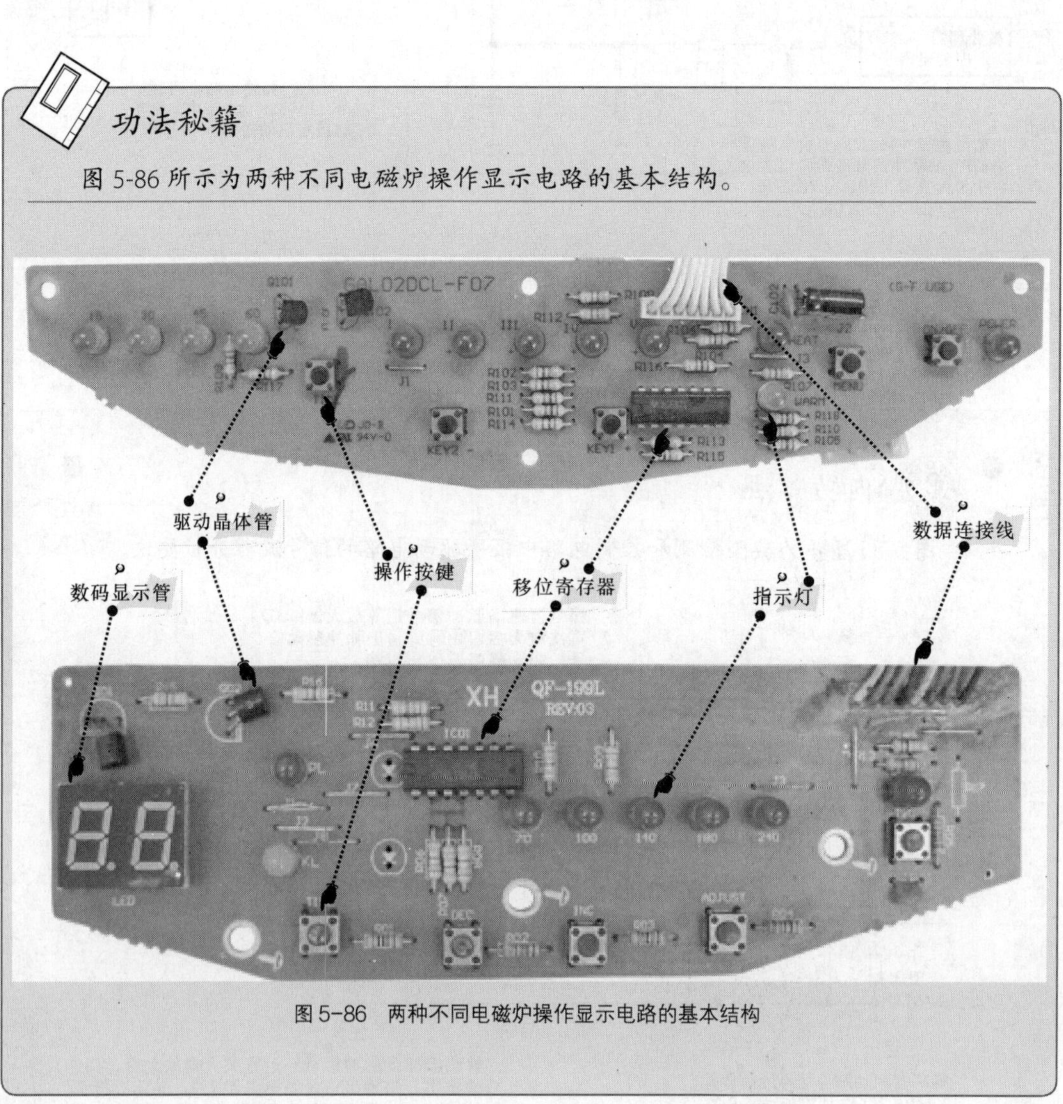
驱动晶体管
操作按键
移位寄存器
指示灯
数据连接线
数码显示管
XH
QF-199L
REV:03

图 5-86　两种不同电磁炉操作显示电路的基本结构

不同电磁炉的操作显示电路虽结构各异，但其基本信号处理过程大致相同。为了更加深入了解操作显示电路的特点，我们根据电路中各主要部件的功能特点，然后按照“指令输入”和“状态输出”两条主线，对操作显示电路进行分析。

当电磁炉启动后，用户按动操作按键即可向电路中输入人工指令信号。该信号经处理后送入控制电路，由控制电路识别送来的人工指令含义，并进行相应动作。同时，控制电路又将设备当前的工作状态和数据信息送回到操作显示电路中，经操作显示控制芯片（移位寄存器）后去驱动电路中的显示器件进行显示。

功法秘籍

图 5-87 所示为电磁炉中操作显示电路的信号流程框图。

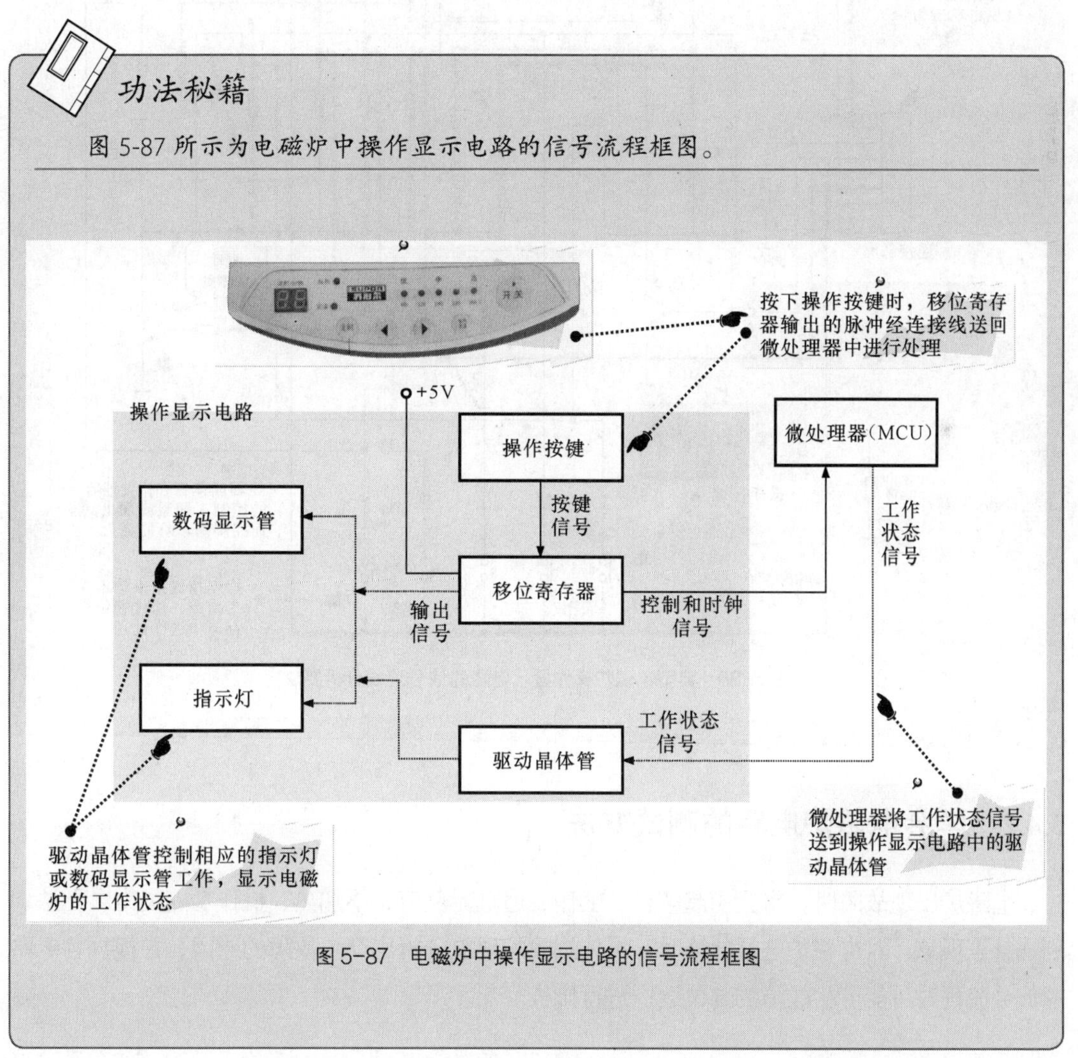

按下操作按键时，移位寄存器输出的脉冲经连接线送回微处理器中进行处理
+5V
操作显示电路
操作按键
微处理器(MCU)
数码显示管
按键
信号
工作
状态
信号
移位寄存器
输出
信号
控制和时钟
信号
指示灯
工作状态
信号
驱动晶体管
驱动晶体管控制相应的指示灯或数码显示管工作，显示电磁炉的工作状态
微处理器将工作状态信号送到操作显示电路中的驱动晶体管

图 5-87　电磁炉中操作显示电路的信号流程框图

内功心法

图 5-88 所示为典型电磁炉操作显示电路的信号流程分析要诀。

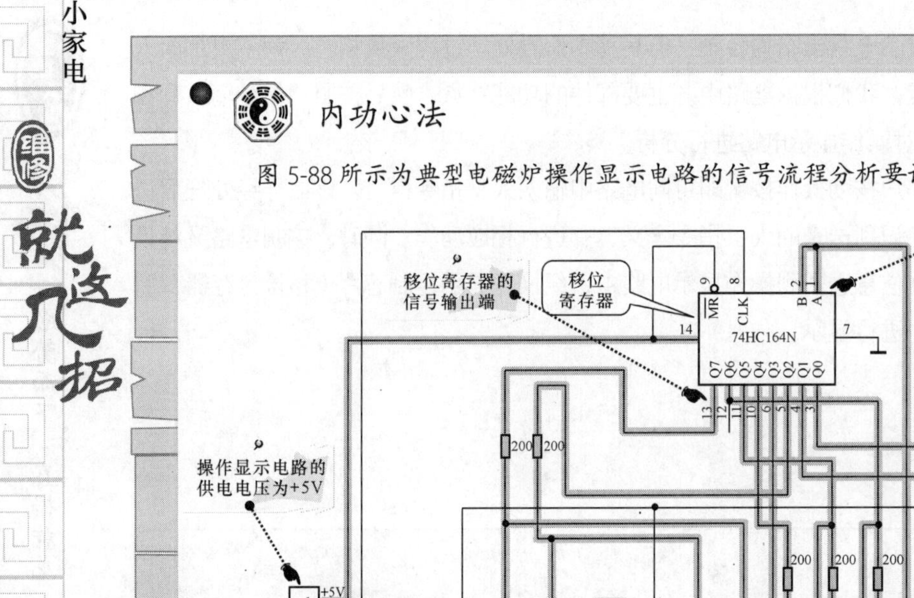

移位寄存器信号输入端
移位寄存器的信号输出端
移位寄存器
74HC164N
MR
CLK
B
A
Q7 Q6 Q5 Q4 Q3 Q2 Q1 Q0
指示灯受移位寄存器和驱动晶体管的控制，来显示电磁炉的当前工作状态
操作显示电路的供电电压为+5V
+5V
连接插座
R104 10k
15
30
60
90
1
2
3
4
5
heat
warm
power-LED
指示灯
驱动晶体管
8050
4.7k
200
R106 10k
操作按键
1k5×4
time
menu
on/off
驱动晶体管在微处理器的控制下导通或截止，从而控制指示灯的亮灭
操作按键用来输入人工指令，送往移位寄存器中进行处理

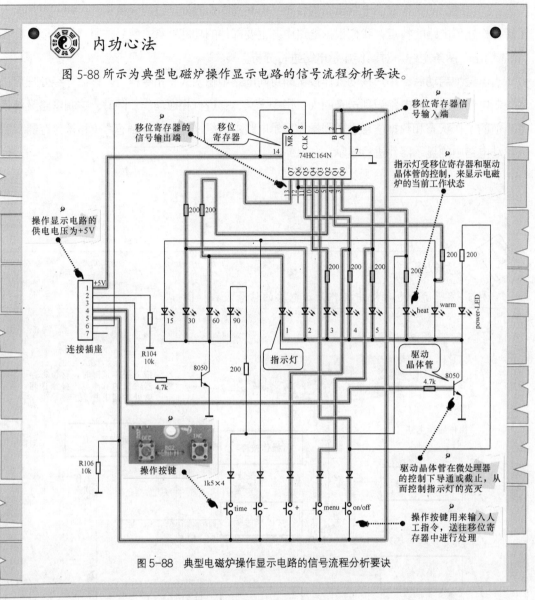

图 5-88　典型电磁炉操作显示电路的信号流程分析要诀

5.4.2　学会电磁炉电路的测试方法

电磁炉出现故障时，常会引起整机石工作、通电无反应、不加热、操作功能失常、无法识别锅具等现象。对电磁炉进行检修时，可依据故障现象分析出产生故障的原因，并根据各电路的信号流程对可能产生故障的部位逐一进行排查。

1. 学会电源电路的测试方法

在各种电磁炉中，电源电路几乎可以为任何电路或部件提供工作条件。当电源电路出现故障时，常会引起电磁炉无法正常工作，因此对电源电路进行检修时，可依据具体的故障表现分析出产生故障的原因，并根据电源电路的供电关系，按电源电路的信号流程，对可能产生故障

维修技能

的相关部件逐一进行排查。

功法秘籍

当电源电路出现故障时，可首先采用观察法检查电源电路的主要元器件有无明显损坏迹象，如观察熔断器是否有烧焦的迹象，电源变压器、三端稳压器等有无引脚虚焊、连焊等不良的现象。如果出现异常情况则应立即更换损坏的元器件或重新焊接虚焊引脚。若从表面无法观测到故障部件，可按图 5-89 所示对电磁炉的电源电路进行逐级排查。

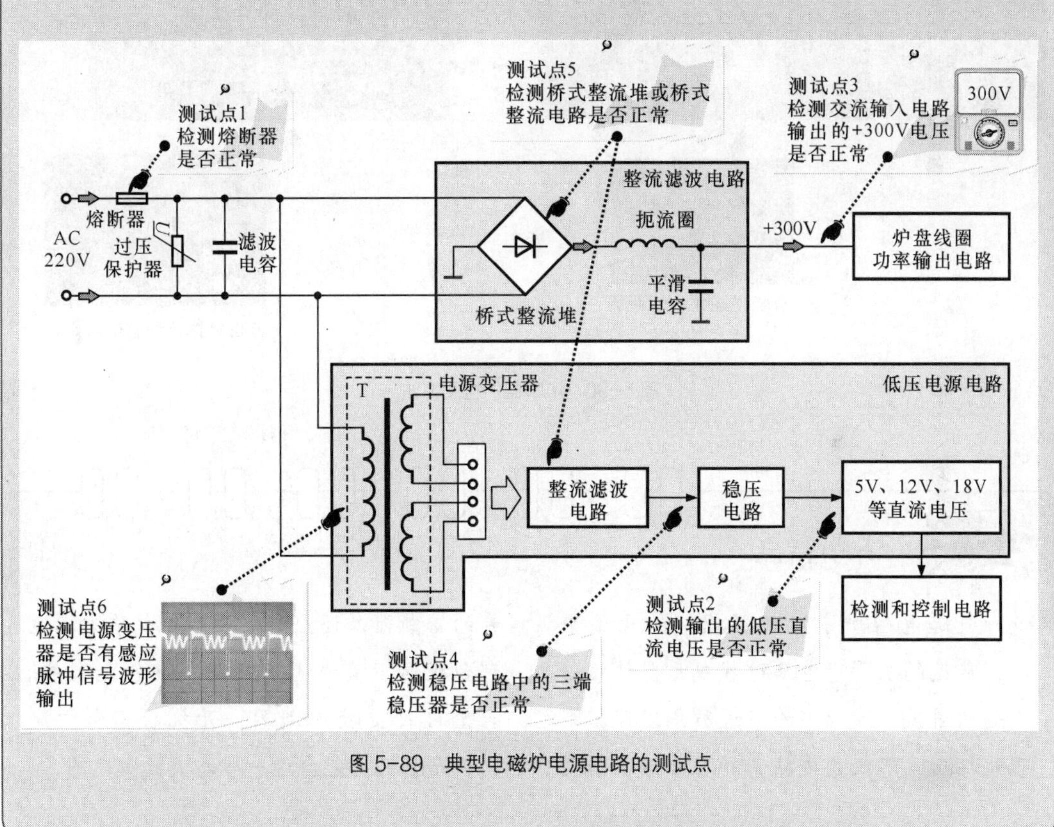
测试点5
检测桥式整流堆或桥式
整流电路是否正常
测试点1
检测熔断器
是否正常
测试点3
检测交流输入电路
输出的+300V电压
是否正常
300V
整流滤波电路
熔断器
AC
220V
过压
保护器
滤波
电容
扼流圈
+300V
炉盘线圈
功率输出电路
平滑
电容
桥式整流堆
T
电源变压器
低压电源电路
整流滤波
电路
稳压
电路
5V、12V、18V
等直流电压
检测和控制电路
测试点6
检测电源变压
器是否有感应
脉冲信号波形
输出
测试点2
检测输出的低压直
流电压是否正常
测试点4
检测稳压电路中的三端
稳压器是否正常

图 5-89　典型电磁炉电源电路的测试点

测试点 1. 熔断器的检测方法

电磁炉的电源电路出现故障时，应先查看熔断器是否损坏。熔断器的检测方法有两种：一是观察法，即用眼睛直接观察，看熔断器是否有烧断、烧焦迹象；二是检测法，即用万用表对熔断器进行检测，观察其电阻值，判断熔断器是否损坏。

熔断器就是一根熔丝，若测得熔断器两端的电阻值趋于零，则说明熔断器正常；若测得熔断器两端电阻值为无穷大，则说明熔断器已损坏。

熔断器的检测方法如图 5-90 所示。

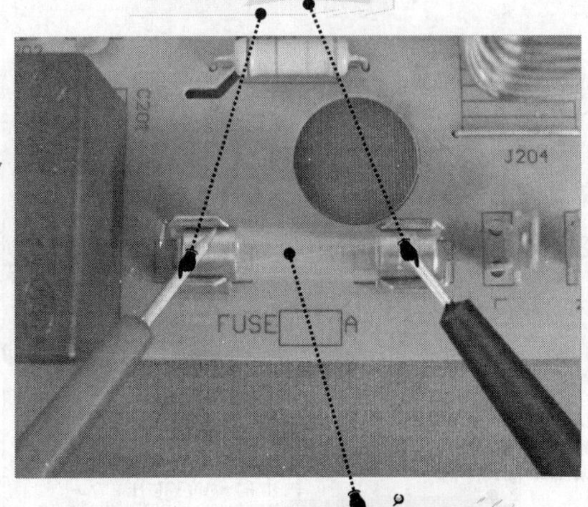
万用表红黑表笔分别搭在
熔断器的两端
J204
FUSE A

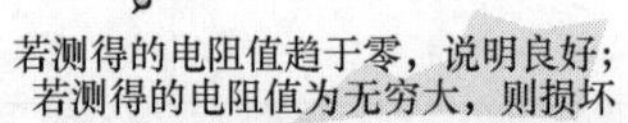
若测得的电阻值趋于零，说明良好；
若测得的电阻值为无穷大，则损坏

CEM
DT-922
0.000
MΩ
Autoranging Digital Multimeter
MODE
RANGE
HOLD
REL
CAT III 600V

有烧损迹象的熔断器

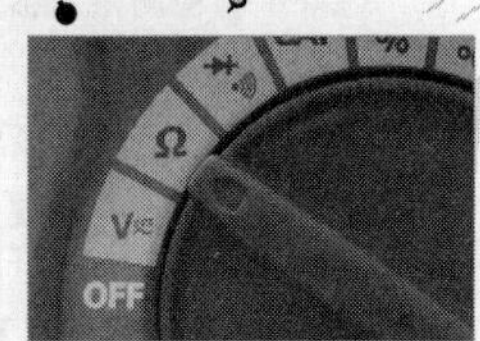
Ω
OFF
万用表挡位调整至欧姆挡

图 5-90　熔断器的检测方法

高手指点

引起电磁炉中熔断器损坏的原因很多，常见的主要有电路过载或元器件短路引起的过流。因此当检修过程中发现熔断器烧坏后，不仅要更换新的符合该电路型号的熔断器，还应进一步检查电路中其他部位故障，查是否有短路损坏的元器件。否则即使更换熔断器，开机后还会被烧断，而且还可能会进一步扩大故障范围。

测试点 2. 低压直流电压的检测方法

当电磁炉的电源电路出现故障，在确保熔断器正常的情况下，可先对输出的低压直流电压进行检测。

若检测电源电路输出的低压直流电压正常，则说明电源电路正常，无需再对电源电路进行检测；若检测的低压直流电压不正常，则说明电源电路出现故障，需要进行下一步的检修。

电磁炉电源电路低压直流输出电压的检测方法如图 5-91 所示。

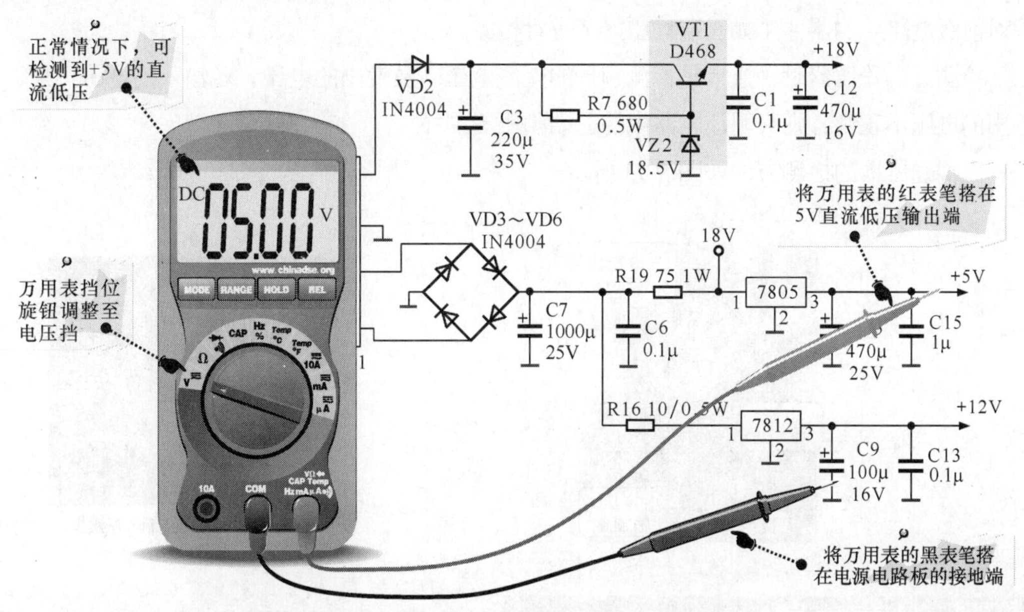
正常情况下，可
检测到+5V的直
流低压
万用表挡位
旋钮调整至
电压挡
将万用表的红表笔搭在
5V直流低压输出端
将万用表的黑表笔搭
在电源电路板的接地端
VT1
D468
+18V
VD2
IN4004
C3
220μ
35V
R7 680
0.5W
VZ2
18.5V
C1
0.1μ
C12
470μ
16V
VD3～VD6
IN4004
18V
R19 75 1W
7805
+5V
C7
1000μ
25V
C6
0.1μ
470μ
25V
C15
1μ
R16 10/0.5W
7812
+12V
C9
100μ
16V
C13
0.1μ

图 5-91　电磁炉电源电路低压直流输出电压的检测方法

测试点 3. +300V 输出电压的检测方法

若电磁炉低压直流电路输出正常，则还需要进一步对高压部分进行检测，即对 +300V 直流电压进行检测。

若检测电源电路输出的 +300 V 电压正常，则说明前级电路正常；若检测不到 +300V 输出电压，则说明桥式整流堆或滤波电容等器件不良，需要进行下一步的检修。

+300 V 输出电压的检测方法如图 5-92 所示。

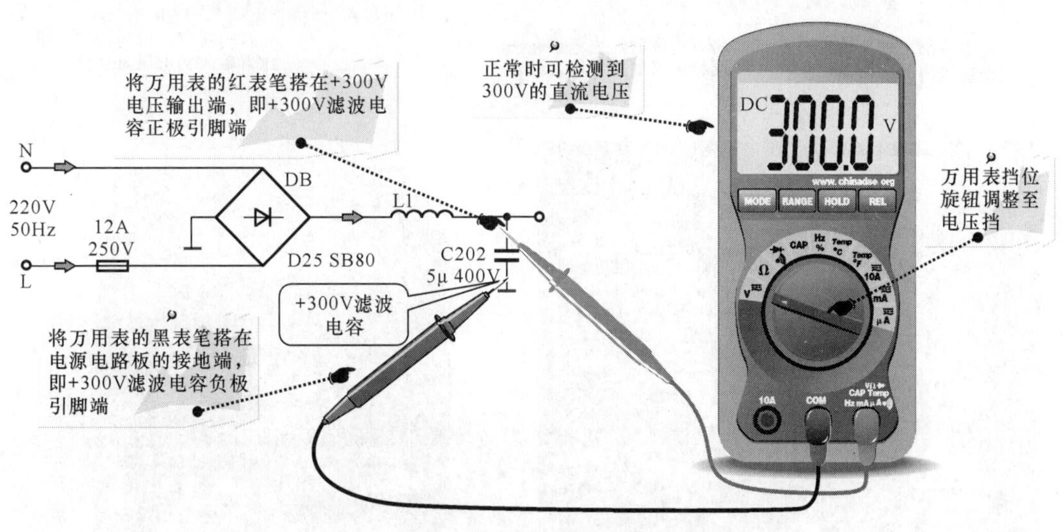
将万用表的红表笔搭在+300V
电压输出端，即+300V滤波电
容正极引脚端
正常时可检测到
300V的直流电压
万用表挡位
旋钮调整至
电压挡
N
DB
220V
50Hz
12A
250V
L
L1
D25 SB80
C202
5μ 400V
+300V滤波
电容
将万用表的黑表笔搭在
电源电路板的接地端，
即+300V滤波电容负极
引脚端

图 5-92　+300 V 输出电压的检测方法

测试点 4. 三端稳压器的检测方法

在检测低压直流输出电压时，若是检测有一路或是几路输出的电压不正常，则应顺供电流

程对前级电路中的器件（如三端稳压器）进行检测。

检测三端稳压器时，通常是检测输入的直流电压以及输出的电压，若输入的电压正常，而输出的电压不正常，则表明该电路中的三端稳压器损坏。

三端稳压器的检测方法如图 5-93 所示。

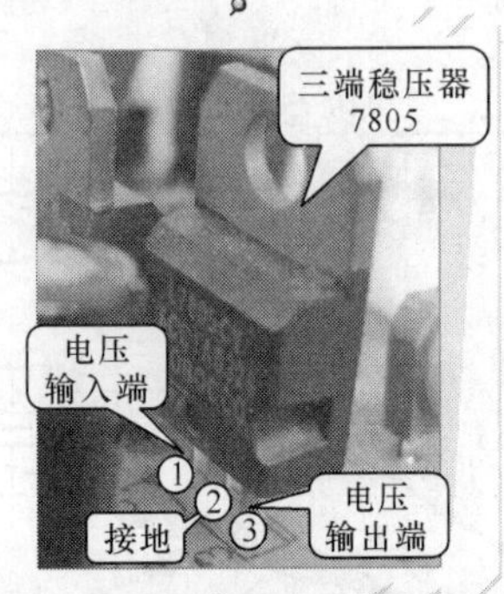
三端稳压器
7805
电压
输入端
接地
电压
输出端

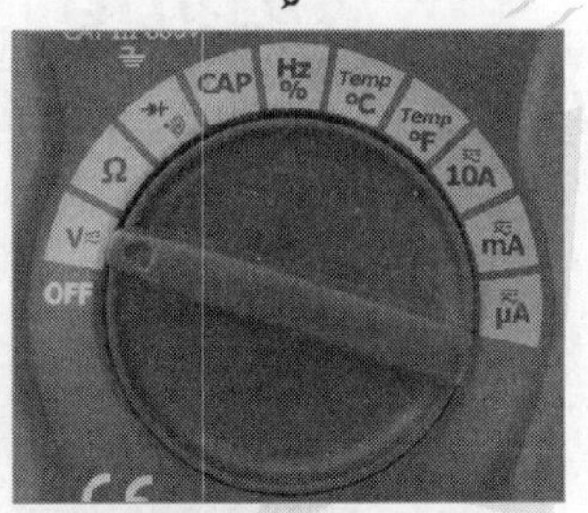
将万用表的挡位旋钮调整至电压挡

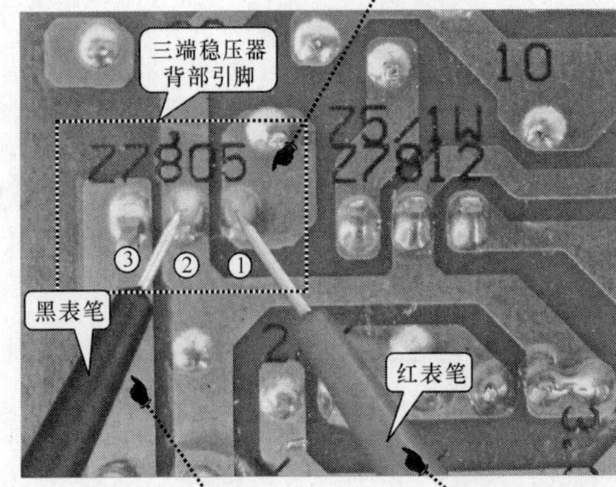
三端稳压器
背部引脚
Z7805
Z7812
黑表笔
红表笔
将万用表的黑表笔搭在三端稳压器的接地端

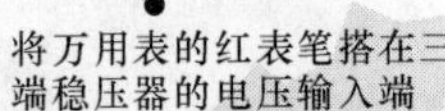
将万用表的红表笔搭在三端稳压器的电压输入端

DC
018.0
V
Autoranging Digital Multimeter
正常情况下，可测得三端稳压器输入的电压为直流+18V

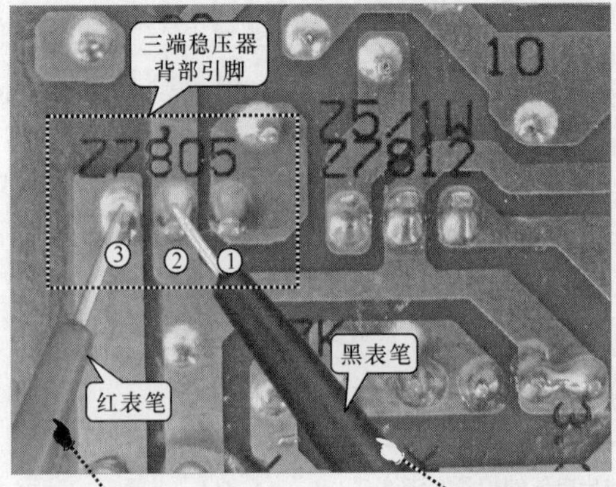
三端稳压器
背部引脚
Z7805
Z7812
红表笔
黑表笔
将万用表的红表笔搭在三端稳压器的电压输出端
将万用表的黑表笔搭在三端稳压器的接地端

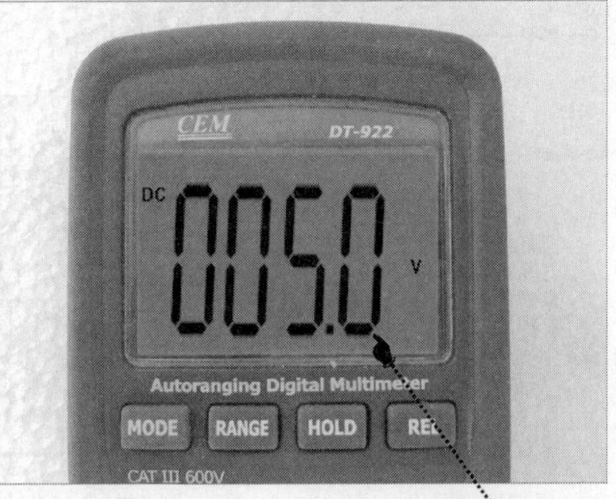
DC
005.0
V
Autoranging Digital Multimeter
正常情况下，可测得三端稳压器输出的电压为直流+5V

图 5-93　三端稳压器的检测方法

测试点 5. 桥式整流堆的检测方法

在电源电路中，桥式整流堆的作用是将 220 V 交流电压整流后输出 300 V 直流电压。若电源电路无 +300 V 电压输出，则需对整流滤波电路中的桥式整流堆进行检测。

桥式整流堆有交流输入端和直流输出端，正常时交流输入端可检测到 220 V 的电压，而直流输出端可检测到 300 V 的电压。若交流输入端 220 V 电压正常，而直流输出端无 300 V 输出，则一般表明桥式整流堆损坏。

桥式整流堆的检测方法如图 5-94 所示。

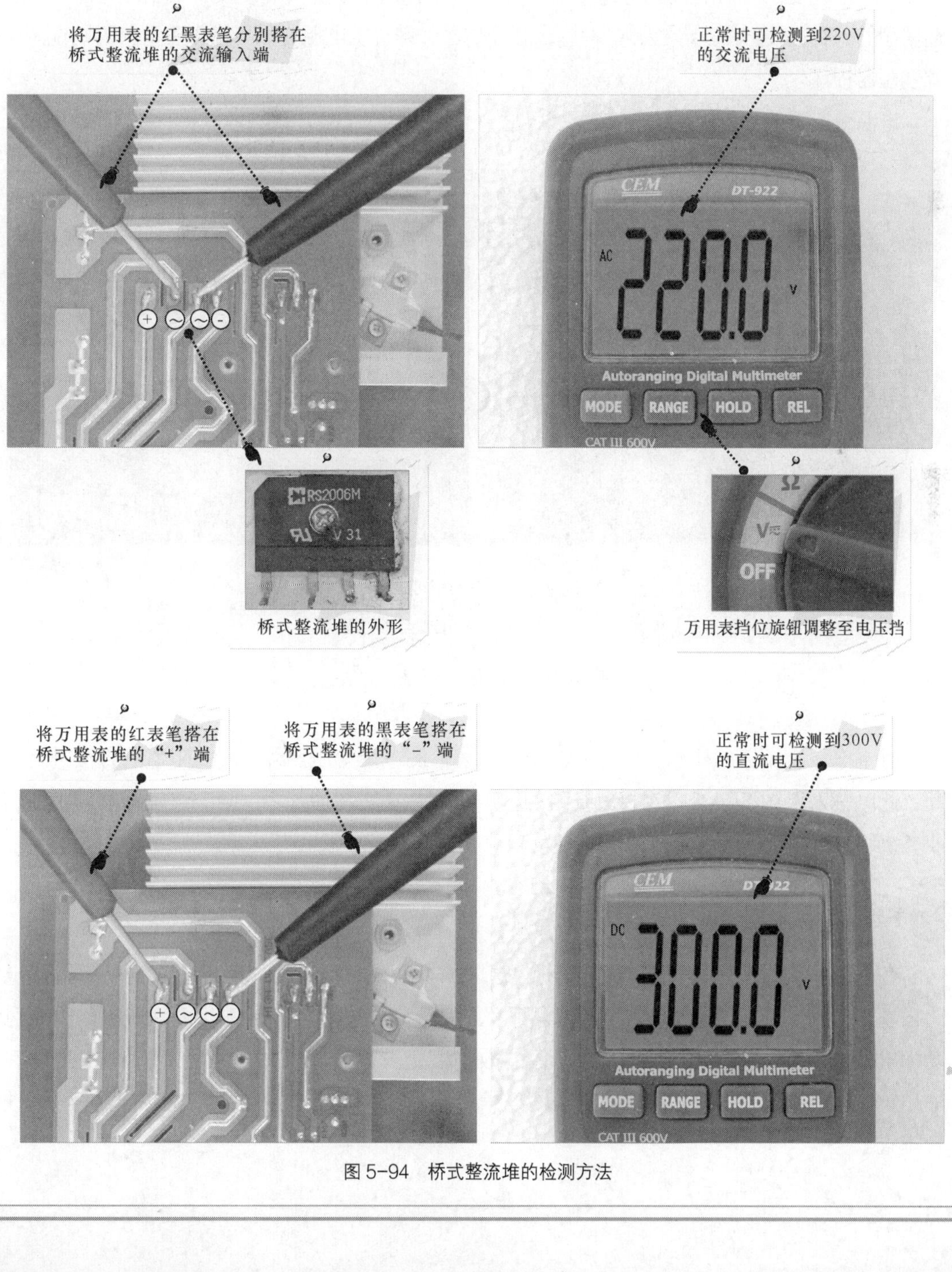

将万用表的红黑表笔分别搭在桥式整流堆的交流输入端

正常时可检测到220V的交流电压

桥式整流堆的外形

万用表挡位旋钮调整至电压挡

将万用表的红表笔搭在桥式整流堆的“+”端

将万用表的黑表笔搭在桥式整流堆的“-”端

正常时可检测到300V的直流电压

CEM
DC
300.0
V
Autoranging Digital Multimeter
MODE
RANGE
HOLD
REL
CAT III 600V

图 5-94　桥式整流堆的检测方法

在电磁炉中除了使用桥式整流堆之外，有些采用桥式整流电路形式。该电路由 4 个整流二极管按特定的连接关系构成，检测方法与检测桥式整流堆相同，先检测有无交流 220 V 的输入电压，然后再检测有无直流 300 V 的输出电压。

测试点 6. 电源变压器的检测方法

若检测电源电路中没有任何低压直流电压输出，且输出的 +300 V 的直流电压也正常，此时需要对电源变压器进行检测。

由于电源变压器输出的脉冲电压很高，所以采用感应法判断电源变压器是否工作是目前普遍采用的一种简便方法。若检测时有感应脉冲信号，则说明电源变压器工作正常，否则说明电源变压器损坏。

电源变压器的测方法如图 5-95 所示。

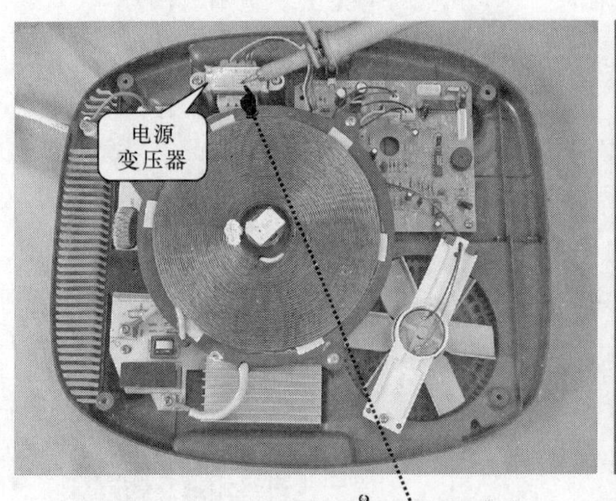
电源
变压器
接通电磁炉的电源，将示波器的接地夹接地，探头靠近电源变压器的磁芯部分

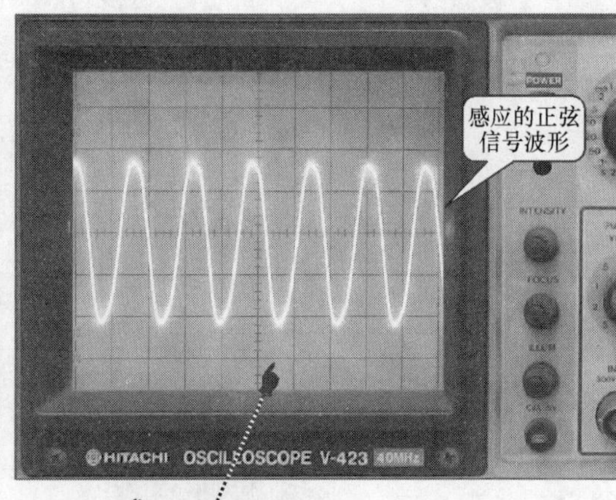
感应的正弦信号波形
HITACHI OSCILLOSCOPE V-423 40MHz
正常时可感应到正弦信号波形，若无此波形则说明电源变压器未工作或本身可能损坏

图 5-95　电源变压器的检测方法

对于电源变压器的检测，还可以使用万用表检测电源变压器绕组间的阻值的方法进行判断，此时需对照图纸资料找到相应绕组的输出引脚。在正常情况下，同一组绕组间的阻值较小，绕组与绕组之间的阻值应趋于无穷大。

2. 学会功率输出电路的测试方法

在电磁炉中，功率输出电路是实现电磁炉加热食物时的重要电路之一。当功率输出电路出现故障时，常会引起电磁炉通电跳闸、不加热、烧熔断器、无法开机等现象。因此对功率输出电路进行检修时，可依据具体的故障表现分析出产生故障的原因，并根据功率输出电路的控制关系，按功率输出电路的信号流程，对可能产生故障的相关部件逐一进行排查。

功法秘籍

当功率输出电路出现故障时，可首先采用观察法检查功率输出电路的主要元器件有无明显损坏迹象，如观察IGBT、谐振电容、炉盘线圈的引脚有无虚焊、连焊等不良的现象。如果出现异常情况则应立即更换损坏的元器件或重新焊接虚焊引脚。若从表面无法观测到故障部件时，可按图 5-96 所示对电磁炉中功率输出电路进行逐级排查。

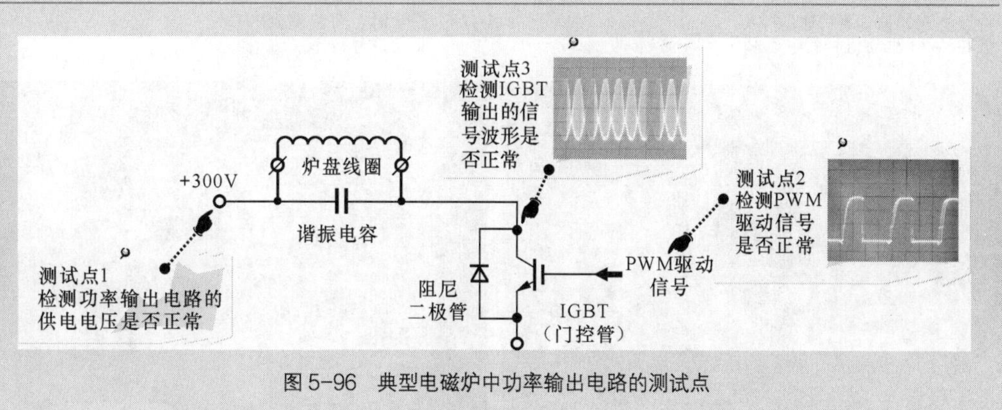
测试点3
检测IGBT
输出的信
号波形是
否正常
炉盘线圈
+300V
谐振电容
测试点2
检测PWM
驱动信号
是否正常
测试点1
检测功率输出电路的
供电电压是否正常
阻尼
二极管
PWM驱动
信号
IGBT
(门控管)

图 5-96　典型电磁炉中功率输出电路的测试点

测试点 1. 供电电压的检测方法

功率输出电路出现故障时，应先对该电路中的供电电压进行检测。正常情况下，功率输出电路应有 +300 V 的供电电压。

供电电压的检测方法如图 5-97 所示。

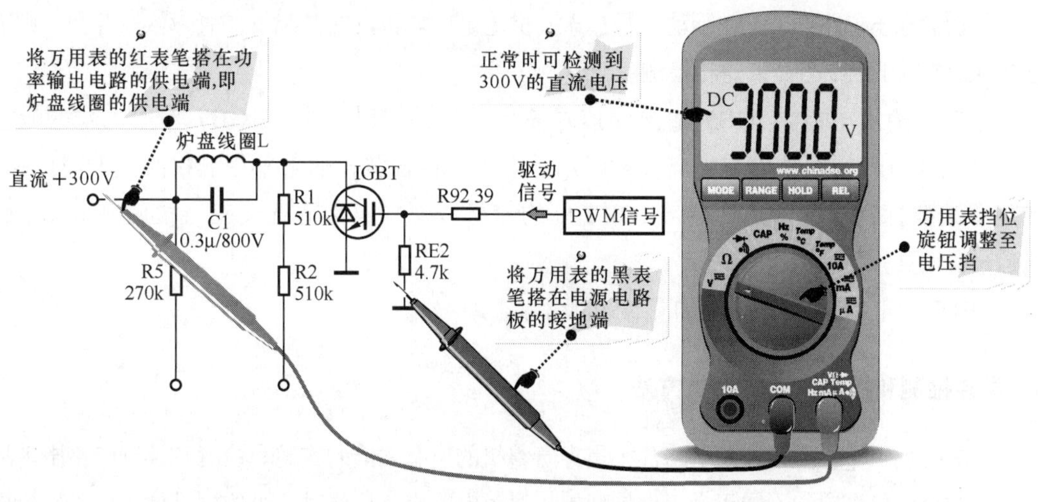
将万用表的红表笔搭在功
率输出电路的供电端,即
炉盘线圈的供电端
正常时可检测到
300V的直流电压
DC
300.0
V
炉盘线圈L
直流 +300V
C1
0.3μ/800V
R5
270k
R1
510k
R2
510k
IGBT
R92 39
驱动
信号
PWM信号
RE2
4.7k
将万用表的黑表
笔搭在电源电路
板的接地端
万用表挡位
旋钮调整至
电压挡
MODE
RANGE
HOLD
REL
10A
COM

图 5-97　供电电压的检测方法

测试点 2. PWM 驱动信号的检测方法

功率输出电路的工作条件除了需要供电电压外，还需要输入正常的 PWM 驱动信号才可以正常工作，因此怀疑功率输出电路出现故障时，还应对 PWM 驱动信号进行检测。

由于电磁炉电路与交流火线没有电气隔离，检测电磁炉信号波形应使用隔离变压器隔离后对电磁炉供电。检测控制电路为功率输出电路送入的 PWM 驱动信号，将示波器的接地夹连接在接地端，示波器探头搭在接口 CN2 的⑧脚上时，即功率输出电路输入 PWM 驱动信号的引脚处时，应当可以检测到 PWM 驱动信号波形。

PWM 驱动信号的检测方法如图 5-98 所示。

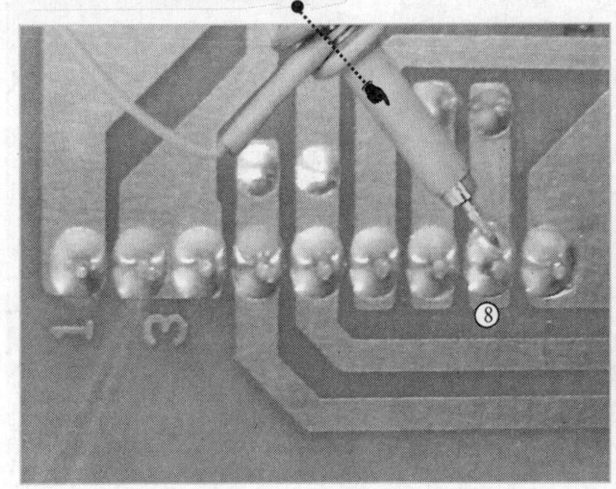
将示波器的接地夹接地，探头
搭在PWM 驱动信号的输入端
⑧

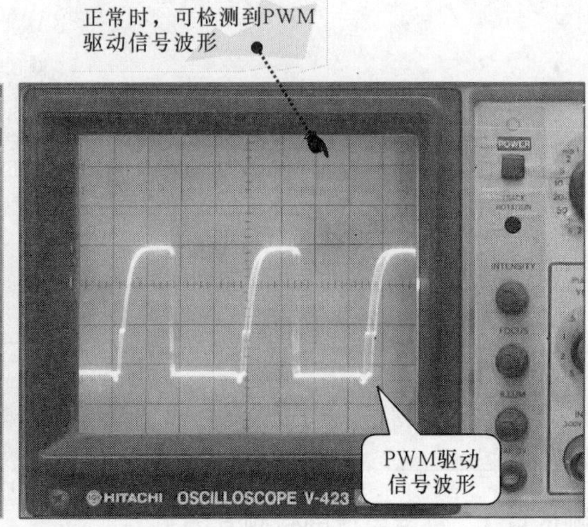
正常时，可检测到PWM
驱动信号波形
PWM驱动
信号波形
HITACHI OSCILLOSCOPE V-423
POWER
INTENSITY
FOCUS

图 5-98　PWM 驱动信号的检测方法

测试点 3. IGBT 输出信号的检测方法

若功率输出电路中 PWM 驱动信号输入、供电电压均正常的情况下，故障依然存在，则需要对 IGBT 输出的信号波形进行检测。

对功率输出电路中 IGBT 输出的信号波形进行检测时，由于 IGBT 输出信号的幅度比较高，而且与交流火线有隔离，不能用示波器直接检测，通常采用非接触式的感应法。使用示波器探头靠近散热片感应 IGBT 处的信号波形，正常情况下应当检测到 IGBT 感应信号。

IGBT 输出信号的检测方法如图 5-99 所示。

3. 学会检测和控制电路的测试方法

在电磁炉中，检测和控制电路几乎贯穿着整机的所有功能的实现。检测和控制电路出现故障时，常会引起电磁炉不能正常工作的现象。对该电路进行检修时，可依据具体故障表现分析出产生故障的原因，并根据检测和控制电路的控制关系，对可能产生故障的外围工作条件、相关部件逐一进行排查。

维修技能

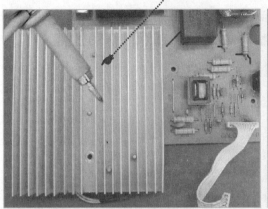

将示波器的探头接近IGBT 的散热片

正常情况下，应可以感应出IGBT 输出的信号波形

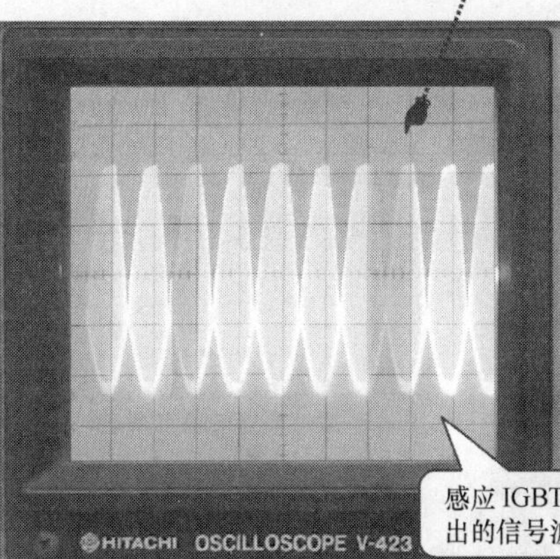

感应 IGBT 输出的信号波形
HITACHI OSCILLOSCOPE V-423

图 5-99　IGBT 输出信号的检测方法

功法秘籍

当控制电路出现故障时，可首先采用观察法检查检测和控制电路的主要元器件有无明显损坏迹象，如观察大规模集成电路有无引脚虚焊、连焊、烧焦的迹象，连接插件有无插接不良的现象等。如出现异常情况则应立即更换损坏的元件或重新拔插插接不良的部件。若从表面无法观测到故障部位，可按图 5-100 所示对电磁炉的检测和控制电路进行逐级排查。

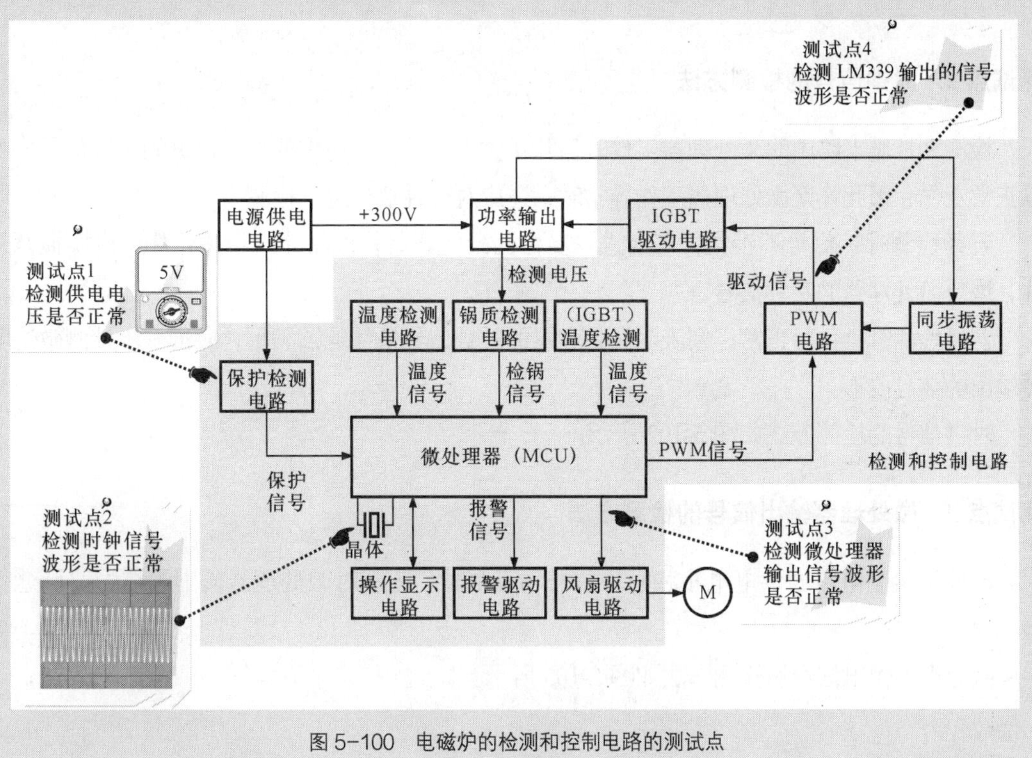

测试点4
检测 LM339 输出的信号波形是否正常
电源供电电路
+300V
功率输出电路
IGBT驱动电路
测试点1
检测供电电压是否正常
5V
检测电压
驱动信号
温度检测电路
锅质检测电路
（IGBT）温度检测
PWM电路
同步振荡电路
保护检测电路
温度信号
检锅信号
温度信号
微处理器（MCU）
PWM信号
检测和控制电路
保护信号
测试点2
检测时钟信号波形是否正常
晶体
报警信号
测试点3
检测微处理器输出信号波形是否正常
操作显示电路
报警驱动电路
风扇驱动电路
M

图 5-100　电磁炉的检测和控制电路的测试点

测试点 1. 供电电压的检测方法

当电磁炉出现整机控制功能均失常，怀疑检测和控制电路部分异常时，应首先检测供电电压是否正常。检测时可在检测和控制电路板的插件或微处理器（MCU）的供电端检测有无该供电电压。

供电电压的检测方法如图 5-101 所示。

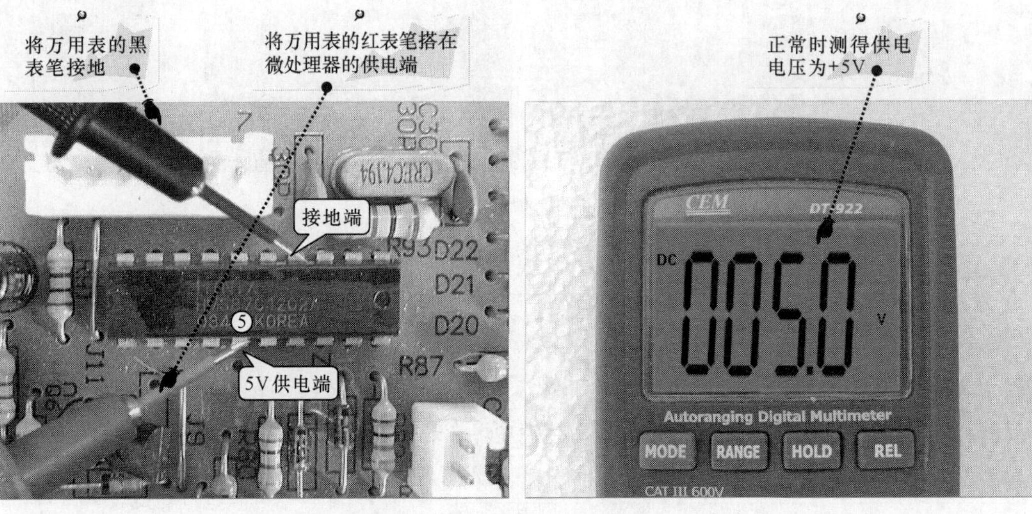
将万用表的黑表笔接地
将万用表的红表笔搭在微处理器的供电端
正常时测得供电电压为+5V
接地端
5V 供电端
CEM
DC
005.0
V
Autoranging Digital Multimeter
MODE
RANGE
HOLD
REL
CAT III 600V

图 5-101 供电电压的检测方法

测试点 2. 时钟信号的检测方法

检测和控制电路中的微处理器工作时，除了供电电压外，还需要晶体提供的时钟信号才可以正常工作，因此怀疑微处理器工作异常时，还应对时钟信号进行检测。

若经检测时钟信号不正常，则应进一步检测微处理器外接晶体及相关元件，更换损坏元件，恢复微处理器的时钟信号。

若经检测时钟信号正常，则表明微处理器的时钟信号条件能够满足，应进一步检测微处理器输出的信号波形。

时钟信号的检测方法如图 5-102 所示。

测试点 3. 微处理器输出信号的检测方法

若检测控制电路的供电电压和时钟信号均正常时，还应对微处理器输出的信号波形进行检测。

微处理器输出信号的检测方法如图 5-103 所示。

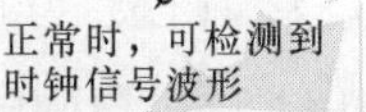

将示波器的接地夹接地，探头搭在微处理器外接晶体的引脚处

正常时，可检测到时钟信号波形

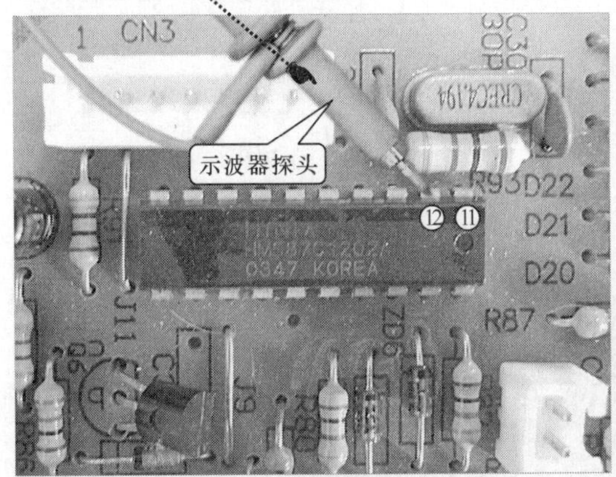
示波器探头
CN3
CREC4.194
R93
D22
D21
D20
R87
HMS87C1202A
0347 KOREA
⑫
⑪

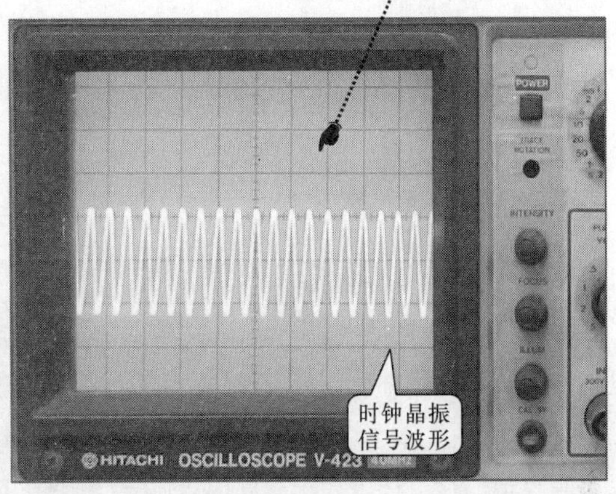
时钟晶振
信号波形
HITACHI OSCILLOSCOPE V-423
POWER
INTENSITY
FOCUS

图 5-102　时钟信号的检测方法

将示波器的接地夹接地，探头搭在微处理器 PWM 信号输出端引脚上

正常时，可检测到微处理器输出的PWM驱动信号波形

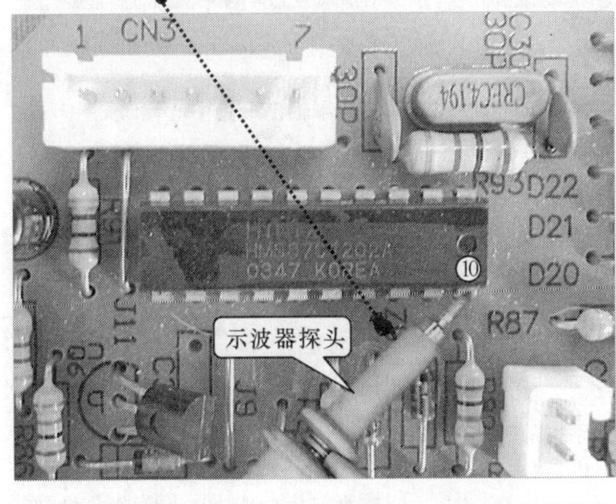
示波器探头
CN3
CREC4.194
R93
D22
D21
D20
R87
⑩

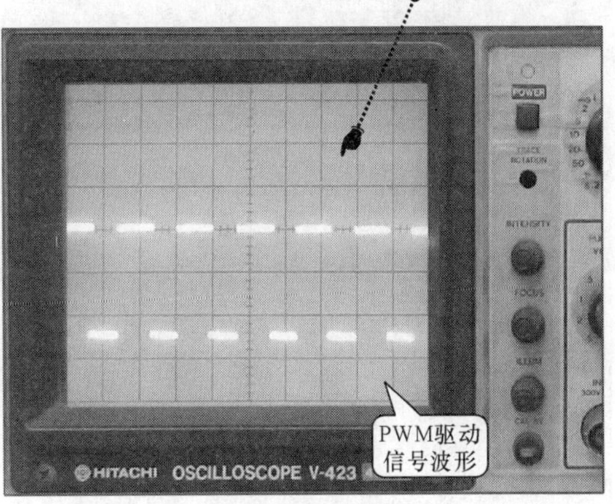
PWM驱动
信号波形
HITACHI OSCILLOSCOPE V-423
POWER
INTENSITY
FOCUS

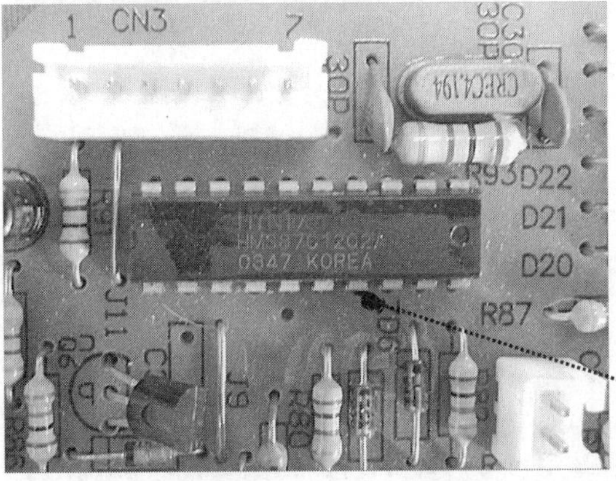
CN3
CREC4.194
R93
D22
D21
D20
R87
0347 KOREA

此外在微处理器其他引脚还可以检测到输出的检锅信号波形以及蜂鸣器驱动信号等

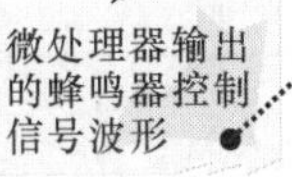
微处理器输出
的蜂鸣器控制
信号波形

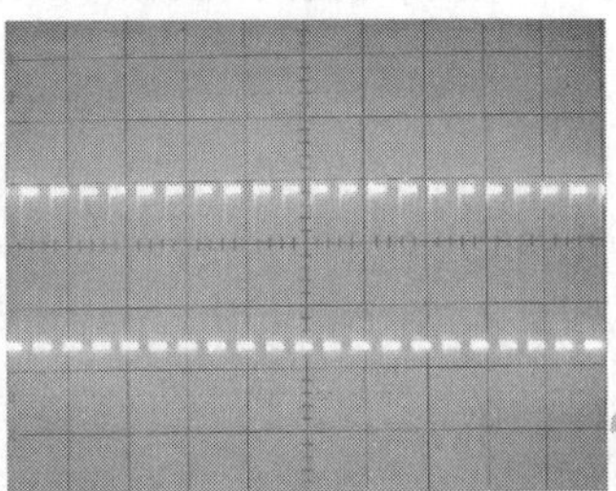

图 5-103　微处理器输出信号的检测方法

测试点 4. 电压比较器 LM339 输出信号的检测方法

电压比较器 LM339 可应用在电磁炉中的浪涌保护电路、PWM 调制电路、锅质检测电路等电路中，所以在确保供电、微处理器输出的信号均正常的情况下，还应对电压比较器 LM339 的输出信号进行检测。

电压比较器 LM339 输出信号的检测方法如图 5-104 所示。

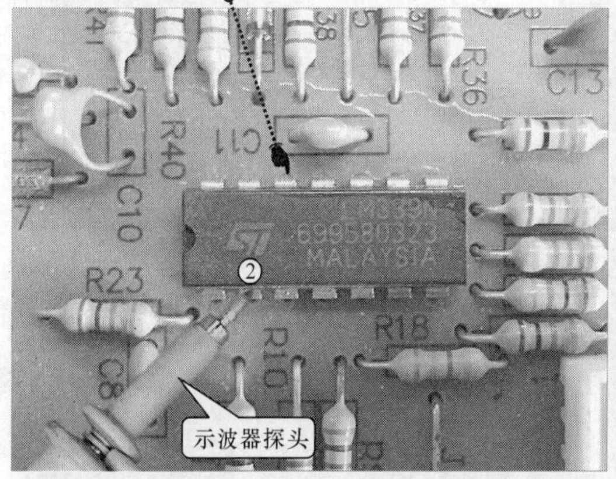
将示波器的接地夹接地，探头搭在电压比较器 LM339 输出锅质信号的引脚端
示波器探头

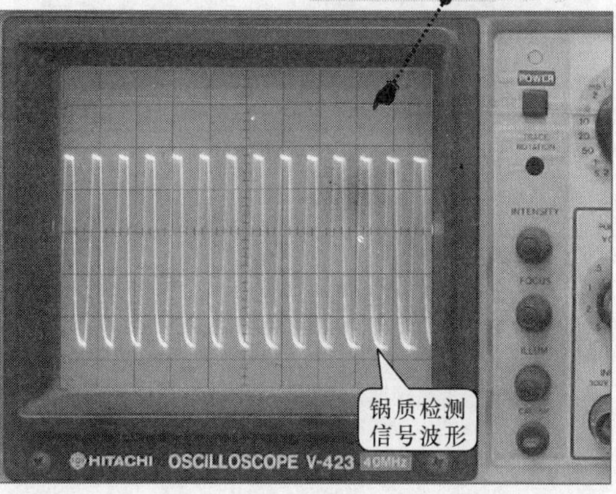
正常时，可检测到电压比较器LM339输出的锅质检测信号波形
锅质检测信号波形
HITACHI OSCILLOSCOPE V-423

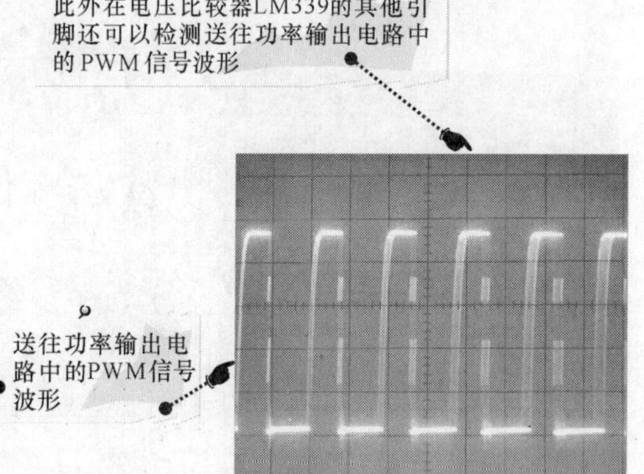
此外在电压比较器LM339的其他引脚还可以检测送往功率输出电路中的PWM信号波形
送往功率输出电路中的PWM信号波形

图 5-104 电压比较器 LM339 输出信号的检测方法

4. 学会操作显示电路的测试方法

操作显示电路出现故障，经常会引起电磁炉出现按键失灵、显示异常、不开机等现象。对该电路进行检修时，可依据操作显示电路的信号流程对可能产生故障的部位进行逐级排查。

功法秘籍

操作显示电路主要用于人工指令的输入和显示，对其进行检测时，主要检测其操作按键、显示部件等是否正常，如图 5-105 所示。

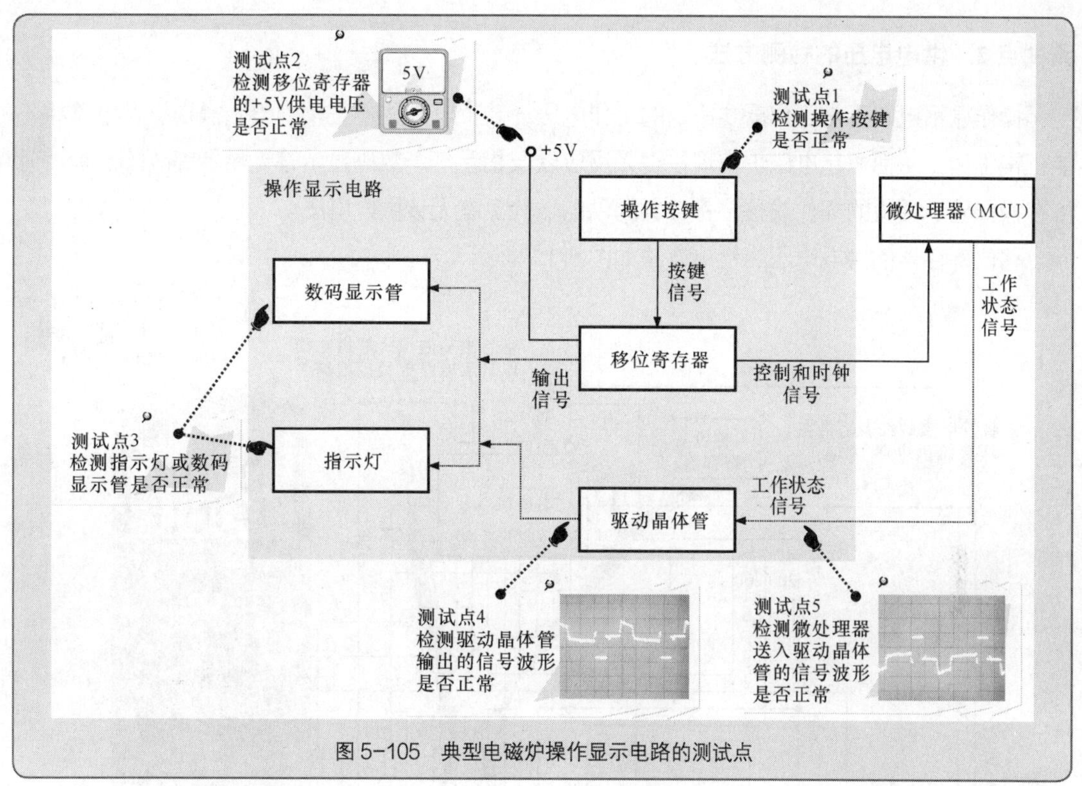
测试点2
检测移位寄存器的+5V供电电压是否正常
5V
+5V
测试点1
检测操作按键是否正常
操作显示电路
操作按键
微处理器（MCU）
数码显示管
按键信号
工作状态信号
移位寄存器
输出信号
控制和时钟信号
测试点3
检测指示灯或数码显示管是否正常
指示灯
工作状态信号
驱动晶体管
测试点4
检测驱动晶体管输出的信号波形是否正常
测试点5
检测微处理器送入驱动晶体管的信号波形是否正常

图 5-105　典型电磁炉操作显示电路的测试点

测试点 1. 操作按键的检测方法

操作按键损坏经常会引起电磁炉控制失灵的故障。检修时，可使用万用表检测操作按键的通断情况，以判断操作按键是否损坏。

操作按键的检测方法如图 5-106 所示。

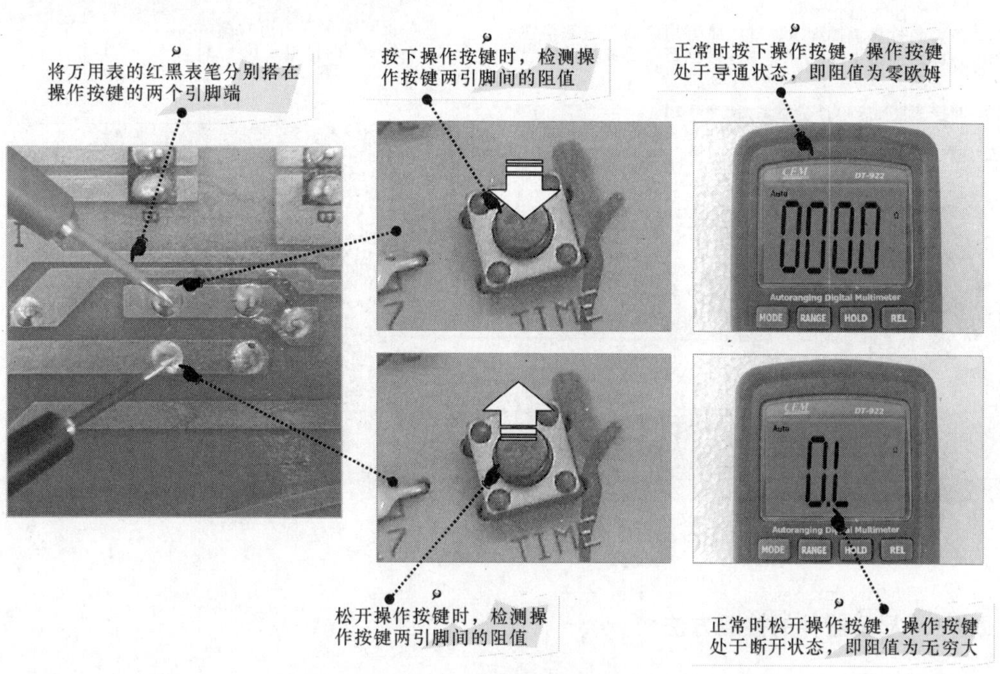
将万用表的红黑表笔分别搭在操作按键的两个引脚端
按下操作按键时，检测操作按键两引脚间的阻值
正常时按下操作按键，操作按键处于导通状态，即阻值为零欧姆
000.0
0.L
松开操作按键时，检测操作按键两引脚间的阻值
正常时松开操作按键，操作按键处于断开状态，即阻值为无穷大

图 5-106　操作按键的检测方法

测试点 2. 供电电压的检测方法

操作显示电路正常工作需要一定的工作电压，若供电电压不正常，整个操作显示电路将不能正常工作，从而引起电磁炉出现按键无反应以及指示灯、数码显示管无显示等故障。检测时可在操作显示面板的插件或移位寄存器的供电端检测有无该供电电压。

移位寄存器的供电电压的检测方法如图 5-107 所示。

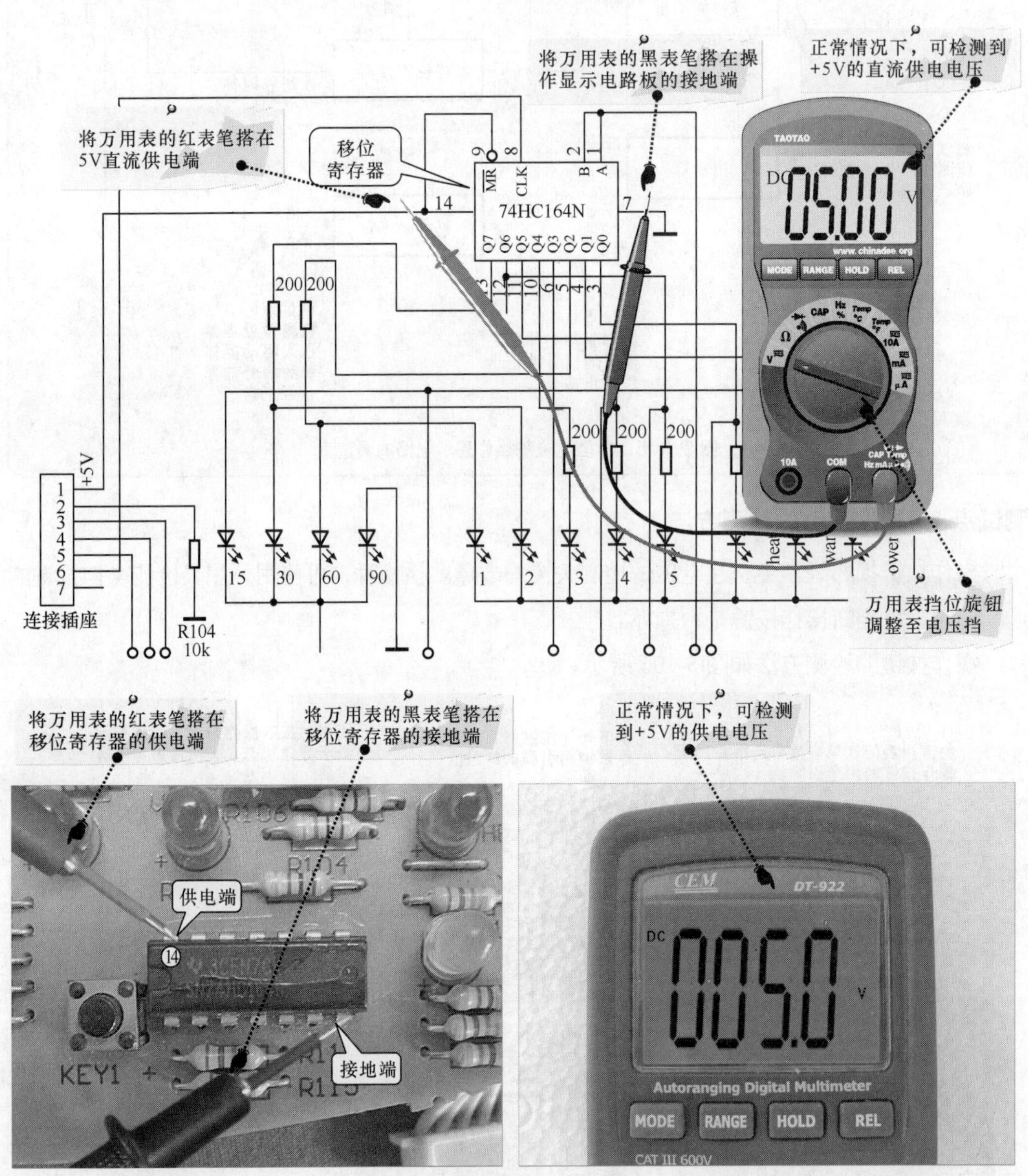
将万用表的黑表笔搭在操作显示电路板的接地端
正常情况下，可检测到+5V的直流供电电压
将万用表的红表笔搭在5V直流供电端
移位寄存器
74HC164N
万用表挡位旋钮调整至电压挡
连接插座
R104 10k
将万用表的红表笔搭在移位寄存器的供电端
将万用表的黑表笔搭在移位寄存器的接地端
正常情况下，可检测到+5V的供电电压
供电端
接地端

图 5-107　移位寄存器供电电压的检测方法

测试点 3. 显示器件的检测方法

电磁炉的显示器件主要包括指示灯（发光二极管）和数码显示管。当显示器件损坏时，经

常会引起电磁炉显示异常的故障，如指示灯不亮，数码显示管显示不全等。检修时，应遵循由易到难的顺序，先判断指示灯是否损坏，然后再对数码显示管进行检测。

指示灯（发光二极管）的检测方法如图 5-108 所示。

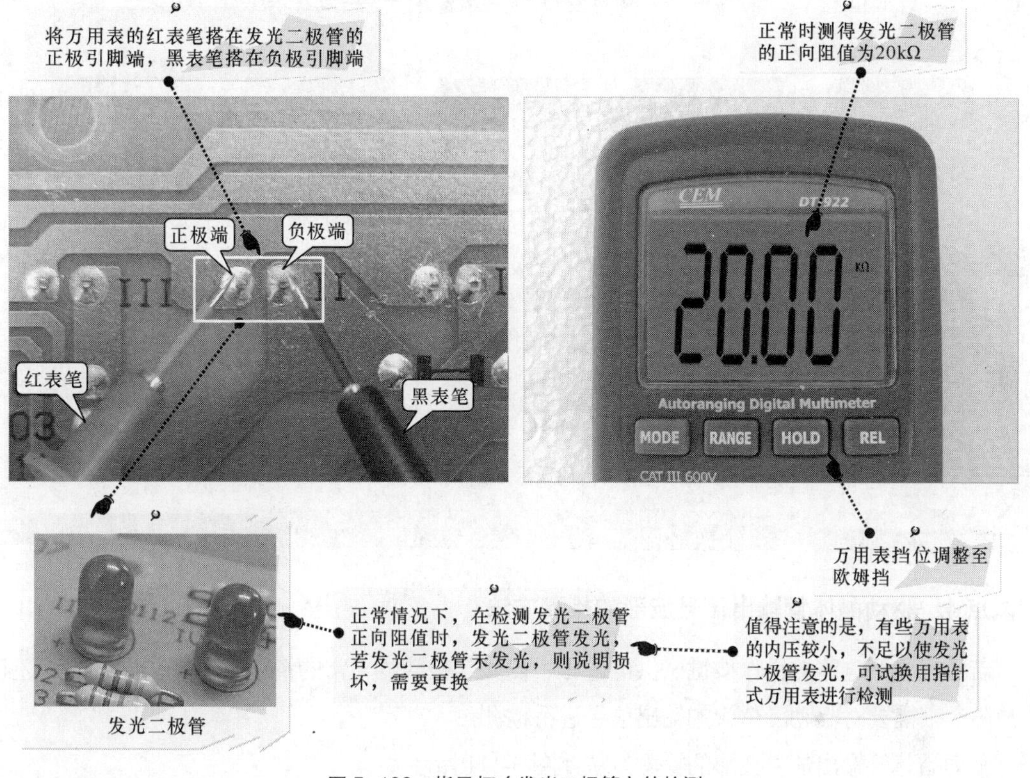
将万用表的红表笔搭在发光二极管的正极引脚端，黑表笔搭在负极引脚端
正极端
负极端
红表笔
黑表笔
正常时测得发光二极管的正向阻值为20kΩ
CEM
20.00
kΩ
Autoranging Digital Multimeter
MODE
RANGE
HOLD
REL
CAT III 600V
万用表挡位调整至欧姆挡
发光二极管
正常情况下，在检测发光二极管正向阻值时，发光二极管发光，若发光二极管未发光，则说明损坏，需要更换
值得注意的是，有些万用表的内压较小，不足以使发光二极管发光，可试换用指针式万用表进行检测

图 5-108　指示灯（发光二极管）的检测

数码显示管的检测方法如图 5-109 所示。

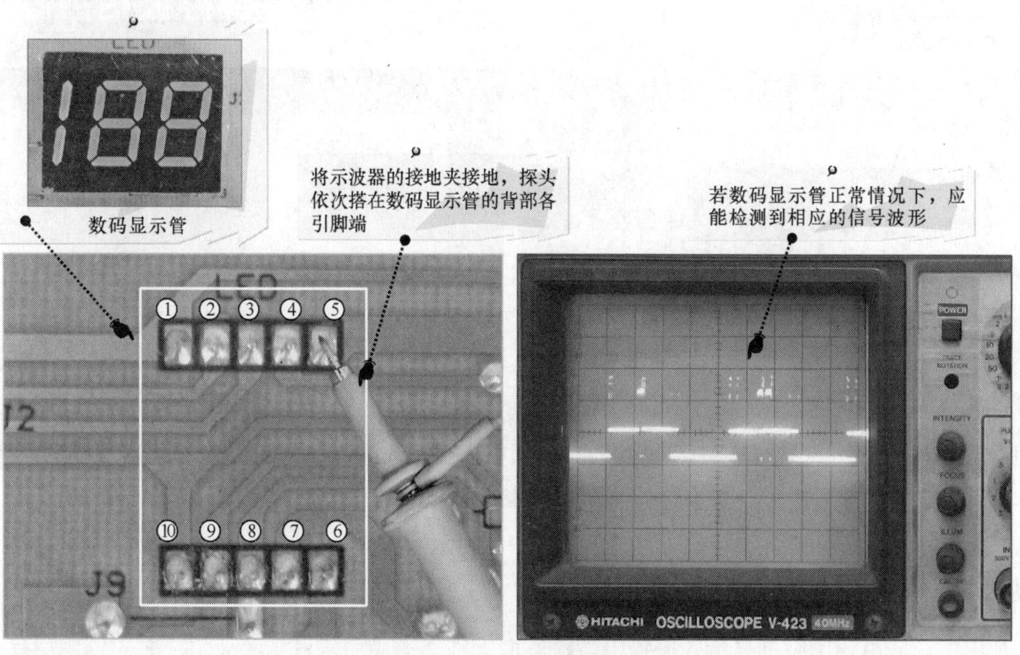
数码显示管
将示波器的接地夹接地，探头依次搭在数码显示管的背部各引脚端
若数码显示管正常情况下，应能检测到相应的信号波形
①
②
③
④
⑤
⑩
⑨
⑧
⑦
⑥
J9
HITACHI OSCILLOSCOPE V-423 40MHz

图 5-109　数码显示管的检测方法

维修技能

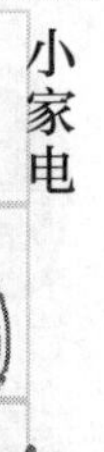

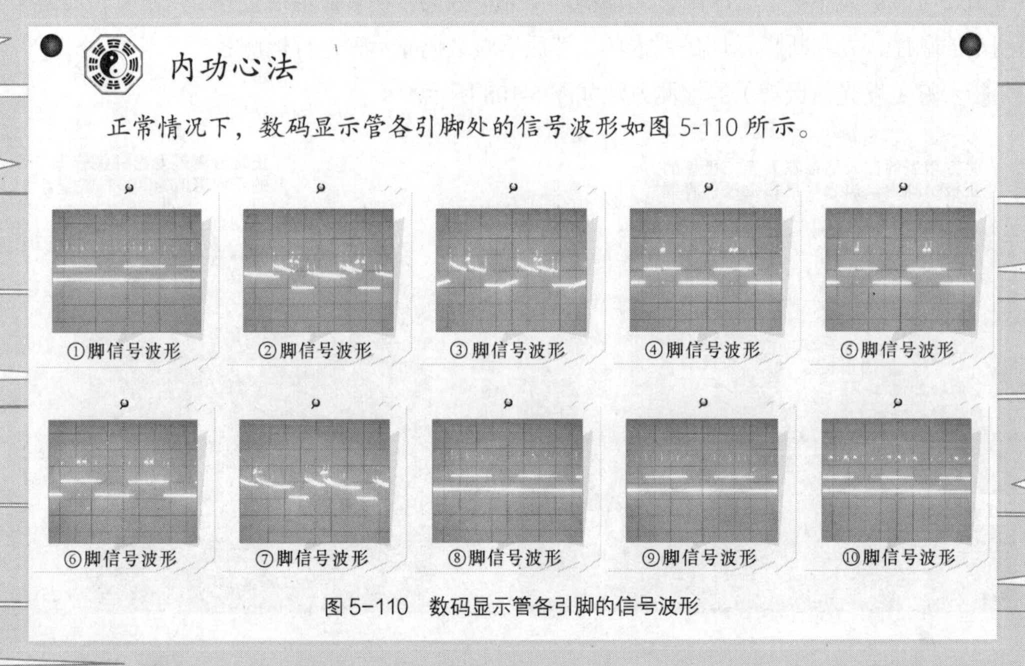

内功心法
正常情况下，数码显示管各引脚处的信号波形如图 5-110 所示。
①脚信号波形
②脚信号波形
③脚信号波形
④脚信号波形
⑤脚信号波形
⑥脚信号波形
⑦脚信号波形
⑧脚信号波形
⑨脚信号波形
⑩脚信号波形

图 5-110　数码显示管各引脚的信号波形

测试点 4．驱动晶体管输出信号波形的检测方法

若操作显示电路的操作按键、供电电压、发光二极管均正常的情况下，操作显示电路还存在故障，则需要对驱动晶体管的输出信号进行检测。

驱动晶体管输出信号波形的检测方法如图 5-111 所示。

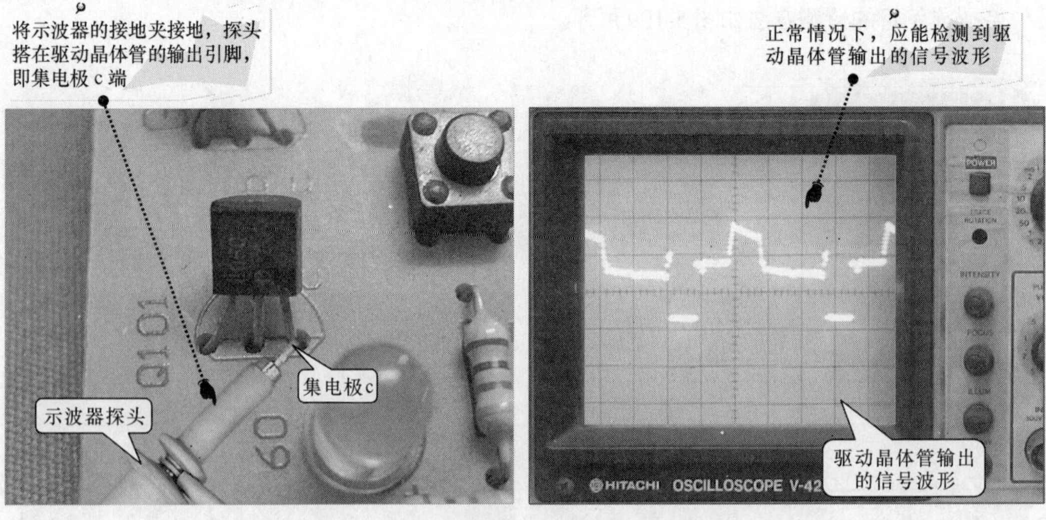

将示波器的接地夹接地，探头搭在驱动晶体管的输出引脚，即集电极 c 端
正常情况下，应能检测到驱动晶体管输出的信号波形
集电极c
示波器探头
驱动晶体管输出的信号波形
HITACHI OSCILLOSCOPE V-42

图 5-111　驱动晶体管输出信号波形的检测方法

测试点 5．驱动晶体管输入信号的检测方法

操作显示电路中驱动晶体管无输出信号波形，则会造成显示异常的故障。若无输出信号波

形，则应对前级电路中信号进行检测，即检测微处理器（MCU）送入驱动晶体管的信号波形是否正常。

驱动晶体管输入信号波形的检测方法如图 5-112 所示。

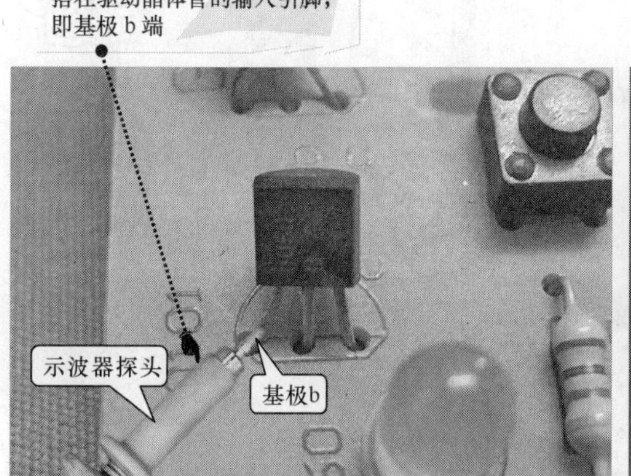
将示波器的接地夹接地，探头搭在驱动晶体管的输入引脚，即基极 b 端
示波器探头
基极b

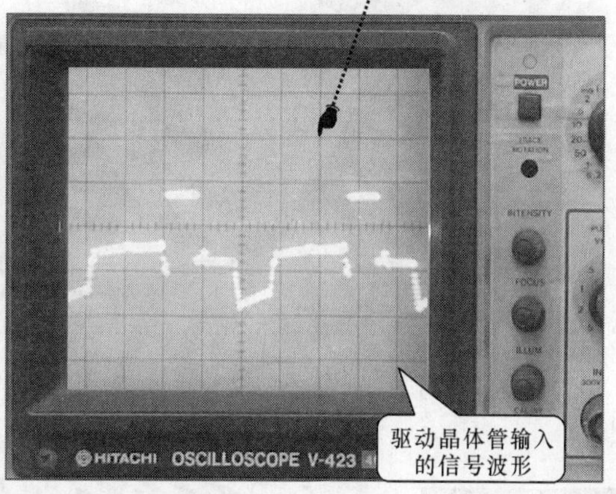
正常情况下，应能检测到驱动晶体管输入的信号波形
HITACHI OSCILLOSCOPE V-423
驱动晶体管输入的信号波形

图 5-112　驱动晶体管输入信号波形的检测方法

维修技能
第三招

投石问路，找准死穴

注解：

维修时，将重点怀疑的部件用已知良好的部件取而代之，然后观察工作状态，以此类推，通过替代的方法完成故障的排除。此招式往往能够对疑难杂症有奇效，达到故障迎刃而解的效果。此式若使用得当，常能够一招制敌，实为精妙。

各种小家电主要组成部件的检测代换技能是小家电检测中非常实用且常用的方法。不同小家电中有许多功能特征明显的组成部件，这些部件与电路联系密切，掌握其故障表现、拆卸代换的依据和方法，注意不同器件检测代换时的重点、要点……这需要系统的学习和演练。

6.1 电风扇的检测代换

6.1.1 风扇电动机组件的检测代换

1. 风扇电动机组件的应用

风扇电动机组件是电风扇的重要组成部分，在所有类型的电风扇中都可找到。风扇电动机通过电磁感应的原理，带动扇叶旋转，加速空气流通。

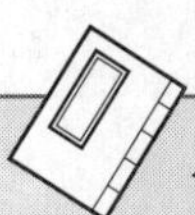

功法秘籍

图 6-1 所示为风扇电动机组件的功能示意图。

风扇电动机组件主要由风扇电动机、启动电容器构成，其中启动电容用来辅助电动机启动，为电动机提供启动转矩，而风扇电动机主要为扇叶提供动力。带动扇叶旋转。

电风扇通电启动后，交流供电经启动电容加到启动绕组上。在启动电容器的作用下，启动绕组中所加电流的相位与运行绕组形成 90°，定子和转子之间形成启动转矩，使转子旋转起来。风扇电动机开始高速旋转，并带动扇叶一起旋转，扇叶旋转时会对空气产生推力，从而加速空气流通。

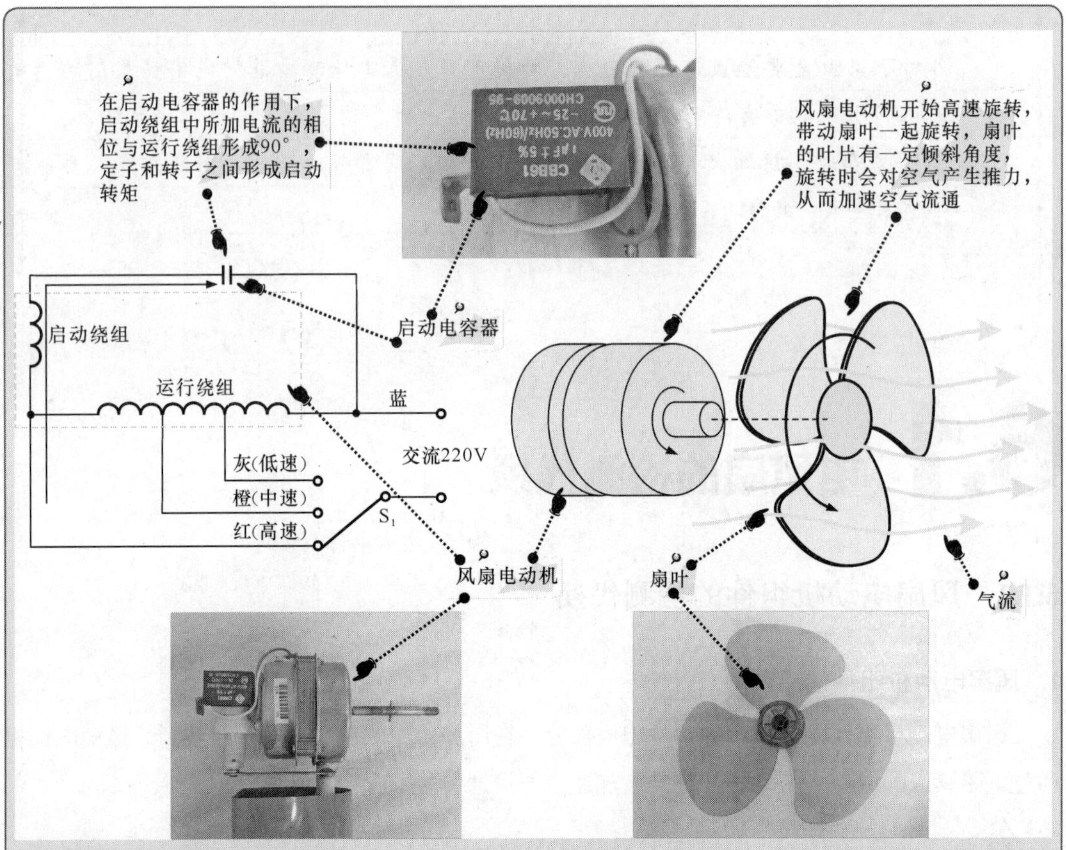

在启动电容器的作用下，启动绕组中所加电流的相位与运行绕组形成90°，定子和转子之间形成启动转矩

风扇电动机开始高速旋转，带动扇叶一起旋转，扇叶的叶片有一定倾斜角度，旋转时会对空气产生推力，从而加速空气流通

启动电容器

启动绕组

运行绕组

蓝

交流220V

灰(低速)

橙(中速)

红(高速)

S_1

风扇电动机

扇叶

气流

图 6-1　风扇电动机组件的功能示意图

2. 风扇电动机组件的检测代换

风扇电动机组件损坏，会使电风扇出现不旋转、工作异常等现象。怀疑风扇电动机组件出现故障，就要对启动电容、风扇电动机进行检测。

功法秘籍

图 6-2 所示为风扇电动机组件的检修方案。

对风扇电动机组件的检修，通常可分为两步：第 1 步是对启动电容进行检修，第 2 步是对风扇电动机进行检修。

维修技能

启动电容固定在电动机后部，通过线缆与电动机内的绕组相连

风扇电动机位于风扇后部，通过线缆与调速开关相连，并通过支撑组件进行固定

启动电容器若损坏会对风扇的运行造成影响

风扇电动机损坏，电风扇会出现不工作、工作异常等故障

图 6-2 风扇电动机组件的检修方案

（1）启动电容器的检修

启动电容固定在电动机后方，通过线缆与电动机的绕组相连。要对启动电容器进行检测，须先将其拆下。

① 对启动电容器进行拆卸。图 6-3 所示为启动电容器的拆卸方法。

② 对启动电容器进行检测代换。使用万用表对启动电容器进行检测，若发现启动电容器损坏，应使用规格参数相同的电容器进行代换。

【步骤1】
使用螺丝刀将启动电容上的固定螺钉拧下

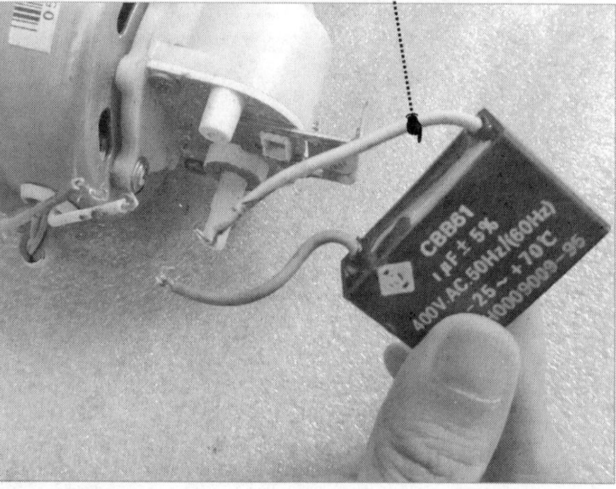
【步骤5】
取下启动电容，接下来便可对其进行检测
CBB61
1μF±5%
400V AC.50Hz/(60Hz)
-25～+70℃
CH0009009-95

图 6-3 启动电容器的拆卸方法

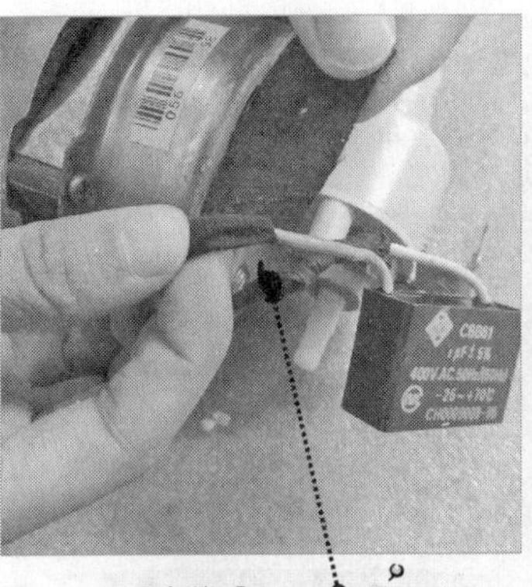

【步骤2】
将启动电容与电动机之间线缆上绝缘胶布拆下

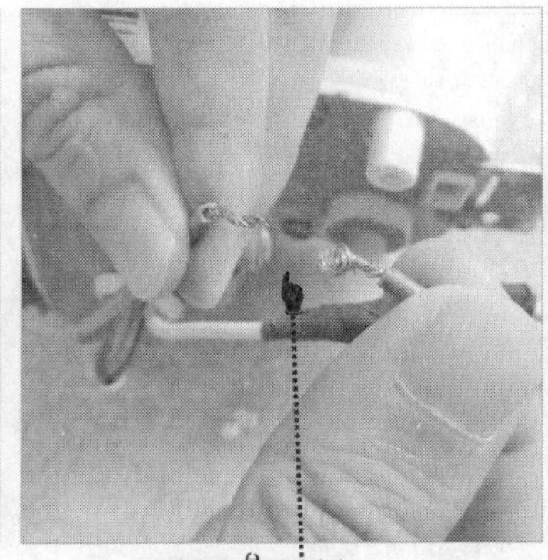

【步骤3】
断开连接线缆

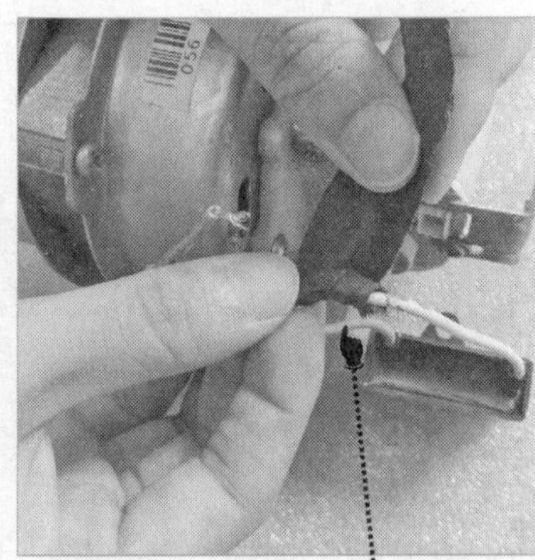

【步骤4】
再将另一根线缆的绝缘胶布拆下，并断开线缆

图 6-3 启动电容器的拆卸方法（续）

启动电容器的检测代换方法如图 6-4 所示。

（2）风扇电动机的检修

风扇电动机安装在扇叶后方，通过线缆与调速开关相连，并由支撑组件进行支撑。要对电动机进行检测，可使用万用表对其线缆间的阻值进行检测。

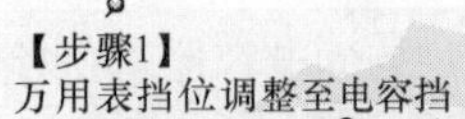

【步骤1】
万用表挡位调整至电容挡

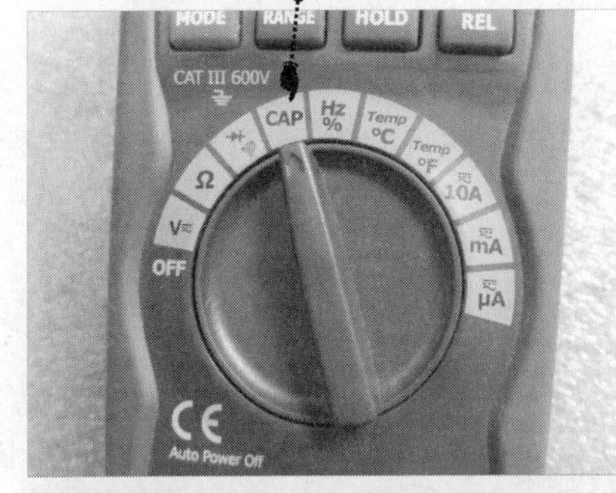
MODE
RANGE
HOLD
REL
CAT III 600V
CAP
Hz %
Temp ℃
Temp ℉
10A
mA
μA
Ω
V
OFF
CE
Auto Power Off

【步骤3】
正常情况下可检测到 1μF 左右的电容量

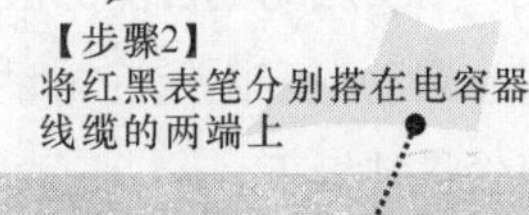

【步骤2】
将红黑表笔分别搭在电容器线缆的两端上

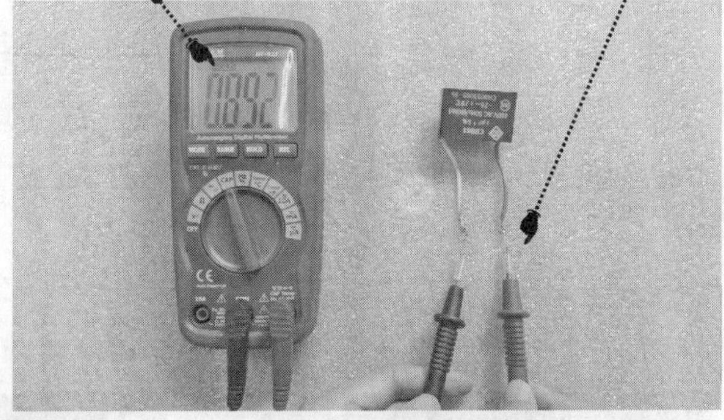

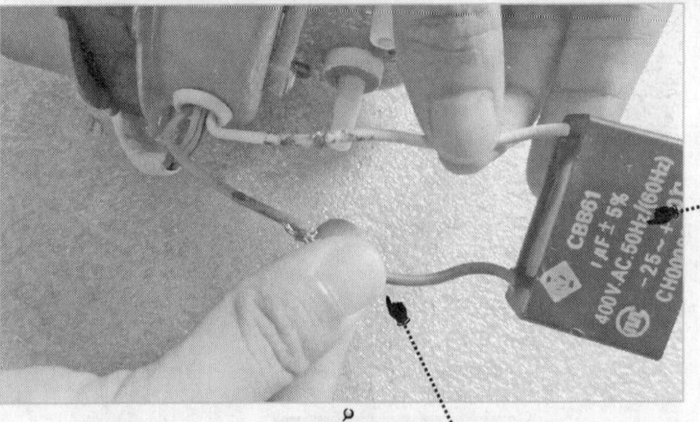
CBB61
1μF±5%
400V.AC.50Hz/(60Hz)

【步骤5】
将新启动电容与电动机上的线缆进行连接

CBB61
1μF±5%
400V.AC.50Hz/(60Hz)
-25～+70℃
CH0009009-95

【步骤4】
若启动电容损坏，就要根据损坏启动电容器的规格参数，选择适合的电容器进行更换

图 6-4 启动电容器的检测代换方法

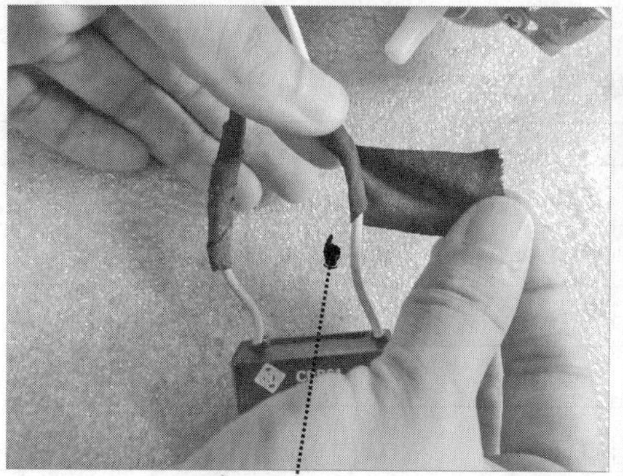

【步骤6】
使用绝缘胶布将线缆
连接处绑好

【步骤7】
通过固定螺钉将电容器固定好，
然后通电试机，故障排除

图 6-4 启动电容器的检测代换方法（续）

① 对风扇电动机进行检测。

图 6-5 所示为风扇电动机的检测方法。电动机各引线之间的阻值参见表 6-1。

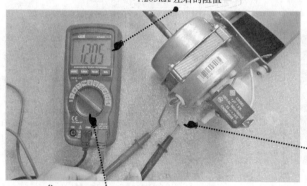

【步骤3】
正常情况下可检测到
1.205kΩ 左右的阻值
【步骤1】
万用表挡位调整至欧姆挡

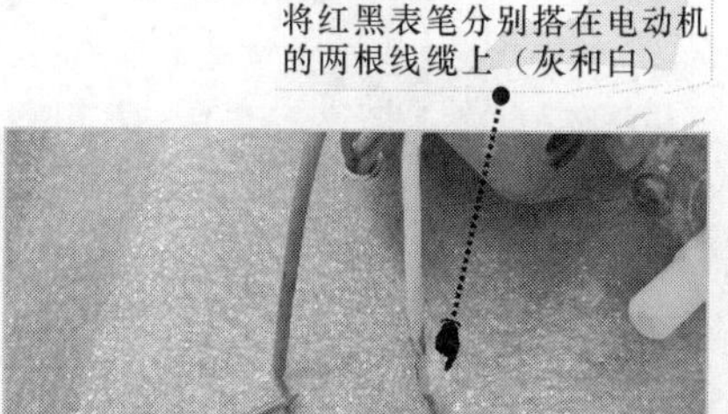

【步骤2】
将红黑表笔分别搭在电动机
的两根线缆上（灰和白）

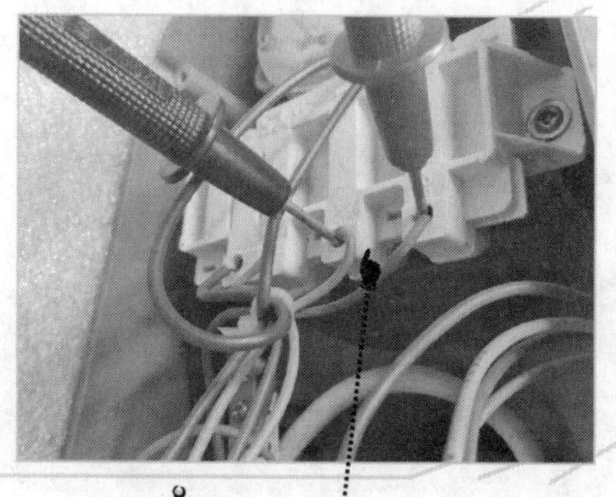

【步骤4】
将红黑表笔搭在电动机其他线缆上（橙和红），
检测各线缆之间的阻值

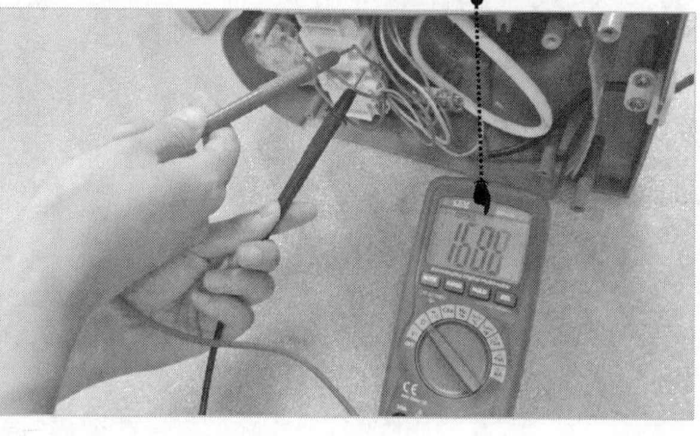

【步骤5】
正常情况下可检测到
168.8Ω 左右的阻值

图 6-5 风扇电动机的检测方法

表 6-1　电动机各引线之间的阻值

检测线缆	阻　值	检测线缆	阻　值	检测线缆	阻　值
灰—橙	136.4Ω	橙—红	168.8Ω	红—白	529Ω
灰—红	304.6Ω	橙—白	698Ω	红—灰	675Ω
灰—白	833Ω	橙—灰	507Ω	白—灰	1205Ω
灰—灰	372Ω	—	—	—	—

② 对风扇电动机进行代换。若发现风扇电动机损坏，应使用同规格的交流感应电动机进行代换。

风扇电动机的代换方法如图 6-6 所示。

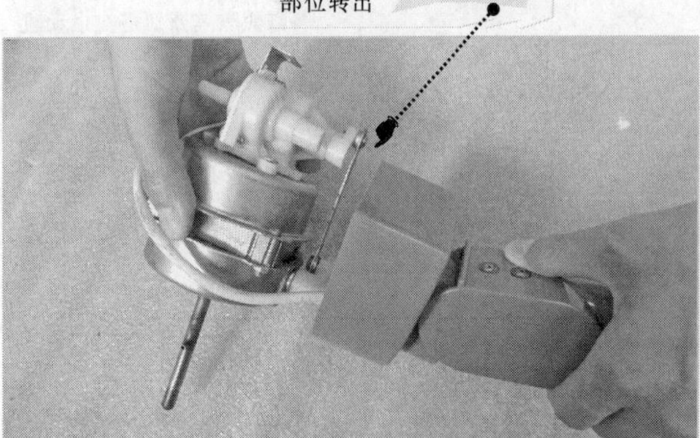
【步骤1】
转动风扇电动机的方向，使连杆与摆头组件的连接部位转出

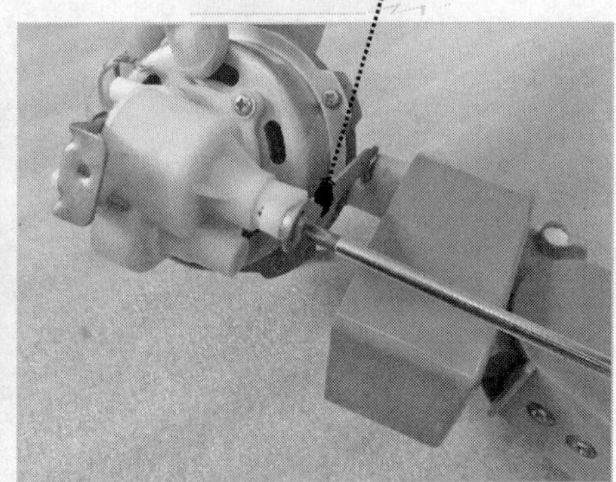
【步骤2】
使用螺丝刀将连杆与摆头组件之间的固定螺钉拧下

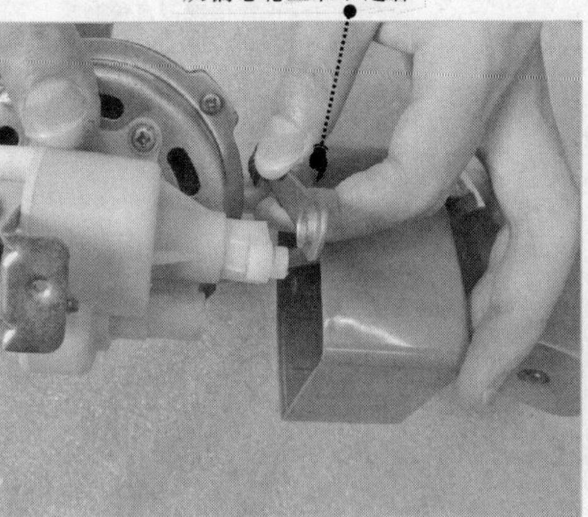
【步骤3】
从偏心轮上取下连杆

【步骤4】
使用镊子将电动机转轴的固定螺钉挡片取下

图 6-6　风扇电动机的代换方法

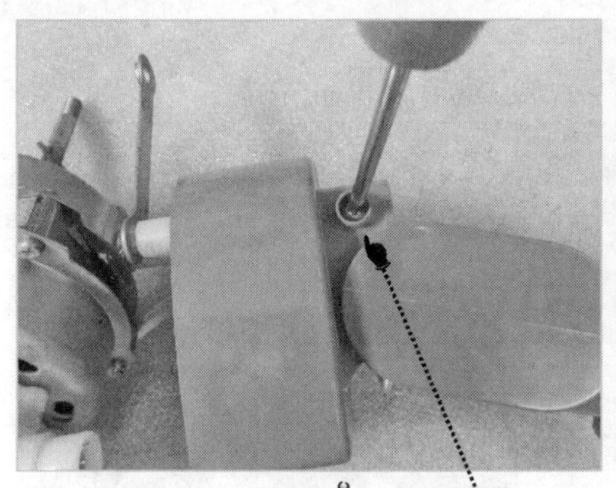

【步骤5】
使用螺丝刀将固定螺钉拧下

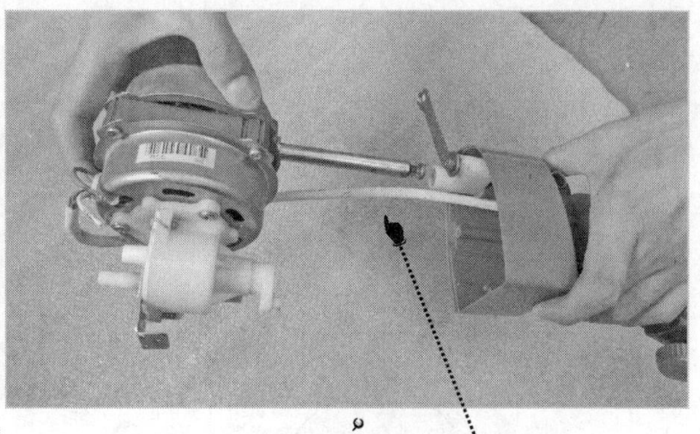

【步骤6】
将损坏的电动机与支撑组件分离

【步骤7】
根据损坏电动机的规格参数，选择适合的交流异步电动机进行代换

【步骤8】
将新电动机安装到支撑组件中

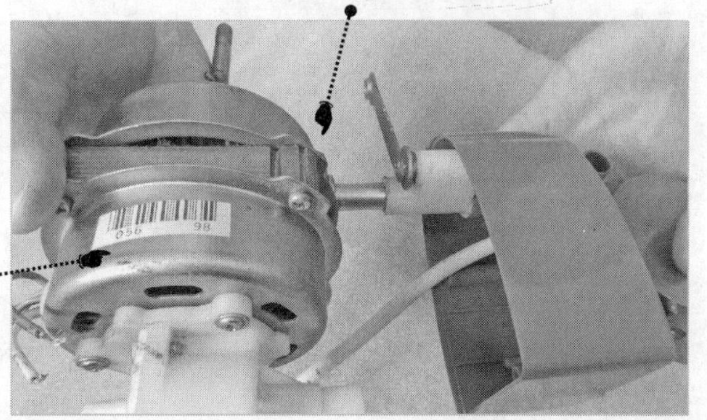

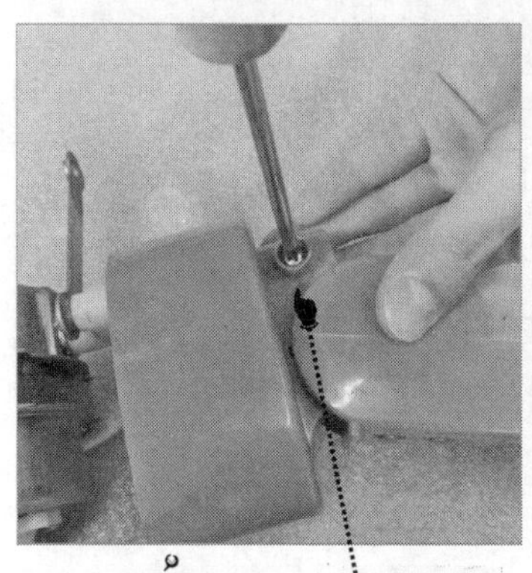

【步骤9】
将电动机转轴的固定螺钉拧紧

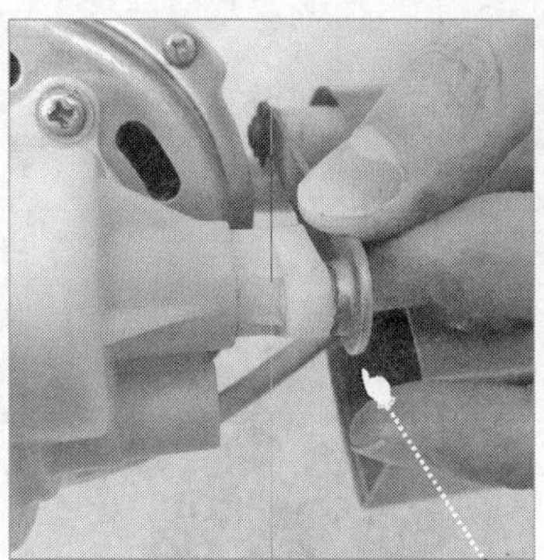

【步骤10】
将连杆与偏心轮固定好，然后通电试机电风扇正常，故障排除

图 6-6　风扇电动机的代换方法（续）

6.1.2　摇头组件的检测代换

1. 摇头组件的应用

摇头组件是电风扇的组成部分之一，在许多电风扇中都可以找到。带有摇头组件的电风扇

可以自动进行摇头，使风扇扩大送风范围。

功法秘籍

图 6-7 所示为摇头组件的功能示意图。

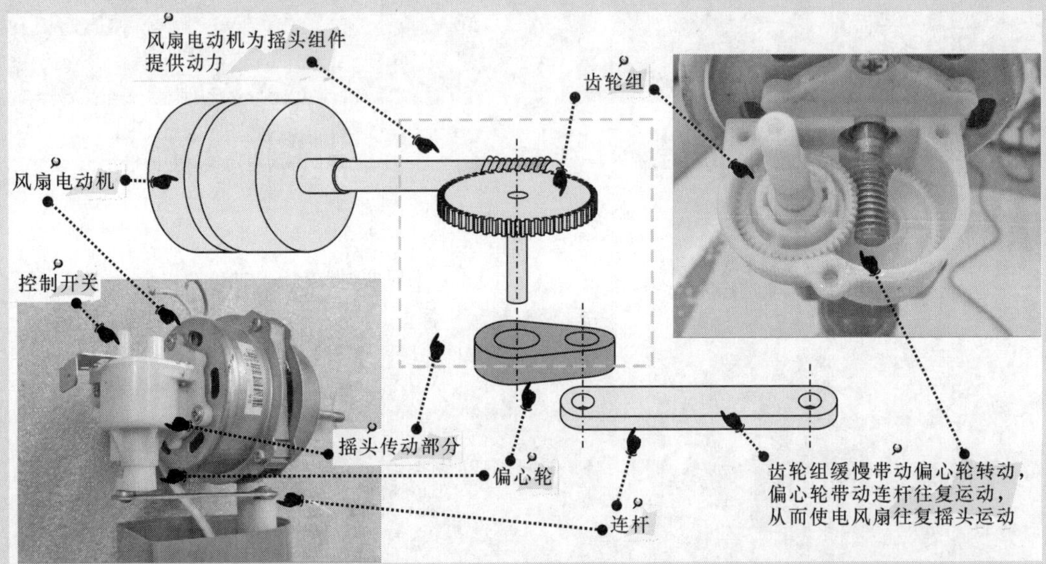
风扇电动机为摇头组件提供动力
齿轮组
风扇电动机
控制开关
摇头传动部分
偏心轮
连杆
齿轮组缓慢带动偏心轮转动，偏心轮带动连杆往复运动，从而使电风扇往复摇头运动

图 6-7　摇头组件的功能示意图

摇头组件主要由摇头传动部分、偏心轮、连杆等构成，其中摇头传动部分与风扇电动机相连，由电动机为摇头组件提供动力，偏心轮和连杆相配合，使风扇在一定范围内自动循环，进行左右摇头。

风扇电动机为摇头传动部分提供动力，摇头传动部分内的齿轮组缓慢带动偏心轮转动，偏心轮便带动连杆往复运动，从而实现电风扇的往复摇头运行。

2. 摇头组件的检测代换

摇头组件损坏，会使电风扇出现不摇头、一直摇头等现象。怀疑摇头组件出现故障，就要对摇头传动部分、偏心轮、连杆等进行检查。

功法秘籍

图 6-8 所示为摇头组件的检修方案。

对摇头组件的检修通常可分为两步：第 1 步是对摇头组件进行检查，第 2 步是对摇头组件进行拆卸代换。

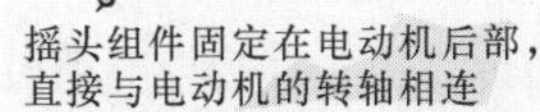
摇头组件固定在电动机后部，
直接与电动机的转轴相连

连杆一端与偏心轮
固定，另一端固定
在支撑组件上
若摇头组件发生故障，会
使电风扇出现不摇头或一
直摇头

图 6-8　摇头组件的检修方案

（1）对摇头组件进行检查

对摇头组件行检查，若发现有部件损坏，要使用相同规格的同类部件进行代换。

图 6-9 所示为摇头组件的检查方法。

【步骤1】
查看连杆的两端固定是否
良好，转动是否顺畅

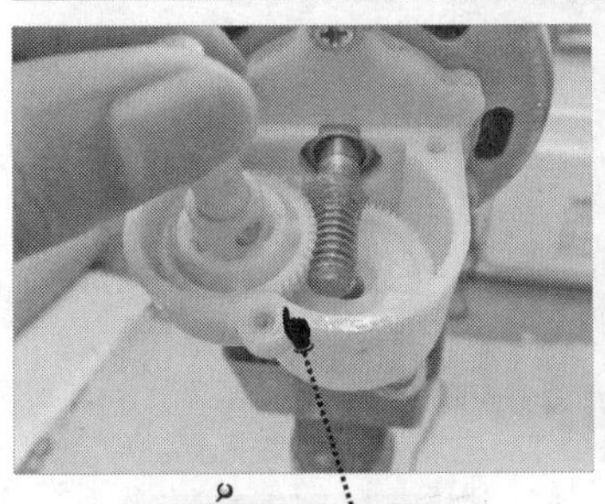
【步骤2】
转动控制开关，查看齿
轮组的转动是否顺畅

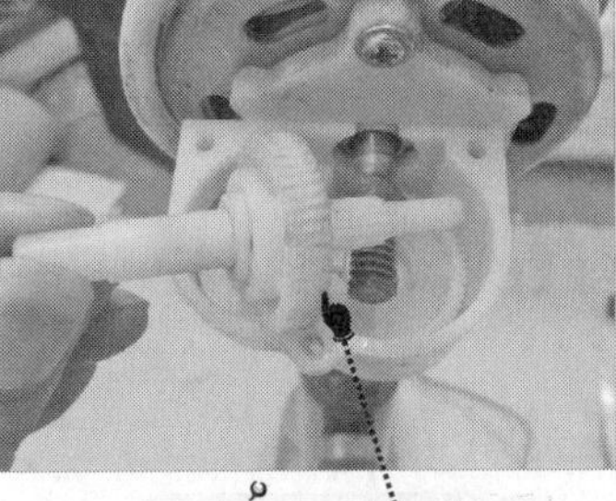
【步骤3】
查看齿轮是否出现损坏

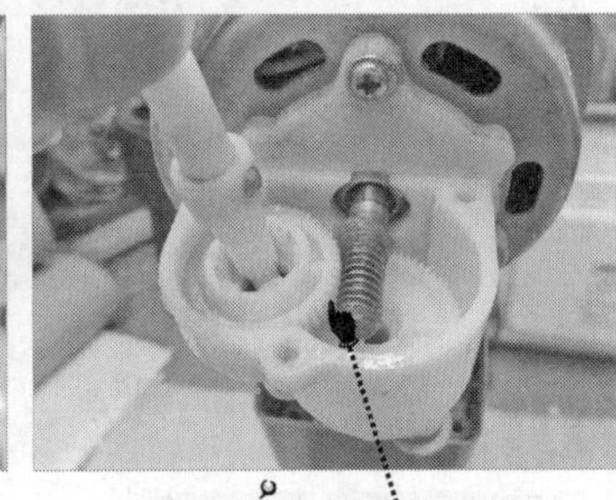
【步骤4】
取出控制开关，查看控制
开关是否良好

图 6-9　摇头组件的检查方法

（2）对摇头组件进行拆卸代换

摇头组件固定在电动机与支撑组件上，摇头传动部分直接与电动机相连。若发现摇头组件损坏，应使用同类型的部件进行代换。

摇头组件的代换方法如图 6-10 所示。

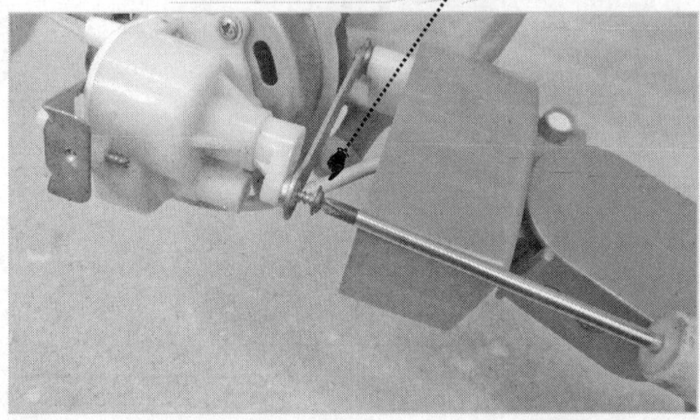
【步骤1】
对损坏的摇头组件进行拆卸。将连杆与摇头组件之间的固定螺钉拧下

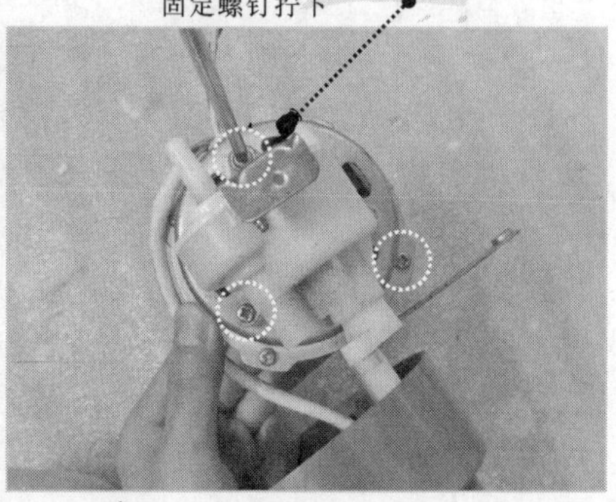
【步骤2】
将摇头组件与电动机之间的固定螺钉拧下

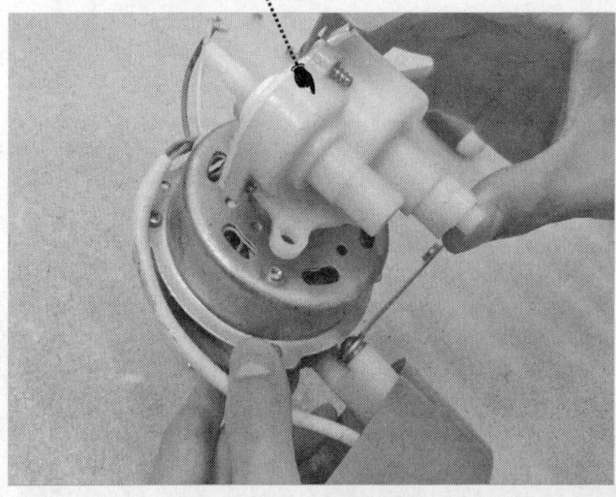
【步骤3】
将损坏的摇头组件取下

【步骤4】
根据损坏摇头组件的类型，选择适合的部件进行代换

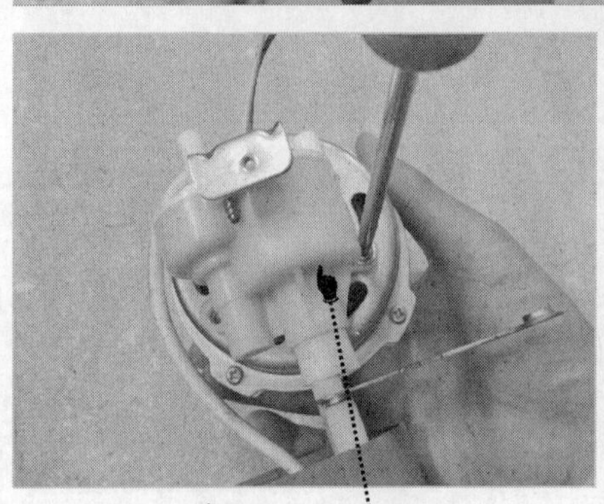
【步骤5】
将新摇头组件安装到电动机后部，拧紧固定螺钉

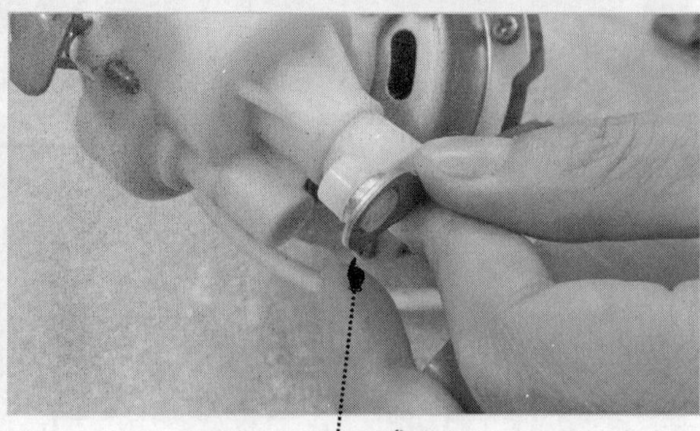
【步骤6】
将连杆固定好后，通电试机电风扇正常，故障排除

图 6-10　摇头组件的代换方法

6.1.3 调速开关的检测代换

1. 调速开关的应用

调速开关是电风扇的控制部件，它可以控制风扇电动机内绕组的供电，使风扇电动机以不同的速度旋转。

功法秘籍

图 6-11 所示为调速开关的功能示意图。

调速开关主要由挡位按钮、触点、接线端等构成，其中挡位按钮带有自锁功能，按下后会一直保持接通状态。不同挡位的接线端通过不同颜色的引线与风扇电动机内的绕组相连。

按下不同挡位的按钮，按钮便会自锁，使内部触点一直保持闭合，供电电压便会通过触点、接线端、引线送入相应的绕组中。交流电压送入不同的绕组中，风扇电动机便会以不同的转速工作。

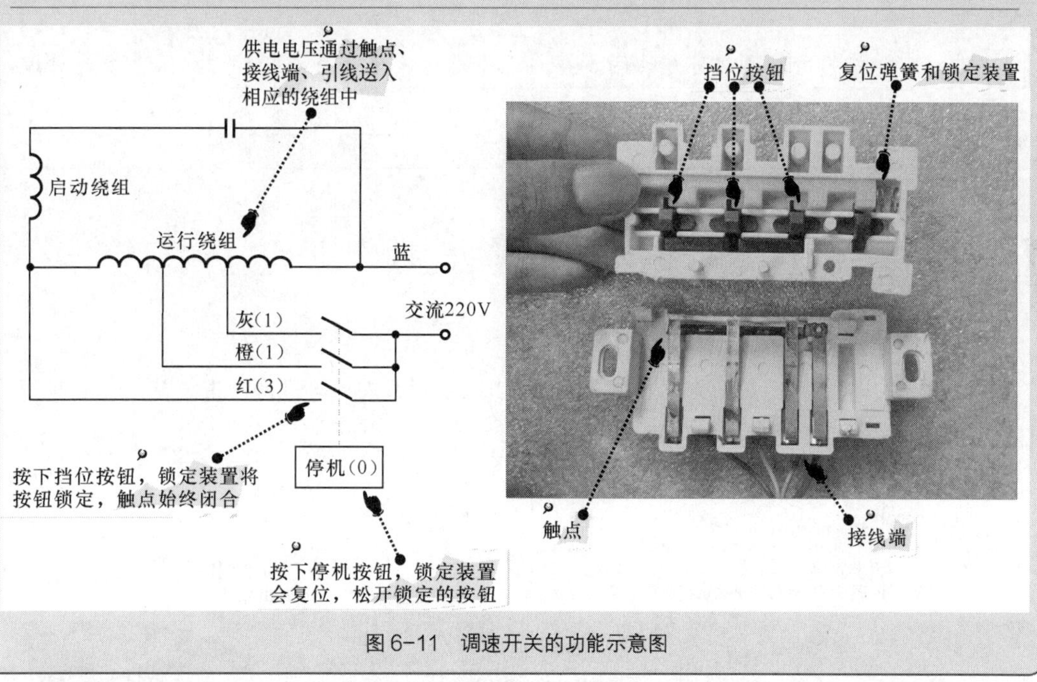
供电电压通过触点、接线端、引线送入相应的绕组中
启动绕组
运行绕组
蓝
交流220V
灰(1)
橙(1)
红(3)
停机(0)
按下挡位按钮，锁定装置将按钮锁定，触点始终闭合
按下停机按钮，锁定装置会复位，松开锁定的按钮
挡位按钮
复位弹簧和锁定装置
触点
接线端

图 6-11 调速开关的功能示意图

2. 调速开关的检测代换

调速开关损坏，会使电风扇出现不工作、控制速度异常等现象。怀疑调速开关出现故障，就要对调速开关内的部件进行检查。

功法秘籍

图 6-12 所示为调速开关的检修方案。

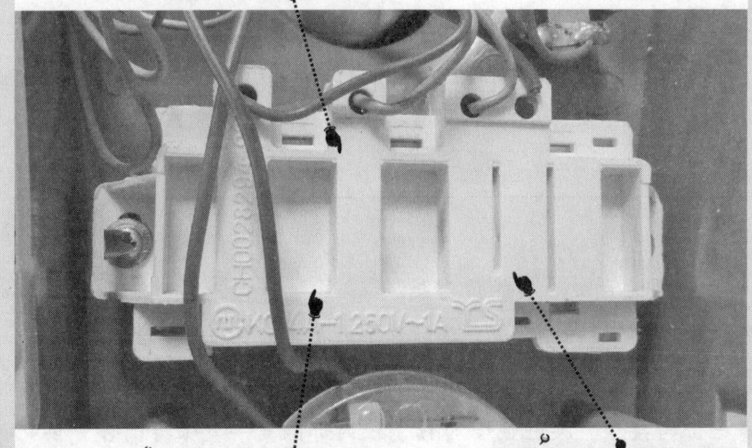
调速开关固定在风扇内部，
通过引线与电动机相连
对调速开关进行检查，应重点
对按钮、触点进行检查
若调速开关发生故障，会
使电风扇出现不工作或速
度失控等现象

图 6-12　调速开关的检修方案

对调速开关的检修通常可分为两步：第 1 步是对调速开关进行拆卸，第 2 步是对调速开关进行检查代换。

（1）对调速开关进行拆卸

调速开关通过螺钉固定在风扇内部，通过多条引线与电动机相连。

图 6-13 所示为调速开关的拆卸方法。

（2）对调速开关进行检查代换

对调速开关进行检查，就要对挡位按钮、触点以及引线焊点等进行检查。若发现调速开关有部件损坏，应使用同类型的部件进行代换。

调速开关的检查代换方法如图 6-14 所示。

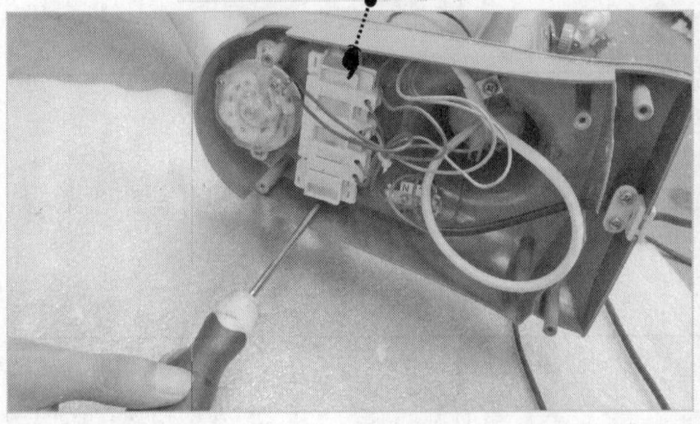
【步骤1】
将调速开关的固定螺钉拧下

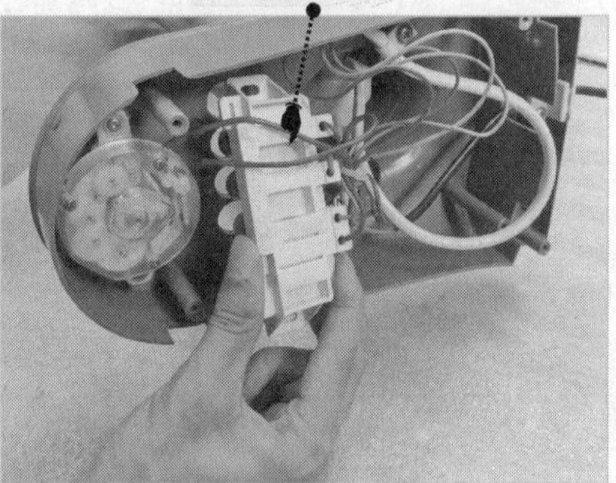
【步骤2】
取出调速开关

图 6-13　调速开关的拆卸方法

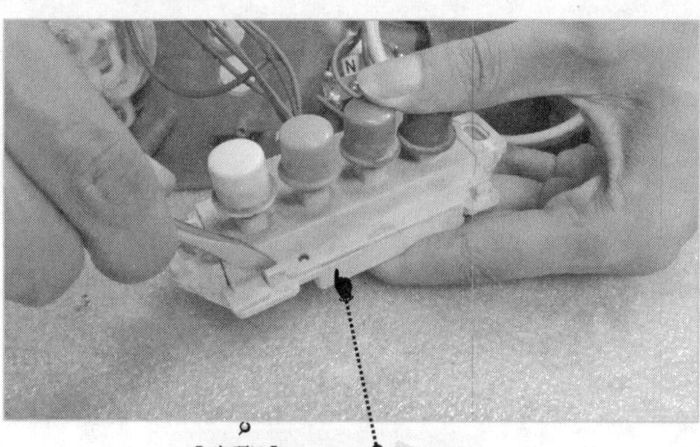

【步骤3】
使用一字螺丝刀将调速开关外壳的卡扣拆下

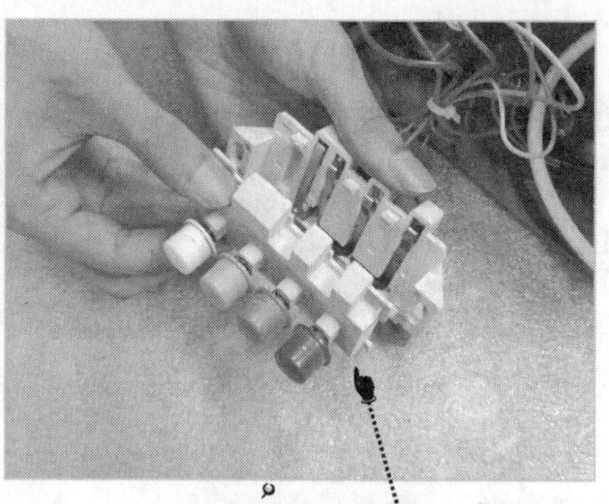

【步骤4】
将调速开关拆开，便可进行检查

图 6-13　调速开关的拆卸方法（续）

查看复位弹簧、锁定装置是否良好时，需要按压按钮进行查看

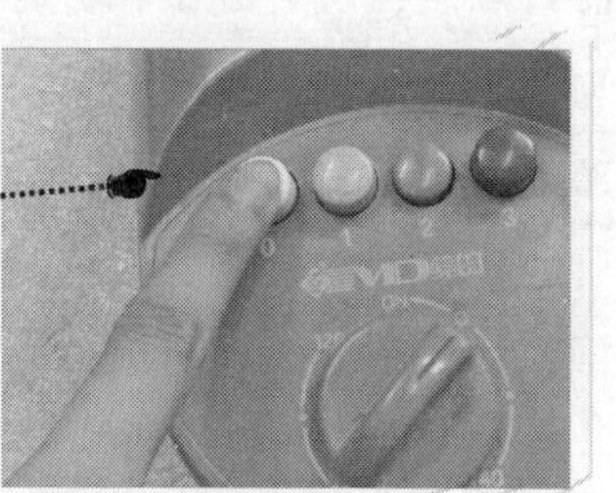

【步骤1】
查看调速开关内部的触点、接线端是否良好

【步骤2】
查看复位弹簧、锁定装置是否正常

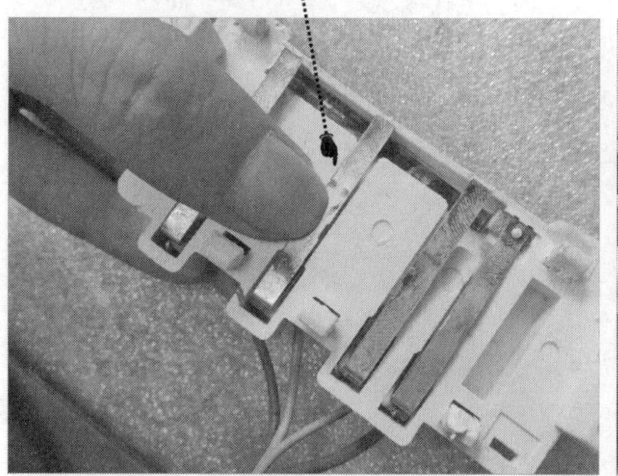

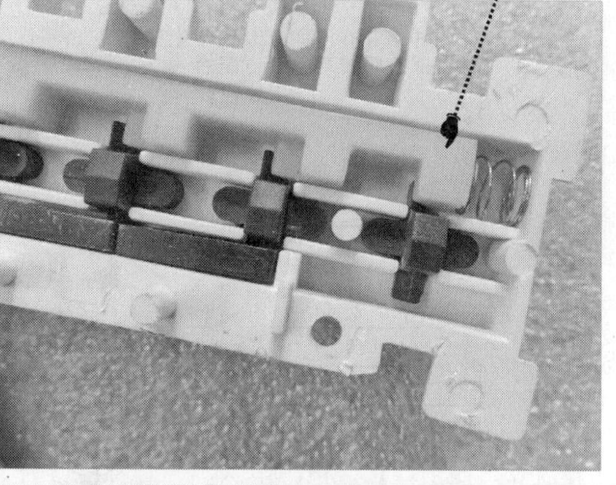

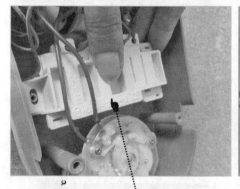

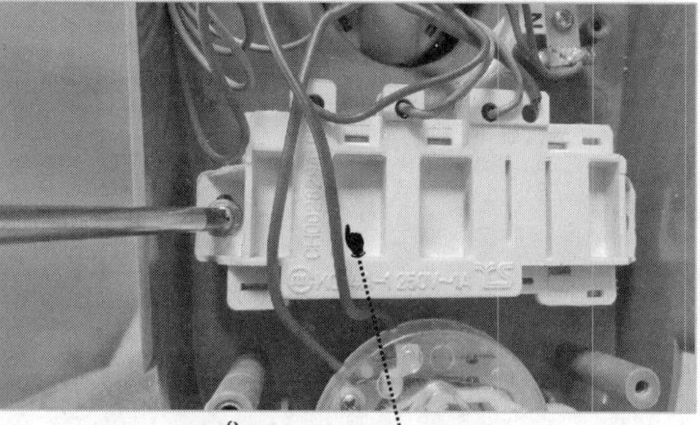

【步骤3】
若发现调速开关有部件损坏，需要使用同类的部件进行代换。代换后将调速开关装好，放置到原位置上

【步骤4】
将调速开关固定好后，通电试机，电风扇速度可受控制，故障排除

图 6-14　调速开关的检查代换方法

6.1.4 定时器的检测代换

1. 定时器的应用

在某些电风扇中会设计有定时器，它可以控制电风扇的运行时间，当设定时间到达时，自动切断电风扇的供电，使电风扇停止工作。

功法秘籍

图 6-15 所示为定时器的功能示意图。

定时器主要由触点、设定旋钮、齿轮组以及发条等构成。设定旋钮对时间的延时设定实际上是借助发条的机械原理实现的。由于发条与设定旋钮相连，旋转设定旋钮设置时间就相当于给发条上弦，同时定时器内部凸轮也被带动旋转，使触点闭合，电风扇开始工作。

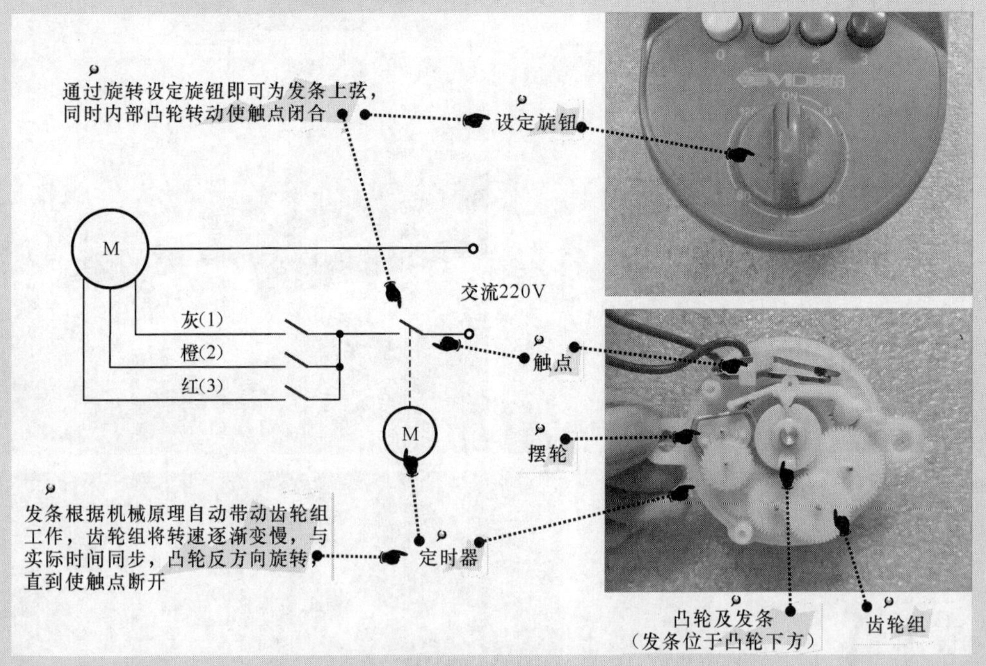
通过旋转设定旋钮即可为发条上弦，同时内部凸轮转动使触点闭合
设定旋钮
M
交流220V
灰(1)
橙(2)
红(3)
触点
M
摆轮
发条根据机械原理自动带动齿轮组工作，齿轮组将转速逐渐变慢，与实际时间同步，凸轮反方向旋转，直到使触点断开
定时器
凸轮及发条
（发条位于凸轮下方）
齿轮组

图 6-15　定时器的功能示意图

此后，发条会因机械弹性而逐渐复原，凸轮及齿轮组便在发条的恢复作用的带动下，反方向旋转，直到发条恢复正常，凸轮即转回原位，触点断开，电风扇停止工作。

2. 定时器的检测代换

调速开关损坏，会使电风扇出现不工作、定时失灵等现象。怀疑定时器出现故障，就要对定时器内的部件进行检查。

功法秘籍

图 6-16 所示为定时器的检修方案。

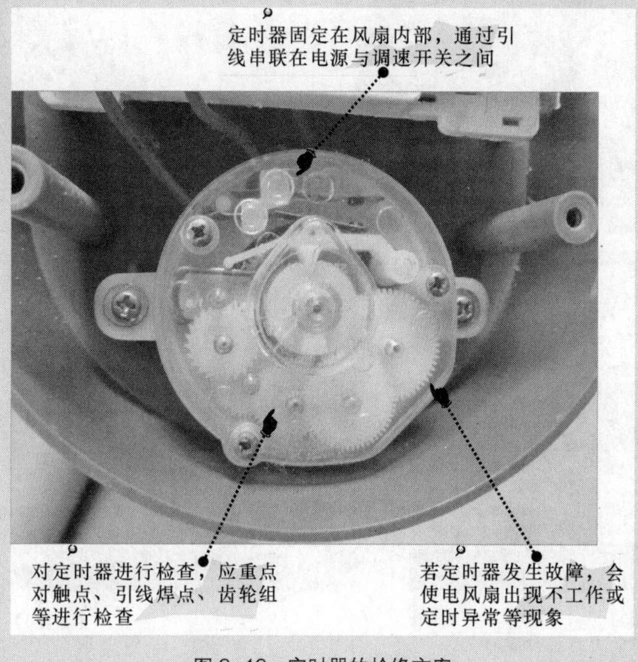
定时器固定在风扇内部，通过引线串联在电源与调速开关之间
对定时器进行检查，应重点对触点、引线焊点、齿轮组等进行检查
若定时器发生故障，会使电风扇出现不工作或定时异常等现象

图 6-16　定时器的检修方案

对定时器的检修通常可分为两步：第 1 步是对定时器进行拆卸，第 2 步是对定时器进行检查代换。

（1）对定时器进行拆卸

定时器通过螺钉固定在风扇内部，通过引线串联在调速开关与电源之间。

图 6-17 所示为定时器的拆卸方法。

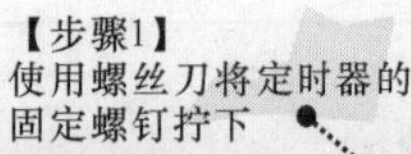
【步骤1】
使用螺丝刀将定时器的
固定螺钉拧下

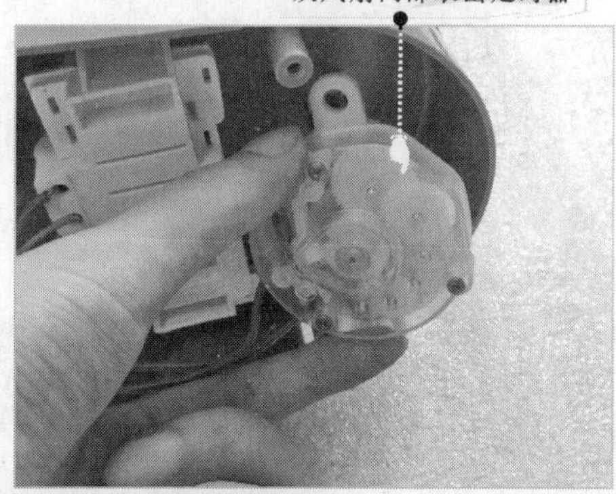
【步骤2】
从风扇内部取出定时器

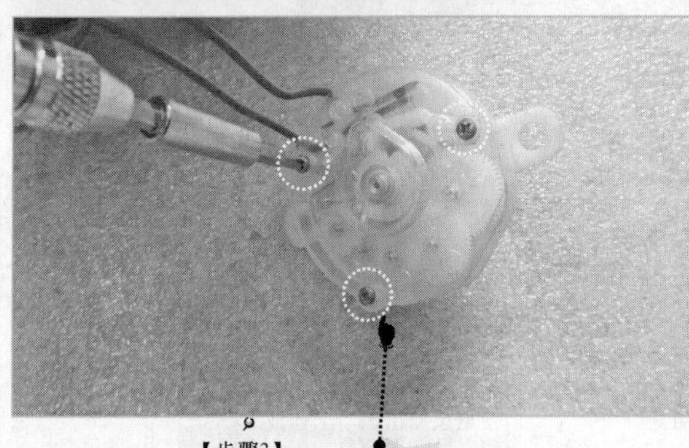
【步骤3】
使用螺丝刀将定时器外壳
的固定螺钉拧下

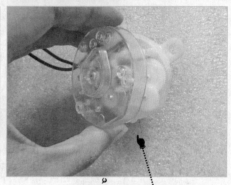

【步骤4】
取下定时器外壳，接下来
便可进行检查

图 6-17　定时器的拆卸方法

（2）对定时器进行检查代换

对定时器进行检查，就要对齿轮组、触点以及引线焊点等进行检查，若发现定时器有部件损坏，应使用同类的定时器进行代换。

定时器的检查代换方法如图 6-18 所示。

【步骤1】
查看定时器内的触点、引线焊点、齿轮组等进行检查

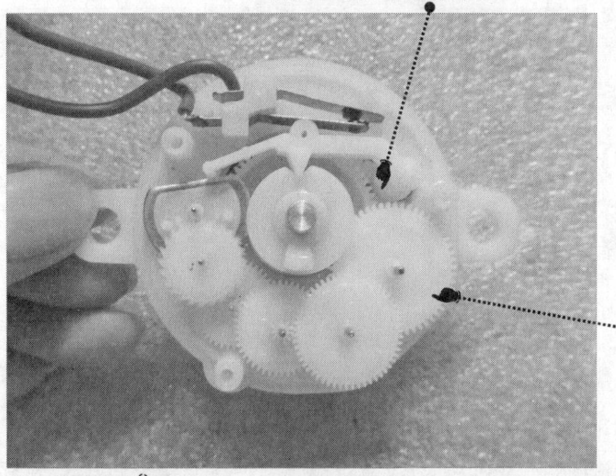

【步骤2】
若发现定时器损坏，可使用同型号、同规格的定时器进行代换

定时器的型号为DFJ120，工作电压交流220V，工作电流为1.6A

【步骤3】
代换定时器时，先将损坏定时器内的触点和引线取下

【步骤4】
使用电烙铁将引线焊点焊开

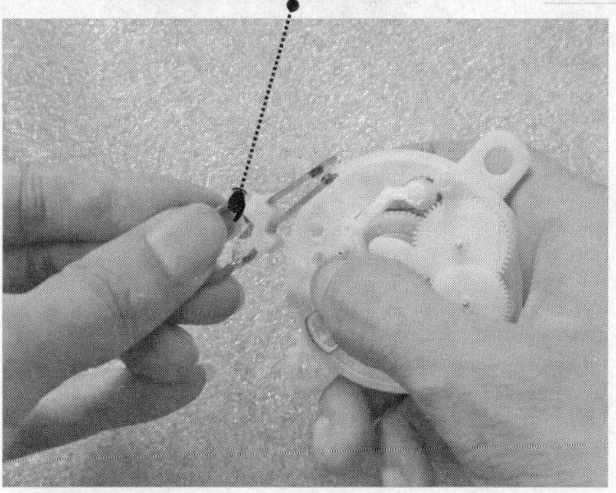

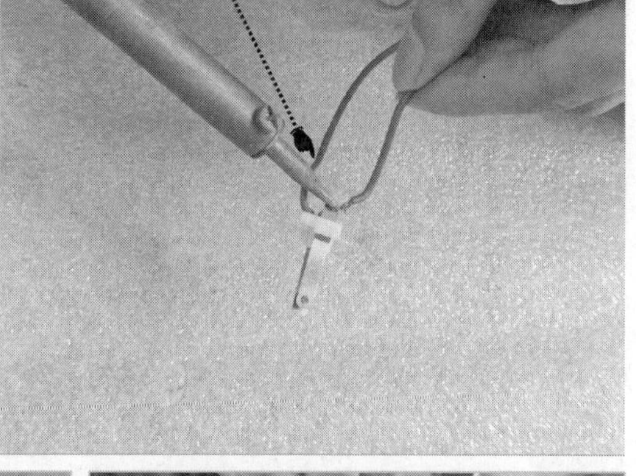

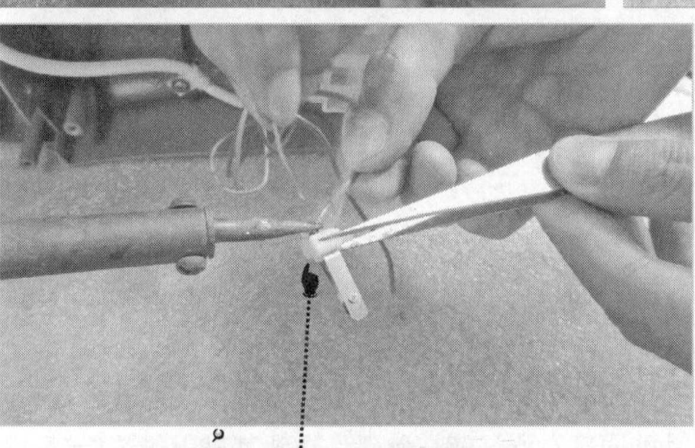

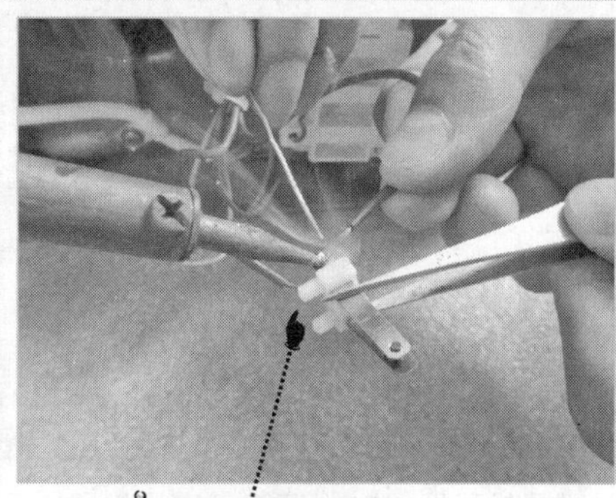

【步骤5】
将新的定时器上的触点取下，使用电烙铁将引线焊接在金属片上

【步骤6】
再将另一根引线焊接在另一个金属片上

图 6-18　定时器的检查代换方法

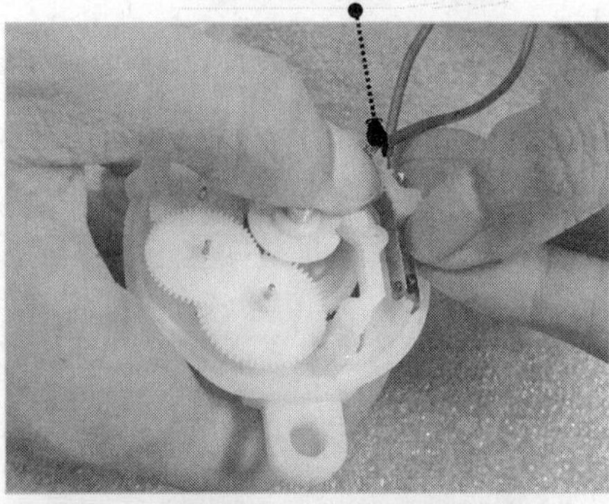
【步骤7】
将触点安装到新定时器上

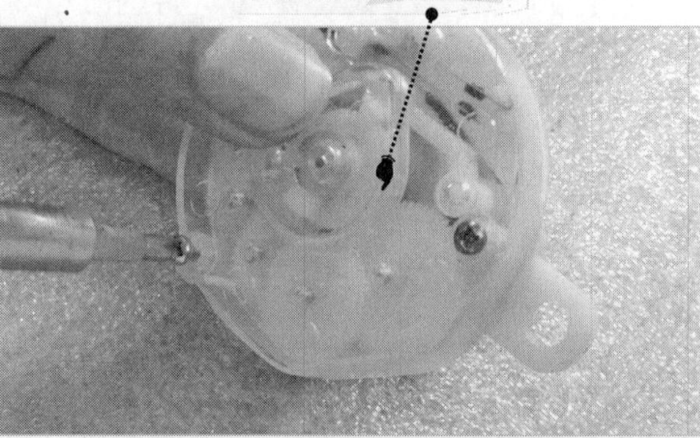
【步骤8】
将新定时器的外壳安装好

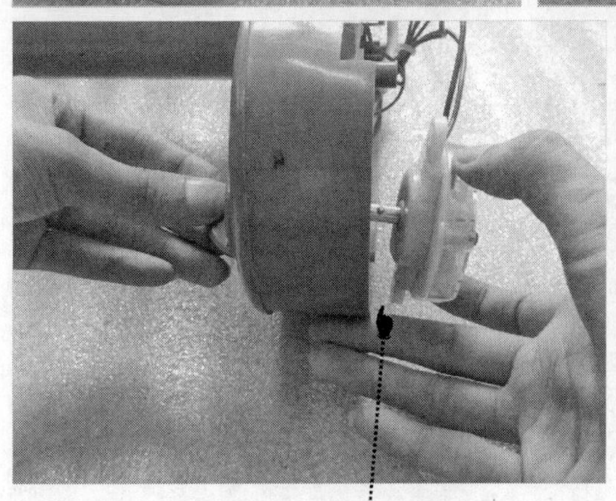
【步骤9】
将新定时器安装到风扇内，
并与旋钮连接在一起
【步骤10】
将新定时器的固定螺钉
拧好，然后通电试机，
定时正常，故障排除

图 6-18　定时器的检查代换方法（续）

6.2 电饭煲的检测代换

6.2.1　磁钢限温器的检测代换

学习磁钢限温器的检查代换是电饭煲维修中非常重要的技能。研习这项技能需注意，要先对磁钢限温器的应用环境、结构组成以及功能原理有所了解，然后，在此基础上苦练拆卸、检测、代换的招法，方可将保护装置的检查代换技能运用自如。

1. 磁钢限温器的应用

磁钢限温器又称磁性限温器，是煮饭自动断电装置，用来感应内锅的热量，从而判断锅内食物是否加热成熟。

维修技能

功法秘籍

图 6-19 所示为电饭煲磁钢限温器的功能示意图。

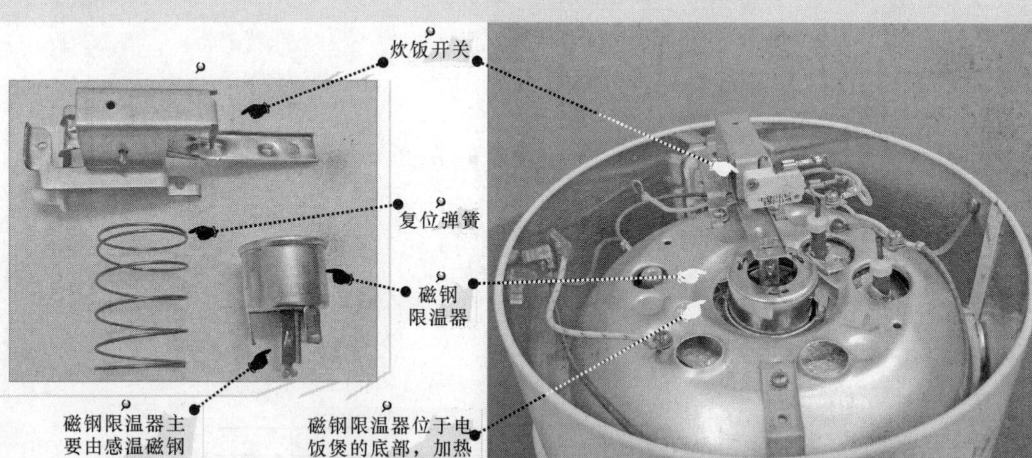
炊饭开关
复位弹簧
磁钢限温器
磁钢限温器主要由感温磁钢和永磁体组成
磁钢限温器位于电饭煲的底部，加热盘的中央位置

图 6-19 电饭煲磁钢限温器功能示意图

内功心法

磁钢限温器与炊饭开关直接连接，通过炊饭开关的上下运动对其进行控制。图 6-20 所示为磁钢限温器的工作原理。

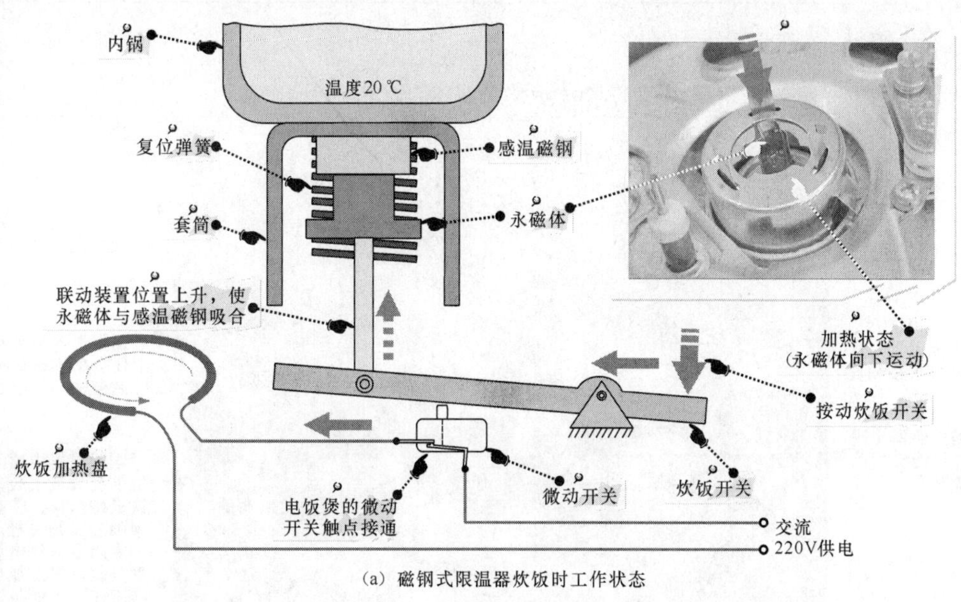
内锅
温度20 ℃
复位弹簧
感温磁钢
套筒
永磁体
联动装置位置上升，使永磁体与感温磁钢吸合
加热状态
(永磁体向下运动)
按动炊饭开关
炊饭加热盘
电饭煲的微动开关触点接通
微动开关
炊饭开关
交流
220V供电

(a) 磁钢式限温器炊饭时工作状态

图 6-20 磁钢限温器工作原理图

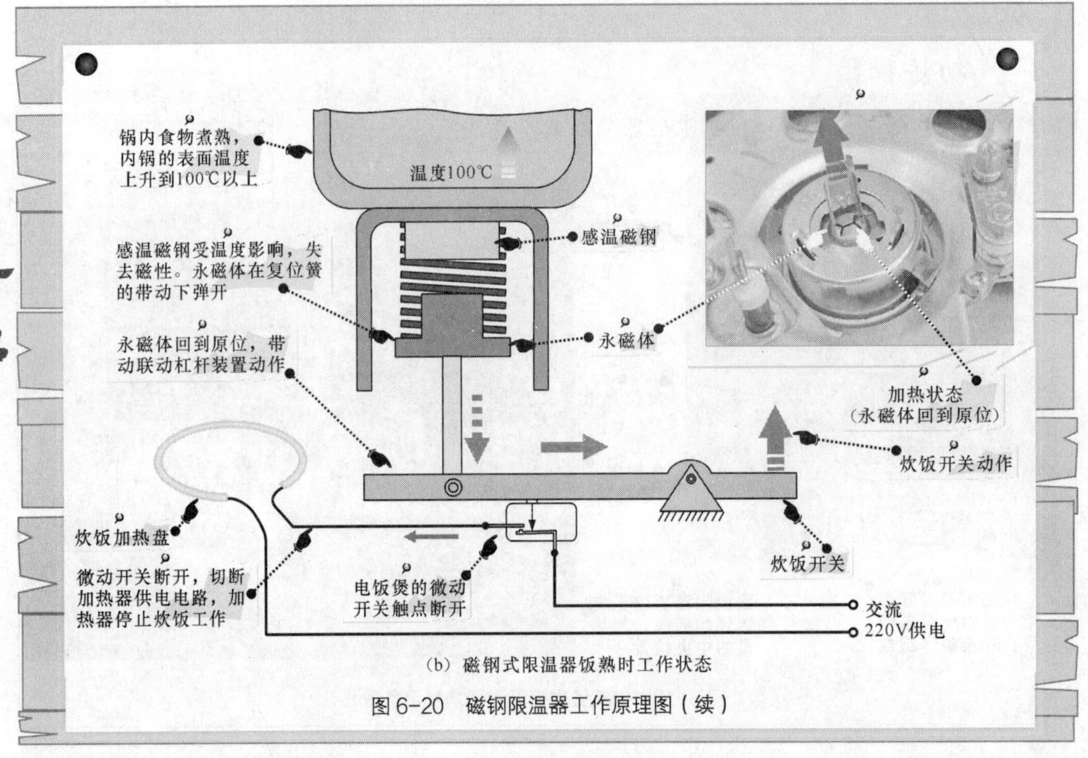
锅内食物煮熟，内锅的表面温度上升到100℃以上
温度100℃
感温磁钢受温度影响，失去磁性。永磁体在复位簧的带动下弹开
感温磁钢
永磁体回到原位，带动联动杠杆装置动作
永磁体
加热状态（永磁体回到原位）
炊饭开关动作
炊饭加热盘
微动开关断开，切断加热器供电电路，加热器停止炊饭工作
电饭煲的微动开关触点断开
炊饭开关
交流
220V供电
（b）磁钢式限温器饭熟时工作状态
图 6-20　磁钢限温器工作原理图（续）

2. 磁钢限温器的检查代换

电饭煲出现通电后不炊饭、炊饭不良或一直炊饭等故障，可能是磁钢限温器引起的。此时，应对其进行检修，将损坏的元件进行代换，从而排除故障。

功法秘籍

图 6-21 所示为磁钢限温器的检修示意图。

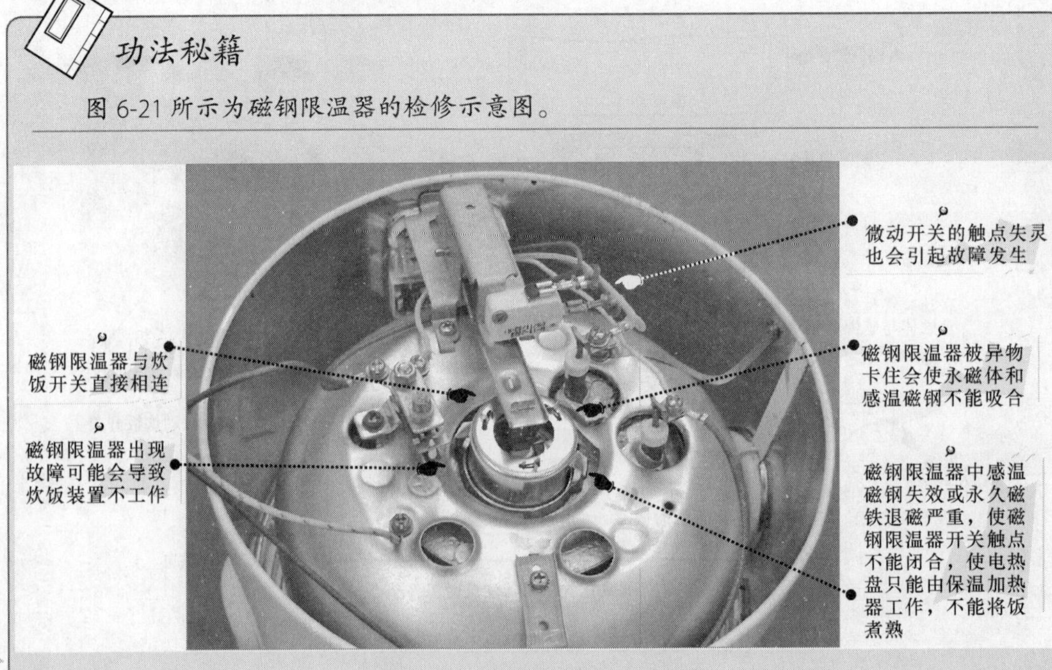
微动开关的触点失灵也会引起故障发生
磁钢限温器与炊饭开关直接相连
磁钢限温器被异物卡住会使永磁体和感温磁钢不能吸合
磁钢限温器出现故障可能会导致炊饭装置不工作
磁钢限温器中感温磁钢失效或永久磁铁退磁严重，使磁钢限温器开关触点不能闭合，使电热盘只能由保温加热器工作，不能将饭煮熟
图 6-21　磁钢限温器检修示意图

对于磁钢限温器的检修通常可分为两步：第 1 步是对磁钢限温器进行检测，第 2 步是对磁钢限温器进行代换。

（1）对磁钢限温器进行检测

磁钢限温器是电饭煲炊饭装置中必不可少的部件，由于长时间的工作，容易出现一些故障，例如磁钢限温器的周围易被异物卡住、供电微动开关的触点失灵、感温磁钢失效或永磁体退磁等。若怀疑磁钢限温器出现问题，就需要对其进行检查。若发现故障，就需要寻找可替换的新磁钢限温器进行代换。

图 6-22 所示为磁钢限温器的检查示意图。

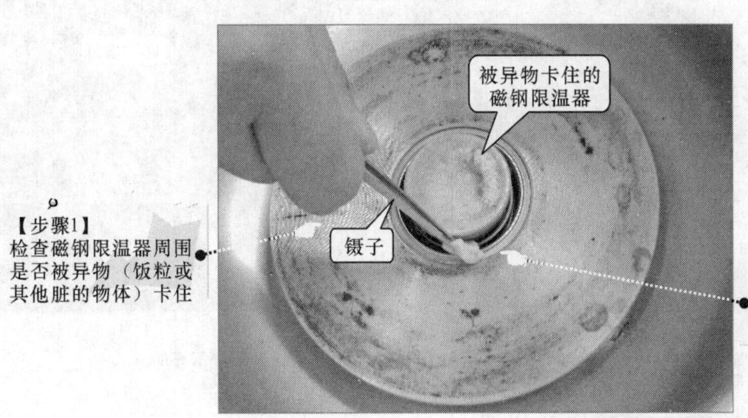
被异物卡住的磁钢限温器
【步骤1】检查磁钢限温器周围是否被异物（饭粒或其他脏的物体）卡住
镊子
若磁钢限温器周围被异物卡住，用镊子取出即可排除故障

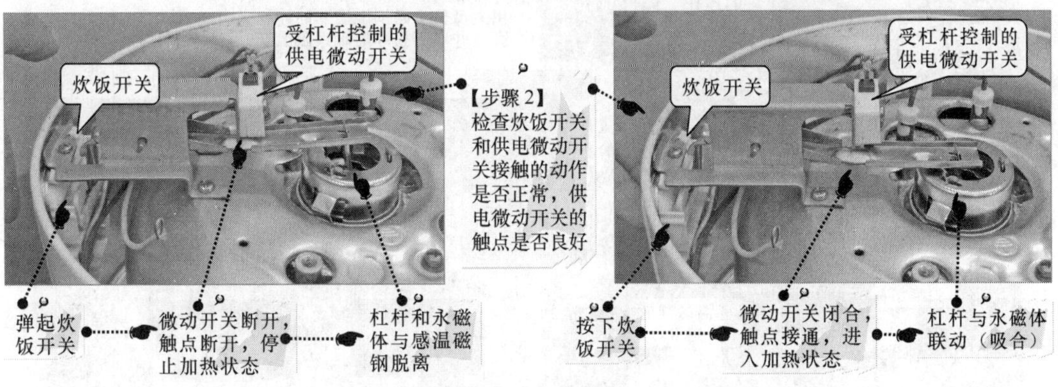
受杠杆控制的供电微动开关
炊饭开关
【步骤2】检查炊饭开关和供电微动开关接触的动作是否正常，供电微动开关的触点是否良好
弹起炊饭开关
微动开关断开，触点断开，停止加热状态
杠杆和永磁体与感温磁钢脱离
受杠杆控制的供电微动开关
炊饭开关
按下炊饭开关
微动开关闭合，触点接通，进入加热状态
杠杆与永磁体联动（吸合）

图 6-22 磁钢限温器的检查示意图

（2）对磁钢限温器进行代换

若发现磁钢限温器已发生损坏，就需要选择与损坏的磁钢限温器相同规格的磁钢限温器进行更换，可通过查看电热盘的规格进行选择。将新的磁钢限温器安装好后，再进行通电试机。

图 6-23 所示为磁钢限温器的代换过程。

电热盘
220V/500W

电热盘的规格：220V/500W

【步骤1】根据电热盘的型号寻找可代替的新磁钢限温器

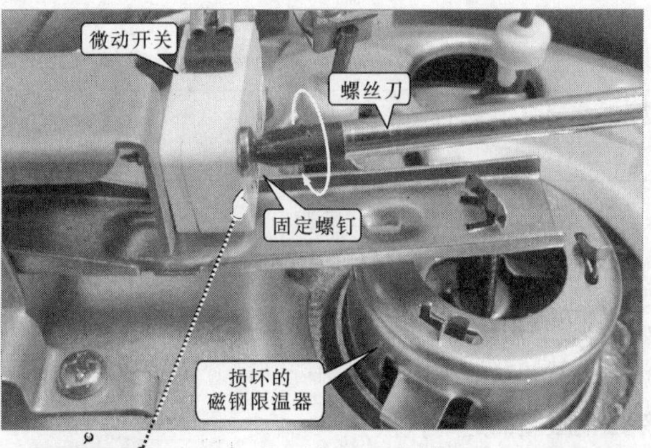
微动开关
螺丝刀
固定螺钉
损坏的
磁钢限温器

【步骤2】用螺丝刀将微动开关的固定螺钉拧下

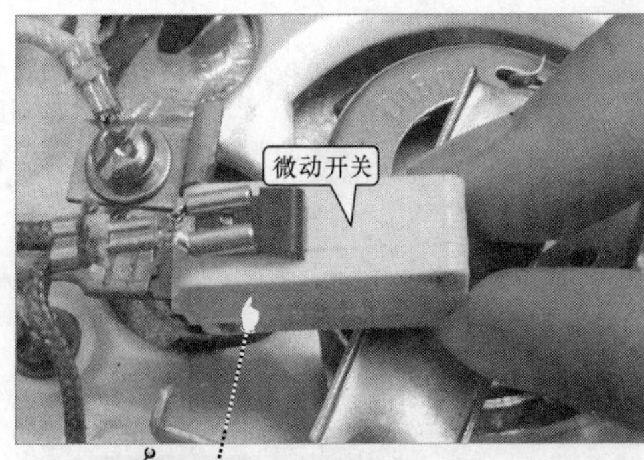
微动开关

【步骤3】拧下微动开关的固定螺钉后，将损坏的磁钢限温器取下

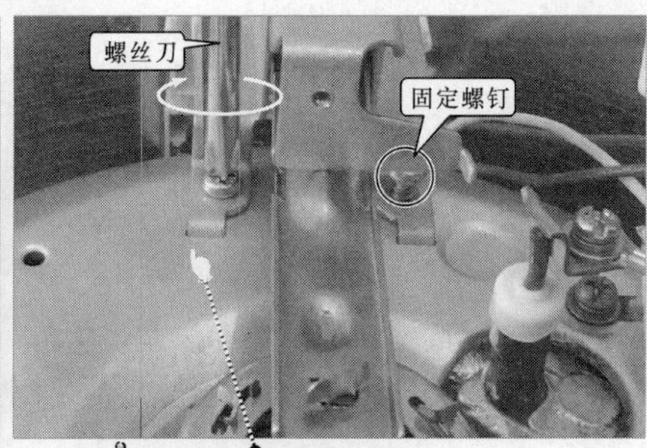
螺丝刀
固定螺钉

【步骤4】用螺丝刀拧下炊饭开关与锅底的固定螺钉

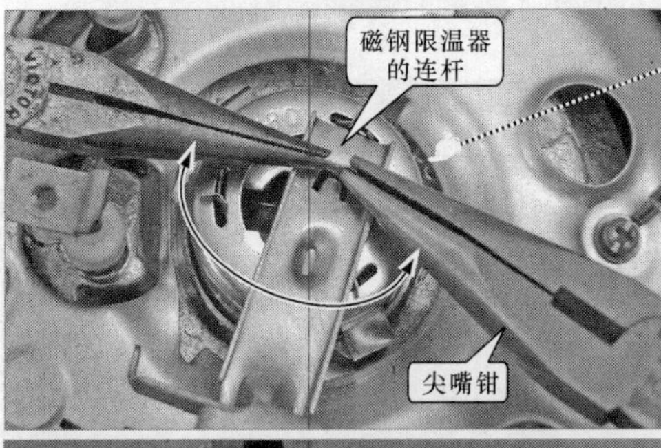
磁钢限温器
的连杆
尖嘴钳

【步骤5】用尖嘴钳将磁钢限温器的连杆夹直，并取下损坏的磁钢限温器

尖嘴钳

感温磁钢的固定卡片

感温磁钢的固定卡片

感温磁钢的固定卡片

新的磁钢限温器

【步骤6】将新的磁钢限温器安装在电热盘上，并用尖嘴钳将感温磁钢连杆上的3个定位卡片夹弯，达到固定效果

【步骤7】用尖嘴钳将磁钢限温器固定成如图所示后，将其余的部件安装完成后，通电测试电饭煲运行正常，故障排除

图6-23　磁钢限温器代换示意图

6.2.2 加热盘的检测代换

学习加热盘的检查代换是电饭煲维修中非常重要的技能，这项技能会帮助维修人员轻松应对采用加热盘装置的各种电饭煲设备。

研习这项技能需注意，要先对加热盘的应用环境、结构组成以及功能原理有所了解。然后，在此基础上苦练检测、拆卸、代换的招法，方可将加热盘的检查代换技能运用自如。

1. 加热盘的应用

电饭煲的加热盘主要用来为内锅中的食物进行加热。当执行加热任务时，按下炊饭开关（压力开关），加热盘内的感应端与压力开关接触，使加热盘接入电路，导通工作，进而完成煮饭任务。

功法秘籍

图 6-24 所示为加热盘的功能示意图。

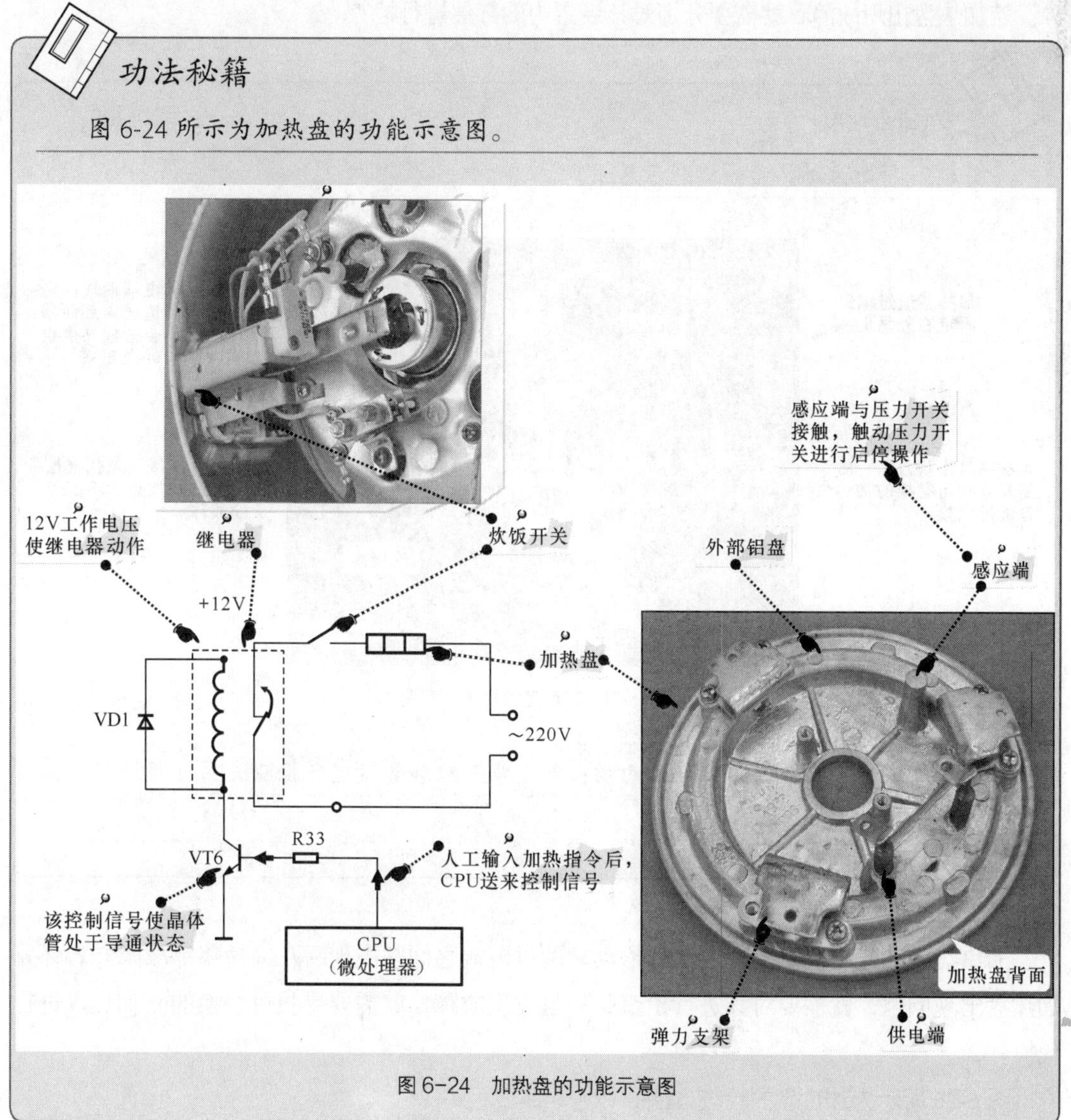
感应端与压力开关接触，触动压力开关进行启停操作
12V工作电压使继电器动作
继电器
炊饭开关
外部铝盘
感应端
+12V
加热盘
VD1
~220V
R33
VT6
人工输入加热指令后，CPU送来控制信号
该控制信号使晶体管处于导通状态
CPU
（微处理器）
加热盘背面
弹力支架
供电端

图 6-24 加热盘的功能示意图

加热盘主要是由供电端、感应端和弹力支架等构成。供电端位于锅体的底部，通过连接片与供电导线相连；感应端主要与压力开关连接，通过弹力支架进行操作，感应端与压力开关接触，触动压力开关进行启停操作。

人工输入加热指令后，CPU（微处理器）为驱动晶体管 VT6 提供了控制信号，使其处于导通状态。当晶体管 VT6 导通时，12 V 工作电压为继电器绕组提供工作电流，使继电器开关触点接通。继电器触点接通后，AC 220 V 电源与加热器电路形成回路，开始加热工作。

2. 加热盘的检测代换

加热盘出现故障后，电饭煲会出现通电后不炊饭、炊饭生熟不均匀、炊饭不热或焦饭等现象。若加热盘出现故障，就需要分别对该装置中的部件进行检查。

功法秘籍

图 6-25 所示为加热盘的检测示意图。

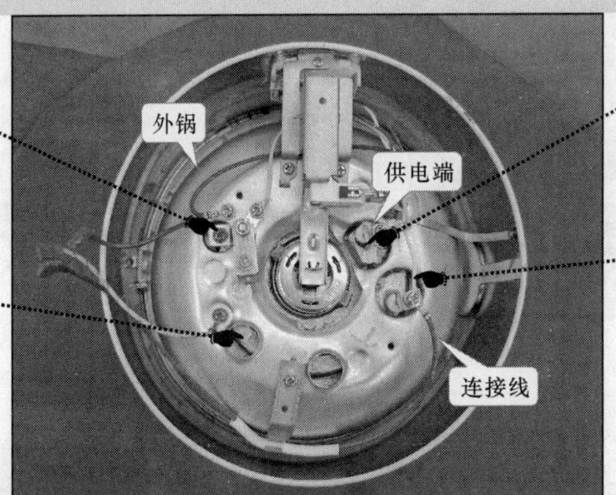
加热盘通过螺钉固定在外锅上
外锅
供电端
加热盘供电端两端的电阻过大会造成内部断路，电阻太小会造成其供电输入端与外壳短路
若加热盘出现故障，就需要寻找可替换的加热盘进行代换
加热盘连接线老化或松动会造成加热盘不工作的故障
连接线

图 6-25　加热盘的检测示意图

对于加热盘的检修通常可分为两步：第 1 步是对加热盘进行检测，第 2 步是对加热盘进行代换。

（1）对加热盘进行检测

加热盘内部连接线常出现老化或松动、两供电端之间常出现断路或短路等故障。若怀疑加热盘出现问题，就需要对其进行检查，一旦发现故障，就需要寻找可替换的新加热盘进行代换。

图 6-26 所示为加热盘的检查方法。

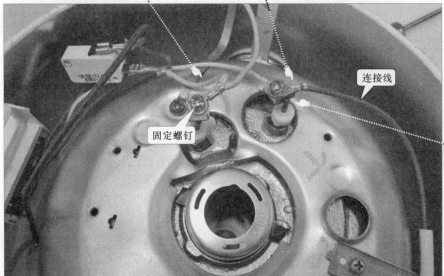

【步骤1】
首先采用观察法
观察内部连接线

因为电饭煲在长期使用以及挪动过程中，
可能会出现内部连接线老化或者松动等
现象

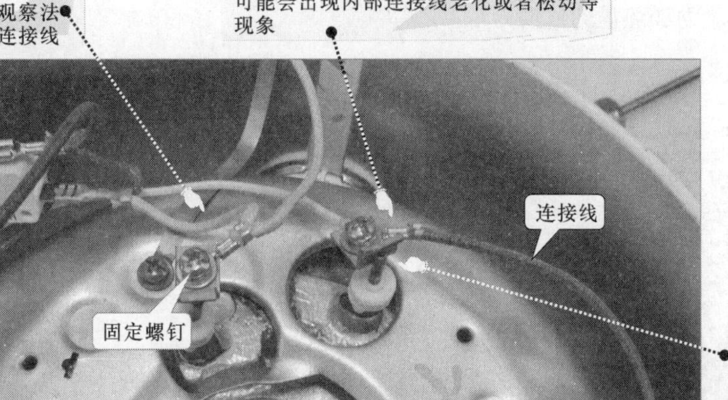
连接线
固定螺钉

【步骤2】
如果加热盘的
连接线出现松
动，重新拧紧
固定螺钉即可

【步骤3】
若通过外观无法判断出故障，则可使用万
用表检测加热盘供电端的阻值，判断其好坏

【步骤4】
将万用表的两支表笔分别
搭在加热盘的两个供电端

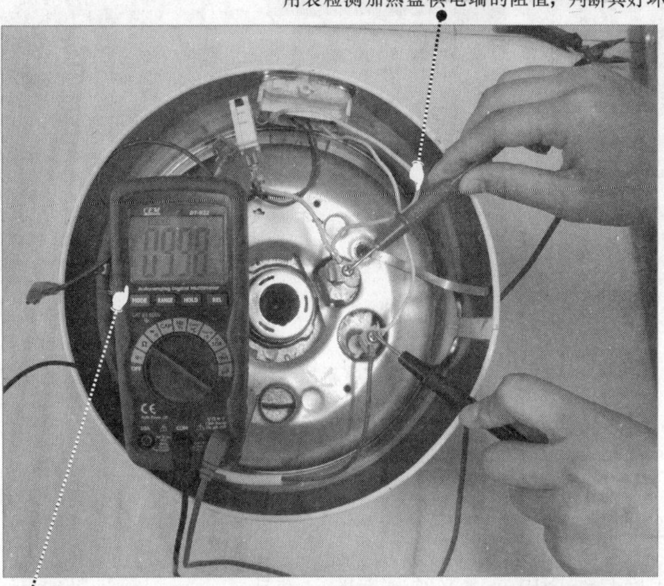

加热盘供电端

【步骤5】
观察万用表显示的数值，若测得两端阻值为99.8Ω左右，则说明加热盘正常。
若阻值为无穷大，则说明加热盘内部断路，应对其更换。若阻值为0 Ω，
表明其供电输入端可能与外壳短路，应仔细检查连接线的绝缘性能

图6-26　加热盘的检查方法

（2）对加热盘进行代换

若加热盘损坏，就需要寻找与原加热盘供电电压及功率相同的加热盘进行代换。将新加热

盘安装好后，再进行通电试机。

图 6-27 所示为加热盘的代换方法。

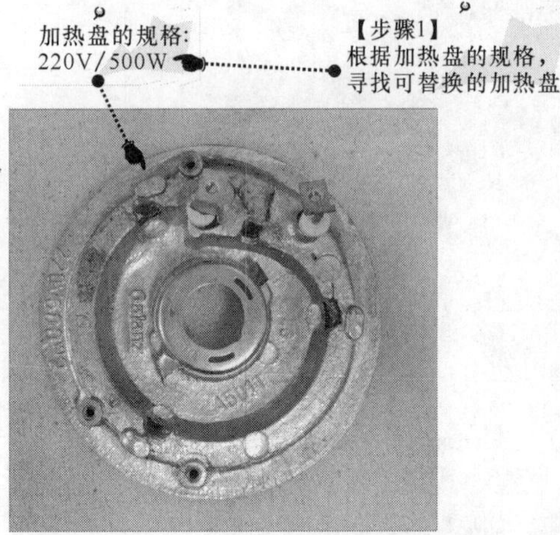
加热盘的规格:
220V/500W
【步骤1】
根据加热盘的规格，
寻找可替换的加热盘

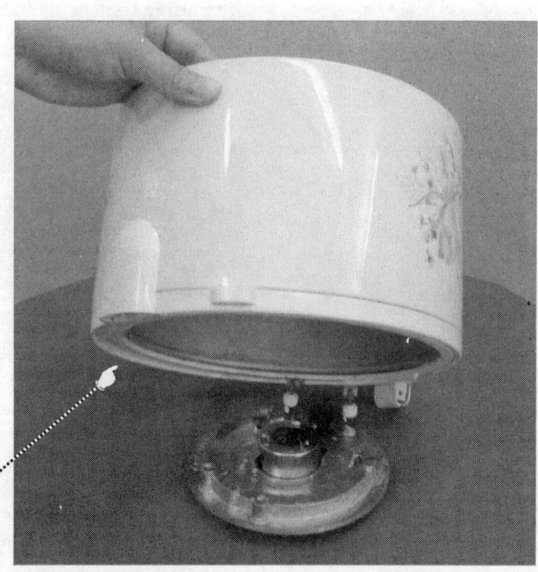
【步骤2】
拧下固定在外锅上的螺
钉，取出损坏的加热盘

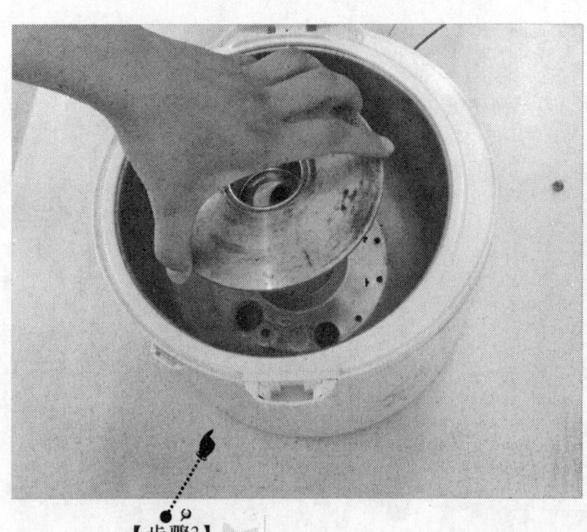
【步骤3】
将新的加热盘
放入外锅中

【步骤4】
使用螺丝刀将新加热盘固定在外锅上，重新接好连接线，然后通电试机。电饭煲正常工作，故障排除

图 6-27　加热盘的代换方法

6.2.3　双金属片恒温器的检测代换

学习双金属片恒温器的检查代换是维修电饭煲必须掌握的关键技法。研习这项技能需注意，要先对双金属片恒温器的应用环境、结构组成以及功能原理有所了解，然后，在此基础上苦练检测、拆卸、代换的招法，方可将双金属片恒温器的检查代换技能运用自如。

1. 双金属片恒温器的应用

双金属片恒温器是由双金属片、双金属片触点及保温调节螺钉等部分组成的。双金属片恒温器并联在磁钢限温器上，是电饭煲炊饭完成后的自动保温装置。

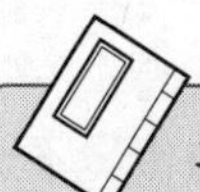

功法秘籍

图 6-28 所示为双金属片恒温器的功能示意图。

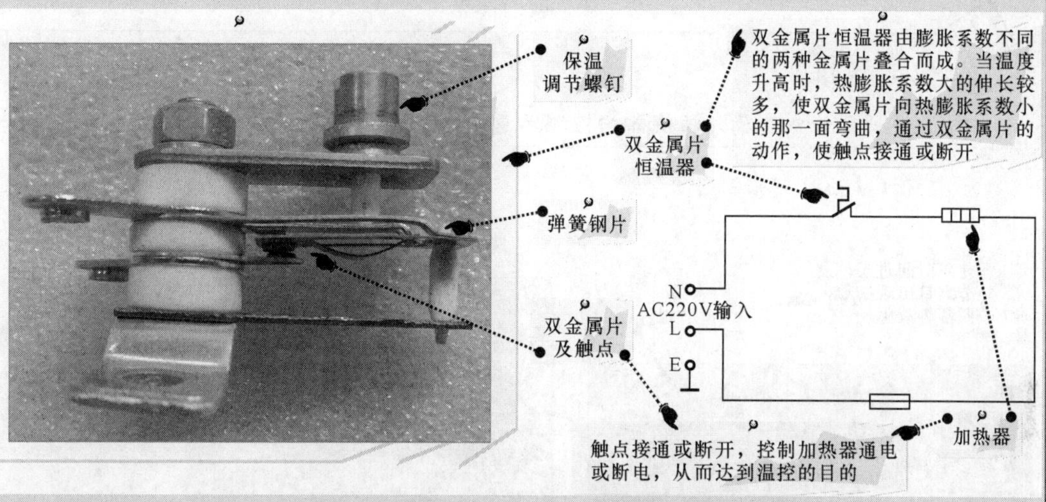
保温
调节螺钉
双金属片恒温器由膨胀系数不同的两种金属片叠合而成。当温度升高时，热膨胀系数大的伸长较多，使双金属片向热膨胀系数小的那一面弯曲，通过双金属片的动作，使触点接通或断开
双金属片
恒温器
弹簧钢片
N
AC220V输入
L
E
双金属片
及触点
触点接通或断开，控制加热器通电或断电，从而达到温控的目的
加热器

图 6-28 双金属片恒温器的功能示意图

电饭煲双金属片恒温器是由双金属片、触点及保温调节螺钉等部分组成的。双金属片是由膨胀系数不同的两种金属片叠合而成的，其中一金属片的膨胀系数大，另一金属片的膨胀系数小。

内功心法

在常温状态下，两金属片保持平直。当温度升高时，热膨胀系数大的伸长较多，使双金属片向热膨胀系数小的那一面弯曲，通过双金属片的动作，使触点接通或断开，控制加热器通电或断电，以达到温控的目的，如图 6-29 所示。电饭煲触点断开的温度定在 65℃左右，这是熟饭所保持的温度。

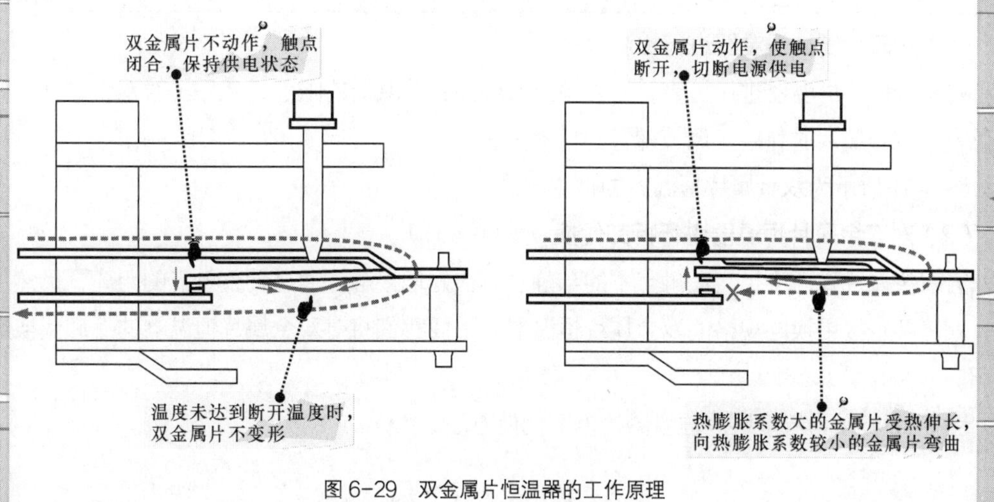
双金属片不动作，触点闭合，保持供电状态
双金属片动作，使触点断开，切断电源供电
温度未达到断开温度时，双金属片不变形
热膨胀系数大的金属片受热伸长，向热膨胀系数较小的金属片弯曲

图 6-29 双金属片恒温器的工作原理

2. 双金属片恒温器的检查代换

双金属片恒温器出现故障以后，电饭煲将出现饭熟后不能自动保温的现象。若电饭煲不能自动保温，就需要对双金属片恒温器进行检查和拆卸代换。

功法秘籍

图 6-30 所示为双金属片恒温器的检测示意图。

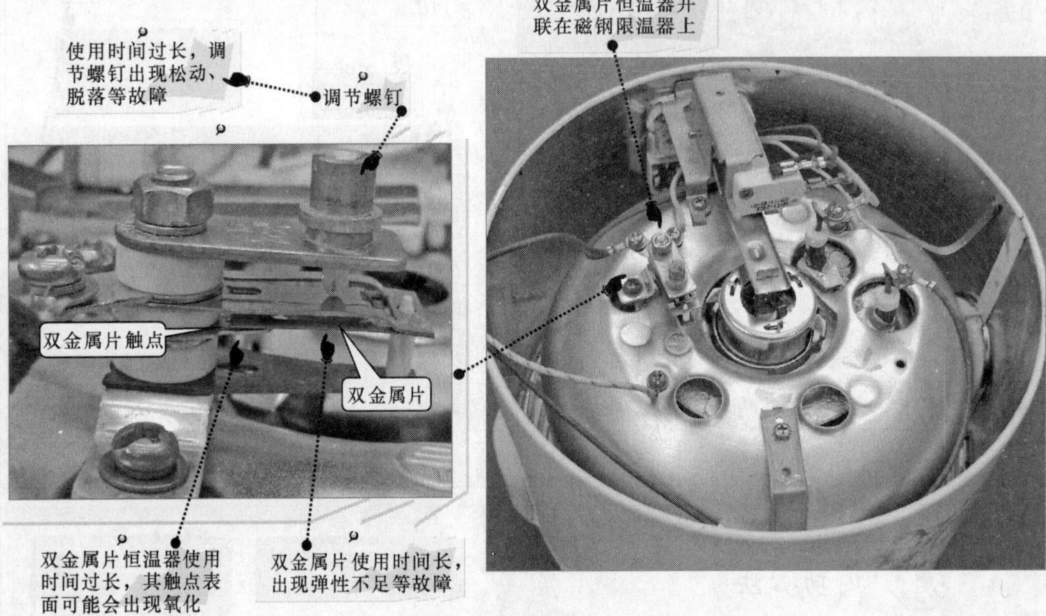
使用时间过长，调节螺钉出现松动、脱落等故障
调节螺钉
双金属片恒温器并联在磁钢限温器上
双金属片触点
双金属片
双金属片恒温器使用时间过长，其触点表面可能会出现氧化
双金属片使用时间长，出现弹性不足等故障

图 6-30 双金属片恒温器的检测示意图

对双金属片恒温器的检测通常可分为两步：第 1 步是对双金属片恒温器进行检测，第 2 步是对双金属片恒温器进行拆卸代换。

(1) 对双金属片恒温器进行检测

对双金属片恒温器进行检查，应先检测双金属片恒温器的阻值，然后再对双金属片恒温器的触点、双金属片的弹性、调节螺钉的松紧等进行检查。

图 6-31 所示为双金属片恒温器的检查方法。

(2) 对双金属片恒温器进行拆卸代换

若双金属片弹性不足，动触点不能与静触点很好地接触，通过调整触点的距离，仍然不见效，就需要直接更换同规格的双金属片恒温器。下面我们将对双金属片恒温器的拆卸代换进行介绍。

图 6-32 所示为双金属片恒温器的拆卸代换方法。

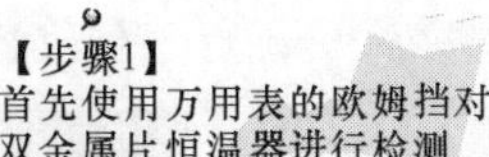
【步骤1】
首先使用万用表的欧姆挡对双金属片恒温器进行检测

正常情况下测得阻值为0Ω，若测得阻值无穷大，说明双金属片恒温器出现故障

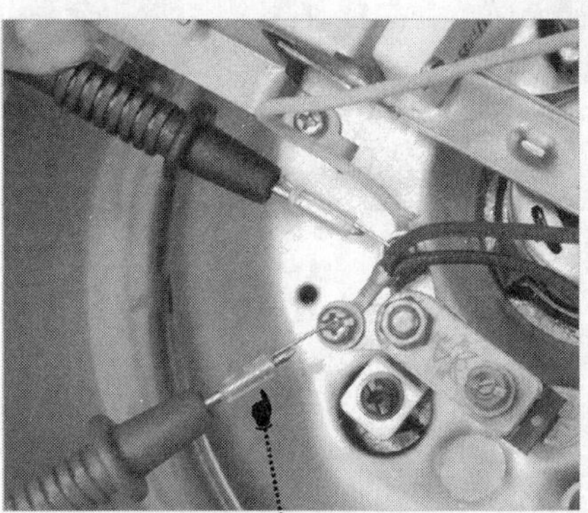
红、黑表笔分别搭在双金属片恒温器的两连接端

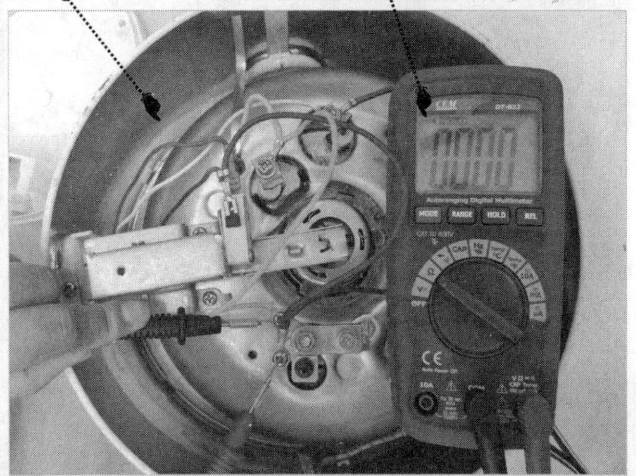

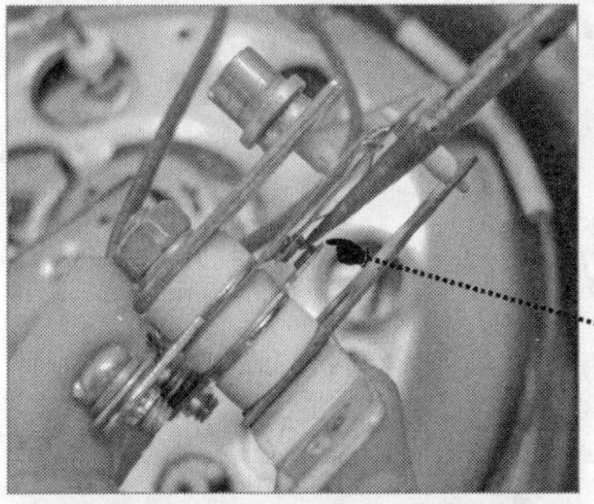
【步骤2】
检查双金属片恒温器触点表面是否出现氧化现象。如果出现氧化现象，用一字螺丝刀去除表面氧化层

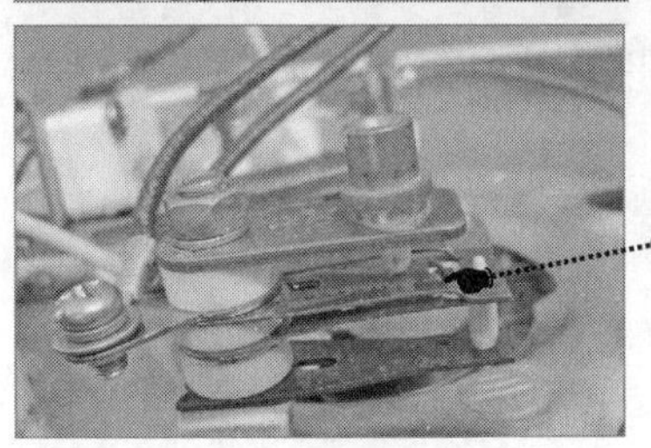
【步骤3】
检查双金属片是否出现弹性不足，影响动静触点的接触。如果出现，调整触点的距离

若电饭煲保温加热频繁或灵敏度过低，需使用一字螺丝刀对调节螺钉进行调整

图 6-31　双金属片恒温器的检查方法

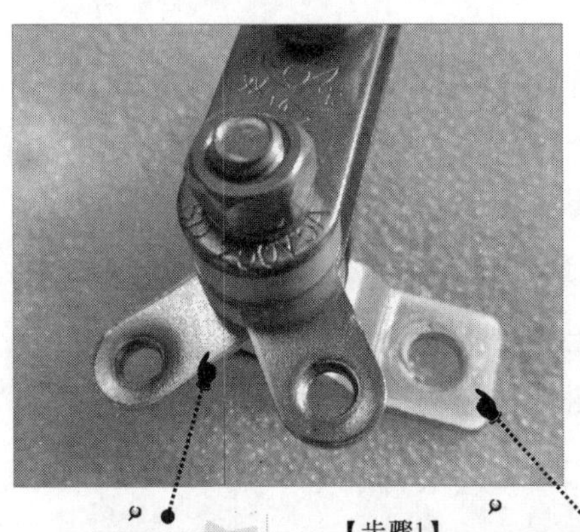
双金属片恒温器的规格:250V/5A

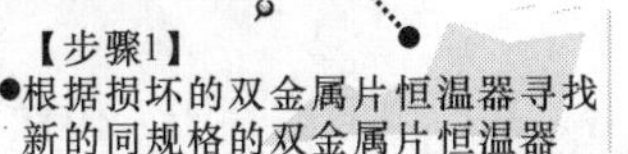
【步骤1】
根据损坏的双金属片恒温器寻找新的同规格的双金属片恒温器

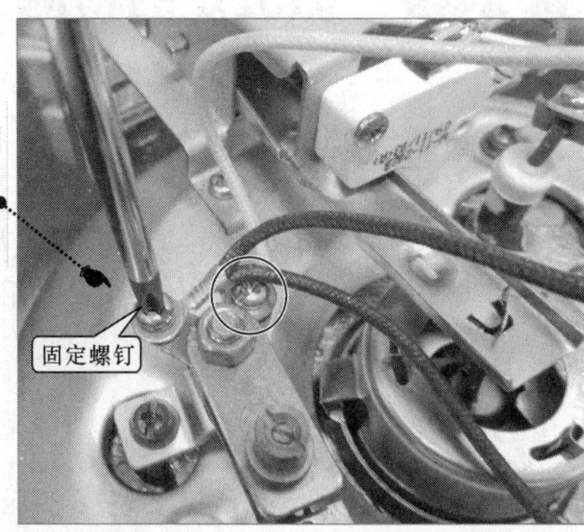
【步骤2】
用十字螺丝刀将双金属片恒温器固定连接线的固定螺钉拧下
固定螺钉

图 6-32　双金属片恒温器的拆卸代换方法

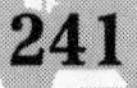

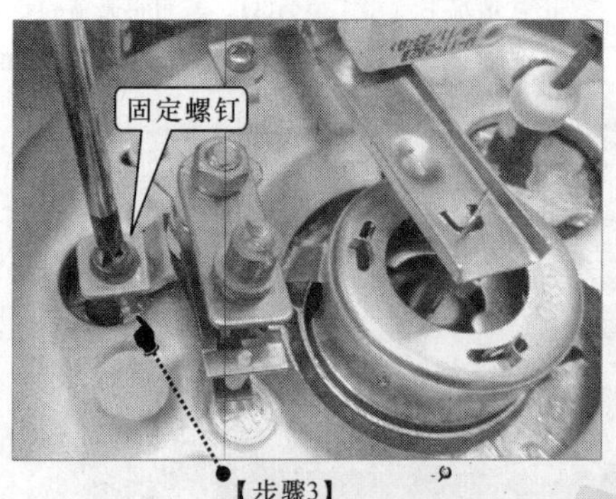
固定螺钉

【步骤3】
用十字螺丝刀将双金属片恒温器固定在磁钢限温器上的固定螺钉拧下

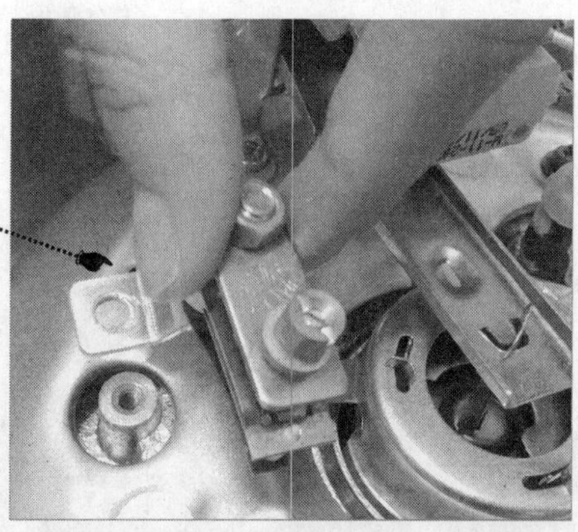

【步骤4】
将损坏的双金属片恒温器取下来

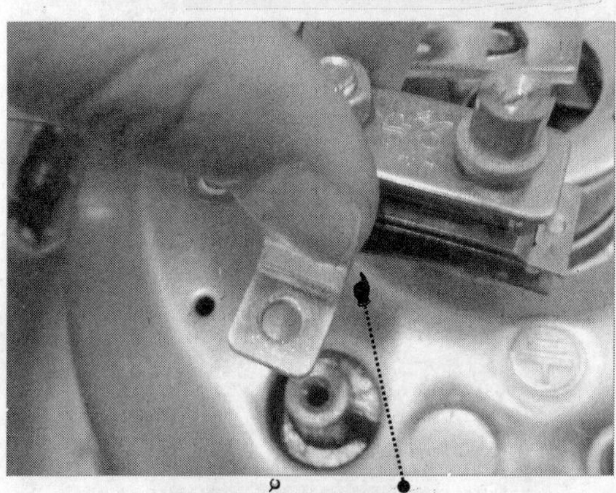

【步骤5】
将新的双金属片恒温器重新安装在磁钢限温器上

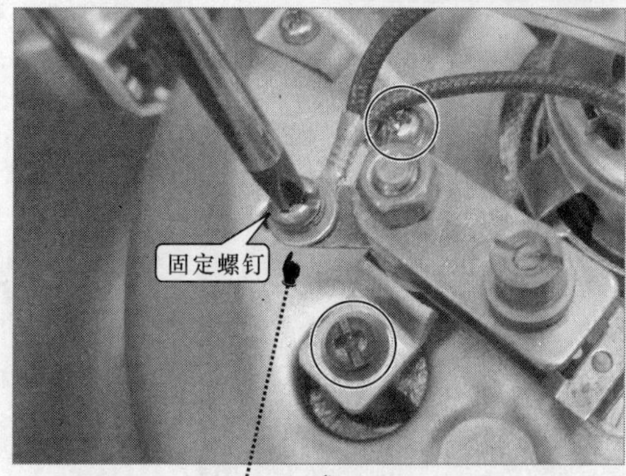
固定螺钉

【步骤 6】
将双金属片恒温器的固定螺钉及连接固定好，完成更换。启动电饭煲，饭熟后自动保温，故障排除

图 6-32　双金属片恒温器的拆卸代换方法（续）

6.3 微波炉的检测代换

6.3.1　微波发射装置的检测代换

学习微波发射装置的检测代换是维修微波炉时必须掌握的关键技法。研习这项技能需注意，要先对微波发射装置的应用环境、结构组成以及功能原理有所了解，然后，在此基础上苦练拆卸、检测、代换的招法，方可将微波发射装置的检测代换技能运用自如。

1. 微波发射装置的应用

微波发射装置主要是由磁控管、高压变压器、高压电容、高压二极管等部分构成。微波炉的微波发射装置，主要用来向微波炉内发射微波，对食物进行加热。

功法秘籍

图 6-33 所示为微波发射装置的功能示意图。

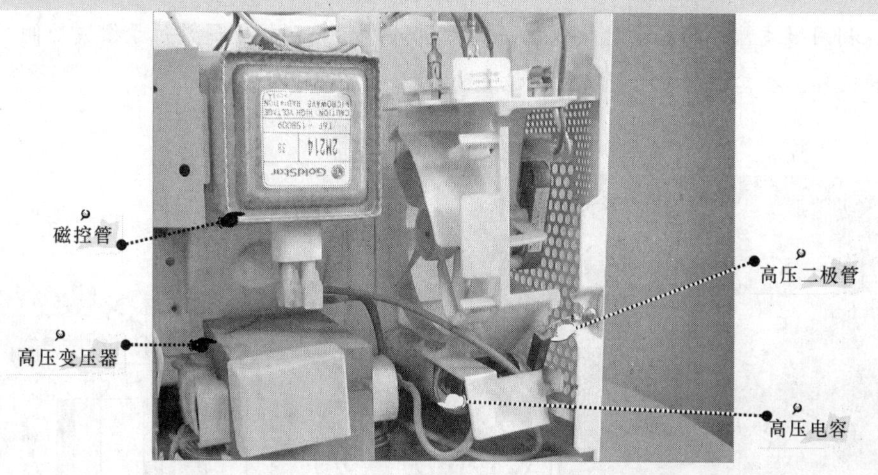

磁控管
高压变压器
高压二极管
高压电容

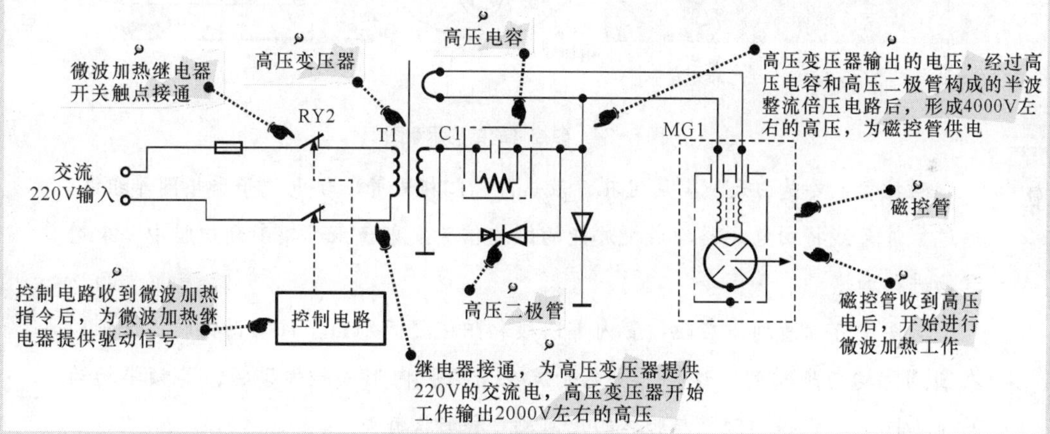

微波加热继电器开关触点接通
高压变压器
高压电容
高压变压器输出的电压，经过高压电容和高压二极管构成的半波整流倍压电路后，形成4000V左右的高压，为磁控管供电
RY2
T1
C1
MG1
交流
220V输入
磁控管
控制电路收到微波加热指令后，为微波加热继电器提供驱动信号
控制电路
高压二极管
磁控管收到高压电后，开始进行微波加热工作
继电器接通，为高压变压器提供220V的交流电，高压变压器开始工作输出2000V左右的高压

图 6-33 微波发射装置的功能示意图

微波炉接通电源，对微波炉输入微波加热人工指令，控制电路对微波加热继电器输送驱动信号。

微波加热继电器的驱动电路工作，继电器的触点接通，接通高压变压器的供电电路，为高压变压器提供 220 V 的交流电。

高压变压器开始工作，输出 2 000 V 左右的高压，分别输出到磁控管和高压电容、高压二极管。

高压变压器的高压端、高压电容和高压二极管构成倍压整流电路，高压变压器送出的 2 000 V 左右的高压，通过高压电容和高压二极管后，形成 4 000 V 左右的高压，再通过导线给磁控管供电，使磁控管产生微波信号。

磁控管在高压信号的作用下开始工作，产生微波信号。

内功心法

磁控管是微波炉发射装置的主要部件，在微波炉中主要用来产生和发射微波信号，利用微波信号的能量加热食物，如图 6-34 所示，磁控管通常位于微波炉侧面端的顶部，在其磁控管上标有该磁控管的规格。

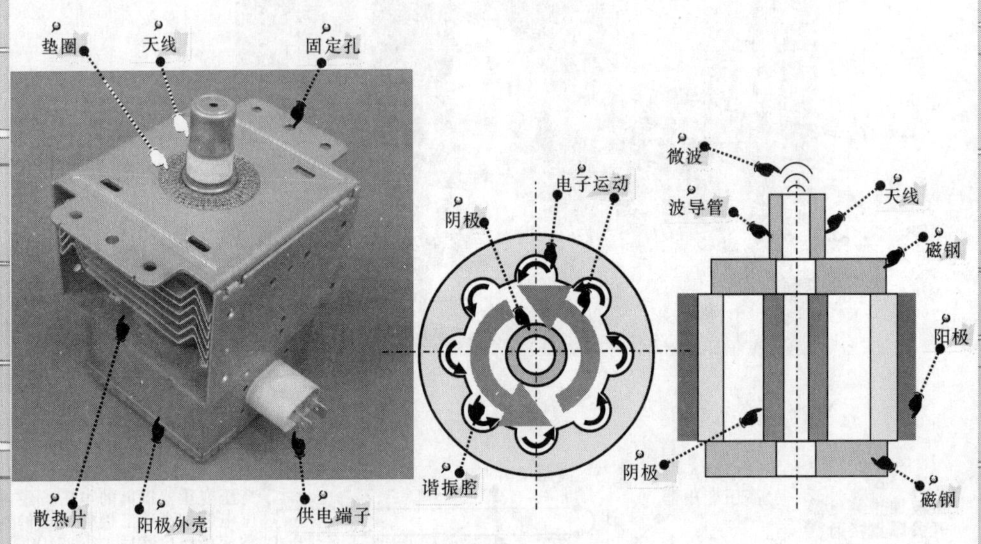
垫圈
天线
固定孔
散热片
阳极外壳
供电端子
电子运动
阴极
谐振腔
微波
波导管
天线
磁钢
阳极
阴极
磁钢

图 6-34　磁控管的结构示意图

磁控管主要是由天线、固定孔、散热片、阳极外壳、供电端子和垫圈等组成，通过微波天线将由电能转换成微波能的微波信号发射出来，辐射到炉腔中，来对食物进行加热。

从图中可以看到，在磁控管内部阴极和阳极之间制出了许多谐振腔，谐振腔在圆周上均匀地排列。这样，使电子流在谐振腔内形成腔体谐振，其频率约为 2 450 MHz。其谐振的频率与腔体的几何尺寸和形状有关。

在工作时，阳极接地，阴极接负电压（通常负电压达 − 4 000 V）。灯丝为阴极加热，阴极受热后会产生电子流飞向阳极。

在磁控管的外部加上强磁场，磁控管中的电子流受到磁场的作用会作圆周运动。由于磁控管内空间的特殊形状，电子在谐振腔内运动时，便会形成谐振，从而产生微波振荡信号。

在磁控管的中心制作有一个圆筒形的波导管，微波信号便从波导管中辐射出来，这就是波导管的作用。这类似于发射天线，因此也被称为微波天线。

微波的传输特性是沿着波导管的方向辐射，微波炉的炉腔是由金属板制成的。微波遇到金属板会形成反射，微波借助于炉腔金属板的反射作用，可以辐射到炉腔的所有空间。放入的食物在微波的作用下，食物内的分子互相摩擦转换成热量，从而使食物的温度升高，最终将食物加热成熟。

内功心法

高压变压器是微波发射装置的辅助器件，在微波炉中主要用来为磁控管提供高压电压和灯丝电压的，如图6-35所示，高压变压器通常位于微波炉侧端的底部，磁控管的下方。

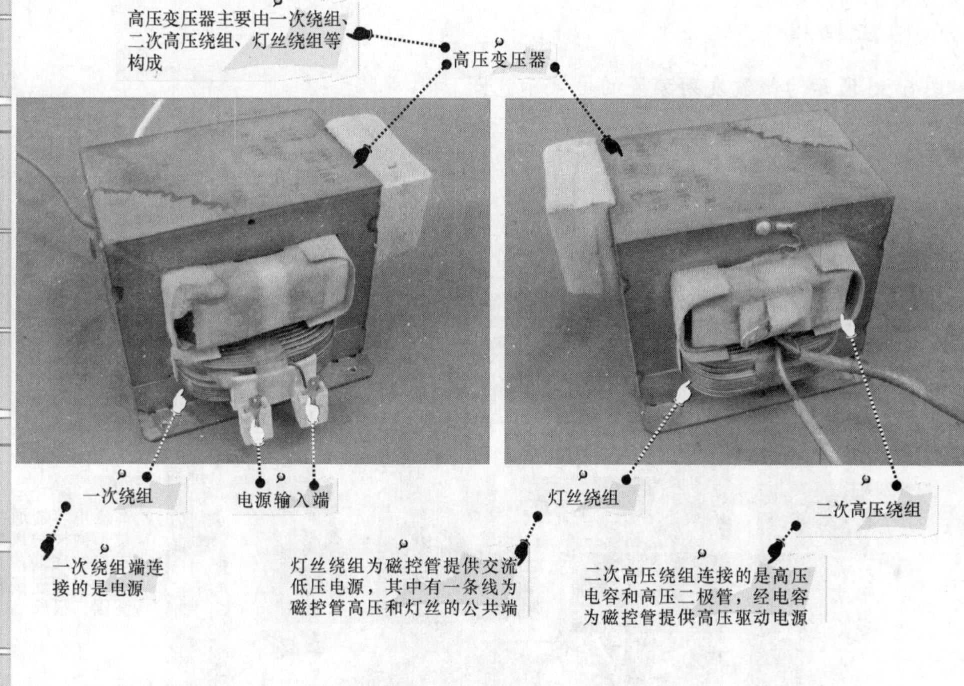
高压变压器主要由一次绕组、二次高压绕组、灯丝绕组等构成
高压变压器
一次绕组
电源输入端
灯丝绕组
二次高压绕组
一次绕组端连接的是电源
灯丝绕组为磁控管提供交流低压电源，其中有一条线为磁控管高压和灯丝的公共端
二次高压绕组连接的是高压电容和高压二极管，经电容为磁控管提供高压驱动电源

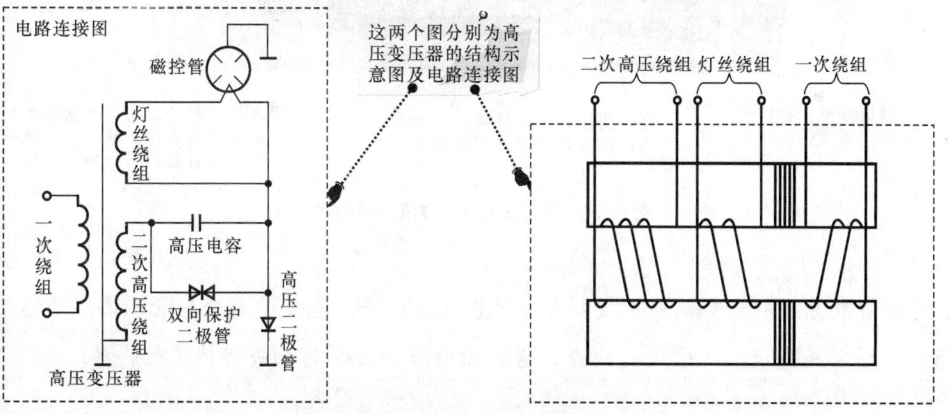
电路连接图
磁控管
灯丝绕组
一次绕组
二次高压绕组
高压电容
双向保护二极管
高压二极管
高压变压器
这两个图分别为高压变压器的结构示意图及电路连接图
二次高压绕组
灯丝绕组
一次绕组

图6-35　高压变压器的结构示意图

通过电源输入端输入220 V的交流电压，220 V的交流电压经过高压变压器输出2 000 V左右的高压，然后经过一端连接线将电压送给高压电容和高压二极管，另一端连接线将灯丝电压送入磁控管。其中交流220 V电源输入端加到高压变压器的一次绕组上，高压变压器的二次高压绕组为磁控管和高压电容供电。

2. 微波发射装置的检测代换

微波发射装置出现故障后，会导致微波炉不工作或微波不良等现象。若怀疑微波发射装置出现故障，就需要分别对该装置中的各组件进行拆卸分离，对可能损坏的部件进行检查，一旦发现故障，就需要寻找可替代的新部件进行代换。

功法秘籍

图 6-36 所示为微波发射装置的检修示意图。

磁控管常位于微波炉一侧的顶部，并且在磁控管上标有该磁控管的型号
磁控管出现故障，可能会引起微波炉不能正常加热等故障
高压电容器通常位于微波炉风扇支架的底端，其中一引脚连接着高压二极管
高压变压器通常位于微波炉侧端的底部，磁控管的下方
高压变压器出现故障，可能会引起微波炉高温达不到要求
高压二极管通常位于微波炉风扇支架的底端，其中一端连接高压电容器，另一端为接地端

图 6-36　微波发射装置的检修示意图

对微波装置进行检查通常需要对3个部分进行检修，也就是对磁控管、高压变压器、高压电容器以及高压二极管进行检查，查找出故障后，再对相关部件进行代换。

(1) 磁控管的检测代换

磁控管出现老化、内部损坏等故障，则会引起微波炉不能正常加热的现象。若怀疑磁控管出现问题，就需要对磁控管进行拆卸分离，对可能损坏的部位进行检查，一旦发现故障，就需要寻找可替换的新磁控管进行。

功法秘籍

图 6-37 所示为磁控管的检测示意图。

对磁控管的检测通常可分为两步：第 1 步是对磁控管进行检测，第 2 步是对磁控管进行代换。

磁控管使用时间过长会出现老化或烧焦等故障
磁控管通过固定螺钉固定在微波炉机体上
Galanz
M24FB-210A
若磁控管出现问题，就需要寻找可替换的新磁控管进行代换

图 6-37 磁控管的检测示意图

① 对磁控管进行检测。判断磁控管的性能是否正常时，可以先查看其信号波形，然后将磁控管拆卸下来检测磁控管的电阻值。

图 6-38 所示为磁控管的检测方法。

② 对磁控管进行代换。若磁控管损坏就需要根据微波炉的型号或磁控管的型号，选用同样规格参数的磁控管进行代换。将新磁控管安装好后，再进行通电试机。

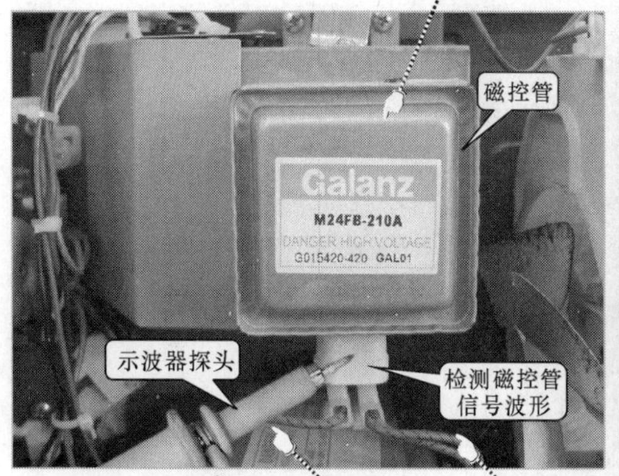
【步骤1】
检测磁控管的输出波形时，首先将微波炉进行通电，使用示波器探头靠近磁控管的灯丝端，感应磁控管的振荡信号
磁控管
Galanz
M24FB-210A
DANGER HIGH VOLTAGE
G015420-420 GAL01
示波器探头
检测磁控管信号波形
若经检测磁控管的信号波形正常，则说明微波炉在磁控管电路中正常

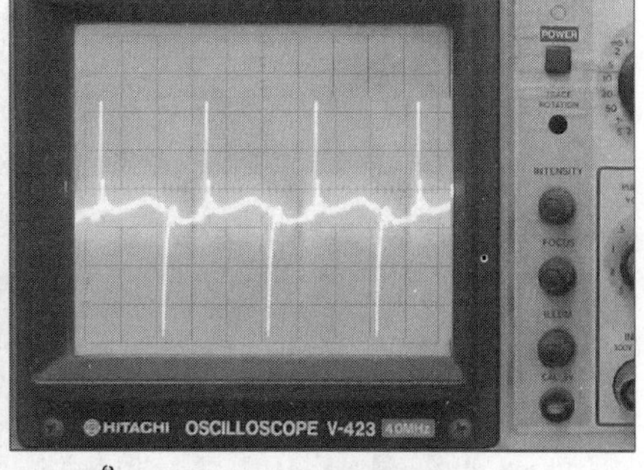
POWER
INTENSITY
FOCUS
HITACHI OSCILLOSCOPE V-423 40MHz
若无信号波形，则说明微波炉在磁控管电路中出现故障，需要进一步对磁控管进行检修，检测其供电端的阻值

图 6-38 磁控管的检测方法

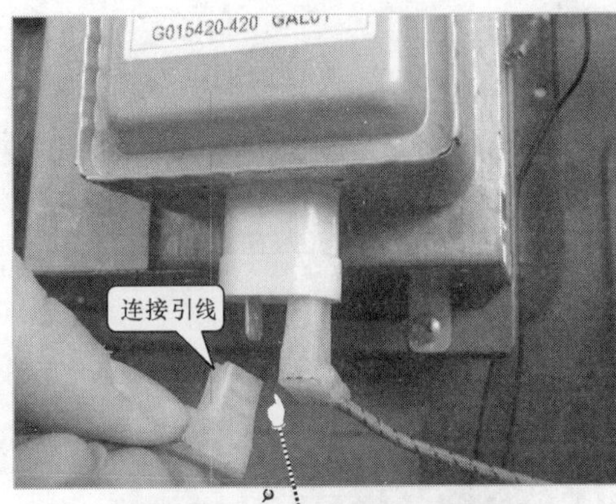
G015420-420 GAL01
连接引线

【步骤2】
检测阻值时为了便于检测，将磁控管从微波炉上拆卸下来。首先将磁控管上的连接引线从磁控管的接线端子上拔下

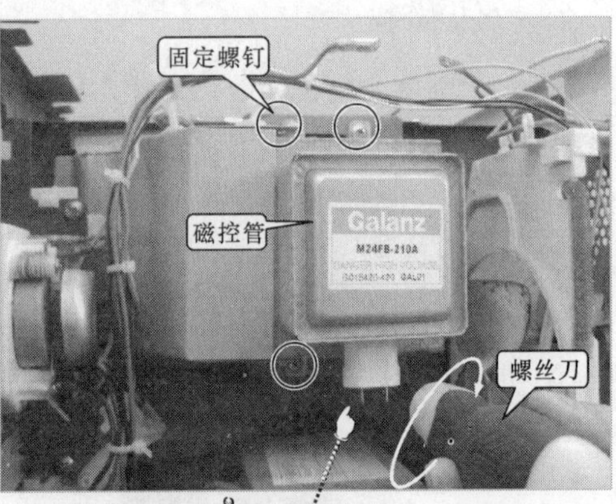
固定螺钉
磁控管
Galanz
M24FB-210A
螺丝刀

【步骤3】
使用螺丝刀将固定在磁控管上的4颗固定螺钉拧下

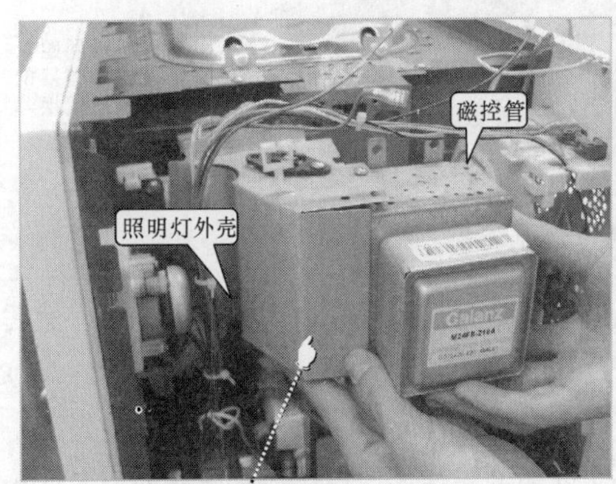
磁控管
照明灯外壳
Galanz
M24FB-210A

【步骤4】
固定螺钉取下后，将磁控管与照明灯外壳一同取下

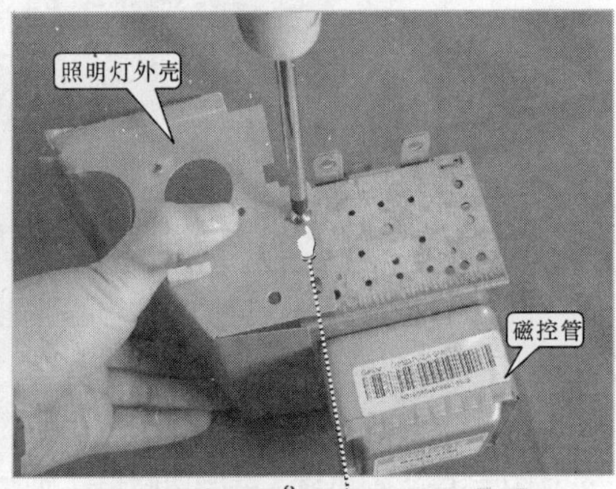
照明灯外壳
磁控管

【步骤5】
使用螺丝刀将照明灯外壳与磁控管上的固定螺钉拧下，并将照明灯外壳与磁控管分离

若检测到的阻值很小时，约为1Ω，则说明磁控管正常，若检测得的阻值误差较大，则说明磁控管已经损坏

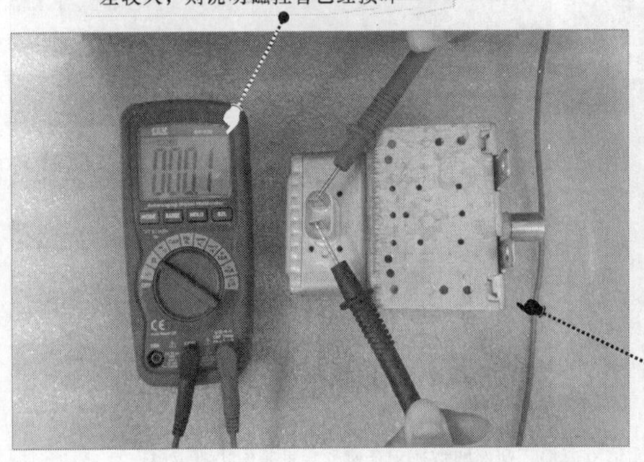
0001

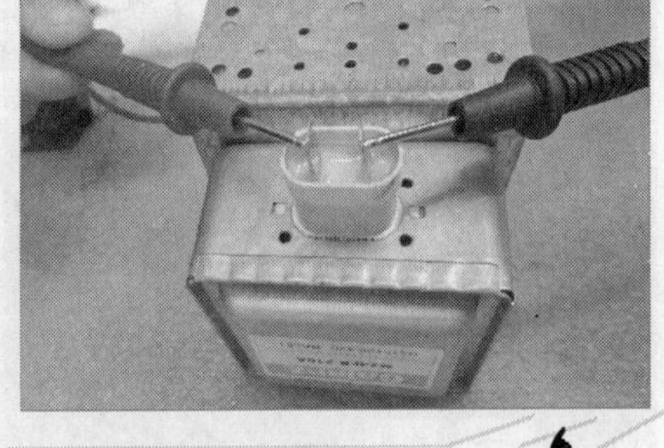

【步骤6】
检测磁控管供电端阻值，将万用表的红黑表笔分别搭在磁控管的两个供电端

图6-38　磁控管的检测方法（续）

若测得的阻值为无穷大，则说明磁控管正常；
若经检测有一定的阻值，则说明磁控管已损坏

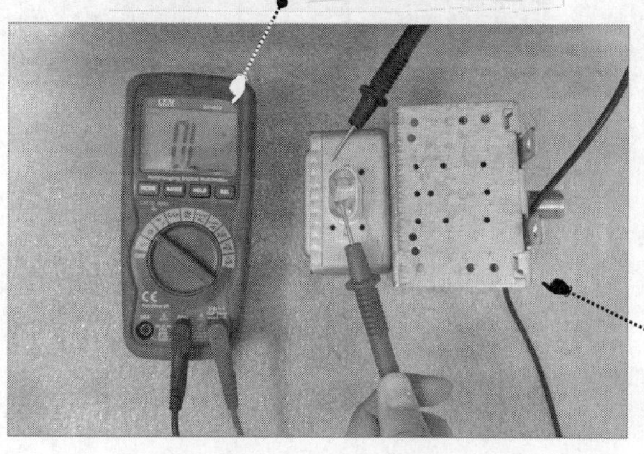

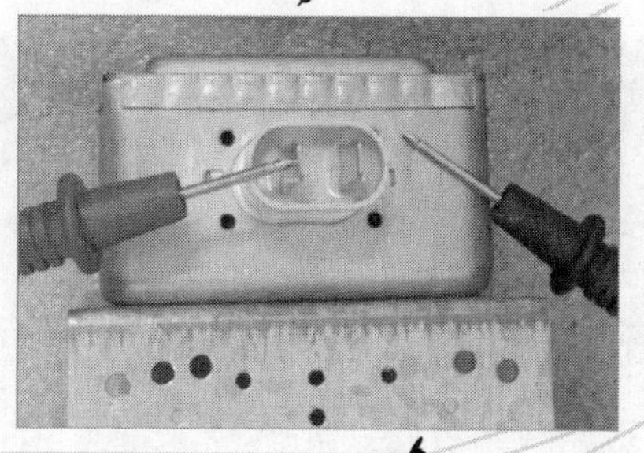

【步骤7】
对磁控管进行检测时，还可通过使用万用表检测供电端与外壳的阻值

若测得的阻值极小，则说明磁控管正常；若测得的阻值为无穷大，则说明磁控管已损坏

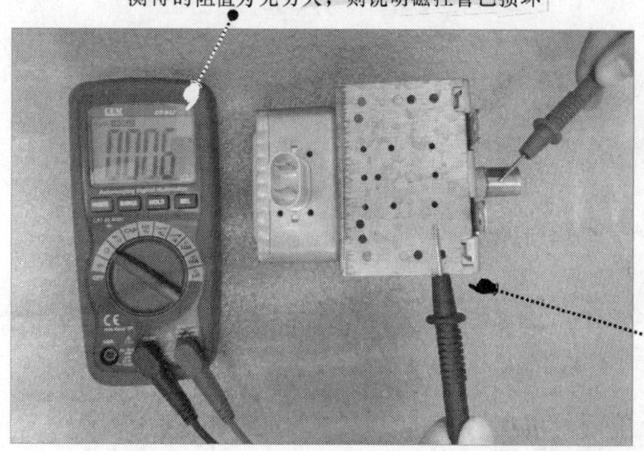

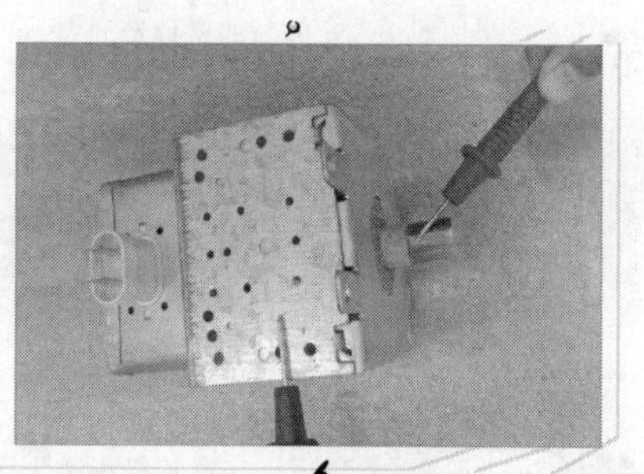

【步骤8】
对磁控管进行检测时，除了通过以上两种方法检测以外，还可通过使用万用表检测其天线与外壳之间的阻值

图 6-38　磁控管的检测方法（续）

图 6-39 所示为磁控管的代换。

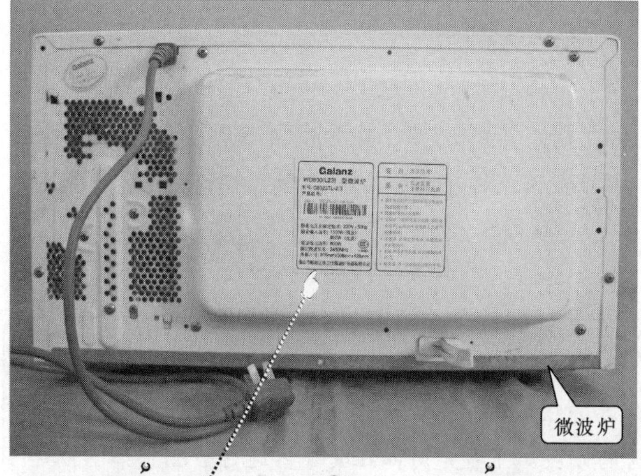
Galanz
微波炉

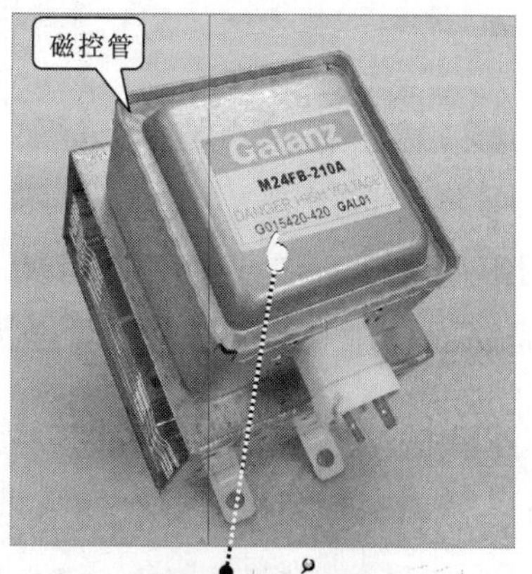
磁控管
Galanz
M24FB-210A

微波炉的型号：
GALANZ（格兰仕）WD800（L23）

【步骤1】
根据微波炉的型号或磁控管的型号寻找可代替的新磁控管

磁控管的型号：
GALANZ（格兰仕）
M2FB-210A

图 6-39　磁控管的代换

维修技能

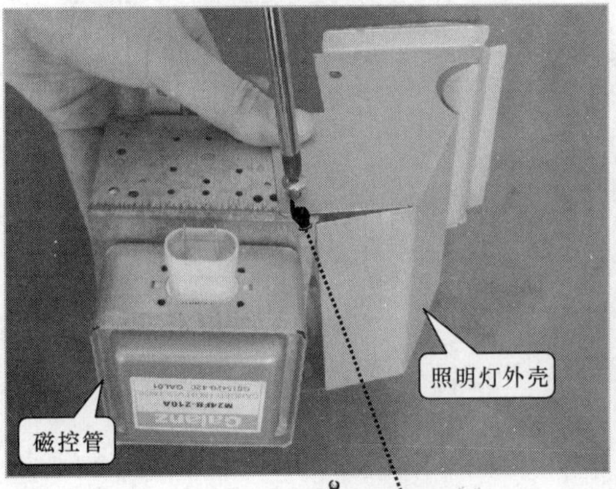
照明灯外壳
磁控管

【步骤2】
将新的磁控管固定在照明灯外壳上

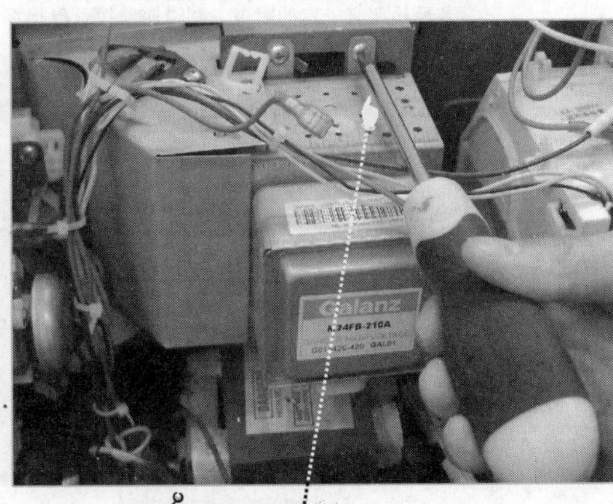
Galanz

【步骤3】
将新的磁控管固定到原来的位置

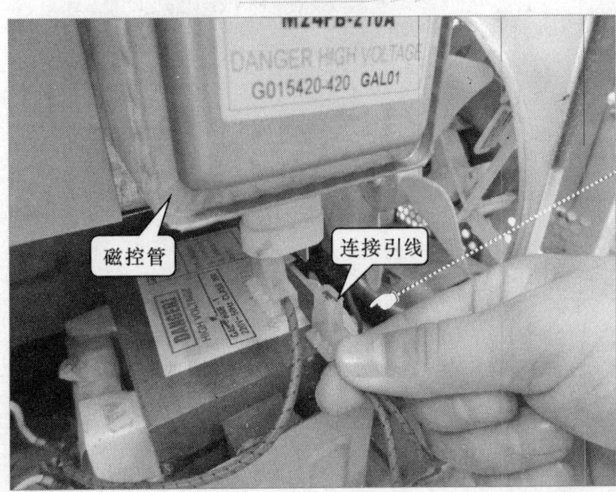
DANGER HIGH VOLTAGE
G015420-420 GAL01
磁控管
连接引线

【步骤4】
磁控管固定好后，将连接引线插回。将其余的部件安装好。然后通电测试微波炉加热正常，故障排除

图 6-39　磁控管的代换（续）

（2）高压变压器的检测代换

高压变压器出现老化、内部损坏等故障，则会引起微波炉不能正常工作的现象。若怀疑高压变压器出现问题，就需要对高压变压器进行拆卸分离，对可能损坏的部位进行检查，一旦发现故障，就需要寻找可替换的新高压变压器进行。

功法秘籍

图 6-40 所示为高压变压器的检测示意图。

对高压变压器的检测通常可分为两步：第 1 步是对高压变压器进行检测，第 2 步是对高压变压器进行代换。

高压变压器通过
固定螺钉固定在
微波炉机体上
高压变压器使用时
间过长会出现老化
或内部损坏
若高压变压器出
现问题，就需要
寻找可替换的新
高压变压器进行
代换
高压变压器
的安装位置

图 6-40　高压变压器的检测示意图

① 对高压变压器进行检测。判断高压变压器的性能是否正常时，可以对其信号波形、供电电压以及电阻值进行检测。

图 6-41 所示为高压变压器的检测方法。

② 对高压变压器进行代换。若高压变压器损坏就需要根据微波炉的型号或高压变压器的型号，选用同样规格参数的高压变压器进行代换。将新高压变压器安装好后，再进行通电试机。

图 6-42 所示为高压变压器的代换。

（3）高压电容器以及高压二极管的检测代换

高压电容器出现漏液、漏电等故障，高压二极管常出现烧坏等故障。若高压电容器以及高压二极管出现故障，就需要对高压电容器以及高压二极管进行拆卸分离，对可能损坏的部位进行检查，一旦发现故障，就需要寻找可替换的新高压电容器以及新高压二极管进行代换。

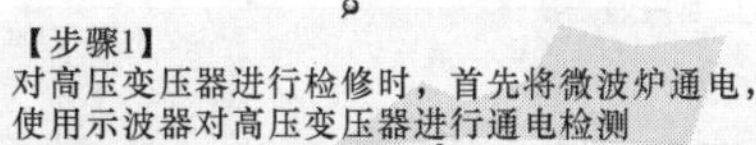
【步骤1】
对高压变压器进行检修时，首先将微波炉通电，
使用示波器对高压变压器进行通电检测

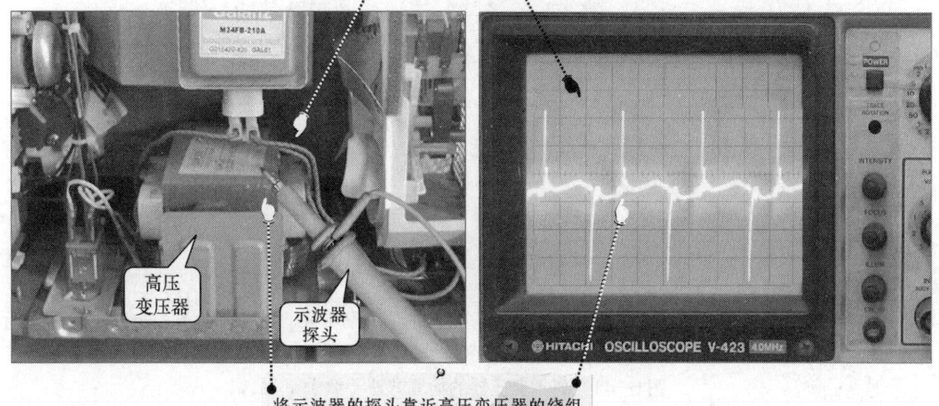
高压
变压器
示波器
探头
HITACHI OSCILLOSCOPE V-423 40MHz
将示波器的探头靠近高压变压器的绕组
线圈，示波器就能感应出相应的信号波

图 6-41　高压变压器的检测方法

正常情况下，应检测出220 V的供电电压

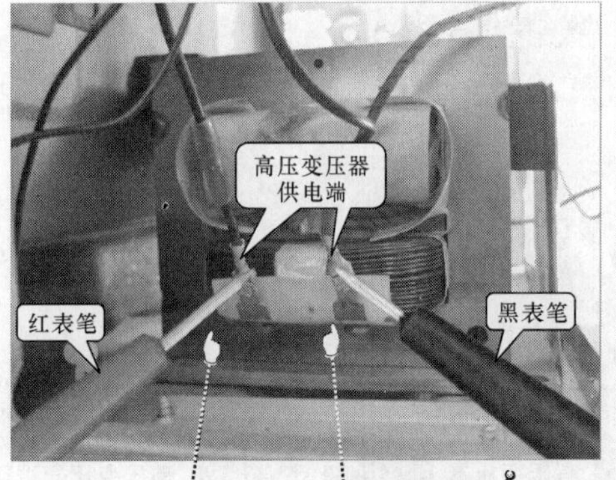
高压变压器
供电端
红表笔
黑表笔

CEM
DT-922
AC
220.0
V
Autoranging Digital Multimeter
MODE
RANGE
HOLD
REL
CAT III 600V

将万用表的两表笔分别搭在高压变压器的供电端

【步骤2】
若不能正常检测出高压变压器的信号波形，则可以进一步检测供电电压是否正常

【步骤3】
经检测，其高压变压器的供电电压正常，则可能是其本身有损坏，应对高压变压器本身的阻值进行检测

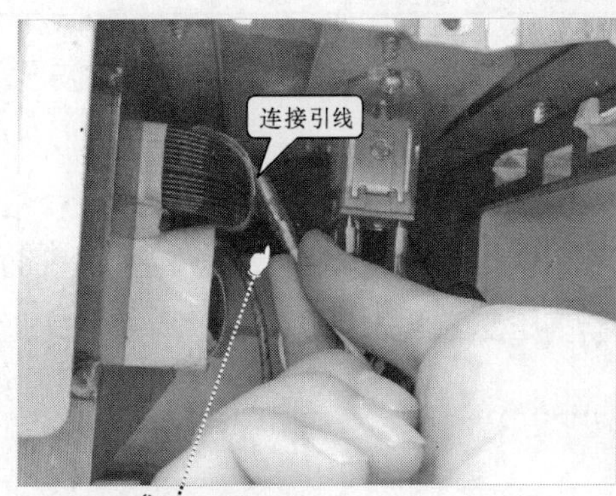
连接引线

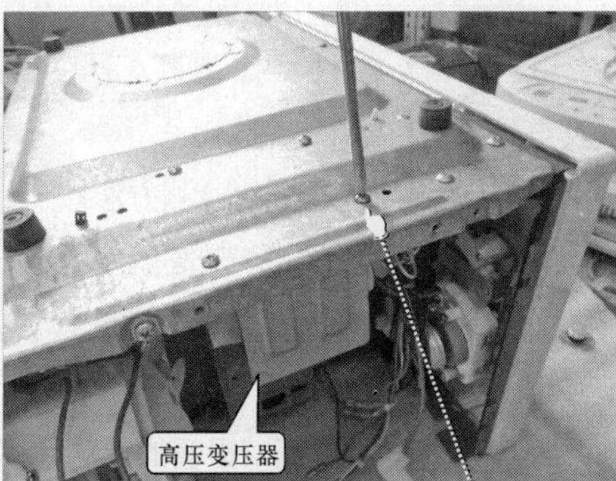
高压变压器

【步骤4】
首先将高压变压器连接的相关连接引线拔下

【步骤5】
使用螺丝刀将固定高压变压器上的固定螺钉拧下

若测得的阻值为1Ω左右，则说明高压变压器一次绕组正常，若测得的阻值为无穷大或零，则说明高压变压器一次绕组出现短路或断路的现象

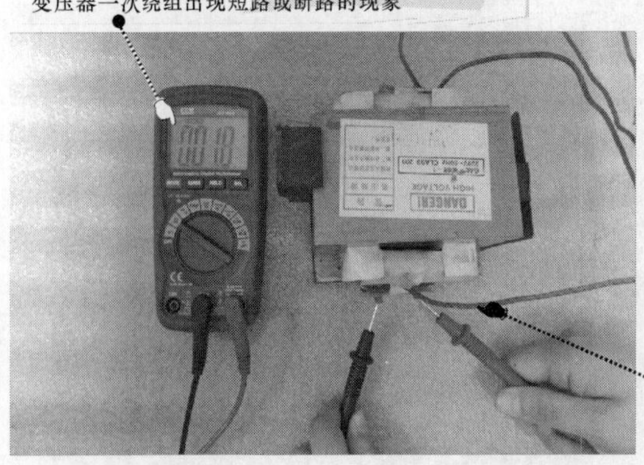
DANGER!
HIGH VOLTAGE

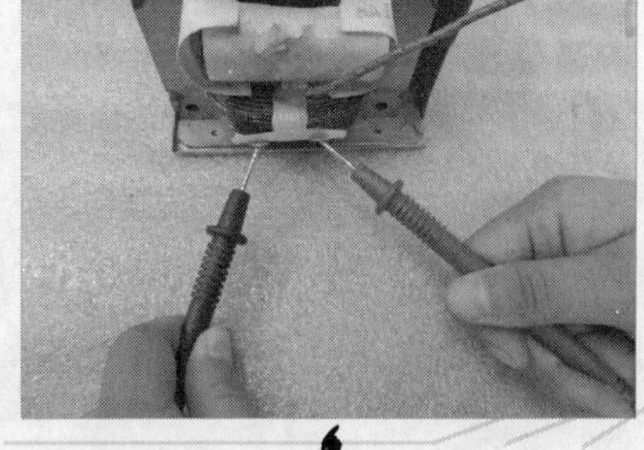

【步骤6】
将万用表的两只表笔分别接在高压变压器的供电端，检测其供电端之间的阻值

图 6-41　高压变压器的检测方法（续）

若测得的阻值为100Ω左右，则说明高压变压器的二次高压绕组正常，若测得的阻值为0Ω或无穷大，则说明高压变压器二次高压绕组出现短路或断路的现象

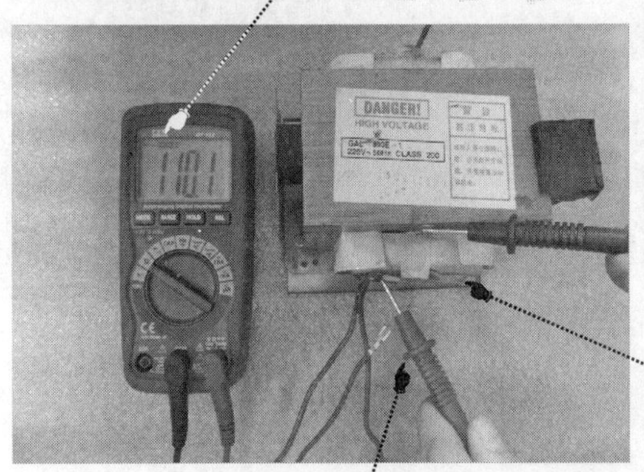

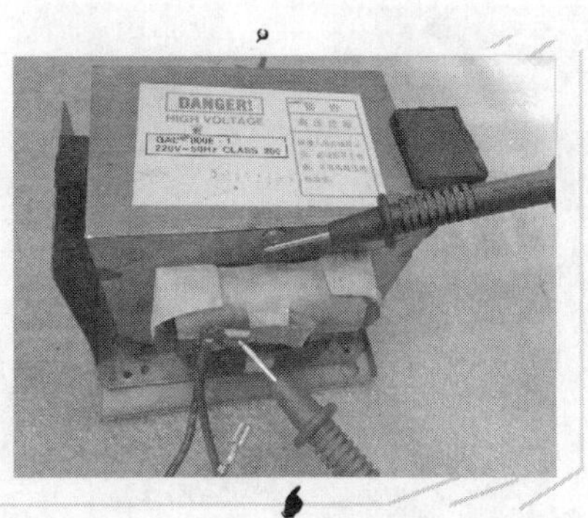

【步骤7】
若通过检测高压变压器一次绕组正常，需要对高压变压器的二次高压绕组进行检测

将万用表的两只表笔分别接在二次高压绕组的连接段

若测得的阻值为0Ω，则说明高压变压器灯丝绕组正常

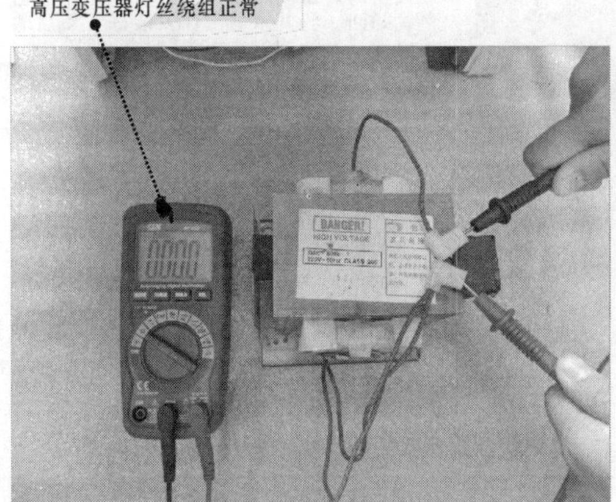

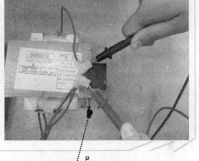

【步骤8】
将万用表的两只表笔分别接在高压变压器的灯丝绕组端

图6-41 高压变压器的检测方法（续）

高压变压器

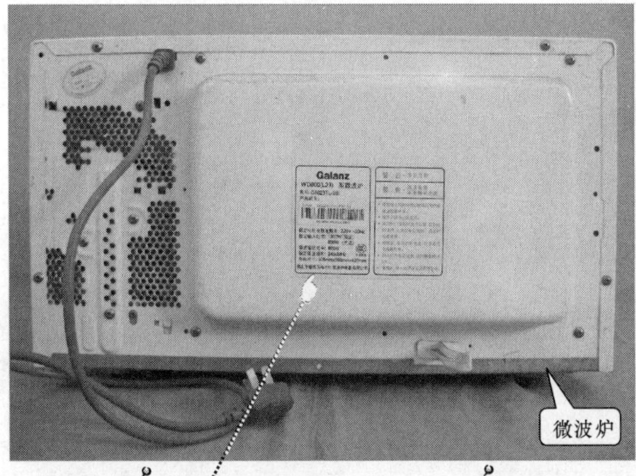
Galanz

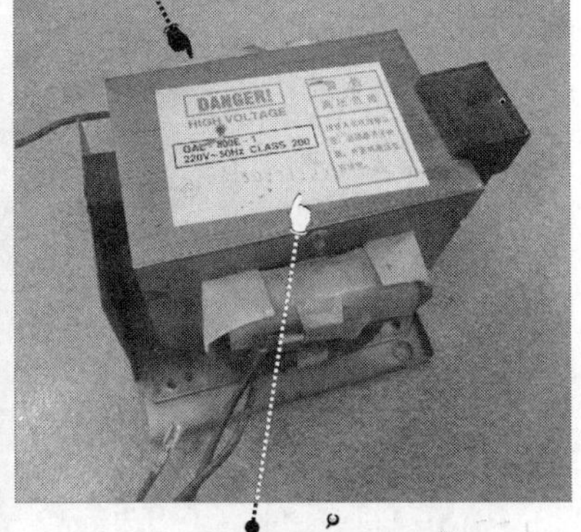
DANGER!
HIGH VOLTAGE

微波炉

高压变压器的型号：
GAL800E-1（格兰仕）
200V /50Hz CLASS 200

微波炉的型号：
GALANZ（格兰仕）WD800（L23）

【步骤1】
根据微波炉的型号或高压变压器的型号寻找可代替的新高压变压器

图6-42 高压变压器的代换

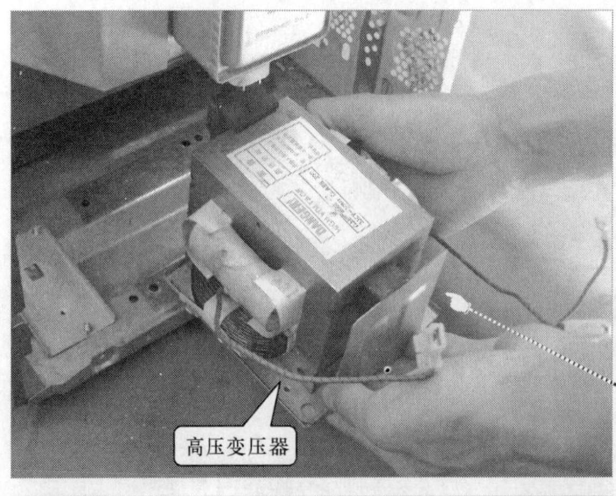
高压变压器

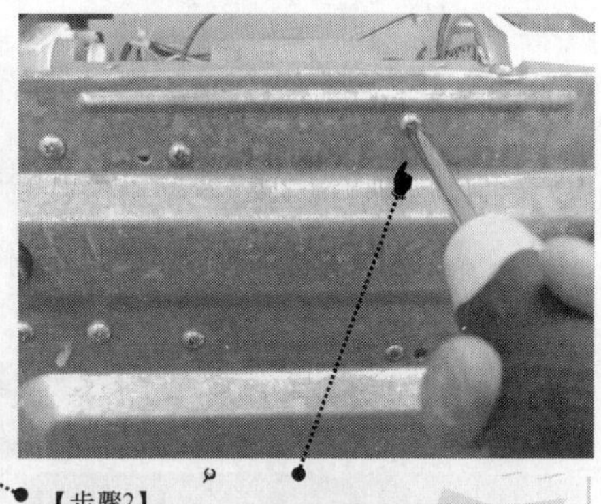

【步骤2】
将新的高压变压器重新安装到原来的位置，并使用固定螺钉将高压变压器固定在微波炉外壳上

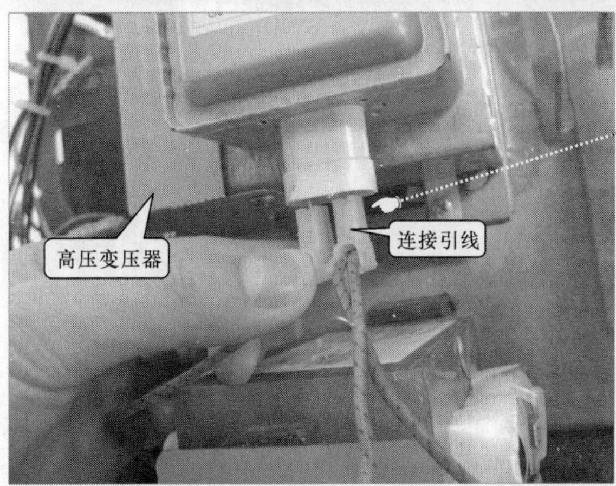
高压变压器
连接引线

【步骤3】
代换的高压变压器固定好后，将连接引线插回。将其余的部件安装好。然后通电测试微波炉加热正常，故障排除

图 6-42 高压变压器的代换（续）

功法秘籍

图 6-43 所示为高压电容器以及高压二极管的检测示意图。

高压电容器通常位于微波炉风扇支架的底端，其中一引脚连接着高压二极管

高压电容器使用时间过长会出现老化或漏液等故障

若高压电容器出现问题，就需要寻找可替换的新高压电容器进行代换

高压二极管通常位于微波炉风扇支架的底端，其中一端连接高压电容器，另一端为接地端

高压二极管使用时间过长会出现老化或烧焦等故障

若高压二极管出现问题，就需要寻找可替换的新高压二极管进行代换

图 6-43 高压电容器以及高压二极管的检测示意图

对于高压电容器以及高压二极管的检查通常可分为 3 步：第 1 步是对高压电容器和高压二极管进行拆卸，第 2 步是对高压电容器和高压二极管进行检测，第 3 步是对高压电容器和高压二极管进行代换。

① 对高压电容器和高压二极管进行拆卸。高压电容器和高压二极管通过固定螺钉固定在微波炉的外壳上，拔下连接引线，将固定螺钉拧下后，即可取下高压电容器和高压二极管。

图 6-44 所示为高压电容器和高压二极管的拆卸方法。

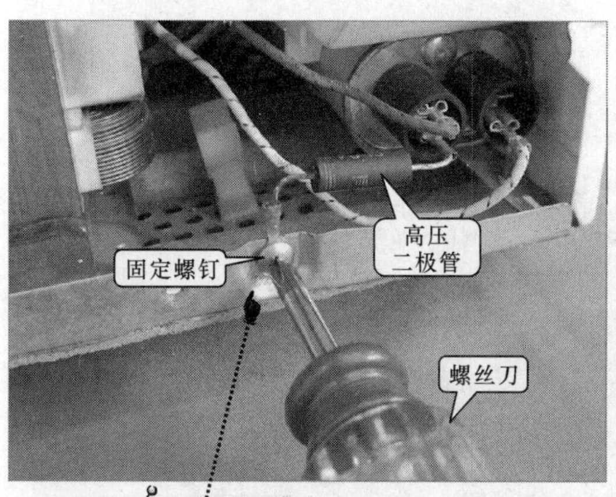
高压
二极管
固定螺钉
螺丝刀

【步骤1】
使用螺丝刀将高压二极管上的固定螺钉拧下

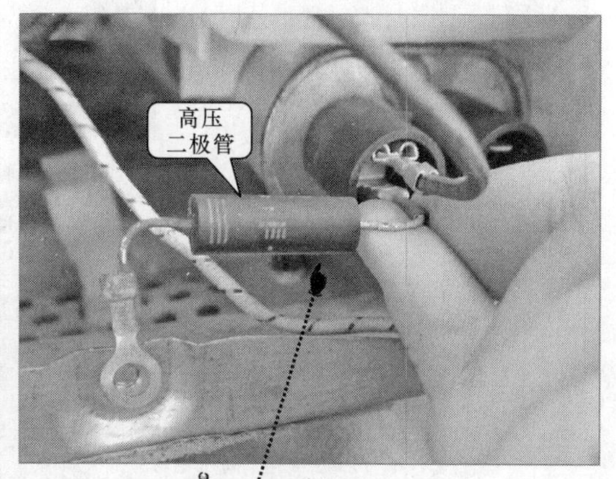
高压
二极管

【步骤2】
拔下高压二极管

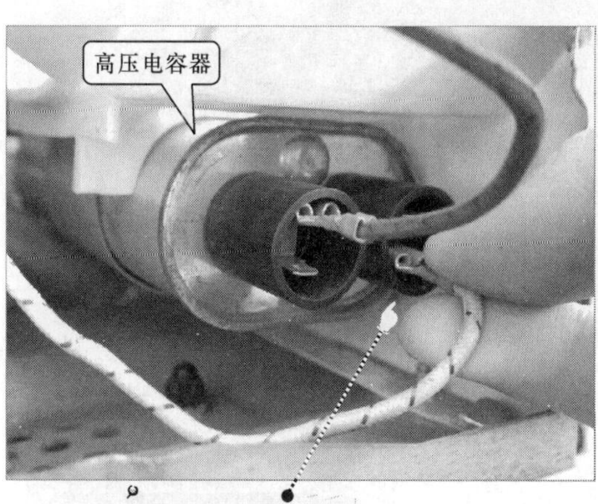
高压电容器

【步骤3】
将高压电容器上的两根连接引线从高压电容器上拔下

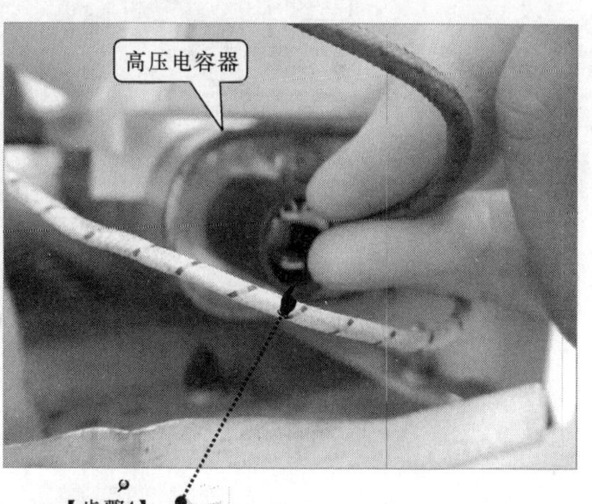
高压电容器

【步骤4】
将高压电容器从微波炉上取下

图 6-44　高压电容器和高压二极管的拆卸方法

② 对高压电容器和高压二极管进行检测。高压电容器和高压二极管取下后，首先对高压电容器和高压二极管进行检查。对高压电容器进行检测时，主要是使用万用表检测高压电容器的电容量。对高压二极管进行检测时，主要是检测其正反向阻值是否正常。

图 6-45 所示为高压电容器的检测方法。

小家电
维修
就这几招

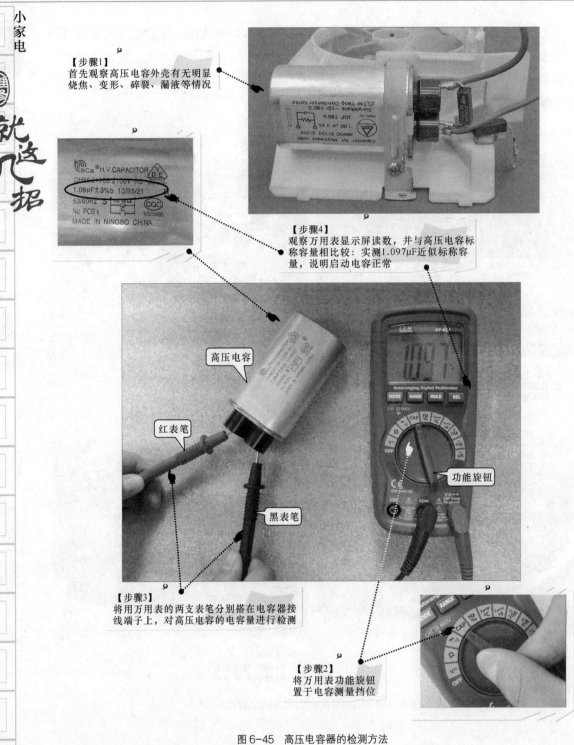

【步骤1】
首先观察高压电容外壳有无明显烧焦、变形、碎裂、漏液等情况

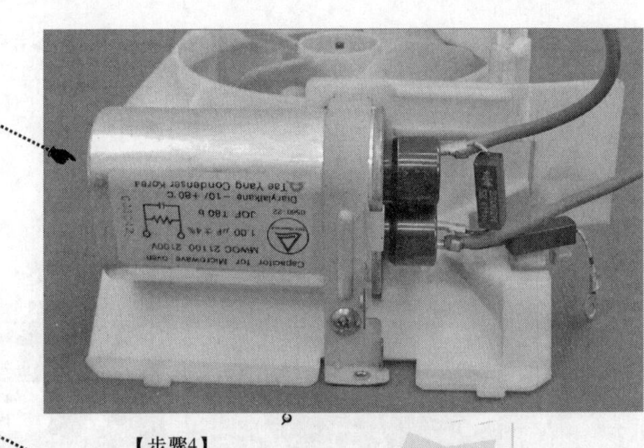

BiCai ®H.V.CAPACITOR
1.08μF±3%b 10/85/21
50/60Hz
No PCB's
MADE IN NINGBO CHINA
CQC
V000480

【步骤4】
观察万用表显示屏读数，并与高压电容标称容量相比较：实测1.097μF近似标称容量，说明启动电容正常

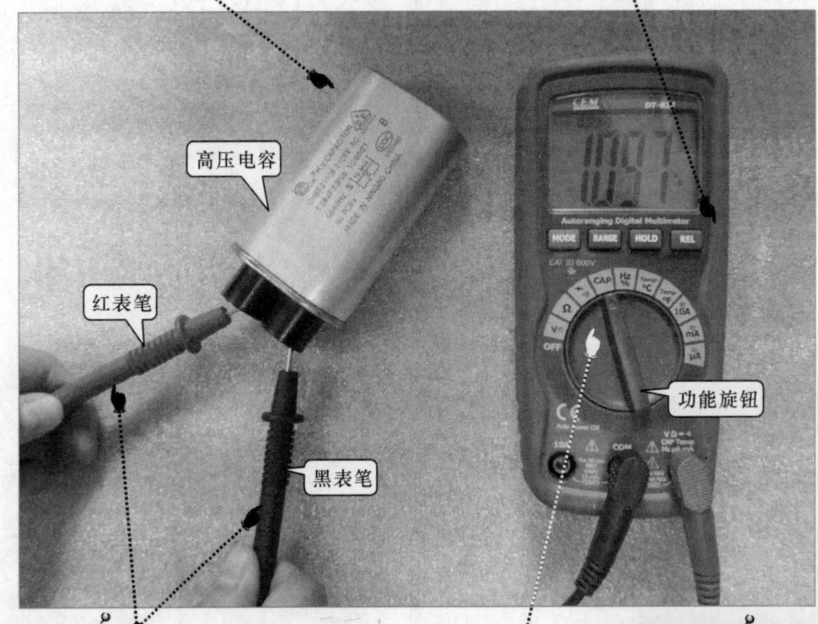
高压电容
红表笔
黑表笔
功能旋钮
Autoranging Digital Multimeter
MODE
RANGE
HOLD
REL
CAT III 600V
OFF
COM

【步骤3】
将用万用表的两支表笔分别搭在电容器接线端子上，对高压电容的电容量进行检测

【步骤2】
将万用表功能旋钮置于电容测量挡位

RANGE
CAP
OFF

图 6-45　高压电容器的检测方法

图 6-46 所示为高压二极管的检测方法。

③ 对高压电容器以及高压二极管进行代换。若高压电容器和高压二极管不良就需要根据原来高压电容器和高压二极管选用同样规格参数的高压电容器和高压二极管进行代换。将新高压电容器和高压二极管安装好后，再进行通电试机。

图 6-47 所示为高压电容器和高压二极管的代换。

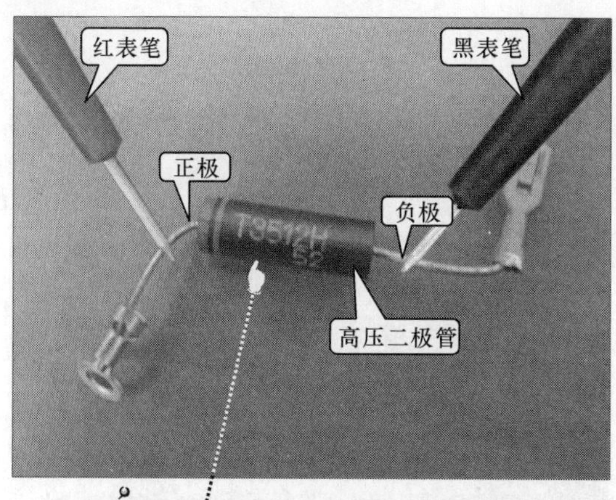
红表笔
黑表笔
正极
负极
高压二极管
T3512H

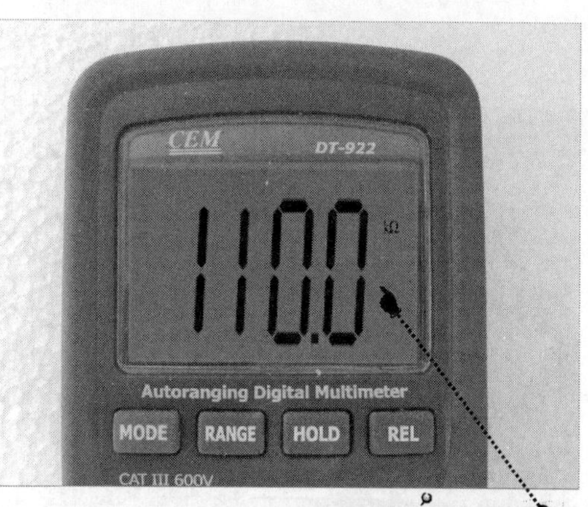
CEM
DT-922
110.0
Autoranging Digital Multimeter
MODE
RANGE
HOLD
REL
CAT III 600V

【步骤1】
检测高压二极管正向阻值时，将万用表的红表笔搭在高压二极管的正极，黑表笔搭在高压二极管的负极

检测其正向阻值，正常情况下应为110 kΩ左右

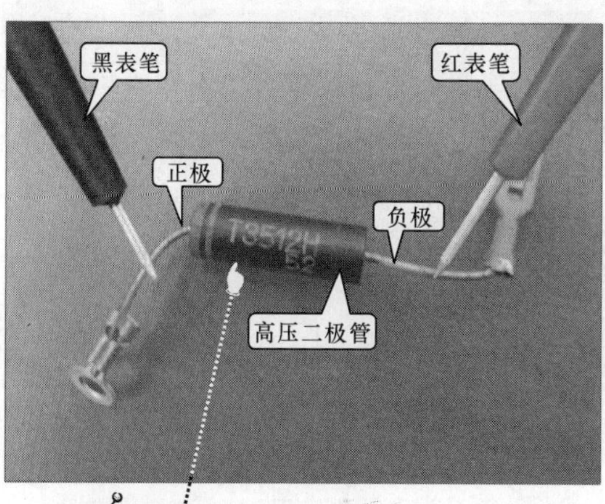
黑表笔
红表笔
正极
负极
高压二极管
T3512H

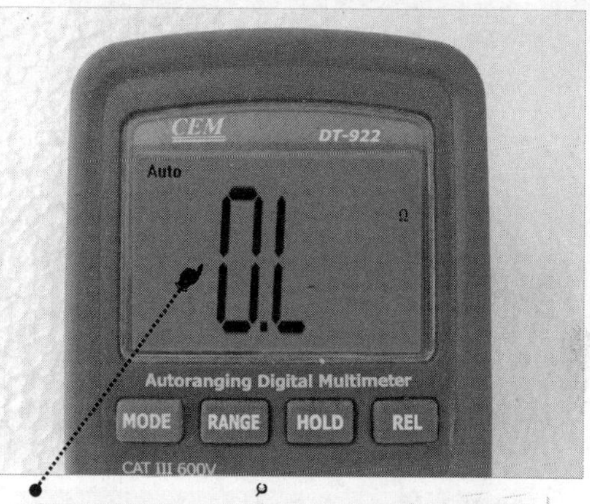
CEM
DT-922
Auto
0.L
Autoranging Digital Multimeter
MODE
RANGE
HOLD
REL
CAT III 600V

【步骤2】
将万用表的两表笔进行对调后，检测高压二极管的反向阻值

检测反向阻值，正常情况下应为无穷大，若检测高压二极管反向阻值较小，表明高压二极管可能被击穿损坏，需要使用同规格的进行更换

图 6-46　高压二极管的检测方法

BiCal H.V.CAPACITOR
CH85 21108 2100V AC
1.08μF±3%b 10/85/21
50/60Hz S 10 MΩ
No PCB's
MADE IN NINGBO CHINA
B
CQC

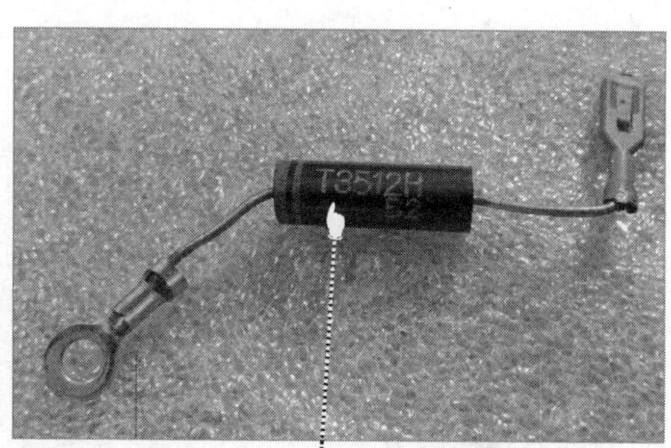
T3512H
52

高压电容器的参数
容量为：1.08μF± 3%；
额定电压为：AC 2100V

【步骤1】
根据高压电容器和高压二极管的型号寻找可代替的新高压电容器和新高压二极管

高压二极管的型号：
T3512H　52

图 6-47　高压电容器和高压二极管的代换

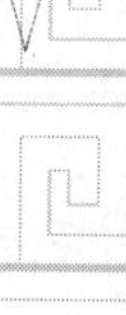

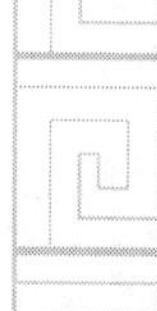
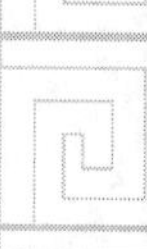

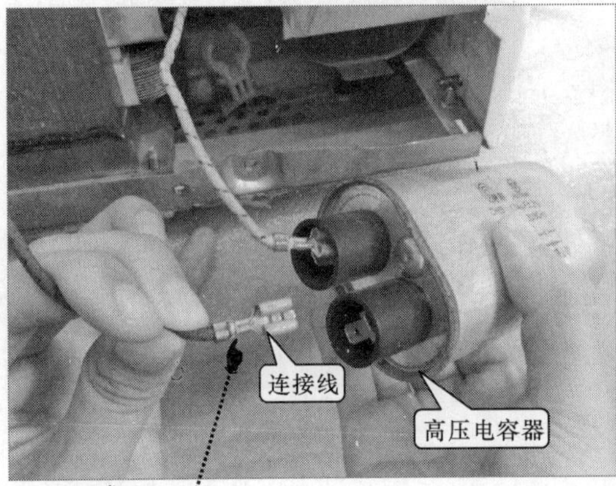
连接线
高压电容器

【步骤2】
将高压电容器的
连接线重新插接

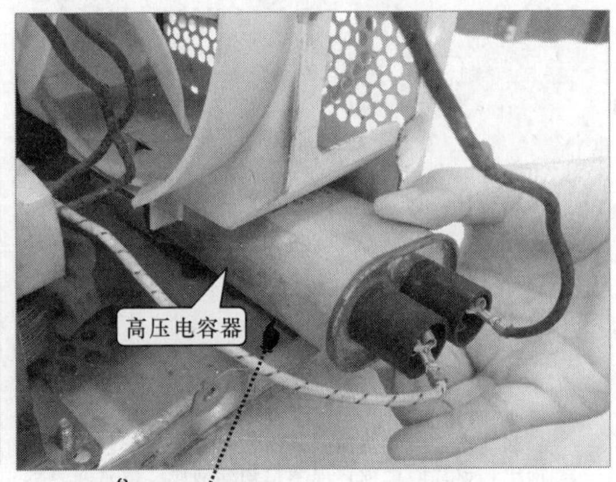
高压电容器

【步骤3】
将高压电容器安
装到原来的位置

高压二极管

【步骤4】
将高压二极管插到高压
电容器的接线端子上

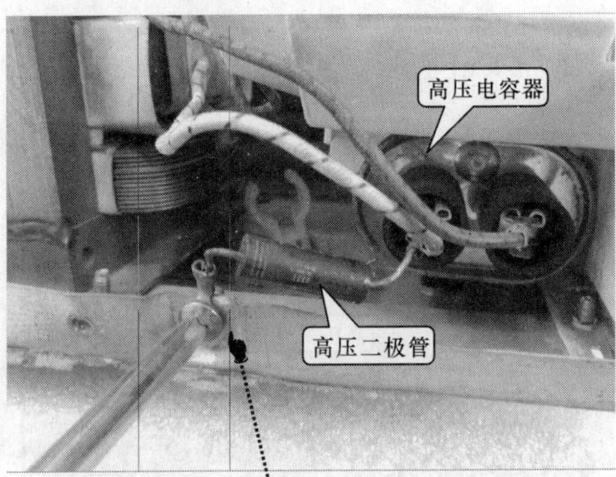
高压电容器
高压二极管

【步骤5】
使用螺丝刀将高压二极管固定在微波炉的箱体上。
将其余的部件装好，然后通电试机微波炉运行正常

图 6-47　高压电容器和高压二极管的代换（续）

6.3.2　烧烤装置的检测代换

学习烧烤装置的检查代换是维修微波炉必须掌握的关键技法，研习这项技能需注意，要先对烧烤装置的应用环境、结构组成以及功能原理有所了解，然后，在此基础上苦练检测、拆卸、代换的招法，方可将烧烤装置的检查代换技能运用自如。

1. 烧烤装置的应用

烧烤装置主要是由石英管、石英管支架、石英管固定装置以及石英管保护盖等部分构成的，它主要应用于微波炉中完成烧烤加热工作。

功法秘籍

图 6-48 所示为烧烤装置的功能示意图。

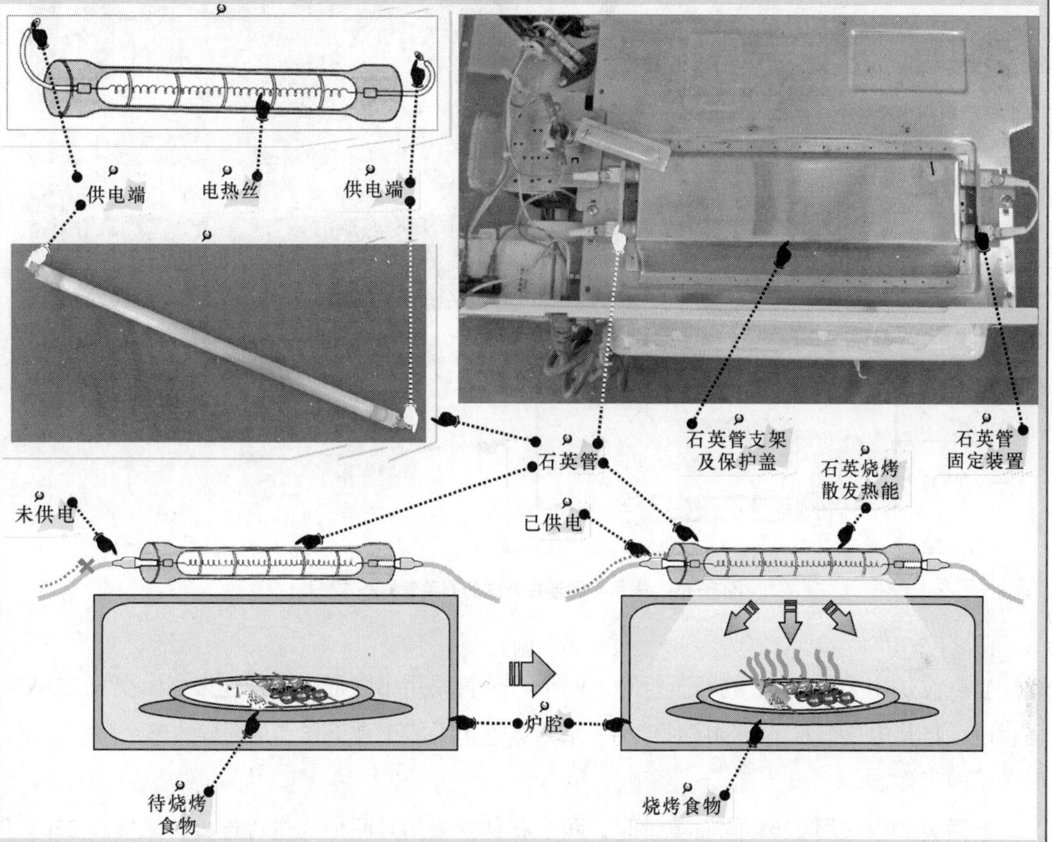

供电端
电热丝
供电端
石英管
石英管支架及保护盖
石英管固定装置
石英烧烤散发热能
未供电
已供电
炉腔
待烧烤食物
烧烤食物

图 6-48　烧烤装置功能示意图

微波炉烧烤装置通常安装在微波炉的顶部，它主要是利用石英管的热辐射来对食物进行烧烤。

石英管是一种电热组件，是微波炉烧烤装置中的主要器件，其主要由供电端、石英管外壳和管内电热丝等构成。在石英管的供电端，通常标有石英管的额定功率和额定电压，比如“110V/500 W”表示该石英管的额定电压为 110 V，功率为 500 W。

微波炉的烧烤装置通过操作显示面板进行控制。启动操作显示面板上的烧烤功能后，微波炉开始工作，将 220 V 的电压加到石英管上，石英管加电后，电热丝发热开始工作，辐射出大量热能，从而实现烧烤功能。

微波炉的烧烤装置中，通常设有两个石英管，它们通过串联或并联的形式与电源连接，并使用耐高温导线进行连接。图 6-49 所示为采用不同连接方式的石英管的基本结构。

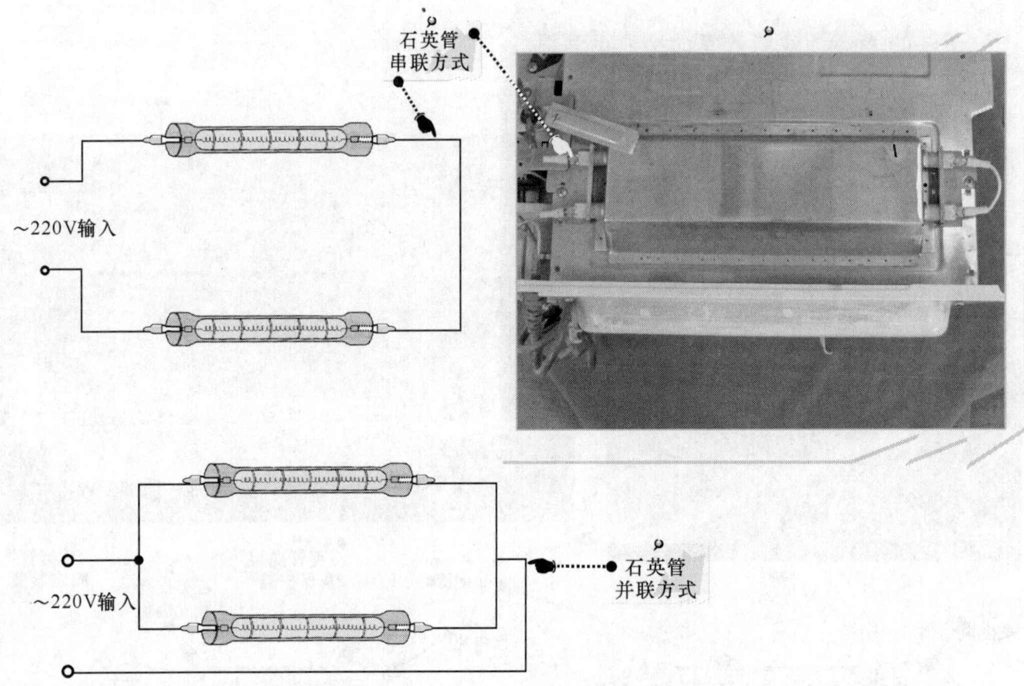
石英管
串联方式
~220V输入
~220V输入
石英管
并联方式

图 6-49 采用不同连接方式的石英管的基本结构

当微波炉中采用 110V 的石英管时，两个石英管采用串联形式进行连接，由交流 220V 电压供电。当其中一个石英管损坏时，另一个石英管也不能正常工作，从而导致整个微波炉烧烤装置不能工作。

当微波炉中采用 220V 的石英管时，两个石英管采用并联形式进行连接，来接收 220V 供电电压。当其中一个石英管损坏时，另一个石英管仍可以正常工作，不会导致整个微波炉烧烤装置不能工作。只是功率减少，降低了烧烤效果，影响了烧烤质量。

2. 烧烤装置的检查代换

烧烤装置出现故障以后，微波炉会出现不能烧烤或烧烤加热不均匀等现象。若烧烤装置出现故障，就需要分别对石英管连接线和石英管本身进行检查和拆卸代换。

功法秘籍

图 6-50 所示为石英管的检查示意图。

对石英管的检查通常可分为两步：第 1 步是对石英管及其连接线进行检查，第 2 步是对石英管进行拆卸代换。

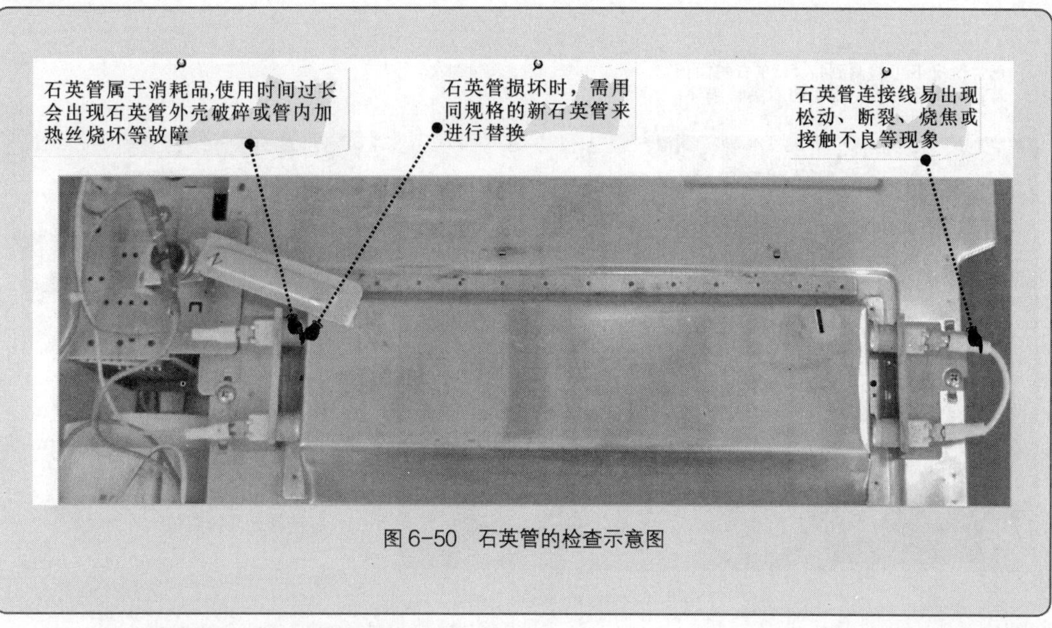
石英管属于消耗品,使用时间过长会出现石英管外壳破碎或管内加热丝烧坏等故障
石英管损坏时，需用同规格的新石英管来进行替换
石英管连接线易出现松动、断裂、烧焦或接触不良等现象

图 6-50 石英管的检查示意图

（1）对石英管及其连接线进行检测

对石英管进行检查，应先检查石英管连接线是否出现松动、断裂、烧焦或接触不良等现象，然后再对石英管本身进行检查。

图 6-51 所示为石英管的检测方法。

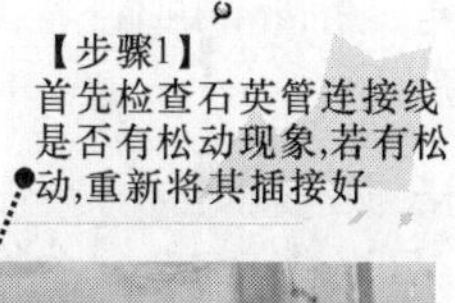
【步骤1】
首先检查石英管连接线是否有松动现象,若有松动,重新将其插接好

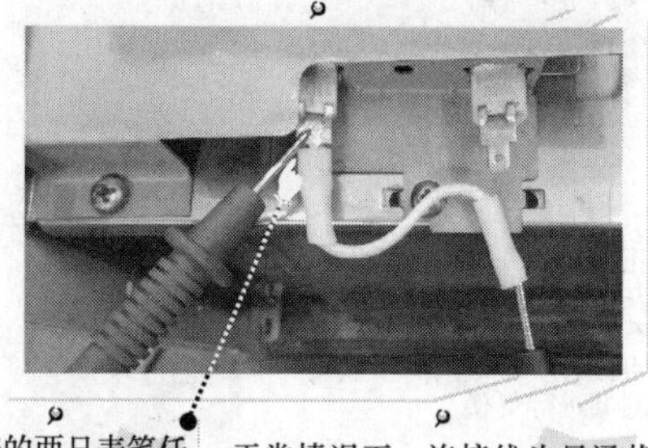

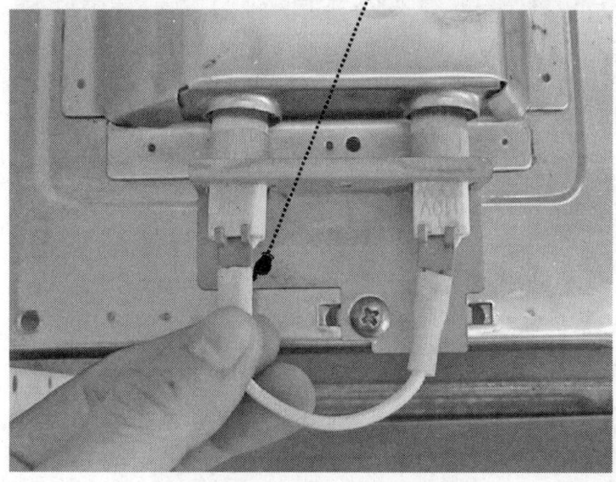
万用表的两只表笔任意搭在连接线的两端
正常情况下，连接线为导通状态。万用表检测到0Ω的阻值
【步骤2】
连接线重新插接后，开机试运行，若烧烤装置仍不工作，可通过万用表对连接线进行检测

图 6-51 石英管的检测方法

正常情况下可检测到47.5Ω左右的阻值。若检测到无穷大，说明有石英管损坏

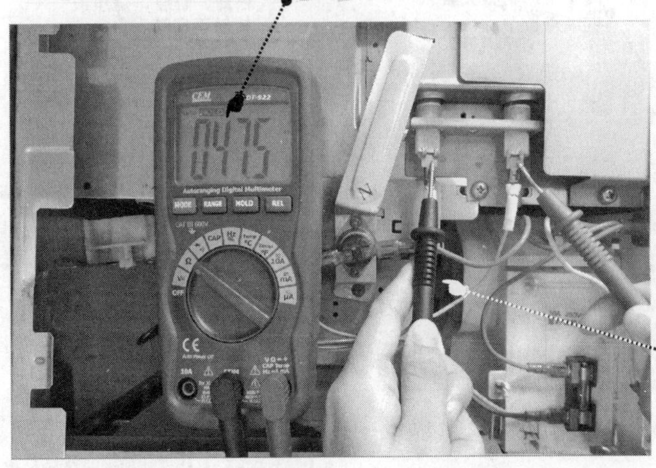

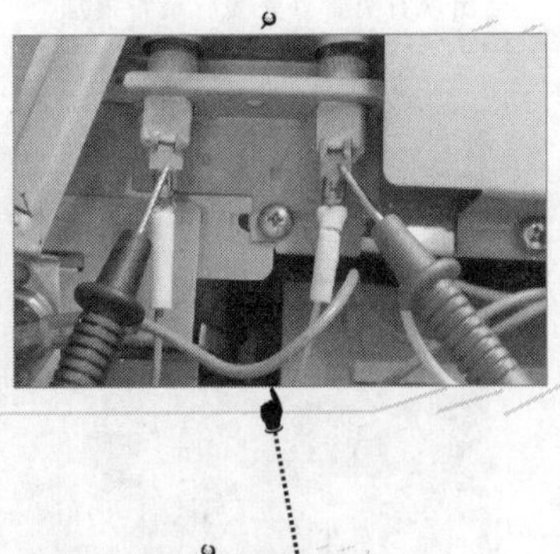

【步骤3】
使用万用表检测两个石英管之间的阻值

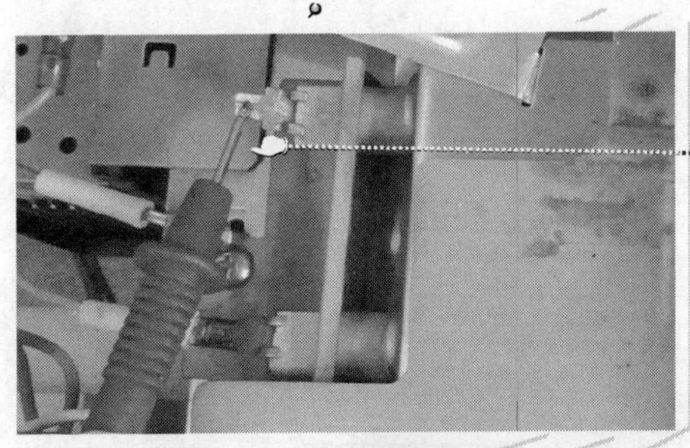

【步骤4】
对单根石英管进行检测。将一根石英管两端的连接线均拔下。用万用表检测石英管两端的阻值

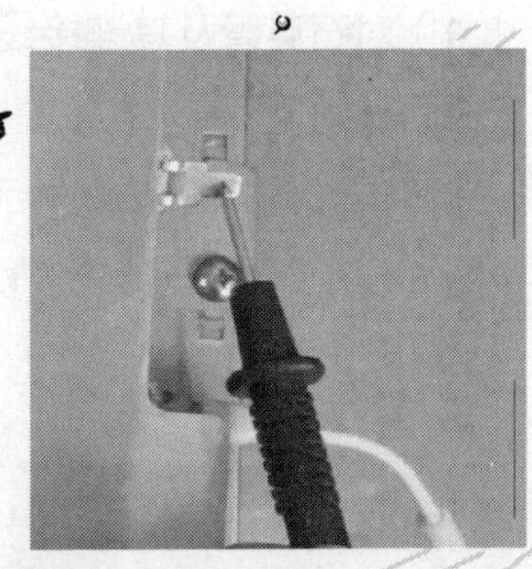

正常情况下可检测到24.2Ω左右的阻值。若检测到的石英管的阻值为无穷大，说明该石英管已损坏，需要对其进行更换

【步骤5】
最后使用同样的方法，对另一根石英管进行检测。同样检测到24.2Ω左右的阻值为正常

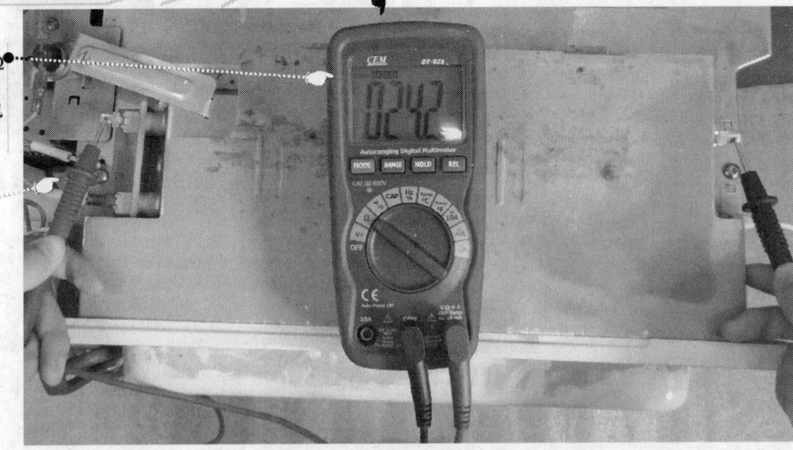

图6-51　石英管的检测方法（续）

（2）对石英管进行拆卸代换

若石英管损坏，就需要使用同规格的石英管进行代换，下面我们将对石英管的拆卸代换进行介绍。

图6-52所示为石英管的拆卸代换方法。

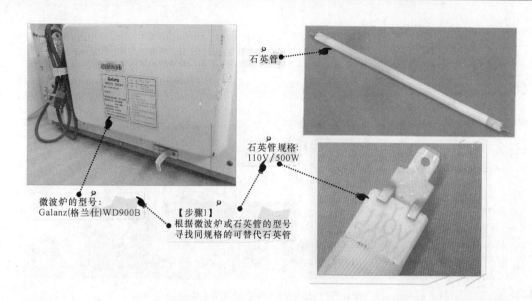

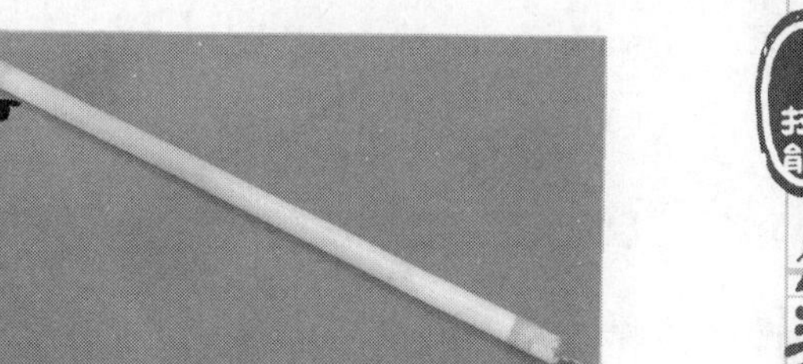
石英管

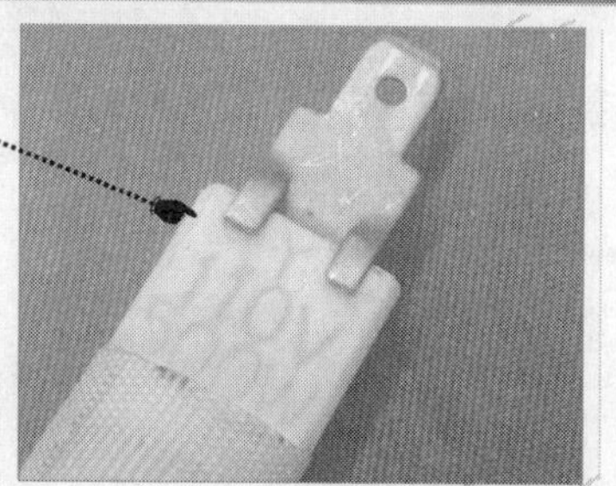
石英管规格:
110V/500W
微波炉的型号:
Galanz(格兰仕)WD900B
【步骤1】
根据微波炉或石英管的型号
寻找同规格的可替代石英管

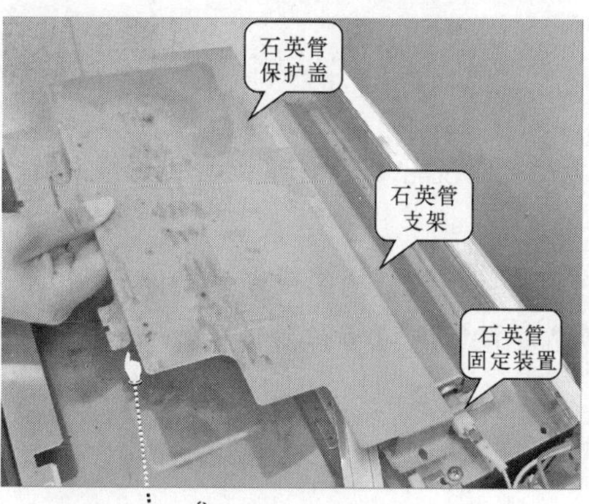
石英管
保护盖
石英管
支架
石英管
固定装置
【步骤2】
用螺丝刀将石英管保护盖的固定
螺钉拧下,将石英管保护盖取下

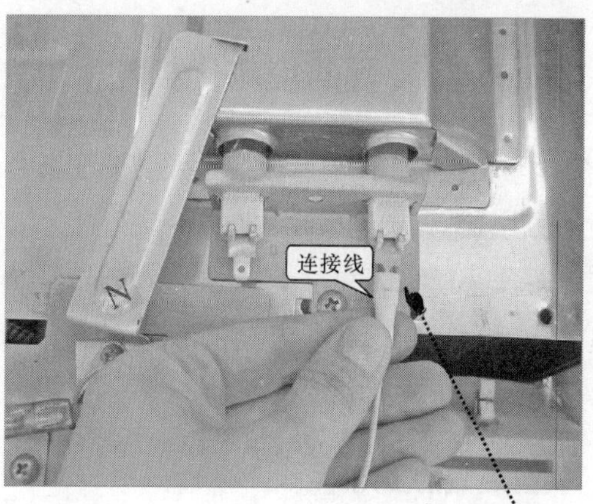
连接线
【步骤3】
将石英管连接线拔下

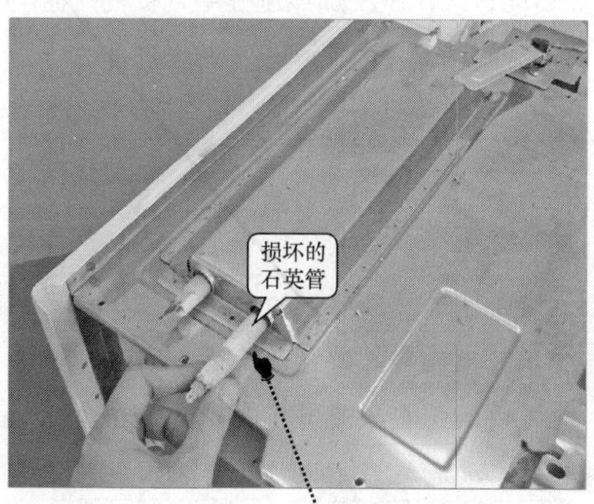
损坏的
石英管
【步骤4】
将损坏的石英管从
石英管支架上取出

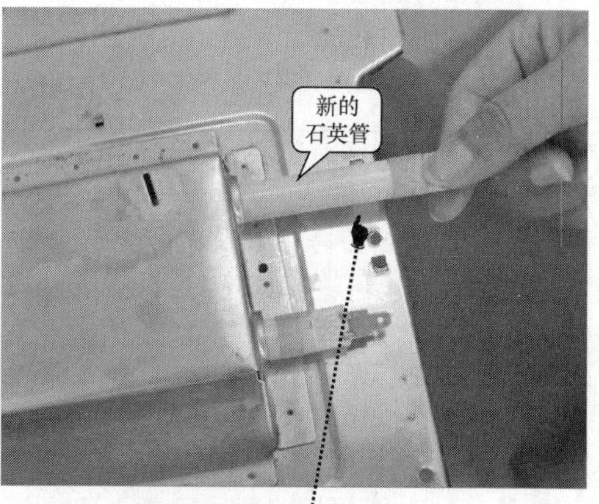
新的
石英管
【步骤5】
将同规格的新石英管
安装到石英管支架上

图 6-52　石英管的拆卸代换方法

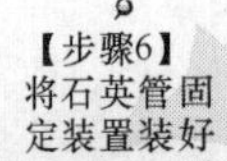
【步骤6】
将石英管固定装置装好

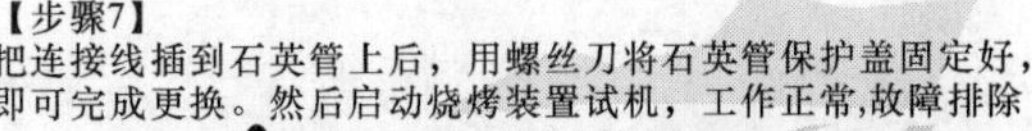
【步骤7】
把连接线插到石英管上后，用螺丝刀将石英管保护盖固定好，即可完成更换。然后启动烧烤装置试机，工作正常,故障排除

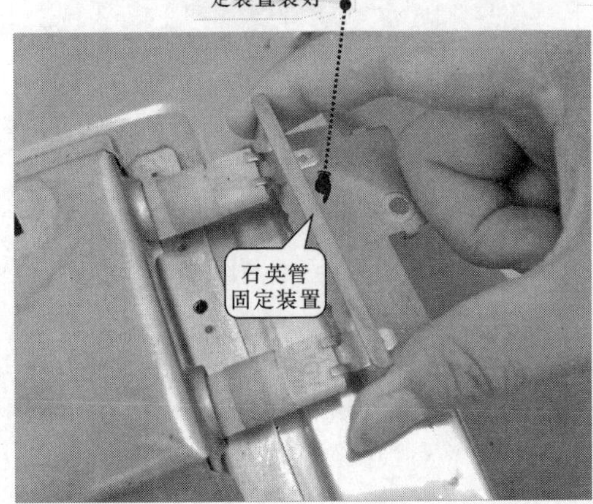
石英管
固定装置

图 6-52　石英管的拆卸代换方法（续）

6.3.3　转盘装置的检测代换

学习转盘装置的检查代换是微波炉维修中非常重要的技能，这项技能会帮助维修人员轻松应对采用转盘装置的微波炉设备。

研习这项技能需注意，要先对转盘装置的应用环境、结构组成以及功能原理有所了解，然后，在此基础上苦练拆卸、检测、代换的招法，方可将转盘装置的检查代换技能运用自如。

1. 转盘装置的应用

微波炉的转盘装置主要是由转盘电动机、三角驱动轴、转盘支架、食物托盘组成的。它的主要作用是在转盘电动机的驱动下，带动食物托盘转动，确保微波加热过程中，食物托盘上的食材能够得到均匀加热。

功法秘籍

图 6-53 所示为转盘装置的功能示意图。

转盘电动机固定在微波炉的底部中央位置，它是整个转盘装置的动力源；三角驱动轴安装在转盘电动机的转轴上，其形状正好与食物托盘底部的凹槽形状吻合。这种设计不仅可以为食物托盘的安装提供准确的定位，更重要的是在微波加热时，食物托盘可以在三角驱动轴的带动下转动。此外，为了确保稳定，食物托盘下还放置有转盘支架。转盘支架为直径比食物托盘略小的辊圈，其周边均匀分布有 3 个辊轮，可以为食物托盘提供良好的支撑，使转动更加平顺。

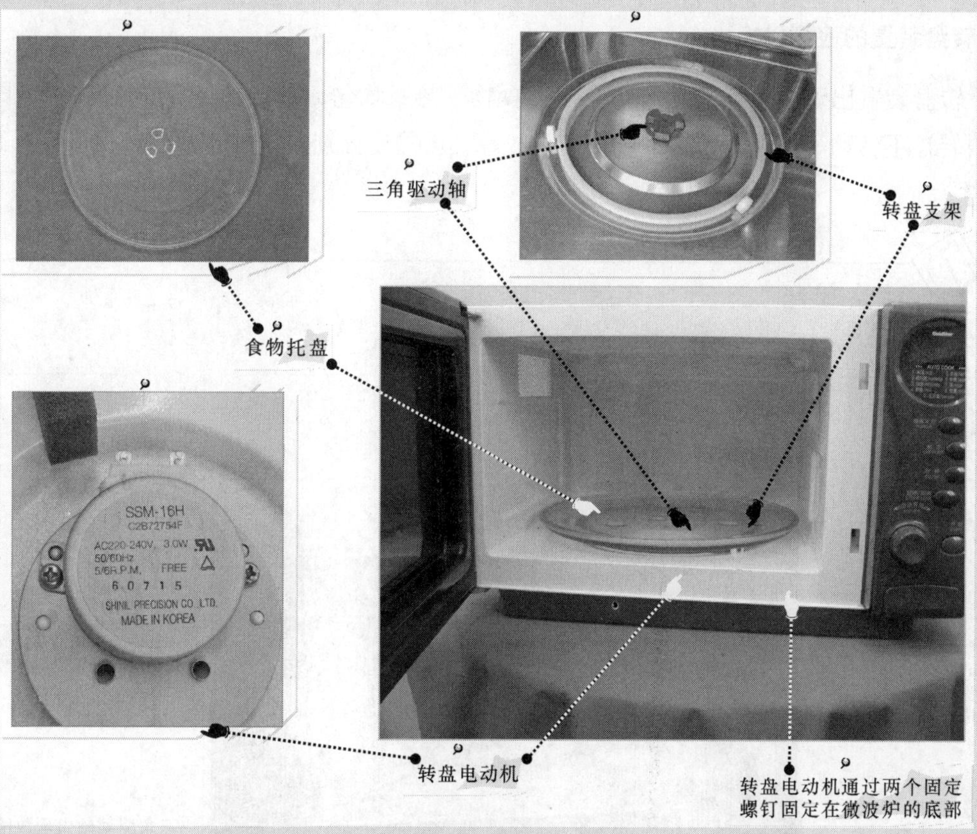

三角驱动轴

转盘支架

食物托盘

转盘电动机

转盘电动机通过两个固定螺钉固定在微波炉的底部

图 6-53　转盘装置的功能示意图

内功心法

图 6-54 所示为转盘装置的控制原理。

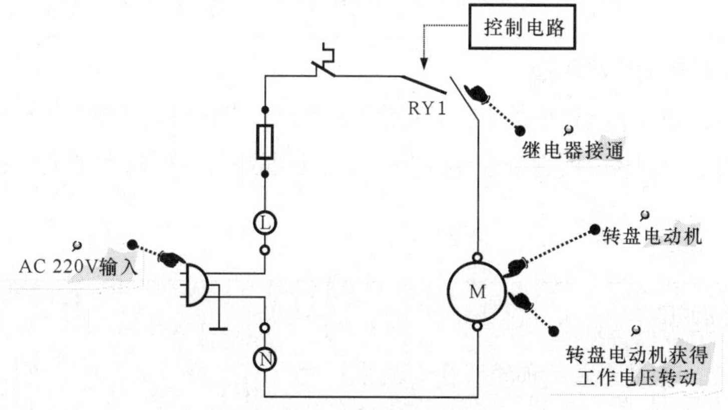
控制电路
RY1
继电器接通
L
AC 220V输入
转盘电动机
M
N
转盘电动机获得
工作电压转动

图 6-54　转盘装置的控制原理

当微波炉开始工作时，继电器 RY1 接通，转盘电动机即获得工作电压，开始启动旋转，带动转轴上安装的三角驱动轴运转，进而驱动食物托盘转动。

2. 转盘装置的检测代换

转盘装置出现故障后，微波炉会出现食物受热不均匀、不能加热、转动时有“咔咔”声或转盘不转动等现象。若转盘装置出现故障，就需要分别对该装置中的部件进行拆卸和检查。

功法秘籍

图 6-55 所示为转盘装置的检查示意图。

食物托盘位于炉腔内的最上方

转盘支架固定在食物托盘的下方

食物托盘出现故障，可能会引起转盘装置转动不良或无法转动的故障

转盘支架出现故障，可能会引起转盘转动失常

三角驱动轴位于转盘电动机和食物托盘之间

三角驱动轴出现故障，可能会引起转盘电动机无法带动三角驱动轴转动、转盘电动机与三角驱动轴之间出现打滑

转盘电动机位于微波炉腔体底部

转盘电动机出现故障，可能会造成整个转盘装置无法运作

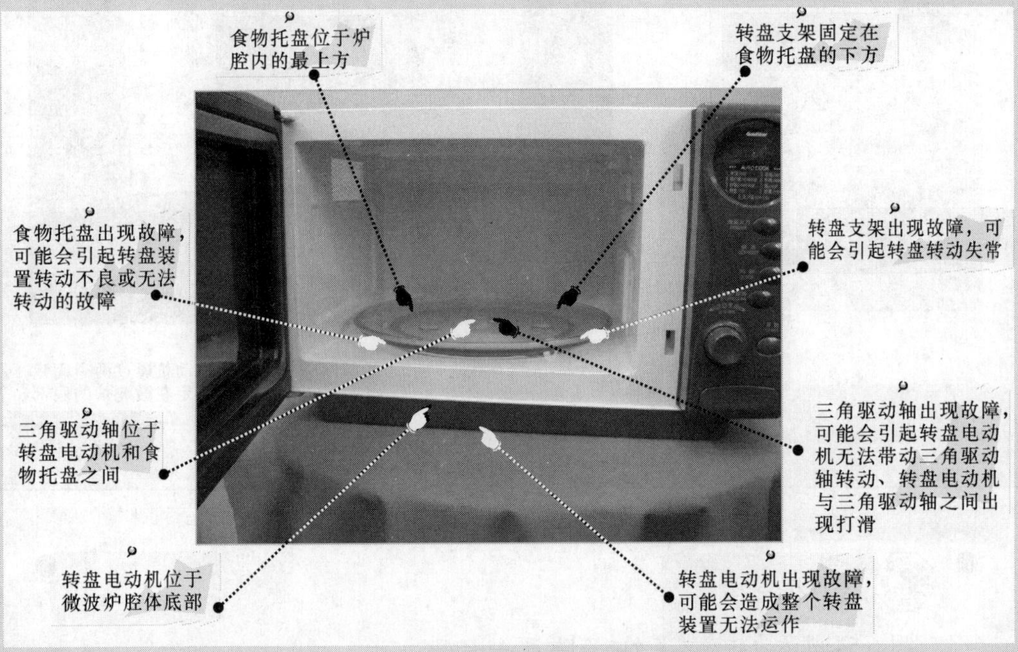

图 6-55　转盘装置的检查示意图

(1) 转盘电动机的检测代换

转盘电动机出现故障会造成整个转盘装置无法转动。若怀疑转盘电动机出现问题，就需要对转盘电动机可能出现故障的地方进行检查，一旦发现故障，就需要寻找可替换的新转盘电动机进行代换。

功法秘籍

图 6-56 所示为转盘电动机的检查示意图。

对转盘电动机的检测通常可分为 3 步：第 1 步是对转盘电动机进行拆卸，第 2 步是对转盘电动机进行检测，第 3 步是对转盘电动机进行代换。

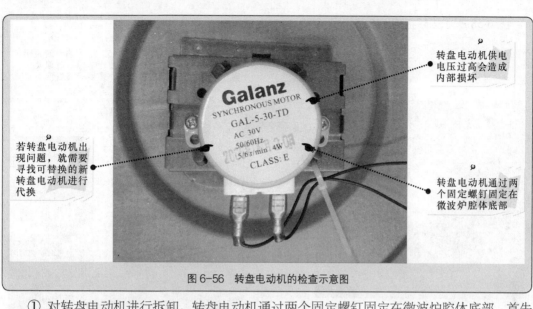

转盘电动机供电电压过高会造成内部损坏
若转盘电动机出现问题，就需要寻找可替换的新转盘电动机进行代换
Galanz
SYNCHRONOUS MOTOR
GAL-5-30-TD
AC 30V
50/60Hz
5/6r/min 4W
CLASS: E
转盘电动机通过两个固定螺钉固定在微波炉腔体底部

图 6-56　转盘电动机的检查示意图

① 对转盘电动机进行拆卸。转盘电动机通过两个固定螺钉固定在微波炉腔体底部，首先拔下转动电动机的连接线，然后使用适合的螺丝刀将固定螺钉拧下，即可将转盘电动机取下。

图 6-57 所示为转盘电动机的拆卸方法。

【步骤1】
首先拔下转盘电动机的连接线

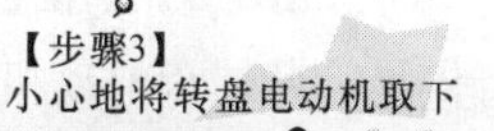
【步骤3】
小心地将转盘电动机取下

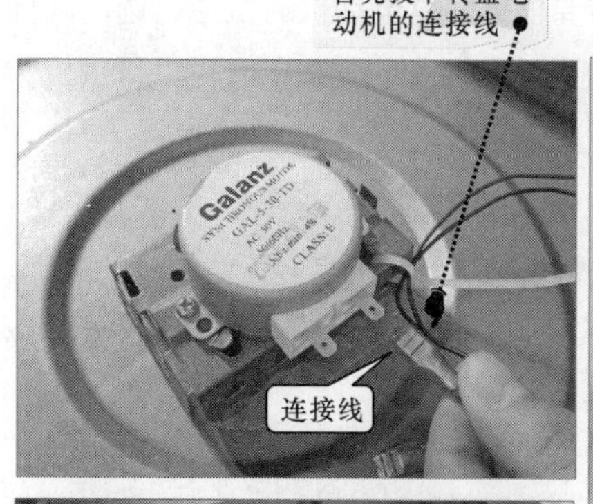
Galanz
连接线

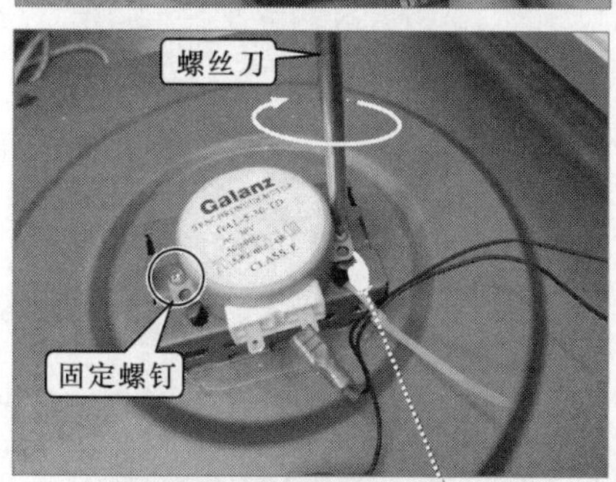
螺丝刀
Galanz
固定螺钉

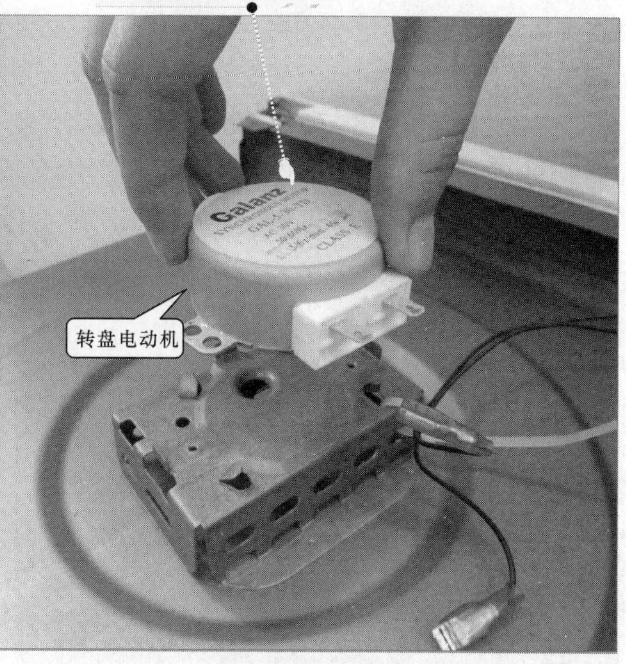
Galanz
转盘电动机

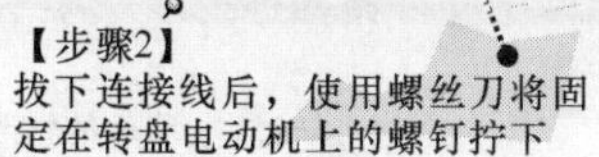
【步骤2】
拔下连接线后，使用螺丝刀将固定在转盘电动机上的螺钉拧下

图 6-57　转盘电动机的拆卸方法

② 对转盘电动机进行检测。打开微波炉底盖后，观察转盘电动机供电端的连接线是否松动、供电电压是否正常，查看转盘电动机本身是否正常。

图 6-58 所示为转盘电动机的检查方法。

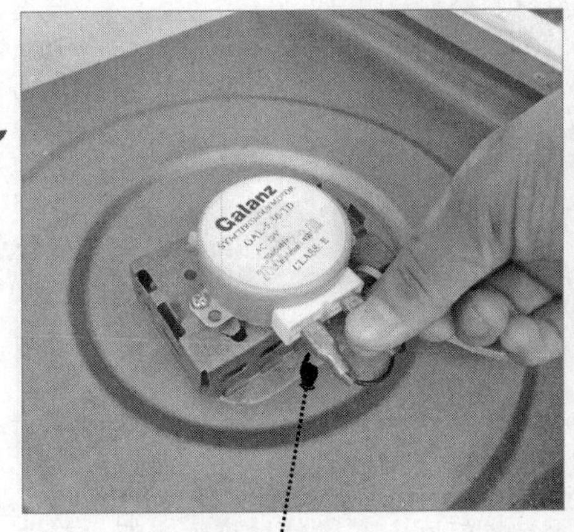
Galanz
GAL-5-30-TD
【步骤1】
观察转盘电动机的连接线是否松动或脱落

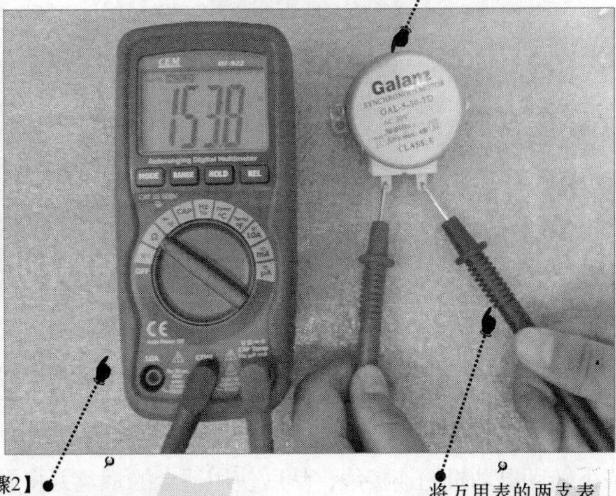
若测得转盘电动机的阻值为153.8Ω左右，则说明转盘电动机正常；若测的阻值比实际阻值偏大，则在说明转盘电动机已损坏，需要对其更换
153.8
Galanz
GAL-5-30-TD
【步骤2】
拔下转盘电动机的连接线后，使用万用表检测转盘电动机的阻值
将万用表的两支表笔分别搭在转盘电动机的两个接线端

图 6-58　转盘电动机的检查方法

③ 对转盘电动机进行代换。若转盘电动机不良就需要根据转盘电动机的型号，选用同样规格参数的转盘电动机进行代换，将新转盘电动机安装在微波炉底部的支架上，再进行试机。

图 6-59 所示为转盘电动机的代换方法。

（2）食物托盘、转盘支架和三角驱动轴的检查代换

食物托盘、转盘支架和三角驱动轴出现故障都会造成转盘装置转动不良或无法转动的故障。若怀疑食物托盘、转盘支架和三角驱动轴出现问题，就需要分别对它们进行检查，一旦发现故

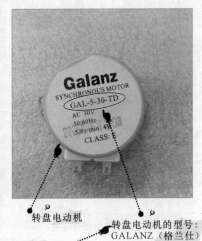

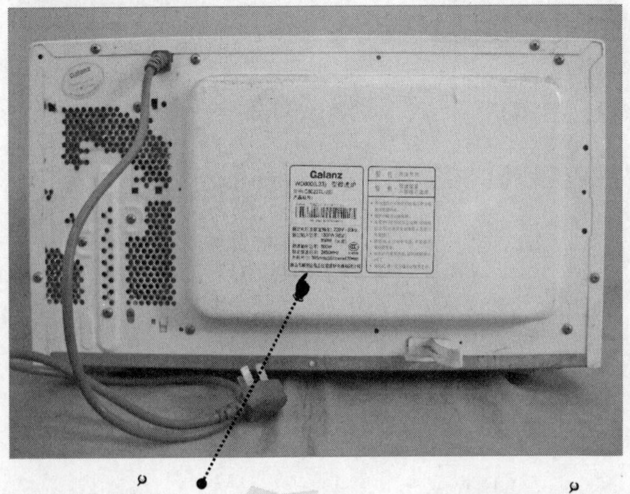
Galanz
微波炉的型号：
GALANZ（格兰仕）WD800（L23）
Galanz
SYNCHRONOUS MOTOR
GAL-5-30-TD
AC 30V
50/60Hz
CLASS: E
转盘电动机
转盘电动机的型号：
GALANZ（格兰仕）
GAL-5-30-TD

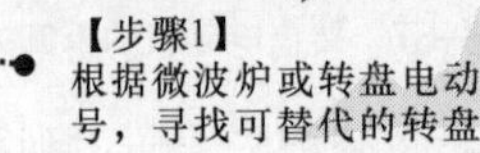
【步骤1】
根据微波炉或转盘电动机的型号，寻找可替代的转盘电动机

图 6-59　转盘电动机的代换方法

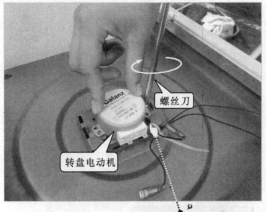

螺丝刀

转盘电动机

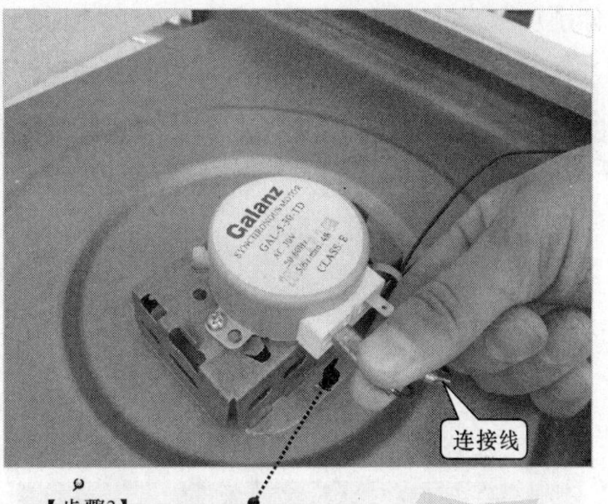
连接线

【步骤2】
将新的转盘电动机固定在微波炉底部的支架上

【步骤3】
将转盘电动机的连接线接好，将其余的部件安装好后，然后通电试机，转盘装置正常运转，故障排除

图 6-59 转盘电动机的代换方法（续）

障部位，就需要寻找可替换的部件进行代换。

功法秘籍

图 6-60 所示为食物托盘、转盘支架和三角驱动轴的检测示意图。

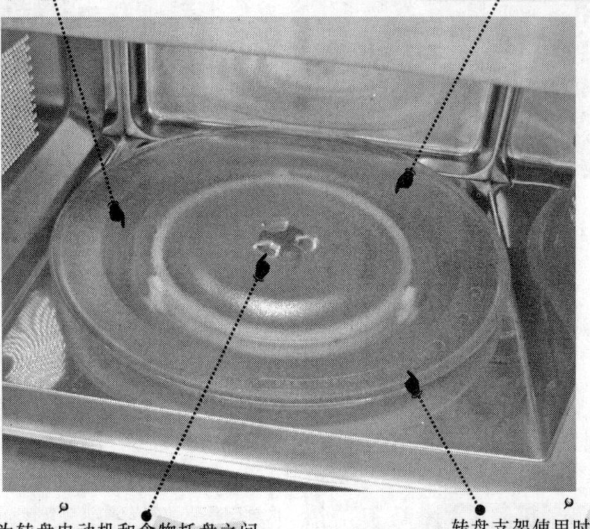

若三角驱动轴、转盘支架和食物托盘出现故障，就需要寻找可替换的新部件进行替换
食物托盘位于炉腔内的最上方，转盘支架固定在食物托盘的下方，三角驱动轴位于食物托盘和转盘电动机之间
三角驱动轴作为转盘电动机和食物托盘之间的连接驱动装置，其两端的作用力较大，会对三角驱动轴两端造成一定的磨损
转盘支架使用时间过长会造成一定的磨损

图 6-60 食物托盘、转盘支架和三角驱动轴的检测示意图

对于食物托盘、转盘支架和三角驱动轴的检查通常可分为两步：第 1 步是对食物托盘、转盘支架和三角驱动轴进行检查，第 2 步是对食物托盘、转盘支架和三角驱动轴进行代换。

① 对食物托盘、转盘支架和三角驱动轴进行检查。将食物托盘、转盘支架和三角驱动轴

分别从微波炉中取出来后，首先检查食物托盘，观察其三角槽与三角驱动轴是否脱离；然后检查转盘支架，检查转盘支架是否出现磨损或断裂现象；最后查看三角驱动轴表面或与食物托盘的接触面是否出现明显的断裂和损坏，与转盘电动机连接的定位孔是否出现磨损。

图 6-61 所示为食物托盘、转盘支架和三角驱动轴的检查方法。

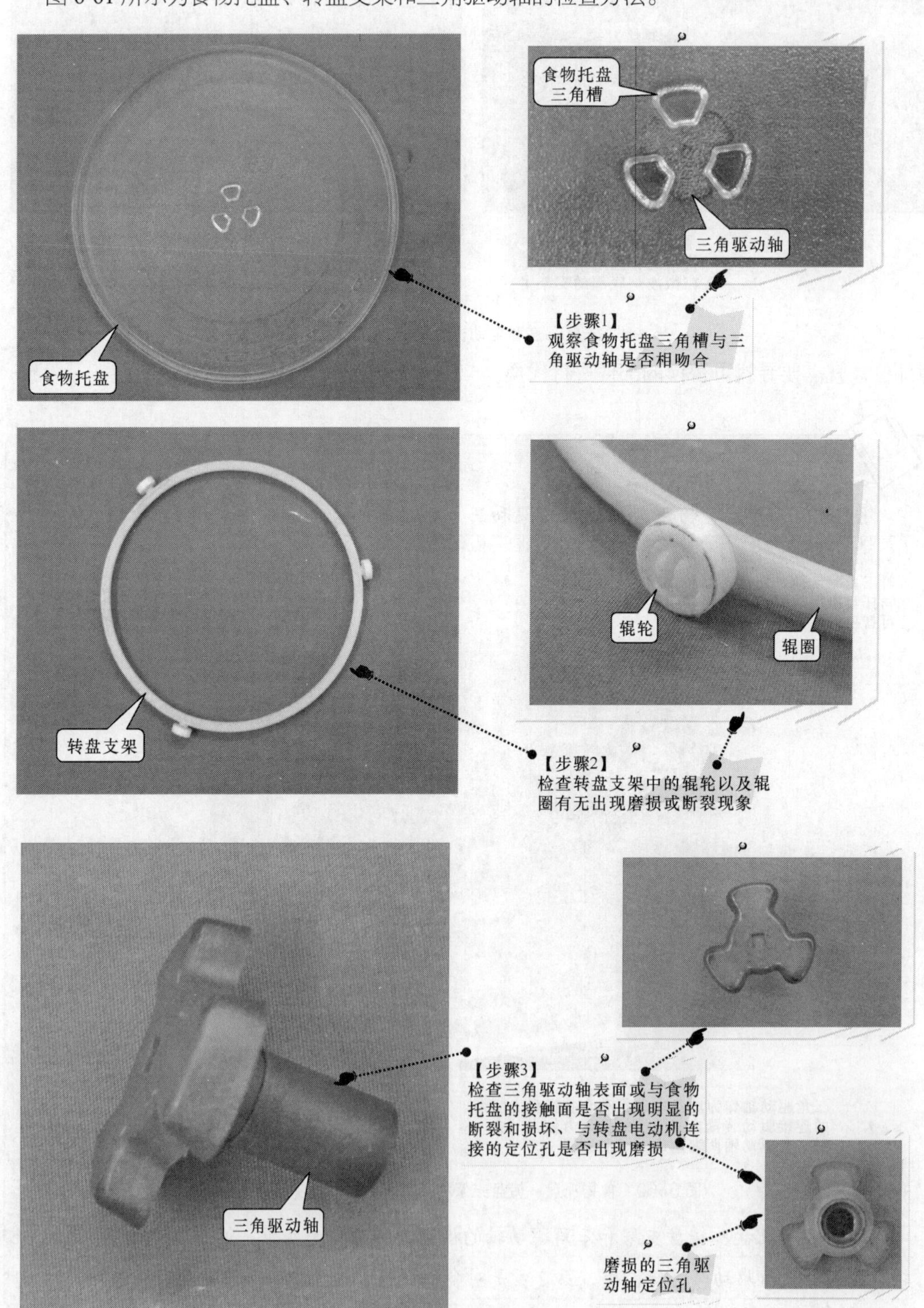
食物托盘
食物托盘三角槽
三角驱动轴
【步骤1】
观察食物托盘三角槽与三角驱动轴是否相吻合
转盘支架
辊轮
辊圈
【步骤2】
检查转盘支架中的辊轮以及辊圈有无出现磨损或断裂现象
三角驱动轴
【步骤3】
检查三角驱动轴表面或与食物托盘的接触面是否出现明显的断裂和损坏、与转盘电动机连接的定位孔是否出现磨损
磨损的三角驱动轴定位孔

图 6-61 食物托盘、转盘支架和三角驱动轴的检查方法

② 对食物托盘、转盘支架和三角驱动轴进行代换。炉腔内要时刻保持干净，食物托盘放置到位即可。若转盘支架及其辊轮出现磨损或断裂，三角驱动轴表面或定位孔出现严重磨损的都需要对它们进行更换。将新的转盘支架和三角驱动轴放好后，再进行通电试机。

图 6-62 所示为食物托盘、转盘支架和三角驱动轴的代换方法。

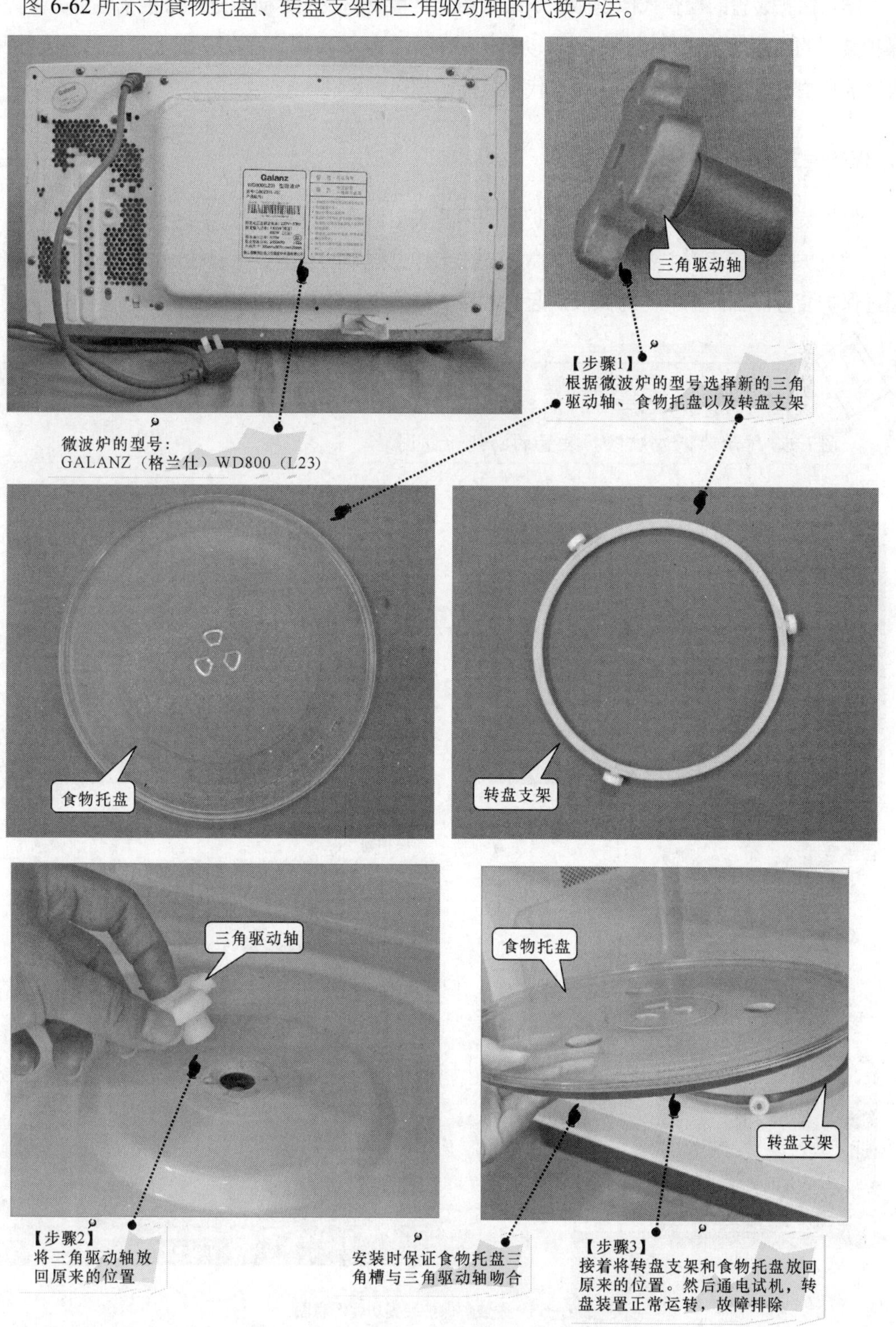
三角驱动轴
【步骤1】
根据微波炉的型号选择新的三角驱动轴、食物托盘以及转盘支架
微波炉的型号：
GALANZ（格兰仕）WD800（L23）
Galanz
食物托盘
转盘支架
三角驱动轴
食物托盘
转盘支架
【步骤2】
将三角驱动轴放回原来的位置
安装时保证食物托盘三角槽与三角驱动轴吻合
【步骤3】
接着将转盘支架和食物托盘放回原来的位置。然后通电试机，转盘装置正常运转，故障排除

图 6-62　食物托盘、转盘支架和三角驱动轴的代换方法

6.3.4 保护装置的检测代换

学习保护装置的检查代换是微波炉维修中非常重要的技能，研习这项技能需注意，要先对保护装置的应用环境、结构组成以及功能原理有所了解，然后，在此基础上苦练拆卸、检测、代换的招法，方可将保护装置的检查代换技能运用自如。

1. 保护装置的应用

保护装置主要由熔断器、温度保护器和门开关组件等部分构成。

微波炉的保护装置主要用来确保微波炉在工作过程中的安全，一旦微波炉通电，电压首先通过保护装置。各保护元件对微波炉起到的保护作用也各不相同。

功法秘籍

图 6-63 所示为微波炉保护装置的功能示意图。

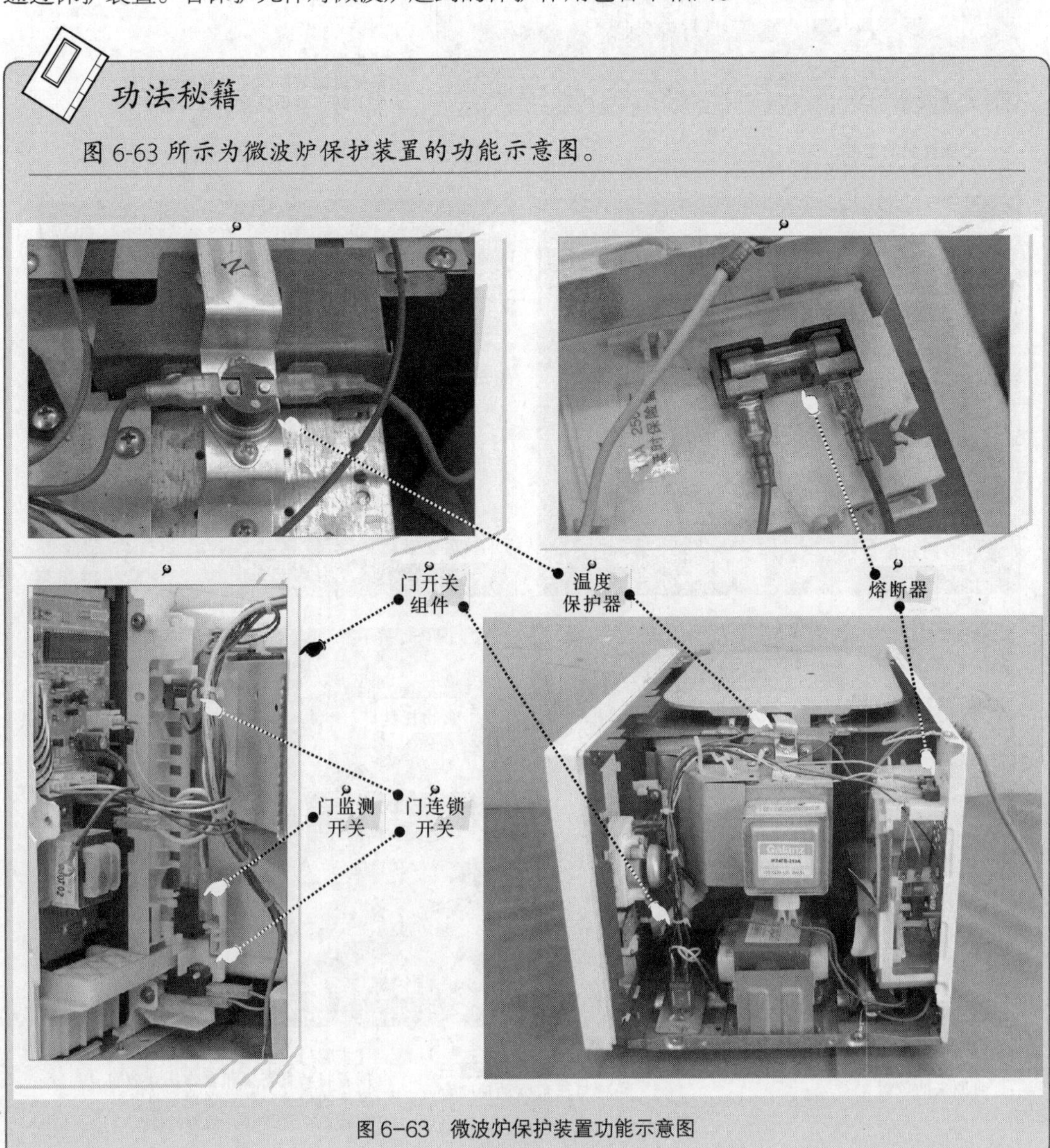
门开关
组件
温度
保护器
熔断器
门监测
开关
门连锁
开关

图 6-63 微波炉保护装置功能示意图

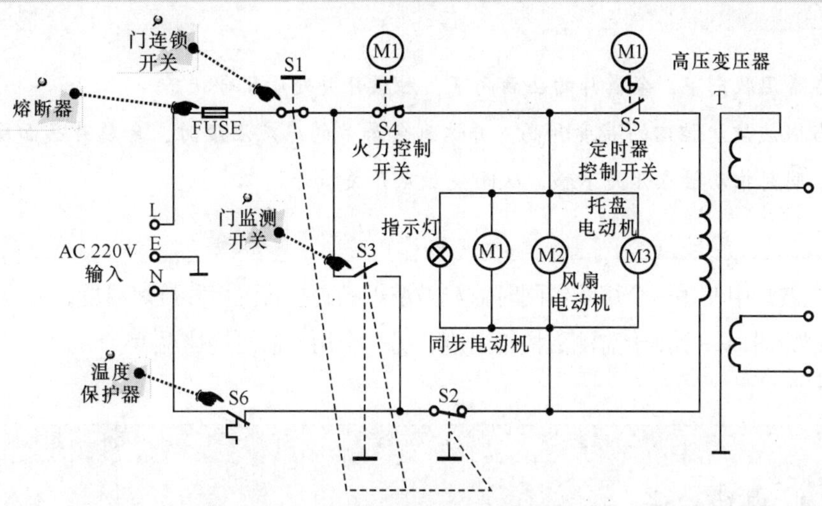
门连锁
开关
熔断器
FUSE
S1
M1
S4
火力控制
开关
M1
S5
定时器
控制开关
高压变压器
T
L
E
N
AC 220V
输入
门监测
开关
指示灯
M1
M2
托盘
电动机
M3
风扇
电动机
S3
同步电动机
温度
保护器
S6
S2

图 6-63　微波炉保护装置功能示意图（续）

保护装置中主要的元件有熔断器及熔断器支架、温度保护器、门连锁开关及门监测开关等。熔断器接在微波炉的供电电路中，在电流过大时，自身便会熔断，从而保护电路；温度保护器通常用于监测微波炉炉腔内的温度，从而保护电路；门开关组件是为了安全起见而设置的微波炉保护装置，通常设置 3 个门开关，都为微动开关。

内功心法

温度保护器属于微波炉的电路保护装置，当微波炉的炉腔内的温度过高，达到温度保护器的感应温度时，温度保护器就会自动断开，起到保护电路的作用。温度保护器主要由感温面、接线端和外壳等组成。

在微波炉中，常用的温度保护器内部主要由双金属片和触点开关等部分构成。由于双金属片感温特性不同，在不同的工作温度状态下，双金属片的工作状态也不相同，其工作原理如图 6-64 所示。

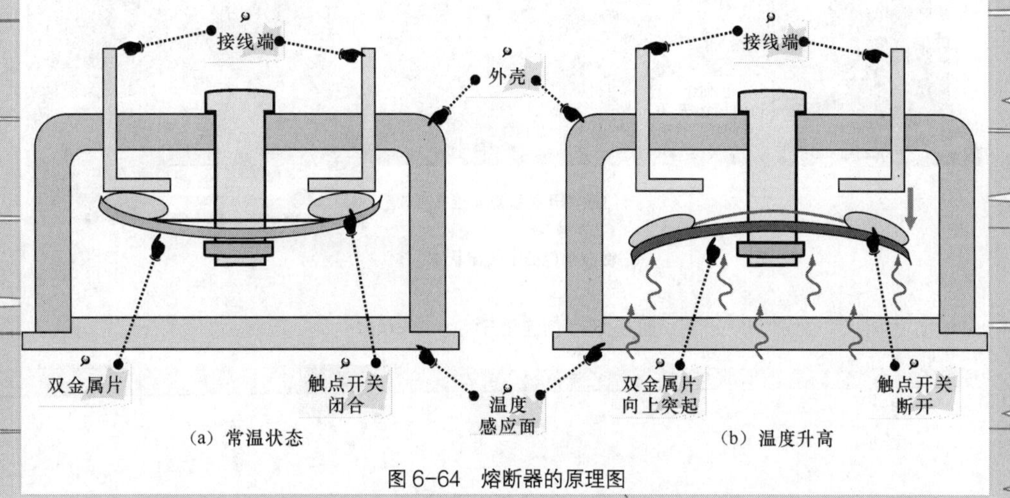
接线端
外壳
接线端
双金属片
触点开关
闭合
温度
感应面
双金属片
向上突起
触点开关
断开
(a) 常温状态
(b) 温度升高

图 6-64　熔断器的原理图

在常温状态下，金属片的凸面向下，触点开关处于闭合状态。

当微波炉炉腔内的温度升高，并达到金属片的感应温度时，金属片凸面反转向上，同时推动触点开关下移，从而使触点开关断开。

在有些微波炉中使用一个熔断器同时监测微波炉的磁控管温度和烧烤温度，而有些微波炉中使用两个熔断器，一个用于监测磁控管温度，另一个用于监测烧烤温度。

内功心法

门连锁开关是用于对高压变压器的供电进行控制的。当微波炉的门被关上时，两个门连锁开关的引线间的触点就会接通，给高压变压器供电；当微波炉的门被打开时，两个门连锁开关的引线间的触点就会断开，切断给高压变压器的供电。

图 6-65 所示为微波炉门打开或关闭时门连锁开关的工作状态。

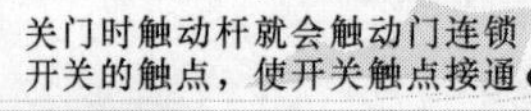
关门时触动杆就会触动门连锁开关的触点，使开关触点接通

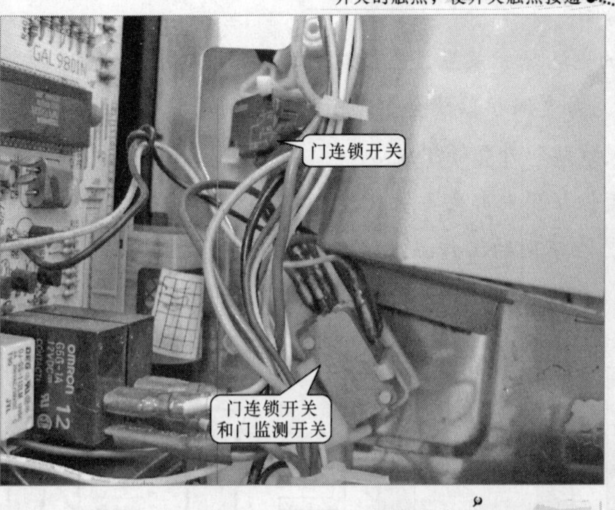
门连锁开关
门连锁开关和门监测开关

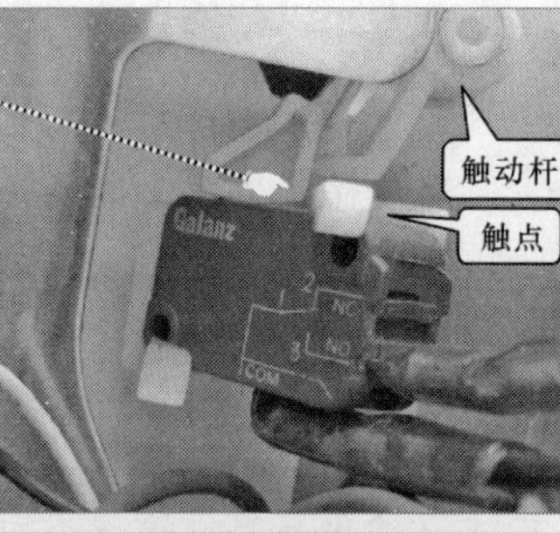
触动杆
触点

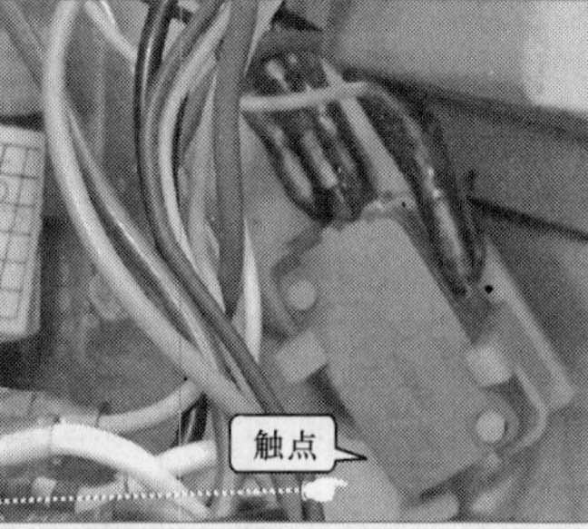
触点

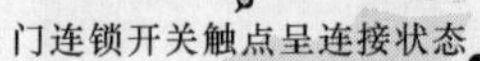
门连锁开关触点呈连接状态

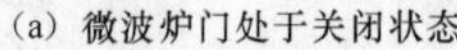
(a) 微波炉门处于关闭状态

图 6-65 门连锁开关的工作状态

门打开时触动杆会使门连锁开关的触点断开，使门连锁开关接点呈开路状态

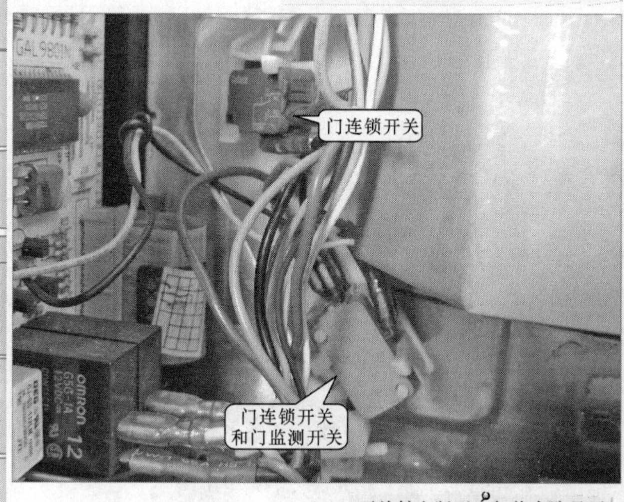
门连锁开关
门连锁开关
和门监测开关

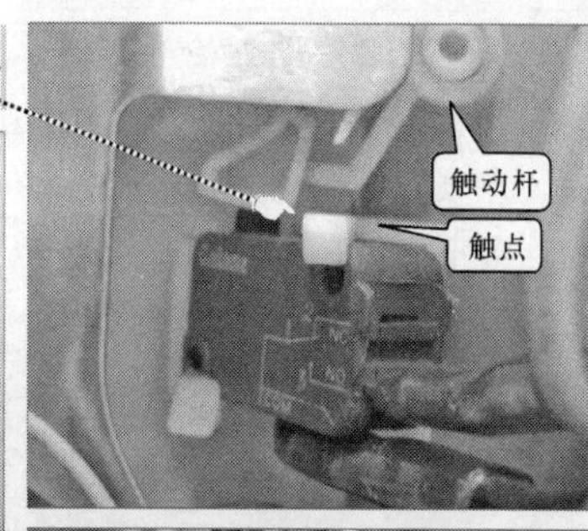
触动杆
触点

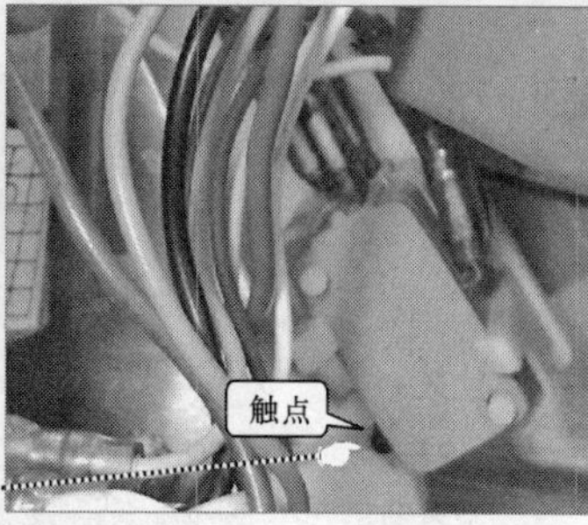
触点

开关触点断开，加热电路呈开路状态，无法进行加热工作

(b)微波炉门处于打开状态

图 6-65 门连锁开关的工作状态（续）

内功心法

门监测开关用于控制给微波炉高压变压器的供电并起到安全保护的作用，它与门连锁开关的工作状态正好相反呈互锁关系。即当微波炉的门被关上时，门监测开关处于断开状态；当门被打开时，门监测开关处于接通状态。这时将高压变压器输入端短路，防止其他开关动作失误。

不同型号及品牌的微波炉，门开关组件中的微动开关的安装位置也不相同。有些微波炉的门连锁开关与门监测开关是分开放置的，而有些则采用叠加的安装形式。

2. 保护装置的检查代换

当微波炉保护装置出现故障时，主要表现为接通电源后微波炉不工作、打开微波炉门仍在发射微波等现象。此时，应根据故障现象对其保护装置进行检修，将损坏的元件进行代换。

功法秘籍

图 6-66 所示为保护装置的检修示意图。

对保护装置进行检查通常需要对 3 个部分进行检修，也就是对熔断器、温度保护器以及门开关组件进行检查，查找出故障后，再对相关部件进行代换。

温度保护器出现故障可能会引起通电开机后灯亮但微波炉不工作的现象
熔断器出现故障可能会引起电源接通后无指示、操作键无反应等现象
温度保护器通常安装在微波炉的顶部
熔断器位于微波炉的顶部，安装在风扇电动机的支架上
门开关组件位于微波炉的门框边
门开关组件出现故障可能会引起关好炉门后微波炉不能正常工作的现象
Galanz
M24FB-210A

图 6-66　保护装置检修示意图

(1) 熔断器的检测代换

由于长时间使用，熔断器会出现烧焦或断裂的现象。若怀疑熔断器出现问题，就需要对其进行检查，一旦发现故障，就需要寻找可替换的熔断器进行代换。

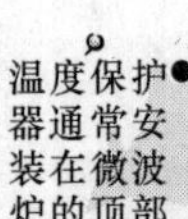

功法秘籍

图 6-67 所示为熔断器的检测示意图。

对于熔断器的检测通常可分为两步：第 1 步是对熔断器进行检测，第 2 步是对熔断器进行代换。

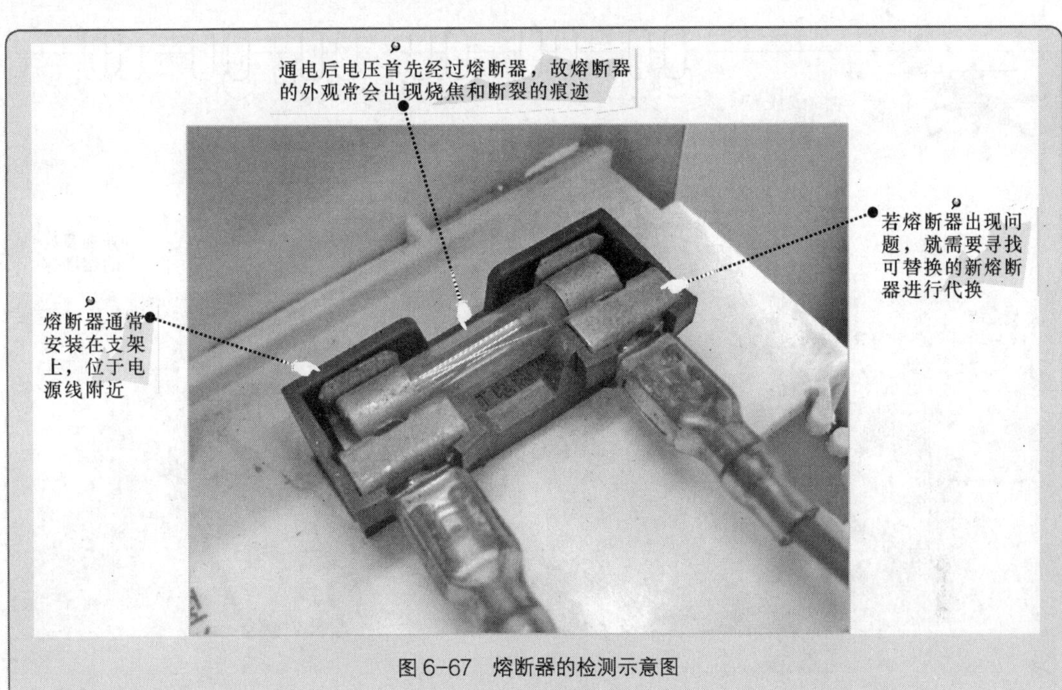

通电后电压首先经过熔断器，故熔断器的外观常会出现烧焦和断裂的痕迹
若熔断器出现问题，就需要寻找可替换的新熔断器进行代换
熔断器通常安装在支架上，位于电源线附近

图 6-67　熔断器的检测示意图

① 对熔断器进行检测。一般情况下，检查熔断器时采用万用表检测阻值的方法判断其好坏。

图 6-68 所示为熔断器的检测方法。

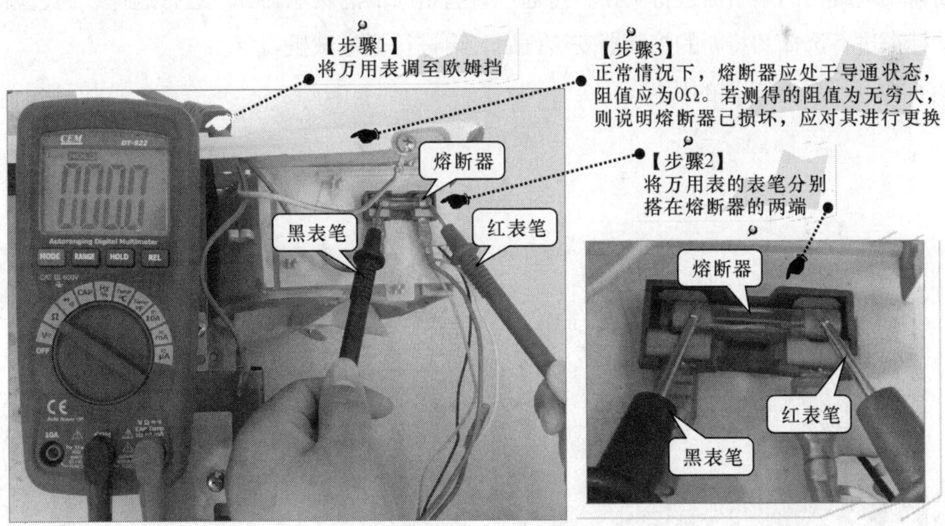

【步骤1】
将万用表调至欧姆挡
【步骤3】
正常情况下，熔断器应处于导通状态，阻值应为0Ω。若测得的阻值为无穷大，则说明熔断器已损坏，应对其进行更换
熔断器
【步骤2】
将万用表的表笔分别搭在熔断器的两端
黑表笔
红表笔
熔断器
红表笔
黑表笔

图 6-68　熔断器的检测方法

高手指点

通常观察熔断器的外观是否有明显的烧焦或断裂的痕迹，也可判断熔断器是否损坏。图 6-69 所示为外观良好与外观有损坏的熔断器的比较示意图。

小家电
维修
就这几招

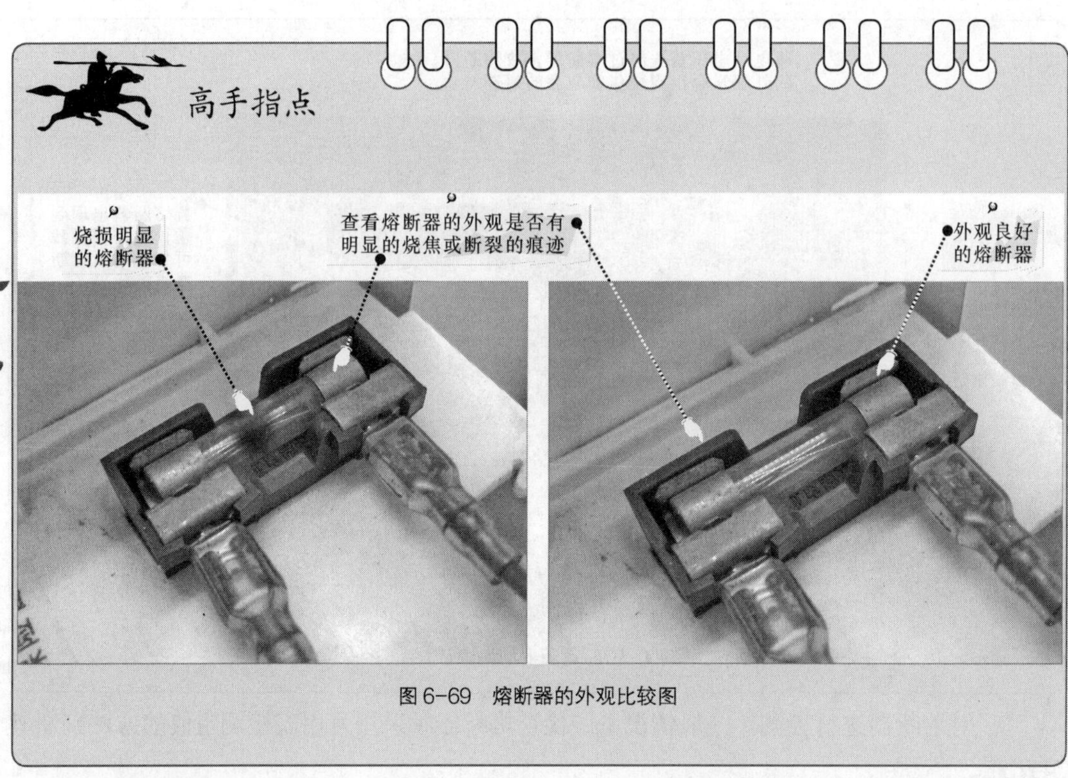
高手指点
烧损明显
的熔断器
查看熔断器的外观是否有
明显的烧焦或断裂的痕迹
外观良好
的熔断器

图 6-69　熔断器的外观比较图

② 对熔断器进行代换。若测得的阻值为无穷大，则说明熔断器已损坏，需要选择与损坏的熔断器相同规格的熔断器进行更换，可通过查看熔断器的两端的标注进行选择或通过熔断器外围的标识进行选择。将新的熔断器安装好后，再进行通电试机。

图 6-70 所示为熔断器的代换。

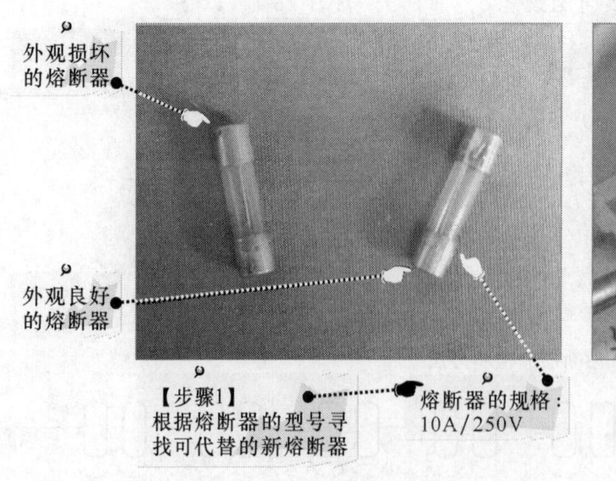
外观损坏
的熔断器
外观良好
的熔断器
【步骤1】
根据熔断器的型号寻
找可代替的新熔断器
熔断器的规格：
10A/250V

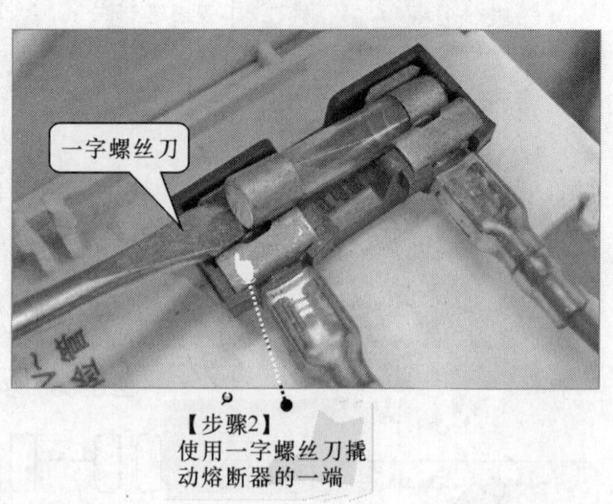
一字螺丝刀
【步骤2】
使用一字螺丝刀撬
动熔断器的一端

图 6-70　熔断器的代换

熔断器支架

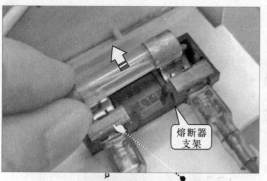

【步骤3】
将熔断器的一端撬开后，将损坏的熔断器从熔断器支架上取下

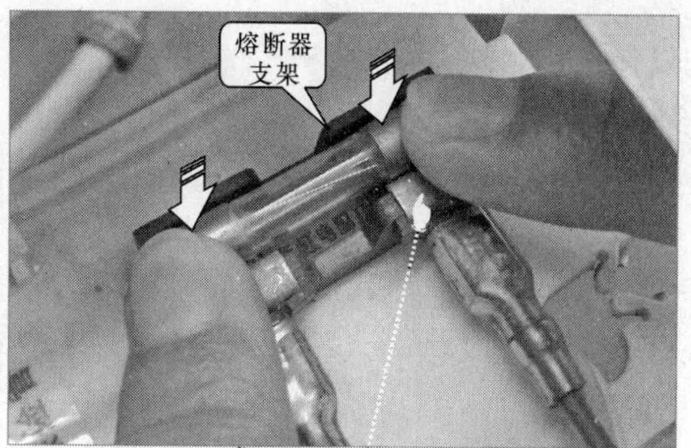
熔断器
支架

【步骤4】
更换时，按住熔断器的两端将其按入支架中。将其余的部件安装完成后，通电测试微波炉运行正常，故障排除

图 6-70　熔断器的代换（续）

（2）温度保护器的检测代换

温度保护器损坏时会造成微波炉通电无反应的故障。若怀疑温度保护器出现问题，就需要对其进行检查，一旦发现故障，就需要寻找可替换的温度保护器进行代换。

功法秘籍

图 6-71 所示为温度保护器的检测示意图。

对于温度保护器的检测通常可分为两步：第 1 步是对温度保护器进行检测，第 2 步是对温度保护器进行代换。

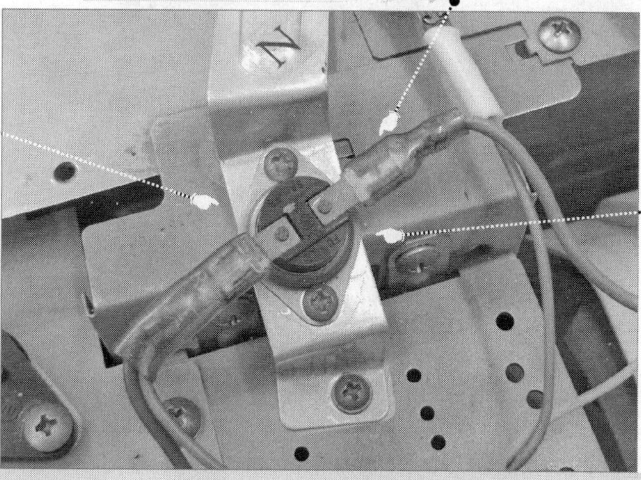
微波炉工作时间长，会造成温度保护器两端的连接线松动的现象,从而引发故障
温度保护器通常安装在微波炉的顶部
若温度保护器出现问题，就需要寻找可替换的新温度保护器进行代换

图 6-71　温度保护器的检测示意图

① 对温度保护器进行检测。一般情况下，检查温度保护器时采用万用表检测阻值的方法。图 6-72 为温度保护器的检测方法。

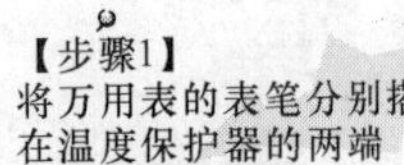
【步骤1】
将万用表的表笔分别搭在温度保护器的两端

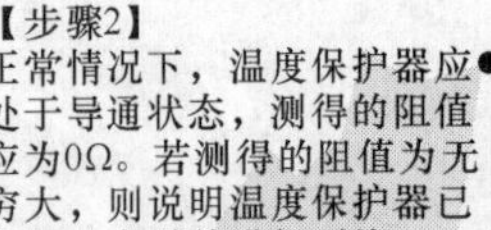
【步骤2】
正常情况下，温度保护器应处于导通状态，测得的阻值应为0Ω。若测得的阻值为无穷大，则说明温度保护器已损坏，应对其进行更换

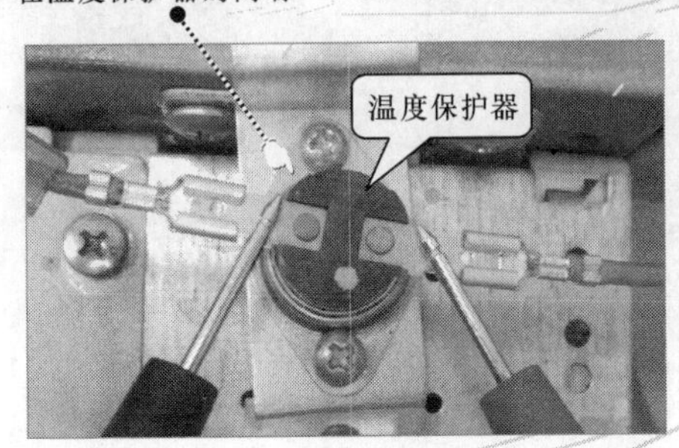
温度保护器

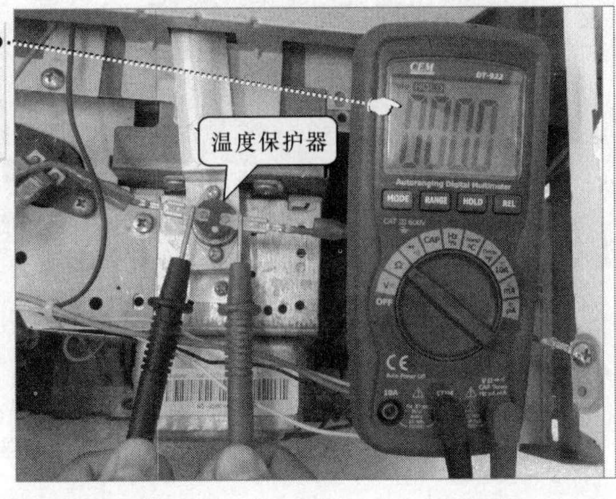
温度保护器
CEM
DT-932
MODE
RANGE
HOLD
REL
OFF

图 6-72　温度保护器检测图

高手指点

通常微波炉的长时间工作，可造成温度保护器的连接线松动，引起故障。因而对温度保护器两端的连接线进行观察，观察是否出现松动，也可判断温度保护器是否发生损坏。图 6-73 所示为重新将温度保护器的连接线进行插接。

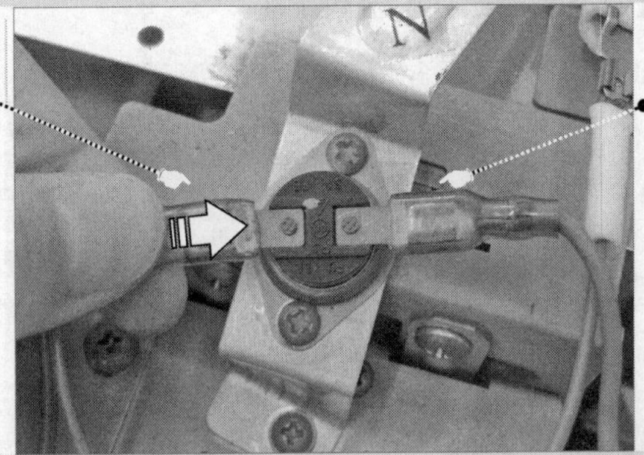
若温度保护器的连接线出现松动，需将松动的连接线重新插接
检查温度保护器两端的连接线是否出现松动

图 6-73　重新插接温度保护器的连接线

② 对温度保护器进行代换。若测得的阻值为无穷大，则说明温度保护器已损坏，需要选择与损坏的温度保护器相同规格的温度保护器进行更换，可通过查看温度保护器的温度感应面的标注进行选择。将新的温度保护器安装好后，再进行通电试机。

图 6-74 所示为温度保护器的代换。

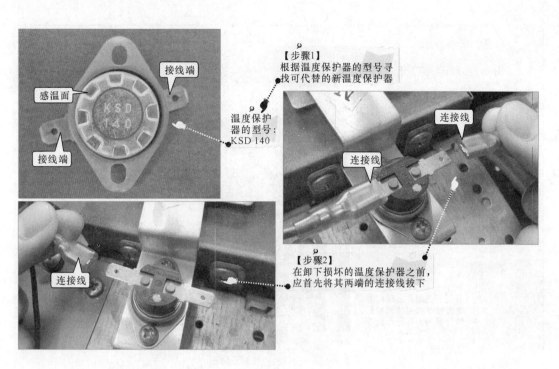

接线端
感温面
KSD
140
接线端
【步骤1】
根据温度保护器的型号寻找可代替的新温度保护器
温度保护器的型号：KSD 140

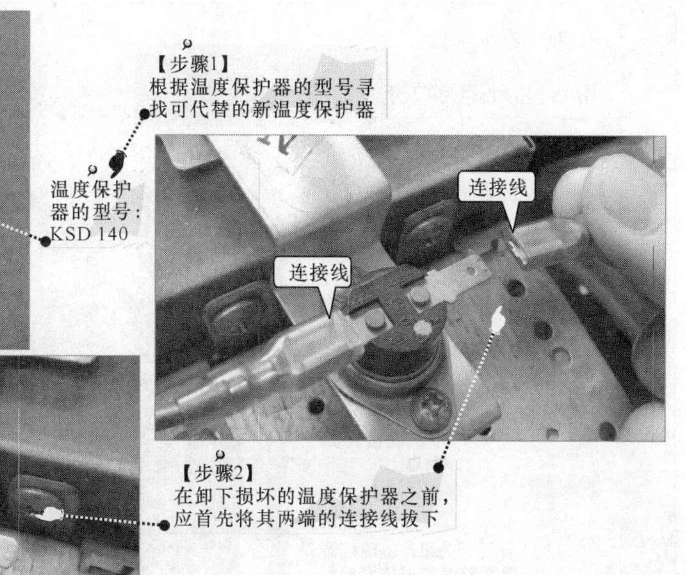

连接线
连接线
连接线
【步骤2】
在卸下损坏的温度保护器之前，应首先将其两端的连接线拔下

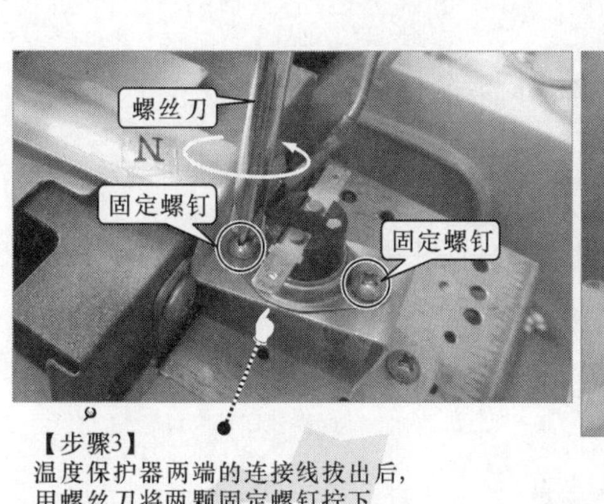

螺丝刀
N
固定螺钉
固定螺钉
【步骤3】
温度保护器两端的连接线拔出后，用螺丝刀将两颗固定螺钉拧下

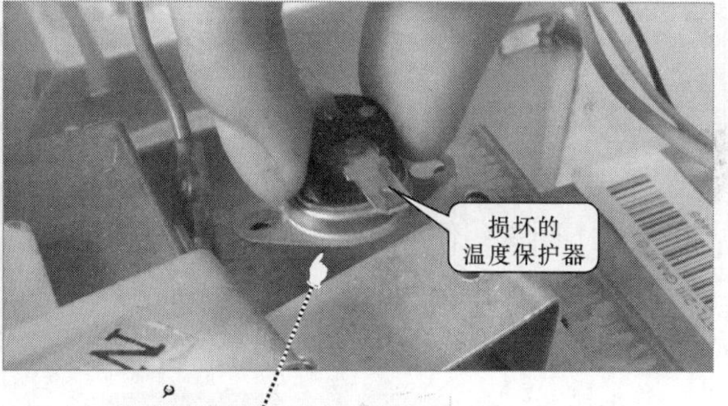

损坏的
温度保护器
【步骤4】
将温度保护器的固定螺钉拧下后，取下损坏的温度保护器

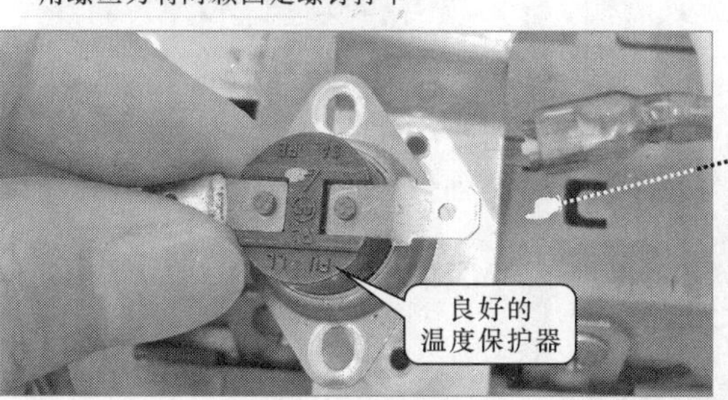

良好的
温度保护器
【步骤5】
取下损坏的温度保护器后，将新温度保护器安装在微波炉上，并将其余的部件安装完成后，通电测试微波炉运行正常，故障排除

图 6-74　温度保护器代换图

（3）门开关组件的检测代换

门开关组件常因门开关的损坏而不能良好地为高压变压器供电，造成关好炉门后，微波炉却不能正常工作等故障。因此，若怀疑门开关组件出现问题，就需要对其进行检查，一旦发现故障，就需要寻找可替换的门开关组件进行代换。

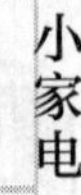

功法秘籍

图 6-75 所示为门开关的检测示意图。

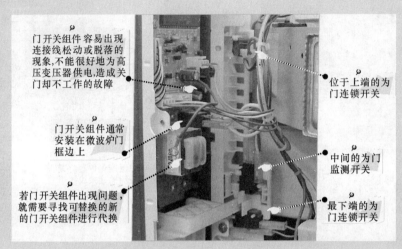

门开关组件容易出现连接线松动或脱落的现象,不能很好地为高压变压器供电,造成关门却不工作的故障

位于上端的为门连锁开关

门开关组件通常安装在微波炉门框边上

中间的为门监测开关

若门开关组件出现问题，就需要寻找可替换的新的门开关组件进行代换

最下端的为门连锁开关

图 6-75　门开关的检测示意图

对于门开关的检测通常可分为两步：第 1 步是对门开关进行检测，第 2 步是对门开关进行代换。

① 对门开关组件进行检测。一般情况下，检查门开关时采用万用表检测阻值的方法。图 6-76 为门开关的检测方法。

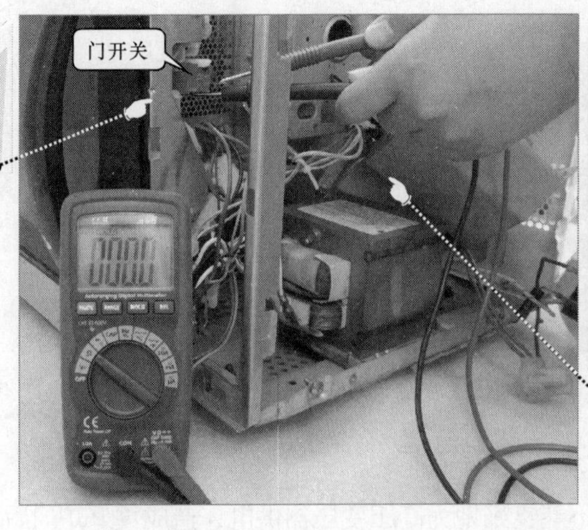
【步骤1】
关闭炉门，将万用表的表笔分别搭在门开关的连接线处
门开关

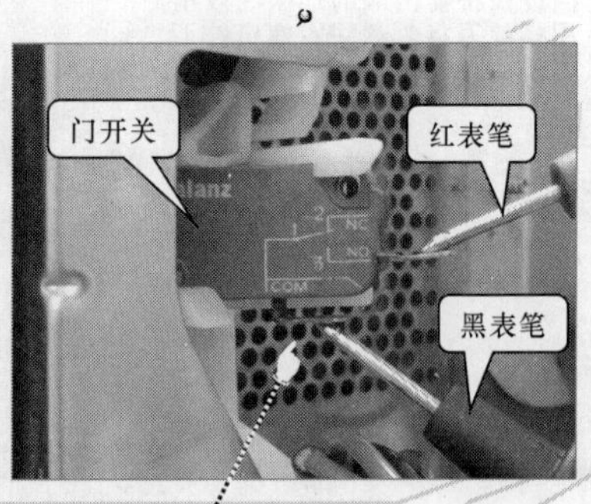
门开关
红表笔
黑表笔
【步骤2】
当炉门处于关闭状态时,门开关应处于导通状态，阻值应为0Ω。若测得的阻值为无穷大，则说明门开关已损坏，应对其进行更换

图 6-76　门开关检测方法

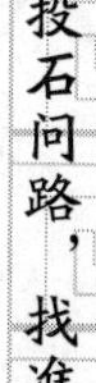

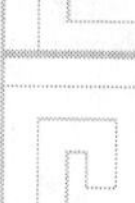

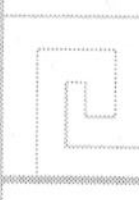
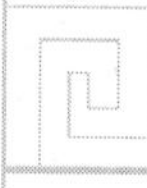

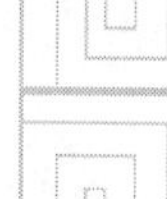

【步骤3】打开炉门，将万用表的表笔分别搭在门开关的连接线处

门开关

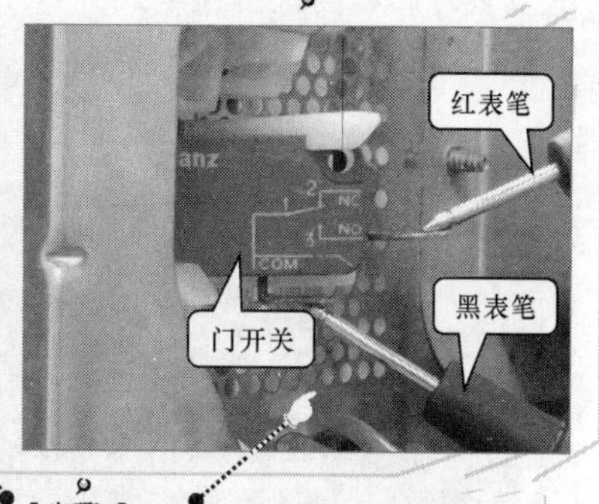
红表笔
Galanz
NC
NO
COM
门开关
黑表笔

【步骤4】当炉门处于打开状态时，门开关应处于断开状态，测得的阻值应为无穷大，否则说明门开关已损坏，应对其进行更换

图 6-76　门开关检测方法（续）

高手指点

通常门开关的连接线容易出现松动或脱落，造成故障。通过观察连接线处是否出现松动或脱落等现象来判断门开关是否发生损坏。图 6-77 所示为重新将门开关的连接线进行插接。

检查门开关组件中的门开关连接线是否出现松动或脱落

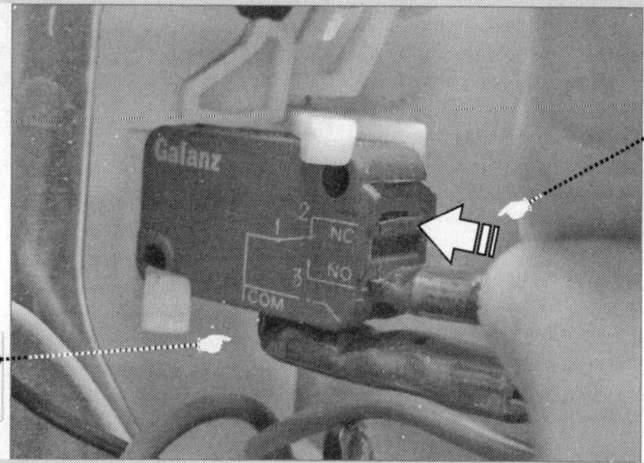
Galanz
NC
NO
COM

若门开关的连接线出现松动或脱落，需将松动或脱落的连接线重新插接

图 6-77　重新插接连接线

高手指点

对其他两个门开关使用相同的方法进行检测，其中门监测开关检测的阻值与门连锁开关正好相反，即关门后断开、开门后接通。

② 对门开关组件进行代换。若在开门状态下，检测出门开关的阻值为 0Ω，则说明门开关

已损坏，需要选择与损坏的门开关规格相同或具有相同工作状态的开关进行代换。将良好的门开关安装好后，再进行通电试机。

图 6-78 所示为门开关的代换。

LXW16-10
16A 250VAC T85μ
门开关的规格：16A /250V
【步骤1】
根据门开关的型号寻找可代替的新门开关

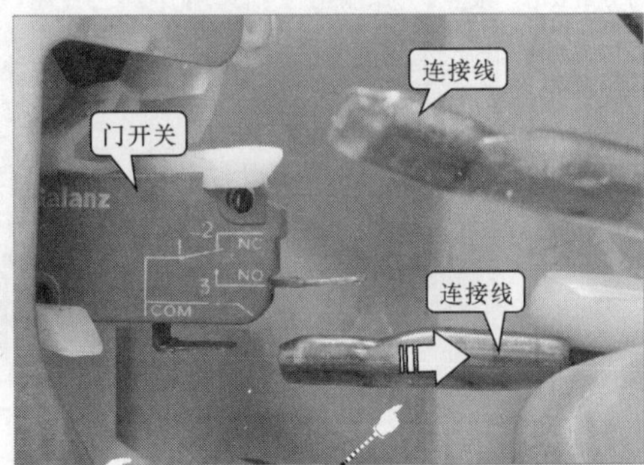
连接线
门开关
Galanz
NC
NO
COM
连接线
【步骤2】
在代换损坏的门开关之前，要先将炉门关闭，拔下门开关的连接线

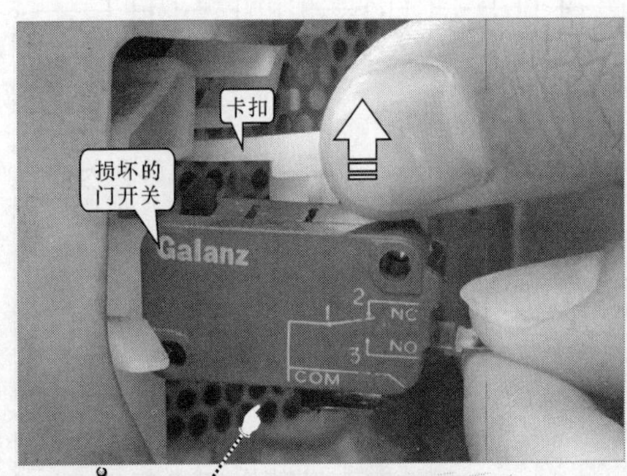
卡扣
损坏的门开关
Galanz
NC
NO
COM
【步骤3】
在炉门关闭的状态下，向上掰动门开关的固定卡扣，将损坏的门开关从微波炉上取下

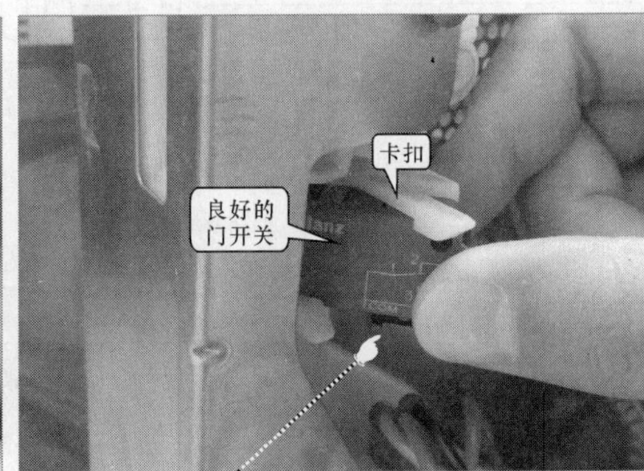
卡扣
良好的门开关
【步骤4】
先将炉门打开，再掰动卡扣，将新门开关安装在微波炉中

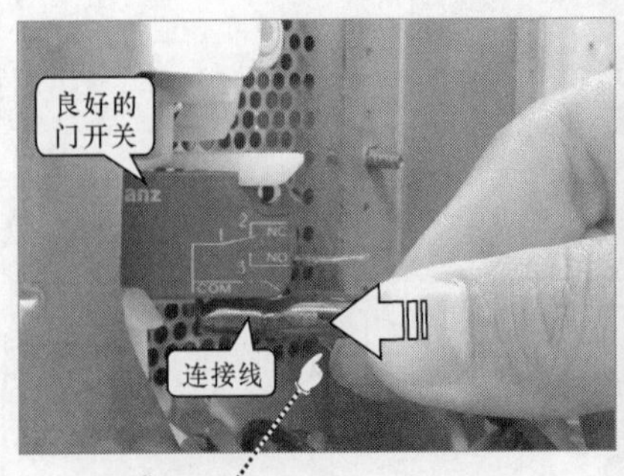
良好的门开关
连接线
【步骤5】
将连接线接插在新门开关上，并将其余的部件安装完成后，通电测试微波炉运行正常，故障排除

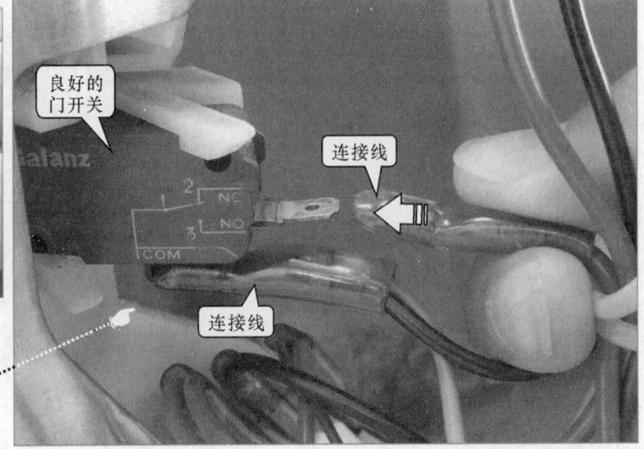
良好的门开关
Galanz
NC
NO
COM
连接线
连接线

图 6-78　门开关的代换

6.3.5 照明和散热装置的检测代换

学习照明和散热装置的检查代换是维修微波炉必须掌握的关键技法，研习这项技能需注意，要先对照明和散热装置的应用环境、结构组成以及功能原理有所了解，然后，在此基础上苦练拆卸、检测、代换的招法，方可将照明和散热装置的检查代换技能运用自如。

1. 照明和散热装置的应用

照明装置主要是由灯座和照明灯泡构成的。灯座上具有引线焊片，它为照明灯供电，使照明灯点亮。

散热装置即风扇组件，风扇组件是由风扇、风扇电动机、风扇电动机绕组、风扇电动机接线端以及支架等部分构成的。微波炉在工作的时候，其高压器件都会产生热量。在微波炉后面安装风扇组件能将炉腔里的温度散发出去，降低温度。

功法秘籍

图 6-79 所示为照明和散热装置的功能示意图。照明灯和散热风扇是照明和散热装置的核心部件。

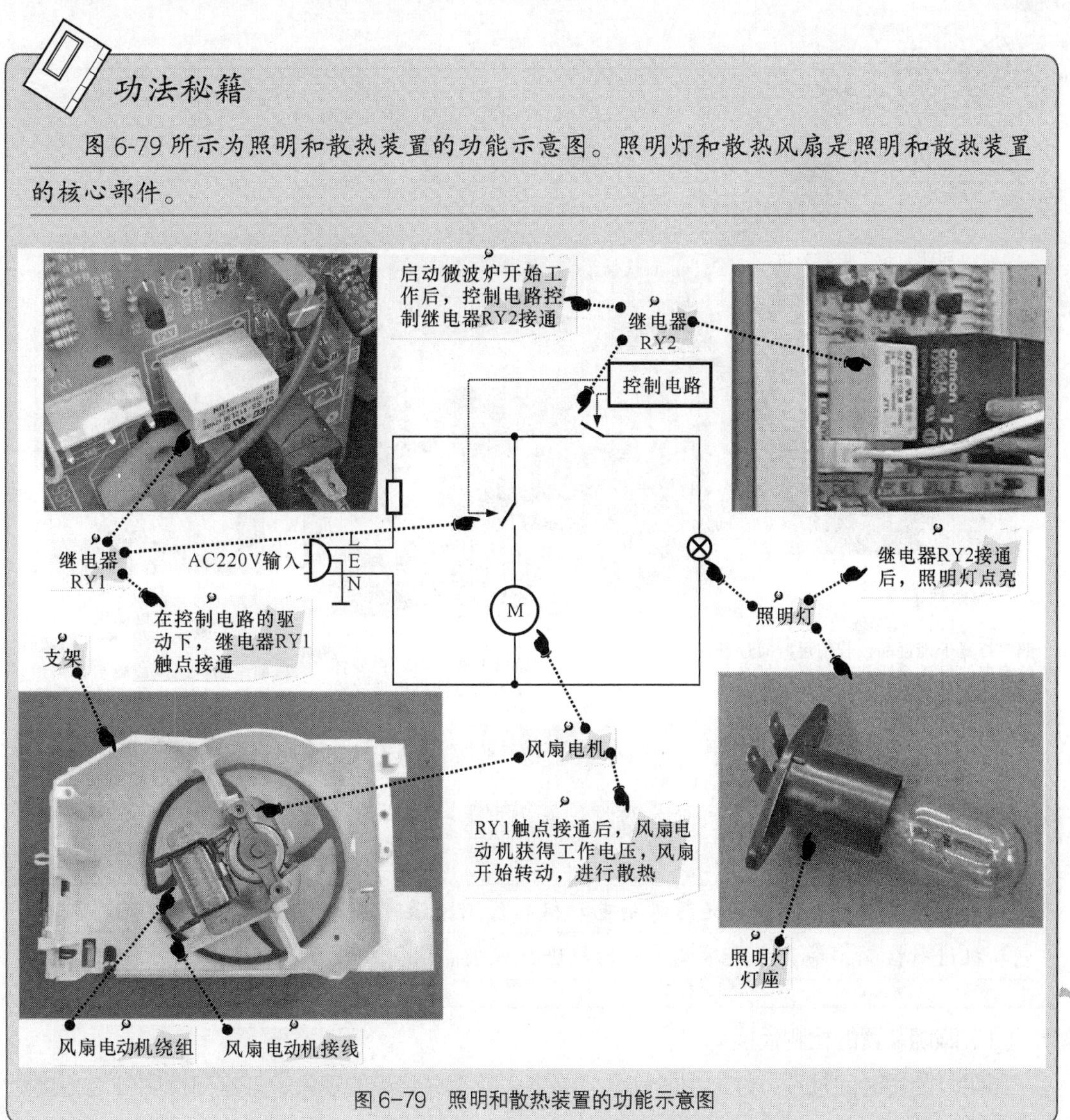

启动微波炉开始工作后，控制电路控制继电器RY2接通
继电器RY2
控制电路
继电器RY1
AC220V输入
L
E
N
M
继电器RY2接通后，照明灯点亮
照明灯
在控制电路的驱动下，继电器RY1触点接通
支架
风扇电机
RY1触点接通后，风扇电动机获得工作电压，风扇开始转动，进行散热
照明灯灯座
风扇电动机绕组
风扇电动机接线

图 6-79 照明和散热装置的功能示意图

启动微波炉炊饭前，炉门处于关闭状态，控制电路控制主继电器断开，微波炉照明灯不亮。启动微波炉开始工作后，控制电路控制主继电器接通，照明灯点亮。微波炉炊饭完成后，控制电路停止炊饭，照明灯熄灭。

通过微波炉的操作显示面板启动炊饭键，微波炉开始工作。继电器在控制电路的驱动下，将 RY1 触点接通后，风扇电动机即可获得工作电压，风扇开始转动，增强炉内的气流进行散热。

2. 照明和散热装置的检测代换

照明装置出现故障后，我们在使用微波炉时不容易看清食物的加热情况，可能会发生食物烧糊的现象。散热装置出现故障后，通常会发生风扇不转动、微波炉不能正常散热的现象。

功法秘籍

图 6-80 所示为照明和散热装置的检查示意图。

照明灯位于炉腔旁边，打开炉门或对食物加热时对腔内进行照明
照明灯
照明灯属于消耗品，若使用时间过长，灯泡内的灯丝会断裂或烧黑，灯泡与灯座连接处的中心点容易焦黑氧化

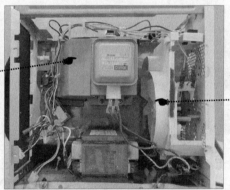

散热风扇可对微波炉内产生的大量热量进行散热，降低炉内温度
风扇电动机
风扇不转动时，主要怀疑风扇电动机出现故障
风扇电动机出现故障后，需用同规格的风扇电动机进行更换

图 6-80 照明和散热装置的检测示意图

对照明装置的检测通常可分为两步：第 1 步是对照明灯进行检测，第 2 步是对照明灯进行代换。

对散热装置的检测主要是对风扇电动机的检测，通常可分为两步：第 1 步是对风扇电动机进行检测，第 2 步是对风扇电动机进行代换。

（1）照明装置的检测代换

照明灯使用时间过长，灯泡内的灯丝容易发生断裂或烧黑的现象，灯座与照明灯泡相接处的中心点容易焦黑氧化。照明灯若发生损坏，就需要寻找可替换的新照明灯进行代换。

① 对照明灯进行检测。将照明灯从炉腔内拆下来，观察照明灯的灯丝是否断裂或烧黑，灯座与照明灯泡相接处的中心点是否焦黑氧化，用万用表检测照明灯泡的阻值。

图 6-81 所示为照明灯的检测方法。

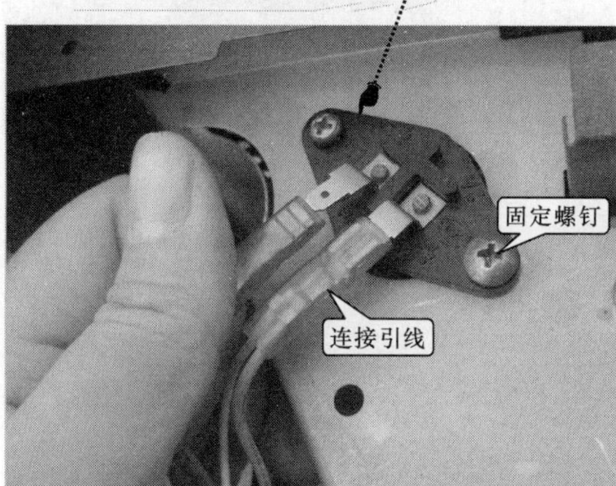
【步骤1】
首先将照明灯供电端连接的引线拔出，并使用十字螺丝刀将固定照明灯组件的固定螺钉拧开
固定螺钉
连接引线

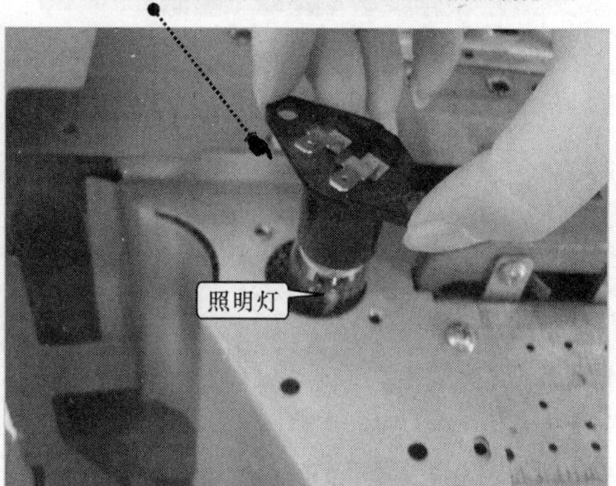
【步骤2】
将照明灯组件由照明灯外壳中取出，并将照明灯从灯座中取下来。观察照明灯灯丝是否断裂或烧黑，灯泡与插座连接处的中心点是否焦黑氧化
照明灯

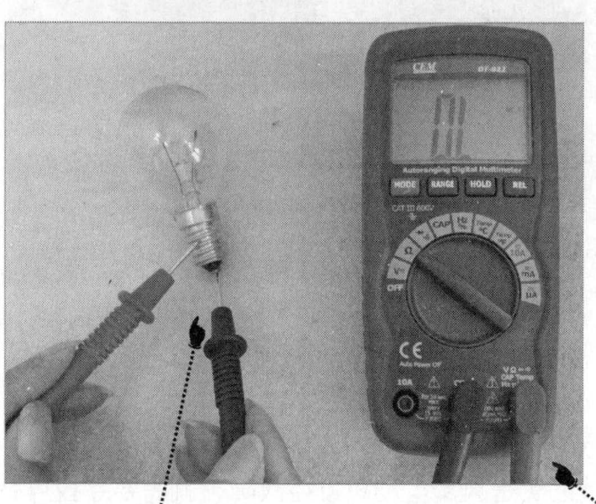
【步骤3】
如判断不出灯泡是否损坏，就需用万用表对灯泡进行检测
当检测到照明灯泡的阻值为无穷大,说明灯泡已经损坏

红黑表笔分别接在照明灯泡的底部和螺纹口处

图 6-81　照明灯的检测方法

② 对照明灯进行代换。若检查照明灯时，发现照明灯损坏，就需要根据照明灯的规格，选择同规格的新的照明灯进行代换。

图 6-82 所示为照明灯的代换方法。

照明灯规格:
230V/20W
【步骤1】
根据损坏的照明灯寻找
新的同规格的照明灯

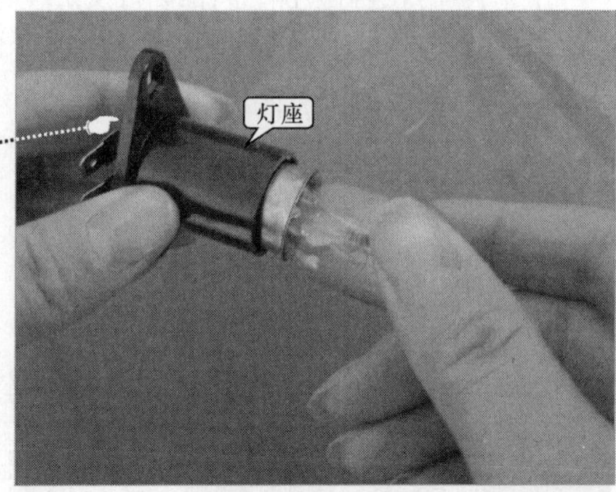
【步骤2】
将新的照
明灯拧回
灯座上
灯座

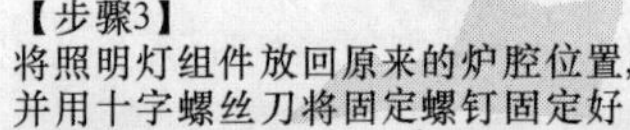
【步骤3】
将照明灯组件放回原来的炉腔位置,
并用十字螺丝刀将固定螺钉固定好

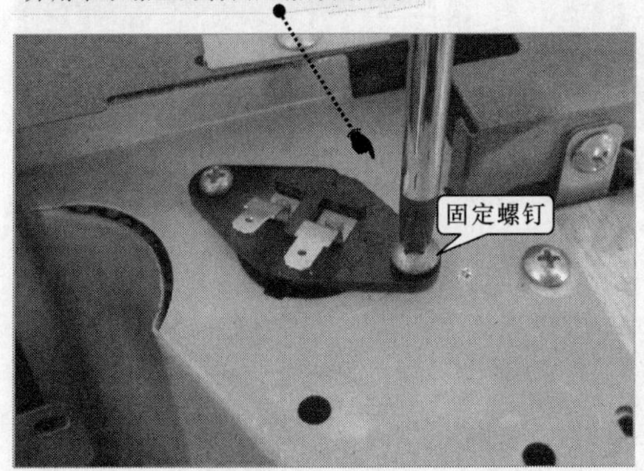
固定螺钉

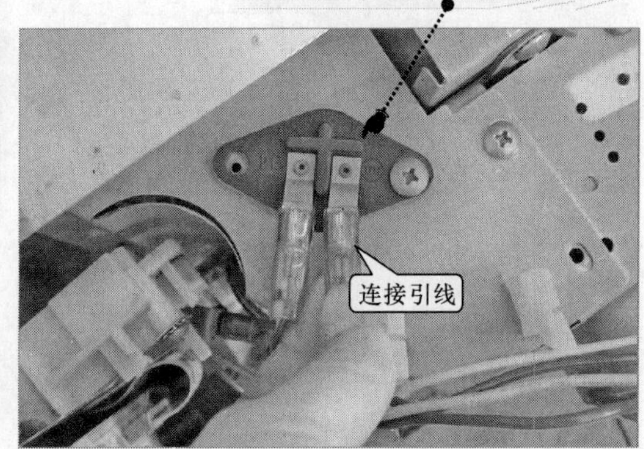
【步骤4】
将照明灯供电端的连接引线插好,
即可完成更换。将微波炉通电,照
明灯可正常工作,故障排除
连接引线

图 6-82　照明灯的代换方法

（2）散热装置的检测代换

散热风扇是微波炉中非常重要的部件，通常散热风扇的故障都出现在风扇电动机方面。若散热风扇出现故障，首先应检查风扇电动机，若证实是风扇电动机发生故障，就需要寻找可替换的新风扇电动机进行更换。

① 对风扇电动机进行检查。将风扇电动机从微波炉中拆下来，用万用表对风扇电动机的阻值进行检测。

图 6-83 所示为风扇电动机的检测方法。

② 对风扇电动机进行代换。若检查风扇电动机时，发现风扇电动机损坏，就需要根据风扇电动机的规格，选择同规格的新的风扇电动机进行代换。

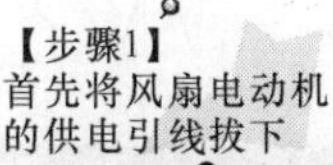

【步骤1】
首先将风扇电动机的供电引线拔下

【步骤2】
用十字螺丝刀将固定风扇电动机的固定螺钉取下

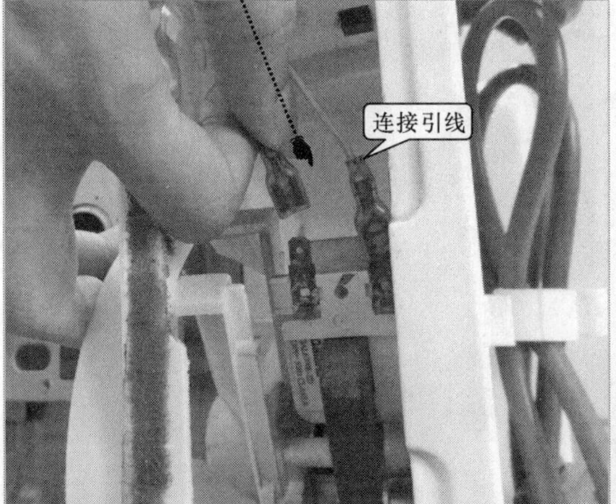
连接引线

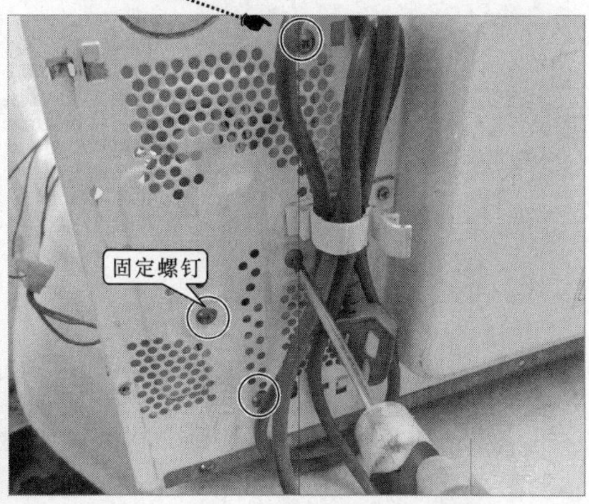
固定螺钉

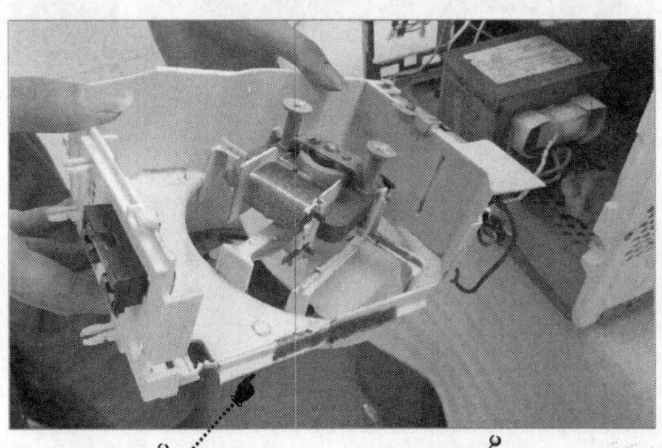

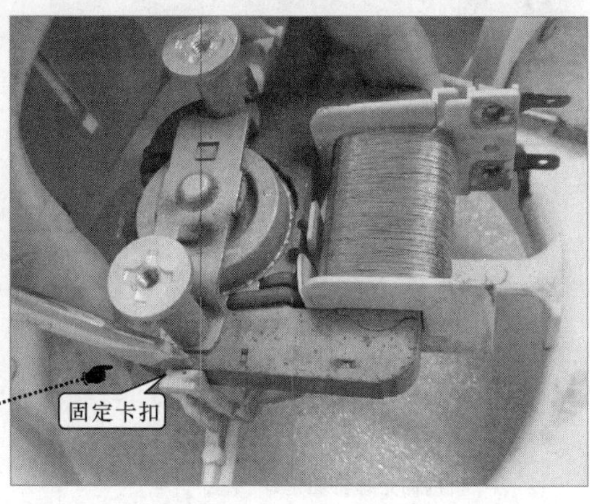
固定卡扣

【步骤3】
将风扇电动机以及风扇组件从炉内取出

【步骤4】
用一字螺丝刀将风扇电动机的固定卡扣撬开，即可将风扇电动机取下

红、黑表笔分别搭在风扇电动机的接线端

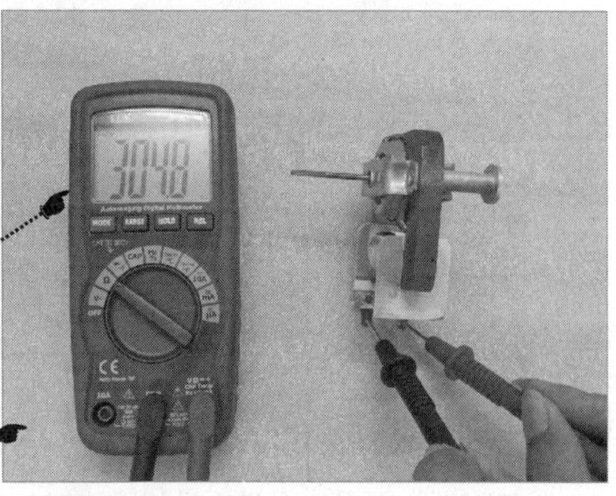
304.0

正常情况下应检测到305Ω左右的阻值。若检测到无穷大，说明风扇电动机已损坏

【步骤5】
使用万用表对风扇电动机的阻值进行检测

图 6-83　风扇电动机的检测方法

图 6-84 所示为风扇电动机的代换方法。

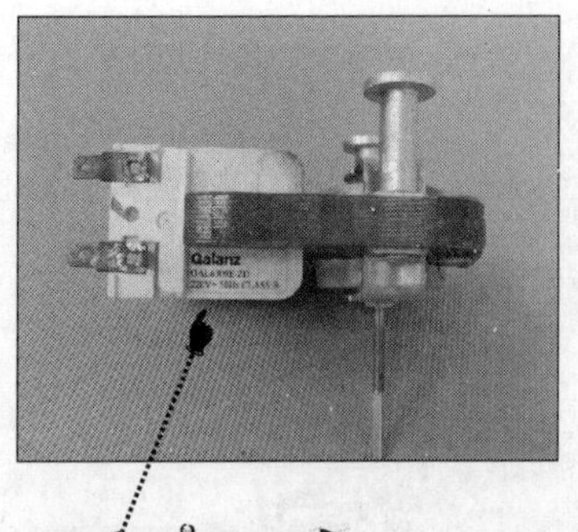
风扇电动机的型号：
GALANZ GAL6309E-ZD
220V-50Hz CLASS:B
【步骤1】
根据损坏的风扇电动机寻找新的同规格的风扇电动机

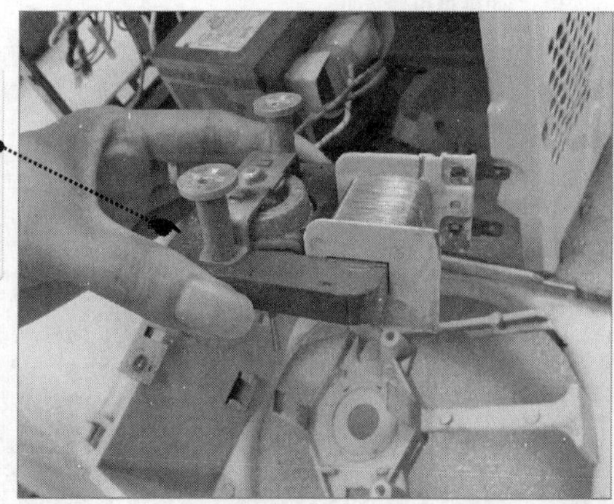
【步骤2】
将风扇电动机的固定卡扣撬开，将新的风扇电动机装回到风扇支架中。并将风扇组件装回炉内

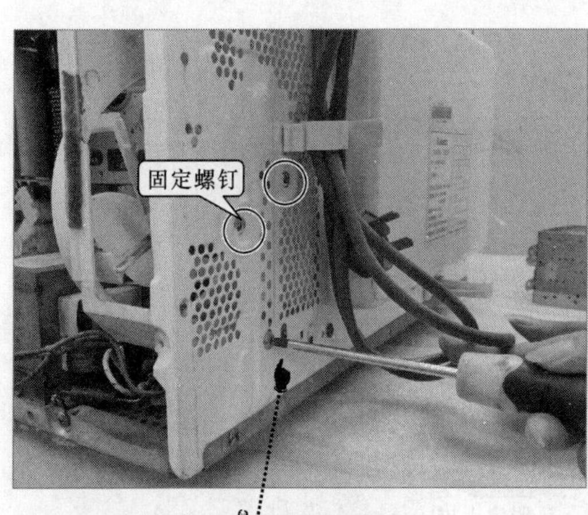
固定螺钉
【步骤3】
用十字螺丝刀将风扇电动机的固定螺钉固定好

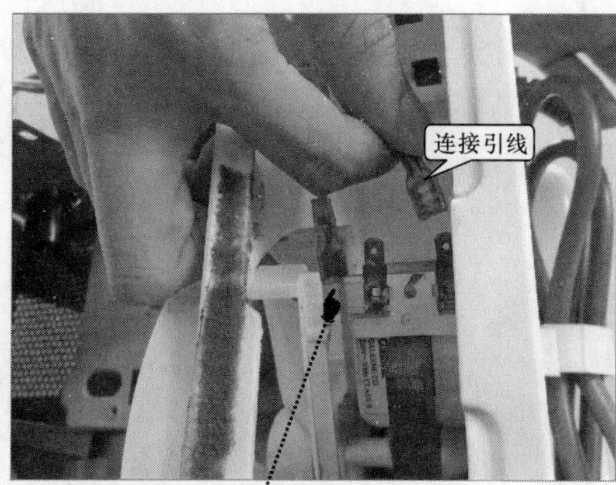
连接引线
【步骤4】
将风扇电动机的供电引线插好，即可完成更换。将微波炉通电，风扇正常转动，故障排除

图 6-84　风扇电动机的代换方法

6.3.6　控制装置的检测代换

学习微波炉控制装置的检测代换是维修微波炉时必须掌握的关键技法，研习这项技能需注意，要先对控制装置的应用环境、结构组成以及功能原理有所了解，然后，在此基础上苦练拆卸、检测、代换的招法，方可将控制装置的检测代换技能运用自如。

1. 控制装置的应用

控制装置主要是由同步电动机、定时控制组件、火力控制组件以及报警铃等部分构成。微波炉中的控制装置主要用来控制微波炉的加热时间和加热强度。定时控制组件与火力控制组件之间相互关联，通过同步电动机控制定时 / 火力控制组件的运作时间，由报警铃提示加热时间停止等。

功法秘籍

图 6-85 所示为控制装置的功能示意图。

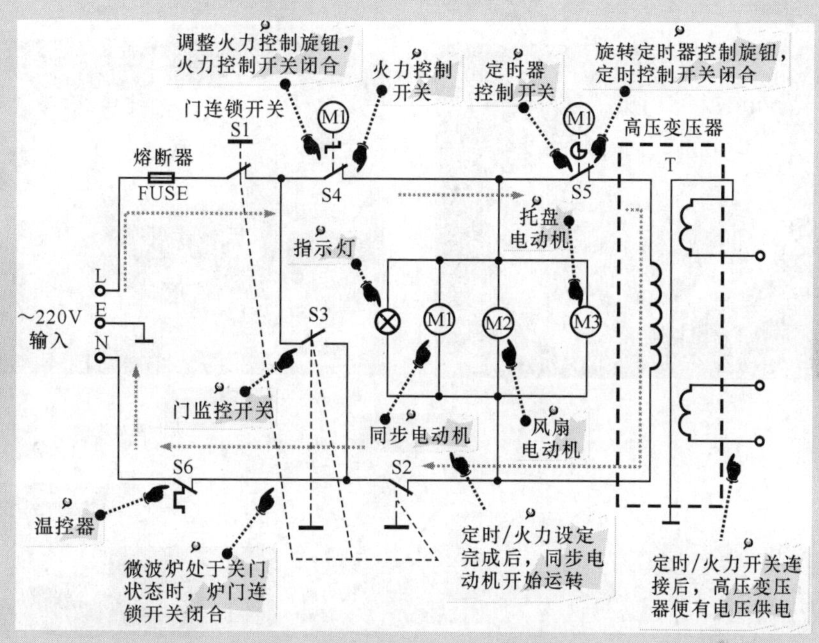
调整火力控制旋钮，火力控制开关闭合
火力控制开关
定时器控制开关
旋转定时器控制旋钮，定时控制开关闭合
门连锁开关
S1
M1
M1
高压变压器
熔断器
FUSE
S4
S5
T
托盘电动机
指示灯
L
~220V
E
输入
N
S3
M1
M2
M3
门监控开关
同步电动机
风扇电动机
S6
S2
温控器
微波炉处于关门状态时，炉门连锁开关闭合
定时/火力设定完成后，同步电动机开始运转
定时/火力开关连接后，高压变压器便有电压供电

图 6-85　控制装置的功能示意图

控制装置主要是由报警铃、同步电动机、定时 / 火力控制组件等部分构成。微波炉关闭炉门通电后，炉门连锁开关闭合，接通控制装置（定时 / 火力控制组件）的供电电路。

旋转定时器控制旋钮，设定微波炉的微波炊饭时间。此时，定时器控制开关接通。

定时设定后，旋转微波炉火力控制旋钮，调整微波炉的微波加热火力。此时，火力控制开关接通。

当微波炉的定时 / 火力均设定完成后，同步电动机开始运转，带动定时 / 火力控制组件中的齿轮转动。

当定时 / 火力控制组件的控制开关接通后，AC 220 V 电源便向高压变压器提供工作电压，微波加热组件开始进行加热工作。

当微波炉微波加热的时间达到设定的时间后，同步电动机带动齿轮运转，断开定时器控制开关，此时微波炉停止加热。

微波炉停止加热的同时，报警铃开始工作，提示用户微波炊饭完成。

内功心法

图 6-86 所示为控制装置的位置关系图。定时 / 火力控制组件中的核心器件为

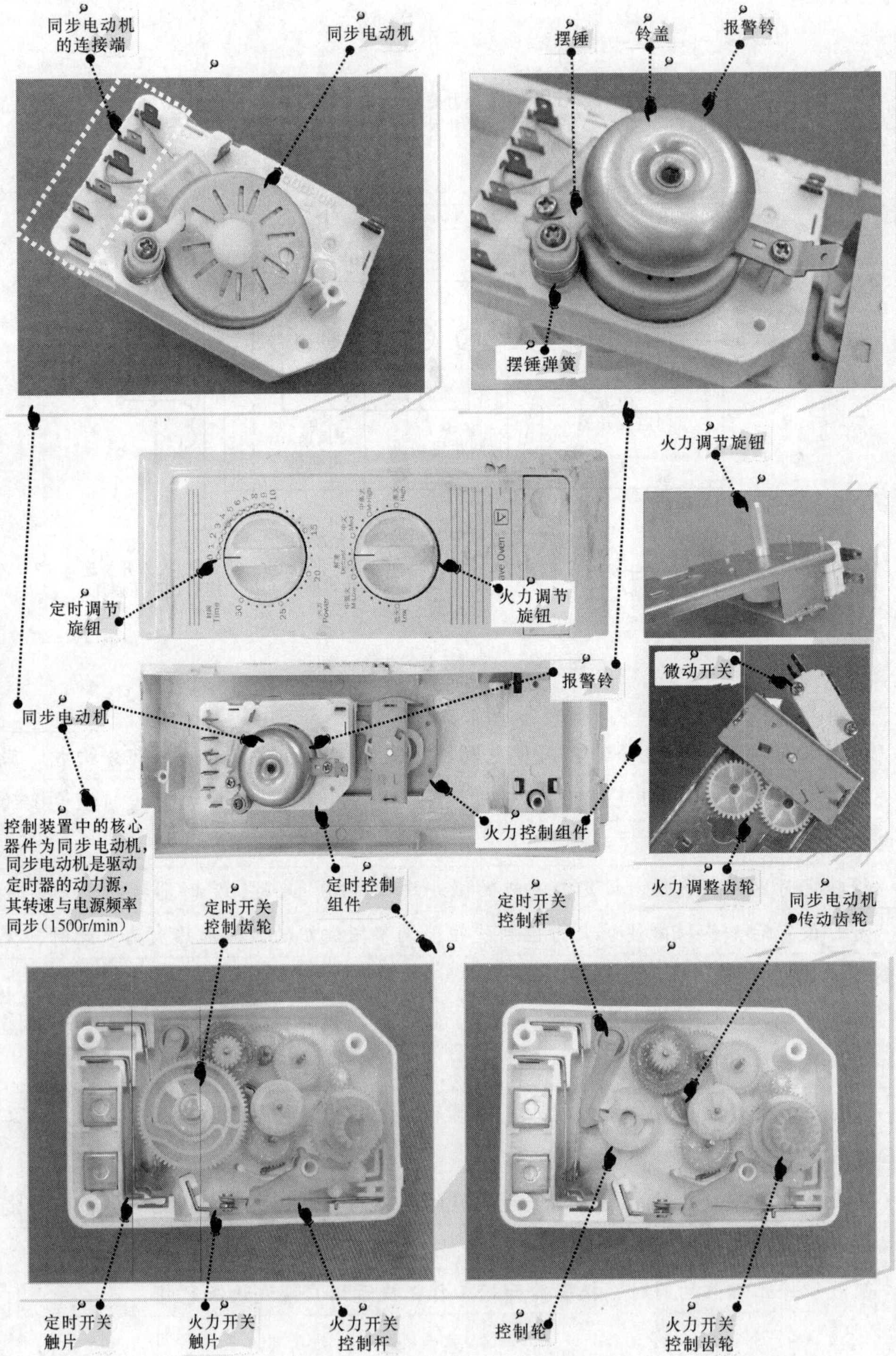

同步电动机的连接端
同步电动机
摆锤
铃盖
报警铃
摆锤弹簧
火力调节旋钮
定时调节旋钮
火力调节旋钮
报警铃
微动开关
同步电动机
火力控制组件
控制装置中的核心器件为同步电动机，同步电动机是驱动定时器的动力源，其转速与电源频率同步（1500r/min）
定时控制组件
火力调整齿轮
定时开关控制齿轮
定时开关控制杆
同步电动机传动齿轮
定时开关触片
火力开关触片
火力开关控制杆
控制轮
火力开关控制齿轮

图 6-86 控制装置的位置关系图

同步电动机。同步电动机是驱动定时器的动力源，其转速与电源频率同步（1500r/min）。通常微波炉中的报警铃安装在同步电动机的上端，通过两个固定螺钉固定在定时 / 火力控制组件上。当调整定时调节旋钮选择微波加热时间后，炊饭完成后，微波炉会发出一声报警声。此时，就是通过定时器内部齿轮控制摆锤，使摆锤击打铃盖，最终使铃盖发出报警声。在微波炉中火力控制组件包括火力调节旋钮、微动开关、火力调整齿轮等。通过旋转火力调节旋钮来选择微波炉适当的火力，进而控制微动开关的工作状态以及带动火力调整齿轮动作，来使定时 / 火力控制组件中的火力设置齿轮转动。

2. 控制装置的检查代换

控制装置出现故障后，会导致微波炉通电后，微波火力控制失常，微波炉设定的时间失灵、微波炉不停的工作等现象。若怀疑控制装置出现故障，就需要分别对该装置中的各组件进行拆卸分离，对可能损坏的部件进行检查，一旦发现故障，就需要寻找可替代的新控制装置进行代换。

功法秘籍

图 6-87 所示为控制装置的检修示意图。

控制装置通常位于微波炉一侧的控制面板中，使用固定螺钉和卡扣固定在控制面板上
控制装置出现故障，可能会引起微波炉控制失灵等现象

图 6-87　控制装置的检修示意图

对于控制装置的检修通常可分为 3 步：第 1 步是对控制装置进行拆卸，第 2 步是对控制装置内部进行检查，第 3 步是对控制装置进行代换。

（1）对控制装置进行拆卸

控制装置通过固定螺钉和卡扣的方式紧固在微波炉外控制面板面板上，将卡扣撬开并拧下固定螺钉后，即可取下控制装置，然后再拆卸定时控制组件。

图 6-88 所示为控制装置的拆卸方法。

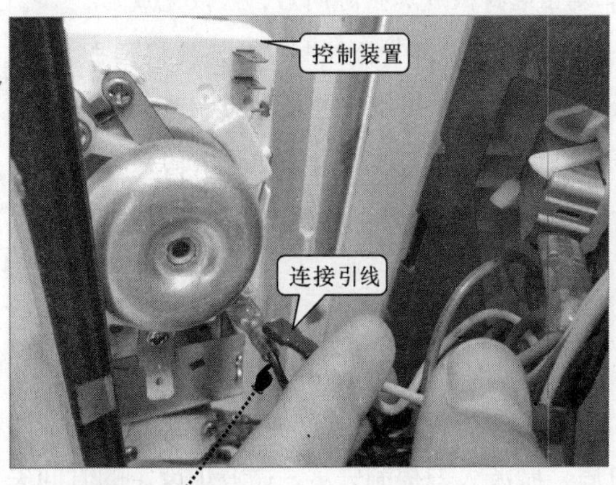
控制装置
连接引线
【步骤1】
将控制装置上的连接引线一一拔下

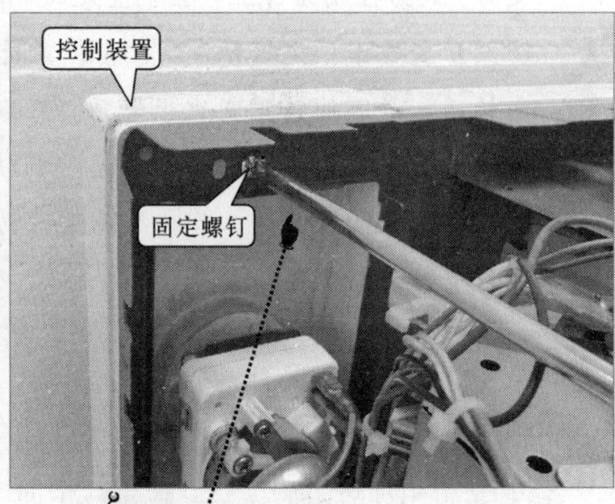
控制装置
固定螺钉
【步骤2】
使用螺丝刀将固定在控制装置上的固定螺钉拧下

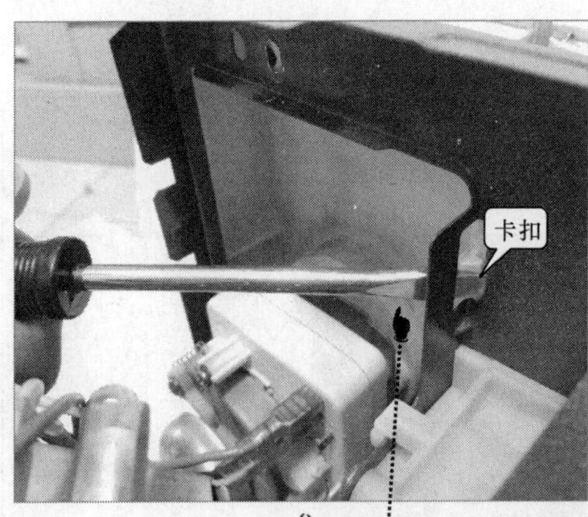
卡扣
【步骤3】
使用一字螺丝刀撬开控制装置上的卡扣

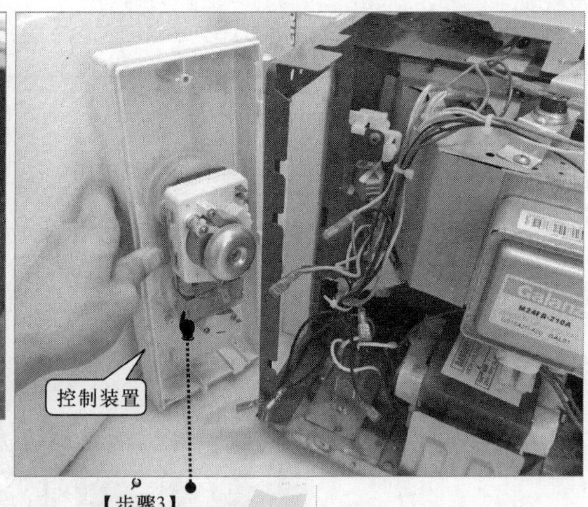
控制装置
【步骤3】
将控制装置与机体分离

图 6-88　控制装置的拆卸方法

（2）对控制装置进行检测

取下控制装置后，检查控制装置时，可分别对报警铃、同步电动机、定时火力控制组件进行逐级检查。

功法秘籍

图 6-89 所示为控制装置的检测示意图。

维修技能

定时火力控制组件出现故障，将直接导致机械控制装置不能正常工作

若同步电动机出现故障，将直接导致定时/火力控制组件不能正常工作

若报警铃出现出现故障，微波炉可能会出现误报警声

图 6-89　控制装置的检测示意图

① 对报警铃进行检查。报警铃出现故障主要表现为无报警声，此时，需要对其进行检修。由于在旋动定时控制旋钮时，摆锤弹簧会被上紧，因此，长时间的使用过程，会使摆锤弹簧失去弹性。此时，应将机械控制装置从微波炉中拆卸下来。

图 6-90 所示为报警铃的检查方法。

【步骤1】
使用螺丝刀将固定在铃盖上的两颗固定螺钉拧下

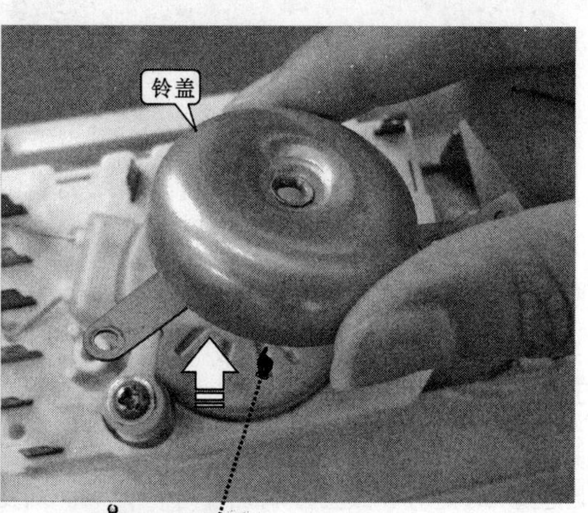

铃盖
【步骤2】
拧下固定螺钉后，将铃盖取下

图 6-90　报警铃的检查方法

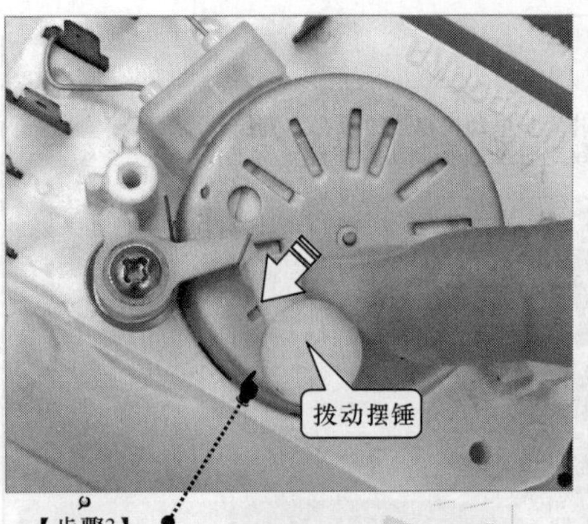
拨动摆锤

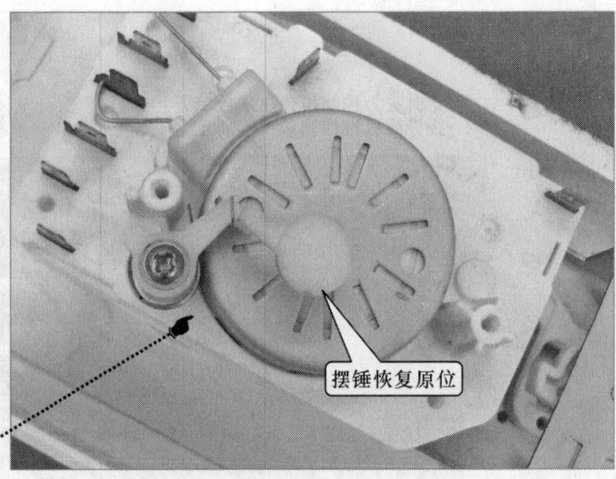
摆锤恢复原位

【步骤3】
取下铃盖后，即可看到摆锤。此时，通过拨动摆锤检查摆锤弹簧是否损坏，弹力是否正常，是否可以将摆锤复位

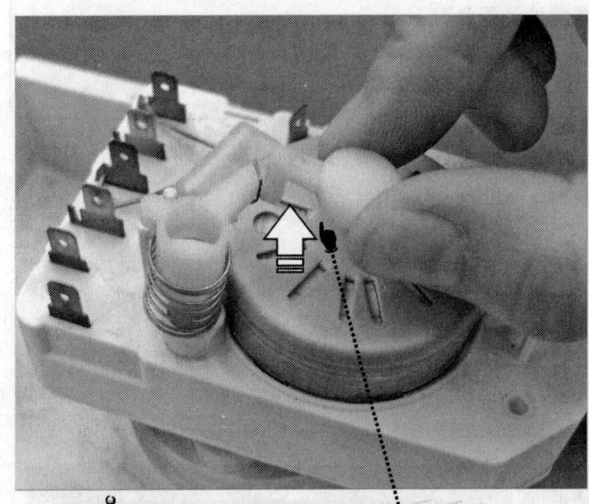

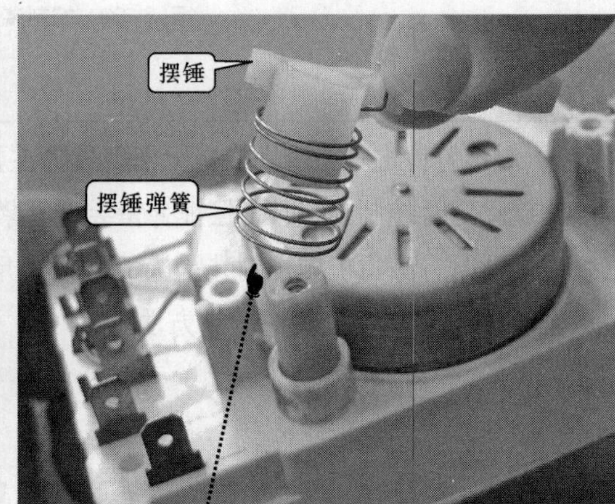
摆锤
摆锤弹簧

【步骤4】
通过检查，若发现拨动摆锤后，摆锤不能回复到原来的位置，也就说明摆锤无法撞击铃盖，此时，应对摆锤弹簧进行代换

【步骤5】
将摆锤的固定螺丝拧下，取下摆锤和摇擘弹簧。取出后将弹性良好的摆锤弹簧安装到摆锤上

图 6-90　报警铃的检查方法（续）

② 对同步电动机进行检测。若同步电动机出现损坏，将直接导致定时 / 火力控制组件不能正常工作，对其进行检修时，可使用万用表检测两引脚间的阻值。

图 6-91 所示为同步电动机的检测方法。

③ 对定时、火力控制组件进行检测。对定时、火力控制组件进行检修时，应先对其外部的连接端进行检测，初步判断机械控制装置是否出现故障，并顺时针旋转定时开关。

图 6-92 所示为定时、火力控制组件的检测方法。

【步骤2】
观察万用表显示的数值，若测得的阻值为15～20 kΩ，则说明同步电动机正常

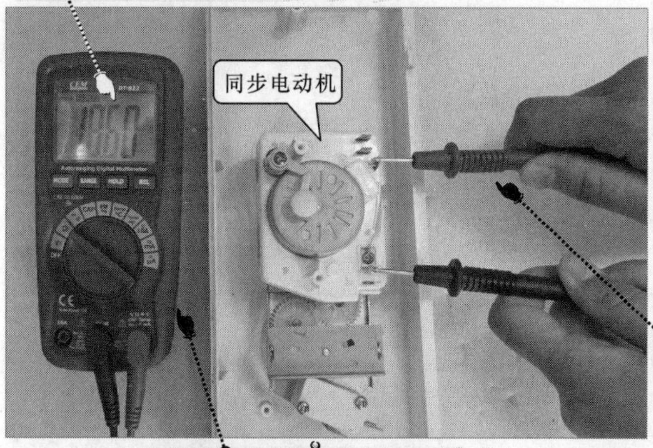
同步电动机

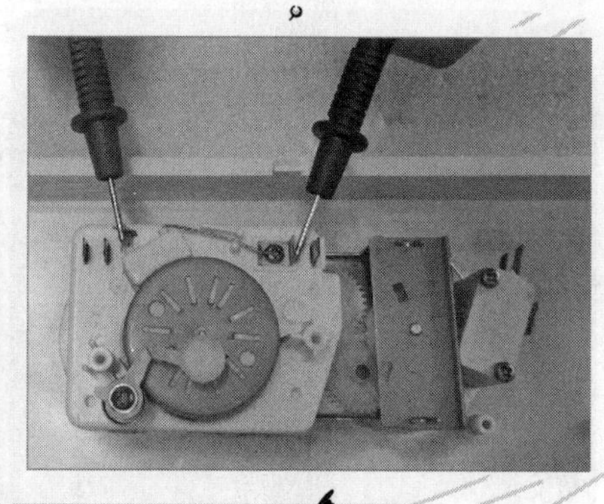

【步骤1】
将万用表的两只表笔分别搭在同步电动机的两个引线端

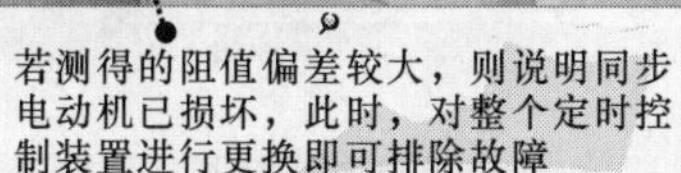

若测得的阻值偏差较大，则说明同步电动机已损坏，此时，对整个定时控制装置进行更换即可排除故障

图 6-91　同步电动机的检测方法

【步骤2】
在接通状态下的阻值应为0Ω；在断开状态下的阻值应为无穷大

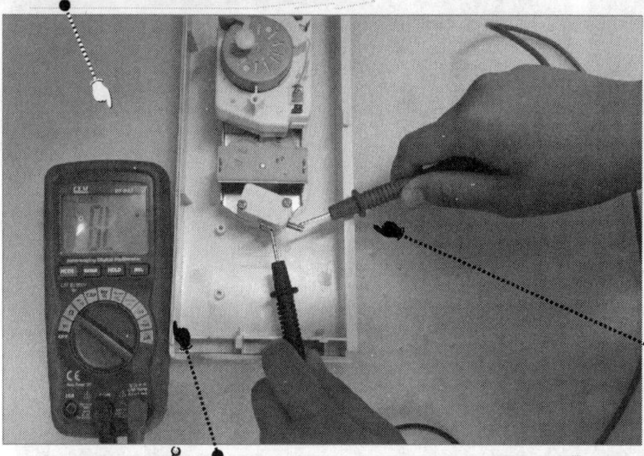

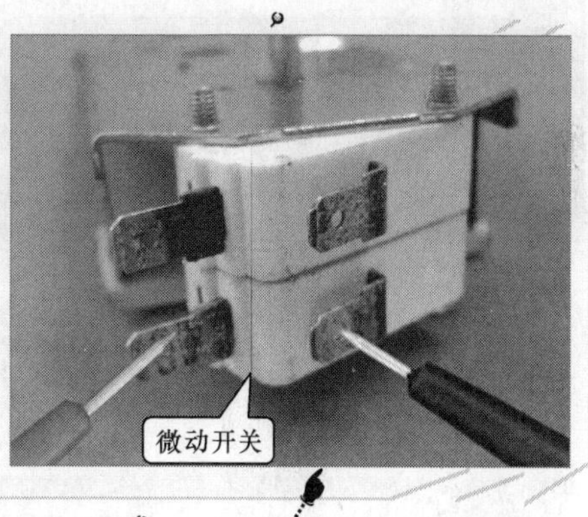
微动开关

【步骤1】
检测火力控制组件中的微动开关时，可使用万用表两表笔分别连接其两个引脚，检测其阻值

【步骤3】
根据微动开关接通和断开状态，只可检测出0Ω或无穷大两种情况，若检测出其他阻值，则表明微动开关出现故障，需将机械控制装置拆开并检查其内部的结构是否出现故障

图 6-92　定时、火力控制组件的检测方法

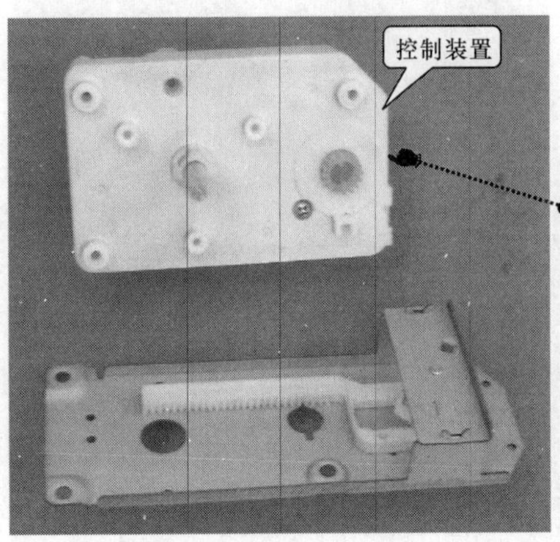
控制装置

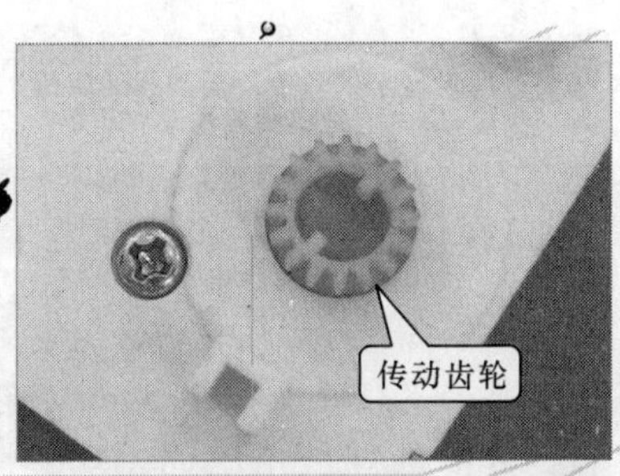
传动齿轮

传动齿轮

【步骤4】
拧下固定螺钉后，检查外部的传动齿轮是否出现磨损等现象，使其不能良好的啮合

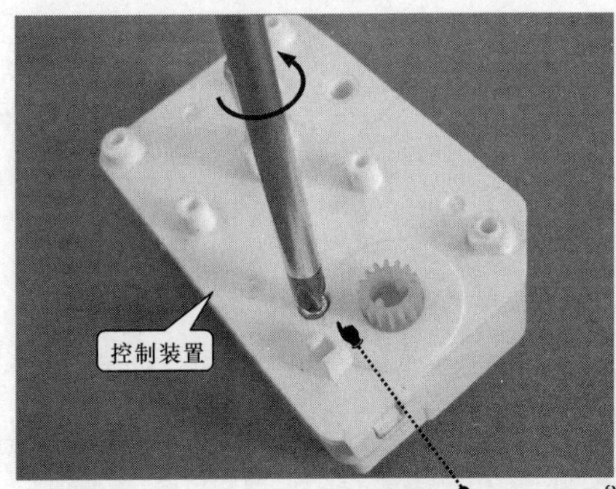
控制装置

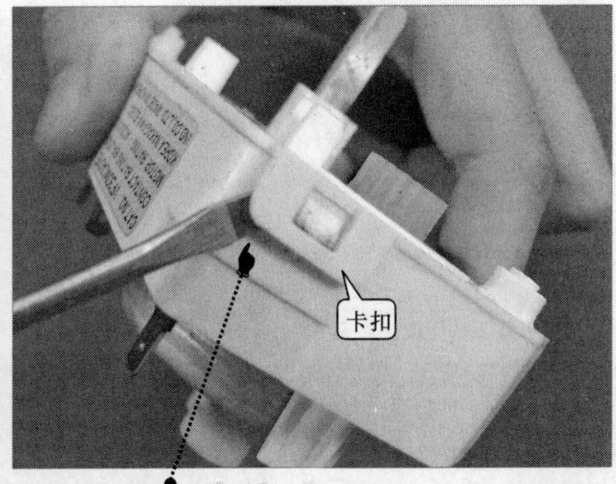
卡扣

【步骤5】
经检测外部的传动齿轮良好，无磨损现象，应将控制装置打开。拧下定时控制装置的固定螺钉后，再使用一字螺丝刀将位于侧端的固定卡扣撬开

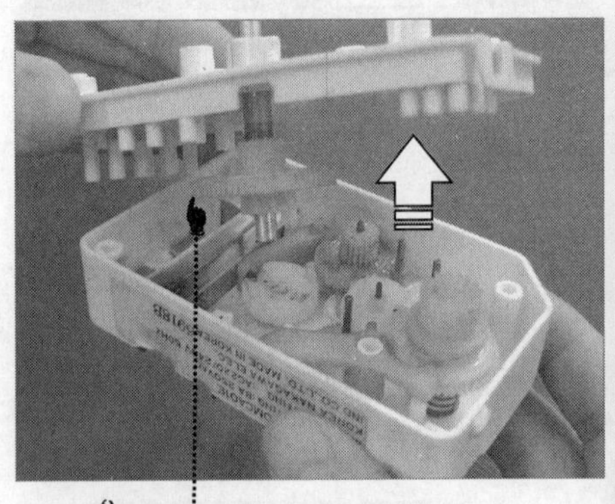

【步骤6】
拧下固定螺钉并撬开固定卡扣后，即可将控制装置打开，打开时应注意内部齿轮及传动杆的放置位置

传动齿轮

【步骤7】
打开控制装置后，检查其内部的传动齿轮齿是否良好，传动齿轮是否出现磨损

图 6-92　定时、火力控制组件的检测方法（续）

由于经常使用定时开关进行微波时间设定，在使用的过程中两触片的摩擦强度较大，因此，其损坏的可能性也就最大

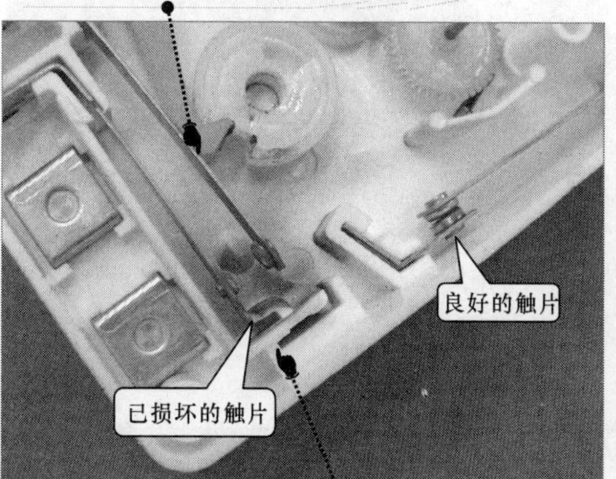

良好的触片
已损坏的触片

【步骤8】
经检查传动齿轮良好，无磨损现象，此时，观察控制器内部的触片是否良好

打磨完成后，使用蘸有酒精的医用棉签清洁干净即可排除故障

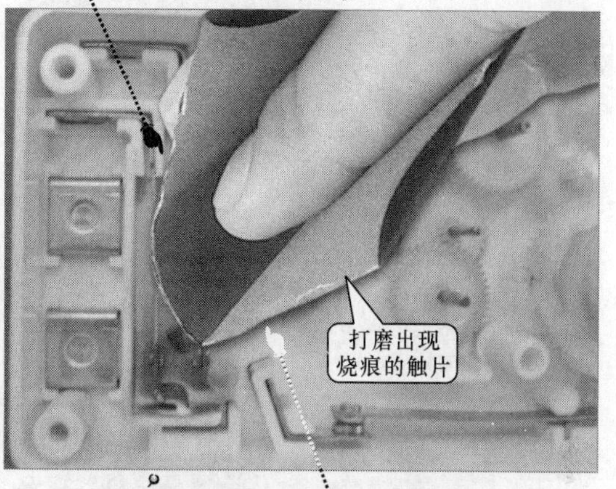

打磨出现烧痕的触片

【步骤9】
若经检查发现定时控制器内部触片有烧痕、接触不良等现象时，可使用细砂纸将其表面的炭灰打磨为原金属本色

图 6-92　定时、火力控制组件的检测方法（续）

（3）对控制装置进行代换

若控制装置内部损坏就需要根据微波炉的型号或控制装置的型号，选用同样规格参数的控制装置进行代换。将新控制装置安装好后，再进行通电试机。

图 6-93 所示为控制装置的代换。

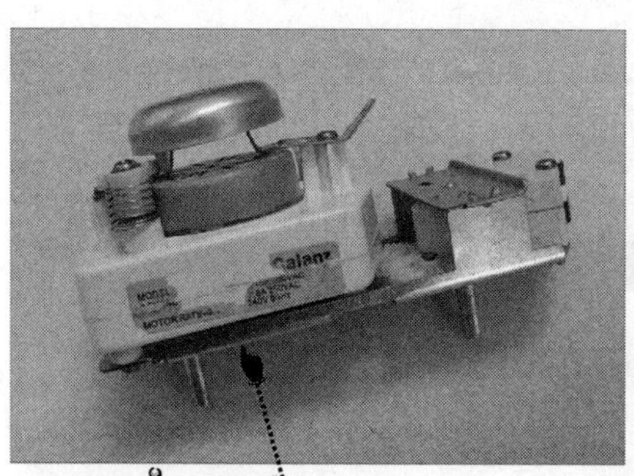

Galanz

控制装置的型号：
GALANZ（格兰仕）
MODEL 240V 50Hz

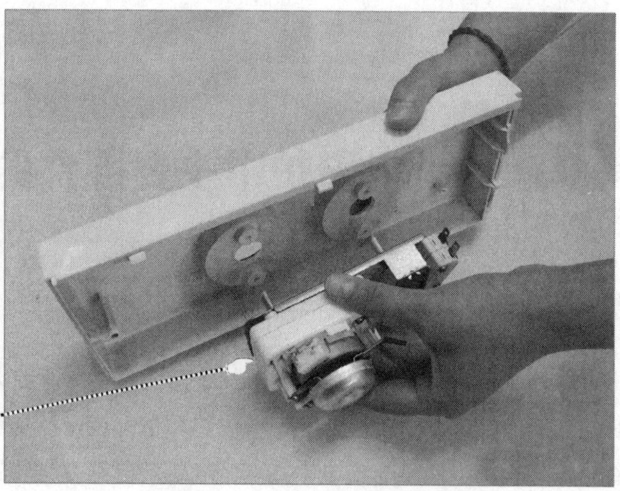

【步骤1】
根据控制装置的型号寻找可代替的新控制装置

图 6-93　控制装置的代换

【步骤2】
使用螺丝刀拧下定时/火力控制组件的固定螺钉

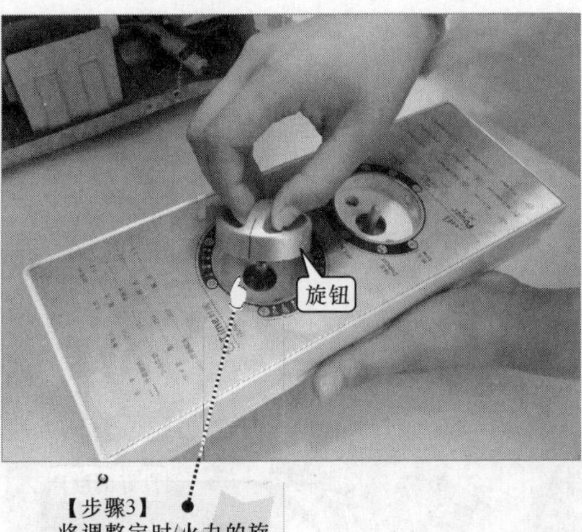
旋钮

【步骤3】
将调整定时/火力的旋钮安装到原来的位置

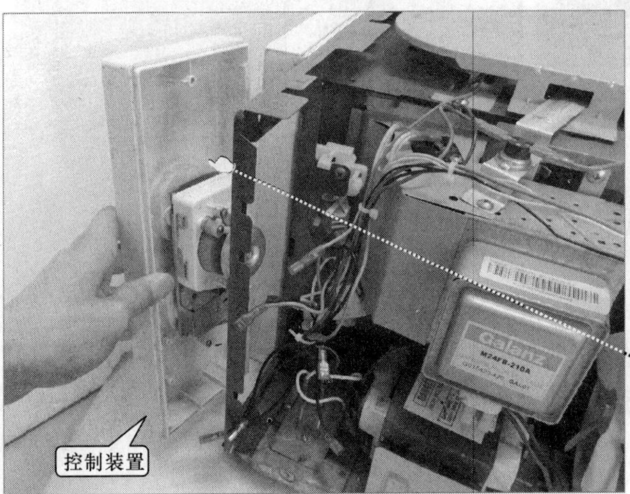
控制装置
Galanz
M24FB-210A

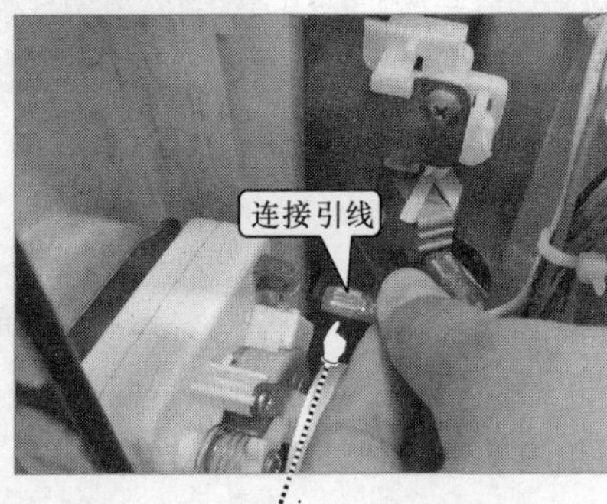
连接引线

【步骤4】
将控制装置安装到微波炉原来的位置，并将连接引线插回。将其余的部件安装好。然后通电测试微波炉工作正常，故障排除

图6-93 控制装置的代换（续）

6.4 电磁炉中主要部件的检测代换

6.4.1 电源变压器的检测代换

学习电磁炉电源变压器的检测代换是维修电磁炉时必须掌握的关键技法，研习这项技能需注意，要先对电源变压器的应用环境、结构组成以及功能原理有所了解，然后，在此基础上苦练拆卸、检测、代换的招法，方可将电磁炉电源变压器的检测代换技能运用自如。

1. 电源变压器的应用

电磁炉中的电源变压器种类很多，但它们的基本结构相近，主要是由一次绕组、二次绕组、铁芯以及外壳等部分构成的。

电源变压器是将两组或两组以上的线圈绕制在同一个线圈骨架上，或绕在同一铁芯上制成的。通常，我们把与电源相连的绕组称为一次绕组，其余的绕组称为二次绕组。

电源变压器可以看做是由两个或多个电感线圈构成的，它利用电感线圈靠近时的互感原理，将电能或信号从一个电路传输给另一个电路。

功法秘籍

图 6-94 所示为电源变压器的功能示意图。

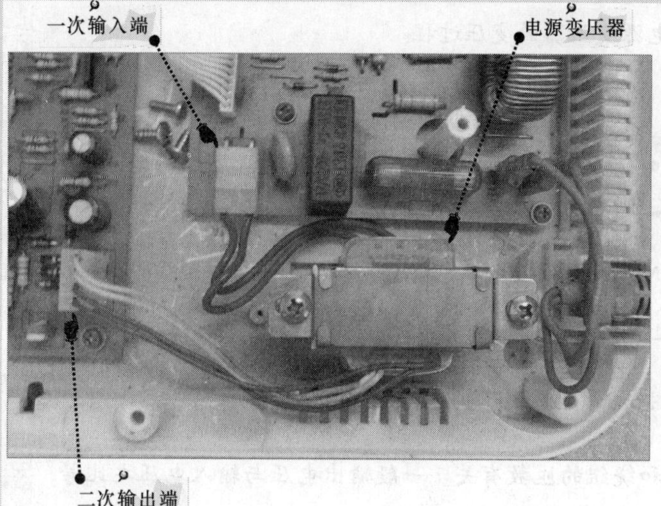
一次输入端
电源变压器
二次输出端

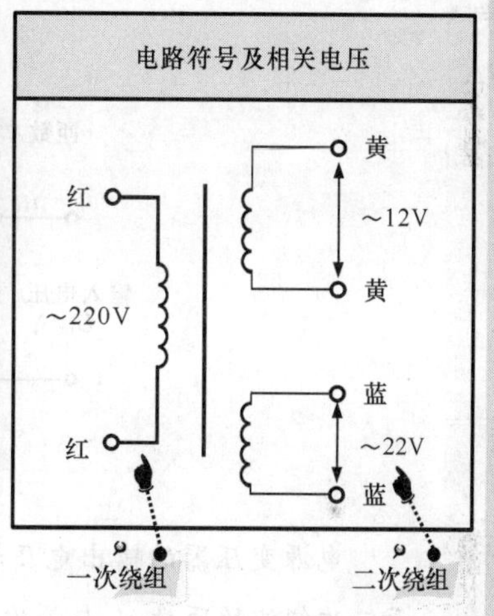
电路符号及相关电压
黄
红
~12V
黄
~220V
蓝
红
~22V
蓝
一次绕组
二次绕组

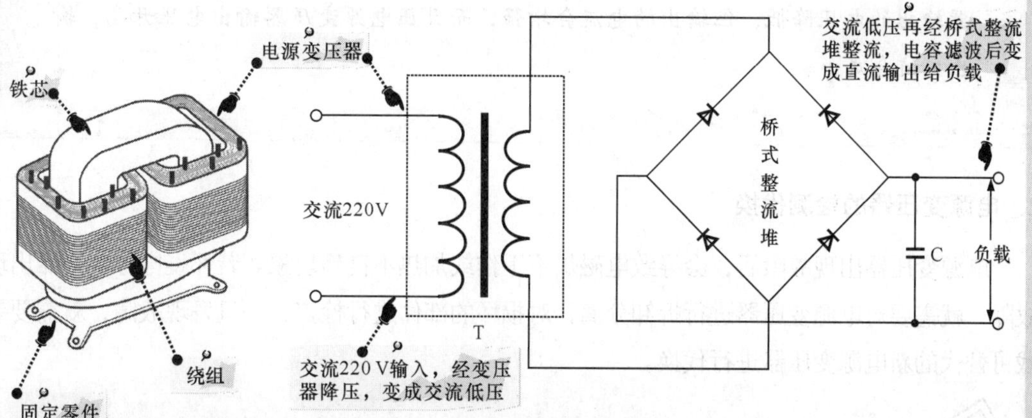
电源变压器
铁芯
交流220V
T
桥式整流堆
交流低压再经桥式整流堆整流，电容滤波后变成直流输出给负载
C
负载
绕组
固定零件
交流220 V输入，经变压器降压，变成交流低压

图 6-94　电源变压器的功能示意图

在电磁炉的电路中，电源变压器主要的作用是用来提升或降低交流信号或电压、变换阻抗等。目前，我国所使用的电磁炉都使用交流 220 V 的电压。当电磁炉插上市电插头开始工作时，交流 220 V 电压首先经电源线送入电源电路板。电源变压器就是电源电

路中重要的电源变压器件，它可以将送入的交流220 V电压转换成交流低压，然后再经整流、滤波变成直流，为电路板提供所需的工作电压。

内功心法

图 6-95 所示为电源变压器的工作原理。我们可以将电源变压器的一次绕组和二次绕组看成是两个电感。当交流 220 V 电压加到输入端时，在一次绕组中就会有交流电流，在一次绕组上就产生出交变的磁场。根据电磁感应原理，二次绕组会感应出交流电压。这就是电源变压器的变压过程。

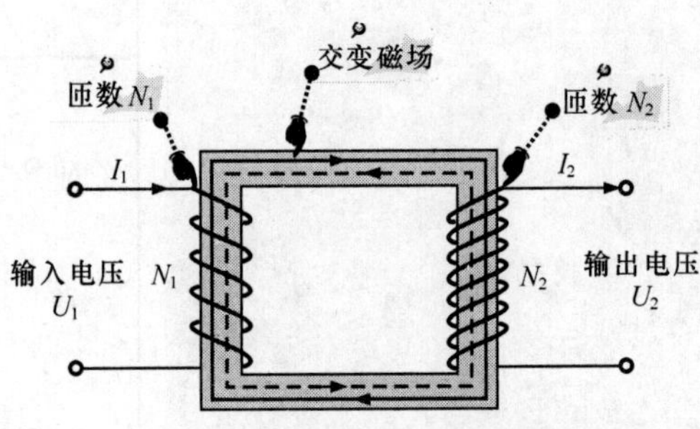
交变磁场
匝数 N_1
匝数 N_2
I_1
I_2
输入电压
U_1
N_1
N_2
输出电压
U_2

图 6-95　电源变压器的工作原理

电源变压器的输出电压和绕组的匝数有关。一般输出电压与输入电压之比等于二次绕组的匝数 N_2 与一次绕组的匝数 N_1 之比，即：$U_1/U_2=N_1/N_2$。

电源变压器的输出电流与输出电压成反比（$I_2/I_1=U_1/U_2$），通常降压电源变压器输出的电压降低，但输出的电流会增强，而升压电源变压器输出电压升高，输出电流会减小。

2. 电源变压器的检测代换

电源变压器出现故障后，会导致电磁炉不工作或加热不良等现象。若怀疑电源变压器出现故障，就需要对电源变压器进行拆卸分离，对损坏的部件进行检查，一旦发现故障，就需要寻找可替代的新电源变压器进行代换。

功法秘籍

图 6-96 所示为电源变压器的检修示意图。

对于电源变压器的检测通常可分为两步：第 1 步是对电源变压器进行检测，第 2 步是对电源变压器进行代换。

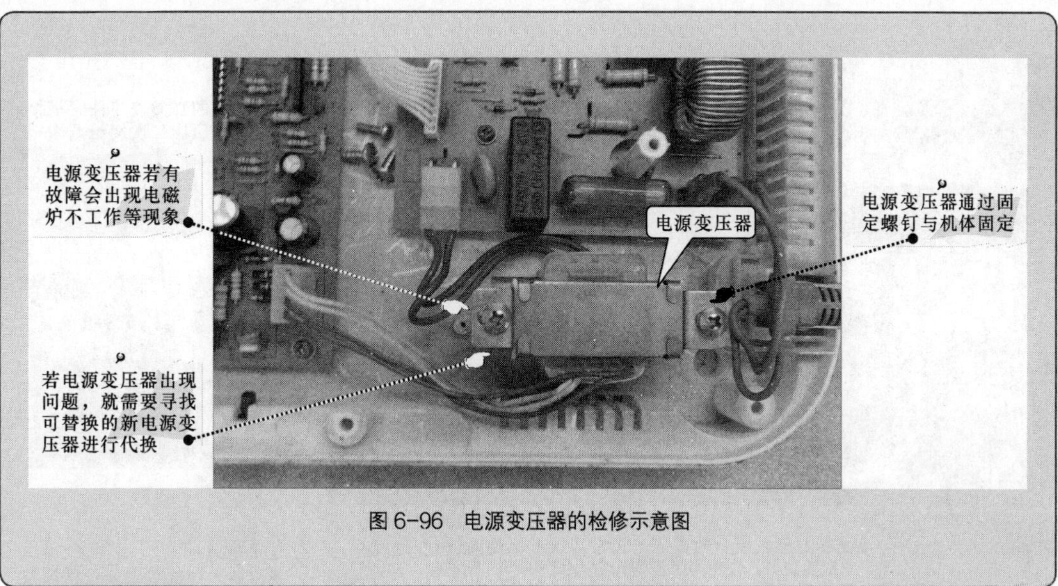
电源变压器若有故障会出现电磁炉不工作等现象
电源变压器
电源变压器通过固定螺钉与机体固定
若电源变压器出现问题，就需要寻找可替换的新电源变压器进行代换

图 6-96　电源变压器的检修示意图

（1）对电源变压器进行检测

判断电源变压器性能是否正常时，应在断电的情况下进行检测，然后通过使用万用表检测开关变压器一次绕组之间、二次绕组之间以及一次绕组和二次绕组之间的电阻值的方法判断其好坏。

图 6-97 所示为电源变压器的检测方法。

（2）对电源变压器进行代换

若电源变压器损坏就需要根据变压器的型号规格，选用同样规格参数的电源变压器进行代换。将新变压器安装好后，再进行通电试机。

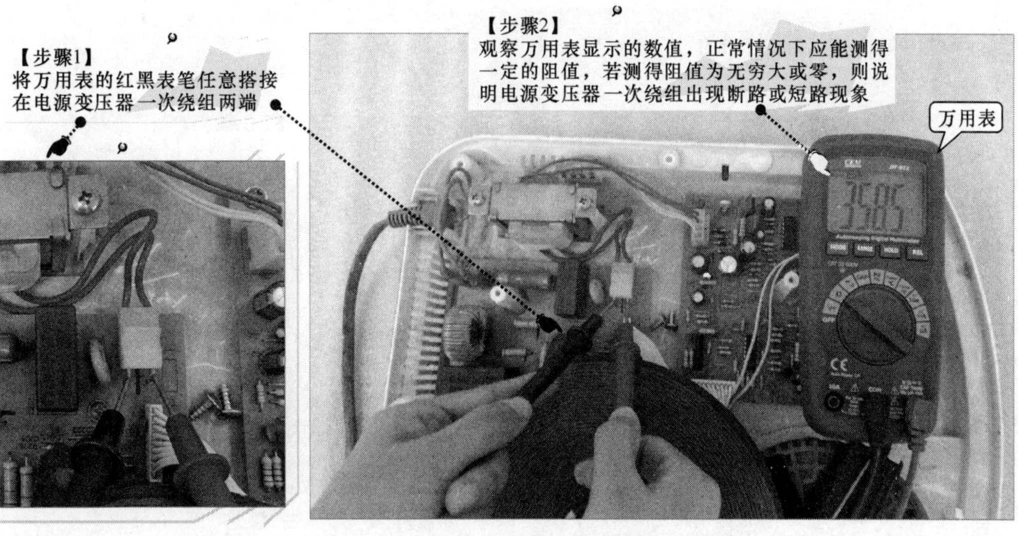
【步骤1】
将万用表的红黑表笔任意搭接在电源变压器一次绕组两端
【步骤2】
观察万用表显示的数值，正常情况下应能测得一定的阻值，若测得阻值为无穷大或零，则说明电源变压器一次绕组出现断路或短路现象
万用表

图 6-97　电源变压器的检测方法

观察万用表显示的数值，正常情况下应能测得一定的阻值，若测得阻值为无穷大或零欧姆，则说明电源变压器二次绕组出现断路或短路现象

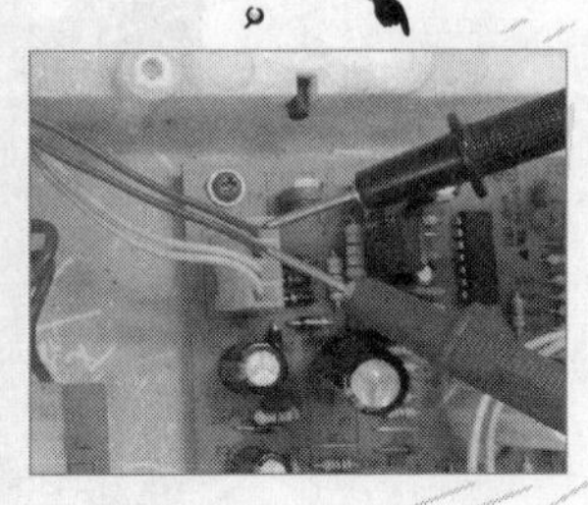
【步骤3】
将万用表的红黑表笔任意搭接在电源变压器二次绕组两端

【步骤4】
将万用表的红黑表笔任意搭接在电源变压器二次绕组两端

图 6-97　电源变压器的检测方法（续）

图 6-98 所示为电源变压器的代换。

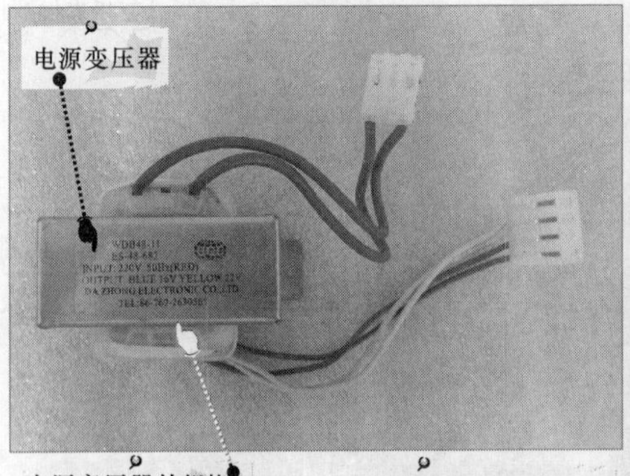
电源变压器
电源变压器的规格：
200V/50Hz
【步骤1】
根据电源变压器的型号和规格寻找可代替的新电源变压器

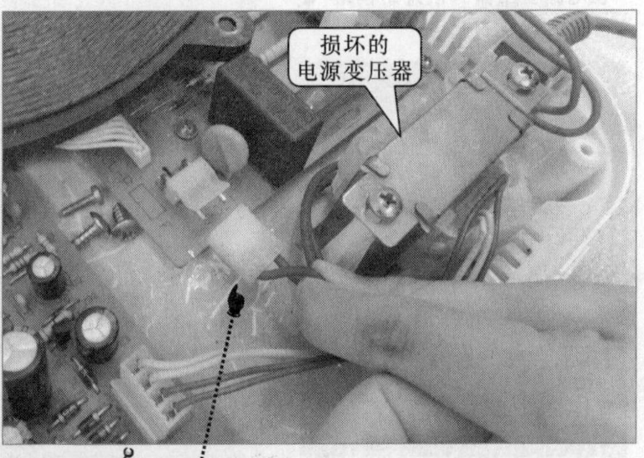
损坏的
电源变压器
【步骤2】
将损坏的电源变压器的连接引线拔下

图 6-98　电源变压器的代换

【步骤3】
将电源变压器上的两颗固定螺钉拧下

【步骤4】
将损坏的电源变压器从电磁炉中取出

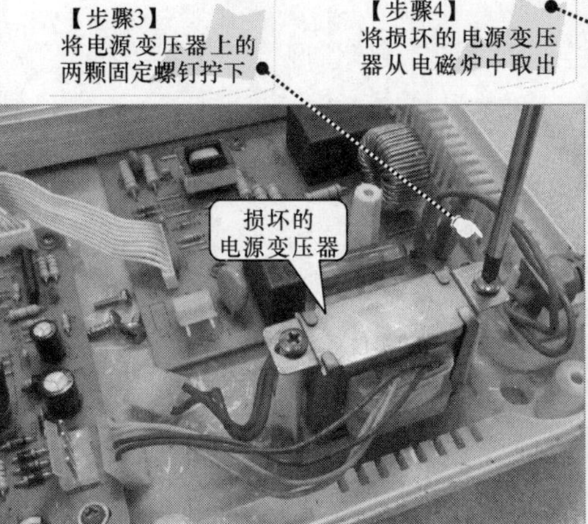
损坏的
电源变压器

损坏的
电源变压器

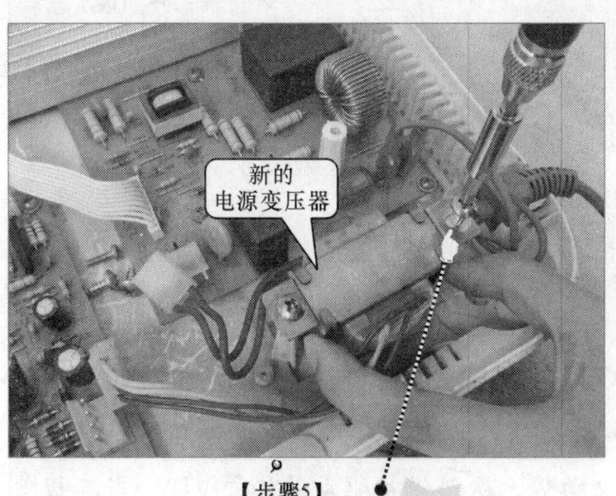
新的
电源变压器

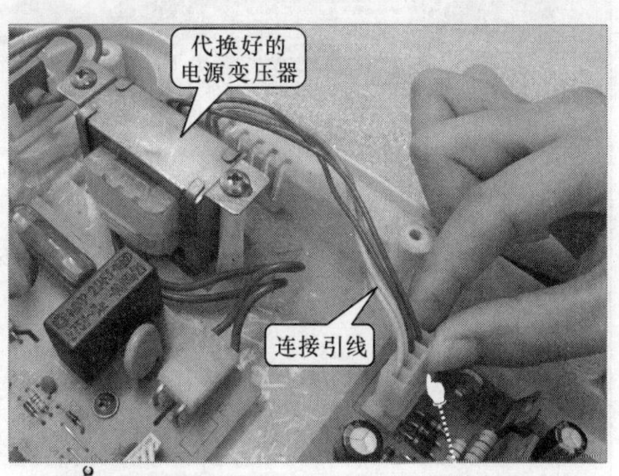
代换好的
电源变压器
连接引线

【步骤5】
将新的电源变压器安装并固定在原来的位置

【步骤6】
将代换的电源变压器连接引线插回。并将其余的部件安装好。然后通电测试电磁炉工作正常，故障排除

图 6-98　电源变压器的代换（续）

6.4.2　风扇组件的检测代换

学习电磁炉风扇组件的检测代换是维修电磁炉时必须掌握的关键技法，研习这项技能需注意，要先对风扇组件的应用环境、结构组成以及功能原理有所了解，然后，在此基础上苦练拆卸、检测、代换的招法，方可将电磁炉风扇组件的检测代换技能运用自如。

1. 风扇组件的应用

风扇组件主要是由扇叶、电动机、支架等部分构成。电磁炉在工作时，会产生热量。在电磁炉的机壳内设有风扇组件，将电磁炉内的热量散发出去，降低温度。

功法秘籍

图 6-99 所示为电磁炉风扇组件功能示意图。

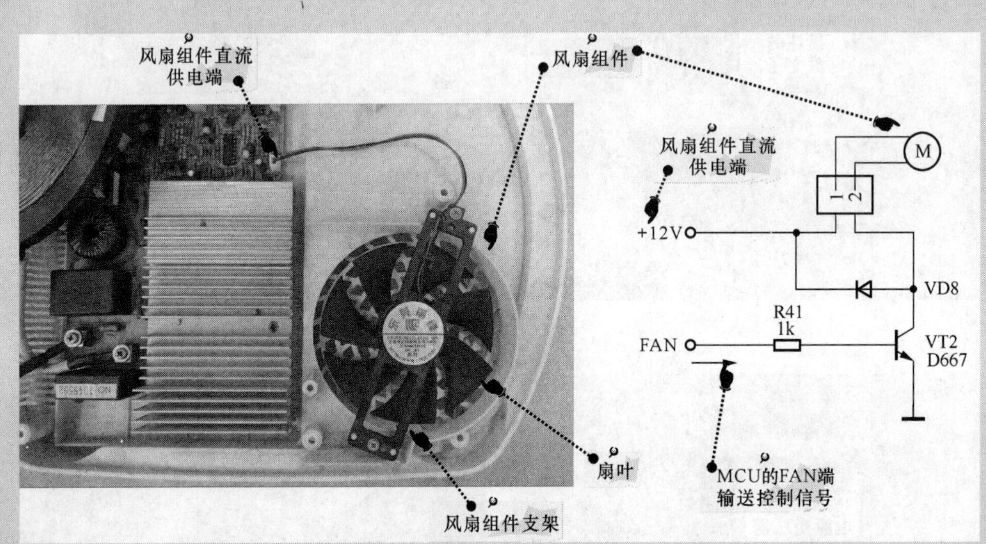
风扇组件直流
供电端
风扇组件
风扇组件直流
供电端
M
+12V
VD8
R41
1k
FAN
VT2
D667
扇叶
MCU的FAN端
输送控制信号
风扇组件支架

图 6-99 电磁炉风扇组件功能示意图

当电磁炉通电开机后，由微处理器（MCU）的 FAN 端输出高电平，使驱动晶体管 VT2 饱和导通后，风扇组件中的风扇电动机带动扇叶开始运转，其中二极管 VD8 是保护二极管，用于吸收由电动机绕组产生的反向电动势，从而保护驱动晶体管 VT2。当二极管 VD8 损坏时，很容易引起驱动晶体管 VT2 损坏。

通常，电磁炉中常使用直流风扇电动机，即采用直流供电方式，使用较多的有 12 V 和 18V 两种。12V 的风扇电动机可以通过改变限流电阻的方法进而代替 18V 的风扇电动机。

2. 风扇组件的检测代换

风扇组件出现故障后，会导致电磁炉开机后风扇组件不工作。若怀疑风扇组件出现故障，就需要对风扇组件进行拆卸分离，对损坏的部件进行检查，一旦发现故障，就需要寻找可替代的新风扇组件进行代换。

功法秘籍

图 6-100 所示为风扇组件的检修示意图。

电风扇若有故障会出现电磁炉通电后风扇组件不工作等现象
若风扇组件出现问题，就需要寻找可替换的新风扇组件进行代换
风扇组件通过固定螺钉与电磁炉外壳固定

图 6-100 风扇组件的检修示意图

对于风扇组件的检测通常可分为两步：第 1 步是对风扇组件进行检测，第 2 步是对风扇组件进行代换。

（1）对风扇组件进行检测

对风扇组件进行检查时，应先通过观察法观察风扇组件的连接引线插接是否良好以及检查扇叶下面的电动机有无锈蚀等迹象。若从外观无法确定，则应使用万用表对其进行检测，来判断其的好坏。

图 6-101 所示为风扇组件的检查方法。

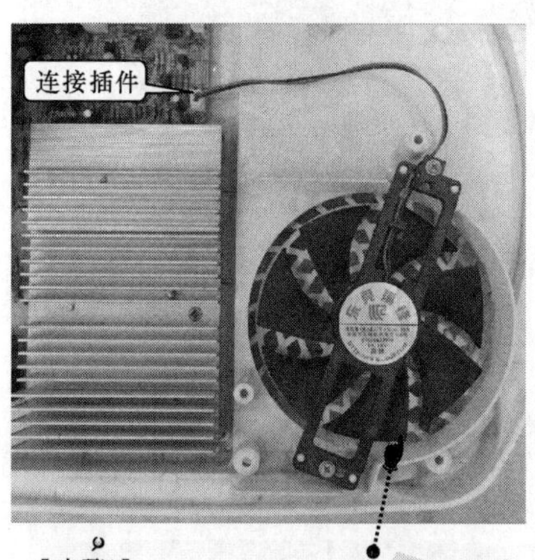
连接插件
【步骤1】
首先通过观察法观察风扇组件的连接插件有无松动以及风扇组件有无明显的损坏迹象

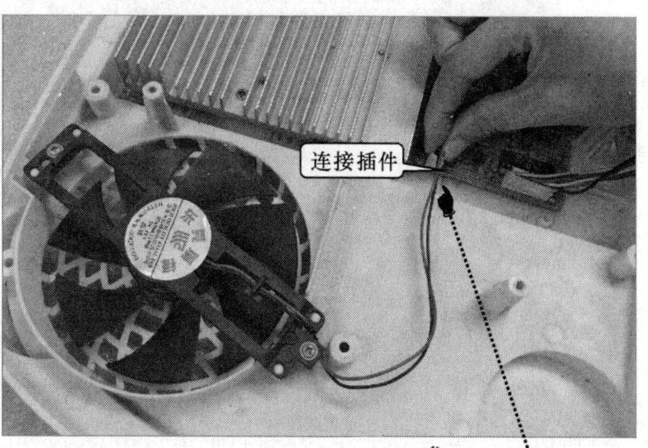
连接插件
若连接插件有松动迹象，应将其插接好

图 6-101 风扇组件的检测方法

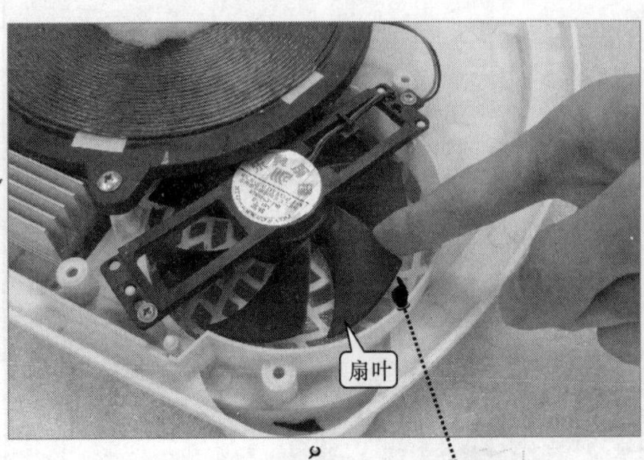
扇叶

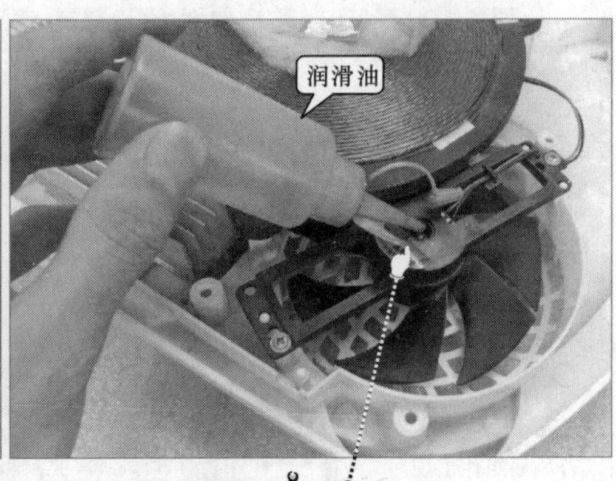
润滑油

【步骤2】
用手转动扇叶，检查扇叶在转动过程中是否顺畅

若转动困难，应往风扇的轴承中滴润滑油

【步骤3】
若通过观察法无法判断其好坏，则可以使用万用表检测风扇电动机的对地阻值

观察万用表显示的数值，正常情况下可以测得一定的阻值，约为22.83MΩ，若无阻值，则说明风扇电动机损坏

将万用表的两只表笔分别搭在风扇组件供电线连接端

图 6-101　风扇组件的检测方法（续）

（2）对风扇组件进行代换

若风扇组件损坏就需要根据风扇组件的型号规格，选用同样规格参数的风扇组件进行代换。将新风扇组件安装好后，再进行通电试机。

图 6-102 所示为风扇组件的代换。

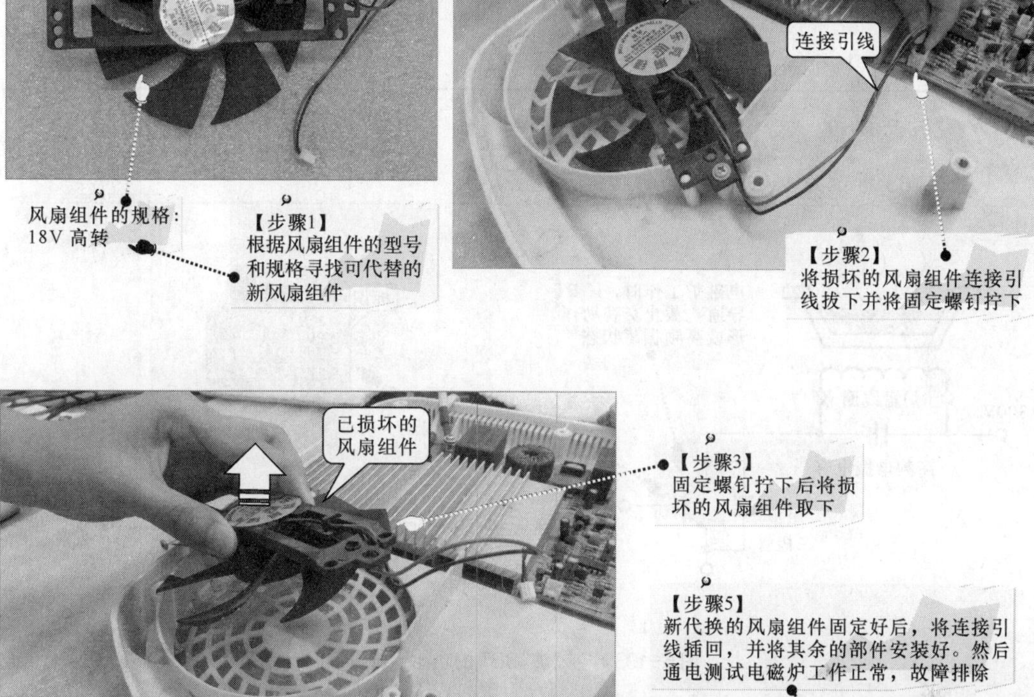
风扇组件的规格：
18V 高转
【步骤1】
根据风扇组件的型号和规格寻找可代替的新风扇组件
已损坏的风扇组件
连接引线
【步骤2】
将损坏的风扇组件连接引线拔下并将固定螺钉拧下
已损坏的风扇组件
【步骤3】
固定螺钉拧下后将损坏的风扇组件取下

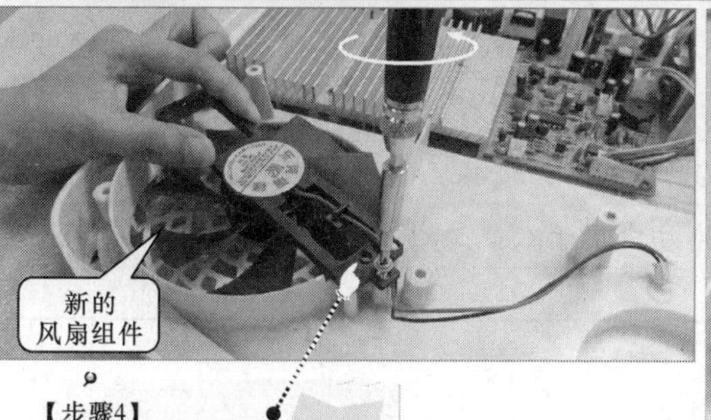
新的风扇组件
【步骤4】
将新的风扇组件安装到原来的位置，并使用固定螺钉固定

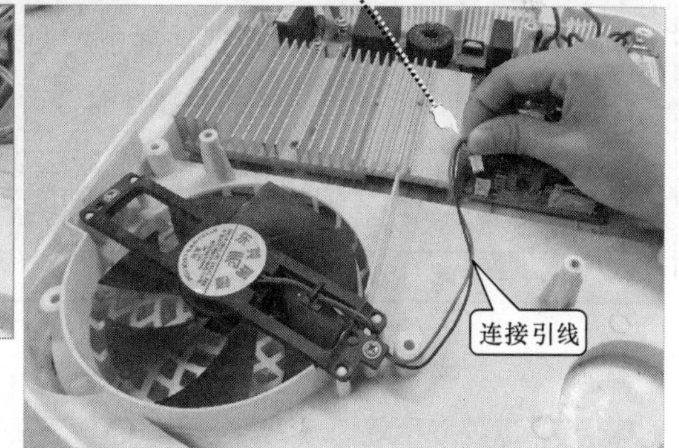
【步骤5】
新代换的风扇组件固定好后，将连接引线插回，并将其余的部件安装好。然后通电测试电磁炉工作正常，故障排除
连接引线

图 6-102　风扇组件的代换

6.4.3　IGBT 的检测代换

学习电磁炉 IGBT 的检测代换是维修电磁炉时必须掌握的关键技法，研习这项技能需注意，要先对 IGBT 的应用环境、结构组成以及功能原理有所了解，然后，在此基础上苦练拆卸、检测、代换的招法，方可将电磁炉 IGBT 的检测代换技能运用自如。

1. IGBT（门控管）的应用

IGBT 克服了场效应管在高压大电流条件下导通电阻大、输出功率低、元器件发热等严重缺陷，是较理想的高速、高压大功率器件。

功法秘籍

图 6-103 所示为电磁炉 IGBT 的功能示意图。

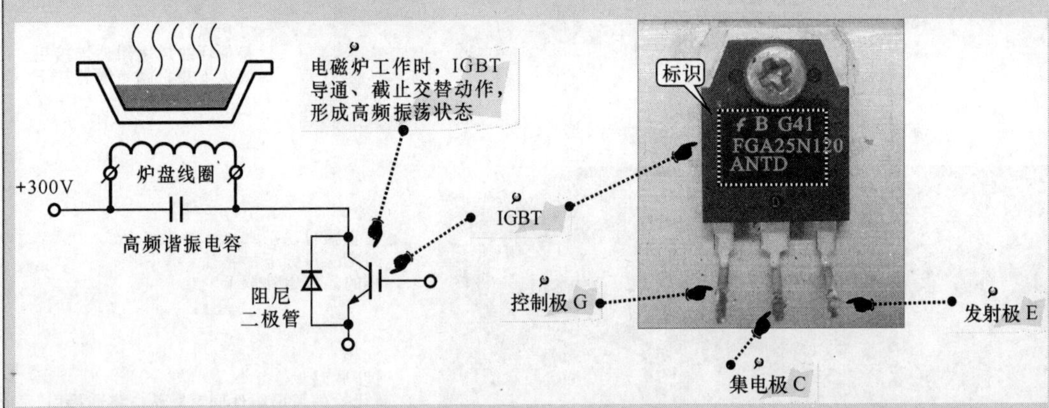
电磁炉工作时，IGBT
导通、截止交替动作，
形成高频振荡状态
炉盘线圈
+300V
高频谐振电容
阻尼
二极管
IGBT
标识
B G41
FGA25N120
ANTD
控制极 G
发射极 E
集电极 C

图 6-103 电磁炉 IGBT 的功能示意图

电磁炉中的 IGBT 具有通过电流密度大，导通电阻小，开关速度快等优点，主要用于控制炉盘线圈的电流，在高频脉冲信号的驱动下使流过炉盘线圈的电流形成高速开关电流，并使炉盘线圈与高频谐振电容器 C203 形成高频谐振，其幅度高达上千伏。流过 IGBT 的电流较大，所以 IGBT 安装在大型散热片中用于散热。

内功心法

在格兰仕 C18A-API 电磁炉的功率输出电路中的 IGBT 内部集成有阻尼二极管，而在有些电磁炉中的 IGBT 是与阻尼二极管分为两个独立的元器件进行安装的。它们的功能基本相同，在外形以及电路符号上没有太大的区别，只有在散热片下方的实际元器件才能看出，如图 6-104 所示。

内功心法

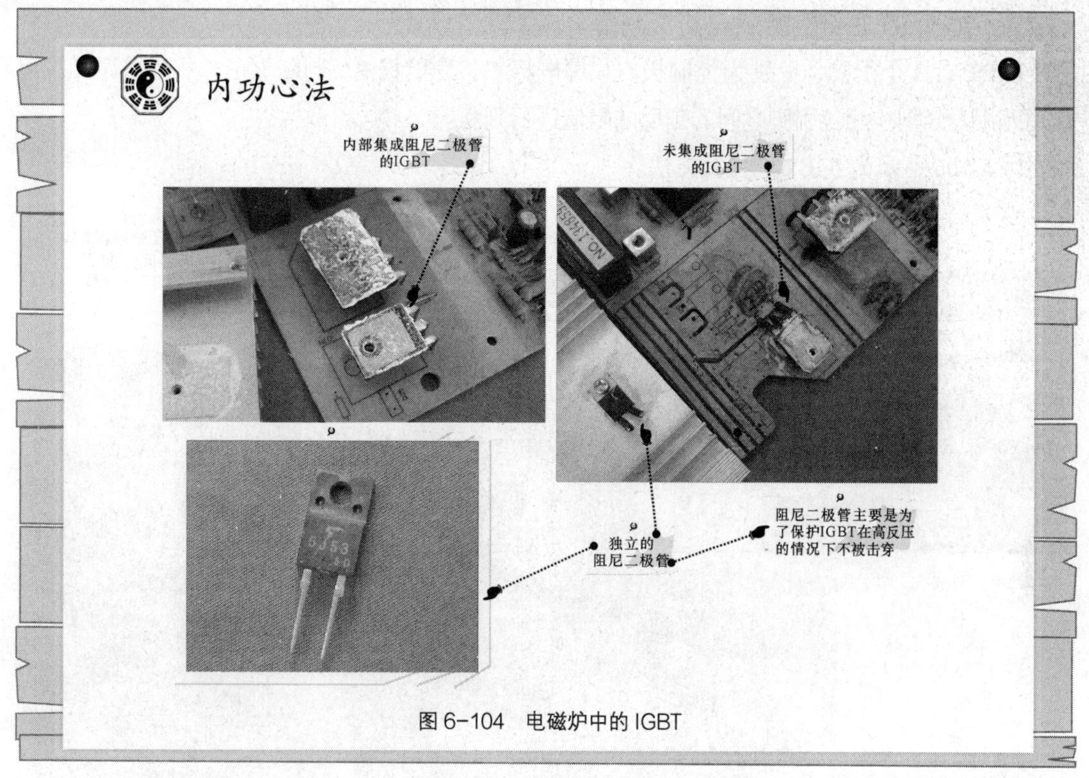

内部集成阻尼二极管的IGBT
未集成阻尼二极管的IGBT
独立的阻尼二极管
阻尼二极管主要是为了保护IGBT在高反压的情况下不被击穿

图 6-104　电磁炉中的 IGBT

2. IGBT 的检测代换

IGBT 出现故障后，会导致电磁炉开机后不能加热，或电磁炉设置任意火力按下开始键后不能工作等故障。这就需要对 IGBT 进行拆焊分离，对损坏的部件进行检查，一旦发现故障，就需要寻找可替代的新 IGBT 进行代换。

功法秘籍

图 6-105 所示为 IGBT 的检修示意图。

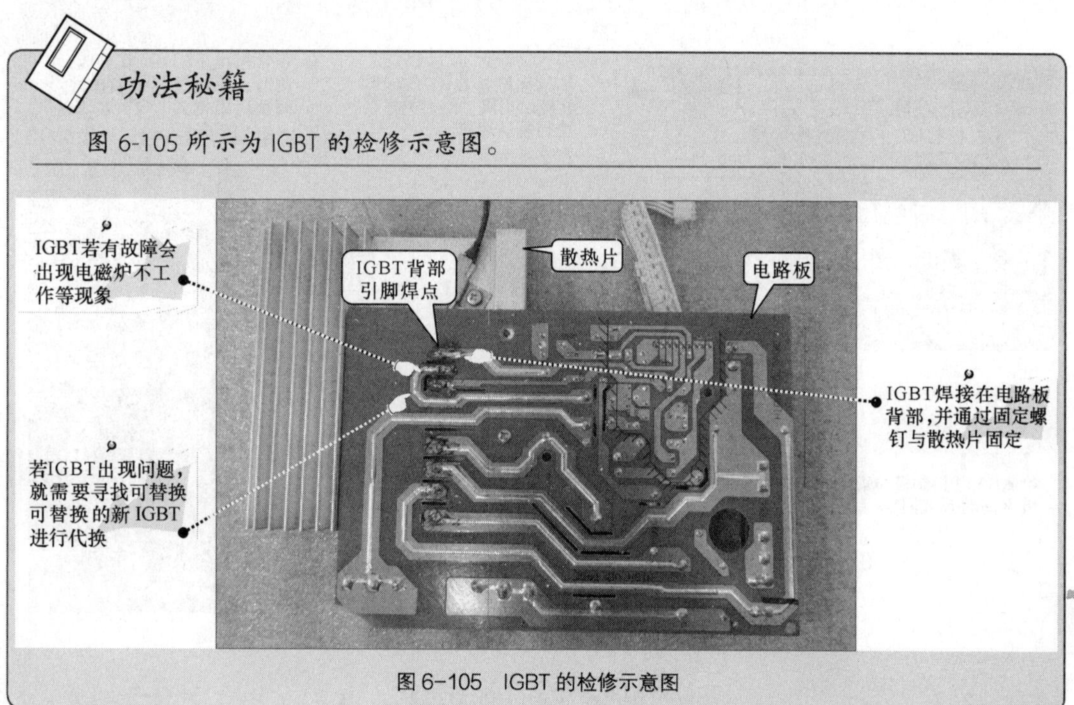

IGBT若有故障会出现电磁炉不工作等现象
IGBT背部引脚焊点
散热片
电路板
IGBT焊接在电路板背部，并通过固定螺钉与散热片固定
若IGBT出现问题，就需要寻找可替换可替换的新 IGBT 进行代换

图 6-105　IGBT 的检修示意图

（1）对 IGBT 进行检测

IGBT 有 3 个引脚，分别为控制极 G、集电极 C、发射极 E。判断 IGBT 是否损坏时，可使用万用表分别检测各引脚之间的正反向阻值进行判断。

图 6-106 所示为 IGBT 的检测方法。

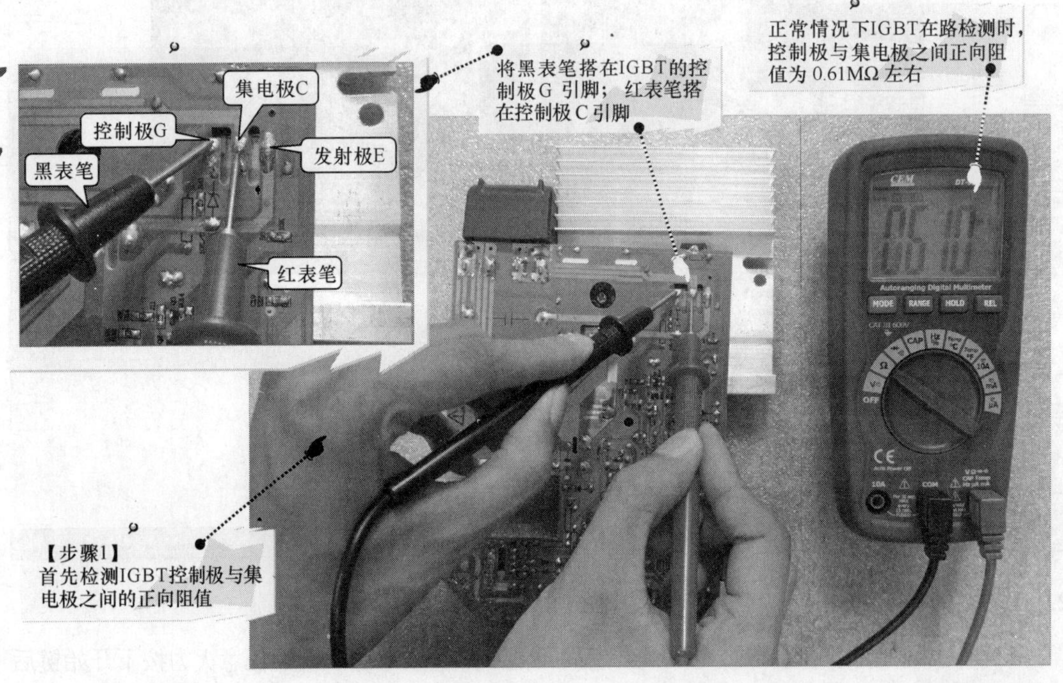
集电极C
控制极G
发射极E
黑表笔
红表笔
将黑表笔搭在IGBT的控制极G 引脚；红表笔搭在控制极 C 引脚
正常情况下IGBT在路检测时，控制极与集电极之间正向阻值为 0.61MΩ 左右
【步骤1】
首先检测IGBT控制极与集电极之间的正向阻值

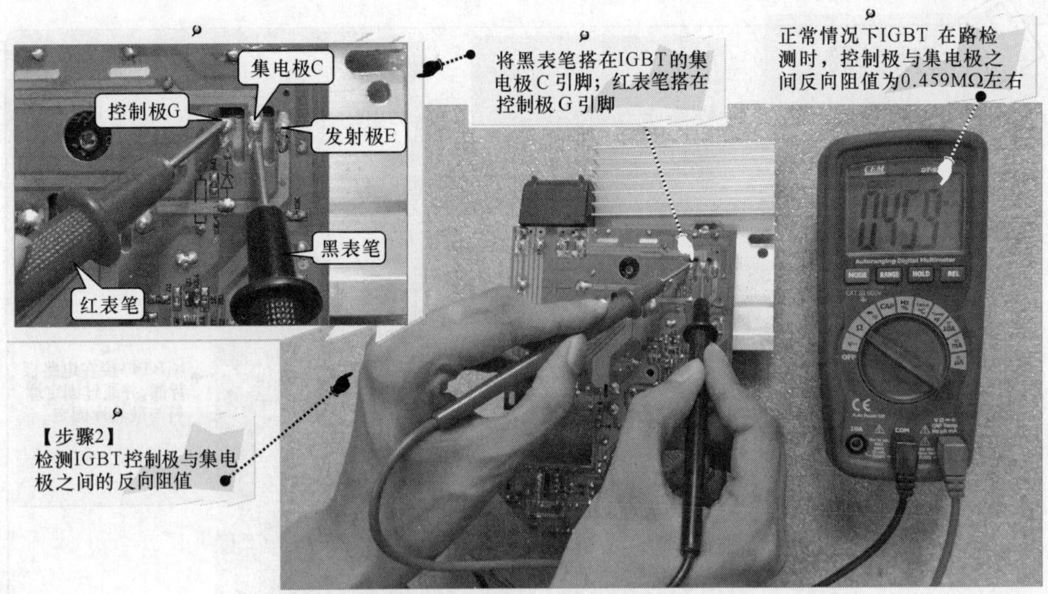
集电极C
控制极G
发射极E
黑表笔
红表笔
将黑表笔搭在IGBT的集电极 C 引脚；红表笔搭在控制极 G 引脚
正常情况下IGBT 在路检测时，控制极与集电极之间反向阻值为0.459MΩ左右
【步骤2】
检测IGBT控制极与集电极之间的反向阻值

图 6-106　IGBT 的检测方法

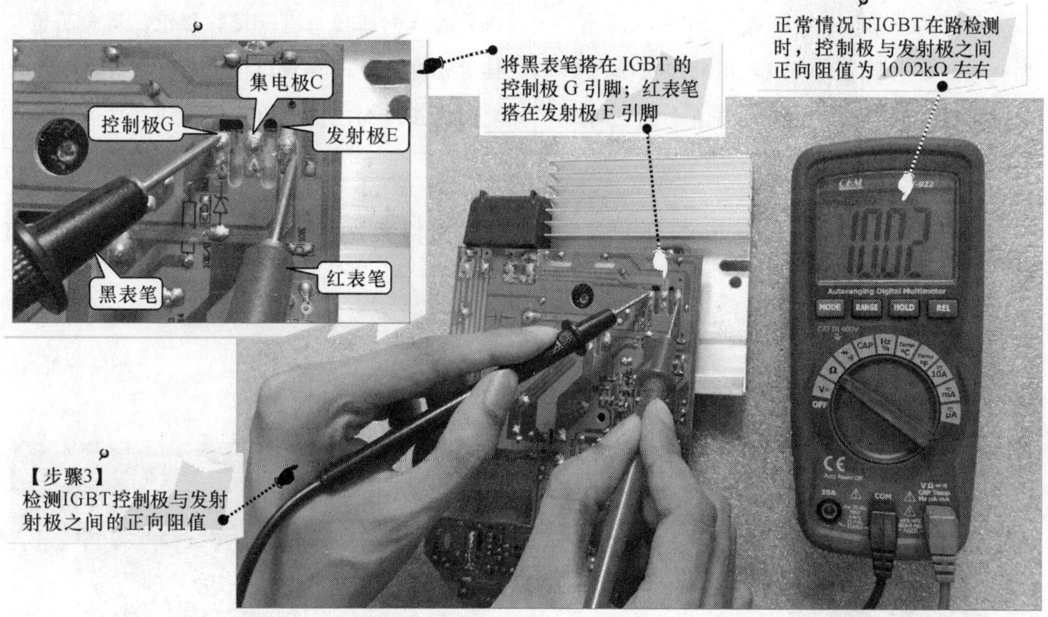

集电极C
控制极G
发射极E
黑表笔
红表笔
将黑表笔搭在 IGBT 的控制极 G 引脚；红表笔搭在发射极 E 引脚
正常情况下IGBT在路检测时，控制极与发射极之间正向阻值为 10.02kΩ 左右
【步骤3】
检测IGBT控制极与发射射极之间的正向阻值

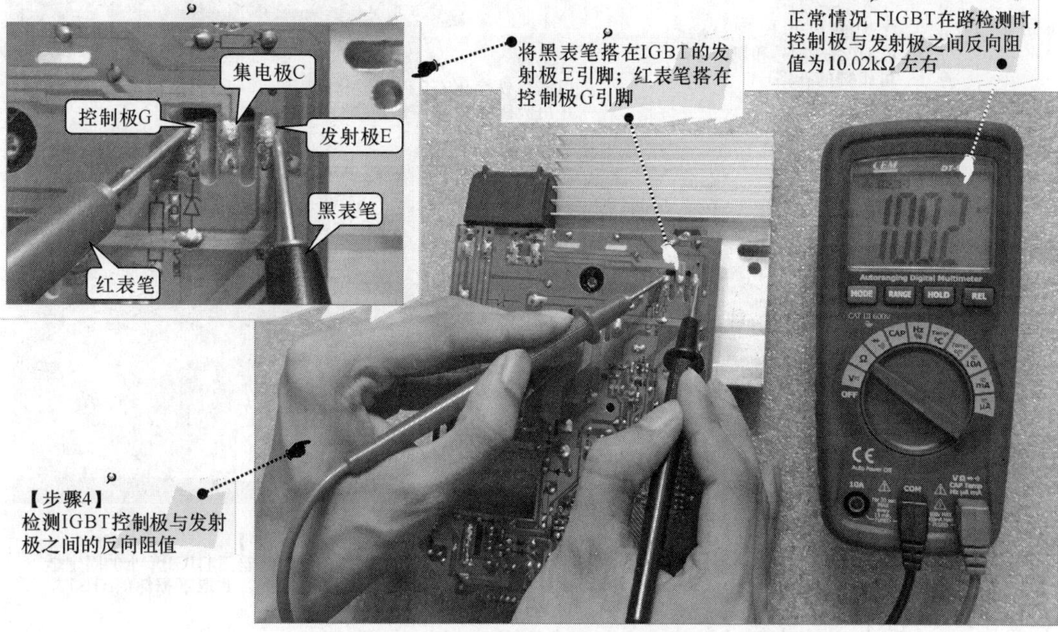

集电极C
控制极G
发射极E
黑表笔
红表笔
将黑表笔搭在IGBT的发射极E引脚；红表笔搭在控制极G引脚
正常情况下IGBT在路检测时，控制极与发射极之间反向阻值为10.02kΩ 左右
【步骤4】
检测IGBT控制极与发射极之间的反向阻值

图 6-106　IGBT 的检测方法（续）

高手指点

由于该IGBT内部集成有阻尼二极管，因此检测集电极与发射极之间的阻值受内部阻尼二极管的影响，发射极与集电极之间二极管的正向阻值应有一定的阻值，反向阻值接近无穷大。而单独门控管集电极与发射极之间的正反向阻值均为无穷大。

（2）对IGBT进行代换

若IGBT损坏就需要根据IGBT的型号，选用同样规格参数的IGBT进行代换。将新IGBT安装好后，再进行通电试机。

图6-107所示为IGBT的代换。

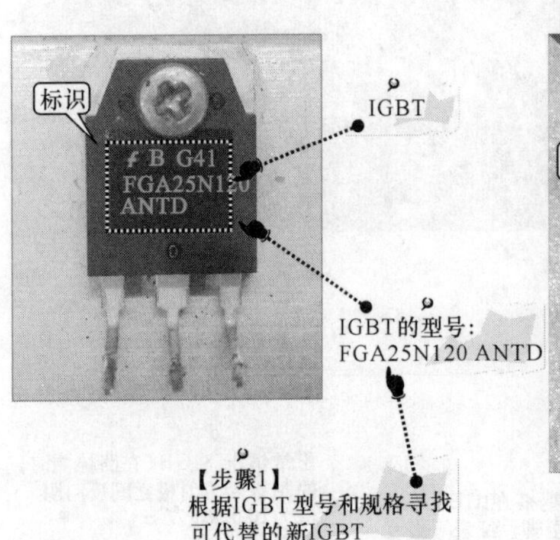
标识
IGBT
IGBT的型号：
FGA25N120 ANTD
【步骤1】
根据IGBT型号和规格寻找
可代替的新IGBT

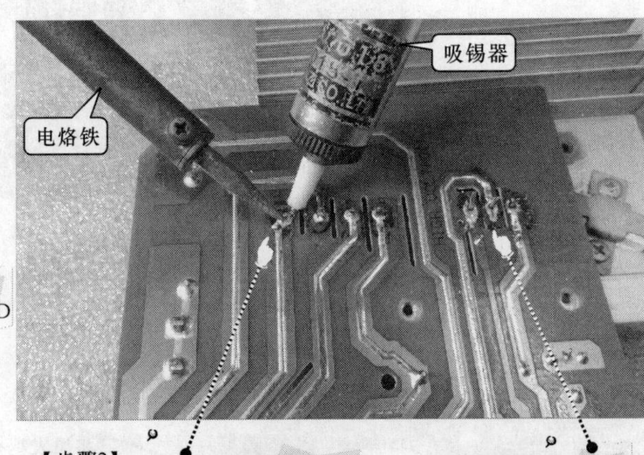
吸锡器
电烙铁
【步骤2】
用电烙铁熔化IGBT以及引脚焊锡
并用吸锡器吸除焊锡，进行解焊
将IGBT 3个引脚
的焊锡全部解焊

散热片
电路板

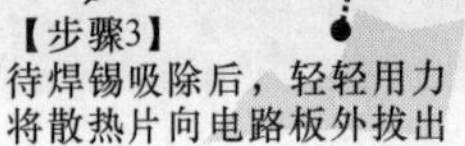
【步骤3】
待焊锡吸除后，轻轻用力
将散热片向电路板外拔出

散热片
IGBT
【步骤4】
使用螺丝刀将IGBT上的固定螺
钉拧下，并取下损坏的IGBT

图6-107　IGBT的代换

【步骤5】
将代换的IGBT固定在原来的位置后，并将其固定好

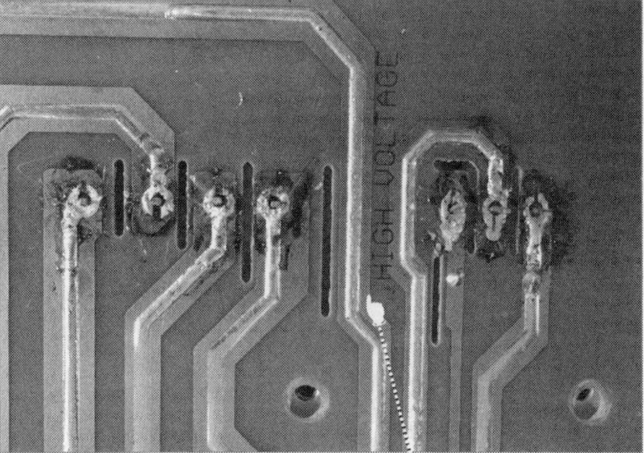
HIGH VOLTAGE

【步骤6】
将装有IGBT 的散热片插入原位置IGBT 的引脚焊孔上

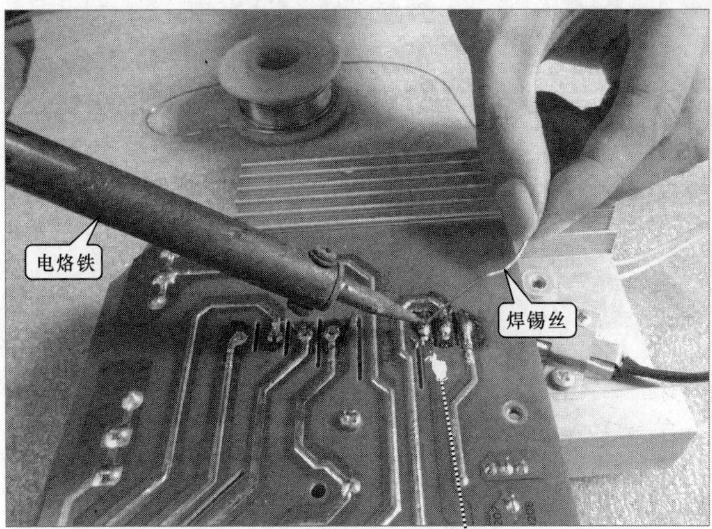
电烙铁
焊锡丝

【步骤7】
用电烙铁将焊锡丝熔化在IGBT的引脚上，进行焊接

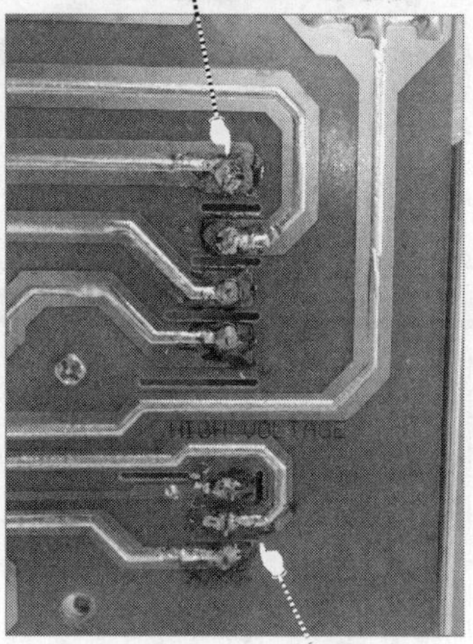
焊接完成的IGBT引脚

【步骤8】
IGBT代换好后，并将其余的部件安装好。然后通电测试电磁炉工作正常，故障排除

图 6-107　IGBT 的代换（续）

维修技能
第四招

第7章

移花接木，起死回生

注解：

设备故障损坏严重，故障部位都无法更换修理时，基本可宣告其报废。然而可根据电路的功能或部件的特点及工作条件，利用现有资源进行电路或部件的改换，达到移花接木、起死回生的效果。此式可谓维修的最高境界。

在维修小家电的过程中，有些故障特征较为明显，故障部位也容易判别，但在检测代换时却常常因为损坏部件外形设计独特或缺乏通用性而造成无法用同型号部件替换的难题，使整个维修陷入尴尬的境地。这时，故障机通常便会被宣告“死亡”。然而，对于维修高手，有些部件通过一定的替换、加工或改造，便可满足维修要求，使故障机最终“起死回生”。

除了大量的维修经验外，丰富的知识和广阔的眼界也是非常重要的。除了对维修技能需要有扎实的基础，对于小家电生产、配件销售市场也要有所涉猎。尤其是要了解各种不同小家电接插件、各功能部件以及单元电路的功能特点，并且知晓它们之间的替代方法。

7.1 遇难题风扇电动机损坏，施妙手废弃设备取材

电风扇使用过程中，出现不旋转、不摇头的故障率极高。而在电风扇中用于实现旋转和摇头功能的主要部件为电动机，因此对于出现该类故障的电风扇，通常都是由于电动机不运转故障所引起的。

高手指点

造成电动机不运转的主要原因有3点：

- 启动电容损坏；
- 电动机本身损坏；
- 控制电路损坏。

电动机一旦出现故障，维修人员经常采取的方法就是使用同型号的电动机直接进行拆卸代换。而对于一些老式电风扇来说，寻找型号、参数、绕组引线连接方式、安装方式、传动转轴等完全相同的电动机十分困难。因此，选配电动机时可优先考虑电动机的参数，寻找与之相匹配的电动机，而对于绕组引线连接方式、安装方式、传动转轴的不同，我们就需要施展“移花接木”的绝技，以起到“起死回生”之功效。

一台华生牌交流壁挂式电风扇在使用时，电风扇扇叶旋转正常，但无法进行摇头工作。怀疑该电风扇中的摇头电动机故障，对摇头电动机进行检测，如图7-1所示。

经检测发现摇头电动机绕组阻值过小，正常应为几千欧姆，怀疑该摇头电动机损坏，但一时在市场上很难购买到相关配件。正在一筹莫展时，维修人员惊喜地发现一台报废微波炉中的转盘电动机与该摇头电动机十分相似，于是对报废微波炉中的转盘电动机进行检测，如图7-2

所示，发现其性能良好。

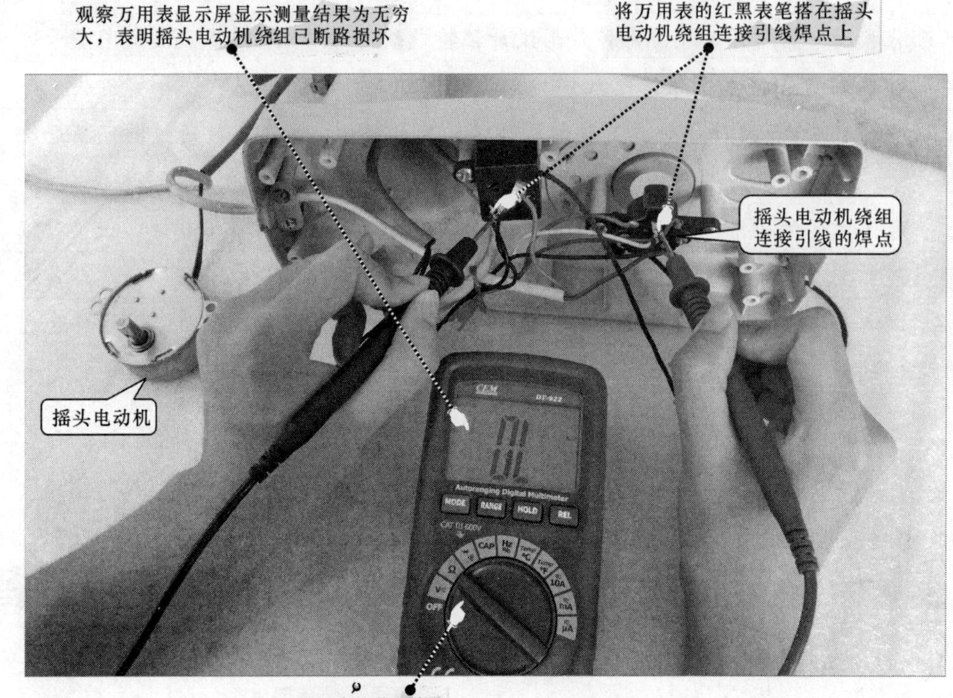
观察万用表显示屏显示测量结果为无穷大，表明摇头电动机绕组已断路损坏
将万用表的红黑表笔搭在摇头电动机绕组连接引线焊点上
摇头电动机绕组连接引线的焊点
摇头电动机
万用表挡位调整至欧姆挡

图 7-1　华生牌交流壁挂式电风扇摇头电动机的检测

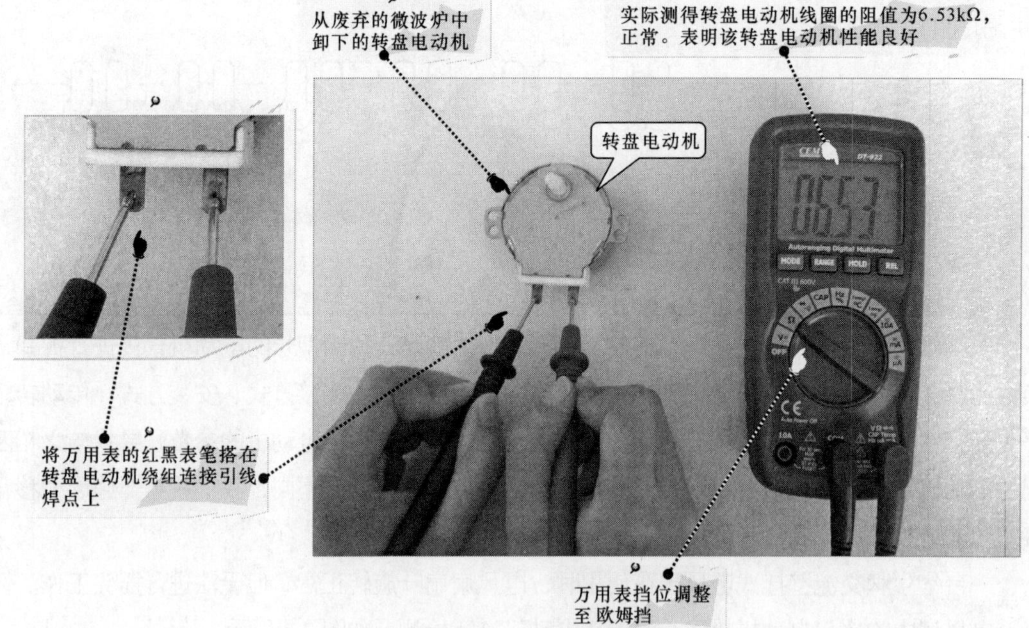
从废弃的微波炉中卸下的转盘电动机
实际测得转盘电动机线圈的阻值为6.53kΩ，正常。表明该转盘电动机性能良好
转盘电动机
将万用表的红黑表笔搭在转盘电动机绕组连接引线焊点上
万用表挡位调整至欧姆挡

图 7-2　报废微波炉中转盘电动机的检测

进一步将转盘电动机与当前损坏的摇头电动机的参数进行对比，发现正好符合替换要求，而且两只电动机的外形、固定方式也完全相同，只是绕组引线的连接方式和传动转轴有所不

同，图 7-3 所示为两台电动机的对比。

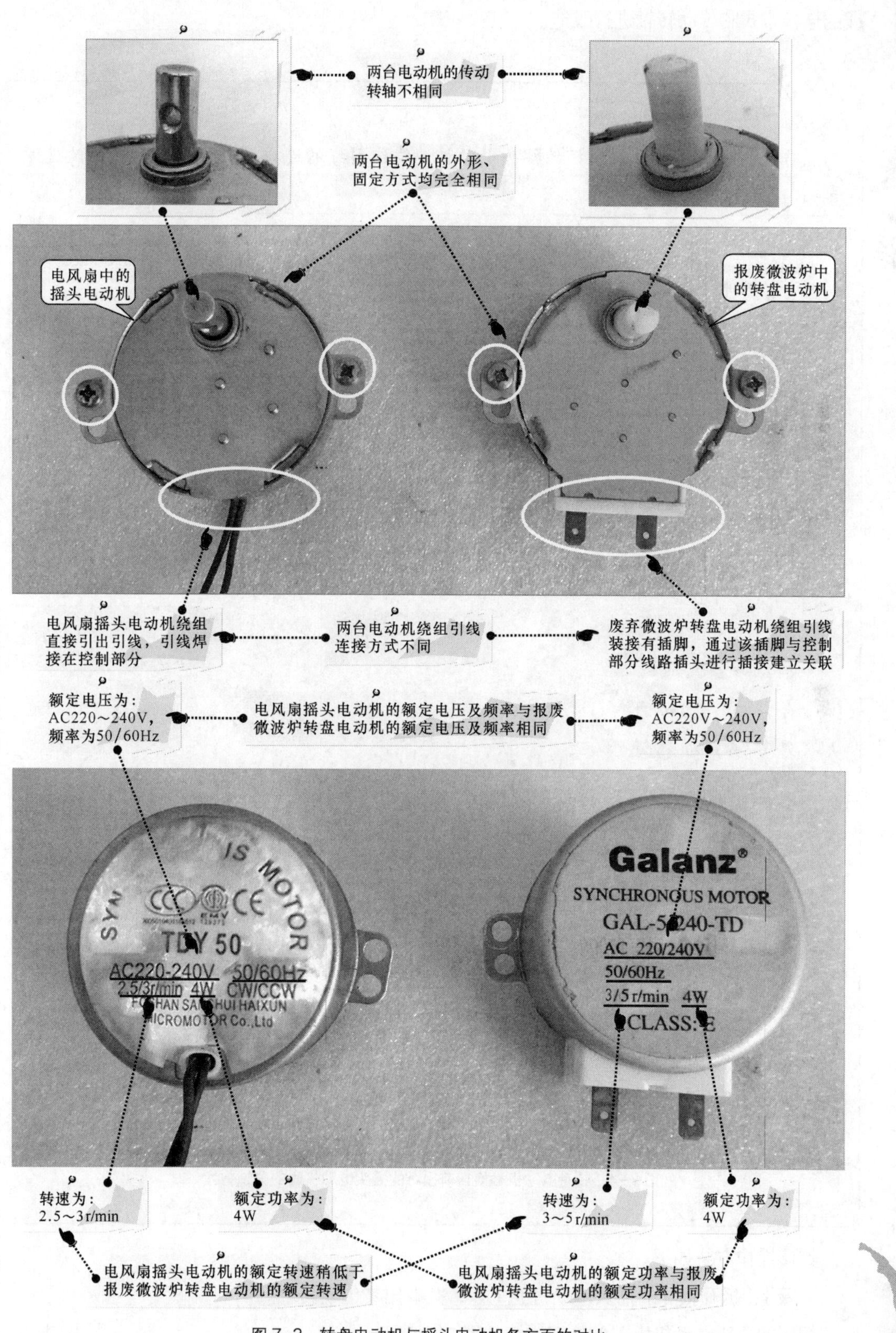

两台电动机的传动转轴不相同
两台电动机的外形、固定方式均完全相同
电风扇中的摇头电动机
报废微波炉中的转盘电动机
电风扇摇头电动机绕组直接引出引线，引线焊接在控制部分
两台电动机绕组引线连接方式不同
废弃微波炉转盘电动机绕组引线装接有插脚，通过该插脚与控制部分线路插头进行插接建立关联
额定电压为：AC220～240V，频率为50/60Hz
电风扇摇头电动机的额定电压及频率与报废微波炉转盘电动机的额定电压及频率相同
额定电压为：AC220V～240V，频率为50/60Hz
TDY 50
AC220-240V 50/60Hz
2.5/3r/min 4W CW/CCW
Galanz
SYNCHRONOUS MOTOR
AC 220/240V
50/60Hz
3/5 r/min 4W
转速为：2.5～3r/min
额定功率为：4W
转速为：3～5 r/min
额定功率为：4W
电风扇摇头电动机的额定转速稍低于报废微波炉转盘电动机的额定转速
电风扇摇头电动机的额定功率与报废微波炉转盘电动机的额定功率相同

图 7-3　转盘电动机与摇头电动机各方面的对比

因此，如果使用转盘电动机替换当前损坏的摇头电动机，就需要对其转盘电动机的绕组引线的连接方式和传动转轴进行改造。

功法秘籍

转盘电动机替换当前损坏的摇头电动机，绕组引线的连接方式、传动转轴的改造方案如图 7-4 所示。

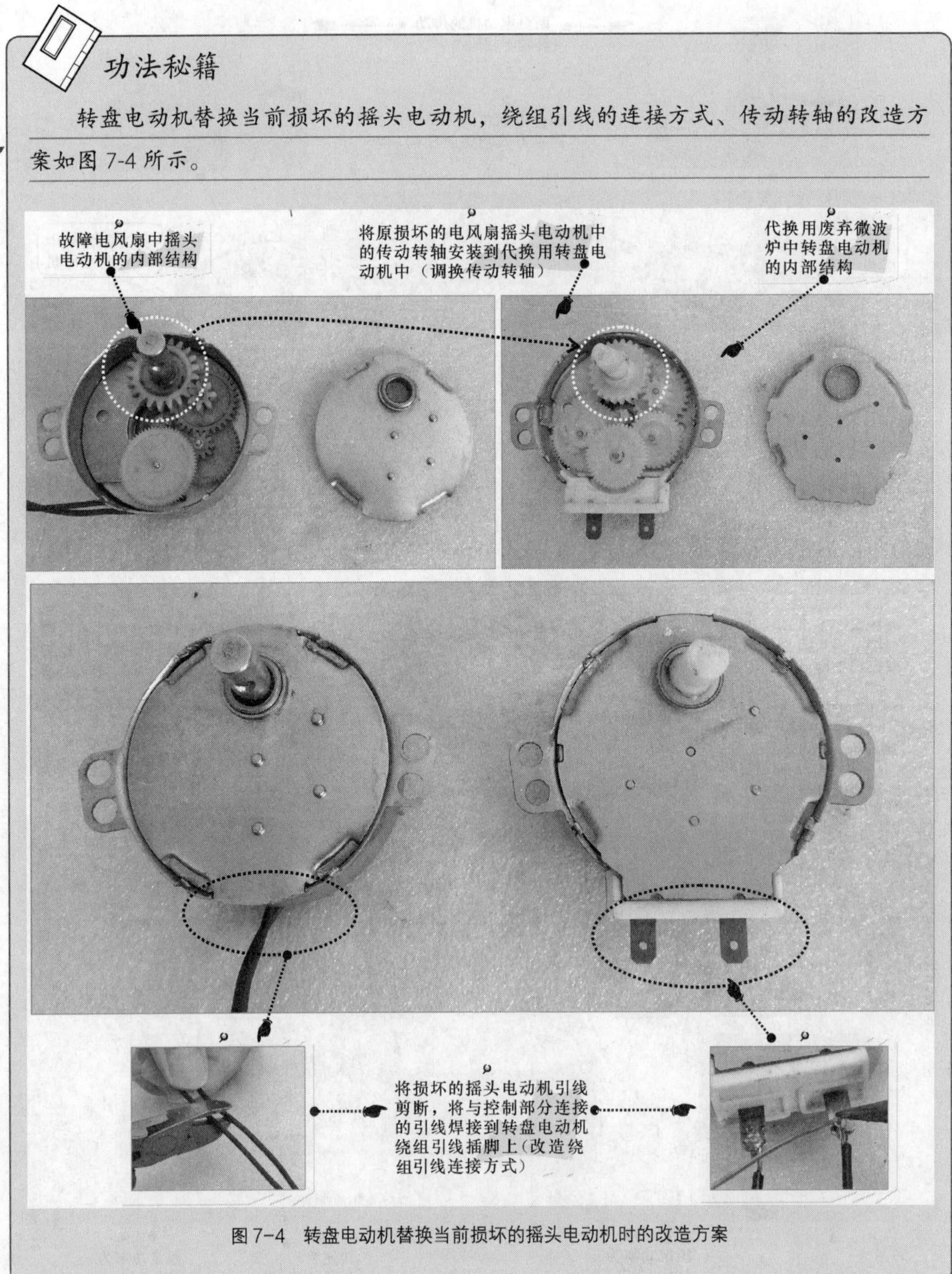
故障电风扇中摇头电动机的内部结构
将原损坏的电风扇摇头电动机中的传动转轴安装到代换用转盘电动机中（调换传动转轴）
代换用废弃微波炉中转盘电动机的内部结构
将损坏的摇头电动机引线剪断，将与控制部分连接的引线焊接到转盘电动机绕组引线插脚上（改造绕组引线连接方式）

图 7-4　转盘电动机替换当前损坏的摇头电动机时的改造方案

具体操作方法如下。

步骤 1：拆开损坏的摇头电动机的上盖，并取出其传动转轴。

损坏的摇头电动机上盖的拆卸方法如图 7-5 所示。

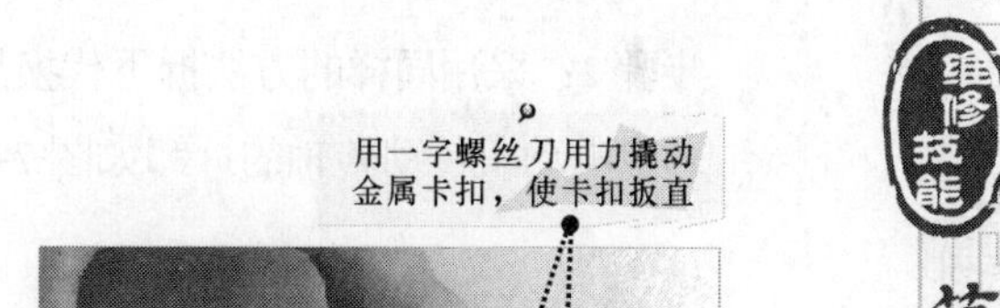
用一字螺丝刀用力撬动
金属卡扣，使卡扣扳直

摇头电动机的上盖由
外壳上的金属卡扣卡住

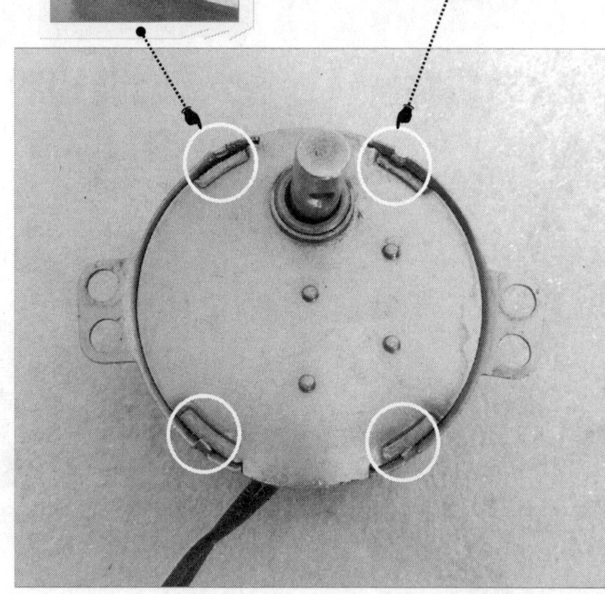

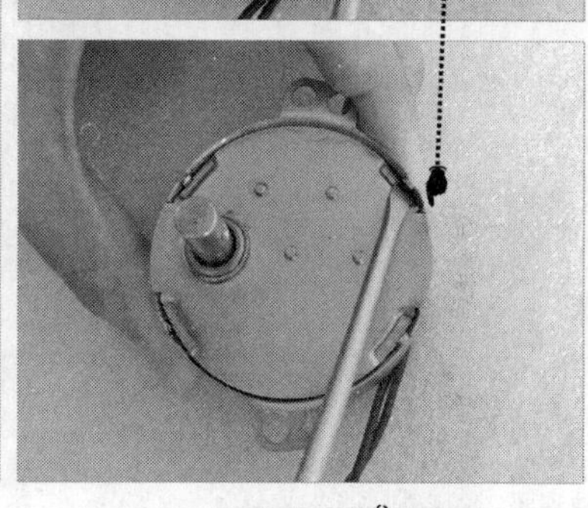

用尖头镊子从上盖缝隙中插入，轻轻用力，
向上提起摇头电动机上盖，将其取下

将传动转轴连同底部
的传动齿轮一起取下

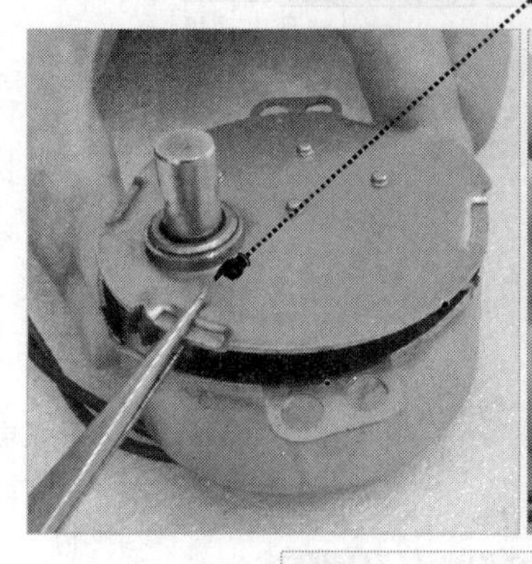

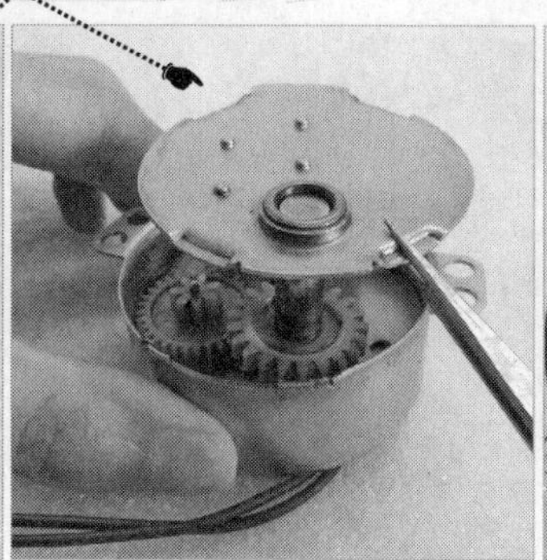

传动转轴连同
传动齿轮取下
后清理干净，
准备代用

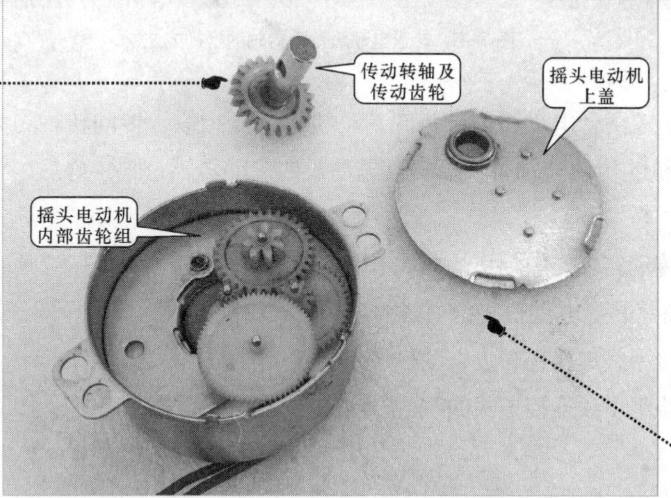
传动转轴及
传动齿轮
摇头电动机
上盖
摇头电动机
内部齿轮组

摇头电动机
的内部结构

图 7-5　损坏的摇头电动机上盖的拆卸方法

步骤 2：采用同样的方法拆下代换用的转盘电动机上盖，也将其传动转轴取下。

转盘电动机传动转轴的拆卸如图 7-6 所示。

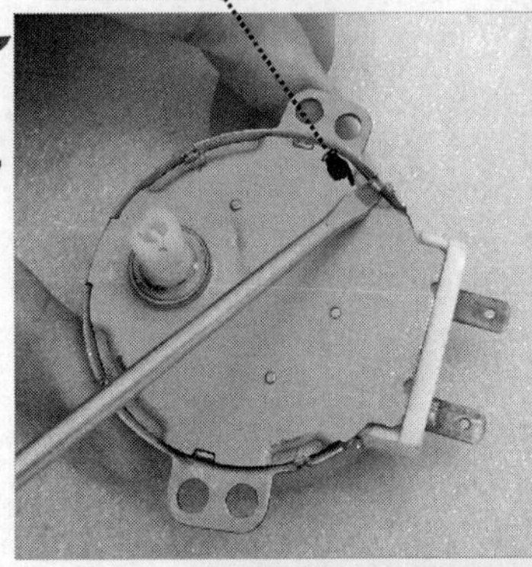
用一字螺丝刀用力撬动
金属卡扣，使卡扣扳直

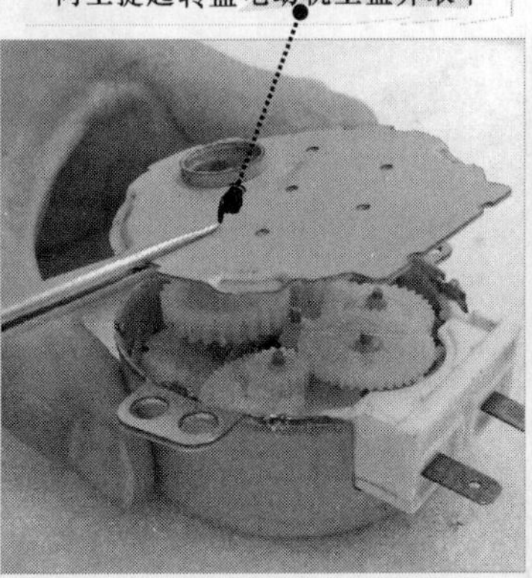
用尖头镊子从上盖缝隙中插入，
向上提起转盘电动机上盖并取下

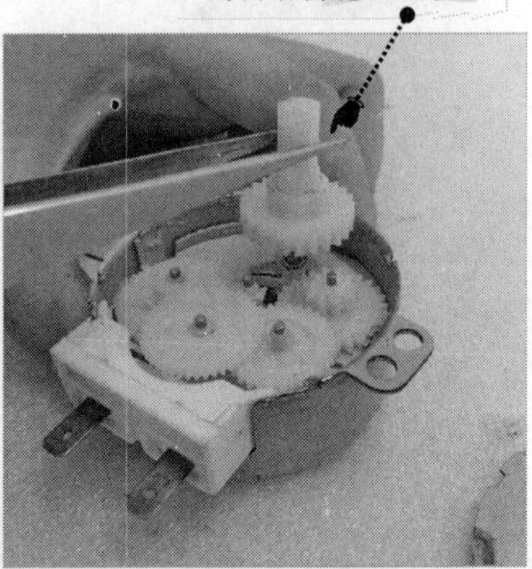
将传动转轴连同底部
的传动齿轮一起取下

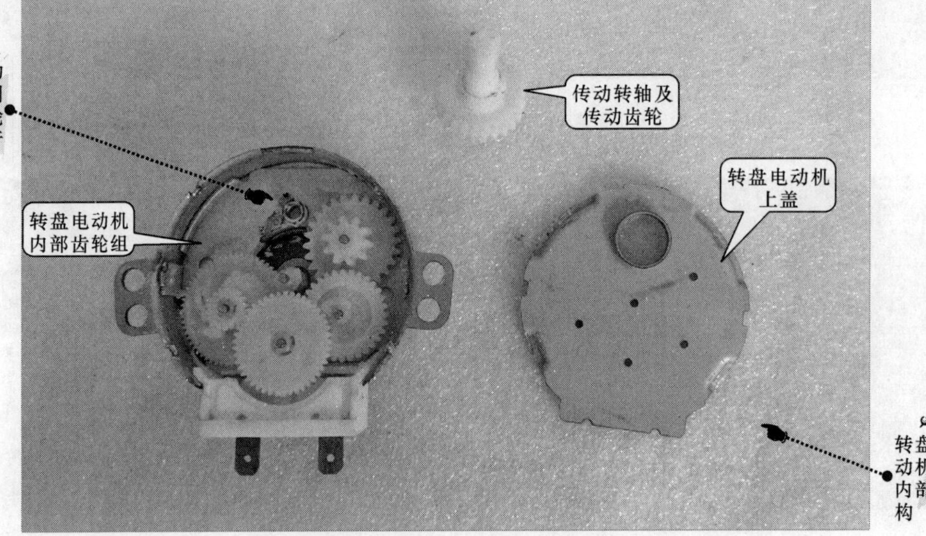
取下传动
转轴连同
传动齿轮
准备进行
代换
传动转轴及
传动齿轮
转盘电动机
上盖
转盘电动机
内部齿轮组
转盘电
动机的
内部结
构

图 7-6　转盘电动机传动转轴的拆卸方法

步骤 3：经比较两台电动机内部齿轮传动机构十分相似，传动转轴的大小也相同。将原损坏的摇头电动机的传动转轴替换掉转盘电动机的传动转轴，固定好后，将转盘电动机的外壳复原。

转盘电动机传动转轴与原损坏的摇头电动机传动转轴的代换如图 7-7 所示。

步骤 4：接着将转盘电动机绕组引线的连接方式由插接改为焊接，即直接将原损坏的摇头电动机绕组的连接引线焊接在转盘电动机绕组的连接插头上。

转盘电动机绕组引线连接方式的改造方法如图 7-8 所示。

两台电动机传动转轴不同，应将代换用的转盘电动机的传动转轴替换为原损坏摇头电动机中的传动转轴，以使电动机替换后能够与故障电风扇中的摇头组件紧密安装配合工作

传动转轴
传动齿轮
传动转轴
传动齿轮

将原损坏的摇头电动机中的传动转轴连同底部的传动齿轮与转盘电动机中的传动转轴（连齿轮)替换

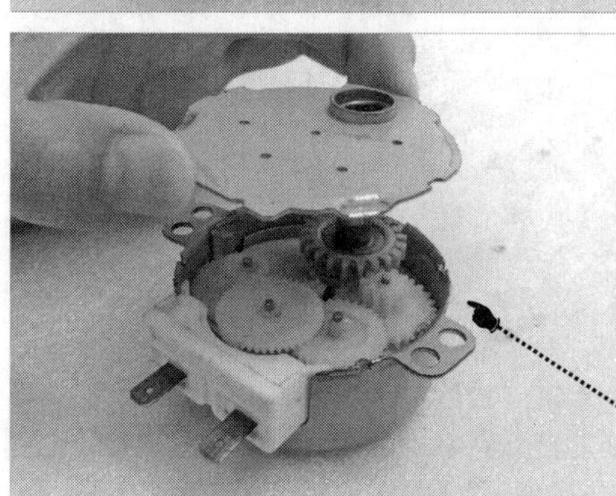

将转盘电动机的上盖装回电动机中，并用外壳上的金属卡扣卡紧

图 7-7　转盘电动机传动转轴与原损坏的摇头电动机传动转轴的代换

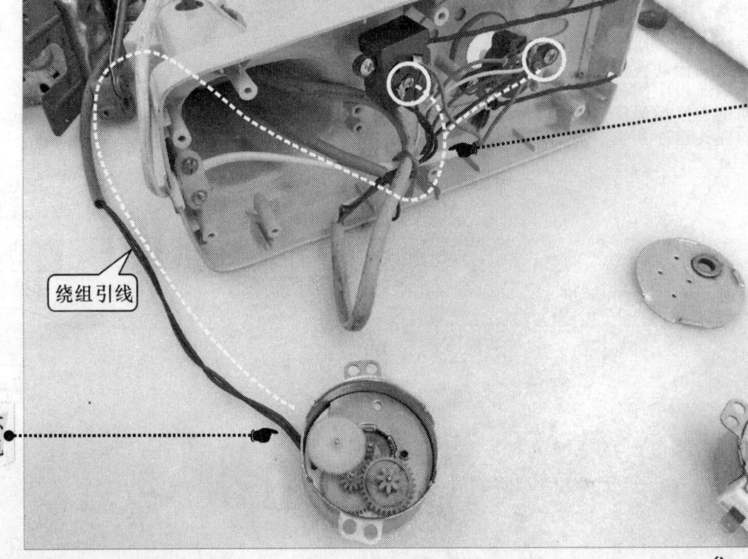
绕组引线

原损坏的摇头电动机绕组引线焊接在控制部分

电风扇中损坏的摇头电动机

用尖嘴钳剪断损坏的摇头电动机的绕组引线，保持该引线与控制部分的焊接

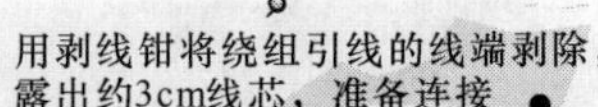
用剥线钳将绕组引线的线端剥除，露出约3cm线芯，准备连接

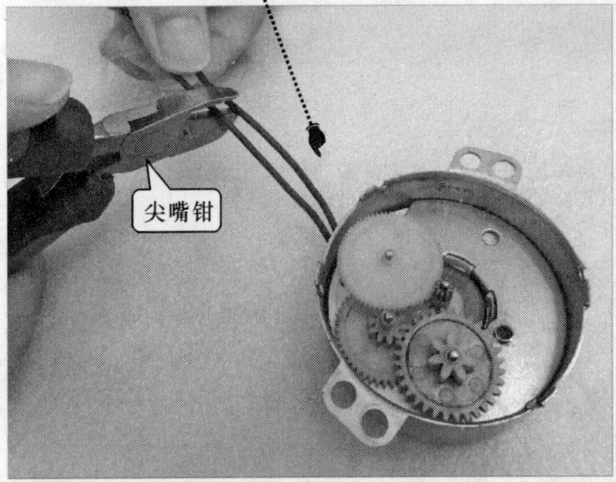
尖嘴钳

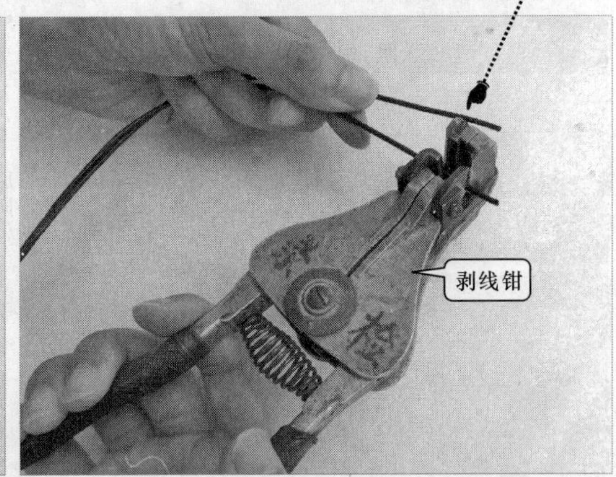
剥线钳

将导线连接到代换用的转盘电动机绕组插脚上

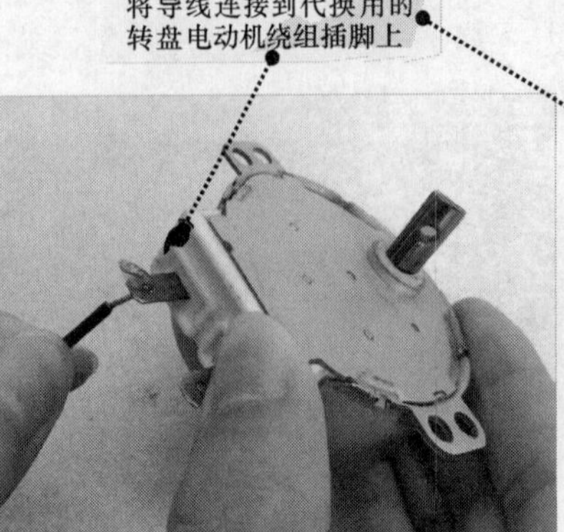

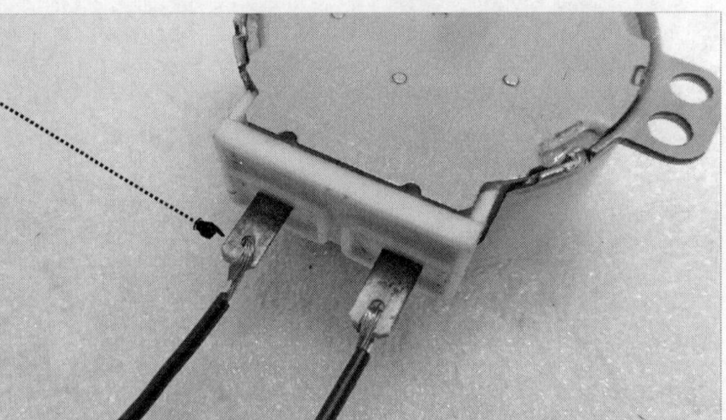

图 7-8　转盘电动机绕组引线连接方式的改造方法

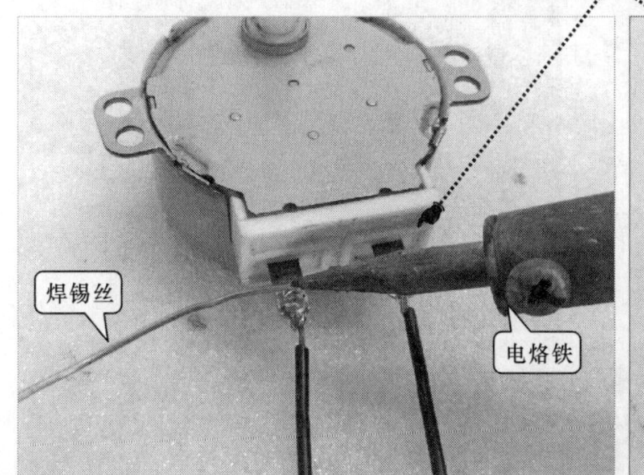
用电烙铁和焊锡丝将原摇头电动机与控制部分连接的引线焊接到代换用转盘电动机插脚上，使其固定牢固
焊锡丝
电烙铁

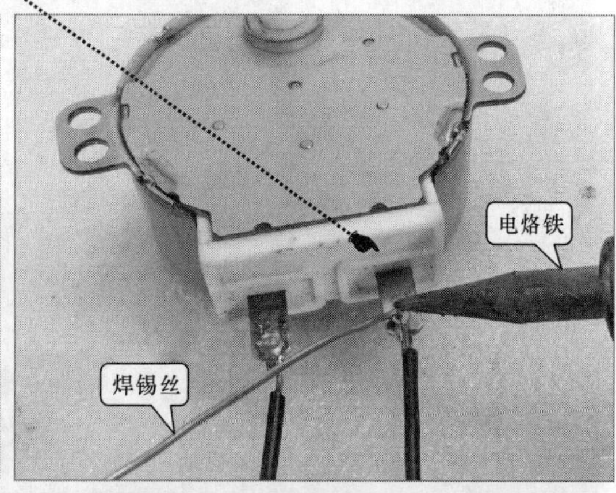
电烙铁
焊锡丝

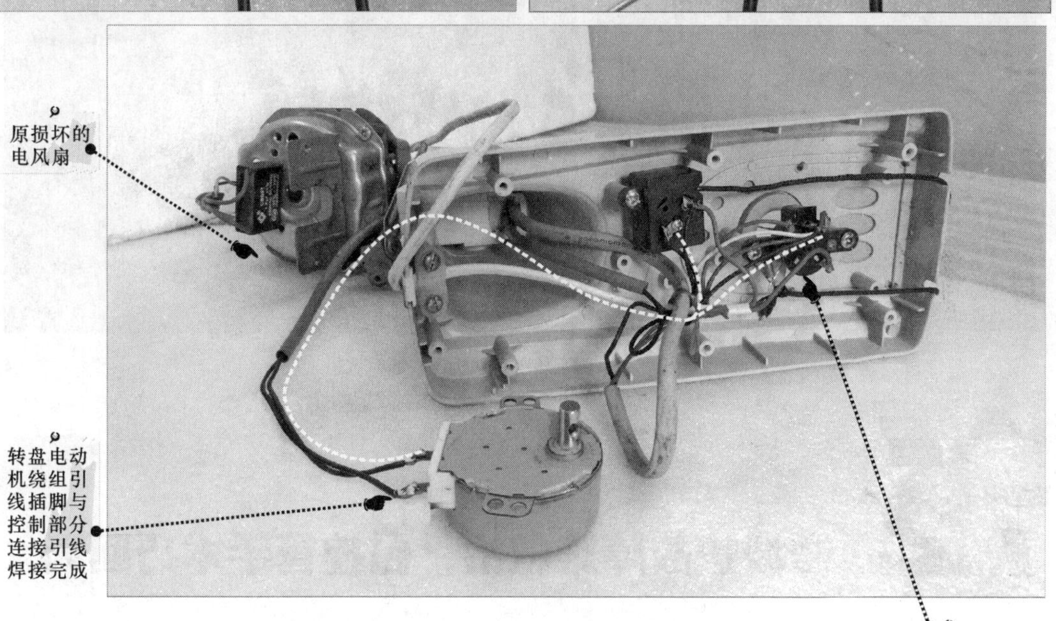
原损坏的电风扇
转盘电动机绕组引线插脚与控制部分连接引线焊接完成
电风扇的控制部分

图 7-8　转盘电动机绕组引线连接方式的改造方法（续）

步骤 5：将转盘电动机装入故障电风扇原摇头电动机位置后，检查连接、安装准确无误后，通电试机恢复正常，电动机代换成功。

将转盘电动机装入故障电风扇，并将电风扇其他各部件装回，如图 7-9 所示。

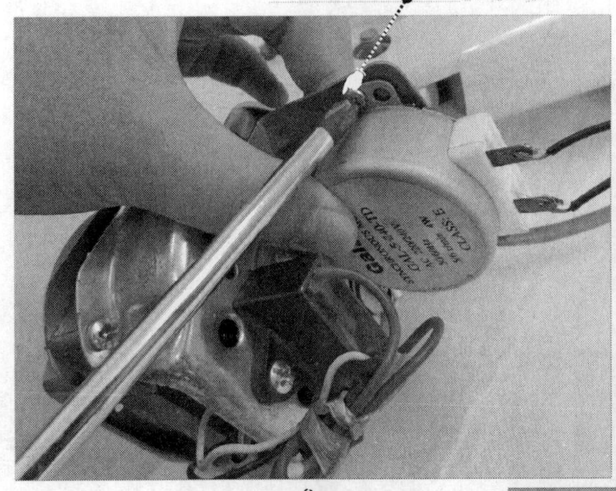
将转盘电动机安装固定到
原损坏摇头电动机的位置上

将转盘电动机的传动转轴安装到
电风扇摇头组件偏心轮中，固定
偏心轮

最后将电风扇复原，
通电试机，故障排除

图 7-9　安装固定转盘电动机，并通电试机

7.2 微波炉故障难救治，磁控管手术巧回天

在微波炉的使用过程中，出现不加热的故障频率较高。而在微波炉中用于实现加热功能的主要部件为磁控管，因此，对于微波炉出现该类故障，大多都是由磁控管工作异常引起的。

高手指点

造成磁控管工作异常的主要原因有 3 点：

- 磁控管内部灯丝熔断；
- 磁控管灯丝引脚插座中的引脚对外壳击穿漏电；
- 磁控管的外围元器件，如高压变压器、高压二极管损坏。

磁控管一旦出现故障，维修人员经常采取的方法就是直接进行拆卸代换。但在实际维修过程中发现，有时同一型号微波炉所采用的磁控管型号也可能不一样，比如，WD700 型格兰仕微波炉有些采用的型号为 2M253K 的东芝进口磁控管，有些则用的型号为 M24FB-210A 型的国产磁控管，因此，想要寻找与故障机匹配的同型号磁控管比较困难。

而且，由于大多时候磁控管异常是由其灯丝引脚插座中的引脚对外壳间短路故障引起的，其他各部分均完好，因此，如果仅因为灯丝引脚插座损坏，就将整个磁控管报废，十分可惜。这时，维修人员可采取对微波炉磁控管进行更换灯丝引脚插座的方法来解决。即可从一些报废磁控管上，拆下绝缘性能仍完好的灯丝引脚插座进行代换。

一台格兰仕微波炉在使用时，无法加热，怀疑磁控管故障，首先对磁控管灯丝引脚进行检测，如图 7-10 所示。

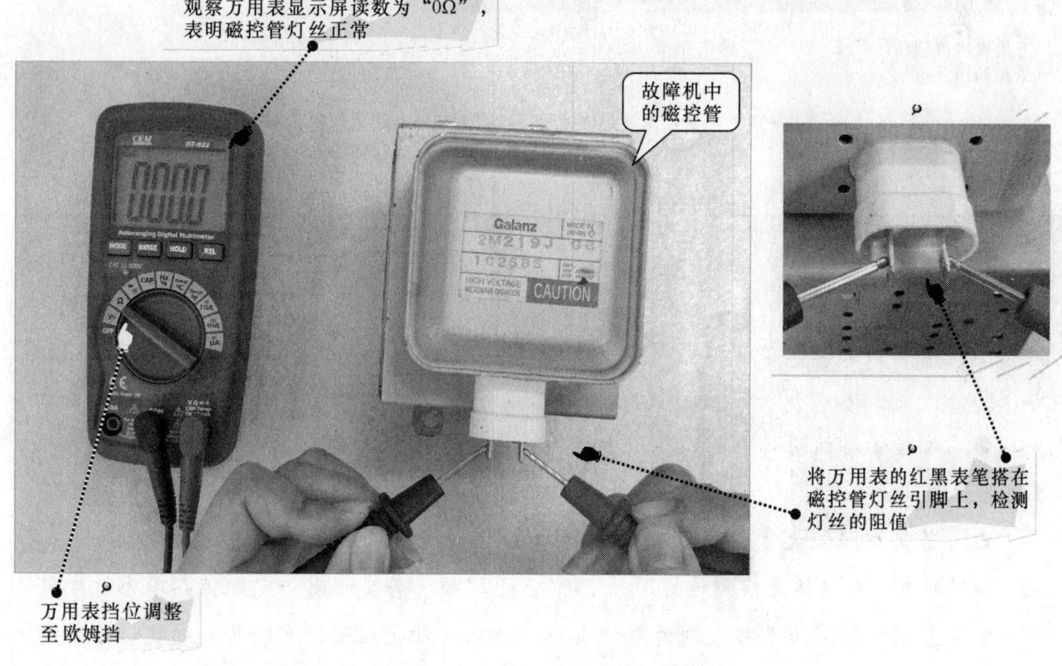
观察万用表显示屏读数为“0Ω”，
表明磁控管灯丝正常
故障机中
的磁控管
Galanz
2M219J
CAUTION
将万用表的红黑表笔搭在
磁控管灯丝引脚上，检测
灯丝的阻值
万用表挡位调整
至欧姆挡

图 7-10　格兰仕微波炉磁控管灯丝引脚之间阻值的检测

经检测发现磁控管灯丝引脚间阻值正常，进一步检测灯丝引脚与外壳之间的阻值，如图 7-11 所示。

根据测量结果可知，该微波炉磁控管灯丝引脚与外壳间已短路，说明灯丝引脚插座绝缘性能不良。正巧有一个废旧的磁控管因灯丝断裂无法使用，被弃置废物堆中，将其取出，清洁干净后，用万用表测量其灯丝引脚与外壳间的电阻值为无穷大，表明该磁控管灯丝引脚插座与外壳之间的绝缘性能良好。

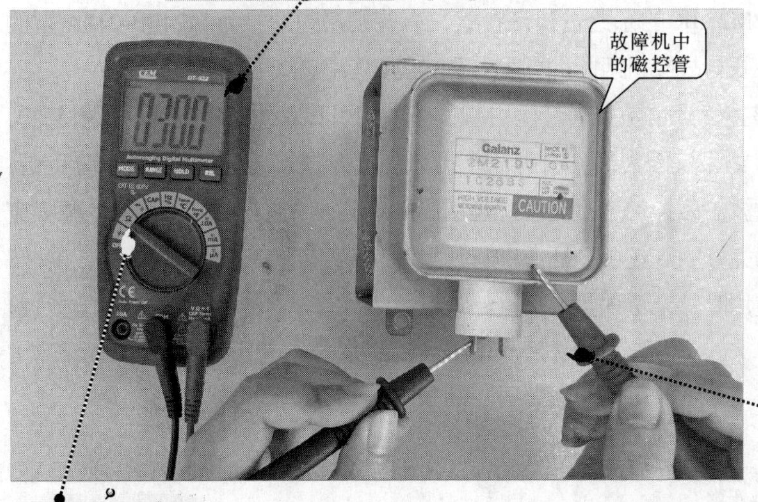
观察万用表显示屏读数为“30Ω”，表明磁控管灯丝引脚对外壳存在短路（正常应为无穷大）
故障机中的磁控管
Galanz
2M219J
CAUTION
万用表挡位调整至 欧姆挡

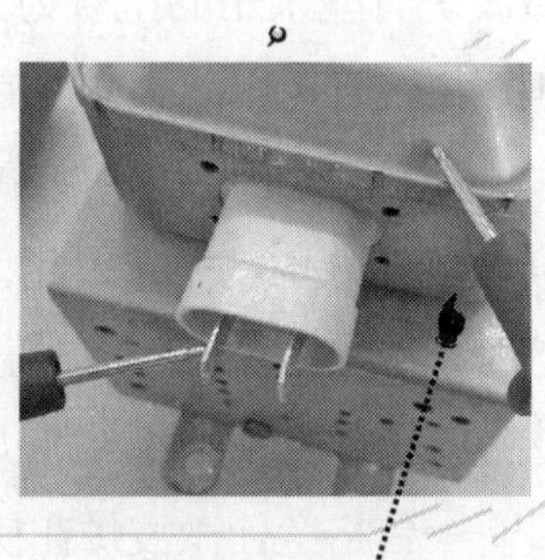
将万用表的红黑表笔，一只搭在灯丝引脚上，一只搭在磁控管外壳上，检测灯丝引脚与外壳之间的阻值

图 7-11　格兰仕微波炉磁控管灯丝引脚与外壳间阻值的检测

高手指点

用万用表测量磁控管灯丝阻值的各种情况为：

● 磁控管灯丝两引脚间的阻值小于 1Ω 为正常；

● 若实测阻值大于 2Ω 多为灯丝老化，不可修复，应整体更换磁控管；

● 若实测阻值为无穷大则为灯丝烧断，不可修复，应整体更换磁控管；

● 若实测阻值不稳定变化，多为灯丝引脚与磁棒电感线圈焊口松动，应补焊。

用万用表测量灯丝引脚与外壳间的阻值的各种情况为：

● 磁控管灯丝引脚与外壳间的阻值为无穷大为正常；

● 若实测有一定阻值，多为灯丝引脚相对外壳短路，应修复或更换灯丝引脚插座。

由于微波炉中磁控管的外形基本都相同，因此虽不知废旧磁控管的型号，但其灯丝引脚插座相同，可以替换。

具体操作如下。

步骤 1：撬开故障磁控管灯丝部分的方形顶盖，撬动时应注意防止顶盖变形，以免无法复原。

磁控管灯丝部分方形顶盖的拆卸方法如图 7-13 所示，可看到灯丝引脚在磁控管内部是与两只磁棒电感相连接的。

功法秘籍

磁控管中灯丝引脚插座的代换方案如图 7-12 所示。

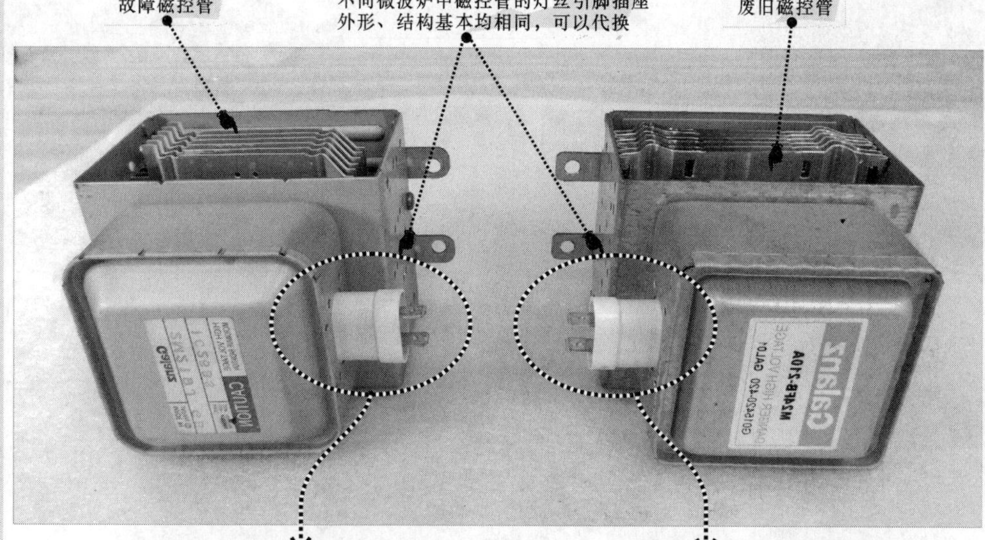
故障磁控管
不同微波炉中磁控管的灯丝引脚插座
外形、结构基本均相同，可以代换
废旧磁控管

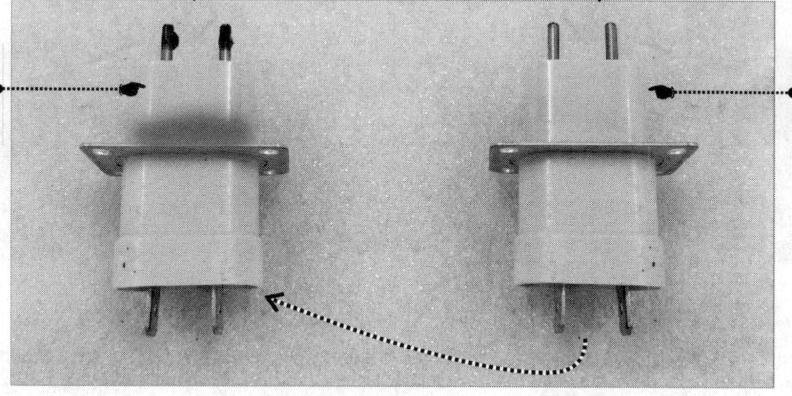
从故障磁
控管中取
下损坏的
灯丝引脚
插座
从废旧磁
控管中取
下性能良
好的灯丝
引脚插座

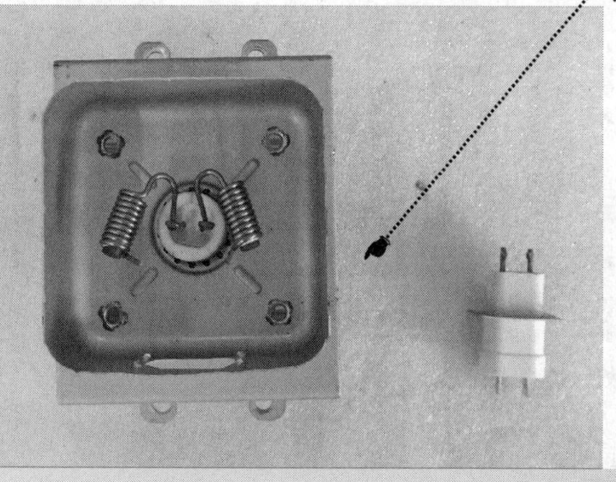
将从废旧磁控管中拆下的灯丝引脚插座
替换掉故障磁控管中损坏的灯丝引脚插座

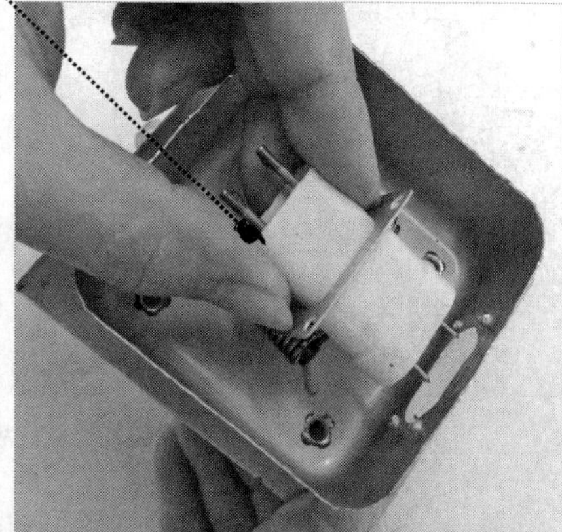

图 7-12　磁控管中灯丝引脚插座的代换方案

用一字螺丝刀撬开故障磁控管灯丝部分的方形端盖，撬动过程中应注意避免方形端盖及卡紧部位变形

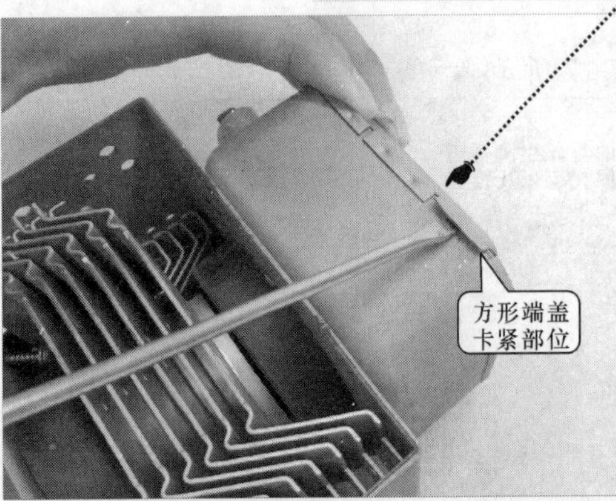
方形端盖
卡紧部位

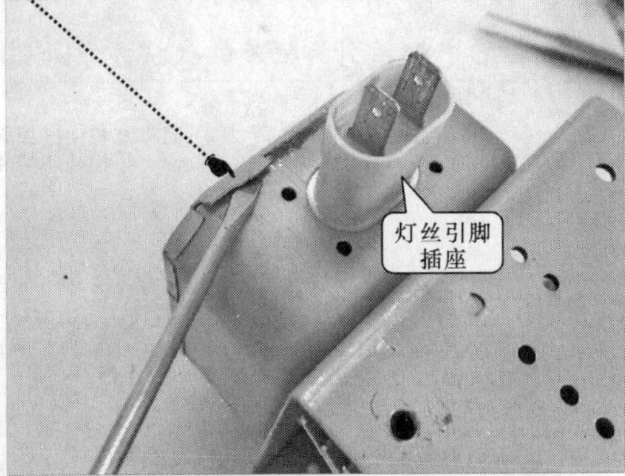
灯丝引脚
插座

撬动方形端盖边缘部分，使方形端盖与外壳分离

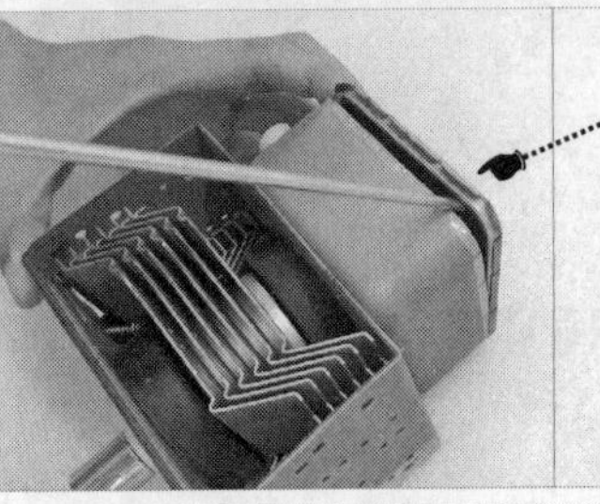

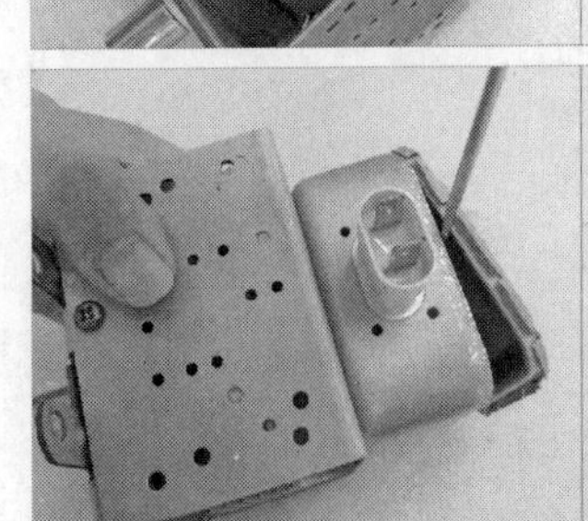

取下方形端盖

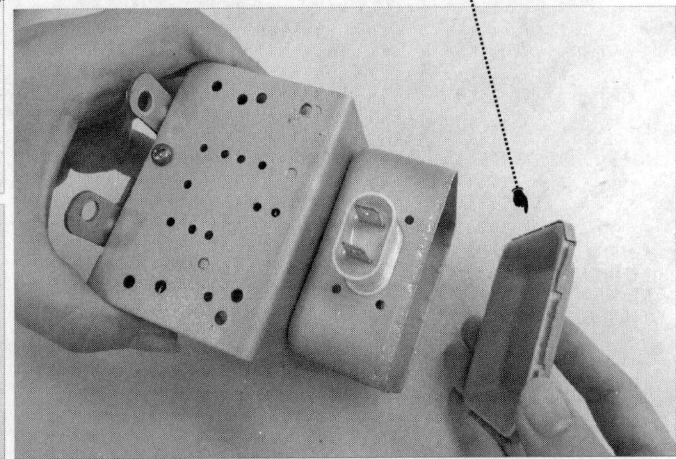

取下方形端盖后即可看到磁控管灯丝部分的内部构造

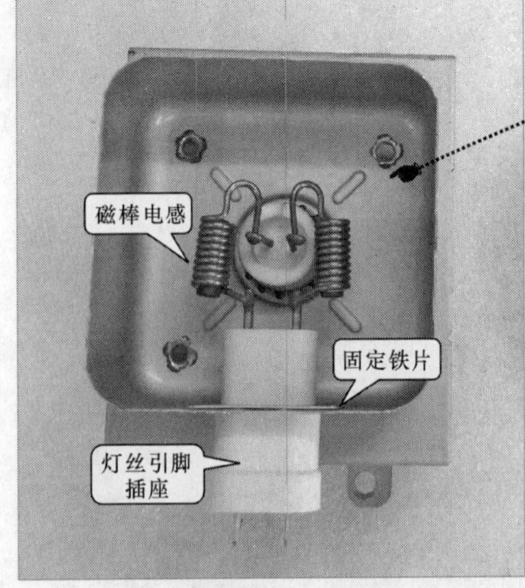
磁棒电感
固定铁片
灯丝引脚
插座

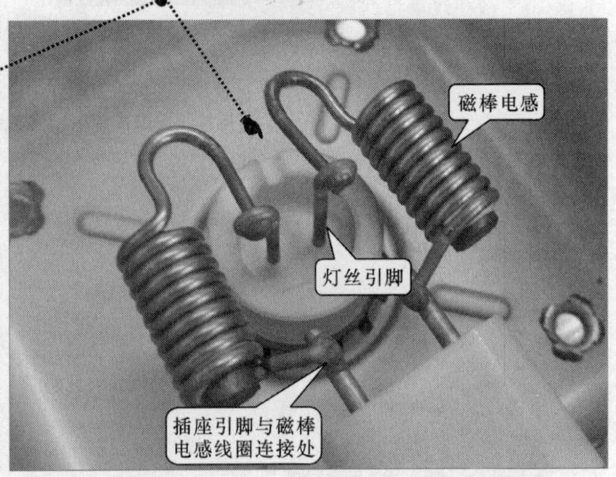
磁棒电感
灯丝引脚
插座引脚与磁棒
电感线圈连接处

图 7-13　撬开故障磁控管灯丝部分的方形顶盖

步骤 2：取下故障磁控管的灯丝引脚插座。

灯丝引脚插座的拆卸方法如图 7-14 所示。

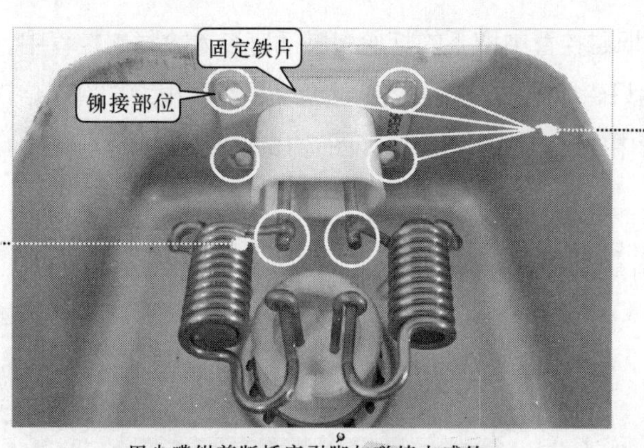
固定铁片
铆接部位
然后将灯丝引脚插座固定铁片上铆接部分撬开，即可取下灯丝引脚插座
拆卸灯丝引脚插座之前应先将插座引脚与磁棒电感连接处剪断

用尖嘴钳剪断插座引脚与磁棒电感的连接处，使插座引脚与磁棒电感分离

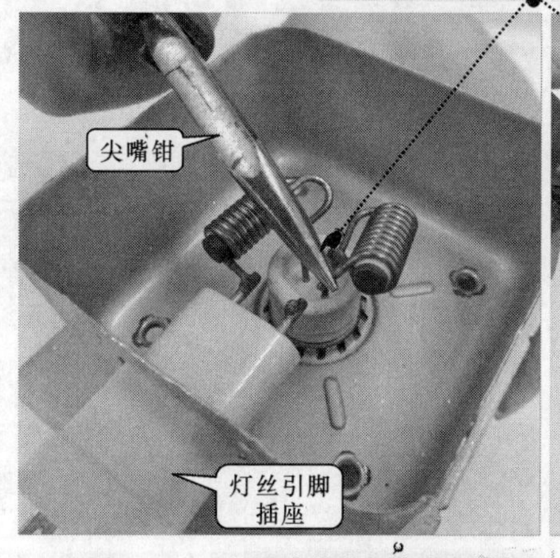
尖嘴钳
灯丝引脚插座

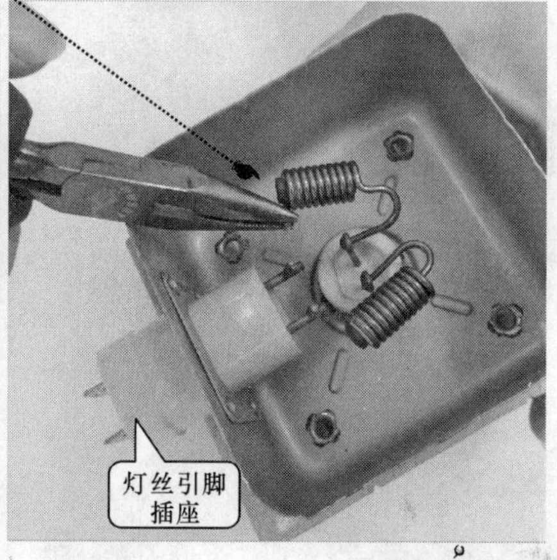
灯丝引脚插座

用一字螺丝刀撬动固定铁片，撬开与外壳的铆接部位

将固定铁片与外壳分离

固定铁片

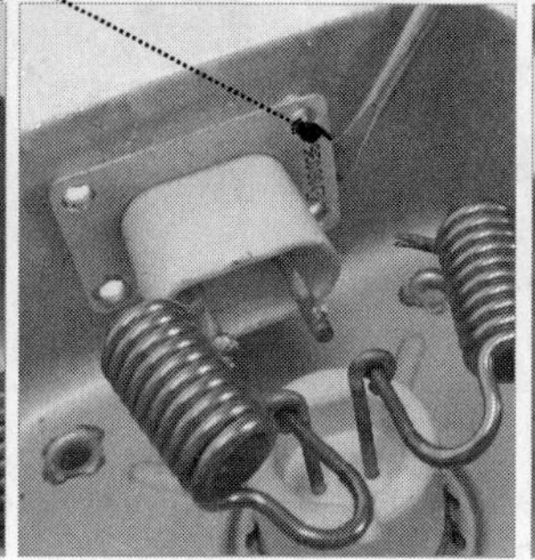

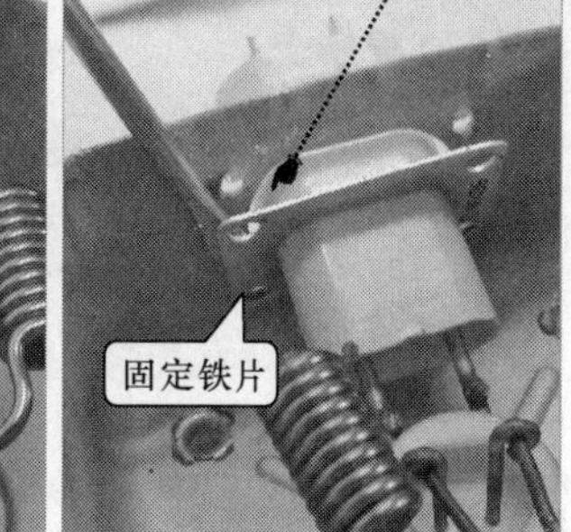
固定铁片

将灯丝引线插座从磁控管中取出

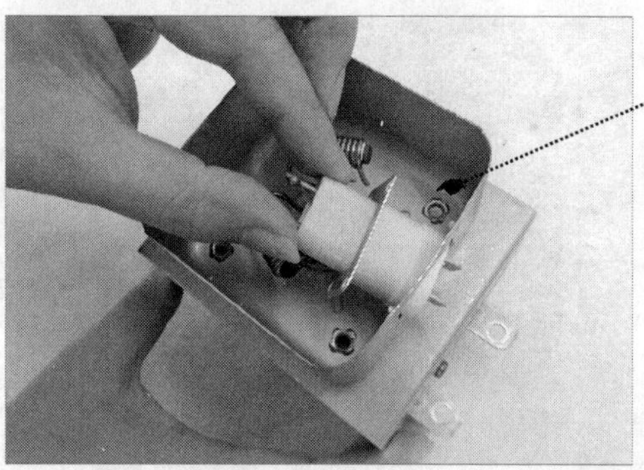

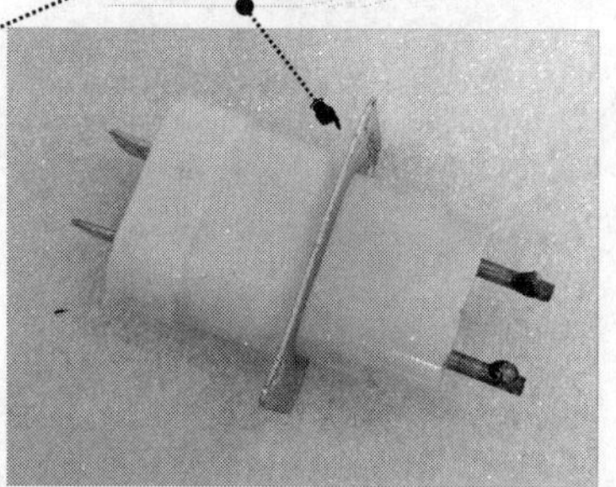

图 7-14　灯丝引脚插座的拆卸方法

步骤3：将从废旧磁控管中取下的灯丝引脚插座装入故障磁控管中，铆接铁片固定后，将插座上的引脚端与两只磁棒电感引脚用细铜丝缠绕，然后用大功率电烙铁、焊锡丝进行焊接。

代换故障磁控管中的灯丝引脚插座，如图7-15所示。

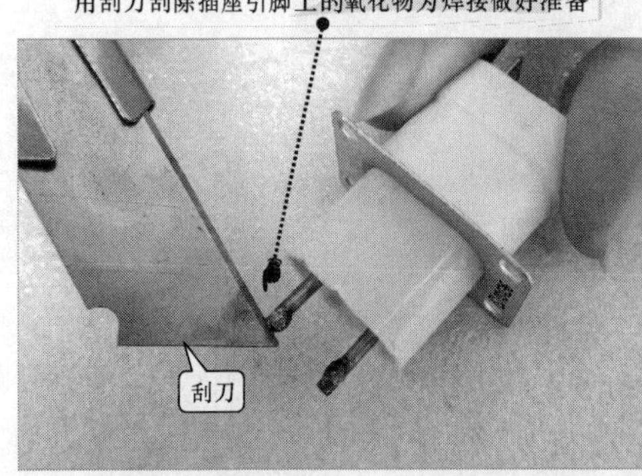
从废旧磁控管中取下性能良好的灯丝引脚插座。
用刮刀刮除插座引脚上的氧化物为焊接做好准备
刮刀

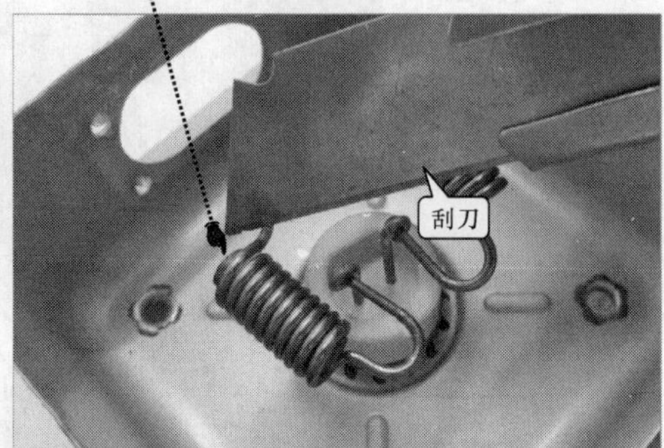
用刮刀刮除磁棒电感引脚上的氧化物为焊接做好准备
刮刀

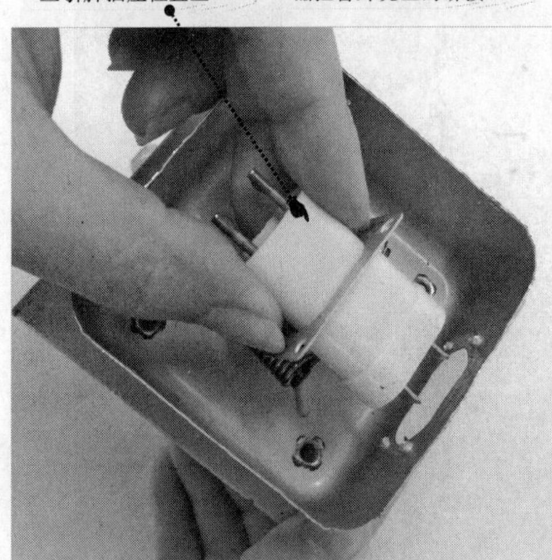
将代换用的灯丝引脚插座放入故障磁控管原灯丝引脚插座位置上

将灯丝引脚插座上固定铁片的4个铆接孔对准故障磁控管外壳上的铆接口
铆接孔
固定铁片

铆接孔
尖嘴钳
用尖嘴钳将故障磁控管铆接口上的小铁片压平，使其铆接到灯丝引脚插座的铁片上，固定灯丝引脚插座

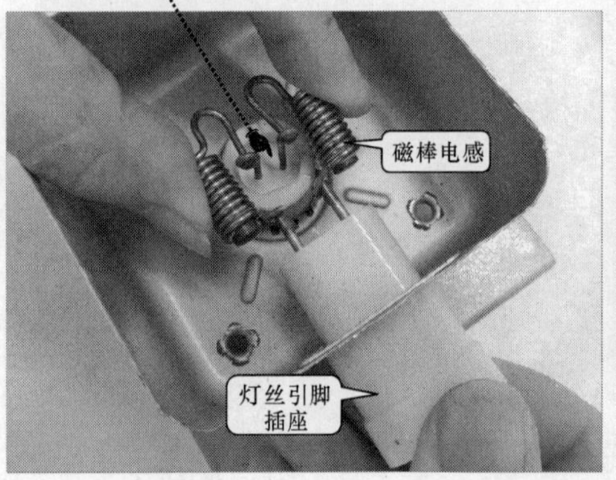
调整磁棒电感的位置，使其引脚搭接到灯丝引脚插座的引脚上
磁棒电感
灯丝引脚插座

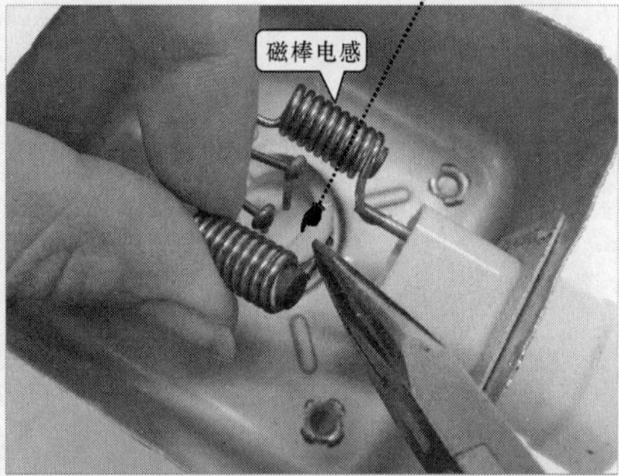
用尖嘴钳将磁棒电感引脚掰弯，使其能够与灯丝引脚插座上的引脚紧密接触
磁棒电感

图7-15 代换故障磁控管中的灯丝引脚插座

维修技能

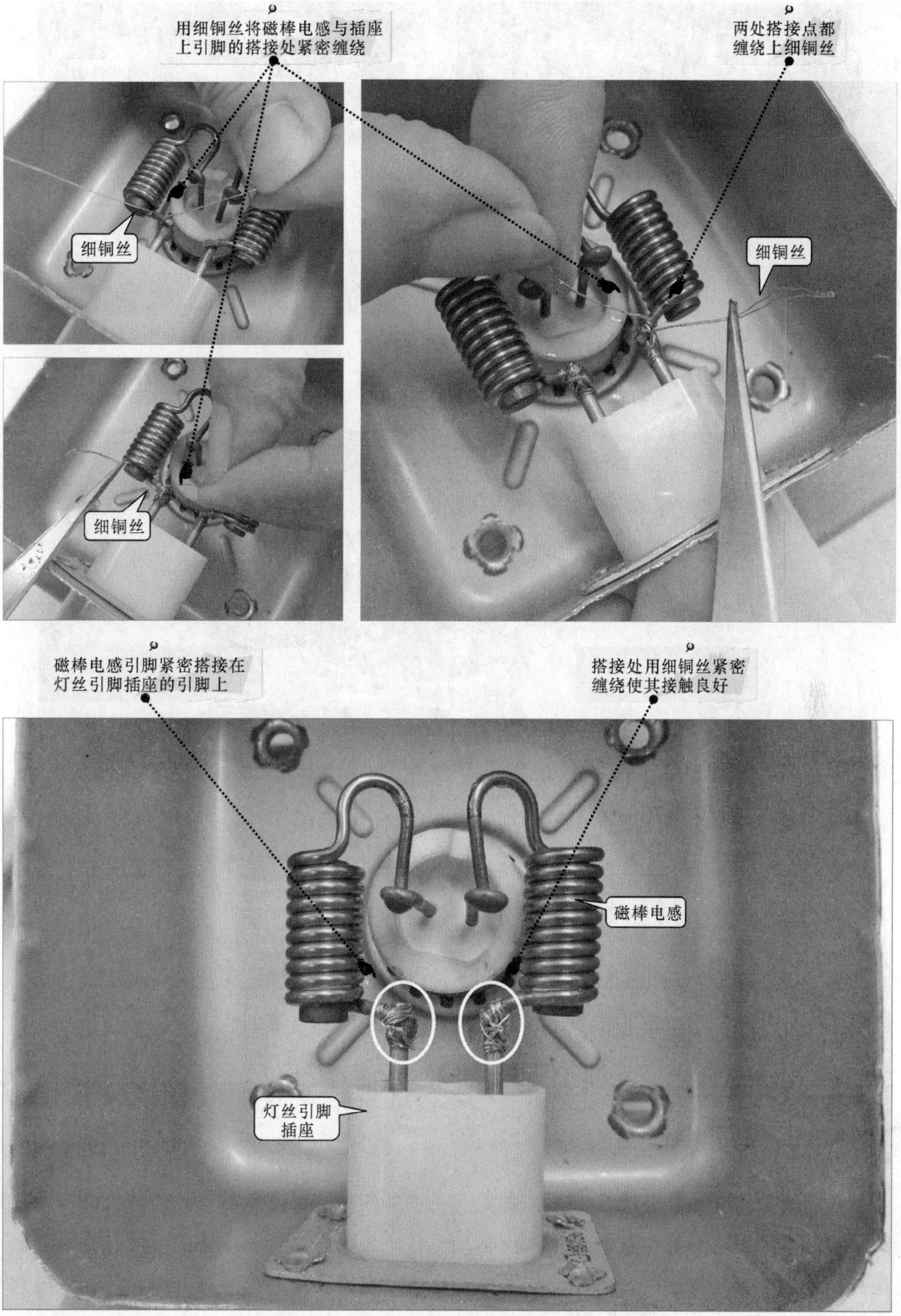

用细铜丝将磁棒电感与插座上引脚的搭接处紧密缠绕

两处搭接点都缠绕上细铜丝

细铜丝

细铜丝

细铜丝

磁棒电感引脚紧密搭接在灯丝引脚插座的引脚上

搭接处用细铜丝紧密缠绕使其接触良好

磁棒电感

灯丝引脚插座

图 7-15　代换故障磁控管中的灯丝引脚插座（续 1）

用大功率电烙铁将焊锡丝熔化在绑好的细铜丝上，用焊锡对灯丝引脚插座的引脚与磁棒电感引脚连接处进行焊接

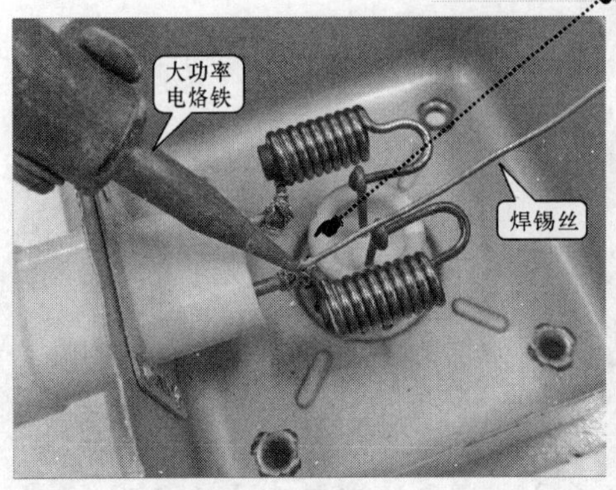
大功率
电烙铁
焊锡丝

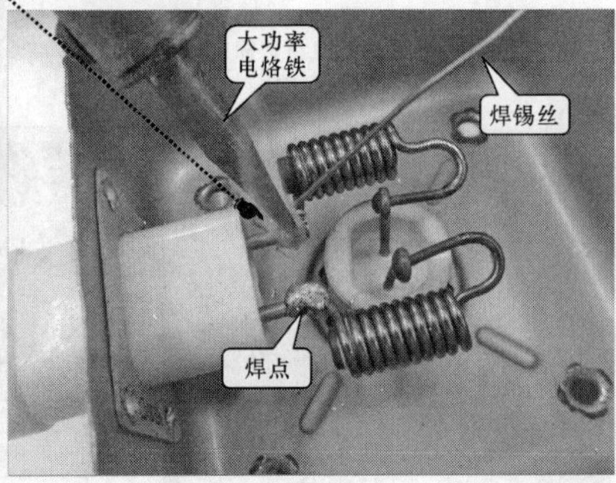
大功率
电烙铁
焊锡丝
焊点

用大功率电烙铁修整焊点，使焊点圆滑平整，不可有毛刺

焊接完成后，应确保磁棒电感两端间距适当，不可碰触

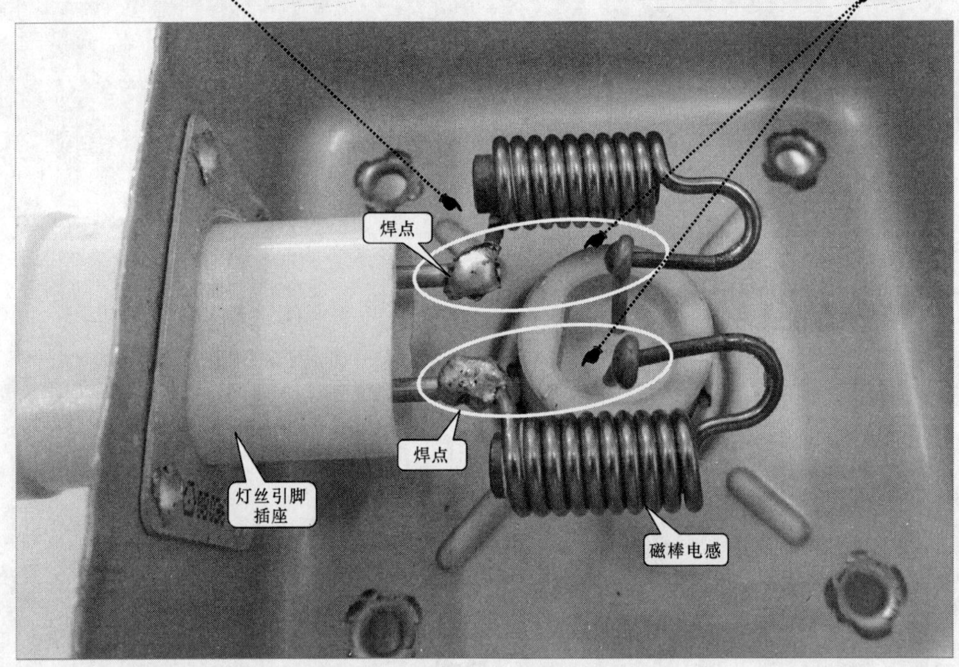
焊点
焊点
灯丝引脚
插座
磁棒电感

图 7-15　代换故障磁控管中的灯丝引脚插座（续 2）

高手指点

在上述操作中，若小铁片已无法恢复铆接效果，可用四个直径与铆接口孔径合适的、带有螺母的螺栓进行固定。或直接取消固定铁片，用 704 硅胶进行绝缘和固定，可视具体情况而定。

另外，在设备条件允许的情况下，最好使用气焊工具和银焊条对灯丝引脚与磁棒电感连接处进行焊接，焊接过程中注意对周围其他部分进行防高温保护，然后用中火焊接，速度要快、准。

步骤 4：将磁控管的方形顶盖按照原样对位，用小锤轻轻敲打到位，并将撬起的边缘锤平，修复即可。

复原磁控管的方形顶盖，如图 7-16 所示。

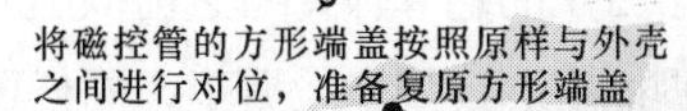
将磁控管的方形端盖按照原样与外壳之间进行对位，准备复原方形端盖

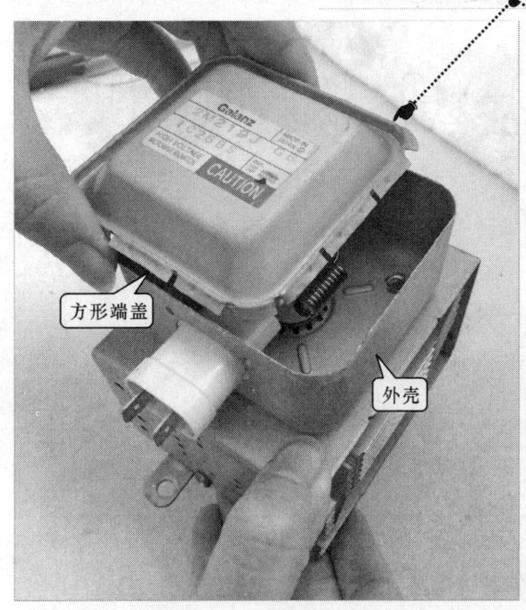
Galanz
CAUTION
方形端盖
外壳

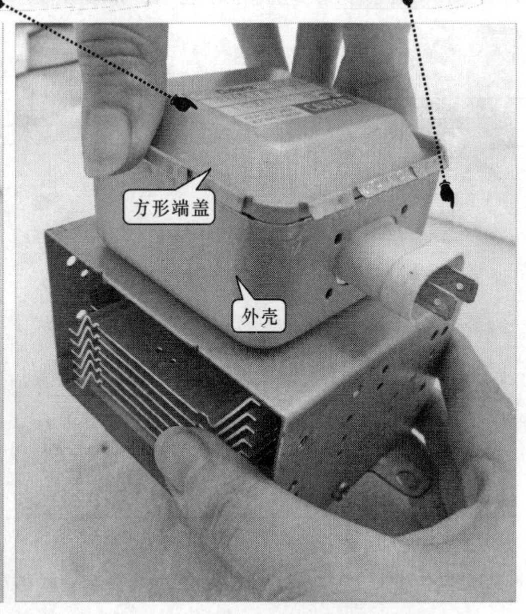
代换修复后的灯丝引脚插座
方形端盖
外壳

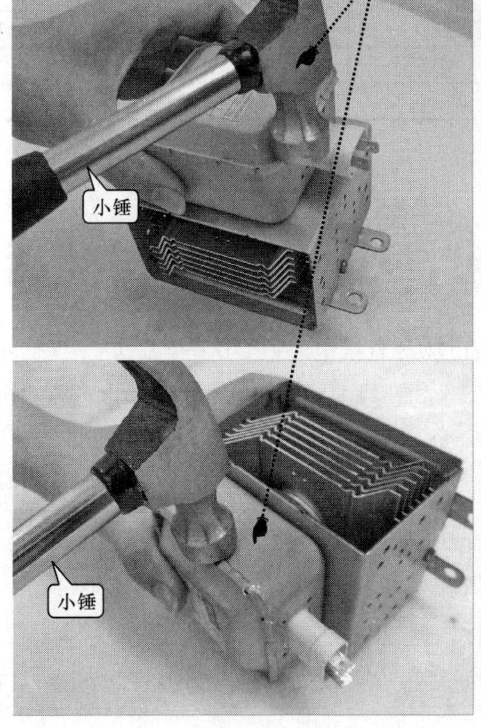
用小锤将对位好的方形端盖轻轻敲打，使其紧扣到外壳上，并将原本撬起的铁片锤平，使方形端盖复原
小锤
小锤

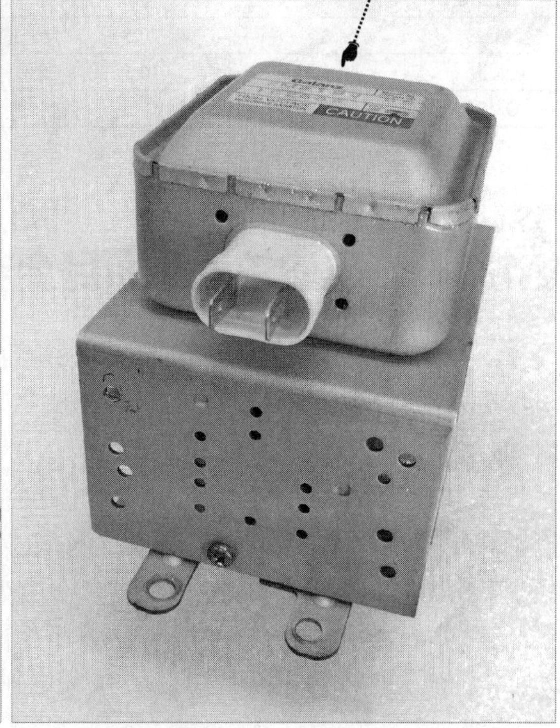
至此，磁控管灯丝引脚插座代换完成
CAUTION

图 7-16　复原磁控管的方形顶盖

步骤 5：将修复后的磁控管装回微波炉中，通电试机，故障排除。

若微波炉磁控管灯丝引脚插座对外壳击穿严重，而造成整个灯丝引脚插座支架烧焦，无法进行修复，也找不到可替换的灯丝引脚插座时，可将损坏的灯丝引脚插座的塑料敲碎，取出灯丝的引脚备用。另外选取形状及大小可用的绝缘体，将之前取出的灯丝引脚装入绝缘体中，然后再用 704 硅胶将改造后的灯丝引脚插座固定到原位置上，同样可实现对灯丝引脚插座的有效修复。

高手指点

若磁控管出现内部的阳极、阴极、谐振腔等损坏和灯丝烧断等故障时，一般的维修条件和设备都无法处理，而若磁控管内部真空击穿或泄漏更是不治之症。若遇到上述情况，都需要整体更换磁控管。

在选配磁控管时应注意：虽然大多磁控管外形基本相同，但其灯丝电压、工作电流、阳极峰值电压、阳极电流、输出功率等参数有所不同。因此若选配可替换的磁控管，不仅要考虑外形、安装方式，还需要选择其各项参数均匹配的磁控管。表 7-1 所示为几种磁控管的参数信息。

表 7-1　几种磁控管的参数信息

磁控管型号	灯丝电压（V）	灯丝电流（A）	阳极电压（V）	阳极电流（mA）	输出功率（W）
2M210	3.3	10	4100	300	900
2M226	3.5	11	4000	300	900
2M229	3.5	10.5	4000	850	850
OM52	3.3	10.5	4100	200	550
OM75	3.3	10.5	4100	300	870

7.3 电磁炉遇险面目全非，万能板替换死中得活

市场上电磁炉的品牌众多，不少杂牌电磁炉的市场占有量也很大。这些电磁炉一旦损坏后，尤其是主控芯片（单片机）损坏后很难找到同型号的芯片进行代换，有些配件也不容易买到，如此整个电磁炉就基本报废了。

目前，在电磁炉维修行业中出现了一种电磁炉万能电路板（也称通用电路板）。这种电路板结构简单、价格较低，可用于因无法选配部件或故障损坏严重到无法修复时，“整板代换”电磁炉原故障电路板，从而起到“起死回生”之功效。

一台杂牌电磁炉使用时，不慎进水烧毁电路板，拆机观察发现电路板已“面目全非”，多处烧焦，进一步使用万用表测试主控芯片引脚对地阻值，发现内部已击穿短路，如图 7-17 所示。

实际测得电磁炉主控芯片多引脚对地阻值为0Ω,表明其内部已击穿短路
故障电磁炉电路板
主控芯片
万用表挡位调整至欧姆挡

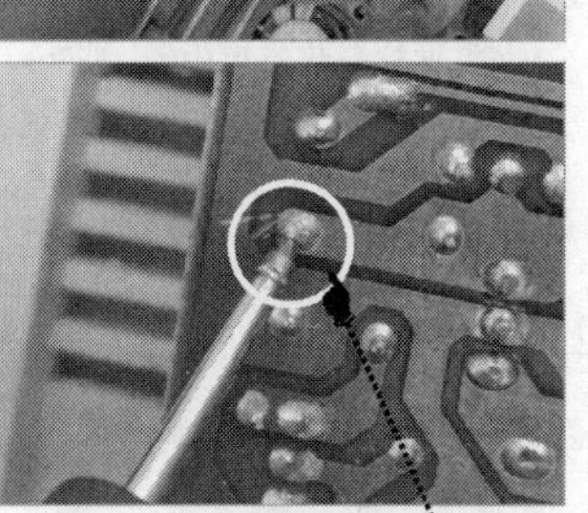
将万用表的红表笔依次搭在主控芯片的各引脚上
将万用表的黑表笔搭在电路板电容器负极引脚上（接地端）

图 7-17　杂牌电磁炉中电路板及主控芯片的测试

接着，检测该故障机中的炉盘线圈、热敏电阻及散热风扇电机部分，如图 7-18 所示。这一测试环节很重要，因为若这些部件也损坏，则该电磁炉已属“回天乏术”，没有任何维修价值了。

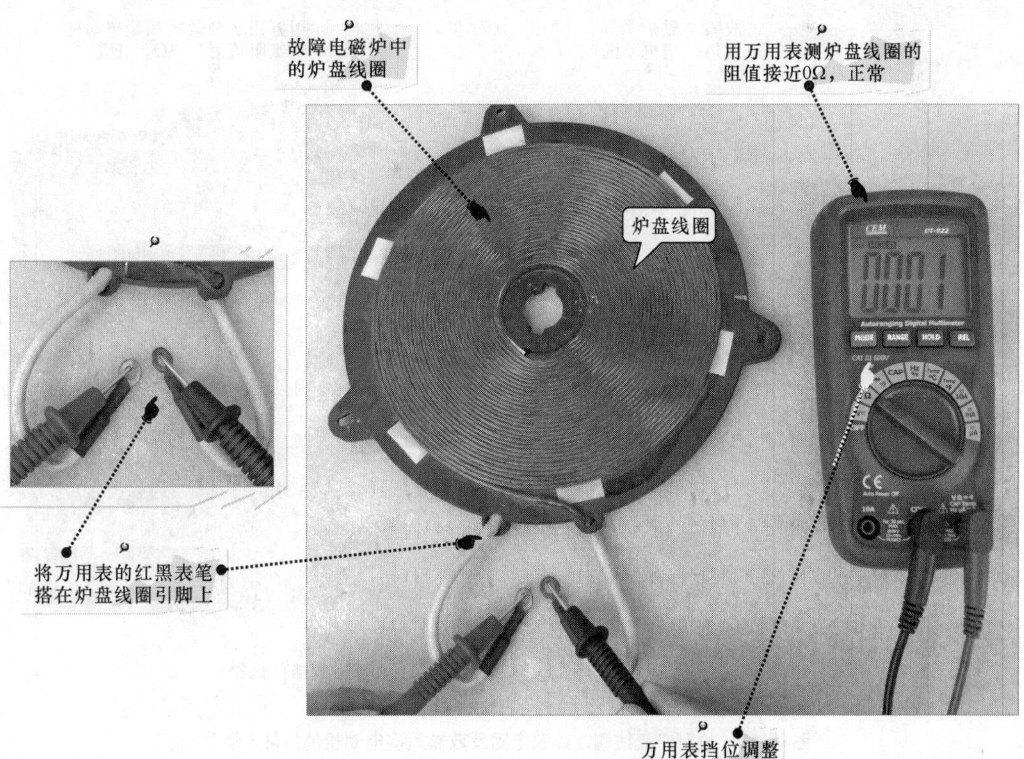
故障电磁炉中的炉盘线圈
用万用表测炉盘线圈的阻值接近0Ω，正常
炉盘线圈
将万用表的红黑表笔搭在炉盘线圈引脚上
万用表挡位调整至欧姆挡

图 7-18　检测炉盘线圈、热敏电阻及散热风扇电动机的好坏

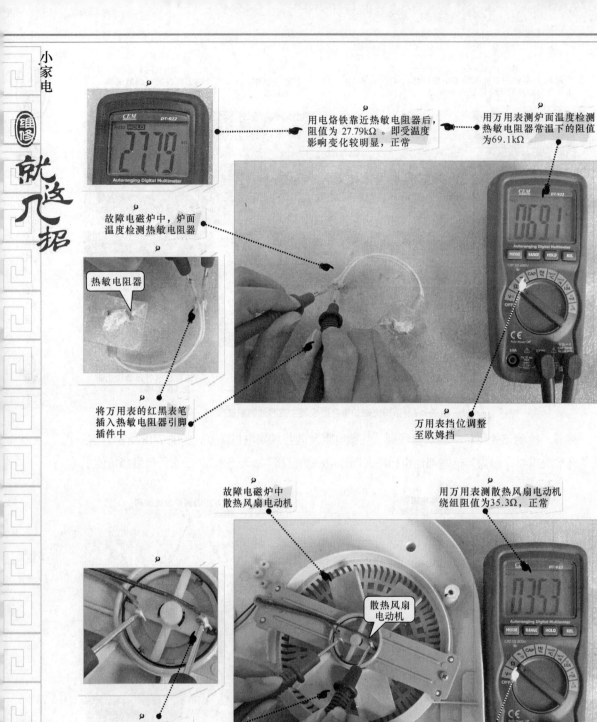

用电烙铁靠近热敏电阻器后，阻值为 27.79kΩ 。即受温度影响变化较明显，正常

用万用表测炉面温度检测热敏电阻器常温下的阻值为69.1kΩ

故障电磁炉中，炉面温度检测热敏电阻器

热敏电阻器

将万用表的红黑表笔插入热敏电阻器引脚插件中

万用表挡位调整至欧姆挡

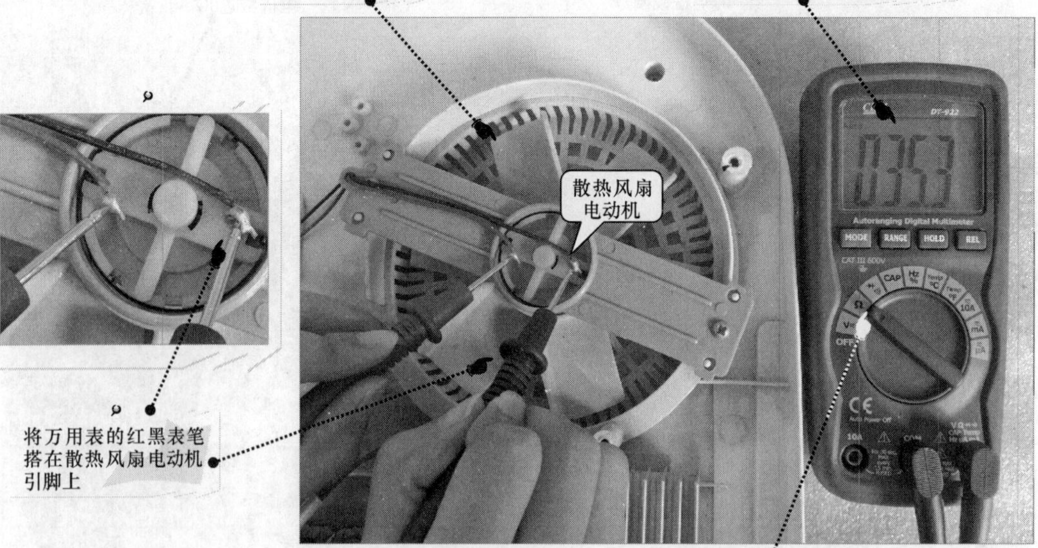

故障电磁炉中
散热风扇电动机
用万用表测散热风扇电动机绕组阻值为35.3Ω，正常
散热风扇
电动机
将万用表的红黑表笔搭在散热风扇电动机引脚上
万用表挡位调整至欧姆挡

图 7-18　检测炉盘线圈、热敏电阻及散热风扇电动机的好坏（续）

经检测发现，炉盘线圈、热敏电阻及散热风扇电动机仍正常，怀疑该机器属于瞬间短路故

障。由于电路部分损坏较严重，决定采用电磁炉万能电路板整体代换原故障电路板，进行修复。图 7-19 所示为某种典型电磁炉万能电路板的结构组成。

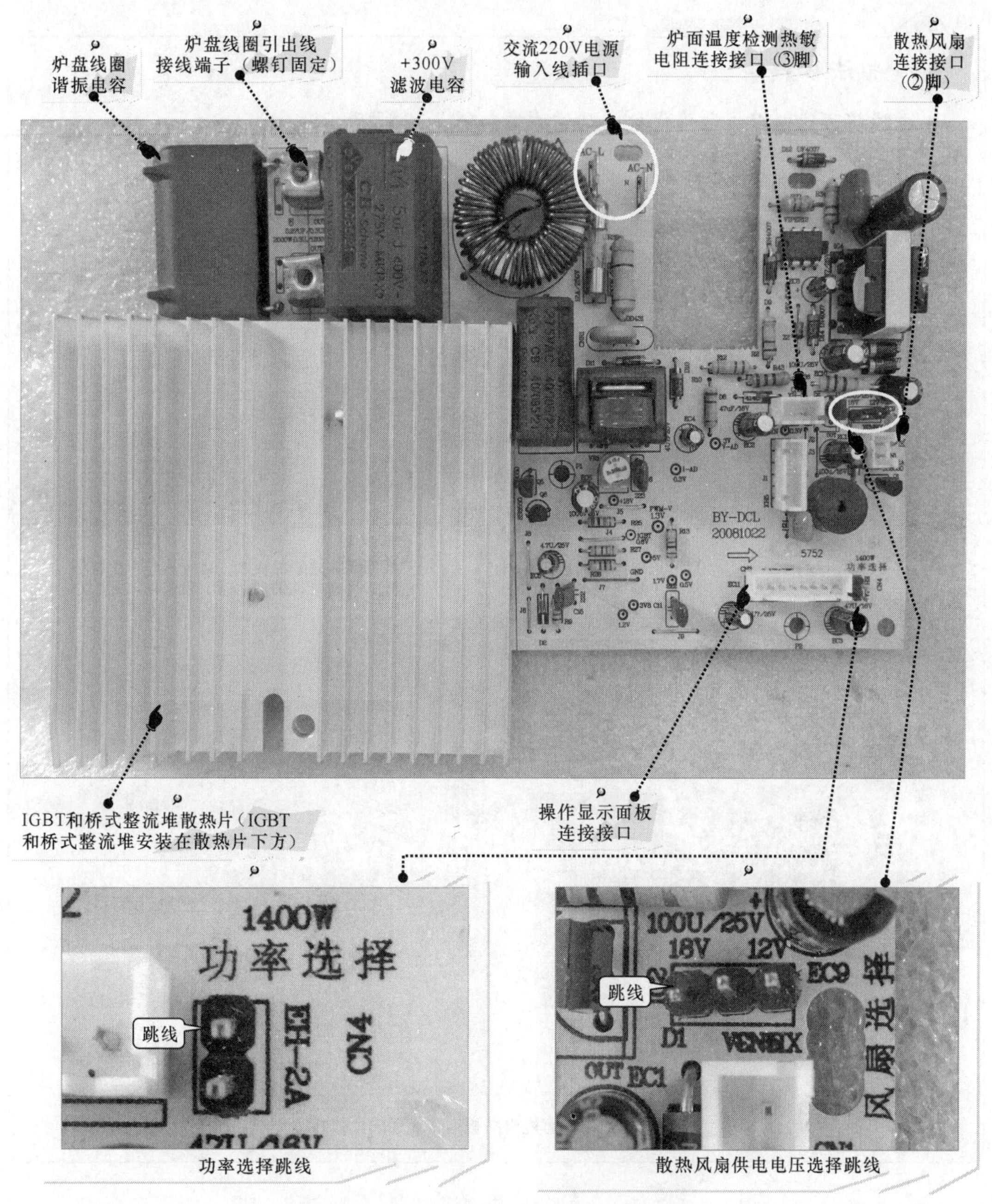

炉盘线圈
谐振电容
炉盘线圈引出线
接线端子（螺钉固定）
+300V
滤波电容
交流220V电源
输入线插口
炉面温度检测热敏
电阻连接接口（③脚）
散热风扇
连接接口
（②脚）
BY-DCL
20081022
IGBT和桥式整流堆散热片（IGBT
和桥式整流堆安装在散热片下方）
操作显示面板
连接接口
1400W
功率选择
跳线
EH-2A
CN4
功率选择跳线
100U/25V
18V
12V
跳线
EC9
风扇选择
散热风扇供电电压选择跳线

图 7-19　某种流行电磁炉万能电路板的结构组成

电磁炉万能电路板上除了提供与电磁炉各功能部件（或电路）连接的接口，还有许多跳线设备。例如，功能选择跳线、散热风扇供电电压选择跳线等。

用户可以通过这些跳线设置，完成对功率、供电电压等功能参数的选择设定，这使得电磁炉万能电路板可以适用于不同规格的电磁炉，具有很强的通用性。

功法秘籍

电磁炉万能电路板电路代换的具体方案如图 7-20 所示。

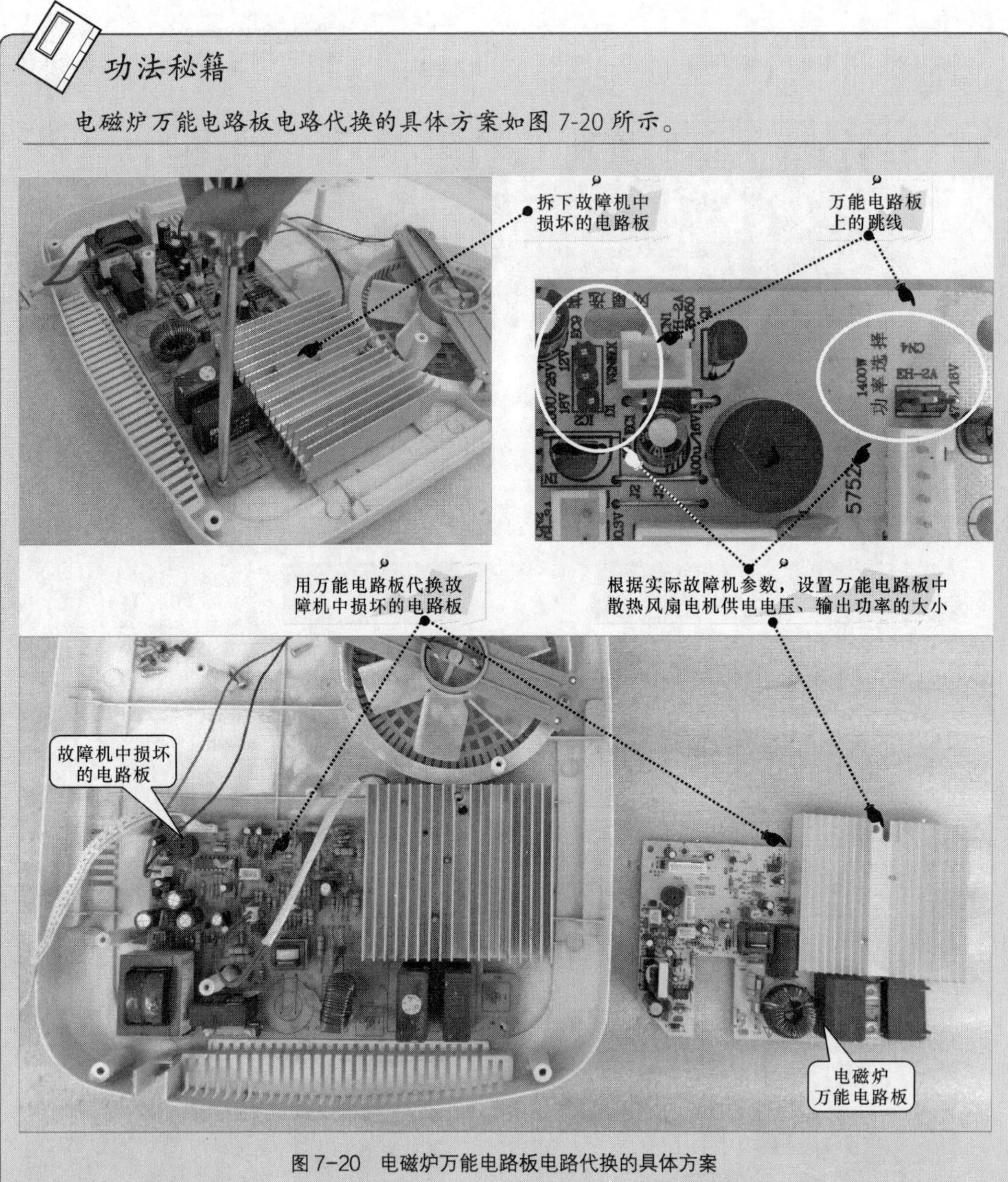
拆下故障机中
损坏的电路板
万能电路板
上的跳线
用万能电路板代换故
障机中损坏的电路板
根据实际故障机参数，设置万能电路板中
散热风扇电机供电电压、输出功率的大小
故障机中损坏
的电路板
电磁炉
万能电路板

图 7-20　电磁炉万能电路板电路代换的具体方案

具体操作如下。

步骤 1：将故障机中的炉盘线圈、热敏电阻与故障电路板分离后，拆除故障电路板。

拆除故障机中的炉盘线圈、热敏电阻及故障电路板，如图 7-21 所示。

用螺丝刀将故障机中炉盘线圈的固定螺钉一一取下

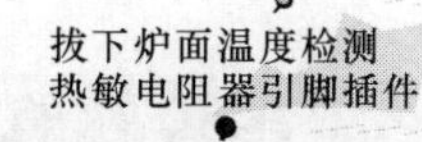
拔下炉面温度检测
热敏电阻器引脚插件

取下的炉盘线圈和热敏电阻器

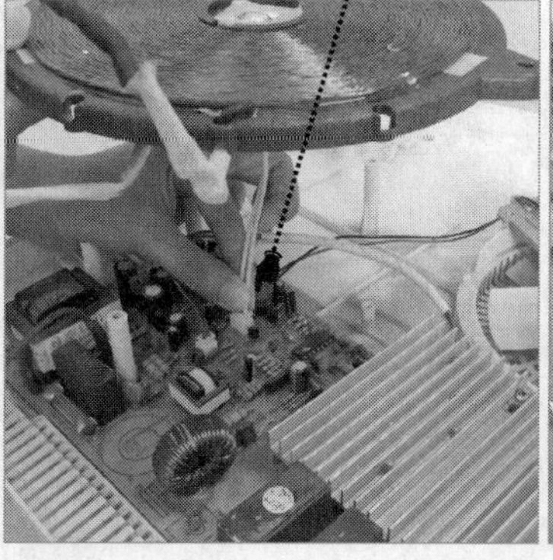

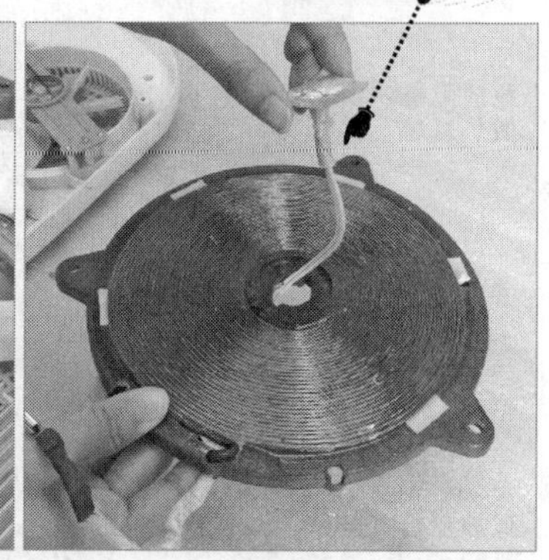

注意应记录炉盘线圈内圈和外圈引出线的接线方式（内圈引出线接+300V，外圈引出线接IGBT的C极），以保证回装时正确

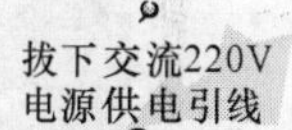
拔下交流220V
电源供电引线

散热风扇
电动机

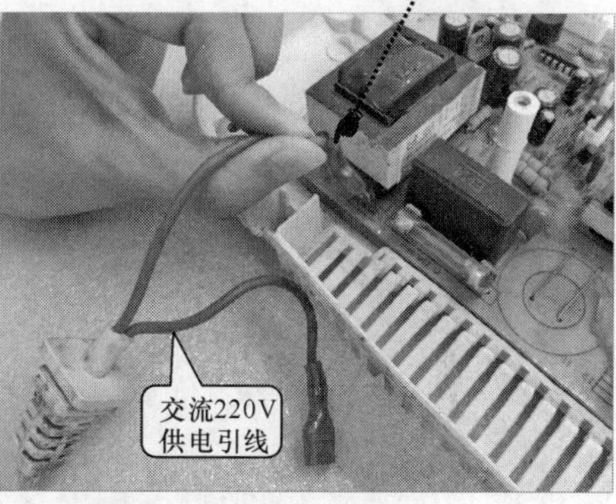
交流220V
供电引线

拔下散热风扇电机绕组与电路板之间的连接引线

拧下故障电路板上的固定螺钉，并将该故障电路板从电磁炉中取出

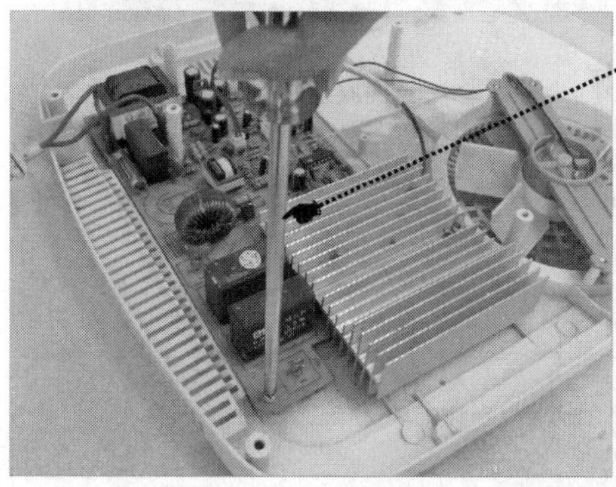

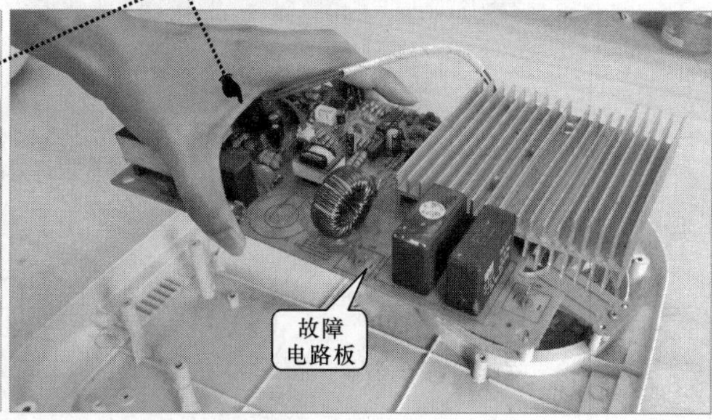
故障
电路板

图 7-21　拆除故障机中的炉盘线圈、热敏电阻及故障电路板

步骤 2：将万能电路板放入故障机机壳中，并调整万能电路板的固定位置，使 IGBT 与桥式整流堆的散热片靠近散热风扇，进行固定。

万能电路板位置的调整及固定如图 7-22 所示。

原故障机散热风扇

原故障机炉盘线圈

原故障机热敏电阻器

原故障机机壳

用万能电路板代换

将万能电路板放置到原故障机的机壳内

调整万能电路板的位置，使IGBT与桥式整流堆的散热片靠近散热风扇

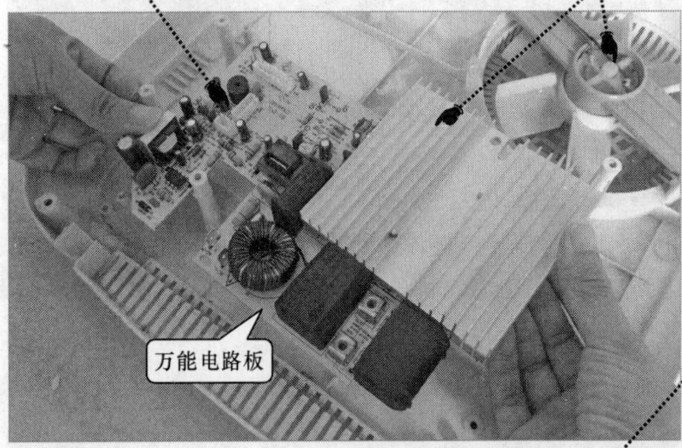
万能电路板

万能电路板固定螺孔无法与原故障机外壳固定支柱对应，因此用粘胶进行固定

可先在电路板底部垫好一定高度的塑料支柱，然后再进行粘接

图 7-22　万能电路板位置的调整及固定

高手指点

若万能电路板的安装孔与原机中的安装位置无法对应，可用粘胶加以固定。但应注意调整万能电路板的位置时，不可拆断或去掉炉盘线圈的固定支撑架，否则可能会出现加热异常的故障。

步骤 3：连接散热风扇电机。根据故障机散热风扇电机参数（+18 V 供电），用跳线帽将万能电路板上散热风扇插件旁边的跳线置于 18 V 上。

连接散热风扇电动机，用跳线帽调节跳线位置，如图 7-23 所示。

步骤 4：根据故障机功率大小，设置万能电路板上的功率大小选择跳线。

将散热风扇电动机绕引线插接到万能电路板中风扇插件上

散热风扇电动机标签上标识该电动机供电电压为直流 18V
HIGH QUALITY AXIAL FAN
DC 18V
高转

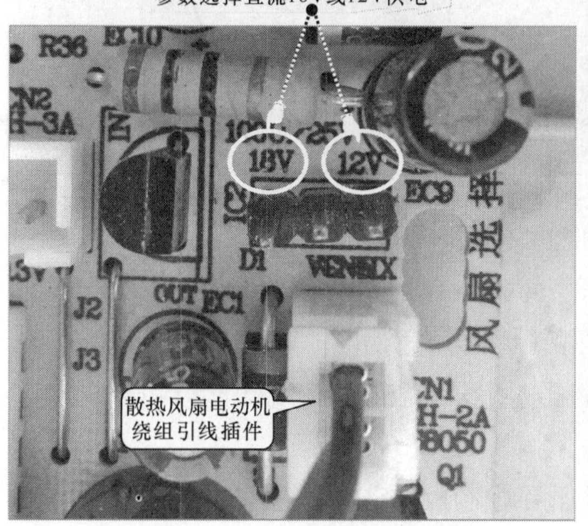
万能电路板上设有风扇选择跳线，可根据散热风扇电动机参数选择直流18V或12V供电
18V
12V
风扇选择
散热风扇电动机绕组引线插件

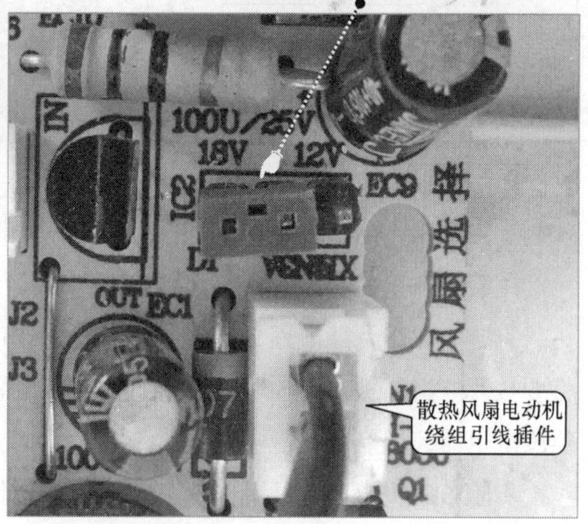
用跳线帽短接万能电路板上+18V跳线两脚，即将散热风扇电动机置于+18V供电模式
18V
12V
风扇选择
散热风扇电动机绕组引线插件

图 7-23 连接散热风扇电动机，用跳线帽调节跳线位置

根据故障机功率参数标识，将功率大小选择跳线置于适当位置，如图 7-24 所示。

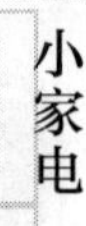

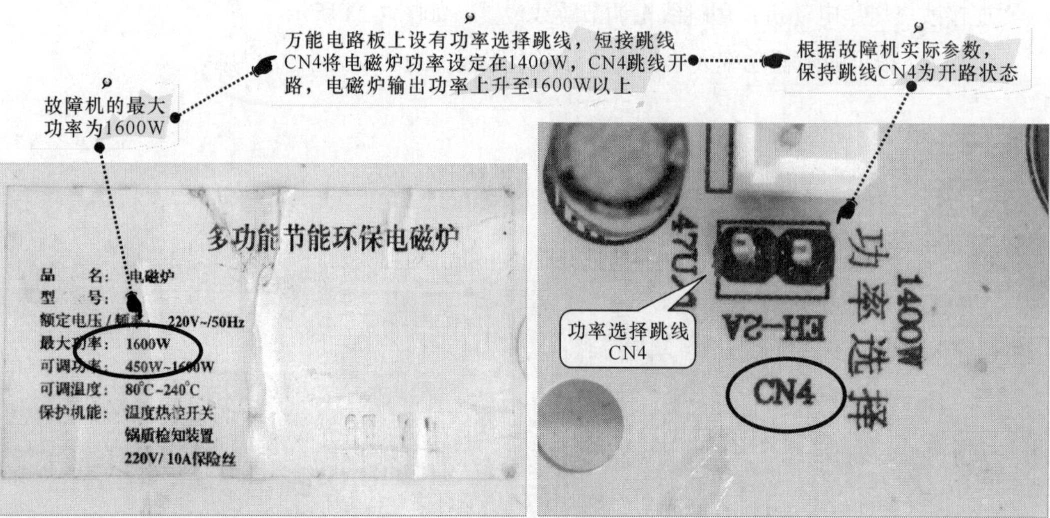
万能电路板上设有功率选择跳线，短接跳线CN4将电磁炉功率设定在1400W，CN4跳线开路，电磁炉输出功率上升至1600W以上
根据故障机实际参数，保持跳线CN4为开路状态
故障机的最大功率为1600W
多功能节能环保电磁炉
品　　名：电磁炉
型　　号：
额定电压/频率：220V~/50Hz
最大功率：1600W
可调功率：450W~1600W
可调温度：80°C~240°C
保护机能：温度热控开关
锅质检知装置
220V/10A保险丝
功率选择跳线CN4
功率选择
1400W
CN4
EH-2A

图 7-24　功率大小选择跳线的位置

高手指点

不同类型电磁炉万能电路板中的跳线设置不同，维修人员应仔细阅读电磁炉万能电路板的改装说明和故障机的实际参数进行设置。

步骤 5：将从故障机中拆卸的功能部件全部回装到电磁炉中。

重装故障机的炉盘线圈、热敏电阻器、交流 220V 供电引线等，如图 7-25 所示。

有些电磁炉万能电路板安装时，若明确要求故障机中的热敏电阻器阻值不能小于 100 kW，就要按万能电路板改装说明的要求，对热敏电阻器进行相应调整。若万能电路板附带有匹配的热敏电阻器，更换即可。

步骤 6：将电磁炉万能电路板配带的操作显示控制板固定到修复后的电磁炉上，原操作显示控制板则不再使用。最后将修复后的电磁炉外壳复原，通电试机，整板替换操作完成。

大多数电磁炉万能电路板都会配带有独立设计的操作显示控制板，使用电磁炉万能电路板修复电磁炉时，需要将操作显示控制板一并更换，如图 7-26 所示。

炉盘线圈
热敏电阻器
连接插件

将原热敏电阻器引线从炉盘线圈中间部分穿过，插接到万能电路板热敏电阻器连接插件上

热敏电阻器
连接插件

将炉盘线圈装回机中，用螺钉进行固定

将炉盘线圈引出线按照原接线方式进行接线

炉盘线圈外圈引出线接IGBT的C极；内圈引出线接+300V供电

将交流220V引线插接到万能电路板交流供电引线上

蓝色线为零线，接L端；棕色线为相线，接N端

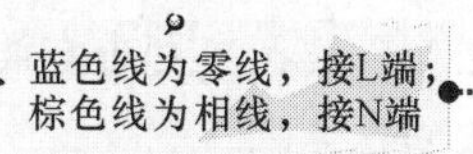

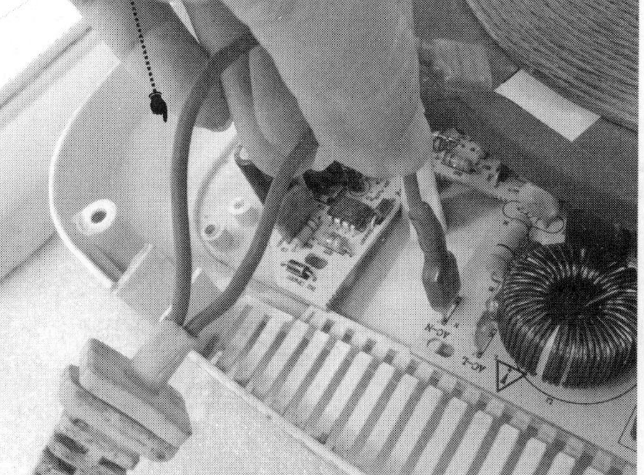

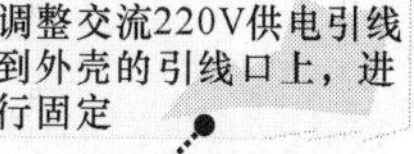

调整交流220V供电引线到外壳的引线口上，进行固定

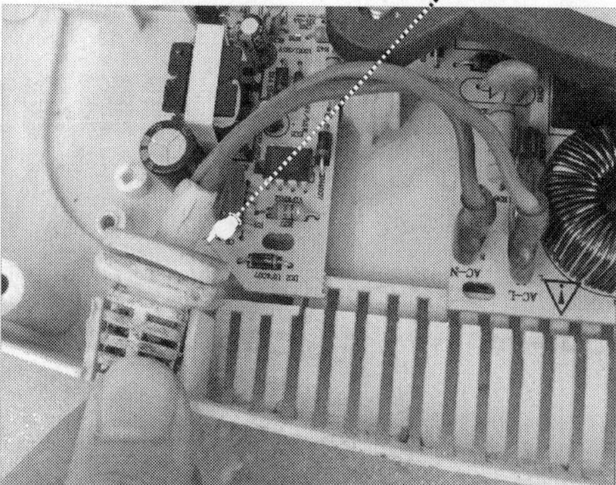

图 7-25　重装故障机的炉盘线圈和热敏电阻

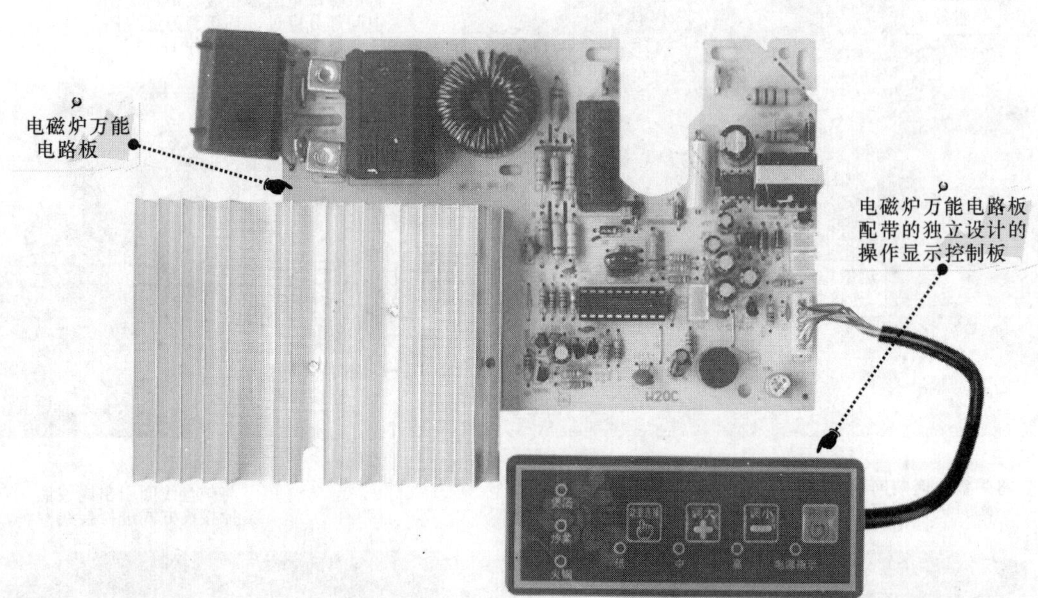

电磁炉万能
电路板
电磁炉万能电路板
配带的独立设计的
操作显示控制板
W20C

图 7-26　万能电路板及操作显示控制板

高手指点

当然，如果能够依据故障表现找到电路板损坏元件，修复原电路板，应该是最经济、最可靠的检修方案。如遇故障比较棘手，无法找到故障原因，且故障涉及面较大，无维修价值时，采用万能板整板替换也不失为有效的解决方案。

7.4 炉盘线圈身先死，移花接木再重生

在电磁炉维修实践中，IGBT 被烧坏的故障率极高，引起 IGBT 故障的原因也多种多样。而其中，由于电磁炉炉盘线圈的故障率相对较低，因此，由于炉盘线圈异常引起 IGBT 损坏情况比较容易被忽视。

高手指点

一般，IGBT被烧坏的原因主要有：

- IGBT驱动电路中的驱动晶体管变质；
- IGBT G极上的15V稳压二极管击穿；
- 控制电路电压太高或有短路现象。
- 谐振电容和5μF滤波电容损坏；
- 炉盘线圈松动变形、线圈短路或线圈下部的磁条漏电短路。

电磁炉IGBT烧毁后，首先需要选用同型号的IGBT进行代换。代换完成后不能立刻通电试机，需要找到引起IGBT烧毁的原因，将造成IGBT烧毁的故障元件进行拆卸代换。

其中，若稳压二极管、控制电路、谐振电容、滤波电容、驱动晶体管等元件损坏引起IGBT烧毁的故障比较容易排除，且这些易损元器件选配也比较容易，按照常规代换原则和方法进行拆卸代换即可排除故障。

然而，若因炉盘线圈异常造成IGBT烧毁故障时，需要谨慎处理。这是由于电磁炉炉盘线圈的工作特性，使其不仅仅工作在“电”的环境下，更是与“磁”有着密切的关系。因此，检修代换炉盘线圈时，应尽量选择相同的炉盘线圈进行代换。但在实际维修过程中发现，电磁炉炉盘线圈上大多未标识型号、参数等信息，为直接选配造成一定困难。此时，可从一些报废电磁炉上对比找到一些外形、线圈数、电感量等相同或相近的炉盘线圈进行代换。

内功心法

炉盘线圈是电磁炉中唯一的功率输出元件，它的性能直接关系到电磁炉热效率的高低。更换时应用与原炉盘线圈参数相同或十分接近的炉盘线圈进行代换，否则电磁炉将出现锅具通用性降低或者直接烧毁IGBT的情况。

目前市场上常用的炉盘线圈有28圈、32圈、33圈、36圈和102圈的，电感量有137μH、140μH、175μH、210μH等。

一台德昕牌S-188C16型电磁炉无法开机，经检测IGBT已击穿短路。按照常规检测方法，将相关的稳压二极管、控制电路、谐振电容、滤波电容、驱动晶体管等检测后均未发现异常，怀疑炉盘线圈部分故障，于是用万用表对炉盘线圈的阻值和电感量分别进行检测，如图7-27所示。

故障电磁炉中的炉盘线圈
实际测得炉盘线圈的阻值为0.1Ω，正常（炉盘线圈阻值接近0Ω即为正常）
炉盘线圈外圈引出头
炉盘线圈内圈引出头
炉盘线圈
将万用表的红黑表笔搭在炉盘线圈引脚上
万用表挡位调整至欧姆挡

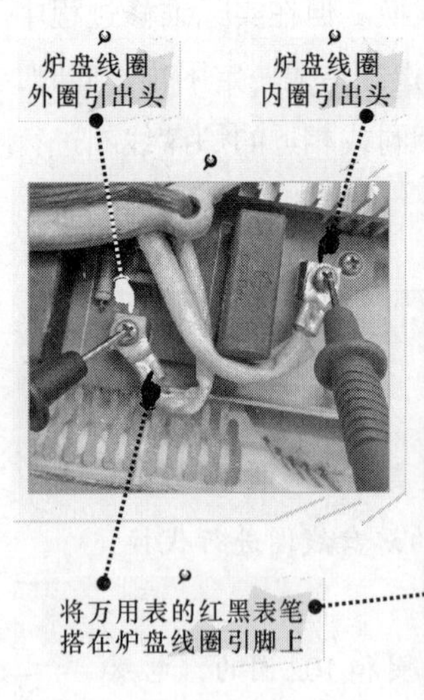
炉盘线圈外圈引出头
炉盘线圈内圈引出头
将万用表的红黑表笔搭在炉盘线圈引脚上

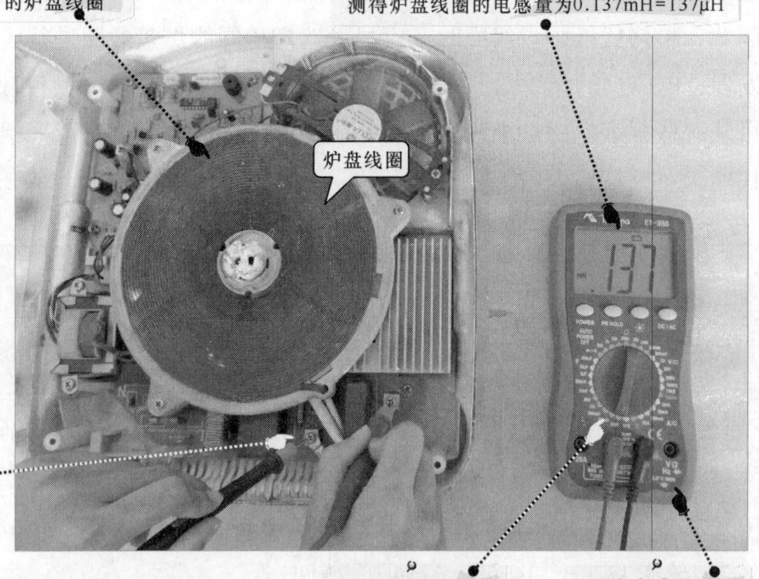
故障电磁炉中的炉盘线圈
用具有电感量测量功能的数字万用表粗略测得炉盘线圈的电感量为0.137mH=137μH
炉盘线圈
万用表挡位调整至 mH 挡
具有电感量测量功能的数字万用表

图 7-27　检测德昕牌电磁炉中的炉盘线圈

经检测发现，炉盘线圈的阻值和电感量均正常。于是将炉盘线圈从电磁炉上拆下后，观察线圈下部的磁条部分有明显裂痕，磁条存在漏电短路情况。由于磁条损坏无法修复，只能将该炉盘线圈整体更换。恰好手头上有一台报废的不知名的电磁炉，将其炉盘线圈取下，测量其值和电感量，如图 7-28 所示。

炉盘线圈内圈引出头

炉盘线圈外圈引出头

将万用表的红黑表笔搭在炉盘线圈引脚上

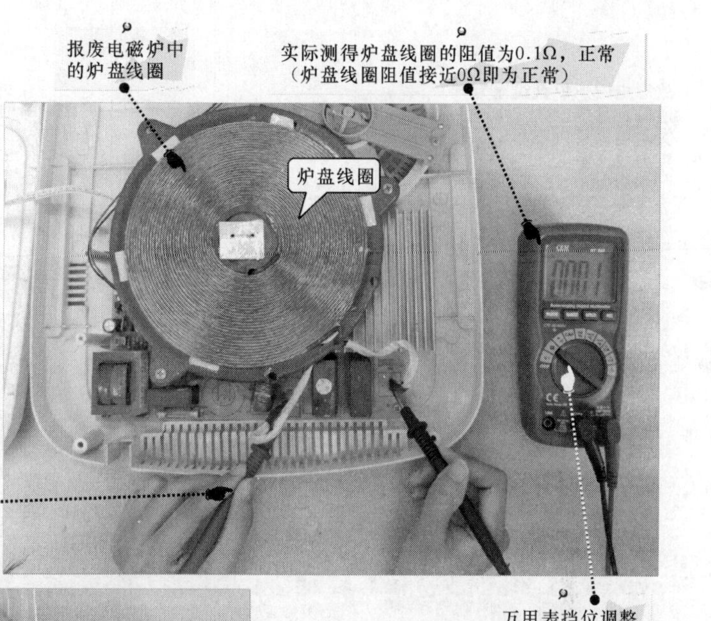
报废电磁炉中的炉盘线圈
实际测得炉盘线圈的阻值为0.1Ω，正常
（炉盘线圈阻值接近0Ω即为正常）
炉盘线圈
0001
万用表挡位调整至欧姆挡

炉盘线圈

用具有电感量测量功能的数字万用表粗略测得炉盘线圈的电感量为：0.140mH=140μH

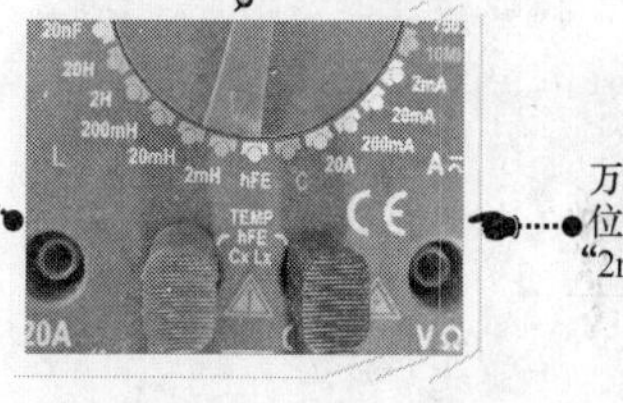
20nF
20H
2H
200mH
20mH
2mH
hFE
2mA
20mA
200mA
20A
CE
20A
VΩ
万用表挡位调整至“2mH 挡”

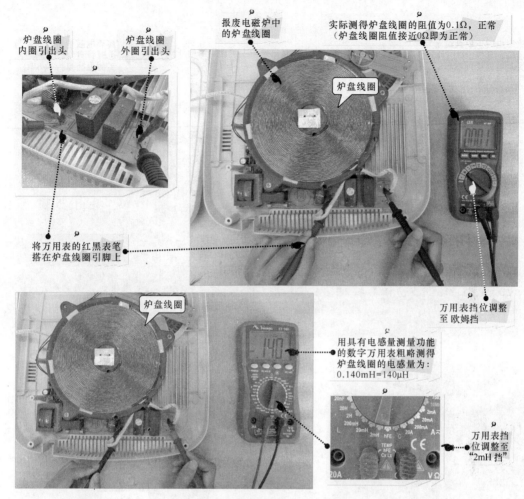

图 7-28 检测报废机中的炉盘线圈

将故障机炉盘线圈与报废机炉盘线圈各测量结果对比发现，两个炉盘线圈的阻值相同、电感量相近。观察外形发现其线圈绕向相同、线圈数十分相近，大小相同、固定方式相同，只是炉盘线圈的引出线接线方式不同，引出线固定方式也不同，如图 7-29 所示。

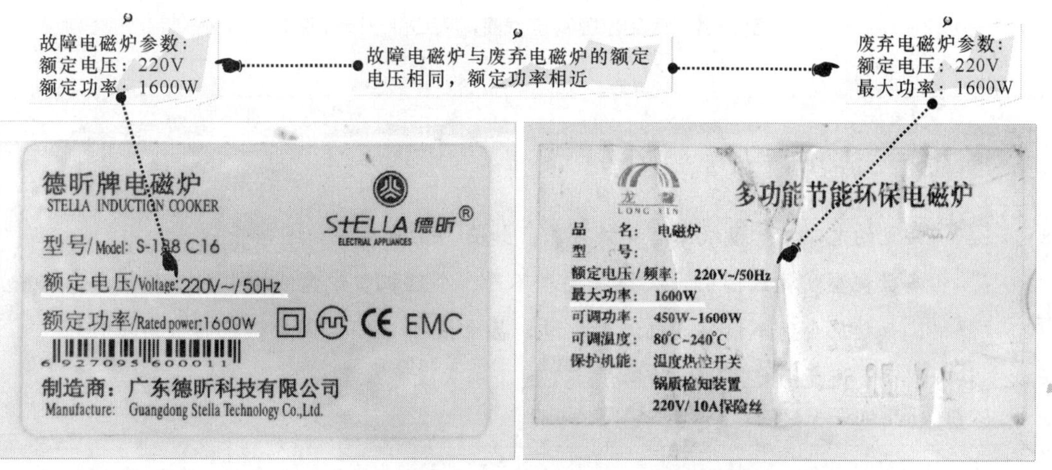
故障电磁炉参数：
额定电压：220V
额定功率：1600W
故障电磁炉与废弃电磁炉的额定电压相同，额定功率相近
废弃电磁炉参数：
额定电压：220V
最大功率：1600W
德昕牌电磁炉
STELLA INDUCTION COOKER
STELLA 德昕®
ELECTRIAL APPLIANCES
型号/Model: S-188 C16
额定电压/Voltage: 220V~/50Hz
额定功率/Rated power: 1600W
CE EMC
制造商：广东德昕科技有限公司
Manufacture: Guangdong Stella Technology Co.,Ltd.
多功能节能环保电磁炉
品 名：电磁炉
型 号：
额定电压/频率：220V~/50Hz
最大功率：1600W
可调功率：450W~1600W
可调温度：80°C~240°C
保护机能：温度热控开关
锅质检知装置
220V/10A保险丝

图 7-29 两台电磁炉炉盘线圈参数及外形对比

故障电磁炉炉盘线圈为逆时针盘绕，共32圈，实测电感量为137μH，实测线圈阻值为0.1Ω

故障电磁炉与废弃电磁炉中炉盘线圈的外形、线圈数、电感量等相近，阻值相同

废弃电磁炉炉盘线圈为逆时针盘绕，共33圈，实测电感量为140μH，实测线圈阻值为0.1Ω

两台电磁炉中炉盘线圈的固定方式和固定位置相同

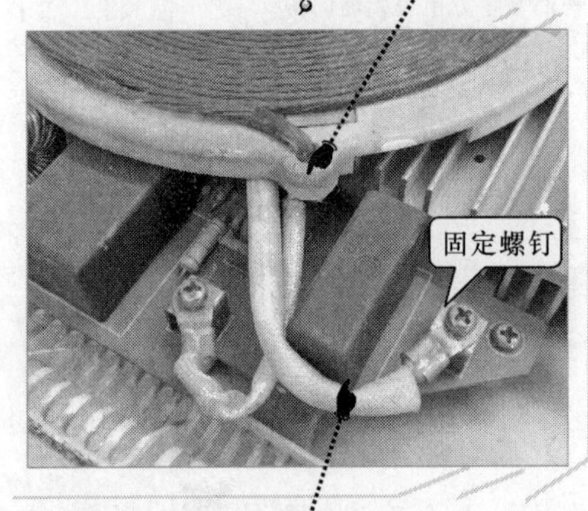
固定螺钉

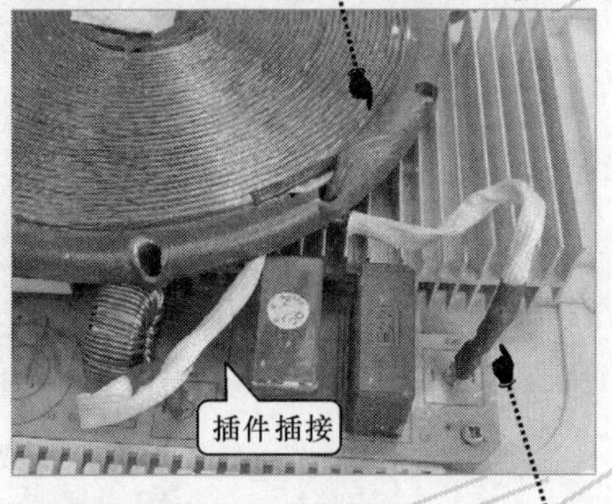
插件插接

故障电磁炉的炉盘线圈中，内圈引出线接IGBT的C极，外圈引出线接+300V供电。两引出线用螺钉固定

两台电磁炉中炉盘线圈引出线的接线方式不同、固定方式不同

废弃电磁炉的炉盘线圈中，内圈引出线接+300V供电，外圈引出线接IGBT的C极。两引出线插接在电路板插脚上

图7-29　两台电磁炉炉盘线圈参数及外形对比（续）

内功心法

常见的电磁炉炉盘线圈有4种接法，如图7-30所示。

多数机型炉盘线圈引出头接法要求不严，个别机型炉盘线圈引出头接法要求严格，如接反会有不检锅或电流大故障，甚至损坏1GBT，因此代换时最好做标记按原接法，避免引起不必要的麻烦。

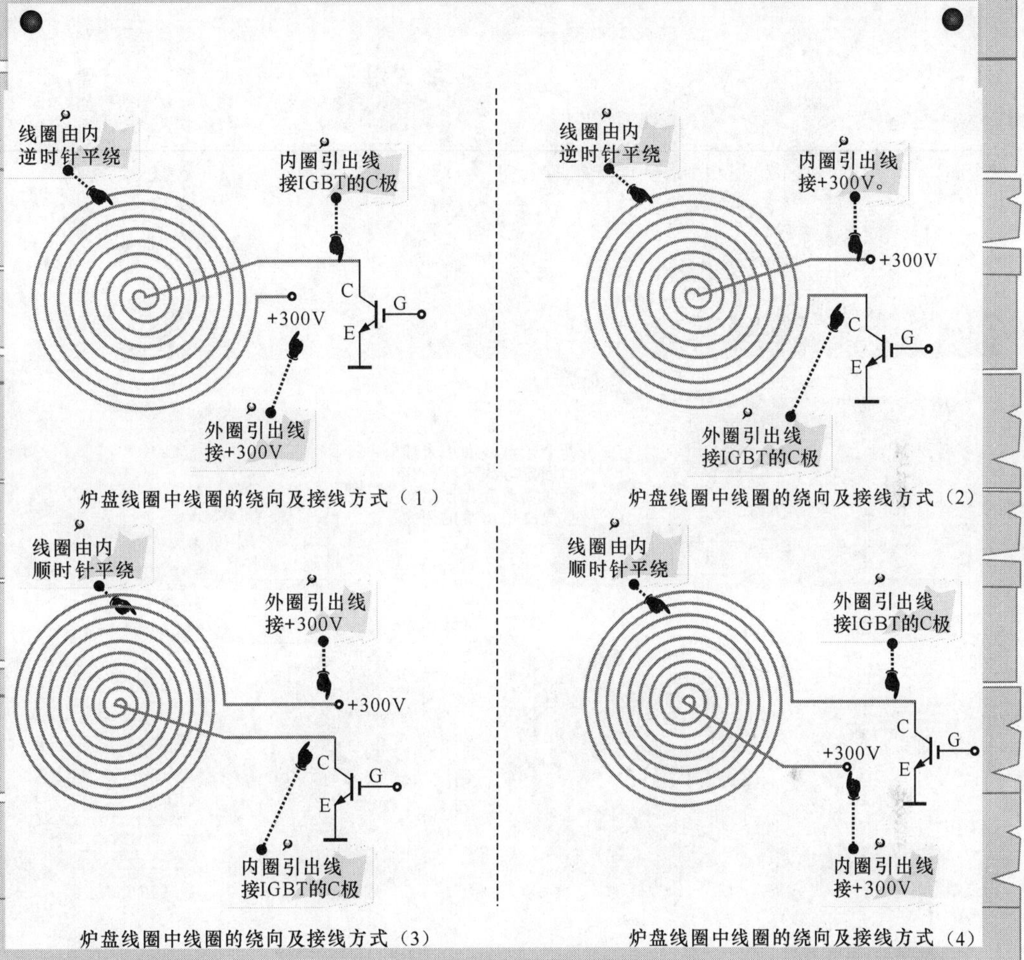

炉盘线圈中线圈的绕向及接线方式（1）

炉盘线圈中线圈的绕向及接线方式（2）

炉盘线圈中线圈的绕向及接线方式（3）

炉盘线圈中线圈的绕向及接线方式（4）

图 7-30　常见电磁炉炉盘线圈的 4 种接法

因此，如果将废旧电磁炉上的炉盘线圈替换当前损坏的炉盘线圈，需要对其引出线的接线方式和固定方式进行调整。另外，根据维修经验，若代换炉盘线圈，最好将炉盘线圈配套的谐振电容一起代换，以保证炉盘线圈和谐振电容构成的 LC 谐振电路的谐振频率不变。

功法秘籍

废旧电磁炉上的炉盘线圈替换当前损坏的炉盘线圈的方案如图 7-31 所示。

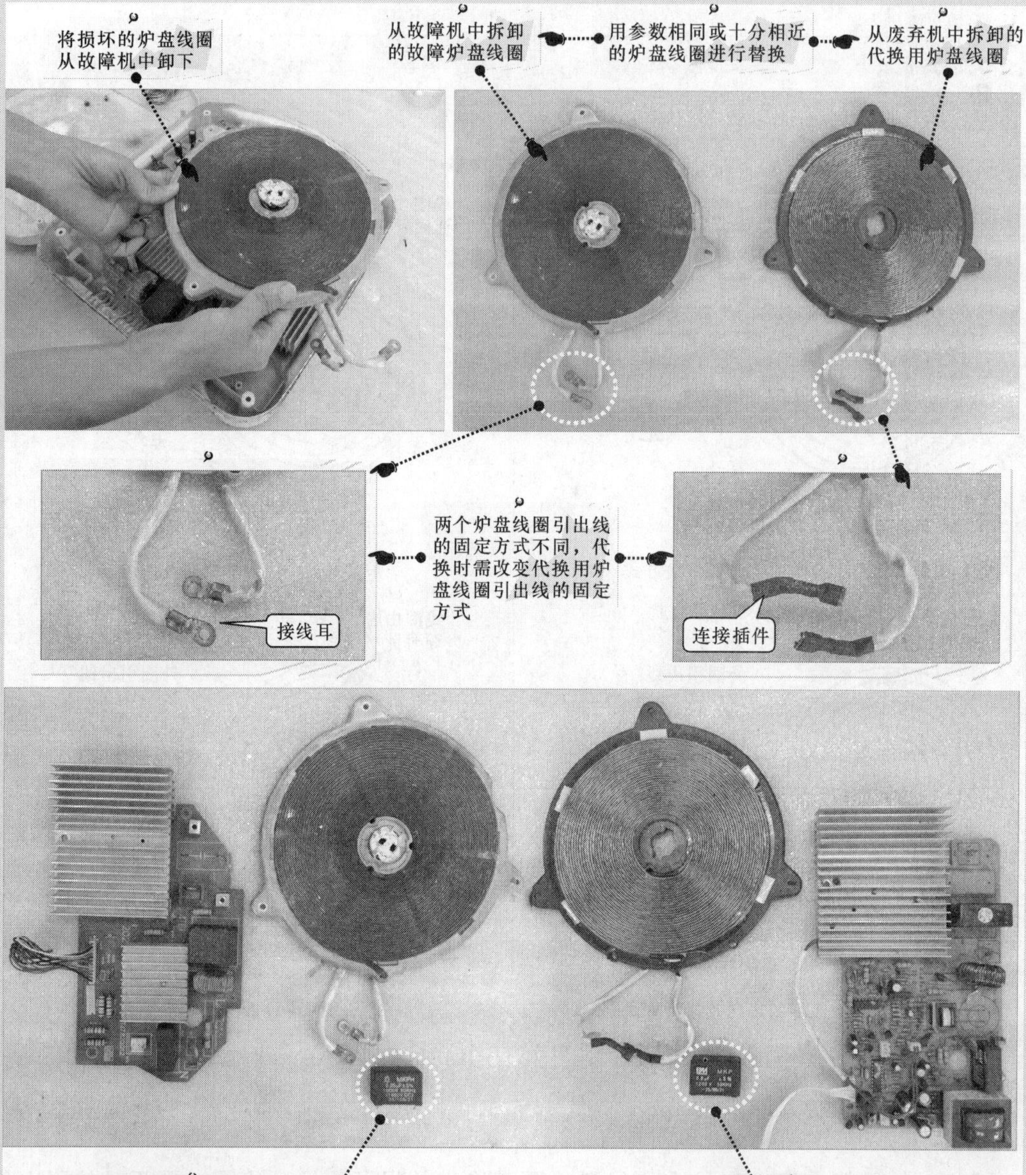

将损坏的炉盘线圈从故障机中卸下
从故障机中拆卸的故障炉盘线圈
用参数相同或十分相近的炉盘线圈进行替换
从废弃机中拆卸的代换用炉盘线圈
两个炉盘线圈引出线的固定方式不同，代换时需改变代换用炉盘线圈引出线的固定方式
接线耳
连接插件
MKPH
0.25μF±5%
1000V.50KHz
(1600V.DC)
-25/105/21
MKP
0.2μF ±5%
1200V 50KHz
-25/85/21
为保证与炉盘线圈的谐振频率固定，将代换用炉盘线圈的谐振电容一起代换
故障炉盘线圈的谐振电容
代换用炉盘线圈的谐振电容

图 7-31　废旧电磁炉上的炉盘线圈替换当前损坏的炉盘线圈的方案

具体操作方法如下。

步骤 1：将故障电磁炉的炉盘线圈拆下。

故障电磁炉中炉盘线圈的拆卸方法如图 7-32 所示。

用螺丝刀将故障炉盘线圈引出线的固定螺钉取下

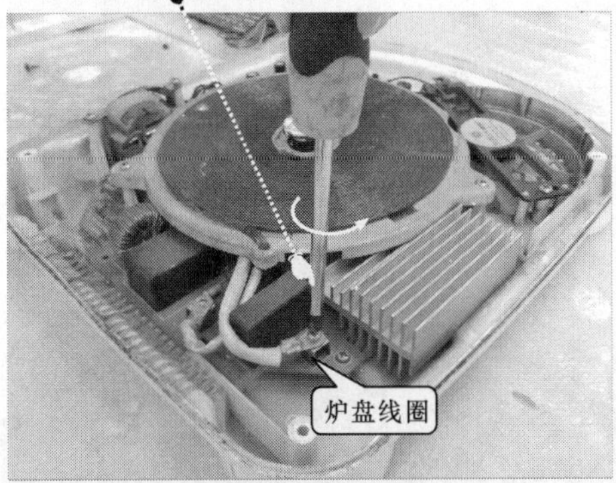
炉盘线圈

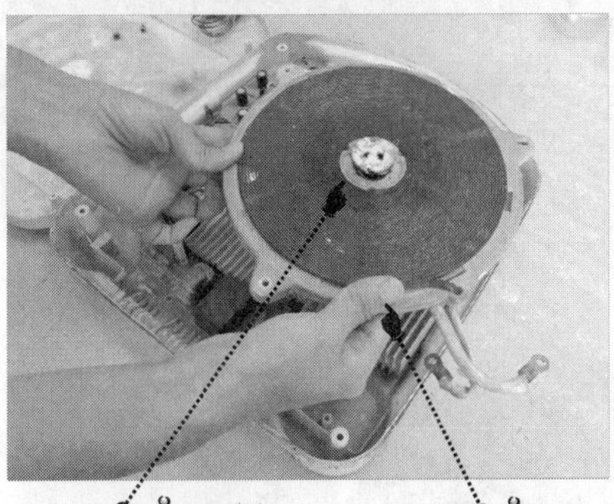

将故障炉盘线圈上的热敏电阻器取下

将故障炉盘线圈取出

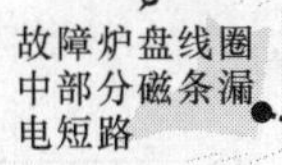

取下的故障炉盘线圈

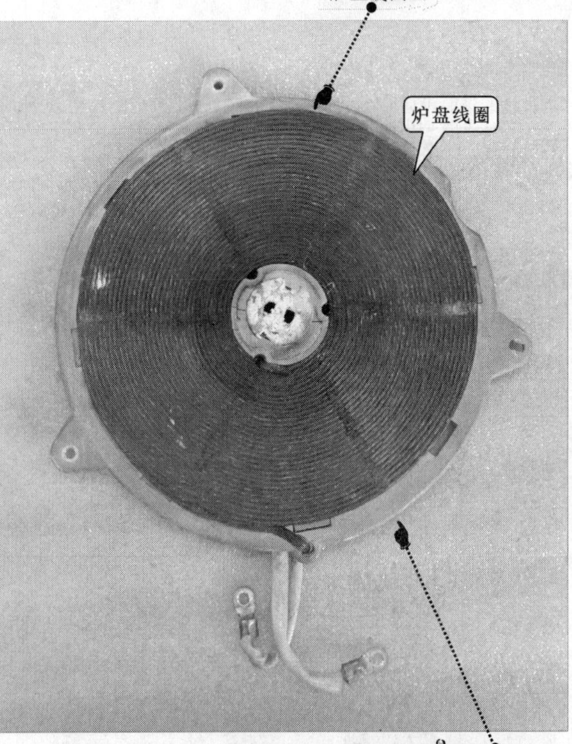
炉盘线圈

将炉盘线圈翻转，即可看到其背部的磁条

观察发现故障炉盘线圈下部的磁条附近有明显裂痕

故障炉盘线圈中部分磁条漏电短路

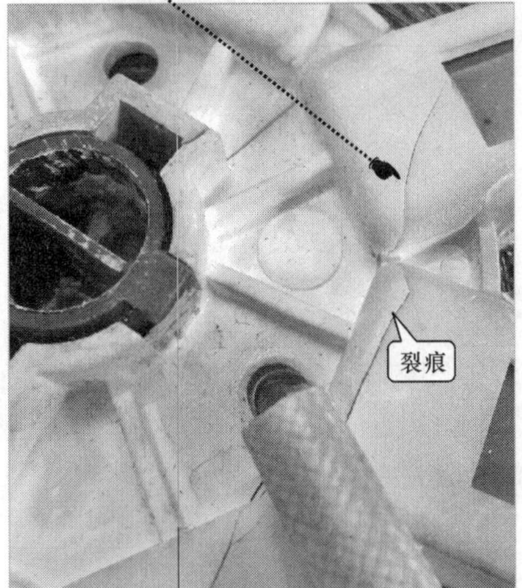
裂痕

磁条

磁条的作用是减小炉盘线圈产生的磁场的辐射，以免在工作时，加热线圈产生的磁场影响周围电路

图 7-32　故障电磁炉和废旧电磁炉中的炉盘线圈的拆卸

维修
就这几招

步骤 2：将废旧电磁炉中的性能良好的炉盘线圈拆卸，准备代用。

废旧电磁炉中炉盘线圈的拆卸方法如图 7-33 所示。

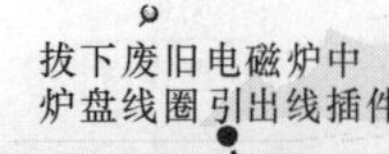
拔下废旧电磁炉中
炉盘线圈引出线插件

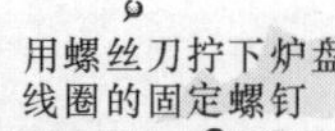
用螺丝刀拧下炉盘
线圈的固定螺钉

拔下炉盘线圈热敏电阻插件，
将炉盘线圈取出，准备代用

炉盘线圈
引出线插件

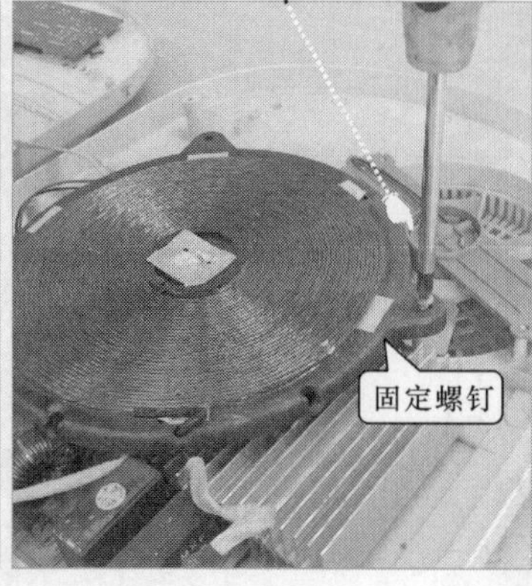
固定螺钉

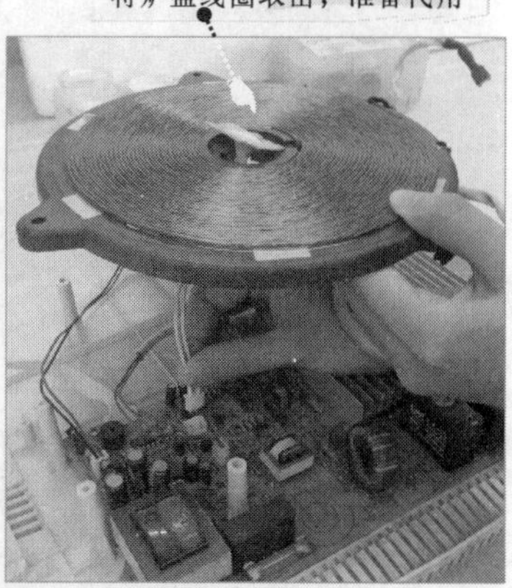

从废旧电磁炉中取下的炉盘
线圈，作为代换用炉盘线圈

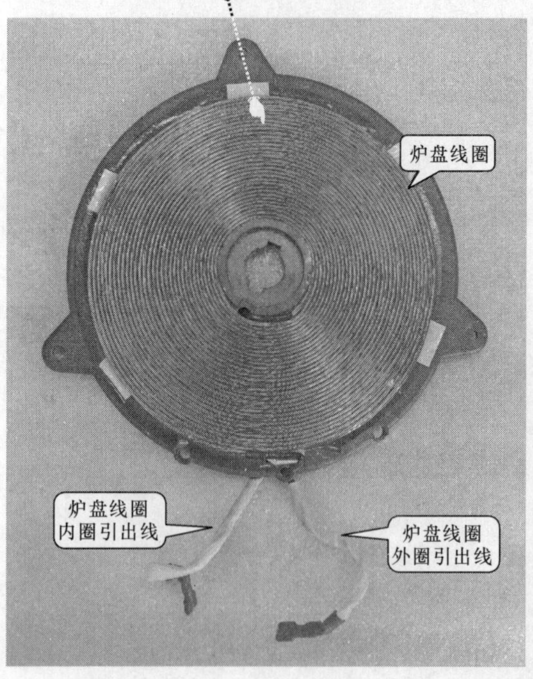
炉盘线圈
炉盘线圈
内圈引出线
炉盘线圈
外圈引出线

代换用炉盘线圈下部
的磁条完好无损

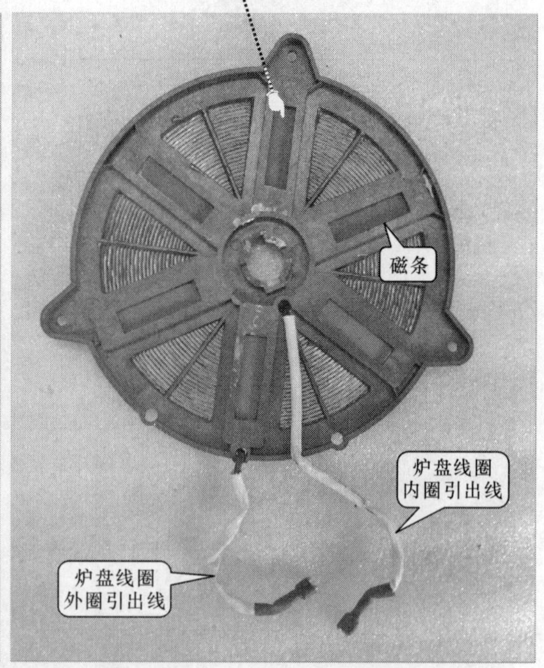
磁条
炉盘线圈
内圈引出线
炉盘线圈
外圈引出线

图 7-33　废旧电磁炉中炉盘线圈的拆卸方法

步骤 3：将损坏炉盘线圈引出线上的接线耳焊下，替换掉代换用炉盘线圈引出线的接线插件，改造炉盘线圈引出线的固定方式。

炉盘线圈引出线的固定方式的改造方法如图 7-34 所示。

将故障炉盘线圈引出线上的接线耳换到代换用炉盘线圈的引出线上

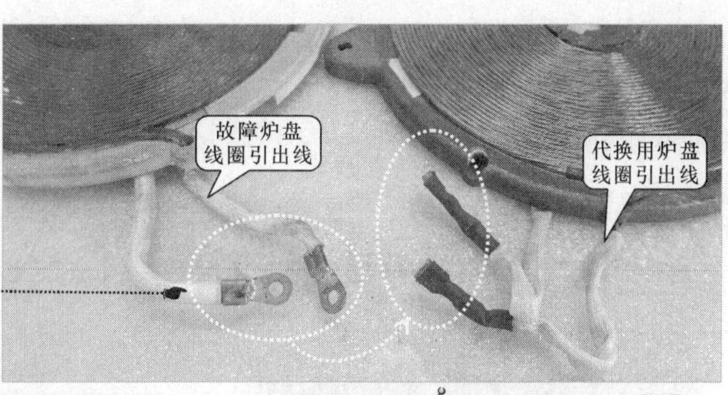
故障炉盘线圈引出线
代换用炉盘线圈引出线

用电烙铁加热故障炉盘线圈引出线上的接线耳焊接部位，使焊锡熔化后，拽出接线耳（若手头有现成的接线耳可省去该步骤）

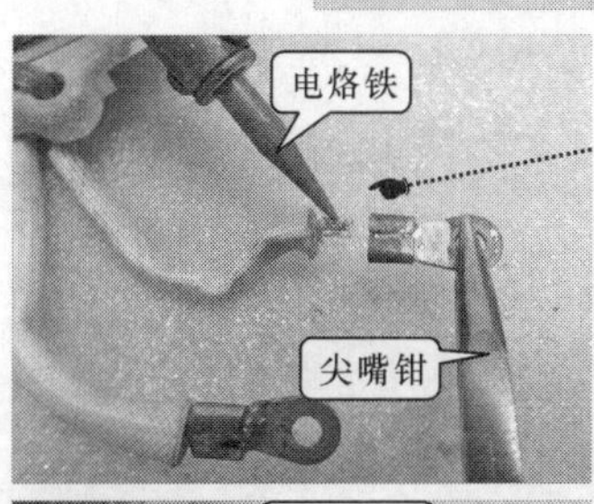
电烙铁
尖嘴钳

电烙铁
尖嘴钳
尖嘴钳

取下的接线耳，准备焊接到代换用炉盘线圈的引出线上

炉盘线圈引出线
接线耳

接着对代换用炉盘线圈的引出线插件进行处理。用偏口钳将引出线上的插件剪掉

将之前取下的接线耳清理干净。将代换用炉盘线圈引出线插入接线耳中，并用尖嘴钳夹紧接线耳接线部分

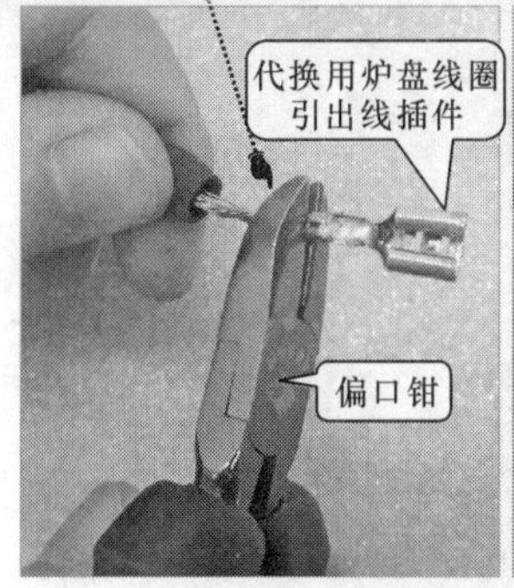
代换用炉盘线圈引出线插件
偏口钳

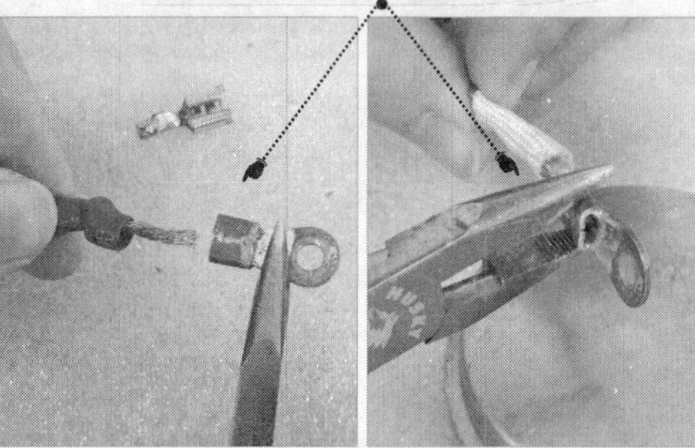

用电烙铁将焊锡熔化在引出线与接线耳插接部分，使其连接牢固

改造完成的炉盘线圈引出线接线耳。此时即可用固定螺钉与电路板上原炉盘线圈引出线固定部位进行固定

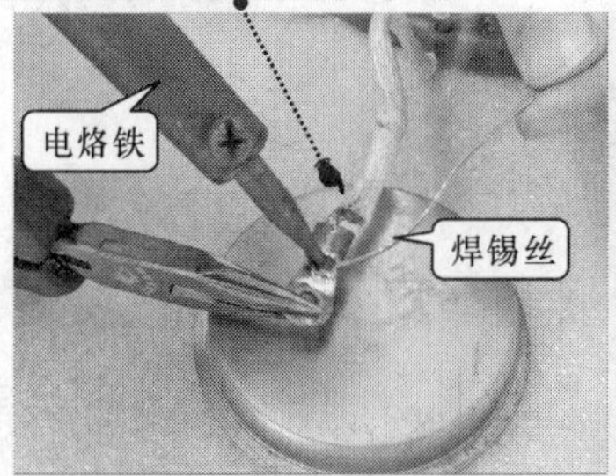
电烙铁
焊锡丝

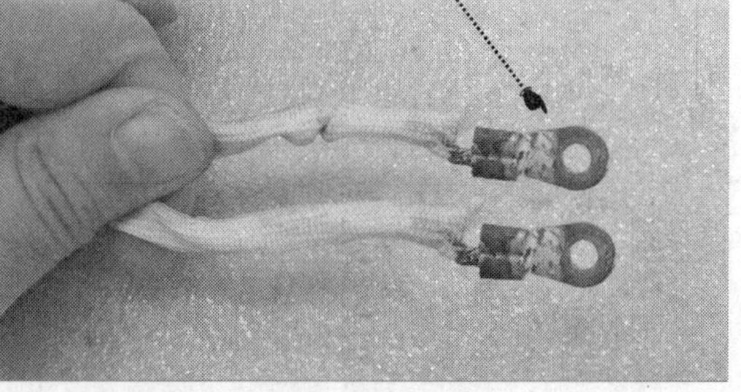

图 7-34 炉盘线圈引出线的固定方式的改造方法

步骤 4：安装代换用炉盘线圈之前，将代换用炉盘线圈的谐振电容焊下，代换掉故障电磁炉中的谐振电容。

谐振电容的代换方法如图 7-35 所示。

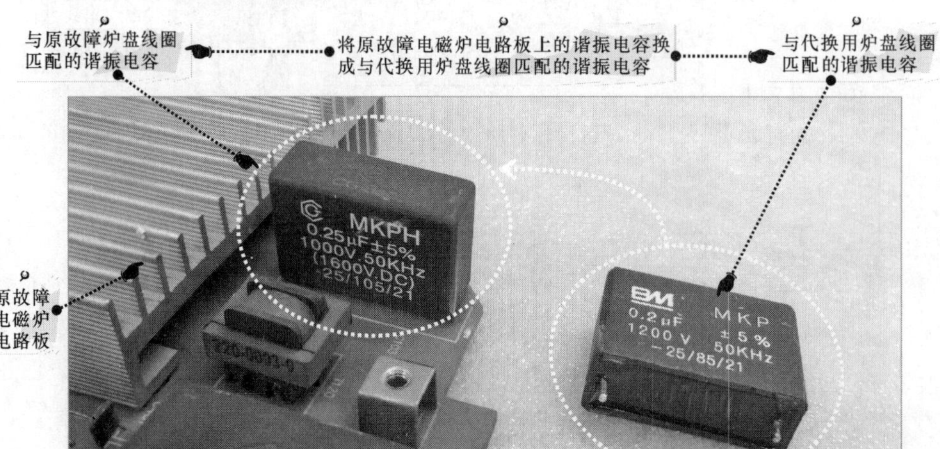
与原故障炉盘线圈匹配的谐振电容
将原故障电磁炉电路板上的谐振电容换成与代换用炉盘线圈匹配的谐振电容
与代换用炉盘线圈匹配的谐振电容
原故障电磁炉电路板
MKPH
0.25μF±5%
1000V.50KHz
(1600V.DC)
-25/105/21
MKP
0.2μF ±5%
1200 V 50KHz
-25/85/21

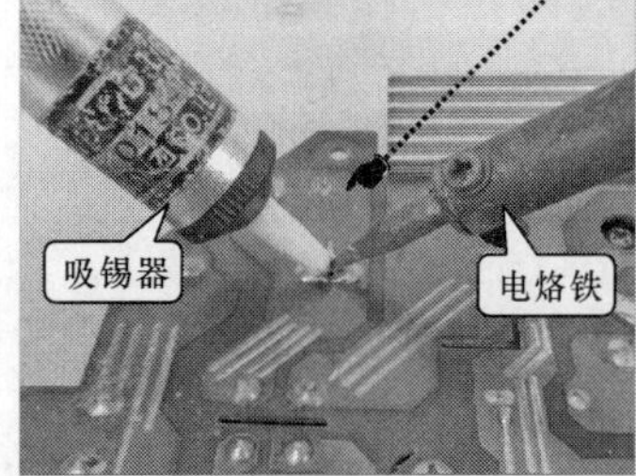
用电烙铁将谐振电容引脚焊点熔化，用吸锡器吸除熔化的焊锡，进行拆焊
吸锡器
电烙铁

电烙铁
吸锡器

谐振电容引脚上的焊锡吸除干净，完成拆焊

将拆焊后的谐振电容从电路板中拔下

将与代换用炉盘线圈匹配的谐振电容，安装到原故障机炉盘线圈谐振电容位置上
MKP
0.2μF ±5%
1200 V 50KHz
-25/85/21

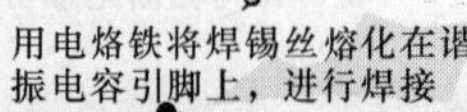
用电烙铁将焊锡丝熔化在谐振电容引脚上，进行焊接

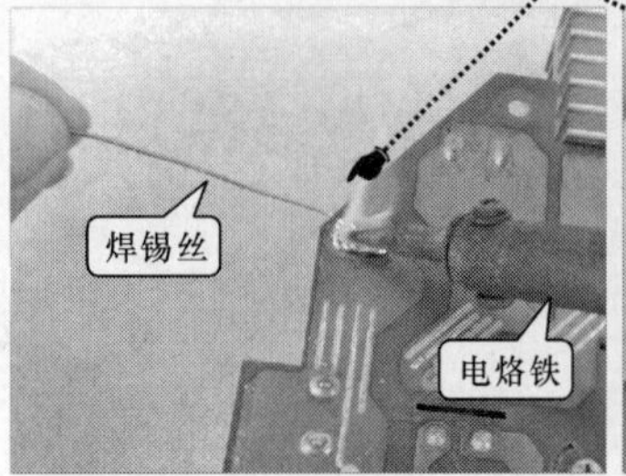
焊锡丝
电烙铁
焊锡丝
电烙铁

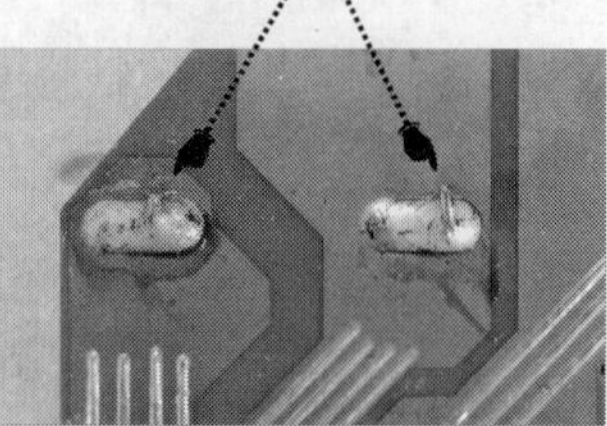
代换用炉盘线圈的谐振电容焊接完成。焊点应平滑无毛刺

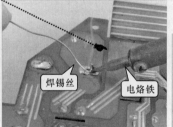

图 7-35　谐振电容的代换

步骤 5：将故障机电路板装回故障机中。然后将代换用炉盘线圈的固定螺孔对准故障机上原炉盘线圈的固定支撑架，用螺钉进行固定。

固定代换用的炉盘线圈，如图 7-36 所示。

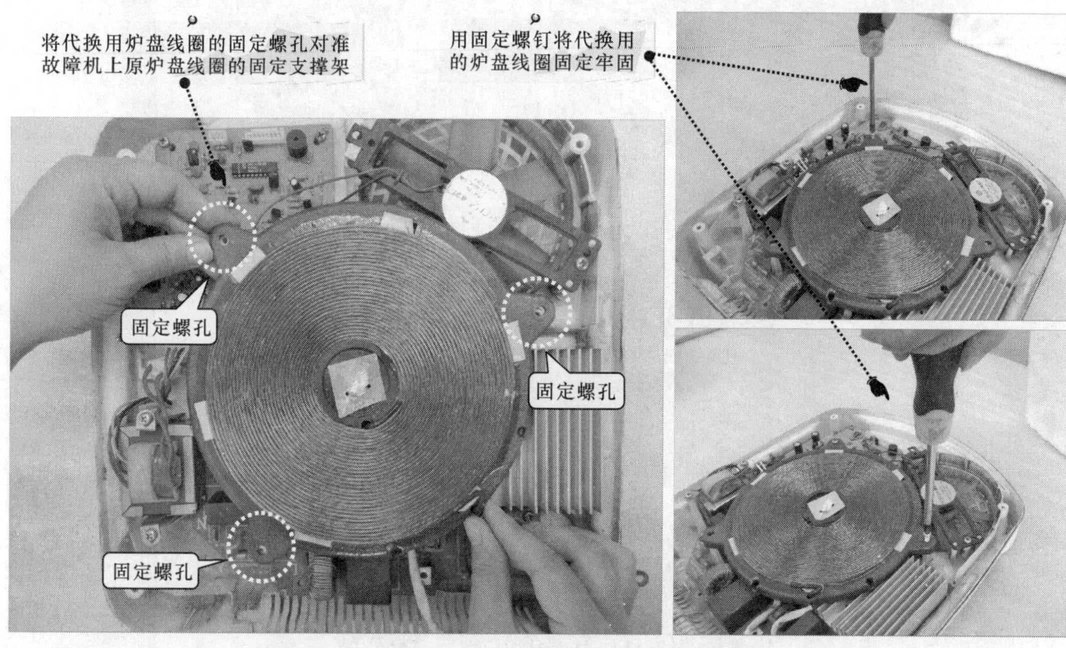
将代换用炉盘线圈的固定螺孔对准故障机上原炉盘线圈的固定支撑架
用固定螺钉将代换用的炉盘线圈固定牢固
固定螺孔
固定螺孔
固定螺孔

图 7-36　重装电路板并固定代换用的炉盘线圈

步骤 6：然后将代换用的炉盘线圈按照其原本连接方式，即炉盘线圈内圈接头接 +300 V 输入端、外圈接头接 IGBT 的 C 极，接入故障电磁炉中，代替损坏的炉盘线圈。

按照代换用炉盘线圈原接线方式接入故障电磁炉中，如图 7-37 所示。

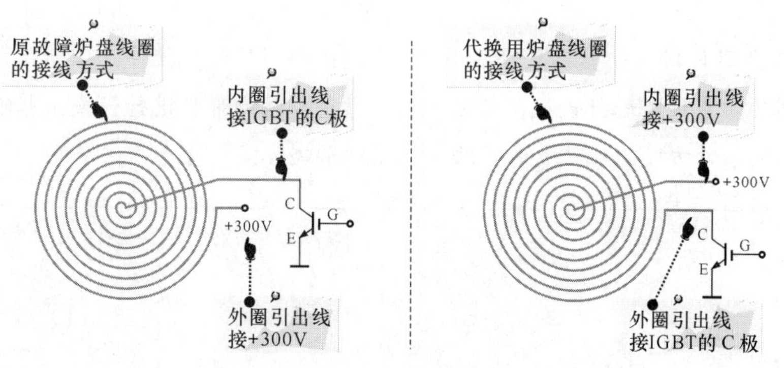
原故障炉盘线圈的接线方式
内圈引出线接IGBT的C极
C
G
E
+300V
外圈引出线接+300V
代换用炉盘线圈的接线方式
内圈引出线接+300V
+300V
C
G
E
外圈引出线接IGBT的C 极

图 7-37　将代换用炉盘线圈接入故障电磁炉中

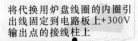

将代换用炉盘线圈的外圈引
出线固定到电路板与IGBT的
C极连接的接线柱上

将代换用炉盘线圈的内圈引
出线固定到电路板上+300V
输出点的接线柱上

炉盘线圈
炉盘线圈的
外圈引出线
炉盘线圈
代换完成
炉盘线圈的
内圈引出线

图 7-37　将代换用炉盘线圈接入故障电磁炉中（续）

步骤 7：将修复后的电磁炉外壳等复原，通电试机，检验加热性能即可。

高手指点

如果能够找到与损坏炉盘线圈型号、参数完全相同的炉盘线圈进行代换，应该是最安全可靠的检修方案。但若一时无法找到完全一致的代换件，从废弃机上拆换参数最相近的部件进行代换，也不失为有效的解决方案。